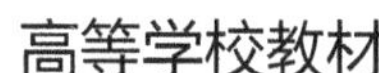

高等学校教材

仪器分析

（第四版）

吉林大学　张寒琦　等编

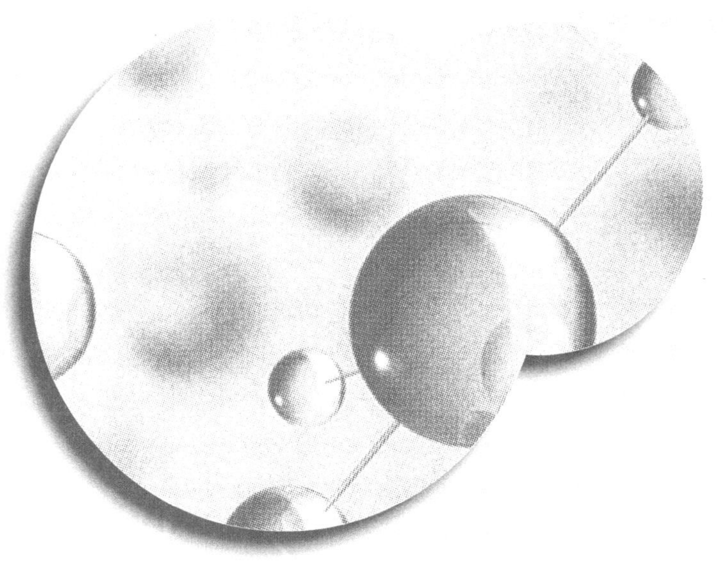

中国教育出版传媒集团
高等教育出版社·北京

内容提要

本书是在第三版的基础上进行修订的，主要阐述常用仪器分析方法的基本原理、特点和应用，以及分析仪器的基本结构和工作原理。全书共22章，按照光谱分析法、电化学分析法、色谱分析法和质谱分析法顺序编写。

本书可作为高等学校化学类及近化学类专业的仪器分析课程教材，也可供其他专业师生及分析测试工作者参考。

图书在版编目（CIP）数据

仪器分析 / 张寒琦等编. -- 4版. -- 北京 : 高等教育出版社, 2025. 6. -- ISBN 978-7-04-064634-4

Ⅰ. O657

中国国家版本馆CIP数据核字第2025N2D188号

YIQI FENXI

策划编辑 张 政　　责任编辑 李 颖　　封面设计 王 鹏　　版式设计 马 云
责任绘图 杨伟露　　责任校对 刘娟娟　　责任印制 高 峰

出版发行 高等教育出版社
社 址 北京市西城区德外大街4号
邮政编码 100120
印 刷 固安县铭成印刷有限公司
开 本 787mm×1092mm 1/16
印 张 31.5
字 数 760千字
购书热线 010-58581118
咨询电话 400-810-0598
网 址 http://www.hep.edu.cn
http://www.hep.com.cn
网上订购 http://www.hepmall.com.cn
http://www.hepmall.com
http://www.hepmall.cn
版 次 2009年2月第1版
2025年6月第4版
印 次 2025年6月第1次印刷
定 价 62.00元

物 料 号 64634-00

第四版前言

2021年，本书列入吉林大学本科“十四五”规划教材建设项目，这为本次修订工作提供了契机。同时，随着科学技术的不断发展，仪器分析技术及应用也日新月异，我们深感有必要对本书进行修订。

本次修订对原子发射光谱法、红外吸收和拉曼光谱法、电位分析法、电化学分析中的新方法、气相色谱法和高效液相色谱法等章内容进行了较大的修改。对其他各章也进行了不同程度的修改。增加了一些新的内容，加强了一些内容的论述，增加了一些比较不同方法和仪器的综合性习题，删去了一些比较简单的例题和图表。在修订过程中，注意尽可能将一些基本知识、概念、分析方法的基本原理和分析仪器的基本结构讲清楚，以利于学生自学。

为了帮助教师和学生更好地使用本书，我们还编写了与本书配套的学习辅导书《仪器分析例题与习题》（第三版），该书将与本书同时出版。

参加本次修订工作的有（按姓氏笔画顺序）吉林大学丁兰（第十九章）、吉林大学王兴华（第二十章）、吉林大学田媛（第二十二章）、华中科技大学申燕（第十章）、长春师范大学毕淑云（第四、六章和第七章第1~8节）、吉林大学孙颖（第五章）、吉林大学宋大千（第七章第9节）、吉林大学宋文波（第十一章）、吉林大学汪子明（第十七章）、吉林大学张子微（第二、八章）、吉林大学张志权（第十二、二十一章）、吉林大学张寒琦（第一、九、十四章）、吉林大学陈艳华（第十八章）、吉林大学费强（第十五、十六章）、吉林大学贾琼（第十三章）、吉林大学曹彦波（第三章），吉林大学张寒琦负责全书的修改定稿。

感谢吉林大学对本次修订工作的支持和资助，感谢吉林大学化学学院的领导和分析化学系的所有同事，感谢他们几年来对我们修订本书的帮助和支持。

由衷感谢高等教育出版社李颖和张政对本书出版的指导、关心和支持。

仪器分析方法较多，涉及知识面较广，加之编者能力有限，书中难免有欠妥、不足甚至错误之处，还望读者批评指正。

编　者

2025年1月

于吉林大学

第三版前言

本书第二版虽然较第一版有了较大的改进，但我觉得仍有一些不足之处。因此，第二版出版后，反复阅读，并征求了一些教师和学生的意见，深感有必要对本书进行再次修订。

本次修订对光学分析法导论、原子发射光谱法、红外和拉曼光谱法、核磁共振波谱法、电化学分析法导论、色谱法的基本原理、高效液相色谱法、质谱分析法等章内容进行了较大的修改。对其他各章也进行了不同程度的修改。与第二版相同，在修订过程中，仍注意将一些基本知识和基本原理尽量讲清楚，以利于学生自学。

参加本次修订工作的有（按姓氏笔画顺序）吉林大学丁兰（第十八、十九章）、吉林大学王兴华（第二十章）、吉林大学田媛（第二十二章）、华中科技大学申燕（第十章）、长春师范大学毕淑云（第四、六章和第七章第 1~7 节）、吉林大学孙颖（第五章）、吉林大学李绪文（第十六章）、吉林大学宋大千（第七章第 8 节）、吉林大学宋文波（第十一章）、吉林大学汪子明（第十七章）、吉林大学张子微（第二、八章）、吉林大学张志权（第十二、二十一章）、吉林大学费强（第十五章）、吉林大学贾琼（第十三章）、吉林大学曹彦波（第三章），本人修订其余各章，并负责全书的修改定稿。

为了更好地帮助教师和学生使用本书，我们还编写了与本书配套的教学参考资料《仪器分析例题与习题》（第二版），也将同时出版。

在修订过程中，参考了国内外出版的相关教材和著作，在此向相关作者表示谢意。感谢吉林大学化学学院院长杨文胜教授和孙俊奇教授、分管教学的院领导徐家宁教授和郭玉鹏教授，以及分析化学系的所有同事，感谢他们几年来对我们修订本书的帮助和支持。感谢我的学生费强、孙颖、马品一、王锟和田丝竹，他们在书稿打印和编排方面给了我很大帮助。

由衷地感谢高等教育出版社鲍浩波副编审对本书出版的指导、关心和支持。

尽管全体修订者付出了极大的热情和努力，但由于仪器分析方法较多，涉及知识面较广，加上本人能力有限，书中难免有欠妥、不足甚至错误之处，还望读者批评指正。

张寒琦
2019 年 10 月
于吉林大学

第二版前言

本书自2009年出版发行以来，虽然多次印刷，但我总感不安，觉得有不少不足之处，因此，书出版后，反复阅读，并征求了不少教师和学生的意见，深感有必要对本书进行修订。

本次修订工作主要集中在两个方面，一是增加了电化学分析中的新方法和质谱联用技术两章；二是对绪论、光学分析法导论、原子发射光谱法、核磁共振波谱法、高效液相色谱法、质谱分析法和表面分析法等章内容进行了较大的修改，增加了较多的内容；对其他各章也进行了不同程度的修改。与第一版相同，在修订过程中，仍注意将一些基本原理尽量讲清楚，以利于学生自学。在编写第一版时考虑到色谱法应用较多的化学知识，而一般大学在讲授化学分析后讲授仪器分析，所以第一版中仪器分析方法的编写顺序是色、电、光、质，但在使用过程中考虑到色谱的检测法多为光谱法，且国内大部分教科书编写的顺序为光、电、色、质，所以此次修订也按这一顺序编写。

参加本书修订工作的有（按姓氏笔画排序）吉林大学丁兰（第十八、十九章）、吉林大学王兴华（第二十章）、吉林大学田媛（第二十二章）、华中科技大学申燕（第十章）、吉林大学师宇华（第十五章）、长春师范大学毕淑云（第四、六章和第七章第1～7节）、吉林大学李绪文（第十六章）、吉林大学宋大千（第七章第8节）、吉林大学宋文波（第十一章）、吉林大学汪子明（第十七章）、吉林大学张志权（第十二、二十一章）、吉林大学贾琼（第十三章）、吉林大学曹彦波（第三章），本人修订其余各章，并负责全书的修改定稿。

为了更好地帮助教师和学生使用本书，我们还编写了与本书配套的教学参考资料《仪器分析例题与习题》和《仪器分析电子教案》，这些参考资料也将陆续出版。

本书在修订过程中参考了国内外最新出版的有关教材和著作，在此向有关作者表示谢意。

感谢吉林大学化学学院的领导特别是分管教学的院领导宋天佑教授和徐家宁教授、院办分管教学的田少萍老师和杜莉萍老师以及分析化学系的所有同事，感谢他们十几年来对我讲授仪器分析课程以及编写和修订本教材的帮助和支持。感谢我的学生许旭、高仕谦、李娜、姜成菲、赵欣、赵雅静、邵明媛、张会杰、刘忠玲和石家源，他们在书稿打印、插图绘制方面给了我很大帮助。

感谢高等教育出版社鲍浩波编辑对本书出版的指导、关心和支持。

尽管全体修订者付出了极大的热情和努力，但由于仪器分析方法较多，涉及知识面较广，加上本人能力有限，本书中难免有欠妥、不足和错误之处，还望读者批评指正。

张寒琦
2013 年 10 月
于吉林大学

第一版前言

仪器分析是高等学校化学等相关专业开设的一门基础课，其目的是使学生在大学学习期间掌握有关仪器分析中一些常用方法的基本原理、特点和应用，这对于他们将来从事科学研究或具体实际工作都是很有益的。我们根据多年教学经验，在所编仪器分析讲稿的基础上，经过修改，编写了本书。为了使学生更好地理解和掌握仪器分析方法的基本原理、特点和应用，特别是基本原理，本书在编写过程中，注意将一些基本原理尽量讲清楚，以利于学生自学。

参加本书编写的有（按姓氏笔画排序）丁兰（第十七章）、王兴华（第十八章）、田媛（第二十章）、师宇华（第三章）、毕淑云（第十二、十四章和第十五章第1~7节）、李绪文（第四章）、宋大千（第十五章第8节）、宋文波（第八章）、汪子明（第五章）、张志权（第九和十九章）、曹彦波（第十一章），本人编写其余各章，并最后修改定稿。

本书在编写过程中参考了国内外出版的一些有关教材和著作，在此向有关作者表示谢意。

感谢吉林大学化学学院分析化学专业的所有老师，感谢他们十几年来对我讲授仪器分析课程的支持，特别要感谢孙长青教授，感谢他在与我合作完成这门课的教学过程中，十几年来对我的支持和帮助。感谢我的学生周新、张华蓉、汪子明、高德江、王玉堂、王秀嫔、渠琛玲、孙艳涛、孙颖、王璐、魏士刚和游景艳，他们在书稿打印、插图绘制方面给了我很大帮助，若没有他们的辛勤劳动，对于我这个计算机盲来说，是很难顺利完成本书编写工作的。

全书由北京大学张新祥教授审阅，张新祥教授在审阅后，提出了十分宝贵的意见和建议，在此表示衷心的感谢。感谢高等教育出版社岳延陆、耿承延编审对本书的指导、关心和支持。

虽然本人主讲仪器分析课程十余年，讲稿也先后修改多次，但由于仪器分析方法涉及面广，加上自己的能力和努力有限，难免有欠妥、不足和错误之处，还望读者批评指正。

张寒琦

2008年10月

于吉林大学

目 录

第一章 绪论 //1

1.1 分析化学的发展历史 ………… 1
1.2 分析化学方法的分类 ………… 1
1.3 仪器分析方法的分类 ………… 2
1.3.1 光学分析法 …………… 2
1.3.2 电化学分析法 ………… 2
1.3.3 色谱分析法 …………… 3
1.3.4 质谱分析法 …………… 3
1.3.5 其他分析方法 ………… 3
1.4 仪器分析的应用范围与发展趋势 ……………………… 3
1.5 仪器分析方法的性能指标 …… 4
1.5.1 精密度 ………………… 4
1.5.2 灵敏度 ………………… 6
1.5.3 线性范围 ……………… 7
1.5.4 检出限和定量限 ……… 7
1.5.5 选择性 ………………… 8
1.5.6 准确度 ………………… 9
1.6 仪器分析中的定量分析方法 ……………………… 10
参考文献 ……………………… 12
习题 ……………………… 12

第二章 光谱分析法导论 //14

2.1 电磁辐射 ……………………… 14
2.2 原子光谱 ……………………… 15
2.2.1 原子光谱的产生 …… 16
2.2.2 谱线波长 …………… 16
2.2.3 谱线强度 …………… 19
2.2.4 谱线形状 …………… 20
2.3 分子光谱 ……………………… 21
2.3.1 分子光谱的产生 …… 21
2.3.2 分子光谱的形状 …… 24
参考文献 ……………………… 25
习题 ……………………… 25

第三章 原子发射光谱法 //26

3.1 基本原理 ……………………… 26
3.2 仪器装置 ……………………… 28
3.2.1 样品引入系统 ……… 29
3.2.2 光源 ………………… 31
3.2.3 分光系统 …………… 34
3.2.4 检测控制系统 ……… 42
3.3 应用 ……………………… 47
3.3.1 定性分析 …………… 48
3.3.2 半定量分析 ………… 51
3.3.3 定量分析 …………… 51
3.3.4 干扰及其消除方法 …………… 53
参考文献 ……………………… 54
习题 ……………………… 54

第四章 原子吸收和荧光光谱法 //57

4.1 基本原理 …… 57
4.1.1 吸收定律 …… 57
4.1.2 吸收系数与原子密度的关系 …… 58
4.1.3 吸光度与样品中被测物浓度的关系 …… 59
4.2 仪器装置 …… 61
4.2.1 光源 …… 61
4.2.2 原子化器 …… 63
4.2.3 分光检测系统 …… 68
4.2.4 原子吸收光谱仪的类型 …… 68
4.3 定量分析 …… 69
4.3.1 分析性能指标 …… 69
4.3.2 分析方法 …… 70
4.3.3 定量分析实验条件的选择 …… 71
4.4 干扰及其消除方法 …… 72
4.4.1 光谱干扰 …… 72
4.4.2 物理干扰 …… 75
4.4.3 化学干扰 …… 75
4.4.4 电离干扰 …… 75
4.5 原子荧光光谱法 …… 75
4.5.1 基本原理 …… 76
4.5.2 仪器装置 …… 77
4.5.3 应用 …… 78
参考文献 …… 78
习题 …… 79

第五章 紫外-可见吸收光谱法 //82

5.1 比尔定律 …… 82
5.1.1 吸光度与被测物浓度的关系 …… 82
5.1.2 吸光度的加和性 …… 83
5.1.3 比尔定律应用的局限性 …… 84
5.2 常用术语 …… 85
5.2.1 生色团和助色团 …… 85
5.2.2 红移和蓝移 …… 85
5.2.3 增色效应和减色效应 …… 86
5.3 有机化合物的吸收光谱 …… 86
5.3.1 有机物电子跃迁类型 …… 87
5.3.2 饱和化合物 …… 88
5.3.3 烯烃和炔烃 …… 88
5.3.4 羰基化合物 …… 89
5.3.5 芳香族化合物 …… 91
5.4 无机化合物的吸收光谱 …… 92
5.4.1 电荷转移吸收光谱 …… 92
5.4.2 配体场吸收光谱 …… 93
5.5 溶剂 …… 93
5.6 分光光度计 …… 95
5.6.1 主要部件 …… 95
5.6.2 类型 …… 98
5.7 定性分析 …… 100
5.7.1 定性方法 …… 100
5.7.2 伍德沃德规则 …… 100
5.7.3 斯科特规则 …… 103
5.8 分子结构的推断 …… 104
5.9 定量分析 …… 106
5.9.1 单波长单组分定量测定 …… 106
5.9.2 双波长单组分定量测定 …… 106
5.9.3 多组分同时测定 …… 106
5.9.4 导数紫外-可见吸收光谱法 …… 107
参考文献 …… 108
习题 …… 108

第六章 分子发光光谱法 //110

6.1 分子荧光光谱法 …… 110

6.1.1 荧光的激发光谱和发射光谱 …… 110
6.1.2 荧光发射光谱的特征 …… 111
6.1.3 荧光强度、荧光量子产率和荧光寿命 …… 111
6.1.4 荧光与分子结构的关系 …… 113
6.1.5 影响荧光强度的环境因素 …… 116
6.1.6 荧光光谱仪 …… 120
6.1.7 荧光分析法的应用 …… 121
6.2 磷光分析法 …… 123
6.2.1 磷光分析法原理 …… 123
6.2.2 磷光光谱仪 …… 125
6.2.3 磷光分析法的应用 …… 125
6.3 化学发光分析法 …… 125
6.3.1 基本原理 …… 126
6.3.2 化学发光反应的主要类型 …… 126
6.3.3 常见的化学发光试剂 …… 128
6.3.4 化学发光分析的测量仪器 …… 129
6.3.5 化学发光分析法的特点和应用 …… 130
参考文献 …… 131
习题 …… 131

第七章 红外吸收和拉曼光谱法 //133

7.1 基本原理 …… 134
7.1.1 红外吸收光谱 …… 134
7.1.2 产生红外吸收的条件 …… 135
7.1.3 双原子分子的振动 …… 135
7.1.4 多原子分子的振动 …… 137
7.1.5 红外吸收峰强度 …… 139
7.2 特征吸收峰 …… 140
7.2.1 基团(官能团)区 …… 140
7.2.2 指纹区 …… 141
7.2.3 化合物的特征吸收峰 …… 141
7.3 影响官能团振动频率的因素 …… 143
7.3.1 诱导效应 …… 143
7.3.2 中介效应 …… 144
7.3.3 共轭效应 …… 144
7.3.4 空间效应 …… 145
7.3.5 氢键效应 …… 145
7.3.6 振动耦合 …… 146
7.3.7 费米共振 …… 146
7.3.8 外部效应 …… 146
7.4 红外光谱仪 …… 147
7.4.1 色散型红外光谱仪 …… 147
7.4.2 傅里叶变换红外光谱仪 …… 149
7.5 样品制备 …… 150
7.5.1 气体样品 …… 151
7.5.2 液体样品 …… 151
7.5.3 固体样品 …… 151
7.6 定性分析 …… 152
7.6.1 已知化合物的鉴定 …… 152
7.6.2 未知物的结构鉴定 …… 152
7.7 定量分析 …… 154
7.7.1 吸光度的计算 …… 155
7.7.2 定量方法 …… 155
7.8 近和远红外吸收光谱法的应用 …… 156
7.9 拉曼光谱法 …… 156
7.9.1 拉曼散射的产生 …… 157

7.9.2 拉曼光谱和红外吸收光谱的区别 …… 158
7.9.3 色散型拉曼光谱仪 …………… 159
7.9.4 傅里叶变换拉曼光谱仪 …………… 159
7.9.5 拉曼光谱法的应用 …………… 160
7.9.6 增强拉曼光谱法 …… 160
参考文献 …………… 161
习题 …………… 161

第八章 核磁共振波谱法 //164

8.1 基本原理 …………… 164
8.1.1 原子核的自旋 ……… 164
8.1.2 自旋核在磁场中的行为 …………… 165
8.1.3 核磁共振 …………… 165
8.1.4 经典力学描述 ……… 167
8.1.5 弛豫过程 …………… 168
8.2 核磁共振波谱仪 …………… 168
8.2.1 连续波核磁共振波谱仪 …………… 168
8.2.2 样品的制备 …………… 170
8.2.3 脉冲傅里叶变换核磁共振波谱仪 …………… 170
8.3 ^{1}H 核磁共振波谱法 ……… 171
8.3.1 屏蔽效应与屏蔽常数 …………… 171
8.3.2 化学位移 …………… 172
8.3.3 影响化学位移的因素 …………… 175
8.3.4 ^{1}H 的化学位移……… 177
8.3.5 自旋耦合与自旋分裂 …………… 178
8.3.6 耦合常数 …………… 180
8.3.7 化学等价和磁等价 … 182
8.3.8 自旋体系分类 ……… 183
8.3.9 一级谱图 …………… 184
8.3.10 ^{1}H NMR 波谱法在结构分析中的应用 …………… 184
8.4 ^{13}C 核磁共振波谱法 ……… 186
8.4.1 ^{13}C 核磁共振波谱法的特点…………… 186
8.4.2 ^{13}C 的化学位移 ……… 187
8.4.3 ^{13}C-^{1}H耦合 …………… 188
8.4.4 质子去耦…………… 188
8.4.5 ^{13}C NMR 波谱法在结构分析中的应用 ………… 189
8.5 二维核磁共振波谱法简介 …… 192
8.5.1 二维同核相关谱 ……… 192
8.5.2 二维异核相关谱 ……… 194
参考文献 …………… 195
习题 …………… 195

第九章 电化学分析法导论 //198

9.1 电化学池 …………… 198
9.1.1 原电池…………… 198
9.1.2 电解池…………… 200
9.2 金属基电极 …………… 201
9.2.1 构成…………… 201
9.2.2 电极电位 …………… 201
9.2.3 金属基电极的分类 …… 205
9.3 离子选择性电极 …………… 206
9.3.1 构成…………… 206
9.3.2 膜电位…………… 206
9.4 电极的类型 …………… 209
9.4.1 极化电极和去极化电极…………… 209
9.4.2 指示电极和工作电极 …………… 209
9.4.3 参比电极和辅助电极 …………… 209
9.5 电化学分析法的类型 ……… 210

参考文献 ………………………… 210
习题 ……………………………… 211

第十章 电位分析法 //213

10.1 实验装置………………………… 213
10.2 参比电极………………………… 214
10.2.1 甘汞电极 ………… 214
10.2.2 银-氯化银电极 … 215
10.2.3 氢电极 …………… 215
10.3 离子选择性电极 ………… 216
10.3.1 玻璃电极 ………… 216
10.3.2 氟离子选择性电极 ……………… 219
10.3.3 钙离子选择性电极 ……………… 220
10.3.4 气敏电极 ………… 220
10.3.5 酶电极 …………… 222
10.3.6 离子敏感场效应晶体管 …………… 222
10.4 离子选择性电极的特性参数………………… 223
10.4.1 检出限和响应斜率 ……………… 223
10.4.2 电位选择性系数 … 223
10.4.3 响应时间 ………… 223
10.4.4 内阻 ……………… 224
10.5 直接电位法 ……………… 224
10.5.1 直接比较法 ……… 224
10.5.2 标准曲线法 ……… 225
10.5.3 标准加入法 ……… 225
10.5.4 方法误差 ………… 226
10.6 电位滴定法 ……………… 227
10.6.1 实验装置 ………… 227
10.6.2 滴定类型 ………… 228
10.6.3 滴定终点的确定 … 229
参考文献 ………………………… 231
习题 ……………………………… 231

第十一章 电解和库仑分析法 //234

11.1 电解分析法 ……………… 234
11.1.1 基本知识 ………… 234
11.1.2 控制电位电解分析法 ……………… 239
11.1.3 控制电流电解分析法 ……………… 242
11.1.4 电解分析条件的选择 ……………… 243
11.1.5 汞阴极电解法 …… 244
11.2 库仑分析法………………… 245
11.2.1 法拉第电解定律 ……………… 245
11.2.2 控制电位库仑分析法 ……………… 246
11.2.3 控制电流库仑分析法 ……………… 248
11.2.4 微库仑分析法 …… 251
参考文献 ………………………… 252
习题 ……………………………… 252

第十二章 伏安法 //255

12.1 直流极谱分析法的基本原理………………… 255
12.1.1 基本装置和电路 ……………… 255
12.1.2 极谱波的形成 …… 256
12.1.3 极谱分析的特殊性 ……………… 258
12.2 极谱定量分析 …………… 259
12.2.1 扩散电流方程式 ……………… 259
12.2.2 影响极限扩散电流的因素 ……… 261
12.2.3 干扰电流及其消除方法 ……………… 261

12.2.4 定量分析 …………… 263

12.3 极谱波类型及其方程式 …… 264

12.3.1 极谱波类型 ……… 264

12.3.2 简单金属离子的可逆还原极谱波方程式 …………… 266

12.3.3 配离子可逆还原的极谱波方程式 …… 268

12.4 经典直流极谱分析法的特点和局限性 …………… 269

12.5 极谱催化波 …………… 270

12.6 单扫描极谱法 ………… 271

12.7 方波极谱法 …………… 273

12.8 脉冲极谱法 …………… 274

12.9 循环伏安法 …………… 276

12.10 溶出伏安法 ………… 278

参考文献 …………………… 279

习题 ………………………… 280

第十三章 电化学分析中的新方法 //283

13.1 化学修饰电极 ………… 283

13.1.1 制备 …………… 283

13.1.2 应用 …………… 285

13.2 光谱电化学 …………… 286

13.2.1 分类 …………… 286

13.2.2 特点 …………… 287

13.2.3 应用 …………… 288

13.3 微电极 ………………… 288

13.3.1 特点 …………… 289

13.3.2 分类 …………… 289

13.3.3 应用 …………… 289

13.4 石英晶体微天平 ……… 290

13.4.1 工作原理 ……… 291

13.4.2 仪器构造 ……… 291

13.4.3 应用 …………… 292

参考文献 …………………… 293

习题 ………………………… 293

第十四章 色谱法的基本原理 //295

14.1 色谱法分类 …………… 295

14.2 色谱分离原理 ………… 296

14.2.1 分配常数和保留因子 …………… 296

14.2.2 分离原理 ……… 297

14.3 色谱流出曲线 ………… 297

14.3.1 色谱峰 ………… 298

14.3.2 保留值 ………… 298

14.3.3 色谱柱峰容量和样品容量 ………… 302

14.4 塔板理论 ……………… 302

14.4.1 塔板理论的假设 ………… 302

14.4.2 塔板理论的建立 ………… 302

14.5 速率理论 ……………… 306

14.5.1 气相色谱法 …… 306

14.5.2 液相色谱法 …… 309

14.6 分离度 ………………… 310

14.6.1 定义 …………… 310

14.6.2 色谱分离基本方程式 ………… 311

14.6.3 影响分离度的因素 ………… 312

参考文献 …………………… 312

习题 ………………………… 313

第十五章 气相色谱法 //315

15.1 气相色谱仪 …………… 315

15.2 气路系统和进样系统 …… 315

15.2.1 气路系统 ……… 315

15.2.2 进样系统 ……… 317

15.3 分离系统 ……………… 319

15.3.1 填充柱 ………… 319

15.3.2 毛细管柱 ……… 325

15.3.3 毛细管柱与填充柱的比较 …… 326

15.4 气相色谱检测器 …… 327

15.4.1 检测器分类 …… 327

15.4.2 检测器的性能指标 …… 327

15.4.3 典型的气相色谱检测器 …… 331

15.5 数据处理系统 …… 335

15.6 温度控制系统 …… 335

15.7 色谱操作条件的选择 …… 335

15.7.1 载气的种类及其流速的选择 …… 335

15.7.2 柱温的选择 …… 336

15.7.3 柱长和内径的选择 …… 337

15.8 定性分析 …… 338

15.8.1 利用色谱保留值进行定性分析 …… 338

15.8.2 利用保留值的经验规律定性 …… 338

15.8.3 利用保留指数定性 …… 339

15.8.4 利用相对保留值进行定性 …… 339

15.8.5 与其他仪器分析方法结合定性 …… 340

15.9 定量分析 …… 340

15.9.1 色谱峰面积的测量方法 …… 340

15.9.2 定量校正因子 …… 341

15.9.3 定量方法 …… 342

15.10 气相色谱法的优点和局限性 …… 343

15.10.1 优点 …… 344

15.10.2 局限性 …… 344

参考文献 …… 345

习题 …… 345

第十六章 高效液相色谱法 //347

16.1 概述 …… 347

16.1.1 高效液相色谱法与经典液相色谱法比较 …… 347

16.1.2 高效液相色谱法与气相色谱法比较 …… 347

16.2 高效液相色谱仪 …… 348

16.3 高压输液系统 …… 349

16.3.1 储液罐及脱气装置 …… 349

16.3.2 高压泵 …… 350

16.3.3 梯度洗脱装置 …… 351

16.4 进样系统 …… 352

16.5 分离系统 …… 353

16.5.1 液固吸附色谱 …… 353

16.5.2 液液分配色谱 …… 355

16.5.3 化学键合相色谱 …… 355

16.5.4 离子交换和离子色谱 …… 360

16.5.5 排阻色谱 …… 362

16.5.6 亲和色谱 …… 364

16.5.7 保留因子和死时间的测定 …… 364

16.5.8 洗脱方式 …… 365

16.6 检测系统 …… 366

16.6.1 紫外-可见光检测器 …… 366

16.6.2 荧光检测器 …… 368

16.6.3 示差折光检测器 …… 369

16.6.4 蒸发光散射检测器 …… 370

16.6.5 电化学检测器 …… 370

16.6.6 微机控制与数据处理系统 …… 370

16.7 高效制备液相色谱 ········ 371
16.8 定性分析······················ 373
16.8.1 色谱定性法 ········ 373
16.8.2 化学定性法 ········ 373
16.8.3 两谱联用定性法 ·············· 373
16.9 定量分析······················ 374
16.9.1 外标法 ·············· 374
16.9.2 内标法 ·············· 374
16.9.3 标准加入法 ········ 375
参考文献 ·························· 375
习题 ································ 376

第十七章 毛细管电泳法 //378

17.1 基本概念和原理 ············ 378
17.1.1 电泳 ················· 378
17.1.2 毛细管电泳法 ······ 379
17.1.3 淌度 ················· 379
17.1.4 电渗 ················· 379
17.1.5 电渗率 ·············· 380
17.1.6 合淌度 ·············· 381
17.1.7 柱效和分离度 ······ 381
17.2 毛细管电泳装置 ············ 382
17.2.1 毛细管 ·············· 382
17.2.2 进样装置 ··········· 382
17.2.3 高压电源和 Pt 电极 ················ 383
17.2.4 填灌与清洗装置 ················ 383
17.2.5 温控系统 ··········· 383
17.2.6 检测器 ·············· 384
17.3 毛细管电泳分离模式 ········ 384
17.3.1 毛细管区带电泳 ················ 384
17.3.2 毛细管等速电泳 ················ 385
17.3.3 毛细管等电聚焦 ················ 385
17.3.4 毛细管电色谱 ······ 387
17.3.5 胶束电动毛细管色谱 ·············· 388
17.3.6 毛细管凝胶电泳 ·············· 388
参考文献 ···························· 389
习题 ·································· 389

第十八章 质谱分析法 //390

18.1 概述····························· 390
18.1.1 质谱分析中质量的概念 ················ 391
18.1.2 质谱表达方式 ······ 392
18.1.3 质谱仪的性能指标 ················ 393
18.2 质谱仪··························· 394
18.2.1 进样系统 ··········· 394
18.2.2 离子源 ·············· 394
18.2.3 质量分析器 ········ 397
18.2.4 检测器 ·············· 403
18.2.5 真空系统 ··········· 404
18.3 有机质谱中的裂解反应 ··· 404
18.3.1 离子表示法 ········ 404
18.3.2 裂解方式 ··········· 405
18.3.3 单纯裂解 ··········· 406
18.3.4 重排裂解 ··········· 406
18.3.5 碰撞诱导裂解 ······ 407
18.4 质谱图中常见的离子类型························ 409
18.5 几类有机化合物的质谱 ··· 410
18.5.1 烷烃类 ·············· 410
18.5.2 烯烃 ················· 410
18.5.3 芳烃 ················· 411
18.5.4 脂肪醇 ·············· 412
18.6 相对分子质量的测定与分子式的确定 ·············· 413
18.6.1 相对分子质量的测定 ················ 413

18.6.2 分子式的确定 …… 413
18.7 结构解析…………………… 415
18.8 无机质谱法 ………………… 418
18.8.1 ICP 质谱仪 ……… 418
18.8.2 ICP-MS 的主要特点 ……………… 420
18.8.3 质谱干扰 ………… 420
18.8.4 基体效应 ………… 421
参考文献 ………………………… 421
习题 ……………………………… 421

第十九章 质谱联用技术 //425

19.1 质谱-质谱联用 …………… 425
19.1.1 四极质谱仪 ……… 425
19.1.2 离子阱质谱仪 …… 427
19.2 色谱-质谱联用 …………… 427
19.3 气相色谱-质谱联用 ……… 428
19.3.1 气相色谱-质谱联用仪的组成 …… 428
19.3.2 GC-MS 仪的接口 ……………… 428
19.3.3 定性分析 ………… 430
19.3.4 定量分析 ………… 431
19.4 液相色谱-质谱联用 ……… 431
19.4.1 液相色谱-质谱联用仪的接口 …… 431
19.4.2 定性和结构分析 ……………… 434
19.4.3 定量分析 ………… 436
参考义献 ………………………… 438
习题 ……………………………… 438

第二十章 X 射线光谱法 //439

20.1 X 射线简介………………… 439
20.2 X 射线的吸收、衍射和荧光…………………… 439
20.2.1 X 射线吸收 ……… 439
20.2.2 X 射线衍射 ……… 440
20.2.3 X 射线荧光 ……… 441
20.3 仪器装置…………………… 441
20.3.1 X 射线光源 ……… 441
20.3.2 X 射线检测 ……… 443
20.3.3 X 射线色散 ……… 446
20.4 X 射线光谱法的应用 ……… 447
20.4.1 X 射线衍射光谱法 ……………… 448
20.4.2 X 射线荧光光谱法 ……………… 450
参考文献 ………………………… 451
习题 ……………………………… 452

第二十一章 表面分析法 //453

21.1 电子能谱法………………… 453
21.1.1 基本原理 ………… 453
21.1.2 电子能谱仪 ……… 458
21.1.3 电子能谱分析的特点及应用 ……… 459
21.2 二次离子质谱法 ………… 463
21.3 扫描隧道显微镜和原子力显微镜………………………… 464
21.3.1 扫描隧道显微镜 … 464
21.3.2 原子力显微镜 …… 465
21.4 扫描近场光学显微镜 …… 466
21.5 激光共焦扫描显微镜……… 468
参考文献 ………………………… 469
习题 ……………………………… 469

第二十二章 热分析法 //470

22.1 热重法……………………… 470
22.1.1 仪器 ……………… 470
22.1.2 热重曲线 ………… 471
22.1.3 影响热重分析的主要因素 ………… 471
22.1.4 应用 ……………… 472

22.1.5 导数热重法 ……… 473
22.2 差热分析法 …………………… 474
22.2.1 仪器 ……………… 474
22.2.2 差热曲线 ………… 474
22.2.3 影响差热曲线的因素 ……………… 475
22.2.4 应用 ……………… 475
22.3 差示扫描量热法 ………… 476
22.3.1 仪器 ……………… 476
22.3.2 差示扫描量热曲线 ……………… 477
22.3.3 应用 ……………… 477
参考文献 …………………………… 479
习题 ………………………………… 480

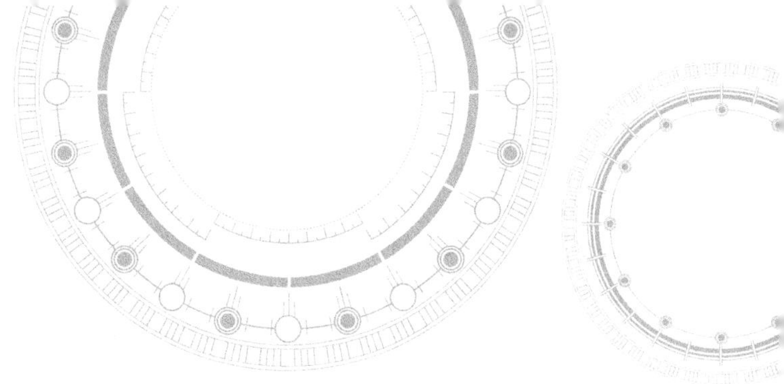

第一章 绪 论

分析化学是人们获得物质化学组成和结构信息的科学，即测量和表征的科学。分析化学是科学技术的“眼睛”，也是工农业生产和公共安全的“眼睛”。

1.1 分析化学的发展历史

分析化学的发展经历了三次重大变革。

第一次变革发生在 20 世纪初，基于物理化学和溶液理论（四大平衡理论）的发展，分析化学从一门技术（手艺）发展成为一门科学。

第二次变革发生在第二次世界大战前后（20 世纪 40 年代），物理学和电子学的发展促进了仪器分析方法的建立和发展，使分析化学从以化学分析为主的时代发展到以仪器分析为主的时代。

第三次变革从 20 世纪 70 年代末开始，基于数学、计算机和生物学的发展。这次变革的特点是在利用物质光、电、磁、热、声等性质的基础上，采用数学、计算机、生物学等尽可能多的手段，对物质作全面的纵深分析。第三次变革要求不仅能确定分析对象中的元素、基团及其含量，而且能回答原子的价态、分子的结构和聚集态、固体的结晶形态和反应中间产物的状态，可作表面、内层和微区分析，尽可能快速、全面和准确地提供丰富的信息和有用的数据。

分析仪器的发展与分析化学的发展紧密相关，可概括为 20 世纪 50 年代仪器化，60 年代电子化，70 年代计算机化，80 年代智能化，90 年代信息化，21 世纪仿生化并进一步信息化、智能化、微型化、自动化和网络化。

1.2 分析化学方法的分类

一方面，从分析化学所要解决的问题来分，分析化学方法可分为定性分析、定量分析和结构分析。定性分析是指确定样品中是否含有目标待测组分；定量分析是指确定样品中目标待测组分的含量;结构分析是确定目标待测组分的相对分子质量、组成和结构。另一方面,从分析化学方法所依据的原理及利用的手段来分,分析化学方法通常包括化学分析和仪器分析。化学分析通常是指利用特定的化学反应及其计量关系来确定待测组分的组成和含量的分析方法,使用天平、玻璃容器等较简单的实验设备。仪器分析是以物质的物理或物理化学性质为基础所建立的分析方法,使用比较复杂和特殊的仪器。化学分析和仪器分析二者不能截然分开,是互相联系的。

1.3 仪器分析方法的分类

仪器分析主要用于定性分析、定量分析和结构分析,但不同的分析方法其主要应用领域也不同,如光谱分析法中,原子发射光谱法主要用于定性和定量分析,原子吸收光谱法主要用于定量分析,紫外-可见吸收光谱法主要用于定量分析,而核磁共振波谱法主要用于结构分析。仪器分析方法比较多,本书所涉及的方法包括下列几类。

1.3.1 光学分析法

1. 理论依据

光学分析法是基于物质发射光或光与物质相互作用所建立的分析方法。

2. 测量参数

光学分析法中主要测量的参数有电辐射的波长、波数、强度、方向等。

3. 分类

光学分析法依据是否涉及物质内部能级变化而分为光谱分析法与非光谱分析法。非光谱分析法不涉及物质内部能级的变化,其分析法根据所测光学性质的不同而分为折射法、散射法、干涉法、衍射法、旋光法等。光谱分析法涉及物质内部能级的变化,根据所测对象不同分为原子光谱法和分子光谱法,而原子光谱法包括原子发射光谱法、原子吸收光谱法、原子荧光光谱法、X 射线光谱法等,分子光谱法包括紫外-可见吸收光谱法、分子发光光谱法、红外吸收光谱法、核磁共振波谱法、拉曼光谱法等。

1.3.2 电化学分析法

1. 理论依据

电化学分析法是以物质在溶液中和电极上的电化学性质为基础建立的分析方法。

2. 测量参数

电化学分析法中主要测量的参数有电阻、电导、电位、电流、电荷量等。

3. 分类

电化学分析法根据测量参数的不同可分为电导分析法、电位分析法、电解分析法、库仑分析法、伏安法和一些新的电化学分析法。

1.3.3 色谱分析法

1. 理论依据

色谱分析法是根据样品中各组分在互不相溶的两相(固定相和流动相)中的吸附能力、分配常数或其他亲和力的差异而建立的分析方法。

2. 测量参数

色谱分析法是集分离与检测为一体的分析方法,其测量参数主要依据检测器而定,其检测器主要为光学式、电化学式和质谱式等,测量参数自然也是这些检测方式的测量参数。

3. 分类

色谱分析法按流动相的状态可分为气相色谱法、液相色谱法和超临界流体色谱法。电泳分析法虽然也属于一种分离方法,但其分离原理与色谱分析法不同,并不是利用两相的相对移动来完成不同物质的分离。但电泳分析法的分离过程、仪器结构、分离通道的形状以及所用的一些名词和术语均与色谱分析法类似,而毛细管电色谱和胶束电动毛细管色谱则是色谱与电泳相结合的分析方法,所以一般也将电泳分析法归类于色谱分析法。

1.3.4 质谱分析法

1. 理论依据

质谱分析法是依据不同气态离子在电场或磁场中运动情况(运动轨迹)的不同而建立的分析方法。

2. 测量参数

质谱分析法中的测量参数是谱线的位置(质荷比,m/z)和谱线的相对强度。

3. 分类

质谱分析法按照测定对象不同可分为无机质谱法和有机质谱法。

1.3.5 其他分析方法

其他仪器分析方法虽然较多,但限于篇幅,本书仅讨论研究固体表面的表面分析法及研究物质物理性质与温度关系的热分析法。

1.4 仪器分析的应用范围与发展趋势

科学四大理论(天体、地球、生命、人类起源和演化)及人类社会面临的五大危机(资源、粮食、能源、人口、环境)问题的解决都与仪器分析密切相关,工农业生产的发展及人们日常的衣食住行等也与仪器分析密切相关。

分析方法包括两部分,即测定对象和测定方法。对象和方法的矛盾是分析化学发展的动力。生产实践与科学实验不断向分析化学提出新的课题,而分析化学利用一切可利用的物质的性质,并吸取当代科学技术的最新成就,建立新的分析方法解决这些新课题,从而也促进分析化学的发展,如 20 世纪四五十年代兴起的材料科学,六七十年代发展起来的环境科学都促进了分析化学的发展,而 80 年代以来生命科学的发展正在促进分析化学又一次重大的发展。仪器分析是分析化学的重要组成部分,也在不断发展。仪器分析的发展自然包括仪器和方法两方面的发展,仪器分析的发展趋势是建立原位、在体、实时、在线的动态分析检测方法,建立无损以及多参数同时检测方法,各种仪器分析法的联用;而分析仪器的发展包括仪器的智能化、自动化、微型化和网络化等几个方面。

1.5 仪器分析方法的性能指标

仪器分析方法的好坏常用一些分析方法的性能指标来评价,这些指标主要包括精密度、灵敏度、检出限和定量限、线性范围、选择性及准确度等。在仪器分析中,一般情况下求浓度,所以本章主要讨论与浓度有关的性能指标,而与物质的量及质量有关的性能指标与浓度的类似。除上述指标外,当仪器分析方法同时用于定量分析和分离时,分离度也应当是一种方法的主要性能指标;当仪器分析方法既可用作定量分析,又可用作定性和结构分析时,分辨率应当也是方法的重要性能指标。当然在选择方法时,还要有一些实际考虑,如费用(包括仪器的购置费、运转费)、样品量、分析速度等。这些仪器分析方法的性能指标不仅与所用的分析仪器有关,还与取样量、样品预处理过程(如消解、萃取分离、稀释、浓缩等)有关。分析仪器的好坏同样可以用上述这些除准确度外分析方法的性能指标来评价,但分析仪器的这些性能指标是通过将标准溶液直接引入仪器进行测定求得的,不涉及取样量和样品预处理过程。分析仪器的性能指标主要用于评价分析仪器的优劣及不同仪器性能的比较。

1.5.1 精密度

样品中某一组分的浓度值是一个客观存在的真实数值,这就是通常所说的真值(x_t),如权威机构颁布的标准参考物质,其标示的组分浓度值就可以看作真值。误差可分为系统误差和偶然误差。系统误差是由某种固定的原因造成的,可使测定结果系统偏高或偏低。偶然误差是由一些不确定的偶然原因造成的,可使测定结果忽高忽低,具有随机性,是无法避免的。

绝对误差(E_a)是测定值(x_i)与真值 x_t 之间的差值:

$$E_a = x_i - x_t$$

而相对误差(E_r)是绝对误差 E_a 在真值中所占的比例:

$$E_r = \frac{E_a}{x_t} \times 100\%$$

分析方法的精密度是指用同一方法得到的多次测量结果间的相互一致性程度,精密度是由偶然误差决定的,它代表方法的稳定性和重现性,常用相对标准偏差(RSD)来表示。如分析一种样品,分析 n 次,测得被测物的平均浓度值 $\bar{x}$ 为

$$\bar{x} = \frac{\sum_{i=1}^{n} x_i}{n}$$

式中 x_i 为每次测定所得的被测物浓度值。绝对偏差(d_a)为测定值 x_i 与平均值 x 之间的差值:

$$d_a = x_i - \bar{x}$$

而相对偏差(d_r)为绝对偏差 d_a 在平均值中所占的比例:

$$d_r = \frac{d_a}{\bar{x}} \times 100\%$$

标准偏差(s)为

$$s = \sqrt{\frac{\sum_{i=1}^{n} (x_i - \bar{x})^2}{n-1}} \tag{1.1}$$

式中 $n-1$ 为自由度,自由度是独立变量的数目。当 $n-1$ 组 d_a 确定时,最后一组 d_a 根据 $\sum_{i=1}^{n}(x_i - \bar{x}) = 0$ 可导出,不是随意的,所以自由度为 $n-1$。则 RSD 可表示为

$$\mathrm{RSD} = \frac{s}{\bar{x}} \times 100\% \tag{1.2}$$

RSD 与被测物的浓度及分析方法有关,对于同一种方法,一般浓度越高或质量越大,精密度就越好,即 RSD 越小。重复性是指在同一实验室由同一操作人,用相同仪器和相同方法对同一被测物进行测定所得结果间的相互一致性程度。重现性是指在不同实验室由不同的操作人,用不同的实验仪器和相同的方法对同一被测物进行测定所得结果间的相互一致性程度。

对于有机残留物和污染物,定量测定结果的 RSD 不应超过 Horwitz 公式计算得到的水平,Horwitz 公式为

$$\mathrm{RSD}/\% = 2^{(1-0.5\lg\bar{x})}$$

式中 $\bar{x}$ 是在实验中测得的被测物的平均浓度值,这里的浓度采用质量分数表示(如$\mathrm{mg \cdot mg^{-1}}$、$\mathrm{g \cdot g^{-1}}$)。根据此公式,可计算得到 RSD。当被测物平均浓度为 1000 $\mu\mathrm{g \cdot kg^{-1}}$ 时,$\bar{x} = 1000\ \mu\mathrm{g \cdot kg^{-1}} = 10^{-6}\ \mathrm{g \cdot g^{-1}} = 10^{-6}$,$2^{[1-0.5\times(-6)]} = 2^4 = 16$,即 RSD 应小于 16%;当被测物浓度为100 $\mu\mathrm{g \cdot kg^{-1}}$时,同理,可计算得到 RSD 应小于 23%;而当被测物浓度为10 $\mu\mathrm{g \cdot kg^{-1}}$时,同理 RSD 应小于 32%。可见对于测定结果的 RSD 要求并不严。鉴于此,欧盟委员会(2002/1657/EC)规定,当被测物浓度低于 100 $\mu\mathrm{g \cdot kg^{-1}}$时,计算得到的 RSD 值太高,是不能接受的,要求 RSD 要尽量低;而当浓度高于 100 $\mu\mathrm{g \cdot kg^{-1}}$时,重复性实验结果的 RSD 应为计算值的 1/2~2/3。对于化学元素,也对定量测定的精密度有一定要求,当被测物浓度为 10~100 $\mu\mathrm{g \cdot kg^{-1}}$时,RSD 应低于 20%;当被测物浓度为 100~1000 $\mu\mathrm{g \cdot kg^{-1}}$时,RSD 应低于 15%;当被测物浓度大于1000 $\mu\mathrm{g \cdot kg^{-1}}$时,RSD 应低于 10%。此处仅介绍了欧盟委员会的规定中对于 RSD 的限制,根据情况不同,不同部门有不同限制。

1.5.2　灵敏度

分析方法的灵敏度(S)是指被测物浓度或质量改变一个单位所引起的响应信号的变化程度。在分析化学中,当被测物浓度在一定范围内与所测信号为线性相关时,根据在制作校准曲线时所加的被测物浓度($x_1,x_2,x_3,\cdots,x_n$)及与此浓度对应的测量信号($y_1,y_2,y_3,\cdots,y_n$),利用最小二乘法,很容易得到线性回归方程:

$$y = a + bx \tag{1.3}$$

式中 y 为分析样品时所测得的信号;a 为直线的截距;b 为直线的斜率;x 代表被测物的浓度。a 和 b 是基于制作校准曲线时测量不同浓度被测物样品所对应的信号通过数学方法计算得到的两个参数,通常将 a 看作空白信号,但 a 不仅与分析空白时所得空白信号 y_B 有关,也与分析不同浓度被测物样品时所测得的信号有关,因此,在实验中测得的空白的空白信号 y_B 与 a 通常并不完全相等。根据国际纯粹与应用化学联合会(IUPAC)规定,灵敏度是校准曲线的一阶导数,应称为校准灵敏度,但习惯上仍简称为灵敏度。由方程(1.3)可以看出,灵敏度 S 实际上可看作校准曲线的斜率 b。当然,关于灵敏度还有一些其他定义及相关的数学表达式,如在原子吸收光谱法中,常用特征浓度来表示灵敏度,特征浓度是指产生 1%吸收时被测物的浓度,在紫外-可见吸收光谱法中,也常用摩尔吸收系数来表征方法的灵敏度。

在方程(1.3)中,a 和 b 均可通过实验数据求得:

$$b = \frac{\sum_i [(x_i - \bar{x})(y_i - \bar{y})]}{\sum_i (x_i - \bar{x})^2} \tag{1.4}$$

$$a = \bar{y} - b\bar{x} \tag{1.5}$$

式中 $\bar{x} = \dfrac{\sum_i x_i}{n}$;$\bar{y} = \dfrac{\sum_i y_i}{n}$。

根据实验中加入的物质的浓度值(x_i)和对应的测量信号(y_i),$\bar{x}$ 和 $\bar{y}$ 很容易得到。求得 $\bar{x}$ 和 $\bar{y}$ 后,由式(1.4)很容易求得 b;而将 b 代入式(1.5),就可求得 a;由 $x_i,y_i,\bar{x}$ 和 $\bar{y}$,可求出相关系数 r。

$$r = \frac{\sum_i [(x_i - \bar{x})(y_i - \bar{y})]}{\left\{\left[\sum_i (x_i - \bar{x})^2\right]\left[\sum_i (y_i - \bar{y})^2\right]\right\}^{1/2}} \tag{1.6}$$

r 的取值范围为$-1 \leqslant r \leqslant +1$,当 $r = 1$ 时,有好的正相关性。r 值越接近 1,线性相关性越好。在实验分析中,r 常常大于 0.99,而小于 0.90 并不多见。

例 1.1　牛奶样品中的诺氟沙星用离子液体萃取,然后用配有紫外-可见光检测器的高效液相色谱仪分离检测。为了测定牛奶中的诺氟沙星含量,需制作工作曲线,在实验中,已知加标样品中诺氟沙星的浓度(x_i)为 0.00 $\mu g \cdot kg^{-1}$,0.02 $\mu g \cdot kg^{-1}$,0.05 $\mu g \cdot kg^{-1}$,0.10 $\mu g \cdot kg^{-1}$,0.20 $\mu g \cdot kg^{-1}$,0.40 $\mu g \cdot kg^{-1}$,0.55 $\mu g \cdot kg^{-1}$。与此浓度所对应的测得的信号峰面积(y_i)为 0.1 mA · s,11.2 mA · s,36.3 mA · s,69.5 mA · s,127.5 mA · s,255.0 mA · s,323.2 mA · s。给出对应于工作曲线的线性回归方程及相关系数。

解:根据已知的 x_i 和测得的 y_i 可求得平均值 $\bar{x}$ 和 $\bar{y}$。计算式中略去单位。

$$\bar{x}=\frac{\sum_i x_i}{n}=\frac{0.00+0.02+0.05+0.10+0.20+0.40+0.55}{7}=0.19$$

$$\bar{y}=\frac{\sum_i y_i}{n}=\frac{0.1+11.2+36.3+69.5+127.5+255.0+323.2}{7}=117.5$$

由此可计算得到 $x_i-\bar{x}$,$(x_i-\bar{x})^2$,$y_i-\bar{y}$,$(y_i-\bar{y})^2$ 和$(x_i-\bar{x})(y_i-\bar{y})$,这些计算得到的值列于下表:

	x_i	y_i	$x_i-\bar{x}$	$(x_i-\bar{x})^2$	$y_i-\bar{y}$	$(y_i-\bar{y})^2$	$(x_i-\bar{x})(y_i-\bar{y})$
	0.00	0.1	-0.19	0.036	-117.4	13782.8	22.3
	0.02	11.2	-0.17	0.029	-106.3	11299.7	18.1
	0.05	36.3	-0.14	0.020	-81.2	6593.4	11.4
	0.10	69.5	-0.09	0.0081	-48.0	2304.0	4.3
	0.20	127.5	0.01	0.0001	10.0	100.0	0.1
	0.40	255.0	0.21	0.044	137.5	18906.2	28.9
	0.55	323.2	0.36	0.13	205.7	42312.5	74.1
总和	1.32	822.8	-0.01	0.27	0.3	95298.6	159.2

基于这些值,并根据式(1.4)、式(1.5)和式(1.6)可计算得到斜率 b、截距 a 和相关系数 r:

$$b=\frac{\sum_i[(x_i-\bar{x})(y_i-\bar{y})]}{\sum_i(x_i-\bar{x})^2}=\frac{159.2}{0.27}=589.6$$

$$a=\bar{y}-b\bar{x}=117.5-589.6\times0.19=5.48$$

回归方程为

$$y=5.48+589.6x$$

$$r=\frac{\sum_i[(x_i-\bar{x})(y_i-\bar{x})]}{\left\{\left[\sum_i(x_i-\bar{x})^2\right]\left[\sum_i(y_i-\bar{y})^2\right]\right\}^{1/2}}=\frac{159.2}{\sqrt{0.27\times95298.6}}=0.9925$$

1.5.3 线性范围

线性范围是指校准曲线保持线性或校准曲线的斜率保持常数的待测组分的浓度范围,一般在实际测试中,它的低端(定量下限)可通过实验来确定,即实际可定量测定的待测组分的最低浓度,而高端(定量上限)则定义为当分析信号偏离校准曲线直线部分时某一点所对应的浓度,此一点应以某一相对量(如 5%)偏离校准曲线直线部分的延长线。

在通常情况下,线性校准曲线是最理想的,因为它很容易发现异常,很容易用一简单数学关系式表示,很容易求未知样品中待测组分的浓度。当然还希望有更宽的线性范围,这样不必稀释就可对很宽浓度范围的待测组分进行测定。当校准曲线为非线性时,也可用于定量分析,但所对应的浓度范围称为动态范围。校准曲线的优劣可用相关系数 r 或测定系数 r^2 来表征。r 值在-1~1,r^2 值在 0~1。

1.5.4 检出限和定量限

检出限(LOD,x_d)又称检测下限或检测限,定义为在误差分布服从正态分布的条件下，能以 99.7%置信度被检出的待测组分的最低浓度，即信号为空白信号标准偏差 3 倍时所对应的待测组分的浓度。实际分析中，由于测量次数有限，测量误差往往是非正态分布的，由此计算的检出限的置信度实际上仅约为 90%。通过分析空白可得到空白信号，常用的空白包括空白样品和试剂空白。空白样品是指不含待测组分的样品，即阴性样品。但有时找不到空白样品，即样品均含待测组分，即阳性样品，则可用试剂空白，试剂空白是除不加样品外，加样品处理过程中的所有试剂得到的样品。如果分析空白多次（如 20 次），所得信号的平均值为 y_B，噪声是指波动的信号，噪声的大小可用标准偏差 s_B 来表示，则检出限 x_d 为

$$x_d = \frac{3s_B}{b} \tag{1.7}$$

式中 s_B 为空白信号的标准偏差，其计算方法类似式（1.1），即根据每次测得的信号与平均信号可求得空白信号的 s_B。b 为线性校准曲线的斜率，若校准曲线由几条直线组成，则 b 应为曲线最下端直线的斜率。

上面介绍了分析化学有关专著和教科书中关于检出限的定义及确定方法。但在实际工作中，有时会遇到两个方面的问题，一是分析空白 20 次，特别是当样品分析时间太长时，则很难完成；二是若分析空白时，没有明显的信号，则得不到 s_B。为了解决这两个问题，也提出了一些其他得到 s_B 的方法。① 因测量空白信号的 s_B 需测量次数较多，为了节省时间，也有人建议用制作校准曲线时测得信号 y 值的偶然误差（见本章参考文献[2]，第 134 页）来代替 s_B，这样在制作校准曲线时就可得到 s_B，节省时间。② 如在色谱分析法中计算检测器的检出限时，用基线在短时间内的峰-峰值，即基线噪声的极大值与极小值之差来表示噪声大小（见第十五章）。③ 利用我国有关部门制定的环境保护标准《环境监测分析方法标准制订技术导则》（HJ 168—2020），则比较容易求得检出限。这一标准规定，样品分析次数 7 次以上。若样品中含有待测组分，则通过分析样品 7 次以上得到的待测组分信号的标准偏差就可看作 s_B，从而可求得检出限；若样品中不含待测组分，则可向空白样品中加入标准溶液制备标加样品，但标加待测组分的浓度一般应为估计检出限的 3~5 倍，而后分析标加样品 7 次以上，得到的待测组分信号的标准偏差可作为 s_B，从而可求得检出限。

定量限（LOQ，x_q）包括定量上限和定量下限，这里仅讨论定量分析实际可以达到的最低极限，即定量下限。本书将定量下限简称为定量限。与上述检出限的定义类似，根据国际纯粹与应用化学联合会的规定，定量限是相当于空白测量值标准偏差 10 倍的信号所对应的待测组分浓度。

$$x_q = \frac{10s_B}{b} \tag{1.8}$$

1.5.5 选择性

同一样品中有两种或两种以上组分共存时，分析方法分别测定单一组分的能力称为方法的选择性或特效性。当方法同时具有分离和测定能力时，方法的选择性就比较高，如色谱法可在不同保留时间测定不同的组分；原子发射光谱法可以在不同波长处测定不同的元素。

实际上一种方法很难避免其他组分的干扰,这时,选择性的高低可用选择性系数表示。如对于待测组分 A 和干扰组分 B,A 对 B 的选择性系数可用 K_{AB} 来描述,$K_{AB}=\frac{S_B}{S_A}$,S_A 和 S_B 分别为测定 A 和 B 的校准灵敏度,即校准曲线的斜率 b。当 K_{AB} 等于零时,B 对 A 的测定不干扰,K_{AB} 越大,B 对 A 测定的干扰越严重,选择性越低。当 B 干扰引起 A 的信号下降时,K_{AB} 的值应为负数。

1.5.6 准确度

准确度是分析方法最重要的性能。它表明测得的待测组分浓度与样品中待测组分实际浓度的接近程度,常用相对误差来表示。准确度是由系统误差和偶然误差决定的,它代表方法的可靠性。分析方法的准确度可用下列一些方法来考察。

1. 与其他方法对照

将分析结果与其他一种或几种分析方法所得结果进行对照,从而来评价所用分析方法的准确度,所用的其他方法最好是公认的可靠方法或是比较成熟的方法。

2. 用标准物质评价

标准物质(或称标准参考物质)是已确定某一种或几种特性,用于校准测量器具、评价测量方法或确定材料特性量值的物质。标准物质一般由国家权威机构组织研制、颁布和出售,如我国的标准物质中心。用标准物质来评价分析方法的准确度是最理想的方法,因为给定的标准物质中所含物质的浓度具有权威性,这些浓度相当于真值。用所建立的分析方法分析标准物质,如果所得分析结果与标准物质中给定待测组分的浓度一致,则说明所建立的分析方法有很好的准确度。

3. 加标回收

在没有标准物质的情况下,可用加标回收的方法来验证方法的准确度。首先测定分析样品中待测组分的量,然后在分析样品中加入一定量的待测组分标准,再测定标加样品中待测组分的量,将标加前后所得样品中待测组分的量之差,与实际的标加量对照,即可得到回收率,回收率一般用百分数表示。对于加标回收率的要求,一般都规定与待测组分浓度有关,但并没有一个统一的标准,如欧盟委员会规定,对于有机残留物和污染物,当待测组分浓度≥10 $\mu g \cdot kg^{-1}$时,回收率应为 80%~110%;当待测组分浓度为 1~10 $\mu g \cdot kg^{-1}$时,回收率应为 70%~110%;而当待测组分浓度≤1 $\mu g \cdot kg^{-1}$时,回收率应为 50%~120%。而对于化学元素,回收率应为 90%~100%。

在仪器分析方法性能表征中,如精密度可用 RSD 来表征,由于主要利用统计分析,所以测量次数应当有一定的要求,如测定标准偏差或 RSD,测量次数应当在 5 次以上,而确定检出限时,测量次数根据国际纯粹与应用化学联合会规定,要在 20 次以上,但在一般科研论文中,因为只是研究,所以有时并不完全按这种规定,如查阅有关分析化学的研究论文就可以发现,测定标准偏差或 RSD 一般仅测量 3 次,而求检出限分析空白样品和试剂空白时,分析的次数也通常不足 20 次。

1.6　仪器分析中的定量分析方法

仪器分析方法分析的对象是样品,样品是从整体物质中以某种方式取出的一部分物质,而这部分物质应与整体物质有相同特征,即有代表性,能代表整体物质。在样品分析过程中,样品需要预处理,即样品是变化的,随方法不同样品变化的次数也不同,而且常常要进行相变,为了方便,可以把整体物质叫整体样品(如一个湖的水),而把整体样品中取出的一批或一份叫原始样品(如从湖中取出 1 L 水),原始样品经过处理,得到可直接引入分析仪器的样品叫分析样品。样品中待测组分称为被测物,而基体是样品中所有组分的集合。所有组分是指样品中的原始组分,包括被测物,不包括添加的试剂,基体效应是所有组分对分析信号的联合影响。

仪器分析用于样品分析时主要分为定性分析、定量分析和结构分析。当进行定性和结构分析时,不同的仪器分析方法会有较大差别,但对于定量分析,除绝对分析法(如本书所述的电解和库仑分析法)外,不同仪器分析方法是类似的,一般先用实验的方法,求得不同量(浓度或质量)标准被测物产生的信号,建立信号与被测物的量之间的关系,即绘制校准曲线或建立回归方程,而后再测量未知样品中由被测物产生的信号,并根据所建立的校准曲线或回归方程求未知样品中被测物的量(浓度或质量)。浓度的表示法有物质的量浓度(c, $mol \cdot L^{-1}$)、质量浓度(ρ, $g \cdot L^{-1}$)、质量分数(w)和摩尔分数(x)等。一般情况下求浓度,所以下面介绍的是求未知样品中被测物浓度的方法,求物质的量(moL)和质量(g)的方法与此类似。

1. 校准曲线法

校准曲线法也称外标法,校准曲线通常包括标准曲线和工作曲线。标准曲线是将标准溶液稀释成含不同浓度被测物的工作溶液,而后直接进样。根据工作溶液中被测物浓度与测量得到的信号绘制曲线或求得回归方程。用标准曲线进行定量分析的优点是制作简单,不需进行样品预处理。工作曲线是将标准溶液通过简单稀释制成样品溶液或将标准溶液加入实际空白样品中制成标加样品,然后将此样品溶液或标加样品按实际样品分析步骤,进行样品预处理,而后进行分析,根据样品中被测物的浓度与测量得到的信号绘制曲线或求得回归方程,与标准曲线法相比,用工作曲线法进行定量分析的优点是可减少或消除基体效应,降低样品处理过程中被测物损失带来的误差,但操作较复杂,也费时。应用校准曲线法时,校准曲线最好过原点,即截距为零或很小,且为直线,但曲线不为直线或不过原点,也可以用。校准曲线法的优点是制作一条曲线可分析大批量相同类型的样品。

2. 内标法

应用多点内标法时,在标准溶液中加入内标物,内标物性质与被测物相近,且内标物浓度保持恒定,测量被测物与内标物的信号比,以此信号比相对于被测物浓度制成校准曲线或求得回归方程。内标法的优点是可消除因实验条件波动引起的信号变化,与校准曲线法类似,应用内标法时,校准曲线最好为直线,且过原点,但不是直线、不过原点也可用。制作一条曲线可分析大量样品,但制作曲线及分析实样时均需加入内标物。单点内标法将在第十五章和第十六章讨论。

3. 标准加入法

虽然在校准曲线法中，可以用合适的基体配制标准样品或用实际空白样品通过标加被测物制得标加样品，制作工作曲线来降低或消除基体干扰，但有时很难配制完全匹配的基体或找不到不含被测物的空白样品。多点标准加入法是取几份相同的样品加入不同量的被测物标准后，进行分析，将测得的信号相对于加入被测物的浓度作图，将此直线外推至横坐标，则可直接读出未知样品中被测物的浓度。标准加入法的优点是可消除基体干扰，但使用标准加入法时通常要求所对应的校准曲线要经过原点，且为直线。单点标准加入法稍后讨论。

图 1.1 为这三种方法的示意图，图中 y_x 为由被测物所引起的信号，y_r 为由内标物所引起的信号，x_x 为所测得被测物的浓度值，即测定结果。

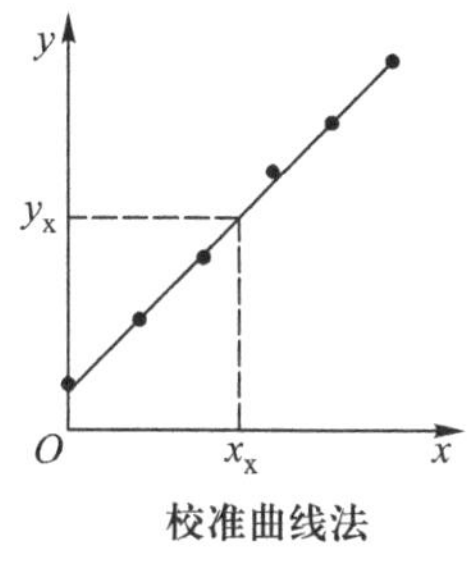

校准曲线法

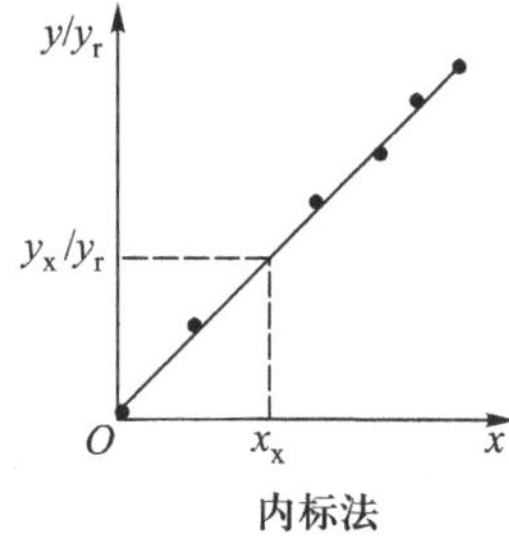

内标法

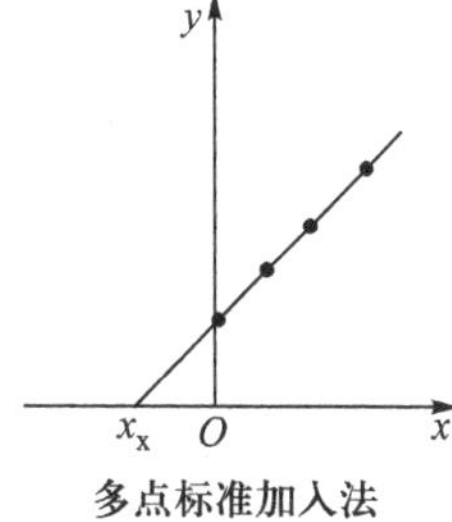

多点标准加入法

图 1.1　定量分析法（曲线法）

应用定量分析方法时，也可不绘制曲线，而利用回归方程。对于校准曲线法，回归方程为

$$y = a + bx$$

根据实验数据，可求出 a 和 b，然后将测得的未知样中被测物的信号 y_x 代入方程，即可求得被测物的浓度值 x_x。对于内标法，回归方程为

$$\frac{y}{y_r} = a + bx$$

根据测得的在不同被测物浓度时的$\frac{y}{y_r}$值，求得 a 和 b。而后将测得的未知样中被测物与内标物的信号比$\frac{y_x}{y_r}$代入方程，即可求得被测物的浓度值 x_x。对于单点标准加入法，回归方程为

$$y = bx$$

分析未知样时

$$y_x = bx_x$$

式中 y_x 和 x_x 分别为分析样品时测得的被测物信号和样品中被测物的浓度值。向未知样中加入标准，若不考虑加入标准后对样品体积的影响，则加入标准后，未知样中被测物的浓度值为$x_x + x_s$，则

$$y_{x+s} = b(x_x + x_s)$$

式中 y_{x+s}为分析加入标准后样品时得到的信号；x_s 为加入的标准在样品中的浓度值。将上两式合并，则

$$y_x/y_{x+s} = x_x/(x_x + x_s)$$

式中 y_x 和 y_{x+s} 由实验测量得到，而 x_s 为样品中加入的被测物的浓度值，为已知量，未知浓度值 x_x 很容易计算出来。当考虑加入标准后对样品体积的影响时，则加入标准后

$$y_{x+s} = \frac{b(x_x V_x + x_s V_s)}{V_x + V_s}$$

式中 V_x 和 V_s 分别为未加标准前样品溶液和加入标准溶液的体积；x_s 是标准溶液中被测物的浓度值。基于此式与 $y_x = bx_x$，很容易求出未知样中被测物的浓度值 x_x。

参考文献

[1] 汪尔康.21世纪的分析化学.北京：科学出版社，1999.

[2] Miller J N, Miller J C. Miller R D. Statistics and Chemometrics for Analytical Chemistry. 7th ed. Harlow: Pearson Education Limited, 2018.

[3] Hage D S, Carr J D.分析化学和定量分析(英文版).北京：机械工业出版社，2012.

[4] 张新祥，李美仙，李娜，等.仪器分析教程.3版.北京：北京大学出版社，2022.

[5] 曾泳淮.分析化学(仪器分析部分).3版.北京：高等教育出版社，2010.

[6] 武汉大学.分析化学(下册).6版.北京：高等教育出版社，2018.

习题

1.1 已知一组织样品中腺苷三磷酸(ATP)的浓度为 122 μmol·L^{-1}。用一个新的分析方法分析这一组织，测定 ATP 的结果为 117 μmol·L^{-1}，119 μmol·L^{-1}，111 μmol·L^{-1}，115 μmol·L^{-1}和 120 μmol·L^{-1}。计算测定结果的绝对误差和相对误差，并计算测定结果的标准偏差和相对标准偏差。

1.2 用血液检测仪测定血液中葡萄糖的质量浓度，测定 7 次，结果为 0.98 mg·mL^{-1}，1.03 mg·mL^{-1}，0.99 mg·mL^{-1}，1.02 mg·mL^{-1}，0.94 mg·mL^{-1}，1.00 mg·mL^{-1}和 0.97 mg·mL^{-1}，求这组测定结果的平均值、标准偏差和相对标准偏差。

1.3 用高效液相色谱法测定人参皂苷 Rg，标准溶液中 Rg 的含量及测量的结果为

Rg 质量浓度/(μg·mL^{-1})	0.00	20.00	40.00	100.00	400.00	800.00
峰面积/(mA·s)	12.0	40.0	78.0	195.0	780.0	1500.0

基于此实验结果，建立线性回归方程，并求出线性方程的线性相关系数。

1.4 什么是标准参考物质？它在分析方法评价中的作用是什么？

1.5 分析化学的定义是什么？分析化学方法主要包括哪些部分？

1.6 仪器分析中主要有哪些定量分析方法？这些方法的优缺点是什么？

1.7 若校准曲线是线性的，则测量信号 y 与被测物浓度 x 可用回归方程 $y = a + bx$ 来描述，根据这一方程，用校准曲线求未知样中 x 时最少要测量几次？

1.8 在下列分析任务中，指出样品、被测物和基体分别是什么？

(a) 用原子发射光谱法测定湖水中的铜、铅、锌和镉。

(b) 用化学分析法测定水泥中的钙和镁。

(c) 用气相色谱法测定石油裂解气中的甲烷、乙烷和丙烷。

1.9 论述精密度和准确度的差别。

习题参考答案

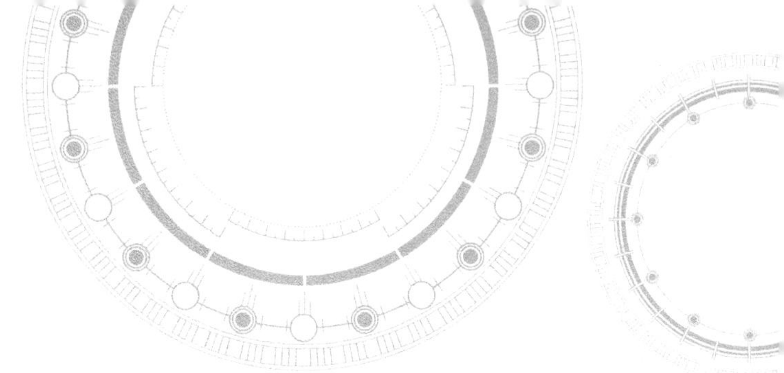

第二章 光谱分析法导论

光谱是复色光经分光后按波长长短或频率高低依次排列的图谱。光谱分析法是测量物质的光谱，并根据测得的光谱来获得物质化学组成和结构信息的分析方法。本书将讨论基于原子外层电子能级跃迁的原子发射、吸收和荧光光谱法；基于分子外层电子能级跃迁的紫外-可见吸收、分子荧光、分子磷光和化学发光光谱法；基于分子振动-转动能级跃迁的红外吸收光谱法；基于光散射的激光拉曼光谱法；基于原子核能级跃迁的核磁共振波谱法；基于原子内层电子能级跃迁的 X 射线光谱法，以及基于电子发射的电子能谱法。本章主要介绍基于原子和分子外层电子和振动-转动能级跃迁的原子光谱和分子光谱的产生及形状。

2.1 电磁辐射

光是一种电磁辐射，电磁辐射是以很高速度通过空间，不需要以任何物质作为传播介质的一种能量。电磁辐射具有波粒二象性，即波动性和粒子性。波动性表现为电磁辐射是平面偏振电磁波。电磁波的电场矢量和磁场矢量在互相垂直的两个平面内振动，这两个矢量垂直于波的传播方向，因此电磁波是横波，它以正弦波的形式传播，可用波长、频率、波数和速率来表征，且可解释电磁辐射的反射、衍射、折射和干涉等现象。但电磁辐射的波动性不能解释电磁辐射的发射和吸收现象，当把电磁辐射看成粒子，即光子时，才能解释电磁辐射的发射和吸收。这一理论认为电磁辐射是一束不连续具有一定能量的粒子，这说明电磁辐射的能量不是连续而均匀地分布在传播空间的，而是量子化的，电磁辐射的粒子性可用能量来表征，而表征粒子性和波动性的参数可用普朗克常量联系起来。光谱分析中所涉及的 γ 射线、X 射线、紫外光、可见光、红外光、微波和无线电波（射频）都属于电磁辐射。但通常将波长从 180 nm 至 1000 μm 的电磁辐射称作光波或光，其所对应的分析方法称作光学光谱法；而将微波区和射频区称作波谱区，其对应的分析法称作波谱法。描述发射或吸收的电磁辐射能量随电磁波波长（或频率、波数）变化的函数关系一般很难用一简单数学关系式描述，而用图或表来描述，最常用图来描述，描述此函数关系的图即为电磁波谱图，如吸收光谱图、发射光谱图等，但一般将电磁辐射按波长长短（或频率、波数高低）次序排列成的谱称为电磁波谱(表 2.1)。从微观上讲,电磁辐射的发射和吸收实际上是光子的发射和吸收,其发射和吸收的强度(能量)自然与光子数目及每个光子的能量有关,因此描述电磁辐射的参数有波长 λ、频率 ν、波数 σ 和光子能量 E。

表 2.1 电磁波谱

E/eV	ν/Hz	σ/cm^{-1}	λ	电磁波	跃迁类型
$>2.5\times10^5$	$>6.0\times10^{19}$	$>2.0\times10^9$	<0.005 nm	γ 射线区	核能级
$2.5\times10^5\sim1.2\times10^2$	$6.0\times10^{19}\sim3.0\times10^{16}$	$2.0\times10^9\sim1.0\times10^6$	0.005~10 nm	X 射线区	内层电子能级
$1.2\times10^2\sim7.0$	$3.0\times10^{16}\sim1.7\times10^{15}$	$1.0\times10^6\sim5.6\times10^4$	10~180 nm	真空紫外光区	
7.0~3.3	$1.7\times10^{15}\sim7.9\times10^{14}$	$5.6\times10^4\sim2.6\times10^4$	180~380 nm	近紫外光区	外层电子能级
3.3~1.6	$7.9\times10^{14}\sim3.8\times10^{14}$	$2.6\times10^4\sim1.3\times10^4$	380~780 nm	可见光区	
1.6~0.50	$3.8\times10^{14}\sim1.2\times10^{14}$	$1.3\times10^4\sim4\times10^3$	0.78~2.5 μm	近红外光区	分子振动能级
$0.50\sim2.5\times10^{-2}$	$1.2\times10^{14}\sim6.0\times10^{12}$	4000~200	2.5~50 μm	中红外光区	
$2.5\times10^{-2}\sim1.2\times10^{-3}$	$6.0\times10^{12}\sim3.0\times10^{11}$	200~10	50~1000 μm	远红外光区	分子转动能级
$1.2\times10^{-3}\sim4.1\times10^{-6}$	$3.0\times10^{11}\sim1.0\times10^9$	10~0.033	1~300 mm	微波区	电子自旋
$<4.1\times10^{-6}$	$<1.0\times10^9$	< 0.033	> 300 mm	无线电波区(射频区)	核的自旋

电磁波波长的单位有 pm,nm,μm,mm,cm 和 m,它们之间的换算关系为

1 pm = 10^{-12} m 1 nm = 10^{-9} m 1 μm = 10^{-6} m 1 mm = 10^{-3} m 1 cm = 10^{-2} m

波长、频率、波数和光子能量可互相换算。频率 ν 为单位时间内电磁场振动的次数,单位为 s^{-1},以 Hz 表示,$\nu = c/\lambda$,c 为光速,在真空中,其值约为2.998×10^8 m · s^{-1}。波数 σ 为每单位距离内波的数目,即波长的倒数,$\sigma = 1/\lambda$,单位是 cm^{-1}。能量 E 为每个光子的能量,$E = h\nu$,h 为普朗克常量,其值约为 6.626×10^{-34} J · s,在光谱学中,能量常用电子伏特(eV)来表示,1 eV = 1.602×10^{-19}J。例如,λ 为 400 nm 的光,其对应的 ν,σ 和 E 如下:

$$\nu = \frac{c}{\lambda} = \frac{2.998\times10^8\ \mathrm{m\cdot s^{-1}}}{400\times10^{-9}\ \mathrm{m}} = 7.5\times10^{14}\ \mathrm{s^{-1}} = 7.5\times10^{14}\ \mathrm{Hz} = 7.5\times10^8\ \mathrm{MHz}$$

$$\sigma = \frac{1}{\lambda} = \frac{1}{400\times10^{-7}\ \mathrm{cm}} = 2.5\times10^4\ \mathrm{cm^{-1}}$$

$$E = h\nu = 6.626\times10^{-34}\ \mathrm{J\cdot s}\times7.5\times10^{14}\ \mathrm{s^{-1}} = 5.0\times10^{-19}\ \mathrm{J}$$

$$\frac{5.0\times10^{-19}\ \mathrm{J}}{1.602\times10^{-19}\ \mathrm{J\cdot eV^{-1}}} = 3.1\ \mathrm{eV}$$

2.2 原子光谱

光谱按产生方式可分为发射光谱、吸收光谱和拉曼散射光谱,而按形状可分为线光谱、

带光谱和连续光谱，线光谱是线状的，谱峰尖锐，线光谱主要产生于原子。带光谱是带状的，谱带较宽，主要产生于分子。这种区分也不十分严格，如常将气体分子的纯转动光谱也称作线光谱，但一般将分子光谱称作带光谱。所以也常常将光谱分为原子光谱和分子光谱。原子光谱又可分为原子发射、原子吸收和原子荧光光谱。同样，分子光谱也可分为分子发光、分子吸收和分子拉曼光谱。连续光谱是在很宽的波长范围内，光信号随波长变化呈一条平滑曲线，没有锐线和分立的谱带，主要源于炽热固体和液体的热辐射。

2.2.1　原子光谱的产生

若不考虑核能，则自由原子的总能量 E 包括 E_t 和 E_e。E_t 为原子的平动能，是连续的。E_e 是电子的能量，是量子化的。原子中电子的能量是量子化的，即有不同的能级，电子在不同能级间的跃迁，伴随能量的吸收或释放，就会产生原子光谱（图 2.1）。由此可见，产生原子光谱的条件是有自由原子，并使电子在自由原子不同能级间跃迁。在原子光谱中，用光源或原子化器来产生自由原子。光谱线常用谱线位置（波长、频率或波数）、强度和形状三个参数来描述。

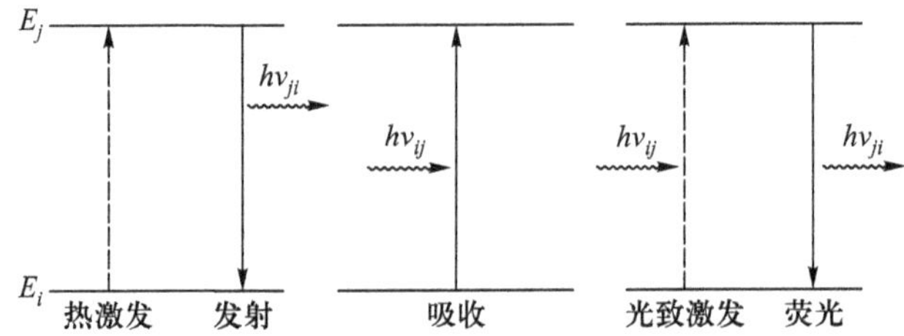

图 2.1　原子光谱的产生示意图

2.2.2　谱线波长

原子光谱产生于电子在自由原子不同能级间的跃迁，而原子能级常用光谱项来描述。

1. 电子量子数

原子是由原子核和核外电子组成的，核外电子的运动规律，要用量子力学来描述。当不考虑电子间的相互作用，也不考虑电子轨道运动与自旋运动的相互作用，即只考虑原子中电子与原子核相互作用时，可用电子量子数来描述核外个别电子的运动状态。

① 主量子数 n　它决定电子的能量，n 值可取任意正整数。当 n 为 1，2，3，4，…时，光谱学上用相应的大写字母 K，L，M，N，…表示。

② 轨道角量子数 l　它决定电子轨道角动量，l 值可取 0，1，2，3，…，$n-1$。光谱学上用相应的小写字母 s，p，d，f 等表示。

③ 轨道磁量子数 m　它决定轨道角动量 l 沿磁场的分量。m 可取从 $-l$ 到 $+l$ 的任意整数：0，±1，±2，…，$\pm l$，共有 $(2l+1)$ 个值。

④ 电子自旋量子数 s　它决定电子自旋角动量，s 值只取 $\frac{1}{2}$。

⑤ 自旋磁量子数 m_s　它决定自旋角动量沿磁场方向的分量，m_s 可取±s，即 $m_s=\pm\dfrac{1}{2}$。

一般只取 n,l,m,m_s 四个量子数就可以完全表示出电子的运动状态。

2. 原子量子数

对于氢原子或类氢原子，上述描述单个电子的量子数即为整个原子的量子数，但对于多电子原子，就需要由各个电子的量子数合成的量子数来描述整个原子的量子数。

① 总轨道角量子数　原子中每个电子的轨道运动可用各自的轨道角量子数 l 来表示。根据各电子的轨道角量子数可得到总轨道角量子数 L，它的取值可有各电子的轨道角量子数 l 来确定。例如，原子的两个电子的轨道角量子数分别为 l_1 和 l_2，则总轨道角量子数 L 为

$$L=l_1+l_2,l_1+l_2-1,l_1+l_2-2,\cdots,|l_1-l_2|$$

即总轨道角量子数 L 由 l_1 和 l_2 之和变化到 l_1 和 l_2 之差，相邻 L 间相差 1，L 值取 0，1，2，3，…时，光谱学上用相应的大写字母 S，P，D，F，…表示。若原子中电子数多于两个，则可先计算两个电子的总轨道角量子数，而后再根据由此得到的每个总轨道角量子数分别与第三个电子的轨道角量子数 l_3 加和，便可得到三个电子时的总轨道角量子数。若多于三个电子，则按同样方法类推。

② 总自旋量子数　在多电子原子中，通过各个电子的自旋量子数可求得总自旋量子数，对于 N 个电子体系，总自旋量子数 S 的可能取值为

$$S=\frac{N}{2},\frac{N}{2}-1,\cdots,\frac{1}{2}\text{或}\ 0$$

即电子数为偶数时，S 值为 0 或正整数；电子数为奇数时，S 值为正半整数。例如，$N=2$ 时，S 的取值为 1 和 0；$N=3$ 时，S 的取值为$\dfrac{3}{2}$和$\dfrac{1}{2}$；$N=4$ 时，S 的取值为 2，1，0，以此类推。

③ 内量子数　J 称为内量子数或总角量子数，J 的取值为

$$J=L+S,L+S-1,\cdots,|L-S|$$

当 $L\geqslant S$ 时，J 可取 $(2S+1)$ 个值，当 $L<S$ 时，J 可取 $(2L+1)$ 个值。例如，当 $L=2,S=\dfrac{3}{2}$ 时，J 可取 $\dfrac{7}{2},\dfrac{5}{2},\dfrac{3}{2},\dfrac{1}{2}$四个值，当 $L=1,S=\dfrac{3}{2}$时，J 可取$\dfrac{5}{2},\dfrac{3}{2},\dfrac{1}{2}$三个值。

可用总磁量子数 M 来描述总角动量沿磁场方向的分量，M 的取值为 $J,J-1,\cdots,-J+1,-J$，显然，M 的取值为 $(2J+1)$ 个。这说明总角动量在磁场方向的分量共有 $(2J+1)$ 个，其表示在外磁场作用下能级的分裂情况。

3. 光谱项

光谱项符号为 ^{2S+1}L，其中 $2S+1$ 用数字表示，表示光谱项的多重性。L 用字母表示，对应于 L 为 0，1，2，3，…，依次用字母 S，P，D，F，…表示。例如，$L=0,S=\dfrac{1}{2}$的光谱项记为^{2}S，而 $L=3,S=1$ 的光谱项记为^{3}F。由于不同内量子数对应的能级也有微小差别，所以将 J 记在 ^{2S+1}L 右下角，即 $^{2S+1}L_J$，通常称 $^{2S+1}L_J$ 为光谱支项，J 也用数字表示，如 $L=1,S=1$，则 J 值可取 2，1，0，所以应该有三个光谱支项，即$^3P_2$，$^3P_1$，$^3P_0$。

在外磁场作用下，每一个光谱支项还可以分裂成 $(2J+1)$ 个微状态，因此原子的微状态

使用 L,S,J,M 四个量子数来描述。当无外磁场时，这些微状态对应于同一个能级，即光谱支项所对应的能级，通常用 $g=2J+1$ 表示该能级的简并度，式中 g 叫作统计权重。当有外磁场时，该能级的简并被解除，分裂成 $(2J+1)$ 个能级有微小差异的微状态。谱线受磁场影响分裂为几条间隔约为 0.01 nm 的偏振化组分的现象称为塞曼效应，当原子中电子的数目为偶数，且所有电子的自旋方向相反，即 $S=0$ 时，为正常塞曼效应，否则为反常塞曼效应。在正常塞曼效应中，一条谱线分裂为三条谱线，而在反常塞曼效应中，一条谱线会分裂为更多条谱线。

一般情况下，如果需要指明主量子数时，将主量子数 n 记在光谱项前，即 $n^{2S+1}L$。推导光谱项必须要知道原子的电子结构，即电子组态，如 H，He，Li，Be 和 B 原子的电子组态可分别表示为 $H(1s^1)$，$He(1s^2)$，$Li(1s^22s^1)$，$Be(1s^22s^2)$ 和 $B(1s^22s^22p^1)$。在推导光谱项时，可不考虑电子充满的闭支壳层，如 ns^2，np^6，nd^{10} 和 nf^{14}，因为这些电子组态的 $L=0,S=0$，光谱项为 ${}^1S$，光谱支项为 ${}^1S_0$。下面以 Na 和 Mg 原子为例讨论如何推导光谱项和光谱支项。基态 Na 的电子组态为 $1s^22s^22p^63s^1$，不考虑 $1s^22s^22p^6$，仅考虑电子组态 $3s^1$ 所对应的光谱项，基态时 $L=0,S=\frac{1}{2},J=\frac{1}{2}$，光谱项为 ${}^2S$，光谱支项为 ${}^2S_{\frac{1}{2}}$。3s 电子跃迁到 3p 轨道时，$L=1,S=\frac{1}{2},J=\frac{1}{2},\frac{2}{3}$，光谱项为 ${}^2P$，光谱支项为 ${}^2P_{\frac{1}{2}}$，${}^2P_{\frac{3}{2}}$。基态 Mg 的电子组态为 $1s^22s^22p^63s^2$，显然外层是电子充满的闭支壳层，光谱支项为 ${}^1S_0$，当一个电子跃迁到 3p 轨道时，$l_1=0,l_2=1,L=1$；电子数为 2，$S=1,0$；当 $S=1$ 时，$J=2,1,0$；当 $S=0$ 时，$J=1$。当 $S=1$ 时光谱项为 ${}^3P$，光谱支项为 ${}^3P_2$，${}^3P_1$，${}^3P_0$；当 $S=0$ 时，光谱项为 ${}^1P$，光谱支项为 ${}^1P_1$。Na 原子光谱支项所对应的能级与能级间电子跃迁产生的光谱线波长如图 2.2 所示。在图中，纵坐标为能量 E，基态原子能量 $E=0$。图中两光谱支项间线段中数字表示光谱线的波长（单位为 nm），线段两端点对应于电子跃迁所涉及的高低能级光谱支项，如 Na 589.0 nm 谱线对应于 $3^2S_{\frac{1}{2}}\rightarrow3^2P_{\frac{3}{2}}$ 跃迁，而 Na 589.6 nm 谱线对应于 $3^2S_{\frac{1}{2}}\rightarrow3^2P_{\frac{1}{2}}$ 跃迁。Na 和 Mg 原子光谱项的推导是相对容易的，因为仅涉及闭支壳层和不等价电子组态。所谓不等价电子是指两个电子的量子数 n 和 l 中至少有一个不同，若 n 和 l 都相同，则为等价电子，对于等价电子组态（如 P^2），光谱项的推导就比较复杂，因为受泡利不相容原理的限制，两个电子的四个量子数 n,l,m,m_s 不能相同。光谱支项所对应能级高低排列顺序有一定的规律，这一规律称为洪德规则：(1) 对于给定的电子组态，S 大，能量低；(2) 若 S 相同，则 L 大，能量低；(3) 若 S 和 L 都相同，则支壳层电子半充满前，J 小，能量低，而支壳层电子半充满或半充满后，J 大，能量低。

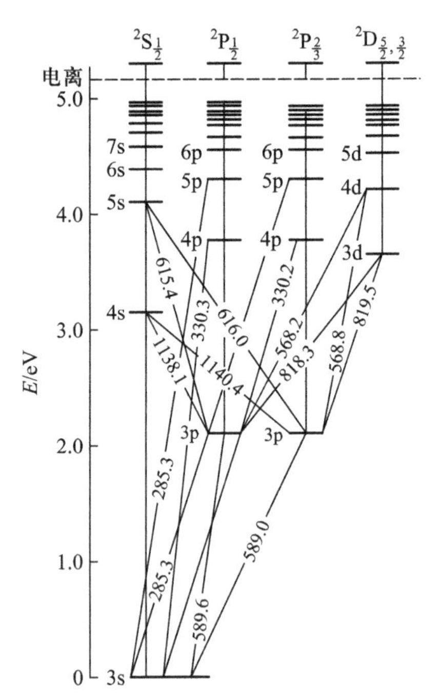

图 2.2　钠原子的能级图

4. 选择定则

对于指定的原子,可用上述方法找出可能存在的光谱项、光谱支项等,然后根据原子光谱选择定则预测可能存在的光谱线。电子在两能级的跃迁并非是随意的,须符合下列定则:

$\Delta S = 0$;

$\Delta L = 0, \pm 1$;

$\Delta J = 0, \pm 1$;但当 $J = 0$ 时,$\Delta J = 0$ 的跃迁是禁阻的;

$\Delta M = 0, \pm 1$;但当 $\Delta J = 0$ 时,M 均为 0 之间的跃迁是禁阻的;

同一电子组态所涉及的光谱支项之间的跃迁是禁阻的。

实际上选择定则 $\Delta S = 0$ 并不总是严格的,如 Mg 原子的 $3^1S_0 \rightarrow 3^3P_1$ 跃迁的 $\Delta S = 1$,这个跃迁所对应的谱线波长为 457.1 nm,但这条谱线很弱。在重原子中,$\Delta S \neq 0$ 的跃迁所对应的谱线有可能很强。

由上述讨论可知,谱线的波长由原子两个能级间的能量差(ΔE)决定:

$$\Delta E = h\nu = h\frac{c}{\lambda}, \quad \lambda = \frac{hc}{\Delta E}$$

2.2.3 谱线强度

对于原子发射光谱,若电子由 j 能级跃迁至 i 能级,则发射光谱线强度为

$$I = A_{ji}h\nu n_j$$

式中 n_j 为处于高能级 j 的原子密度;A_{ji}(s^{-1})为自发发射跃迁概率。较强谱线的此跃迁概率为 $10^8\ s^{-1}$量级,广义上讲,跃迁概率是指单位时间内每个原子由一个能级跃迁至另一能级的次数(s^{-1})。自发发射跃迁概率表征了发射光的强弱。同样,在原子吸收光谱中,原子吸收强弱与受激吸收跃迁系数 B_{ij}($J^{-1} \cdot m^3 \cdot s^{-1}$)有关,即吸收光的强度为 $I_a = B_{ij}Uh\nu n_i$,U 为照射光的能量密度($J \cdot m^{-3}$),即单位体积(m^3)的能量(J),$B_{ij}U$(s^{-1})为受激吸收跃迁概率,n_i 为处于低能级 i 的原子密度。在原子荧光光谱中,荧光强度为 I_f,$I_f = \phi I_a$,ϕ 为荧光量子产率,其等于荧光光子数与吸收激发光的光子数之比。在光谱学上,尽管光源发射光的能力可用辐射强度($J \cdot s^{-1} \cdot sr^{-1}$)[即单位立体角(sr)、单位时间(s)辐射的能量(J)]和辐射亮度($J \cdot s^{-1} \cdot sr^{-1} \cdot m^{-2}$)[即单位立体角(sr)、单位面积($m^2$)、单位时间(s)辐射的能量(J)]来进行严格的表达,但为了讨论方便,一些教科书中常以单位时间(s)、单位体积(m^3)发射的辐射能量(J)来表示辐射光强度($J \cdot s^{-1} \cdot m^{-3}$),而照射到检测系统光的照度($J \cdot s^{-1} \cdot m^{-2}$)是单位时间(s)照射到单位面积($m^2$)上光的能量(J),由于在一定条件下,照度与强度成正比,所以为了方便,常将照度也称为强度。

在实际测量中,上述这些辐射量(能量密度、辐射强度、辐射亮度、照度)是很难准确测得的,而从光谱分析角度来看,一般也不需要知道这些量的绝对值,在一般测量中由仪器记录显示系统给出的量(如电压读数、峰高度)与上述有关的辐射量有关,而这些测得量究竟代表哪一种辐射量以及与辐射量如何相关并不考虑,其仅是辐射量的一种相对表示,并没有明确的含义,但在一定条件下,这些测得量与有明确含义的辐射量之间有简单的正比关系。因此仅用这些测得量就可满足光谱定量分析的要求,而不用考虑这些测得量与有明确含义的辐射量之间如何转换。那么,在光谱定量分析中,只要在理论上推算出了辐射量与待测物浓度

的关系，实际上也就导出了实验上测得量与待测物浓度之间的关系。

2.2.4　谱线形状

描述谱线形状的参数有线性函数和半宽度。线性函数 S_ν 为光强度随频率变化的函数：

$$S_\nu = \frac{I_\nu}{\int_0^\infty I_\nu \mathrm{d}\nu} = \frac{I_\nu}{I} \qquad I = \int_0^\infty I_\nu \mathrm{d}\nu$$

$$I_\nu = IS_\nu = A_{ji} h\nu n_j S_\nu \tag{2.1}$$

式中 I_ν 为频率为 ν 处谱线的强度；I 为谱线的积分强度或总强度，显然

$$\int_0^\infty S_\nu \mathrm{d}\nu = 1$$

而对于原子吸收，则为

$$I_{a(\nu)} = I_a S_\nu = B_{ij} Uh\nu n_i S_\nu \tag{2.2}$$

半宽度为谱线峰高一半处谱线的宽度，用 $\Delta\lambda$ 或 $\Delta\nu$ 表示。虽然用线性函数可更准确地描述谱线形状，但较复杂。而半宽度比较直观，表示也很方便，所以本节仅讨论引起谱线变宽的原因并指出谱线半宽度的大概范围，而半宽度一般也称为宽度。引起谱线变宽的原因有下列几种。

1. 自然变宽

根据不确定原理，处于同一能级的原子不可能有一个确定的能量，能级的宽度 ΔE 与原子在这一能级的寿命 τ 间满足不确定关系：

$$\Delta E\tau \geqslant \frac{h}{2\pi} \tag{2.3}$$

由式(2.3)可知，能级寿命越短，能级越宽，电子在两能级跃迁时产生的谱线越宽。由于原子基态的寿命很长，所以能级很窄，可看作有一个确定的能量，而激发态原子的寿命很短，所以能级较宽，使谱线有一定的宽度，这一变宽叫自然变宽($\Delta\nu_\mathrm{N}$)，其宽度一般在 10^{-5} nm 数量级。

2. 热变宽

根据相对论原理，如果相对于检测器静止的原子发射光的实际频率为 ν_0，当原子以速度 v_Z ($v_Z \ll c$)相对于静止的检测器运动时，那么检测器检测到的光的频率 ν 为

$$\nu = \nu_0\left(1 + \frac{v_Z}{c}\right) \tag{2.4}$$

当原子向检测器方向运动时，$v_Z > 0$；反之，$v_Z < 0$。因此当 $v_Z>0$ 时，与实际光的频率 ν_0 相比，检测器检测到的光的频率 ν 要高，对应的波长要短，而产生蓝移；反之，产生红移，这就是所谓的热变宽，或称多普勒(Doppler)变宽。由于在高温下，原子运动速度很快，且为不规则运动，所以会产生多普勒变宽，多普勒变宽宽度($\Delta\lambda_\mathrm{D}$)与相对原子质量(A_r)及温度(T)有关。

$$\Delta\lambda_\mathrm{D} = 7.16 \times 10^{-7}\sqrt{\frac{T}{A_\mathrm{r}}}\lambda_0 \tag{2.5}$$

式中 λ_0 为谱线的中心波长。$\Delta\lambda_\mathrm{D}$ 一般在 10^{-3} nm 数量级。

3. 碰撞变宽

碰撞变宽可分两种：与其他组分（原子、分子或离子）相互碰撞引起的变宽叫外来气变宽，也叫洛伦茨（Lorentz）变宽；而与同种原子碰撞引起的变宽叫共振变宽，或叫霍尔兹马克（Holtsmark）变宽。由碰撞引起的变宽程度随碰撞对象的密度增加而增加，即随压力升高而增加，所以也称为压力变宽。碰撞变宽虽然可简单地用激发态原子的寿命因碰撞而缩短来解释，但这并不是一种完整的解释，在理论上进行圆满的解释目前还是不容易的。碰撞变宽的宽度 $\Delta\lambda_L$ 在10^{-3} nm数量级。

4. 自吸和自蚀

光源中心高温下原子的发射被周围低温下低能级同种原子吸收，吸收后产生自吸或自蚀，使谱线表观上变宽。自吸时，谱线中心吸收比两侧吸收更厉害，严重时，谱线中心的辐射会被完全吸收，称为自蚀。产生自吸和自蚀的根本原因是原子的发射被处于低能级的原子吸收，产生自吸和自蚀时谱线表观上变宽的原因是光源中心温度高，边缘温度低，热变宽中心比边缘还厉害，所以光源中心原子发射谱线宽，而光源边缘原子吸收谱线窄。

除上述讨论的变宽因素外，还有场致变宽，场致变宽包括由电场引起的斯塔克（Stark）变宽和磁场引起的塞曼（Zeeman）变宽。

由上述讨论可知，一般情况下，温度和压力是影响谱线变宽的主要因素。在相同的实验条件下，吸收线的形状和与它对应的发射线的形状是相同的。

2.3 分子光谱

2.3.1 分子光谱的产生

由上述讨论可知，原子光谱产生于电子在能级间的跃迁，而分子光谱的产生比较复杂，涉及电子、振动、转动等能级，所以对于分子光谱的波长、强度、形状也不能像原子光谱那样进行详细且比较严格的描述，也不涉及量子数、光谱项、选择定则等。

若不考虑核能，则分子的总能量 E 包括 E_e，E_v，E_r 和 E_t，其中 E_e 是电子能量，E_v 是振动能量，E_r 是转动能量。E_e，E_v 和 E_r 均是分子的内能，是量子化的，而 E_t 为分子的平动能，是非量子化的。

分子电子光谱产生于分子内电子的跃迁，当电子跃迁时，必然伴有振动和转动能级间的跃迁。电子在电子能级间跃迁时就产生电子光谱，或称为紫外-可见吸收光谱。

分子转动能级间跃迁所对应的波长为 1000～50 μm，属于远红外区，所以分子转动能级间的跃迁伴随着分子转动光谱或远红外光谱的产生。同样，分子振动能级间的跃迁所对应的波长为 50～0.75 μm，属于近中红外区，由于分子振动能级间的跃迁伴随着转动能级间的跃迁，所以由于分子振动能级间跃迁产生的光谱称为振动转动光谱或红外光谱。

分子电子光谱的产生涉及分子的各种激发和去活化过程，图 2.3 给出了分子的各种激发和去活化过程。因为在高温下分子易分解，所以分子光谱一般在室温下进行研究。室温下，大多数分子处于分子电子基态的最低振动能级。分子吸收能量（热能、电能、化学能或光能等）后被激发到高能级这一过程叫作激发。在分子光谱研究中，激发所需的能量多为化学能和光能，化学发光分析法中用化学能，而吸收和荧光光谱研究中常用光能。

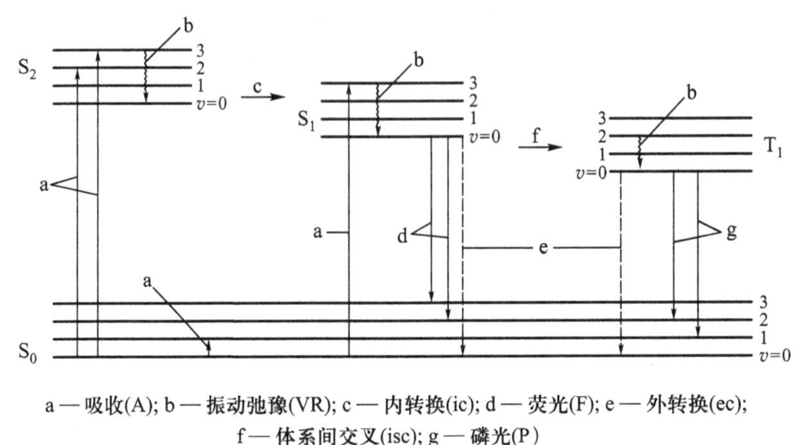

a — 吸收(A); b — 振动弛豫(VR); c — 内转换(ic); d — 荧光(F); e — 外转换(ec);
f — 体系间交叉(isc); g — 磷光(P)

图 2.3　分子的激发和去活化过程

图 2.3 中，电子基态用 S_0 表示，S_1 和 S_2 表示第一激发态和第二激发态，$\upsilon = 0,1,2,3,\cdots$ 表示电子基态和激发态的各振动能级。转动能级在图中未标出。

分子内同一轨道中两个电子的自旋方向相反，即自旋配对，若分子中全部轨道中的电子都是自旋配对的，那么该分子处于单重态（或称单线态），用 S 表示。当分子吸收能量后，处于基态的一个电子被激发到高能级，如果该电子的自旋方向没有变化，那么分子仍然为单重态分子；相反地，如果处于激发态的电子自旋方向发生了改变，即分子中有两个电子的自旋方向相同，这时，将分子所处的状态称为激发三重态（或称三线态），用 T 表示。所以 S_0，S_1 和 S_2 分别表示分子的基态、第一电子激发单重态和第二电子激发单重态，T_1 表示分子的第一电子激发三重态。当分子由 S_0 跃迁到 S_1 或更高的单重态上时，由于处于激发单重态上的电子仍然与基态单重态的电子配对，是允许的跃迁；而分子 S_0 跃迁到 T_1 的过程，存在着电子自旋方向的改变，发生概率只相当于前者的 10^{-6}，不易发生，激发三重态主要通过体系间交叉产生。单重态分子具有抗磁性，三重态分子具有顺磁性。因为处于分子轨道上的非成对电子，平行自旋要比成对自旋更稳定，所以激发三重态的能量较相应的单重态的能量稍低一些。

室温下大多数分子处于电子基态的最低振动能级（S_0，$\upsilon = 0$），因为由玻尔兹曼方程计算可知，假定电子能级间能量间隔为 3.125 eV，处于电子激发态分子数目几乎为零，若假定振动能级间能量间隔为 0.125 eV，则振动激发态分子也不到 1%。处于基态最低振动能级的分子选择性地吸收光能后，迅速由电子基态跃迁到电子激发态（如 $S_0 \rightarrow S_1$，$S_0 \rightarrow S_2$，跃迁过程经历的时间约 10^{-15} s），因为吸收（A）光，这一过程就会产生紫外-可见吸收光谱。处于激发态的分子是不稳定的，它将通过辐射跃迁或非辐射跃迁等去活化过程返回基态。辐射跃迁的去活化过程发射荧光（F）和磷光（P），所以会产生荧光光谱和磷光光谱。而非辐射跃迁是指振动弛豫、内转换、外转换、体系间交叉等以热的形式失去过量能量的去活化过程。这些辐射和非辐射跃迁过程使激发态分子去活化回到较低的能级。

振动弛豫(VR)指在同一电子能级中,处于高振动能级的分子迅速失去其过多的振动能量并弛豫回到低的振动能级,将其能量传递给溶剂分子,转变成溶剂分子的热或振动运动。通常,一般完成该过程需要发生许多次,弛豫是逐级进行的,即由高振动能级逐级向与其邻近的低振动能级直至最低振动能级跃迁。振动弛豫所需时间很短,一般为 10^{-14} ~ 10^{-12} s。

内转换(ic)是指电子在相同多重态的两个电子能级间的非辐射跃迁过程。当两个电子能级靠近时,其振动能级发生了重叠,导致高电子态的较低振动能级与低电子态的较高振动能级具有大致相同的能量时,很可能发生内转换。两个激发态之间(如 S_2 与 S_1,T_2 与 T_1)或者激发态与基态之间(S_1 与 S_0)可以发生内转换,但若两能级之间的能量相差较大,能级并不重叠,则不能充分进行这种转换。激发单重态间的内转换一般需 10^{-13} ~ 10^{-11} s,但$S_1 \rightarrow S_0$ 的内转换过程所需时间较长,一般为 10^{-12} ~ 10^{-6} s。这是因为内转换过程中两个能级的能量间隔越大,速率越小,而 S_0 和 S_1 二者之间的能量差较大。

荧光发射多为由处于电子激发单重态(S_1)最低振动能级的分子回到基态(S_0)过程中产生的。荧光发射需 10^{-9} ~ 10^{-7} s。由于振动弛豫和内转换所需的时间远比荧光发射所需的时间短,所以当分子被激发到 S_1 态不同振动能级时,分子会通过振动弛豫回到 S_1 态的最低振动能级,而当分子被激发到 S_2 以上的电子单重态不同振动能级上时,则这一分子会很快发生振动弛豫回到 S_2 态的低振动能级,并通过内转换和振动弛豫回到 S_1 态的最低振动能级。而分子由 S_1 态最低振动能级回到电子 S_0 态而发射荧光,发射荧光的能量比分子所吸收的能量要小,所以荧光的特征波长比吸收波长要长。

体系间交叉(isc)是指电子在不同多重态的两个电子态之间的非辐射跃迁过程。激发单重态 S_1 的最低振动能级和激发三重态 T_1 的较高振动能级相重叠,则有可能发生体系间交叉跃迁,这种跃迁是禁阻的,因而一般需 10^{-5} ~ 10^{-2} s。

磷光发射发生在体系间交叉跃迁后,处于 T_1 态的分子通过振动弛豫到最低振动能级而去活化,此时的三重态可以通过外转换或体系间交叉跃迁回到基态,还能通过发射光子而去活化,即磷光发射。这个跃迁过程($T_1 \rightarrow S_0$)也是自旋禁阻的,因此产生磷光需 10^{-4} ~ 10 s,而在光照停止后,磷光仍可持续一段时间。

外转换(ec)是指激发态分子将能量转移给溶剂或其他溶质分子等其他物质的非辐射过程。从最低激发单重态或三重态非辐射地回到基态能级的过程就可能发生外转换。这一过程会使荧光或磷光减弱甚至消失。动态猝灭是外转换的一种主要机理,它涉及在分子间相互作用期间能量由激发态组分向其他分子的非辐射转移。

上面讨论了紫外-可见吸收光谱、荧光光谱和磷光光谱的产生。当分子吸收的能量较低时,只能发生振动-转动能级的跃迁,并产生红外吸收光谱,此处仅以双原子分子为例,简述红外吸收光谱产生的原因。图 2.4 为双原子分子的振动-转动能级图,图中 v 和 J 分别表示振动和转动能级,振动能级通常的能量间隔为 10^{-20} J,在室温下,没有光照时,处于振动激发态的分子约为 1%或更少,因此室温下最多的吸收应是从 $v = 0$ 的各个转动能级($J = 0,1,2,3,\cdots$)到 $v = 1$ 的各个转动能级。

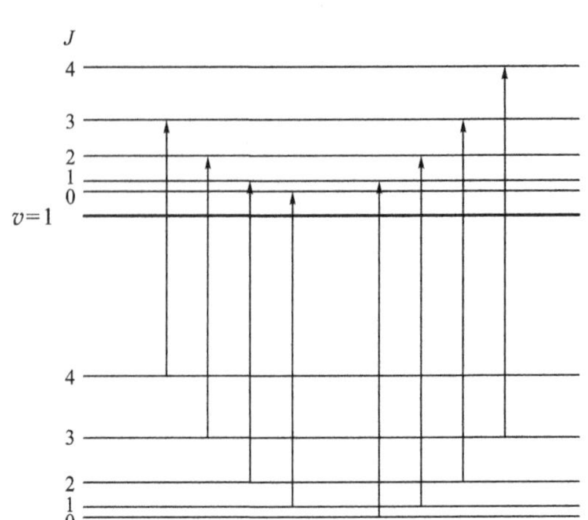

图 2.4 双原子分子的振动-转动能级图

2.3.2 分子光谱的形状

分子吸收光谱可分为紫外-可见吸收光谱和红外吸收光谱。当分子吸收较高的能量产生电子跃迁时，伴随着振动和转动能级跃迁，并产生紫外-可见吸收光谱。气体时，纯转动光谱谱线的宽度受碰撞变宽的限制，通常在 10 kPa，1 kPa 和 0.1 kPa 压力下，半宽度分别为 10^{-3} cm^{-1}，10^{-4} cm^{-1}和 10^{-5} cm^{-1}。气体压力较高时，转动结构模糊，在凝聚相中，如液体和固体中，振动-转动能级实际上已变成了非量子化的，已观察不到光谱的振动-转动结构。

与上述讨论相似，物质所处状态，即分子间作用力对谱带形状有较大的影响。对于液体样品，分子电子光谱中的转动结构消失，且振动结构也很少或观察不到（图 2.5）。这是由于环境对电子跃迁能级影响很大，使振动带加宽，不同振动带合并。

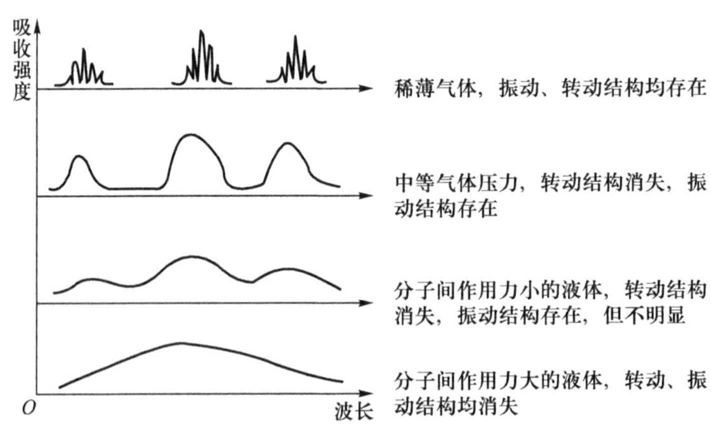

图 2.5 分子间作用力对紫外-可见吸收光谱的影响

当分子吸收较低能量时，不能引起电子能级跃迁，而能引起分子振动-转动能级跃迁，从而产生红外吸收光谱。在气态条件下，可观察到红外吸收光谱中的转动结构，而测量液体样品时，转动结构消失，振动带变宽，因此，红外吸收光谱常称作带光谱，其典型的半宽度为 5~20 cm^{-1}。当分析液体样品时，大多数紫外-可见吸收光谱仅有少数几个宽的吸收峰。而当分析液体或固体样品时，红外吸收光谱一般有许多窄的吸收峰，这是因为对于红外吸收光谱，即使在凝聚相中，环境及分子其他部分对分子特定键的振动能级影响很小，振动带不可能加宽合并，所以有许多窄的振动转动带。

参考文献

[1] 张寒琦，孙书菊，金钦汉.光谱分析.长春：吉林大学出版社，1995.

[2] 方惠群，于俊生，史坚.仪器分析.北京：科学出版社，2002.

[3] 许金钩，王尊本.荧光分析法.3 版.北京：科学出版社，2006.

[4] 张新祥，李美仙，李娜，等.仪器分析教程.3 版.北京：北京大学出版社，2022.

习题

2.1 将以下描述电磁波参数的值转换成所对应的以 m 为单位的波长值。

(a) 500 nm； (b) 1000 cm^{-1}； (c) 10^{15} Hz； (d) 165.2 pm。

2.2 计算下述电磁波的频率(Hz)和波数(cm^{-1})。

(a) 波长为 900 pm 的 X 射线；

(b) 波长为 12.6 μm 的红外光。

2.3 计算 530 nm 光所对应的频率、波数和光子能量。

2.4 在 3000 K 的火焰中，计算 Ca 422.673 nm 共振线的多普勒变宽宽度。

2.5 推导 Li 和 Al 的基态光谱项和光谱支项。

2.6 为什么分子荧光光谱是由电子从 S_1 态最低振动能级跃迁到 S_0 态产生的？

2.7 简述电磁辐射的波粒二象性，并说明电磁辐射的干涉、衍射、吸收和发射现象分别基于哪一种性质。

2.8 说明粒子间相互作用对原子光谱线和分子光谱带形状的影响。

2.9 说明除光子的能量($h\nu$)外，影响原子发射光、吸收光和荧光强度的因素。

习题参考答案

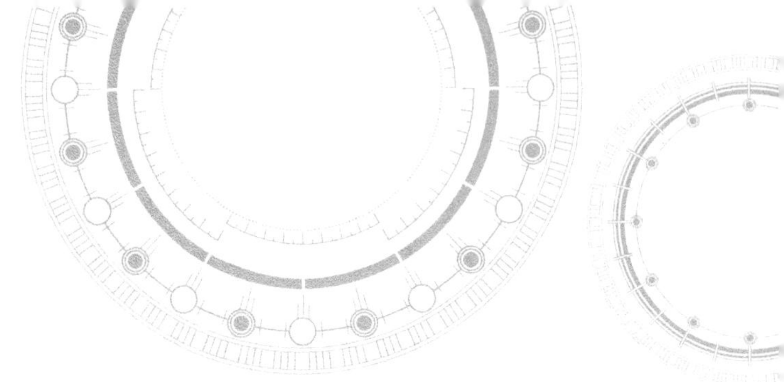

第三章

原子发射光谱法

原子发射光谱法是根据样品中元素在热或电能作用下变成气态自由原子或离子后被激发，发射特征电磁辐射而建立的分析方法。 原子发射光谱法是产生和发展最早的一种原子光谱法，它不仅是一种重要的元素定性、半定量和定量分析方法，而且在建立原子结构理论、发现新元素及元素确证中起到了重要作用。

3.1 基本原理

物质在常温下多以固体、液体或气体三种状态存在，并且一般都处于分子状态，而不是原子状态。所以要获得原子发射光谱必须首先将气体、固体或液体样品引入激发光源中使其获得能量，然后经过蒸发过程转变成气态，并使气态的分子进一步解离成原子状态。一般情况下，原子处于能量最低的基态，而基态原子不发射光谱。但当原子受到外界能量（如热能、电能等）作用时，原子中外层电子从基态跃迁到更高的能级上，处于这种状态的原子称为激发态。这种将原子中外层电子从基态激发至激发态所需要的能量称为激发能（E_j），以电子伏特（eV）为单位表示。处于激发态的原子是不稳定的，它的寿命约为 10^{-8} s，当它从激发态返回基态或较低的能级时，多余的能量就会以光辐射的形式释放出来，产生原子发射光谱。

当外加的能量足够大时，可以把原子中的外层电子激发至无穷远处，即脱离原子核的束缚而成为自由电子，使原子成为带正电荷的离子，这种过程称为电离。使原子电离所需要的最小能量称为电离能，同样以电子伏特为单位表示。原子失去一个电子，称为一次电离；一次电离后的离子再失去一个电子，称为二次电离；以此类推。这些离子中的外层电子也能被激发，其所需要的能量即为相应离子的激发能。电离了的原子受激发时所发射的谱线，称为离子线。

在原子发射光谱谱线表中，罗马数字Ⅰ表示中性原子发射的谱线，Ⅱ表示一次电离离子发射的谱线，Ⅲ表示二次电离离子发射的谱线。如 MgⅠ 285.213 nm 为原子线，MgⅡ 280.270 nm 为一次电离的离子线。

由于原子与离子具有不同的能级，所以原子线与离子线的波长也不相同，其谱线波长 λ

是由产生跃迁的高(E_j)和低(E_i)两个能级的能量差决定的,即

$$\Delta E = E_j - E_i = \frac{hc}{\lambda}$$

由上式可以看出:

① 每一条发射线的波长取决于电子跃迁前后两个能级的能量差 ΔE。由于原子或离子的各个能级是不连续的(量子化的),因此得到的原子或离子光谱不是连续光谱,而是线光谱。

② 由于原子的激发态能级很多,原子被激发时,其外层电子可以在不同能级间跃迁,产生一系列具有不同波长值的特征谱线或谱线组。由激发态直接跃迁至基态所发射的谱线称为共振线,而由最低激发态向基态跃迁所发射的谱线称为第一或主共振线。主共振线具有最小的激发能,因此最容易被激发,一般是该元素最强的谱线。如钠双线(Na Ⅰ 589.592 nm 和Na Ⅰ 588.995 nm)是钠原子的两条共振线。

③ 由于不同元素原子的电子结构不同,发射谱线的波长值也不相同,故谱线波长是光谱定性分析的依据。

选择元素特征光谱线中的较强谱线(通常是第一共振线)作为分析线,依据谱线强度与激发态原子密度成正比,而激发态原子密度与样品中对应元素的浓度成正比的关系就可以进行定量分析。

光谱线的强度与下列因素有关:

① 高能级(E_j)与低能级(E_i)间的跃迁能量差;

② 高能级(E_j)上的原子密度 n_j;

③ 单位时间内原子在 E_j 和 E_i 间发生跃迁的次数,用自发发射跃迁概率 A_{ji}表示。

在光源处于热力学平衡状态时,各个能级上原子数目的分布遵守玻尔兹曼(Boltzmann)分布,即当处于能级 E_j 和 E_i 上的原子密度分别为 n_j 和 n_i 时

$$n_j = n_i \frac{g_j}{g_i} e^{-\frac{E_j - E_i}{kT}} \tag{3.1}$$

式中 g_j 和 g_i 分别为能级 j 和能级 i 的统计权重;E_j 和 E_i 分别为高、低能级的能量;k 为玻尔兹曼常量;T 为激发光源的激发温度。

若低能级为基态,即上述能级 i 为基态(0),因为 $E_i = 0$,故有

$$n_j = n_0 \frac{g_j}{g_0} e^{-\frac{E_j}{kT}} \tag{3.2}$$

总原子密度(n_t)等于各能级原子密度(n_m)之和,即

$$n_t = n_0 + n_1 + \cdots + n_m$$

将式(3.2)代入,即得

$$n_t = n_0 \frac{g_0}{g_0} e^{-\frac{E_0}{kT}} + n_0 \frac{g_1}{g_0} e^{-\frac{E_1}{kT}} + \cdots + n_0 \frac{g_m}{g_0} e^{-\frac{E_m}{kT}} = \frac{n_0}{g_0} Z_a$$

即

$$\frac{n_0}{g_0} = \frac{n_t}{Z_a} \tag{3.3}$$

式中 $Z_a = g_0 e^{-\frac{E_0}{kT}} + g_1 e^{-\frac{E_1}{kT}} + \cdots + g_m e^{-\frac{E_m}{kT}}$ 为配分函数,是温度 T 的函数。将式(3.3)代入

式(3.2),得

$$n_j = \frac{n_t}{Z_a} g_j e^{-\frac{E_j}{kT}} = a' n_t \tag{3.4}$$

式中 $a' = \frac{g_j}{Z_a} e^{-\frac{E_j}{kT}}$,对于确定的谱级和条件,$a'$为一个常数。

因为光源中的总原子密度 n_t 与样品中被测物浓度 c 成正比,即

$$n_t = bc$$

式中 b 是与激发源温度及元素性质有关的比例常数。

当电子由激发态 j 返回基态 i 时,发射频率为 ν 的光,发射光的谱线强度一般可表示为

$$I_{ji} = n_j A_{ji} h\nu_{ji} = a' n_t A_{ji} h\nu_{ji} = A_{ji} h\nu_{ji} a' bc$$

式中 h 为普朗克常量;$h\nu_{ji}$ 为光子的能量,即 j 能级与 i 能级的能量差。由此可见,在一定的实验条件下,谱线的强度 I_{ji} 与光源中处于各个能级的总原子密度 n_t 成正比,并与样品中被测物浓度成正比。对于具体的谱线与分析条件,式中的 A_{ji},$h\nu_{ji}$ 均为定值,于是得到谱线强度公式:

$$I = A_{ji} h\nu_{ji} a' bc = ac \tag{3.5}$$

这是理论上导出的一个公式,即在理想情况下(无自吸时),谱线强度正比于样品中被测物浓度,这也是原子发射光谱定量分析的理论基础。

但是,在使用传统光源的发射光谱中,往往出现谱线的自吸与自蚀现象,当有自吸现象时,上述定量分析公式变为

$$I = ac^b \tag{3.6}$$

它是原子发射光谱定量分析的基本公式。式中 a,b 均为常数。其中 a 与光源类型和样品有关。b 是与自吸和自蚀现象有关的常数,其大小与元素的浓度有关,称为自吸系数,一般情况下 $b \leq 1$。当没有自吸现象时,$b = 1$;当存在自吸现象时,$b < 1$,并且 b 值的大小与光源中原子的密度有关。当样品中元素浓度增大时,光源原子的密度增大,自吸增强,b 值变小。自吸现象对谱线的中心强度影响较大。由于光源中心温度高,边缘温度低,光源中心发射线宽,处于边缘原子的吸收线窄。当元素浓度很低时不产生自吸。当浓度增加时,自吸现象增强。当浓度达到一定值,自吸现象非常严重时,谱线中心的辐射将完全被吸收,如同出现两条线,这种现象称为自蚀,见图 3.1。一般共振线的自吸最为严重,并且常产生自蚀。

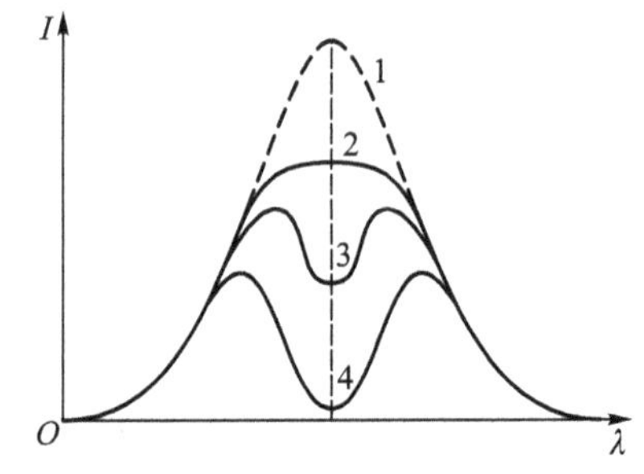

1—无自吸;2—有自吸;3—自蚀;4—严重自蚀

图 3.1　有自吸和自蚀的谱线轮廓

3.2　仪器装置

原子发射光谱分析包括如下四个主要过程:将液体、固体或气体三种形态的样品转化为可以进入激发光源的形式;利用光源的能量蒸发样品,形成气态原子,并进一步激发产生光

辐射;将产生的复合光经分光系统分光后进入光电检测控制系统,检测谱线的强度,并得到强度随波长变化的发射光谱图。因此,原子发射光谱仪器虽然类型较多,但基本上都可分为样品引入系统、光源、分光系统和检测控制系统四大部分,如图 3.2 所示。原子发射光谱仪按色散元件的不同,可分为棱镜光谱仪和光栅光谱仪,按检测器的不同可分为摄谱仪(以感光板为检测器)和光电直读光谱仪(以光电倍增管、电荷耦合器件为检测器)。摄谱仪没有出射狭缝,可分为棱镜摄谱仪和光栅摄谱仪。光电直读光谱仪是利用光信号转变成电信号的元件可直接给出电信号的仪器。按出射狭缝的多少,光电直读光谱仪可分为单道、多道和全谱型三种。只有一个出射狭缝的称为单道扫描光电直读光谱仪。以凹面光栅为色散元件,有多个固定出射狭缝和光电倍增管的称为多道光电直读光谱仪(现在已很少用)。当用电荷耦合器件为检测器时,无出射狭缝,称为全谱光电直读光谱仪。

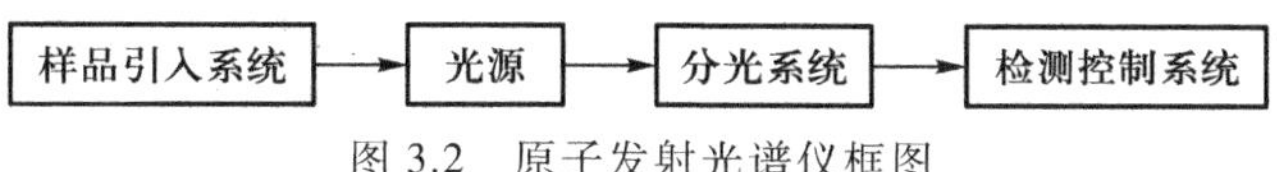

图 3.2 原子发射光谱仪框图

3.2.1 样品引入系统

样品引入系统是原子发射光谱仪的重要组成部分,其作用是将样品高效、可重现地引入光源中。引入激发光源的样品可以是液体、固体或气体。

1. 液体样品

将液体样品引入激发光源的方法主要有气动雾化法、超声雾化法、电热蒸发法和气体发生法。

(1) 气动雾化法

将液体雾化常用的器件是同轴气动雾化器(图 3.3)。当高速气流在一个载有液体的毛细管出口附近流过时,便在毛细管的出口处产生负压,由于抽吸作用,液体由储存容器中被吸至毛细管出口,在此被高速气流破碎为雾滴。在这些雾滴中,有些雾滴较大,有些雾滴较小。为了进一步均匀雾滴的大小,需要将雾化器再与一个雾室相连,以使雾滴进一步破碎并除去过大的雾滴。雾室主要有单管式和双管式两种(图 3.4)。雾室的第一个作用是使雾滴进一步细化。为了使大的雾滴更有效地被破碎为小的雾滴,常常在雾化器喷口前附加一小玻璃球;雾室的第二个作用是使大的雾滴从气流中分离出来,使小的雾滴跟随载气一同进入激发光源,而较大的雾滴由于撞击在雾室的内表面上,沿内表面向下流到雾室最低点,并流入废液池。

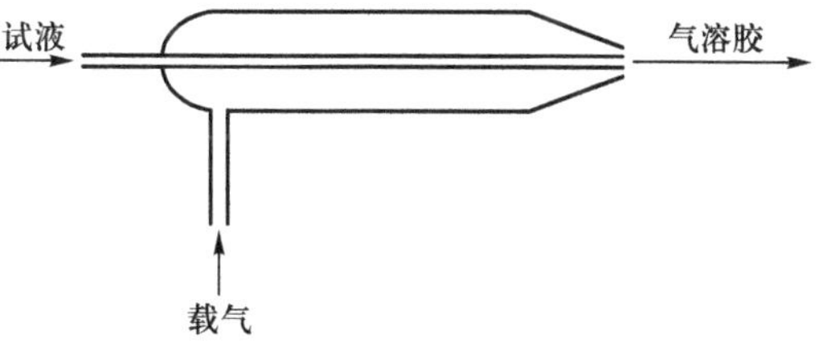

图 3.3 同轴气动雾化器

(2) 超声雾化法

超声雾化是利用超声波的空化作用(低频时)和喷泉作用(高频时)将液体转变成细雾。高频发生器的电信号传入超声雾化器中的压电晶体换能器,将电能转变成机械振动能,振动使液体变成细雾,再由载气带入光源。超声雾化法的优点是雾滴细小、直径分布均匀、雾化效率远比气动雾化法效率高。

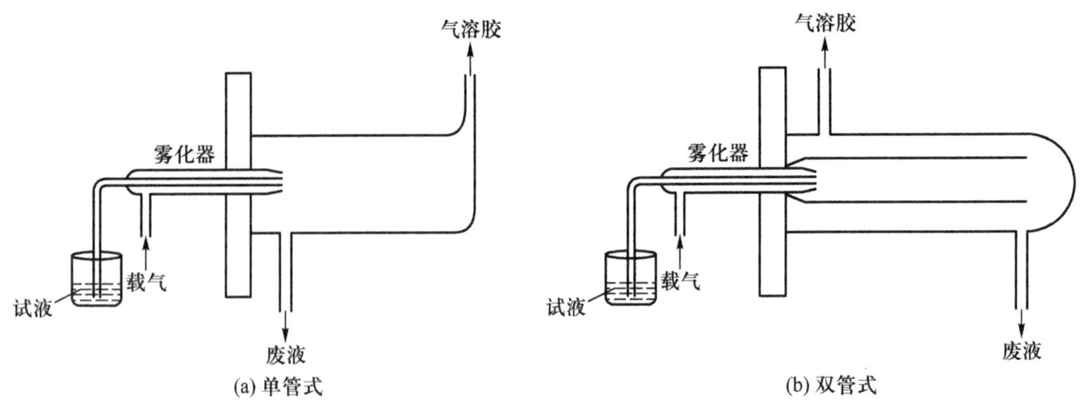

图 3.4　雾室结构

(3) 电热蒸发法

电热蒸发需要在高温下进行，所以必须采用耐高温的材料，如石墨、铂、钽、钨等。电热蒸发器的形状有杯、丝、炉等。微量样品置于电热蒸发器中，先控制电流干燥样品，如为水溶液样品，则可控制电流使温度在 100 ℃左右，将样品中的水除去，而后再增大电流使温度上升到 2000 ℃左右，使样品蒸发，随载气进入激发光源。有时为了除去一些样品基体，即除去样品中的有机物和一些易挥发成分，可在样品干燥后，适当提高温度使样品灰化，这可通过控制供给电热蒸发器的电流大小来实现。样品灰化后，增大电流，使被测物挥发进入激发光源。为了防止电热材料被氧化，载气一般用惰性气体，如 N_2，Ar 等。

电热蒸发液体样品引入法的最大优点是样品需求量少，且不像原子吸收法中所用的石墨炉那样，电热蒸发器不需严格控制最佳的操作条件，因为它只需将样品蒸发即可。但使用电热蒸发液体样品时，因为是脉冲进样，信号不是连续的，所以一般情况下精密度不如气动雾化法的好。

(4) 气体发生法

气体发生法进样效率很高，可达 100%，但这一方法适用的元素有限，仅适用于在酸性介质中可被 KBH_4 等还原剂还原生成常温下可挥发的氢化物的元素，如 Ge，Sn，Pb，Bi，As，Sb，Se，Te，Cd 和 Zn，以及能生成可挥发的自由原子的 Hg。

2. 固体样品

分析样品很多是固体，将固体样品直接引入激发光源具有不少优点。通常不需要加入化学试剂，省去了样品分解、分离或富集等步骤，减少了污染的来源和样品损失，缩短了分析时间，且可提高测定灵敏度和对样品局部进行分析。但是，固体样品的均匀性不如液体样品，且因进样时，一般进样量很少，所以分析结果的代表性和可靠性差。固体进样时，干扰一般比液体进样严重且较难克服，加上固体标样较难制备等问题，使这一方法在实际应用中受到了限制，不如液体进样应用广泛。

(1) 电极法　电极法固体样品引入主要适用于电弧、火花发射光谱法。把金属、合金样品加工成棒状电极，可以两个都是样品电极，也可用另一种材料的棒状电极作辅助电极，电极间隙的距离一般采用 1～4 mm。这种电极法仅适用于导体样品。对于矿物岩石等非导体样品，则可采用下述两种方法：一种方法是将样品磨成粉末，与导体粉末(如石墨)混匀，加入少量黏结剂压成片状，然后置于辅助电极上，引入电弧或火花光源进行分析；另一种方法是将少量粉末样品装入支持电极孔穴中，然后引入电弧或火花光源。通常用碳或石墨电极作支持电极，有时也用金属作支持电极，如纯铜电极。

（2）电热蒸发法 电热蒸发固体进样时，将少量固体或粉末样品置于电热蒸发器。蒸发器可以是由难熔金属或石墨制成的丝、舟、带、网、棒或管等任何一种。它们相当于一个电阻，加热温度通过所施加的电压或电流来控制。一般情况下，通过逐步升温，完成烘干、灰化及待测组分蒸发等过程，通过载气将产生的待测组分蒸气引入光源进行测定。与液体电热蒸发进样类似，固体样品电热蒸发法具有样品用量少和污染少等优点，但也存在精密度较差等缺点。

（3）激光蒸发法

激光蒸发固体进样时，将样品置于蒸发室中，用已聚焦的激光束照射样品表面，使样品表面物质溅射。被蒸发的样品由载气流导入激发光源。激光蒸发法的一个主要优点是它的通用性强，可用于导电或不导电的样品、无机或有机样品、具有各种形状的固体或粉末状样品。另一个优点是取样范围极小，可进行固体表面的局部分析。但由于取样量少及激光轰击的重现性差，方法的精密度较差。

（4）悬浮液进样法

悬浮液进样是先将固体样品制成粉末，然后与水或有机溶剂混合制成悬浮液。可以采用前述的气动雾化法将悬浮液引入光源（主要是 ICP 光源，见 3.2.2 节），因为 ICP 放电具有较高的气体温度和被测物粒子在其中央通道中停留时间比较长等特点，更适宜于悬浮液气溶胶的引入。在悬浮液进样中，为了防止雾化器及 ICP 炬管顶端被堵塞，样品粒度一般要求在 10 μm 以下。为了获得良好的分析结果，要求样品粒度尽量小，而且还要求悬浮粒子在液体介质中分散得均匀且稳定。

3. 气体样品

将气体样品直接引入激发光源的方法分为连续式和断续式两种。连续式引入气体样品的装置主要由一些标准的气体流量控制器构成。断续式进样可采用注射器和取样环两种方式。用注射器时，用一个 T 形管，将 T 形管置于光源载气流路中，用注射器把气体样品在 T 形管处注入载气，样品即随载气进入光源，这一方法的优点是简单，但其缺点是重现性不如取样环法好，且容易受到空气的污染。用取样环时，与气相色谱法（第十五章）中所用六通阀进样相同（图 15.4），即将六通阀置于光源载气流路中，通过调节六通阀的位置，首先使样品环中充满样品，而后再使取样环中的样品随载气进入光源。

3.2.2 光源

光源一般有电弧、火花及等离子体。光源的作用是提供足够的能量将样品蒸发并使被测物变成自由的激发态原子。

1. 直流电弧

直流电弧通常用石墨或金属作为电极材料。上电极为棒或具有锥形尖端的棒，下电极如图 3.5 所示，电极直径约为 6 mm，长度为 30～40 mm，样品槽直径为 3～4 mm，槽深为 3～6 mm，样品量为 10～20 mg。这些电极也可用于交流电弧和火花放电。上、下电极间有一分析间隙，为 4～6 mm，电弧和火花在此分析间隙形成。

直流电弧发生器的基本电路如图 3.6 所示，电源 E 可以提供 220~380 V 的直流电压，电流为 5~30 A，可变电阻 R 调节电流的大小，电感 L 用来抑制电流的波动。点燃电弧时，用导体接触分析间隙 G 处两电极，或者使两电极直接接触，通电后电极尖端被烧热，电弧被点燃，再使两电极相距 4~6 mm，这时热电子流高速冲向阳极，产生高热，样品被蒸发并原子化，电子与原子碰撞电离出的正离子冲向阴极。通过电子、原子、离子之间的相互碰撞，使基态原子跃迁到激发态。

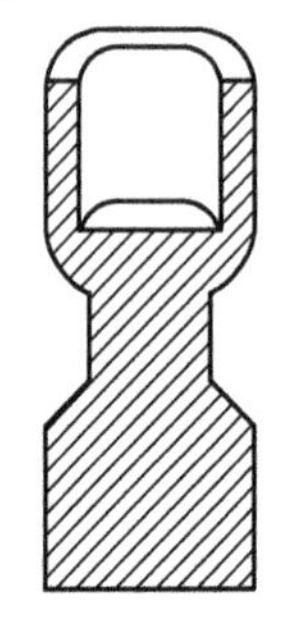

图 3.5 带样品槽的下电极(剖面)

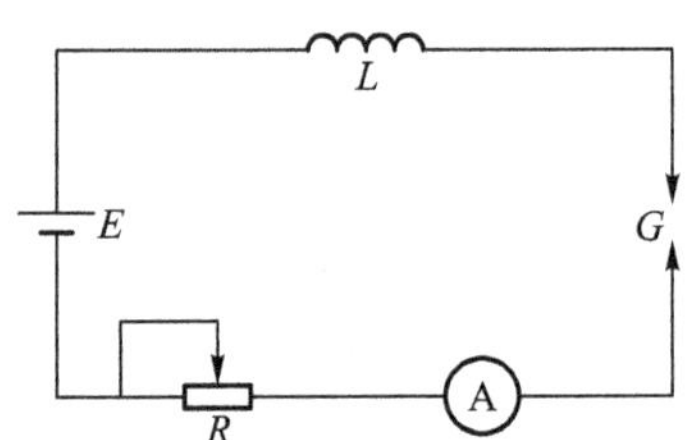

图 3.6 直流电弧发生器电路示意图

直流电弧的弧柱激发温度一般为 4000~7000 K，可以激发 70~80 种元素。其优点是阳极温度高(4000 K)，蒸发温度高，灵敏度高。但弧光的稳定性差，且弧焰较厚，易发生自吸现象，只能作定性分析或半定量分析，不适合作定量分析。

2. 低压交流电弧

低压交流电弧的工作电压为 110~220 V，采用高频高压引燃装置点燃电弧，在每一交流半周期引燃一次，保持电弧不灭。

低压交流电弧的温度高，激发能力强，激发温度达 4000~7000 K，电弧的稳定性比直流电弧的好，使得分析的重现性好，适用于定量分析。但是电极温度比直流电弧的稍低，蒸发温度低，灵敏度较差。

3. 高压电火花

高压电火花发生器电路如图 3.7 所示。电源交流电压经变压器 T 产生 10~25 kV 的高压，并使电容器 C 充电，达到分析间隙 G 的击穿电压时，放电产生电火花，放电结束后，电容器又重新进行充电、放电循环，产生振荡性的火花放电。

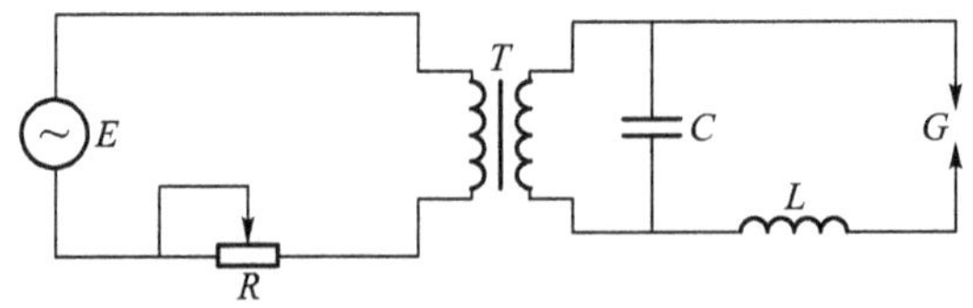

图 3.7 高压电火花发生器电路示意图

火花放电持续时间在微秒数量级，在放电瞬间产生的电流密度很高，温度高，激发能力更强，激发温度可达 10000 K，某些难以激发的元素也可以被激发，甚至可以激发惰性气体和卤素。火花比直流电弧具有更高的精密度，其良好的稳定性和重现性适用于定量分析。但由于放电时间短，平均电流密度不高，电极头温度较低，蒸发温度低，灵敏度较差。适合于分析低熔点的样品，且由于电火花反射在电极的很小的一个点上，若样品不均匀，分析结果很难完全代表被分析的样品，所以仅适用于金属、合金等组成均匀的样品，火花半径较小，自吸也不严重。

4. 等离子体

等离子体是指物质处于高度电离的状态，其带正电荷的粒子数与带负电荷的粒子数基本相等，从宏观上看是电中性的，故称等离子体，它是物质的第四态。物理学中将电离度大于0.1%的电离气体看作等离子体状态。最常见的等离子体激发光源包括直流等离子体(DCP)、电感耦合等离子体(ICP)和微波等离子体(MWP)。其中应用最成熟的是ICP，MWP尚处于不断发展阶段，故下面主要介绍ICP。

ICP由高频发生器和炬管组成，在目前的商品化仪器中，高频发生器由晶体管电路构成，它产生高频电流用以形成和维持等离子体放电，即通过电感线圈将电能耦合给电离的氩气，在开放的大气压条件下产生稳定的、与辉光放电类似的ICP等离子体。

ICP炬管结构如图3.8所示，它由三个同轴的石英管构成，在工作时炬管置于水冷的铜管绕制而成的高频线圈正中央。在外管与中管之间以切线方向通入流量约为15 L·min^{-1}的氩气，冷却外管，使等离子体不与炬管内壁接触，避免等离子体炬焰的高温烧毁炬管，并参与电离过程，构成ICP炬焰的一部分，这股气体通常称为冷却气。在中管与内管之间通入流量约为1 L·min^{-1}的氩气。使等离子体的底部与中管和内管的顶部保持一定距离，避免被炬焰的高温烧熔，同时用来形成等离子体，这股气体称为等离子体气。而携带样品气溶胶的载气则由内管引入，其流量为0.5~1.0 L·min^{-1}。样品气溶胶在ICP高温作用下经历了蒸发、原子化、电离、激发等过程。

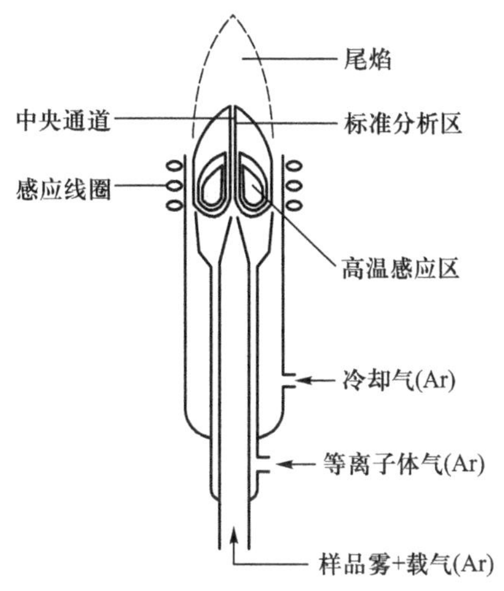

图3.8 ICP炬管结构示意图

在通入三股气体并接通高频发生器的电源后，高频电流通过感应线圈产生交变磁场，交变磁场再产生交变电场。如果同时由外部的点火器向炬管内部的氩气发出一束电子进行触发，炬管内就会出现少量的氩离子和电子。它们在高频电场的加速作用下，少量的带电粒子高速运动、碰撞其他氩原子，形成雪崩式放电，产生大量的离子与电子，形成一个环形导体并维持稳定的放电。在垂直于磁场方向则产生电子涡流，将炬管内的气体进一步加热、电离，这样在炬管的端口就形成了稳定的等离子体炬焰。在高频放电功率和气流流速保持恒定的条件下，ICP的放电十分稳定，犹如“电火焰”。其炬焰分为三个主要部分，即高温感应区、轴向中央通道区和尾焰三部分。其中高温感应区的温度大于10000 K，电子和氩离子的密度高。由于高频电流(27.12 MHz或40.68 MHz)的趋肤效应，电子与氩离子主要分布于高温感应区，因而轴向中央通道区温度相对较低，带电粒子的密度也小，可以形成一个中央通道，有利于样品的引入，并且没有谱线的自吸现象。ICP光源有如下优点：

① 激发能力强。在元素周期表上除了气体元素、部分非金属元素及人造放射性元素外，均可用ICP光源进行定性与定量分析。可测定70多种元素。

② 检出限低。元素的检出限一般在 $10^{-5} \sim 10^{-1}\ \mu g \cdot mL^{-1}$ 范围内。

③ 线性范围宽。用一条谱线分析的浓度变化范围可以达到 5~6 个数量级,可以从超痕量、痕量直到常量范围内用相同的条件进行测定。

④ 干扰小、准确度高。这是因为该光源需要引入的样品量少,不会改变或影响 ICP 的放电条件,并且 ICP 的高温足以使各种不同形态的待测物质在瞬时完成蒸发、原子化、电离、激发,测量条件基本不变。加之惰性气体(氩气)隔断了炬焰周围空气的参与,保证了在激发过程中不再产生其他附加的化学反应。

ICP 光源的缺点是测定非金属元素的灵敏度低、气体消耗大。

各种激发光源的性能比较见表 3.1。

表 3.1 各种激发光源的性能比较

性能	直流电弧	交流电弧	火花	ICP
稳定性	差	较好	好	很好
蒸发温度	高	中	低	很高
激发温度/K	4000~7000	4000~7000	10000	6000~8000
分析应用	固体,定性	固体,定量、定性	固体,定量、定性	液体,定量

3.2.3 分光系统

在原子发射光谱法中,一般根据元素的特征谱线进行定性或定量分析。但是,激发光源不可能只发射一条或几条特征谱线,而要发射连续光谱、带状光谱和数量相当多的线光谱,即复色光。因此,在检测光谱信号之前需要进行分光,将复色光按照波长长短顺序展开。由于不同波长的光具有不同的颜色,故分光也被称为色散。

用来获得光谱的装置称为分光系统(单色器)。分光系统主要由照明单元、入射狭缝、准直单元、色散单元、成像单元和出射狭缝组成。其中色散单元是分光系统的核心元件,其作用是将混合各种波长的复色平行光束按照波长长短顺序色散为单色平行光束。最常用的色散元件是棱镜和光栅。

1. 狭缝

狭缝由两金属片组成,金属片边缘锐利,两金属片刀口的边缘平行并在同一平面内。光源发出的光通过入射狭缝经准直单元(准直透镜或凹面反射镜)形成平行光束,经色散单元分解成不同波长的单色平行光束,经成像单元(聚焦透镜或凹面反射镜)后这些平行光聚焦在焦面上形成一系列按波长长短顺序排列的入射狭缝单色光像,即光谱。狭缝的宽度及质量影响谱线的强度及轮廓,因此对狭缝的加工、调节和安装都有严格的要求。一般出入射狭缝宽度相等,当采用感光板或电荷耦合器件作检测器对多波长光信号同时检测时,只有入射狭缝,没有出射狭缝。为了得到高的分辨率,狭缝一般很窄,因此为了使分光系统最大限度地接收光信号,在入射狭缝与光源间需由透镜或反射镜组成的照明单元进行聚光,如电弧和火花发射光谱仪多采用三透镜照明单元,ICP 发射光谱仪多采用单透镜照明单元,而原子吸收和荧光光谱仪多采用双透镜照明单元。

2. 棱镜

棱镜分光依据的是柯西经验公式,即

$$n = A + \frac{B}{\lambda^2} + \frac{C}{\lambda^4} \tag{3.7}$$

式中 n 为棱镜材料的折射率;A,B,C 均为与棱镜材料有关的常数;λ 为入射光的波长。由式(3.7)可知,折射率为波长的函数,波长越短,折射率越大。

根据光折射定律:

$$n = \frac{\sin i}{\sin\gamma} \tag{3.8}$$

式中 i 为入射角;γ 为折射角。当含有不同波长的复色光以相同入射角通过棱镜时,由式(3.7)可知,不同波长的光折射率 n 不同。由式(3.8)可知,入射角相同时,不同波长的光折射角 γ 也不同,所以不同波长组成的复色光从棱镜射出后分开,这就是棱镜的分光原理(图 3.9)。

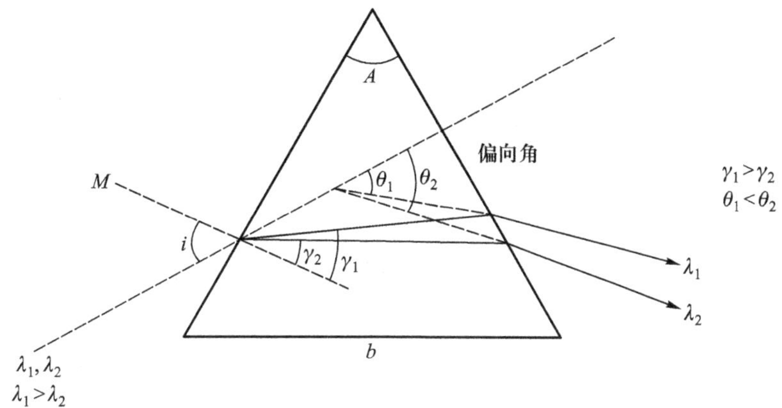

图 3.9 棱镜分光原理

棱镜分光的性能指标主要有角色散率、线色散率和分辨率。色散率是把不同波长的光分散开的能力。角色散率常用 $\mathrm{d}\theta/\mathrm{d}\lambda$ 来表示。它表示两条波长相差 $\mathrm{d}\lambda$ 的谱线被棱镜色散后所分开的角度的大小。θ 是入射光与出射光之间的夹角,称为偏向角。棱镜的角色散率为

$$\frac{\mathrm{d}\theta}{\mathrm{d}\lambda} = \frac{\mathrm{d}n}{\mathrm{d}\lambda}\frac{2\sin\dfrac{A}{2}}{\sqrt{1 - n^2\sin^2\dfrac{A}{2}}} \tag{3.9}$$

式中 A 为棱镜的顶角角度。式(3.9)是指对于棱镜,若有一系列棱镜顺序排列,则由这些棱镜构成的光学系统的总角色散率是每个棱镜角色散率的代数和。如果光谱仪中安装 m 个相同的棱镜,则总的角色散率等于单个棱镜的角色散率乘以所用的棱镜的数目。由式(3.9)可知,角色散率与棱镜的折射顶角 A,制造棱镜所用材料的折射率 n、介质色散率 $\mathrm{d}n/\mathrm{d}\lambda$ 及棱镜的数量等因素有关。

线色散率常用 $\mathrm{d}l/\mathrm{d}\lambda$ 表示。它表示波长相差 $\mathrm{d}\lambda$ 的两条谱线在检测器平面(焦面)上被分开的距离 $\mathrm{d}l$,即

$$\frac{\mathrm{d}l}{\mathrm{d}\lambda}=\frac{\mathrm{d}\theta}{\mathrm{d}\lambda}\frac{f}{\sin\varepsilon} \tag{3.10}$$

式中 l 为焦面上不同入射光之间的距离;f 为聚焦透镜焦距;ε 为检测器平面与光轴间的夹角,如图 3.10 所示。以棱镜为色散元件、感光板为检测器的棱镜摄谱仪见图 3.10。三透镜照明单元可使光源发出的光均匀地照射入射狭缝,使感光板上谱线的黑度 S 均匀。由入射狭缝入射的光径准直透镜变成复色平行光束,经棱镜分光后把复色平行光束变成按波长长短顺序分开的单色平行光束,聚焦透镜将这些单色平行光束聚焦在焦面感光板上。以平面闪耀光栅为色散元件的光栅摄谱仪光路系统与图 3.10 所示相同,只是用光栅取代了棱镜。

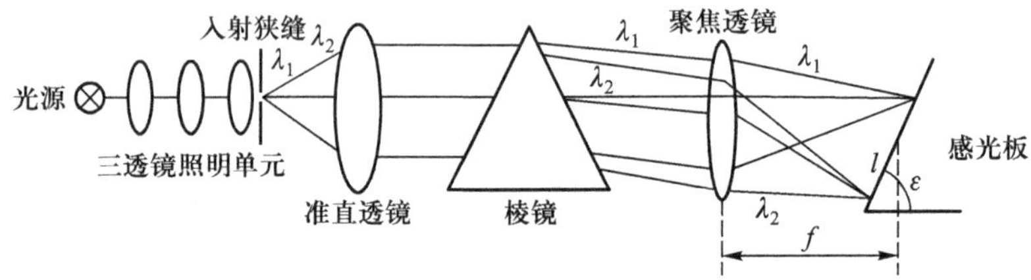

图 3.10 棱镜摄谱仪的光路示意图

在实际应用中,常采用的是倒线色散率 $\mathrm{d}\lambda/\mathrm{d}l$,单位为 $\mathrm{nm\cdot mm^{-1}}$。在光谱仪中,谱线最终是被聚焦在焦面上而被检测的。用角色散率难以表示谱线之间的色散距离,而用线色散率则较为方便。

分辨率是指光谱仪的光学系统能够正确分辨出波长相差极小相邻两条谱线的能力。一般情况下常用两条可以分辨开的光谱线波长的平均值 $\bar{\lambda}$ 与其波长差 $\Delta\lambda$ 之比表示,即 $R=\bar{\lambda}/\Delta\lambda$。棱镜的分辨率为

$$R=\frac{\bar{\lambda}}{\Delta\lambda}=b\frac{\mathrm{d}n}{\mathrm{d}\lambda} \tag{3.11}$$

式中 b 为棱镜底边长。由式(3.11)可知,棱镜的分辨率只与制造棱镜的材料的色散率和棱镜底边的长度有关。要增大棱镜的分辨率,可以增大棱镜底边长 b,选用介质色散率 $\mathrm{d}n/\mathrm{d}\lambda$ 大的材料制造棱镜。

3. 光栅

光栅分为透射光栅和反射光栅,目前使用较多的是反射光栅。反射光栅又可分为平面光栅、闪耀光栅、阶梯光栅和凹面光栅。光栅是一种多狭缝(槽面)元件,光栅光谱的产生是单狭缝(槽面)衍射和多狭缝(槽面)干涉两者联合作用的结果。单狭缝衍射决定谱线的强度分布,多狭缝干涉决定谱线出现的位置。光栅作为重要的分光器件,它的选择与性能直接影响整个光学系统的性能。

根据制作工艺的不同,光栅又可分为刻划光栅、复制光栅、全息光栅等。刻划光栅用钻石刻刀在涂薄金属表面机械刻划而成;复制光栅用母光栅复制而成;全息光栅则用激光干涉条纹光刻而成。刻划光栅的刻线数在紫外-可见光区为 300~2000 刻线/mm,通常为 1200~1400 刻线/mm。而在红外光区,一般为 10~200 刻线/mm。全息光栅的刻线数可高达 6000 刻线/mm。典型刻划光栅和复制光栅的刻槽呈三角形,而全息光栅通常为正弦刻槽。刻划光栅具有衍射效率高的特点,而全息光栅光谱范围宽、杂散光小,可得到更高的光谱分辨率。

(1) 平面光栅

光栅光谱仪以光栅作为色散元件,是利用光的单缝衍射和多缝干涉现象来进行分光的。来自准直镜的一束平行光以 φ 角入射到光栅表面上,在光栅每一条刻线上产生衍射,衍射光线朝各个方向发射。由于相邻两刻线间的距离 d 和波长处于同一数量级,所以这些衍射光可以包括一个很大的角度。当入射光束中 1,2 两条光线以入射角 φ 分别射到相邻两刻线对应位置的 A,B 点上,衍射后以衍射角 φ' 离开光栅,如图 3.11 所示。图中 a 为槽面宽度,b 为槽面间的间距,$d = a + b$。

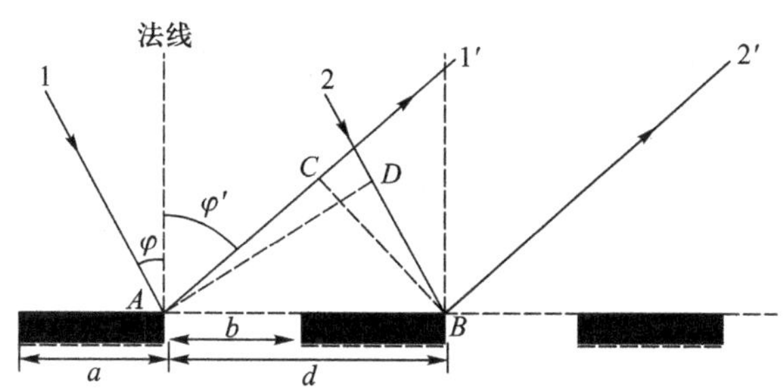

图 3.11 平面光栅的衍射

光线 1,2 在 A,D 点上是同相的(AD 垂直于入射光束),它们到达 A,B 点的光程差为 $BD = d\sin\varphi$。当它们从刻线上以 φ' 角方向衍射出去之后,光程差又增加或减少了 $AC = d\sin\varphi'$。因此总光程差为 $BD \pm AC = d(\sin\varphi \pm \sin\varphi')$。显然,当光线 1,2 和 1′,2′在光栅表面法线的同一侧时,总光程差为 $BD + AC$;不在同一侧时,总光程差为 $BD - AC$。根据光的干涉原理,如果总光程差等于光线波长的 k 倍($k = 0,1,2,\cdots$),则从各条刻线上的相同角度 φ' 衍射过来的光线都是同相的,即起了增强(叠加)作用。此时如果以成像物镜将这些光线聚焦,则可在这个与法线成 φ'角的方向上得到一个明亮的光源像。在其他衍射角上,从各刻线上产生的子波都将相互干涉(抵消)而使光强减弱或为零。对于给定波长的光以一定的角度入射时,从所有刻线上反射过来的光,只有在与光栅法线成某些一定角度时才是同相的。

综上讨论,可归纳出光栅方程:

$$d(\sin\varphi + \sin\varphi') = k\lambda \tag{3.12}$$

式中 φ 为入射角,即入射光束与光栅法线所成的角度,永远取正值;φ'为衍射角,即衍射光束与光栅法线所成的角度。若入射光束和衍射光束都在光栅法线同一侧,则 φ'为正值;如衍射光束在法线另一侧,则 φ'为负值。d 为相邻两刻线间的距离,一般称为光栅常数。λ 为衍射光的波长,k 为光谱级数。由式(3.12)可知,若 d,φ 和 φ'不变,$k\lambda$ 也不变时,如 1×800 nm $= 2 \times 400$ nm $= 3 \times 267$ nm $= 4 \times 200$ nm。说明 800 nm 一级光谱的位置可同时出现 400 nm、267 nm 和 200 nm 的二、三和四级光谱,即当 $k_n\lambda_n = k_m\lambda_m$ 时,会出现谱级重叠,对于高级数光谱(如 28~120 级),则谱级重叠十分严重。

由光栅方程可知:

① 当光栅常数 d 及入射角 φ 为给定值时,对于某一光谱级,不同波长的最强衍射光线在不同的 φ'角方向,这就是光栅的分光作用。而后这些光束经聚焦就成为按波长排列的狭缝像。每条谱线是入射狭缝的单色光像。

② 当光栅常数 d 及入射角 φ 为给定值时,对于零级光谱($k = 0$),$\varphi' = -\varphi$,这时光栅的

作用就像一面反射镜一样，在 $\varphi' = -\varphi$ 方向形成一个不被分光的零级光谱像，入射光束中的所有波长的光都叠加在零级光谱像中，光栅没有分光作用，所以说光栅的零级光谱仍是原来的复色光。

③ 当 φ' 与 φ 不在光栅法线的同侧（此时 φ' 为负值），并且 $|\varphi'|>\varphi$ 时，k 应为负值，这表示衍射而产生的光束与入射光束不在零级光谱像的同侧。

④ 同一光谱级，波长越短的谱线离零级光谱像越近。

平面光栅的缺点是零级光为复色光，且很强。

用平面光栅时，既有单缝衍射，又有多缝干涉。当入射光以垂直于单缝所对应的平面方向入射时（$\varphi = 0$），可推导出产生单缝衍射光强度极小值的条件为

$$a\sin\varphi' = m\lambda \quad m = \pm 1, \pm 2, \cdots$$

式中 φ'为衍射角；a 为狭缝（槽面）宽度；m 为单缝衍射暗纹的级数。在两个一级暗纹之间，即在 $\varphi' = 0$ 处为中央亮纹。图 3.12（a）表示单缝衍射图样，在 $a\sin\varphi' = m\lambda$ 处光强有最小值。用平面光栅时，由于单缝槽面的法线与光栅平面的法线重合，故光束相对于单缝槽面的衍射角与光栅平面的衍射角相等。图 3.12（b）表示多缝干涉的图样，当 $\varphi = 0$ 时，在 $d\sin\varphi' = k\lambda$ 处有亮纹出现。设光栅常数 $d = 3a$，则满足 $d\sin\varphi' = 3\lambda$ 多缝干涉亮纹的位置正好等于 $a\sin\varphi' = \lambda$ 单缝衍射暗纹的位置。图 3.12（c）表示多缝干涉和单缝衍射的合成图形，由图可见，多缝干涉条纹（即谱线）的强度，受到单缝衍射图样的限制，即干涉条纹的强度受到达该点的衍射光强的控制。例如，在 $d\sin\varphi' = 3\lambda$ 处应有干涉的三级谱线，但该处衍射光强为零，故该谱线强度亦为零（缺级）。这样，单缝衍射的强度分布曲线成为干涉图样的包迹，使得各级谱线有强度大小的分布。

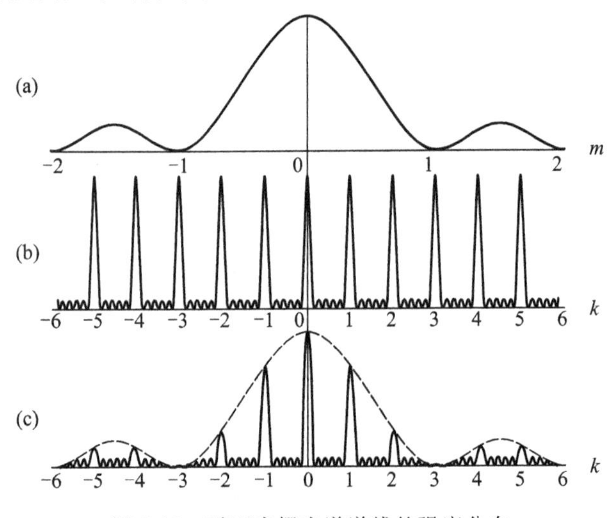

图 3.12　平面光栅光谱谱线的强度分布

（2）平面闪耀光栅

用平面光栅时，大部分能量集中在没有被色散的“零级光谱”中，小部分能量分散在其他各级光谱中。零级光谱不起分光作用，不能用于光谱分析。而色散越来越大的一级、二级光谱强度却越来越小。为了降低零级光谱的强度，将光能集中于所要求的波长范围，近代的光栅采用定向闪耀的办法，即将光栅刻痕刻成一定的形状，使每一刻痕的小反射面（槽面）与光栅平面成一定的角度，使衍射光强中央极大从原来与零级亮纹重合的方向转移至由刻痕形

状决定的反射光方向，结果使反射光方向光谱变强，这种现象称为闪耀。辐射能量最大的波长称为闪耀波长。光栅槽面与光栅平面的夹角 θ 称为闪耀角。闪耀角 θ 对光栅能量分布影响很大，闪耀角 θ 越小，闪耀波长 λ 就越短，而光栅能量分布曲线向短波方向移动。每一个小反射面与光栅平面的夹角保持一定，以控制每一小反射面对光的反射方向，使光能集中在所需要的一级光谱上，这种光栅也属于平面光栅，但与前面讨论的平面光栅有很大差别，所以一般称为平面闪耀光栅或简称为闪耀光栅。

如图 3.13 所示，闪耀光栅有两条法线，一条为光栅平面法线 M，另一条为槽面的法线 M'。图中入射光束 A 和衍射光束 B 与 M 的夹角 φ 与 φ' 仍为光束对光栅平面的入射角和衍射角，因此，在闪耀光栅所产生的衍射图形中，各级谱线的位置不受刻槽形状的影响，仍由光栅方程决定。入射光和衍射光与 M' 的夹角 α 和 β 称为光束对槽面的入射角和衍射角，单缝衍射光强度分布曲线的最大值在 $\beta = -\alpha$ 方向，与零级光谱 $\varphi' = -\varphi$ 的方向不再重合，即光强最大值从零级光谱移至一级光谱位置（图 3.14）。

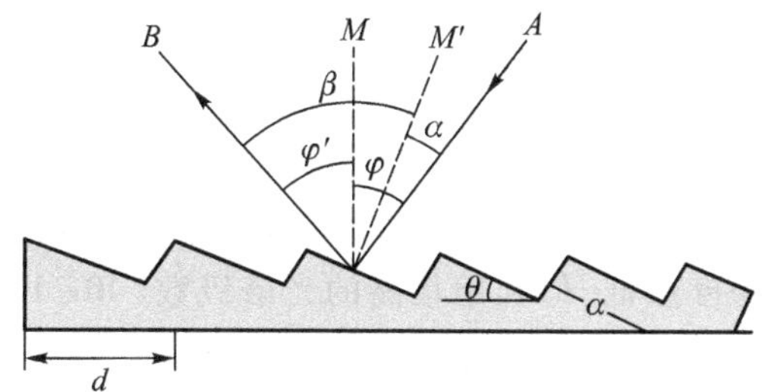

图 3.13　平面闪耀光栅刻槽轮廓

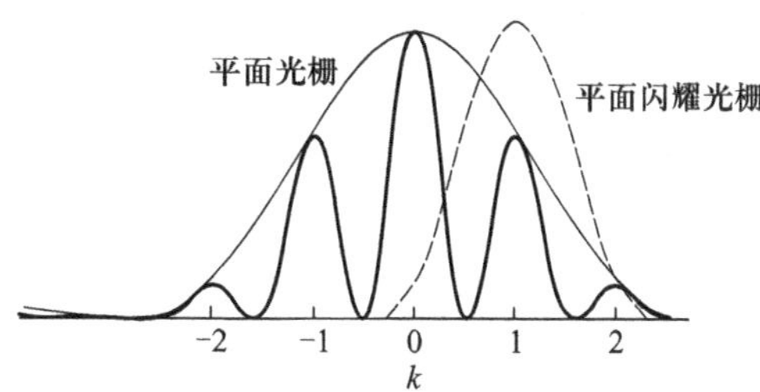

图 3.14　平面光栅（实线）与平面闪耀光栅（虚线）光强度分布图

闪耀波长与闪耀角、入射角、光栅常数及光谱级有关。但根据某些国家（如美国）的习惯，在光栅规格上给出的是与闪耀角对应的自准式一级闪耀波长。自准式的条件为 $\varphi = \varphi' = \theta$，即在自准式条件下，光由光栅槽面法线 M' 方向入射并衍射。这时有如下关系式：

$$d(\sin\varphi + \sin\varphi') = k\lambda$$

即

$$2d\sin\theta = k\lambda \tag{3.13}$$

光栅的性能指标主要有角色散率、线色散率和分辨率。光栅的角色散率为

$$\frac{d\varphi'}{d\lambda} = \frac{k}{d\cos\varphi'} \tag{3.14}$$

光栅的线色散率与棱镜的线色散率相同，光栅的线色散率为

$$\frac{dl}{d\lambda} = \frac{d\varphi'}{d\lambda}\frac{f}{\sin\varepsilon} = \frac{k}{d\cos\varphi'}\frac{f}{\sin\varepsilon} \tag{3.15}$$

由式（3.15）可知，光栅光谱的线色散率与波长无关，而与光栅常数 d、光谱级、物镜焦距 f 和衍射角 φ' 有关。光栅常数 d 越小，光谱级数 k 越大，则线色散率越大。一般情况下，检测器平面与光轴之间的夹角 ε 为 90°，$\sin\varepsilon = 1$，所以线色散率也表示为

$$\frac{dl}{d\lambda} = \frac{kf}{d\cos\varphi'} \tag{3.16}$$

倒线色散率表示为

$$\frac{\mathrm{d}\lambda}{\mathrm{d}l}=\frac{d\cos\varphi'}{kf} \tag{3.17}$$

光栅的分辨率 R 为

$$R=\frac{\lambda}{\Delta\lambda}=kN \tag{3.18}$$

式中 N 为光栅总刻线数。由此可见，分辨率与光谱级数和光栅总刻线数成正比，与波长无关。在实际应用中，要想获得高分辨率，最现实的方法是采用宽度较大和刻线密度较高的光栅，以增加总刻线数。但刻线密度不能无限增大，因为当 $d \ll \lambda$ 时，光栅的衍射作用消失，同一块反射镜的作用相同。

(3) 中阶梯光栅

按照光栅闪耀角的大小不同，阶梯光栅可以分成三种，即大阶梯光栅、中阶梯光栅和小阶梯光栅，常用的是中阶梯光栅。中阶梯光栅是精密刻制的具有宽平刻痕的特殊衍射光栅，它类似于普通的闪耀光栅，但是它与普通闪耀光栅的主要区别是刻线密度较小（每毫米刻线几十到上百条），闪耀角较大（通常为 60°～70°），刻痕较深。

中阶梯光栅的色散原理和普通光栅类似，但获得高色散率和分辨率的途径不一样。普通光栅用增加刻线总数或增大焦距 f 的办法来提高色散率和分辨率，利用的光谱级数却较低（1～2 级）；而中阶梯光栅却与此相反，其刻线密度虽低，但利用很高的光谱级数（40～120 级，即 k 大），并通过增大闪耀角 θ（60°～70°）的方法来获得很高的分辨率和色散率。

中阶梯光栅的缺点是当采用高级数光谱时，谱级重叠十分严重，在技术上单独应用中阶梯光栅作为色散器件是困难的，需要采用交叉色散。具体方法是在中阶梯光栅构成的光路前方或后方设置一个辅助色散元件（大多数是棱镜），且使光栅与棱镜的色散关系互相垂直［图 3.15(a)］。由于二者交叉色散的结果，光学系统所得的光谱图不同于单独用棱镜或单独用光栅所得的光谱图，即它不是一个按某一个方向排布的一维光谱图，而是按照互相垂直的两个方向排布的二维光谱图，即在一个方向上，由于中阶梯光栅的作用，光谱线按不同波长色散开来，在另一个垂直的方向上，由于棱镜的色散作用，不同级的谱线又会分开［图 3.15(b)］。交叉色散的方法有效克服了中阶梯光栅单独色散时谱级重叠的缺点，而保留了其色散率和分辨率高的优点。

(4) 凹面光栅

凹面光栅是一种在高反射金属曲面（球面或非球面）上刻划一系列等距离的平行沟槽的反射式衍射光栅，又称罗兰光栅。曲率半径为 R 的光栅与一个直径为 R 的圆（罗兰圆）相切，切点是光栅中心点，入射狭缝在圆上，不同波长光的成像也在圆上不同出射狭缝处。

与平面光栅必须借助成像系统来形成谱线不同，凹面光栅在光路中既承担色散元件的功能，又承担准直和成像这两种功能，因而可以大大简化光学系统的结构，也减少了光信号的损失。

4. 光栅光谱仪

采用光栅作为色散元件的光谱仪称为光栅光谱仪。按照所采用的光栅种类，光栅光谱仪又可分为单道扫描光电直读光谱仪、全谱光电直读光谱仪和凹面光栅光谱仪，后者已很少用。

(1) 单道扫描光电直读光谱仪

如图 3.16 所示，光路采用两个相同的小凹面反射镜，两个小凹面反射镜中间分开，一个

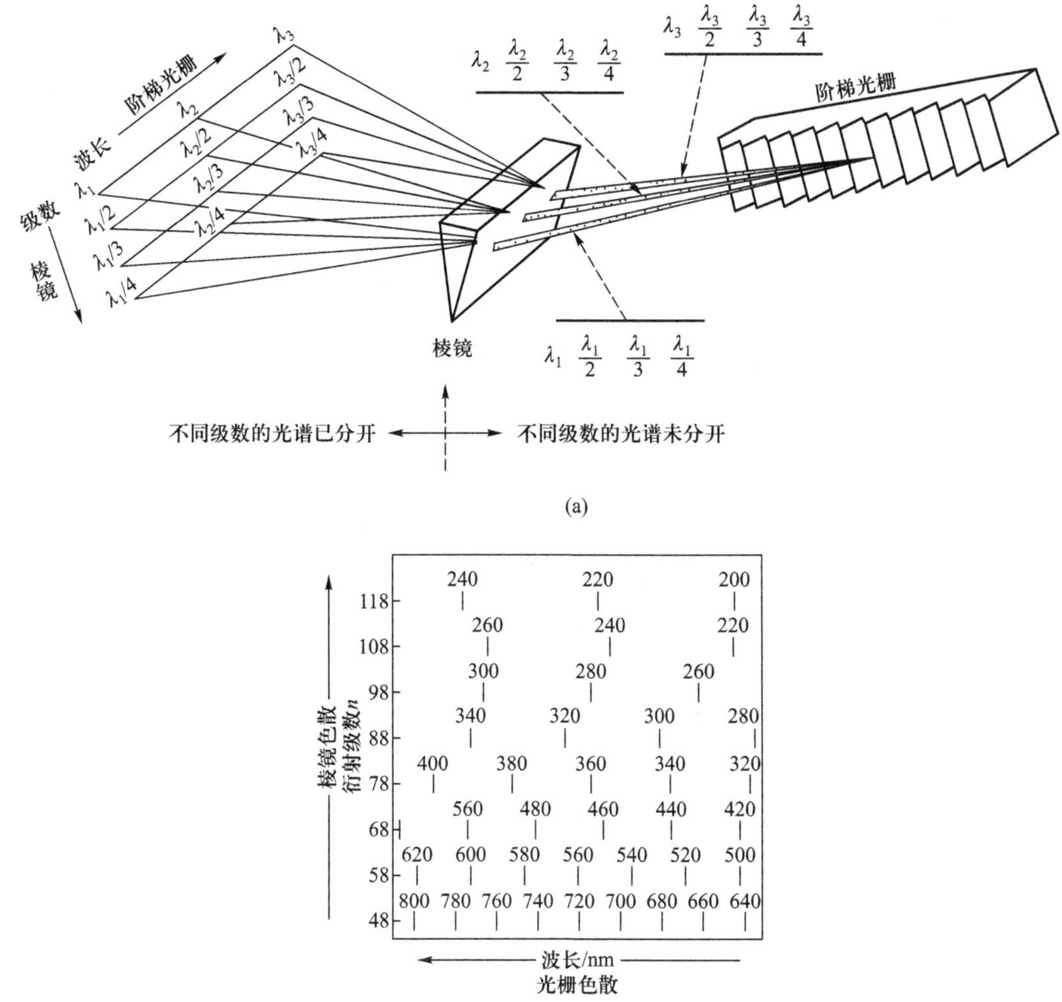

(a)

(b)

图 3.15 中阶梯光栅——棱镜交叉色散原理(a)和二维光谱图(b)

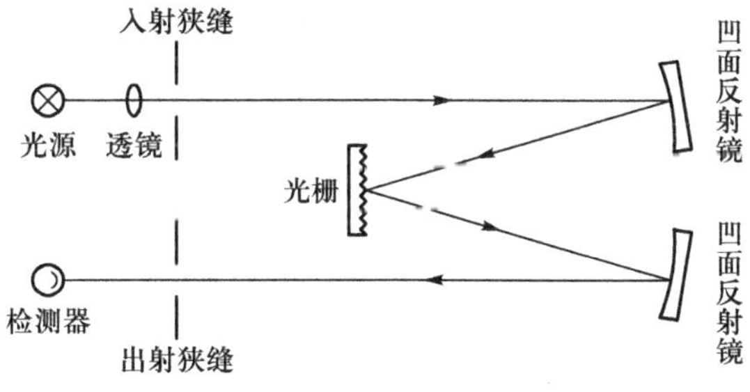

图 3.16 单道扫描光电直读光谱仪光路示意图

用来将入射狭缝入射的光变成平行光反射到平面闪耀光栅上,起准直镜的作用;另一个用来将光栅色散的光聚焦到出射狭缝处的光电倍增管上,起成像物镜的作用。当光栅角度固定时,可由出射狭缝获得所需波长的光。转动光栅,随光栅角度不断变化,不同波长的光依次通过出射狭缝,完成光谱扫描。

(2) 全谱光电直读光谱仪

以中阶梯光栅为色散元件的光谱仪多与固态面阵检测器(如电荷耦合器件 CCD)配合使用,在原子发射光谱仪中的应用逐渐增多。图 3.17 是比较典型的以中阶梯光栅为色散元件的全谱光电直读光谱仪的光路示意图。

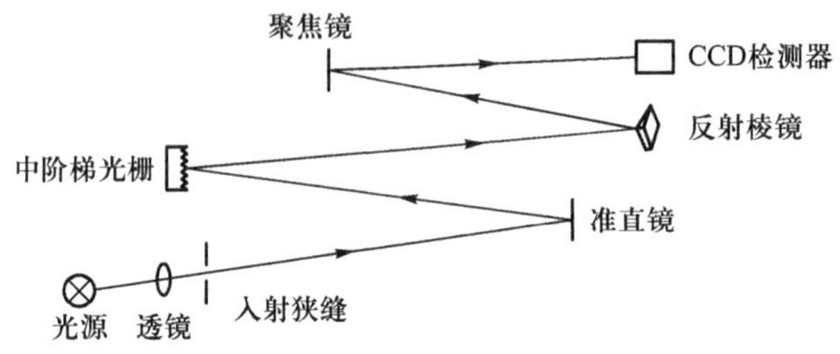

图 3.17 全谱光电直读光谱仪光路示意图

由狭缝入射的复色光照射到准直镜上成为平行光,先反射到中阶梯光栅上,然后再经过一个低色散元件(棱镜或平面光栅)将重叠在一起的各级数光谱分离开来,即进行交叉色散。经过交叉色散的光信号按波长长短与级数高低的顺序被聚焦,反射到固态面阵检测器 CCD 平面上,获得二维的光谱图[图 3.15(b)]。

(3) 凹面光栅光谱仪

凹面光栅主要用作多通道发射光谱仪的分光元件。

不同波长的光色散并成像在各个出射狭缝上,检测器则安装在出射狭缝后面。

凹面光栅光谱仪没有使用准直和聚焦透镜,光能损失小,在短波方向进行准确分析是它的特点,可以用于测定波长短于 190 nm 的元素,但是由于其狭缝和通道数量有限,且需要固定位置,因此限制了分析的灵活性和同时测定多元素的数目。另外还需要配置多个光电倍增管,目前已不生产。

3.2.4 检测控制系统

原子发射光谱仪的检测控制系统是将原子发射产生的光信号进行转换、放大、记录、处理、显示的单元。检测控制系统的关键部件是光电检测器,它必须在特定的波长范围内具有灵敏且线性的光谱响应。目前在紫外光和可见光谱区有多种检测器,本节主要介绍感光板、光电倍增管和电荷耦合器件。

1. 感光板

感光板又称光谱干板或像板,它通常是通过将卤化银(常用溴化银)均匀地分散在明胶中,然后涂布在玻璃板上制成的。其作用是把来自光源的光谱信号以像的形式记录下来,以便于辨认和测量。将光信号转换为影像的过程要经历曝光、显影和定影三个阶段。

曝光时,光作用在感光乳剂中的卤化银晶粒时,光能转换为化学能,发生光化学反应:

$$AgBr \xrightarrow{h\nu} Ag + Br$$

但由此形成的 Ag 并非影像,它是看不见的,常称为"潜像"。以曝光时形成的潜像中心为基础,利用还原剂把卤化银还原为金属银,形成看得见的黑色影像。其反应式为

$$AgBr \xrightarrow{\text{还原剂}} Ag + Br^-$$

显影时曝光处的 AgBr 还原快,其他处的 AgBr 也可被还原,但还原慢,所以显影有时间限制。此影像变黑的程度与所吸收光的强弱有关,也和光的波长有关。

定影时卤化银溶于定影液中,然后再用水洗净。其反应式为

$$AgBr + 2S_2O_3^{2-} = Ag(S_2O_3)_2^{3-} + Br^-$$

定影时,曝光处的一些 AgBr 由于被还原为 Ag 而不能被除去,固定在干板上,呈黑色,而另一些未被还原的 AgBr 则被除去。其他未被曝光处的 AgBr 几乎完全被除去。经过上述过程,将光能转换为化学能,即使感光板被光照射处 AgBr 变为 Ag,形成光谱影像,用黑度来表征光谱影像变黑的程度。黑度 S 定义为

$$S = \lg \frac{I_R}{I_t}$$

根据这一定义,为了测量黑度 S,用一束强度为 I_R 的光照射感光板,则 I_t 为曝光变黑部分的透射光强度。但在实际测量中,常用下式来计算黑度:

$$S = \lg \frac{I_0}{I_t}$$

式中 I_0 是感光板未曝光部分的透射光强度,因此可以认为 $I_R = I_0$,如图 3.18 所示。

强度为 I 的光,在感光乳剂上产生一定的辐射照度 E,照射时间 t 后,在感光乳剂上积累一定的曝光量 H,即 $H = Et$。黑度 S 与曝光量的关系可用感光乳剂特性曲线来描述,如图 3.19 所示。

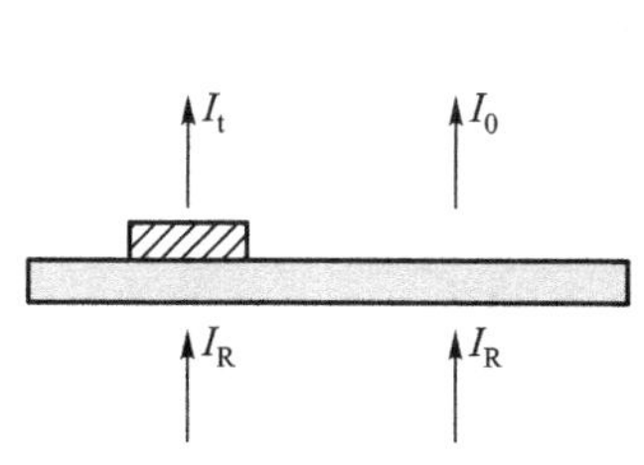

图 3.18 黑度测量示意图

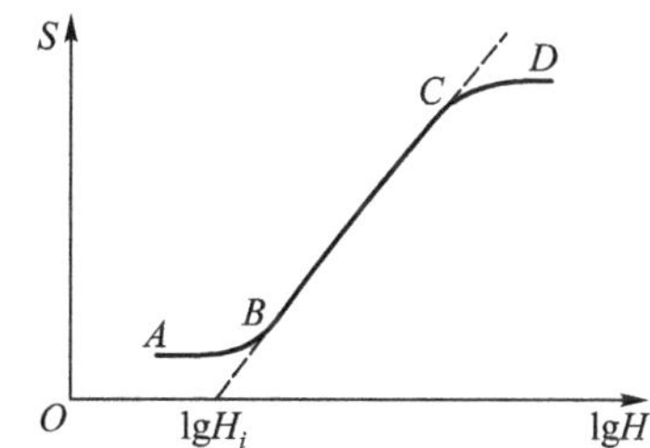

图 3.19 感光乳剂特性曲线

图 3.19 中,感光乳剂特性曲线 AB 段为曝光不足部分,CD 段为曝光过度部分,BC 段为正常曝光部分。对于正常曝光部分,曝光量与黑度的关系是

$$S = r(\lg H - \lg H_i) = r\lg H - r\lg H_i$$

式中 r 是感光乳剂特性曲线 BC 段的斜率,称为反衬度。它表示当曝光量改变时,黑度值改变的快慢。反衬度高的感光板,当曝光量改变时,黑度变化较快。$\lg H_i$ 为直线部分 BC 延长后在横轴上的截距,H_i 是惰延量,其值越小,说明位于直线区域的最低曝光量的值越小,这表明感光乳剂灵敏度高,因此,惰延量的倒数表示感光乳剂的灵敏度。光谱定量分析时,宜选用反衬度高的感光板。因为浓度变化时,这种相板的黑度变化较明显。对于一定的感光乳剂,$r\lg H_i$ 为定值。由于强度 I 正比于辐射照度 E,所以也可以认为曝光量 $H = kIt$。所以有

$$S = r\lg H - r\lg H_i = r\lg kIt - r\lg H_i = r\lg It - i$$

显然，式中 $i = r\lg H_i - r\lg k$。

2. 光电倍增管

光电倍增管(PMT)是一种具有极高灵敏度和快速响应的光电探测器件，是在光电效应和电子光学基础上，利用二次电子倍增现象制成的真空光电器件，它将光能转换为电能，实现光电探测。光电倍增管(图 3.20)外壳由玻璃或石英材料制成，内部抽真空，具有光电发射阴极(阴极)和聚焦电极、多个电子倍增极(打拿极)、电子收集极(阳极)。可以将它看作一个具有多级电流放大作用的特殊电子管。阴极(有时称为光阴极)为涂有能发射电子的光敏物质的电极，由 Cs，Sb，Ag 等元素或其氧化物组成，被光子照射时可释放出电子。阳极由金属网组成，主要是收集、传送电子。在阴极和阳极之间装有一系列倍增极，即打拿极，它可使电子数目放大。光电光谱仪中使用的光电倍增管的打拿极数目一般为 9。光电倍增管有端窗型和侧窗型两种，端窗型是从光电倍增管的顶部接收入射光，而侧窗型则是从光电倍增管的侧面接收入射光。通常情况下，侧窗型光电倍增管价格相对便宜，并在分光光度计、光谱仪和一般的光度测量方面应用广泛。大部分的侧窗型光电倍增管使用反射式光阴极和环形聚焦型电子倍增系统，使其在较低的工作电压下具有较高的灵敏度。光电倍增管在其阴极和阳极间施加一个高压，为了安全利用光电流信号，常常将阳极接地，阴极接负高压。另外在相邻的倍增极之间并联多个电阻进行分压(如图 3.20 中的电阻 R_1，R_2，R_3，R_4)，使每个倍增极上都具有固定的压降(一般为 50～100 V)，因而每两个倍增极之间具有固定的电场强度。当一束光线照射到阴极时，假定产生一个光电子，该光电子在电场的作用下被加速并向第一倍增极射去。当其撞击到第一倍增极时，会溅射出数量更多的二次电子(图 3.20 中假定为 3 个倍增极)。以此类推，电子数目越来越多，最后在阳极汇聚成光电流。这样光电倍增管不仅起到光电转换的作用，而且还起到电流放大的作用。

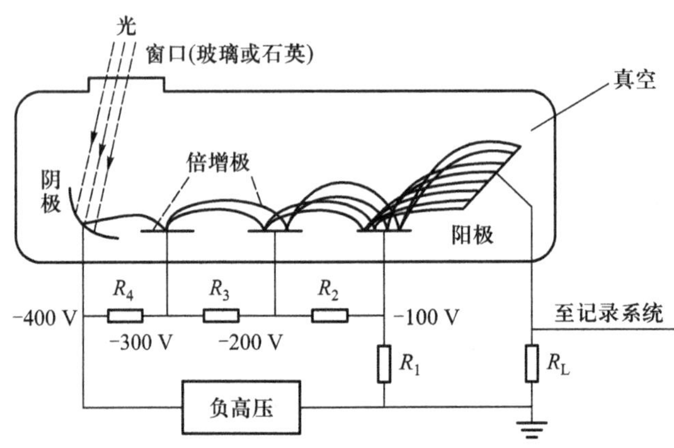

图 3.20　光电倍增管工作原理及采用负载电阻的 I/U 转换电路

光电倍增管的电流增益就是阳极输出电流与阴极光电子电流的比值。在理想情况下，具有 n 个倍增极的光电倍增管的电流增益用如下公式表示：

$$G = k'\delta^n = kU^{an}$$

式中 k' 和 k 均为常数；U 为阳极与阴极之间所施加的电压；δ 是每一个入射光电子能打出的二次电子平均数，叫作二次发射率；a 与倍增极的材料和结构有关，一般为 0.7～0.8。一般的光电倍增管具有 9~12 个倍增极,电流增益一般为 $10^6 \sim 10^{10}$,但光电倍增管的输出信号特别容易受到所加电压的波动的影响,因此要求光电倍增管的供电电压具有很高的稳定性。

光电倍增管的阳极输出的是电流信号,而与其相连的后级电路一般是基于电压信号来设计和处理的,因此,首先要进行电流-电压(I/U)转换。可以直接用一个负载电阻来完成 I/U 转换,测出信号电流在负载电阻上的电压降,见图 3.20。由于光电倍增管的输出电流信号很小,所以负载电阻增大,输出电压也线性增大。因此,一般选用一个较大的负载电阻,以便从一个很小的电流信号得到一个很大的电压信号。但是负载电阻也不能无限大,否则会使输出信号的动态特性和线性范围恶化。为了解决这一问题,阳极电流输出信号的放大可采用运算放大器结构的 I/U 转换电路,这有利于减小阳极负载,提高电路工作的稳定性。

3. 电荷耦合器件

光电倍增管的优点是直接将光信号转换为方便处理的电流信号,并且其本身具有很高的电流放大能力。但是它的缺点是没有空间分辨能力,难以同时得到多波长处光信号的强度,这是它不如电荷耦合器件(CCD)的地方。CCD 具有多通道快速检测的优势,CCD 的使用大大提高了光谱仪器的分析测试速度。

CCD 是 20 世纪 70 年代初期发明的新一代光电传感器件,它的诞生使整个光谱分析仪器领域发生了革命。由于具有卓越的光电响应量子产率,以及对可见光的频率响应范围宽的特性,CCD 器件成为光谱分析仪器的理想检测器。它不但具有固态集成器件所具有的体积小、质量轻、抗震性能强、功耗低等一系列优点,还具有能够并行多通道检测光谱的特点,尤其是它可以进行长时间的"积分",从而使其光电检测灵敏度可与传统的光电倍增管相比拟,并逐渐取代光电倍增管,成为现代光谱仪器的理想检测器。CCD 是基于金属氧化物半导体(MOS)工艺的光敏元件,即由金属电极(M)、氧化物(绝缘体,O)和半导体(如 P 型半导体,S)三层组成,在 MOS 元件的金属层加一正电压后,在氧化物(绝缘层如 SiO_2)和半导体间形成电子势阱,其光生电荷可聚集在此势阱中,电荷量与入射光强度和积分时间之间有线性关系。CCD 的基本工作过程就是信号电荷的产生、存储、传输和检测过程。

(1) 电荷的产生与存储

当光线入射到 CCD 表面的输入栅电极(光敏元)上时,光子穿过透明金属电极(栅极)及氧化物 SiO_2 层,进入 P 型半导体衬底。衬底中处于价带的电子吸收光子能量而跃入导带,产生电子-空穴对。衬底每吸收一个光子,就会形成一个电子(光电子)-空穴(正电荷)对。

在输入栅金属电极施加栅极电压 U_G 之前,电子-空穴的分布是均匀的。当电极相对于衬底施加正栅压 U_G(衬底接地)时,在电极下面的多数空穴被排斥到底层,产生耗尽层。当栅压继续增加时,耗尽层将进一步向半导体内延伸,这一耗尽层对于带负电荷的电子而言是一个势能特别低的区域,因此也叫作"势阱"。电子(信号电荷)则落入势阱中,形成电荷包。电子势阱的深浅随金属电极所加电压的高低而变化,电压越高势阱越深,势阱越深则存储的信号电荷越多。势阱被填满时,信号电荷将无法存入,产生"溢出"现象,如图 3.21 所示。

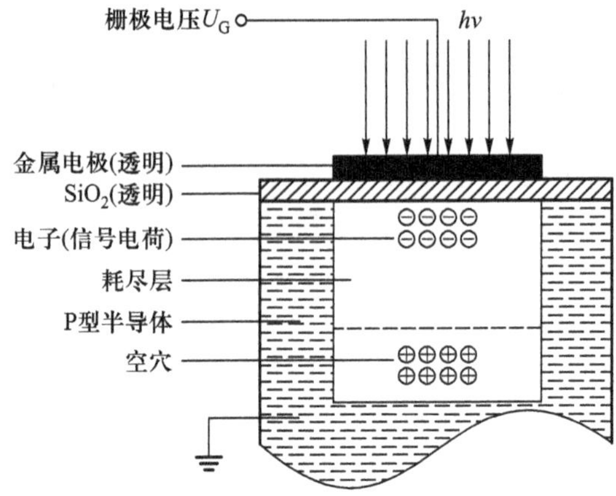

图 3.21　CCD 电荷的产生与存储过程

(2) 电荷的传输

如图 3.22 所示,当两相邻电极的电压及它们之间的距离满足一定的要求时,电荷就能顺利地由浅势阱转移到深势阱。若使电极上的电压按一定的规律变化,从而使半导体表面形成一系列深浅不同的势阱,电荷包便可沿着势阱的移动方向连续移动。上述在输入栅电极下的电荷包在与其临近的转移栅电极的电压的作用下,电荷包会转移到转移栅电极的势阱中,电荷包进入转移栅电极后会逐渐向右移动,最后到达输出栅电极。为了便于理解,可以取 CCD 中四个彼此靠得很近的 MOS 单元来观察电荷的传输过程。

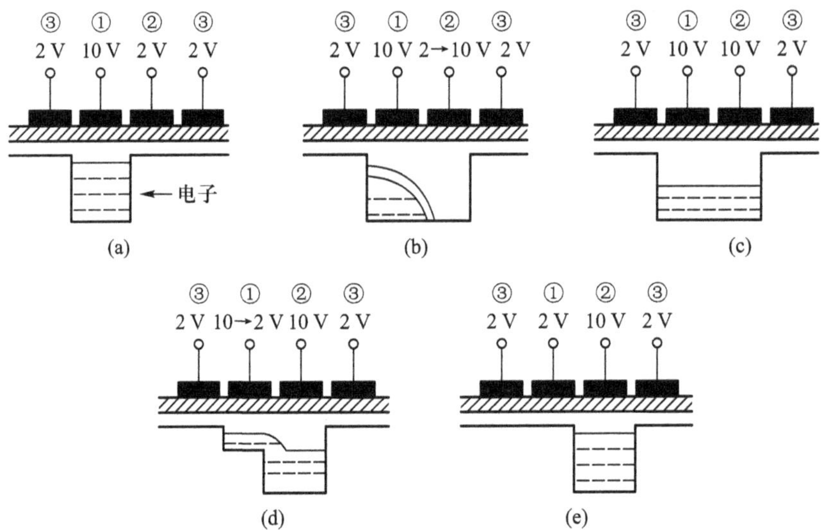

图 3.22　三相 CCD 中电荷的传输过程

假定开始时有电荷存储在偏压为 10 V 的第二个电极下面的深势阱里,其他电极上均加有较低电压(例如 2 V)。设图 3.22(a)所示为零时刻(初始时刻)各电极上的电压状态,过 t_1 时间后,各电极上的电压状态变为如图 3.22(b)所示,第二个电极电压仍保持为 10 V,第三个电极上的电压由 2 V 变到 10 V,因为这两个电极靠得很近(间隔只有几微米),它们各自对应的势阱将合并在一起。原来在第二个电极下的电荷变为这两个电极下的势阱所共有,如图3.22(c)所示。若此后电极上的电压状态变为图 3.22(d)所示,第二个电极电压由 10 V 变为

2 V,第三个电极电压仍为10 V,则共有的电荷转移到第三个电极下面的势阱中,如图 3.22(e)所示。由此可见,深势阱及电荷包向右移动了一个位置。以此类推,电荷包最后转移到输出栅电极。

(3) 电荷的检测

CCD 输出栅电极中的电荷包进入到输出二极管(反偏压输出二极管),此二极管在控制脉冲作用下,将信号电荷收集并送入前置放大器,实现电荷/电压的线性变换,从而完成电荷包上的信号检测。根据输出先后顺序就可以判别出电荷是从哪个光敏元来的,并根据输出电压的大小可以知道该光敏元受光照射的强弱,于是投射到 CCD 敏感面的光学图像就转换为电信号"图像",如图 3.23 所示。

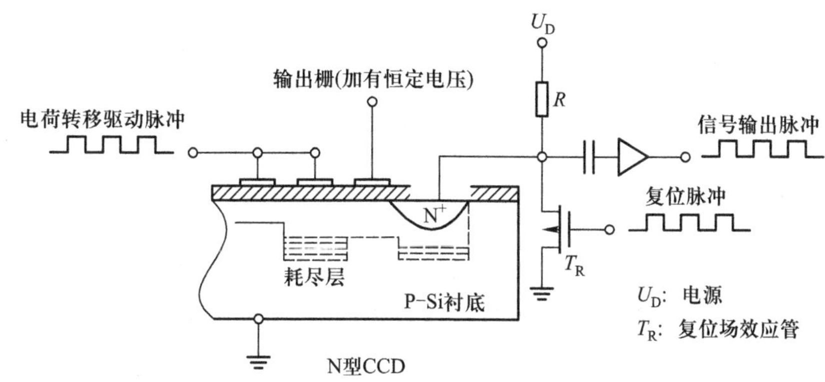

图 3.23 CCD 电荷信号检测过程

上面仅仅描述了一个输入栅电极(光敏元)得到光信号后,如何将信号转移给输出栅电极,并输出可检测信号。实际上,可由许多个上述系统组成线阵和面阵,即光谱测量所用的 CCD 探测器存在线阵型器件和面阵型器件两种类型,可以同时得到不同波长的光谱信号。

原子发射光谱法由于其广泛性和多元素检测能力,已成为无机元素分析的最强有力的手段之一。在原子发射光谱法的发展过程中,光电倍增管曾作为主要的检测器沿用了数十年。虽然它具有很高的灵敏度及宽的光谱响应范围,但单个光电倍增管的致命缺点是不具备多通道同时检测信号能力,因而也不能通过一次检测同时获得分析线和背景信息。面阵型 CCD 探测器与可以提供二维光谱且分辨率很高的中阶梯光栅光学系统相结合,给原子发射光谱法带来了全新的面貌。应用 CCD 探测器提高了测量速度,并使仪器省去了波长扫描系统。

检测控制系统除了光电检测器这个核心元件外,还有实现信号处理、采集、记录和显示等功能的控制单元,这些控制单元主要由集成电路、微处理器和计算机等组成。

3.3 应用

虽然电弧、火花和等离子体光源都可用于光谱定性、半定量和定量分析,但电弧光源主要用于土壤、植物、材料、岩石和矿物质、金属和非金属的定性和半定量分析。火花光源主要用于金属和合金的定性、半定量和定量分析,并可用于等离子体光谱法的固体取样装置。等离子体光源主要用于溶液样品的定量分析。

3.3.1　定性分析

光谱定性分析的目的是确认、鉴定样品中存在的元素种类。光谱线的波长是由原子的种类决定的。如果能观测到某种被测元素的光谱，就可以确定样品中存在该元素。因此，根据原子光谱中的元素特征谱线是否出现就可以确定样品中是否存在被测元素。如果某种样品的光谱图中有几种元素的谱线同时出现，就证明该样品中含有这几种元素，这样的分析方法称为光谱定性分析。

在实际分析时，只要在样品光谱中测出了某元素的灵敏线，就可以确定样品中存在该元素。但需要指出，在样品的光谱中没有测出某种元素的谱线，并不表示在该样品中绝对不存在该元素，而仅仅表示该元素的含量低于检测方法的检出限。如果需要提高检测灵敏度，则需要采用特殊分析方法加以检测。每种元素都有一条或几条信号最强的线，这样的谱线称为灵敏线。共振线是指电子由原子高能级跃迁至基态所发射的谱线，第一（主）共振线是电子从原子最低高能级跃迁至基态所发射的谱线，通常也是最灵敏线。当被测元素浓度逐渐降低时，其谱线强度逐渐减弱，最后仍然存在的谱线称为最后线，最后线一般也是最灵敏线。过渡元素的谱线可能多达数千条，在进行定性分析时，只能选择其中一条或几条灵敏线检测，这些灵敏线称为分析线。

每种元素一般都有许多条特征谱线，分析时不必将所有谱线全部检出，只要检出该元素两条以上的灵敏线，就可以确定该元素存在。光谱定性分析所依靠的是谱线波长的准确测量。在实际分析工作中，常常间接或直接利用标准光谱图。当用感光板时，铁的谱线较多且相距很近，在 210~660 nm 范围内有 4600 多条谱线，其中每条谱线的波长都已经被准确测量。而大多数元素分析用的谱线出现在铁元素所发射的谱线的光谱范围内，并且在此范围内感光乳剂又是灵敏的。因此，人们制成了标准铁光谱图（图 3.24），在光谱定性分析时，常将铁光谱作为标准来确定被分析样品的谱线的波长，从而判断样品中存在哪些元素。

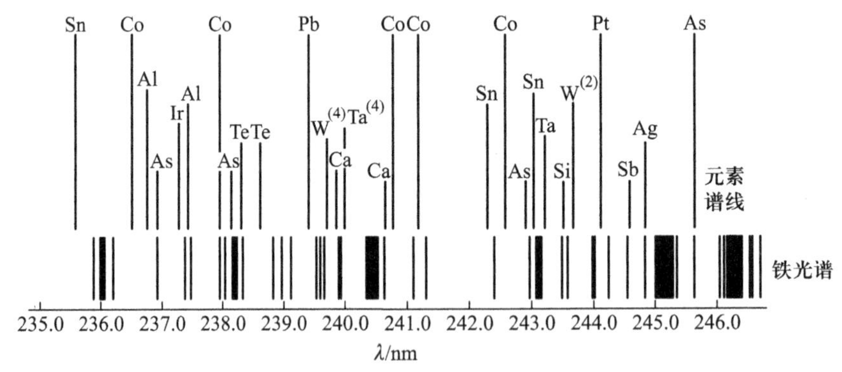

图 3.24　标准铁光谱图

将样品与铁并列摄取光谱，然后将摄取到的铁光谱、样品的光谱一起在映谱仪上和标准铁光谱图相比对照，使谱线图中的铁谱线与谱片上摄取的铁谱线相重合，如果样品中未知元素的谱线与谱线图中已标明的某元素谱线出现的位置相重合，则该元素就有可能存在。

当用光电检测器时,这些定性分析工作多在与仪器配套的计算机上来完成。需要指出的是,当样品组成复杂时,常发生谱线的重叠干扰,因此研究一种元素是否在样品中存在,不能仅靠检查一条谱线就作出结论,通常应在光谱图上找出 2~3 条被测元素的灵敏线才可确认某元素的存在。表 3.2 列出了 ICP 原子发射光谱法中部分常用的元素灵敏线。表中波长后面Ⅰ表示原子线,Ⅱ表示离子线。

表 3.2 ICP 原子发射光谱法中常用的元素灵敏线

元素	灵敏线波长/nm			
Ag	224.641 Ⅱ	243.779 Ⅱ	328.068 Ⅰ	338.289 Ⅰ
Al	237.335 Ⅰ	309.271 Ⅰ	309.284 Ⅰ	396.152 Ⅰ
As	193.696 Ⅰ	197.197 Ⅰ	200.334 Ⅰ	228.812 Ⅰ
Au	197.819 Ⅰ	208.209 Ⅱ	242.795 Ⅰ	267.595 Ⅰ
B	208.893 Ⅰ	208.959 Ⅰ	249.678 Ⅰ	249.773 Ⅰ
Ba	230.424 Ⅰ	233.527 Ⅱ	455.403 Ⅱ	493.409 Ⅱ
Be	234.861 Ⅰ	249.473 Ⅰ	313.042 Ⅱ	313.107 Ⅱ
Bi	206.170 Ⅰ	222.825 Ⅰ	223.061 Ⅰ	306.772 Ⅰ
C	193.091 Ⅰ	247.856 Ⅰ		
Ca	317.933 Ⅱ	393.366 Ⅱ	396.847 Ⅱ	422.673 Ⅰ
Cd	214.438 Ⅱ	226.502 Ⅱ	228.802 Ⅰ	361.051 Ⅰ
Ce	393.109 Ⅱ	413.380 Ⅱ	413.765 Ⅰ	418.660 Ⅱ
Co	228.616 Ⅱ	230.786 Ⅱ	237.862 Ⅱ	238.892 Ⅱ
Cr	205.552 Ⅱ	206.149 Ⅱ	267.716 Ⅱ	283.563 Ⅱ
Cs	455.536 Ⅰ	459.318 Ⅰ		
Cu	219.958 Ⅱ	224.700 Ⅱ	324.754 Ⅰ	327.396 Ⅰ
Dy	340.780 Ⅱ	353.170 Ⅱ	353.602 Ⅱ	364.540 Ⅱ
Er	323.058 Ⅱ	326.478 Ⅱ	337.271 Ⅱ	349.910 Ⅱ
Eu	381.967 Ⅱ	393.048 Ⅱ	412.970 Ⅱ	420.505 Ⅱ
Fe	234.349 Ⅱ	238.204 Ⅱ	239.562 Ⅱ	259.940 Ⅱ
Ga	287.424 Ⅰ	294.364 Ⅰ	403.298 Ⅰ	417.206 Ⅰ
Gd	335.047 Ⅱ	335.862 Ⅱ	336.223 Ⅱ	342.247 Ⅱ
Ge	206.866 Ⅰ	209.426 Ⅰ	219.871 Ⅱ	265.118 Ⅰ
H	410.174 Ⅰ	434.047 Ⅰ	486.133 Ⅰ	
Hf	263. 871 Ⅱ	264. 141 Ⅱ	273. 876 Ⅱ	277. 336 Ⅱ
Hg	194. 227 Ⅱ	253. 652 Ⅰ	296. 728 Ⅰ	435. 835 Ⅰ
Ho	339.898 Ⅱ	345.600 Ⅱ	347.426 Ⅱ	389.102 Ⅱ
In	230.606 Ⅱ	303.936 Ⅰ	325.609 Ⅰ	451.131 Ⅰ
Ir	205.222 Ⅰ	212.681 Ⅱ	215.268 Ⅱ	224.268 Ⅱ
K	404.414 Ⅰ	404.721 Ⅰ	766.490 Ⅰ	769.896 Ⅰ
La	233.749 Ⅱ	379.478 Ⅱ	394.910 Ⅱ	408.672 Ⅱ
Li	274.118 Ⅰ	323.263 Ⅰ	460.286 Ⅰ	497.170 Ⅰ
Lu	219.554 Ⅱ	261.542 Ⅱ	291.139 Ⅱ	307.760 Ⅱ

续表

元素	灵敏线波长/nm			
Mg	279.553 Ⅱ	279.806 Ⅱ	280.270 Ⅱ	285.213 Ⅰ
Mn	257.610 Ⅱ	259.373 Ⅱ	260.569 Ⅱ	294.920 Ⅱ
Mo	202.030 Ⅱ	203.844 Ⅱ	204.598 Ⅱ	281.615 Ⅱ
Na	330.237 Ⅰ	330.298 Ⅰ	588.995 Ⅰ	589.592 Ⅰ
Nb	269.706 Ⅱ	309.418 Ⅱ	313.079 Ⅱ	316.340 Ⅱ
Nd	401.225 Ⅱ	406.109 Ⅱ	415.608 Ⅱ	430.358 Ⅱ
Ni	216.556 Ⅱ	221.647 Ⅱ	231.604 Ⅱ	232.003 Ⅰ
Os	189.900 Ⅱ	225.585 Ⅱ	228.226 Ⅱ	233.680 Ⅰ
P	213.547 Ⅰ	213.618 Ⅰ	214.914 Ⅰ	253.565 Ⅰ
Pb	216.999 Ⅱ	220.353 Ⅱ	261.418 Ⅰ	283.306 Ⅰ
Pd	229.651 Ⅱ	324.270 Ⅰ	340.458 Ⅰ	363.470 Ⅰ
Pr	390.844 Ⅱ	414.311 Ⅱ	417.939 Ⅱ	422.535 Ⅱ
Pt	203.646 Ⅱ	204.937 Ⅰ	214.423 Ⅱ	265.945 Ⅰ
Rb	420.185 Ⅰ	421.556 Ⅰ		
Re	189.836 Ⅱ	197.313 Ⅱ	221.426 Ⅱ	227.525 Ⅰ
Rh	233.477 Ⅱ	249.077 Ⅱ	252.053 Ⅱ	343.489 Ⅰ
Ru	240.272 Ⅰ	245.657 Ⅱ	267.876 Ⅱ	269.206 Ⅱ
Sb	206.833 Ⅰ	217.581 Ⅰ	231.147 Ⅰ	259.805 Ⅰ
Sc	357.253 Ⅱ	361.384 Ⅱ	363.075 Ⅱ	364.279 Ⅱ
Se	196.026 Ⅰ	203.985 Ⅰ	206.279 Ⅰ	207.479 Ⅰ
Si	212.412 Ⅰ	250.690 Ⅰ	251.611 Ⅰ	288.158 Ⅰ
Sm	359.260 Ⅱ	360.949 Ⅱ	363.429 Ⅱ	442.434 Ⅱ
Sn	189.989 Ⅱ	235.484 Ⅰ	242.949 Ⅰ	283.999 Ⅰ
Sr	215.284 Ⅱ	216.596 Ⅱ	407.771 Ⅱ	421.552 Ⅱ
Ta	226.230 Ⅱ	233.198 Ⅱ	240.063 Ⅱ	268.517 Ⅱ
Tb	350.917 Ⅱ	367.635 Ⅱ	384.873 Ⅱ	387.417 Ⅱ
Te	214.281 Ⅰ	214.725 Ⅰ	225.902 Ⅰ	238.578 Ⅰ
Th	274.716 Ⅱ	283.231 Ⅱ	283.730 Ⅱ	401.913 Ⅱ
Ti	323.452 Ⅱ	334.941 Ⅱ	336.121 Ⅱ	337.280 Ⅱ
Tl	190.864 Ⅱ	276.787 Ⅰ	351.924 Ⅰ	377.572 Ⅰ
Tm	313.126 Ⅱ	342.508 Ⅱ	346.220 Ⅱ	384.802 Ⅱ
U	263.553 Ⅱ	367.007 Ⅱ	385.958 Ⅱ	409.014 Ⅱ
V	290.882 Ⅱ	292.402 Ⅱ	309.311 Ⅱ	310.230 Ⅱ
W	207.911 Ⅱ	209.475 Ⅱ	218.936 Ⅱ	224.875 Ⅱ
Y	324.228 Ⅱ	360.073 Ⅱ	371.030 Ⅱ	377.433 Ⅱ
Yb	222.446 Ⅱ	289.138 Ⅱ	328.937 Ⅱ	369.419 Ⅱ
Zn	202.548 Ⅱ	206.200 Ⅱ	213.856 Ⅰ	334.502 Ⅰ
Zr	257.139 Ⅱ	339.198 Ⅱ	343.823 Ⅱ	349.621 Ⅱ

3.3.2 半定量分析

光谱半定量分析和定量分析的主要区别在于对分析结果的准确度要求不同。半定量分析要求给出样品中被测元素的大致含量,其相对误差一般要求在±20%～±200%范围内,而定量分析一般要求相对误差<±20%。一般对高含量成分的测定,分析准确度的要求比低含量成分测定的要高,且准确度的要求和实际要求有关。因此,半定量分析和定量分析两个概念只是相对的区分,它们之间并无明显的界限。当用感光板作检测器的摄谱法中,半定量分析常用黑度比较法配制基体与样品相似且含不同浓度被测元素的标准样品。将样品与标准样品在同一感光板上摄谱,通过比较样品与标准样品光谱中分析线的黑度来确定样品中被测元素的大致含量。如测定铝锌矿中的锗时,将锗含量分别为0.01%、0.03%、0.05%、0.10%和0.12%的标准系列样品与样品并列摄谱,然后比较感光板上分析线265.118 nm的黑度,如果样品中分析线的黑度介于0.03%和0.05%标准样品分析线黑度之间,则样品中锗的含量为0.03%～0.05%。半定量方法可以同时测定许多元素,简单快速,适用于对准确度要求不高的分析,如对钢材和合金的分类、矿产资源品位的估计等。

3.3.3 定量分析

光谱定量分析的目的是测定样品中所含元素的浓度信息。定量的主要依据是被测元素的谱线强度与样品浓度成正比这一数学关系。具体分析方法与所采用的激发光源种类有关。

1. ICP光源

以ICP为光源时,自吸效应小,可认为 $b=1$,I 与 c 的关系可用 $I=ac$ 来描述。这时,用于定量分析的方法主要有三种,即标准曲线法、内标法和标准加入法。

(1) 标准曲线法

这是ICP发射光谱法最常用的定量分析方法。根据 $I=ac$ 关系式,在确定的分析条件下,用含有被测元素不同浓度的标准溶液,绘制发射强度 I 相对于浓度 c 的关系曲线作为标准曲线。然后在相同条件下分析样品,通过标准曲线就可以求得样品中被测元素的含量。标准曲线最好过原点,并为直线,但是不过原点、不成直线时也可用。

(2) 内标法

内标法是通过测量分析线对相对强度来进行光谱定量分析的方法。在被测元素的光谱中选择一条谱线作为分析线,在基体元素(或定量加入的其他元素)的光谱中选择一条谱线作为内标线,这两条谱线组成分析线对。分别测量分析线与内标线的强度,求出它们的比值即相对强度。然后根据分析线对的相对强度与被测元素含量之间的关系进行定量分析。若分析线的强度为 I_1,内标线的强度为 I_2,即

$$I_1=a_1c,\quad I_2=a_2c_2$$

$$R=\frac{I_1}{I_2}=\frac{a_1c}{a_2c_2}=ac$$

式中 $a=\frac{a_1}{a_2c_2}$。

在分析过程中，要保持内标元素的浓度恒定。显然，这种方法可以使谱线强度由于光源波动等实验条件引起的变化得到补偿。尽管光源变化对分析线的绝对强度有较大的影响，但对分析线和内标线的影响基本上是一样的，所以相对强度保持不变，这是内标法的优点。用内标法时，I_1/I_2 相对于 c 的工作曲线可以不过原点，也可以不是直线，但最好是经过原点且为直线。

(3) 标准加入法

在找不到合适的基体配制标样，而且被测元素的浓度较低时，可采用标准加入法。假设样品中被测元素浓度为 c_x，取若干份样品溶液，分别加入被测元素的标准溶液。加入标准溶液后，各样品中加入的被测元素的浓度分别为 $c_1, c_2, c_3, \cdots, c_i$，当然此浓度不包括样品中原有的被测元素的浓度 c_x，仅由加入的标准溶液的量得到，这个浓度是已知的。然后在相同条件下获得不同浓度样品的光谱。利用这些谱线的强度相对于 c_i 作图，就可以得到一条直线，如图 3.25 所示。

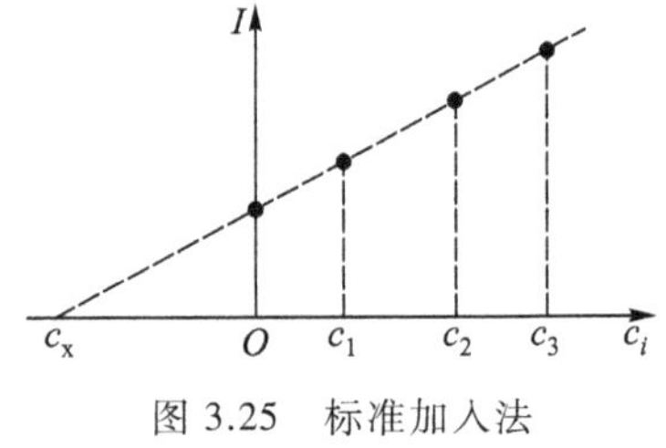

图 3.25　标准加入法

根据被测元素浓度 c 与发射强度 I 的关系式：

$$I = ac$$

当被分析样品中加入已知浓度 c_i 后，有

$$I = ac = a(c_x + c_i)$$

在该直线外推至与横轴交点处，$I = 0$，于是有 $c_x = -c_i$，即交点处样品中由加入被测元素标准所得到的浓度的绝对值为未知样中被测元素的浓度 c_x。

标准加入法计算简单，适用于小批量样品的分析。使用该方法时，加入已知含量被测元素的样品不能少于三个，且加入的含量范围应与测定元素的含量在同一数量级上。使用标准加入法时，要求对应的标准曲线必须经过原点，且标准曲线必须为直线。标准加入法的优点是可消除基体效应。

2. 电弧、火花光源

以电弧、火花为光源时，由于光源的稳定性有限，一般都需要使用内标，即在实际测量中，一般均测量分析线与内标线的相对信号。根据此相对信号与浓度之间的关系，虽然也可以采用上述的标准加入法，但常常采用内标法。首先说明以感光板为检测器以电弧、火花为光源时的定量分析方法。

以电弧、火花为光源时，必须考虑自吸效应，I 与 c 之间的关系用公式 $I = ac^b$ 来描述。而谱线黑度与发射强度的关系为

$$S = r\lg It - i$$

首先在被测元素的谱线中选一条分析线，其强度为 I_x；另外，向样品中准确加入已知浓度的某种元素，称为内标元素（又称参比元素），内标元素的含量是恒定的，内标元素可以是样品中某种浓度固定的元素，或者是样品中的主体元素（如钢样中的铁），选内标元素谱线中的一条谱线称为内标线，其强度为 I_r。分析线和内标线组成分析线对，分析线和内标线强度比（I_x/I_r）称为线对强度比。只要分析线对选择适宜，实验中某些条件发生改变时，引起分析线和内标线强度改变的程度相同，则 I_x/I_r 值不变。

设被测元素 1 的浓度为 c_1，其谱线强度为 I_1，内标元素 2 的浓度为 c_2 且不变，其谱线强度

为 I_2，根据公式 $I = ac^b$，对于分析线有谱线强度 $I_1 = a_1c_1^{b_1}$，且测得的黑度为 $S_1 = r_1\lg I_1t_1 - i_1$；对于内标线有谱线强度 $I_2 = a_2c_2^{b_2}$，且测得的黑度为 $S_2 = r_2\lg I_2t_2 - i_2$。因为分析线与内标线波长接近且曝光时间相同，所以 $r_1 = r_2 = r, t_1 = t_2, i_1 = i_2$。于是有

$$\Delta S = S_1 - S_2 = r\lg \frac{I_1}{I_2} = r\lg \frac{a_1c_1^{b_1}}{a_2c_2^{b_2}} = r\lg(ac_1^{b_1})$$

即

$$\Delta S = rb_1\lg c_1 + r\lg a = rb_1\lg c_1 + a'$$

式中 $a = \dfrac{a_1}{a_2c_2^{b_2}}$；$a' = r\lg a$。

因此，可以用分析线对谱线的黑度差 ΔS 与 $\lg c$ 作图绘制标准曲线进行定量分析。实际分析中，常用三个标样（标准物质）绘制标准曲线，而后根据标准曲线求未知样品中被测元素的浓度。此时以标样作出 $\Delta S - \lg c$ 工作曲线，根据样品中被测元素的 ΔS_x，求出样品中被测元素的浓度 c_x。

当用光电检测器时，分析线与内标线强度之比为 R，$R = \dfrac{I_1}{I_2} = \dfrac{a_1c_1^{b_1}}{a_2c_2^{b_2}} = Ac_1^{b_1}$，$A = \dfrac{a_1}{a_2c_2^{b_2}}$为常数。$\lg R = b_1\lg c_1 + \lg A$，以 $\lg R$ 对 $\lg c$ 作图，可进行定量分析。为了提高内标法定量分析的准确度，内标元素和分析线对的选择应满足下列条件：

（1）内标元素的选择

① 内标元素与被测元素具有相近的物理化学性质，如熔点、沸点相近，在激发光源中具有相近的蒸发性质。这样，在蒸发过程中电极温度发生变化时，它们蒸发速率之比几乎不变，因而线对强度比受电极温度变化的影响很小。

② 内标元素与被测元素具有相近的激发能。

③ 内标元素的含量必须固定，若内标元素是外加的，则样品中不得含有内标元素，并且内标元素的化合物中也不应含有被测元素。

（2）分析线对的选择

① 分析线对应具有相近或相同的激发能。若选择原子线组成分析线对，要求两线的激发能相近；如果用离子线组成分析线对，则不仅要求两线的激发能相近，还要求电离能也相近。这样当激发条件改变时，分析线对的相对强度仍然不变，两条谱线的绝对强度随激发条件的改变做均称变化，这样的分析线对称为均称线对。显然，用一条原子线与一条离子线组成分析线对是不合适的。

② 分析线对的波长、强度和宽度应尽量相近，谱线黑度应落在感光乳剂标准曲线直线部分内。

③ 分析线对附近不应有干扰谱线存在。

④ 分析线与内标线必须不受其他谱线的干扰，而且分析线对无自吸或自吸很小。

3.3.4 干扰及其消除方法

原子发射光谱法的干扰包括光谱干扰（主要是背景发射）和非光谱干扰（基体效应）。背景发射主要包括复合辐射、韧致辐射、黑体辐射、分子发射和杂散光等。复合辐射是指电

子在离子场中被离子捕获而形成原子，在这一过程中，电子由自由态变为束缚态，发生自由-束缚跃迁，释放的能量转变为辐射能，发射连续辐射。轫致辐射是指高速运动的电子通过带电重粒子库仑场时受到减速，在这一过程中，电子产生自由-自由跃迁，将部分动能转变成辐射能，发射连续辐射。黑体辐射是炽热的固体产生的连续辐射。分子发射是指光源中分子发射的带状光谱。复合辐射和轫致辐射是 ICP 光源背景发射的主要来源，也是火花光源背景发射的一个来源。黑体辐射和分子发射是电弧和火花光源背景发射的主要来源。通过谱线强度减背景强度可扣除背景，测量被测谱线附近两侧背景强度取其平均值可作为背景强度。若是均匀背景，则谱线任一侧背景强度可作为被测谱线的背景强度。基体是样品中包括被测物所有组分的集合。基体效应是这些组分对谱线强度的联合效应，对于 ICP 光源，基体效应很小。对于电弧、火花光源，通过样品中加入光谱载体和缓冲剂，可消除或降低基体效应，并改善分析性能。光谱载体是一些纯度比较高的化合物、盐类、碳粉等。加入卤化物可使样品中被测元素从难挥发的氧化物转变成易挥发的卤化物，提高被测物的灵敏度。载体量大时，可控制电极温度，从而控制元素的蒸发行为，可改善基体效应，并可控制和稳定电弧温度，以便有利于被测元素的激发。常用的光谱缓冲剂有碱金属和碱土金属盐类及碳粉、二氧化硅等。样品中加入光谱缓冲剂，可以稳定光源的蒸发和激发温度，并可稀释样品，降低基体效应。

参考文献

[1] 刘志广，吴硕.仪器分析：3 版.大连：大连理工大学出版社，2020.
[2] 曾泳淮.分析化学（仪器分析部分）.3 版.北京：高等教育出版社，2010.
[3] 许金生.仪器分析.南京：南京大学出版社，2002.
[4] 邱德仁.原子光谱分析.上海：复旦大学出版社，2002.
[5] 孙汉文.原子光谱分析.北京：高等教育出版社，2002.
[6] 李全臣，蒋月娟.光谱仪器原理.北京：北京理工大学出版社，1999.
[7] 辛仁轩.等离子体发射光谱分析.3 版.北京：化学工业出版社，2018.
[8] 武汉大学.分析化学（下册）.6 版.北京：高等教育出版社，2018.

习题

3.1　若用 500 条 · mm^{-1} 刻线的光栅观察 Na 波长为 588.995 nm 的谱线，当光束垂直入射和以 30° 角入射时，最多能观察到几级光谱？

3.2　一束复色光射入含有 1750 条 · mm^{-1} 刻线的光栅，光束相对于光栅法线的入射角为 48.2°。试计算衍射角为 20° 和 −11.2° 的光的波长。

3.3　若光栅的宽度是 5.0 mm，刻线数为 720 条 · mm^{-1}，试计算：

(a) 该光栅一级光谱的分辨率；

(b) 对波数为 1000 cm^{-1} 的红外光，光栅能分辨的最靠近的两条谱线的波长差。

3.4 某光栅的刻线数为 1200 条 · mm^{-1}，宽度为 15.0 cm。

(a) 求此光栅一级光谱的分辨率；

(b) 此光栅能将一级光谱中的 300 nm 分辨至多少？

(c) 一级光谱中波长为 310.030 nm 和 310.066 nm 的双线能否分开？

3.5 一台光谱仪配有 6 cm 的光栅，光栅刻线数为 6250 条 · cm^{-1}，当用其一级光谱时，理论分辨率是多少？理论上需要第几级光谱才能将铁的双线 309.990 nm 和 309.997 nm 分辨开？

3.6 已知 Zn Ⅰ 213.856 nm 及 Zn Ⅰ 307.590 nm 的激发能分别为 5.77 eV 和 4.03 eV，自发发射跃迁概率均为 $6 \times 10^8\ s^{-1}$，激发态与基态统计权重的比值 $\left(\dfrac{g_i}{g_0}\right)$ 均为 3，试计算并讨论：

(a) $T = 5000$ K 时，两激发态的原子密度(n_1 及 n_2)与基态原子密度(n_0)的比值；

(b) $T = 2500$ K，5000 K 及 10000 K 时，该两谱线强度比 $\left(\dfrac{I_1}{I_2}\right)$；

(c) 根据上述计算能得到什么结论？

3.7 实际测得钠原子的第一共振线波长为 588.995 nm 和 589.592 nm，求钠原子该两条谱线对应的激发能。

3.8 若光栅刻线数为 1200 条 · mm^{-1}，当入射光垂直照射时，计算 300 nm 波长光的一级衍射角。

3.9 钾原子共振线波长为 766.490 nm，求该共振线的激发能、频率和波数。

3.10 当一级光谱线波长为 500 nm 时，其入射角为 60°，反射角为 −40°，计算该光栅的刻线数。

3.11 某光谱仪能分辨位于 207.3 nm 和 207.1 nm 的相邻两条谱线，求该仪器的分辨率。若要求两条谱线在焦面上分离 2.5 mm，求仪器的线色散率和倒线色散率。

3.12 原子发射光谱仪由几部分构成？各部分的功能是什么？

3.13 谱线的强度与哪些因素有关？能否根据谱线绝对强度直接进行定量分析？

3.14 原子发射光谱是如何产生的？原子发射光谱为什么是线光谱？

3.15 简述直流电弧、低压交流电弧、高压电火花、电感耦合等离子体激发光源的特点及应用。

3.16 用电弧和电火花光源进行光谱定量分析为什么要用内标法？选择内标元素和内标线的原则是什么？

3.17 什么是元素的共振线、灵敏线、最后线和分析线？它们之间有什么联系？

3.18 什么是自吸与自蚀现象？为什么在电感耦合等离子体光源中可有效消除自吸现象？

3.19 发射光谱定性分析、定量分析的依据是什么？

3.20 原子发射光谱仪中主要采用哪些检测器？有何特点？

3.21 在以感光板为检测器的棱镜摄谱仪中，常用三透镜照明单元，而在以光电倍增管为检测器的单通道扫描光电直读光谱仪中常用单透镜照明单元，请说明原因。

3.22　简述光谱半定量分析与定量分析的区别及其特点。

习题参考答案

第四章 原子吸收和荧光光谱法

原子吸收光谱法是 20 世纪 50 年代创立、60 年代得到迅速发展的一种分析方法。 1955 年，澳大利亚物理学家 Walsh 发表的《原子吸收光谱在化学分析中的应用》使原子吸收光谱法成为一种实用且有效的分析方法。 1959 年，苏联的 L'vov 提出了电热原子吸收光谱法，大大提高了原子吸收光谱法的灵敏度。 1964 年，Winefordner 首先提出了原子荧光光谱法。

4.1 基本原理

原子吸收光谱法是测定各种无机和有机样品中金属和非金属元素含量的一种分析方法。它是依据被测元素的基态原子对光源发出的特征光的吸收，通过测量光的减弱程度，求出样品中被测元素的含量。

4.1.1 吸收定律

以一束光通过火焰原子化器为例，来说明原子吸收光谱测量的原理及各术语之间的关系。如图 4.1 所示，当一束频率为 ν、强度为 $(I_\nu)_0$ 的单色光照射原子化器时，若原子化器中没有被测原子并忽略背景吸收，则入射光经过火焰后，强度保持不变；若原子化器中有被测原子，且呈均匀分布，则入射光被吸收后透过原子化器的光的强度为 $(I_\nu)_t$。若原子化器长度为 l，光通过长度为 dl 的薄层后，减弱的光强度 dI_ν 为

$$dI_\nu = -K_\nu I_\nu dl \tag{4.1}$$

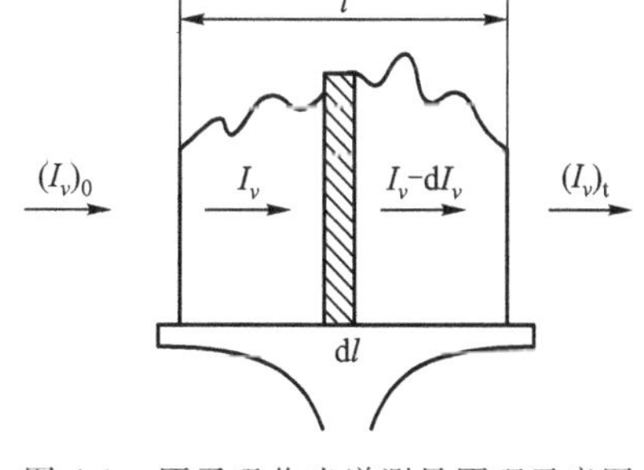

图 4.1 原子吸收光谱测量原理示意图

式中比例系数 K_ν 为频率 ν 处的吸收系数；负号表示光强度随长度 l 的增加而降低。光的强度($J \cdot s^{-1} \cdot m^{-3}$)是单位体积、单位时间光辐射的能量，而光的照度($J \cdot s^{-1} \cdot m^{-2}$)是单位时间光照射在单位面积上的能量，但在一般书中，为了方便，并不加以区分，统称为光的强度。显然，在吸收光谱中，常说光的强度实际上应为光的照度。

按照图 4.1 所示的边界条件进行积分：

$$\int_{(I_\nu)_0}^{(I_\nu)_l} \frac{\mathrm{d}I_\nu}{I_\nu} = -K_\nu \int_0^l \mathrm{d}l$$

得

$$(I_\nu)_l = (I_\nu)_0 \mathrm{e}^{-K_\nu l} \tag{4.2}$$

在原子吸收光谱法中，吸收定律通常用式(4.2)表示，显然 K_ν 与被测物的量有关。

4.1.2　吸收系数与原子密度的关系

在原子吸收光谱法中，吸收系数 K_ν 与被测物的量有关，通常要从理论上推导 K_ν 与被测物在气相中密度的关系。现在求 K_ν 与被测原子处于低能级 i 的密度 n_i 的关系式。如图 4.1 所示，I_ν 经过 dl 后被吸收而减弱的光强度 dI_ν 应为

$$\mathrm{d}I_\nu = -B_{ij} U h\nu n_i S_\nu \mathrm{d}l$$

式中 B_{ij} 为受激吸收跃迁系数；而 $B_{ij}U(\mathrm{s}^{-1})$ 表示在光的能量密度为 U 作用下一个处于低能级 i 的原子单位时间内受激跃迁到高能级 j 的次数；S_ν 为谱线的线性函数，这是因为吸收线有一定的宽度，所以引入 S_ν。由于 $I_\nu(\mathrm{J \cdot s^{-1} \cdot m^{-2}})$ 是单位时间光照射在单位面积原子化器上的能量，而 $U(\mathrm{J \cdot m^{-3}})$ 是单位体积内光的能量，$c(\mathrm{m \cdot s^{-1}})$ 为光速，所以 $I_\nu = Uc$，则上式可变为

$$\mathrm{d}I_\nu = -B_{ij} \frac{I_\nu}{c} h\nu n_i S_\nu \mathrm{d}l$$

将式(4.1)代入上式，则得到

$$-K_\nu I_\nu \mathrm{d}l = -B_{ij} \frac{I_\nu}{c} h\nu n_i S_\nu \mathrm{d}l \tag{4.3}$$

可求出

$$K_\nu = \frac{B_{ij} h\nu S_\nu}{c} n_i \tag{4.4}$$

这就导出了 K_ν 与 n_i 的关系式，但由于各种变宽原因，吸收谱线是有一定宽度的，S_ν 随单色光的频率而变，而 K_ν 随 S_ν 而变，因此 K_ν 和 S_ν 都随频率改变而改变。将式(4.4)两边积分，即得

$$\int K_\nu \mathrm{d}\nu = \int \frac{B_{ij} h\nu S_\nu}{c} n_i \mathrm{d}\nu = \frac{B_{ij} h n_i}{c} \int \nu S_\nu \mathrm{d}\nu \tag{4.5}$$

$\int K_\nu \mathrm{d}\nu$ 称为积分吸收系数。由于吸收线很窄，即可假定 ν 为常数，且 $\int S_\nu \mathrm{d}\nu = 1$（见第二章），则

$$\int K_\nu \mathrm{d}\nu = \frac{B_{ij} h\nu}{c} n_i \tag{4.6}$$

可见积分吸收系数不随 S_ν 而变。在一些教科书中，常用振子强度 f_{ij} 取代 B_{ij}，f_{ij} 与 B_{ij} 的关系为

$$B_{ij} = \frac{\pi e^2}{m_e h\nu} f_{ij}$$

式中 e 为电子电荷量；m_e 为电子质量。将 B_{ij} 用 f_{ij} 替代，可将吸收系数和积分吸收系数表示为

$$K_\nu = \frac{\pi e^2 S_\nu}{m_e c} f_{ij} n_i = a n_i \tag{4.7}$$

$$\int K_\nu \mathrm{d}\nu = \frac{\pi e^2}{m_e c} f_{ij} n_i = b n_i \tag{4.8}$$

式(4.7)表明 K_ν 随 n_i 而变，且随 S_ν 而变，因 S_ν 随 ν 而变，所以 K_ν 随 ν 而变(图 4.2)。式(4.8)表明积分吸收随 n_i 而变，但与 ν 无关。振子强度 f 是一个量纲一的量，经典理论认为，一个电偶极子做简谐振动时，f 为给定频率做振动者所占的分数。显然，对于单电子原子的最低能级 i，吸收振子强度 f_{ik} 应满足 $\sum f_{ik} = 1$，而对于激发态能级 j，其发射 f_{ji} 和吸收 f_{jk} 之和应满足 $\sum f_{ji} + \sum f_{jk} = 1, i < j, k > j$。若跃迁涉及 N 个电子，等式右边的 1 用 N 代替即可。

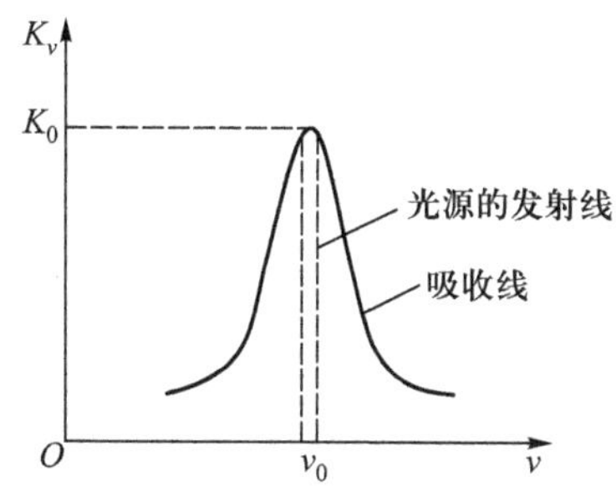

图 4.2　峰值吸收测量原理

4.1.3　吸光度与样品中被测物浓度的关系

虽然上面已导出了 K_ν 和 $\int K_\nu \mathrm{d}\nu$ 与原子密度 n_i 的关系，但实验上很难做到。对于 K_ν，它必须用单色光，才能通过测定 $(I_\nu)_0$ 和 $(I_\nu)_t$ 求出 K_ν，即求出 n_i，而实验上很难找到一个真正的单色光光源。积分吸收系数 $\int K_\nu \mathrm{d}\nu$ 与原子数目成正比，但积分吸收系数在实验上也很难测量，因为原子吸收线半宽度非常窄，即使包括各种因素引起的变宽，谱线的半宽度也仅在 10^{-3} nm 数量级。测定谱线的积分吸收，需要扫描吸收线的轮廓，而完成扫描需要有高分辨率的单色仪。对于一个波长为 450.0 nm，线宽是 0.001 nm 的谱线需要有分辨率高达 45 万的单色器才能测量，目前还难以获得如此高分辨率的光谱仪，所以通常情况下直接测量积分吸收系数很难实现。

值得指出的是，随着技术进步，人们可用棱镜和中阶梯光栅组成的分光系统结合 CCD 作检测器，有很高的分辨率，可以获得被测元素吸收峰周围波长光的强度，从而可得到吸收线的轮廓，即积分吸收。

为了解决原子吸收光谱法的实际测量问题，1955 年，Walsh 提出用空心阴极灯作为光源，这主要是因为空心阴极灯发出的谱线是很窄的锐线。这样就从实验上解决了测量的问题。锐线光源所发射的光当然也不是单色光，但其发射线的宽度比吸收线的宽度要窄得多，这样，在此频率(或波长)范围内，吸收系数 K_ν 可以视为常数，而线性函数 S_ν 可看作常数。

在温度不太高的原子化条件下，峰值吸收系数 K_0 与火焰中被测元素的基态原子浓度（密度）n_0 之间也存在简单的线性关系，并可利用半宽度很窄的锐线光源来准确测定 K_0 值，这样 n_0 值可由测量 K_0 而得到，这种方法称为峰值吸收系数测量法。利用该法要求发射线的半宽度远远小于吸收线的半宽度，并且使通过吸收介质的发射线的中心频率 ν_0 与吸收线的中心频率一致（图 4.2）。

当用锐线光源所发射的光照射原子化器时，若其强度为 I_0，I_0 并非单色光，$I_0 = \int (I_\nu)_0 \mathrm{d}\nu$，而透射过原子化器的光的强度为 I_t，$I_t = \int (I_\nu)_t \mathrm{d}\nu$，根据吸收定律：

$$(I_\nu)_t = (I_\nu)_0 e^{-K_\nu l}$$

将上式两边积分：

$$\int (I_\nu)_t \mathrm{d}\nu = \int (I_\nu)_0 e^{-K_\nu l} \mathrm{d}\nu$$

$$I_t = \int (I_\nu)_0 e^{-K_\nu l} \mathrm{d}\nu$$

由于用锐线光源，K_ν 可视为常数 K_0，而 K_0 实际上是最大吸收波长处的吸收系数，故 K_0 也常称作峰值吸收系数，则

$$I_t = e^{-K_0 l} \int (I_\nu)_0 \mathrm{d}\nu = I_0 e^{-K_0 l} \tag{4.9}$$

I_0 与 I_t 是实验上可测得的量，当然，在实验上并非是先将检测系统放在原子化器前测 I_0，而后再将其放在原子化器后测 I_t，而是将其始终放在原子化器后，进样前，测量得到 I_0，进样后，测量得到 I_t。根据实验上测得的 I_0 和 I_t，很容易得到吸光度 A：

$$A = \lg \frac{I_0}{I_t} = -\lg T$$

上式中透光度 $T = \dfrac{I_t}{I_0}$，将式（4.9）代入上式，得

$$A = \lg \frac{I_0}{I_0 e^{-K_0 l}} = \lg e^{K_0 l}$$

$$A = 0.434 K_0 l$$

由于 K_ν 此时为峰值吸收系数 K_0，由式（4.7）可知，$K_0 = a n_i$，则 $A = 0.434 a l n_i$。在原子吸收光谱测量中，一般检测的是被测元素的基态原子，即上式中的 n_i 为 n_0，则得

$$A = 0.434 a l n_0$$

根据玻尔兹曼方程：

$$n_i = n_0 \frac{g_i}{g_0} e^{-\frac{E_i}{kT}}$$

则可计算出第一激发态与基态原子密度的比值 n_1/n_0。表 4.1 是一些元素共振线的 n_1/n_0 值。

上述仅计算了第一激发态与基态原子密度的比值，对于更高的激发态，由于 E 更大，这一比值会更小。可见，在原子化器中，蒸气相中被测元素的激发态原子很少，总原子密度 n_t 近似等于基态原子密度 n_0，即认为 $n_t \approx n_0$。实际工作中，要求测定的并不是蒸气相中的原子密度，而是被分析样品中某被测物的浓度。在给定的实验条件下，被测元素的浓度 c 与基态原子密度 n_0 之间的关系为

$$n_0 \approx n_t = bc$$

式中 b 是与实验条件有关的比例常数。所以

$$A = 0.434aln_0 = 0.434ablc = k'lc = kc \tag{4.10}$$

式中 k 是与实验条件有关的常数。式(4.10)即为用原子吸收光谱法进行定量分析的基本关系式。

表 4.1 一些元素共振线的 n_1/n_0 值

元素	λ/nm	g_1/g_0	E_1/eV	n_1/n_0		
				2000 K	3000 K	5000 K
Na	588.995	2	2.104	9.96×10^{-6}	5.83×10^{-4}	1.50×10^{-2}
Ba	553.548	3	2.239	6.83×10^{-7}	5.19×10^{-4}	1.65×10^{-2}
Ca	422.673	3	2.932	1.22×10^{-7}	3.55×10^{-5}	3.30×10^{-3}
Cu	324.754	2	3.817	4.82×10^{-10}	6.65×10^{-7}	2.84×10^{-4}
Mg	285.213	3	4.346	3.35×10^{-11}	1.50×10^{-7}	1.32×10^{-4}
Zn	213.856	3	5.795	7.45×10^{-15}	5.50×10^{-10}	4.20×10^{-6}

4.2 仪器装置

原子吸收光谱仪主要由光源、原子化器、分光系统和检测系统四部分组成，常见的有单光束（图 4.3）和双光束两种类型。

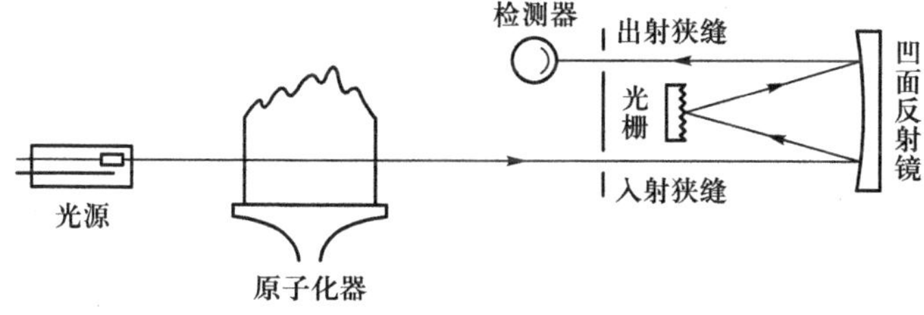

图 4.3 单光束原子吸收光谱仪示意图

4.2.1 光源

原子吸收光谱法的基础是原子化器中产生的自由基态原子对光的吸收，因此辐射光源在原子吸收光谱仪中是最重要的部件之一。光源发射的被测元素的特征谱线的半宽度必须小于吸收谱线的半宽度，且具有足够的强度和稳定性。目前，空心阴极灯是原子吸收光谱分析中最常用的锐线光源，其他光源还有无极放电灯、蒸气放电灯、高频放电灯及激光光源灯等。

1. 空心阴极灯

(1) 组成

空心阴极灯是一种低压气体辉光放电灯，它的结构一般如图 4.4 所示。将硬质玻璃管

的一端熔接一片能透光的窗口，窗口材料为石英（350 nm 以下）或玻璃（350 nm 以上），另一端封入两个电极，中间的是阴极，为空心筒状。阴极材料大多为被测元素纯金属或合金，而对于一些贵金属，则宜将其制成薄片，衬在由高熔点金属制成的圆筒状支持电极的内壁。阳极是一个焊有钛丝或钽片的钨棒，由于钛及钽等金属具有吸气的功能，故阳极兼具吸气作用，在高温下它可以吸收少量有害气体（如 H_2）。为了防止阴阳极间击穿，在阴阳极间设有绝缘屏蔽层。空心阴极的内径一般为 2～5 mm，深 8～12 mm。

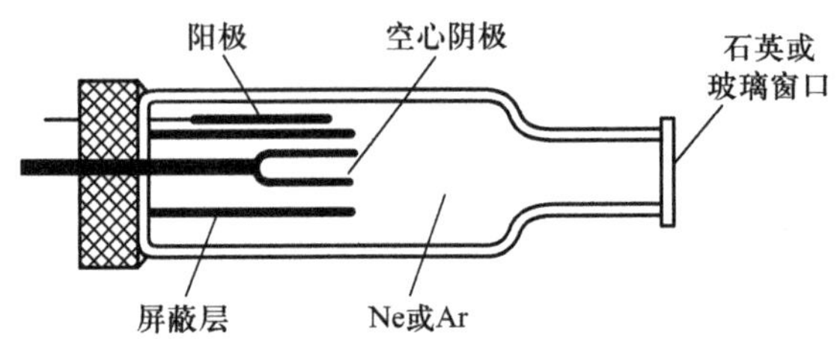

图 4.4　空心阴极灯结构示意图

空心阴极灯在抽真空后充入惰性气体，气体压力为 300～1000 Pa。这些气体在辉光放电中起着传输电流、溅射阴极材料和激发溅射出来的原子使之发射特征光谱的作用。因此，充入气体的性质对空心阴极灯的质量会有很大影响。表 4.2 是惰性气体的某些物理常数。

表 4.2　惰性气体的某些物理常数

气体	相对原子质量	电离能/eV	激发能/eV
He	4.00	24.587	19.918
Ne	20.18	21.565	19.619
Ar	39.95	15.760	11.548
Kr	83.80	14.000	9.915
Xe	131.30	12.130	8.315

由表 4.2 可知，He 具有最高的电离能和激发能，最有利于原子的激发，但它的相对原子质量最小，溅射能力差。Kr，Xe 的相对原子质量大，但是电离能和激发能低，难以积聚能量，不利于通过碰撞来激发其他原子。Ne 的相对原子质量较大，溅射能力较强，电离能和激发能也较大，激发能力较强，所以可作为充入气体。与 Ne 相比，Ar 的相对原子质量稍大，溅射能力更强，但是激发能力较弱，也适宜作为充入气体。大多数情况下，充 Ne 和充 Ar 的灯光强度差不多，一般商品空心阴极灯多充 Ne，这是由于 Ne 放电呈橙红色（Ar 放电呈淡紫色），容易调节光束的位置。

（2）放电机理

空心阴极灯放电是一种特殊形式的低压辉光放电，放电集中在阴极腔内。当两个电极间施加 200～500 V 的电压时，逸出的电子在电场作用下，高速射向阳极，并与周围惰性气体碰撞，发生能量交换，使惰性气体原子电离产生电子和正离子。此时正离子在电场作用下向阴极运动并溅射阴极表面，使阴极表面的原子获得能量从金属表面溅射出来。被溅射出来的这些自由原子再与电子、惰性气体原子、正离子等相互碰撞而获得能量被激发，从而发射出元素的特征光。图 4.5 表示了 Cu 元素空心阴极灯的放电机理。

评价空心阴极灯的性能好坏主要看其是否体现了原子吸收光谱测量中对光源发射的光要求的“锐、强、稳”等特点。元素在阴极中的多次溅射和被激发，使空心阴极灯的发光较强；灯的工作电流较小，一般只有 5~20 mA，因此阴极温度较低，一般为 500~600 K，热变宽很小；灯内填充气体压力较低，一般为数百帕，压力变宽也很小；由于阴极附近的蒸气相金属原子密度低，同种原子碰撞而引起的共振变宽也很小。此外，由于蒸气相原子密度低，自吸变宽几乎不存在。因此，空心阴极灯能发射出谱线很窄的被测元素的特征辐射。空心阴极灯发射谱线的半宽度一般为 10^{-4} nm，而元素吸收线的半宽度一般为 10^{-3} nm。在适宜的工作条件下，空心阴极灯的稳定性较好。空心阴极灯的供电采用脉冲和直流两种方式，目前以脉冲为多。脉冲供电方式可以改善放电特征，提高发射强度和降低谱线宽度，同时便于使有用的原子吸收信号与原子化器中气态原子以及原子化器发射的直流发射信号区分开。空心阴极灯有单元素灯和多元素灯之分。阴极物质只含一种元素，为单元素灯；若阴极物质含多种元素，则为多元素灯。多元素灯的辐射强度较单元素灯弱，且易产生干扰，使用前应检查测定的波长附近有无单色器不能分开的非被测元素的谱线。

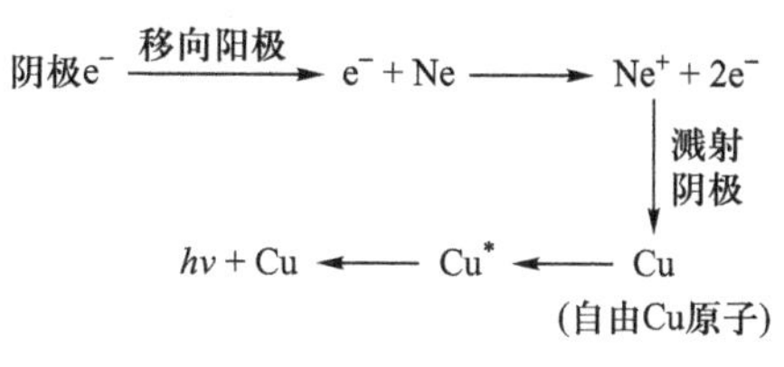

图 4.5 Cu 元素空心阴极灯的放电机理示意图

空心阴极灯是原子吸收光谱仪上的重要部件，应注意正确使用和仔细维护。使用空心阴极灯时，注意灯的极性不要接反，接反时阴极发光很弱而阳极辉光很强。为了使灯的发光强度稳定，一般需在工作电流下预热 10~30 min。灯长期不用时，应定期点燃处理，即在工作电流下点燃 1 h。若长期搁置的空心阴极灯有杂质存在，可以采取反接去气法，即颠倒极性用大电流点燃 30 min 左右，灯的性能便可恢复。

2. 无极放电灯

有些元素，如 As，Se，Cd，Sn 等的测定，一般采用无极放电灯，这是因为空心阴极灯发射的能量相对太低。无极放电灯由一个密封的石英管组成，内含被测元素或盐，抽真空并充入几百帕氩气后封闭，将其放入微波谐振腔中，微波可使灯内的充入气体放电，气体放电可使灯内金属或其盐解离出自由原子并发射出被测元素的特征光。在无极放电灯中，经常首先观察到的是充入气体的发射光谱，然后随着金属或其盐的气体化和原子化，再过渡到被测元素光谱。无极放电灯产生的发射往往比空心阴极灯强。

4.2.2 原子化器

原子化器的作用是利用高温使各种形式的被测物转化成基态自由原子蒸气。入射光在原子化器中被基态原子吸收，所以也可以将原子化器看作“吸收池”。常用的原子化器有火焰原子化器和非火焰原子化器。不同类型的原子化器都有其各自的优缺点，应根据不同的样品、不同的被测元素及含量、不同的分析要求来选择合适的原子化器。

1. 火焰原子化器

火焰原子化器具有操作简单、快速、准确、重现性好等优点，被广泛使用。

（1）结构　在火焰原子吸收光谱分析中，火焰可按燃料气体的混合方式分为预混合型火焰和非预混合型火焰两种。前者是燃料气和助燃气在未进入燃烧器前已得到充分混合，后者是燃料气和助燃气分开引入火焰，在刚进入火焰前的瞬间进行混合。由于非预混合型火焰噪声大，火焰不稳定，因此现在市售的火焰原子吸收光谱仪均采用预混合型原子化器。该系统主要由雾化器、雾化室和燃烧器三部分组成，如图 4.6 所示。

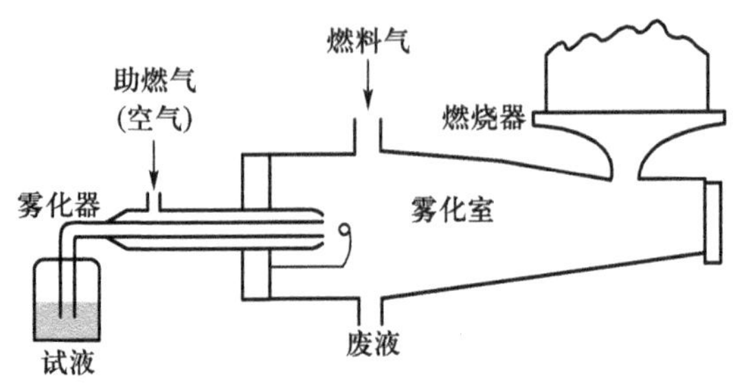

图 4.6　火焰原子化器

① 雾化器　雾化器的作用是将分析样品雾化。通常采用气动同心雾化器。具有一定压力的压缩空气作为助燃气进入雾化器，从样品毛细管周围高速喷出，在毛细管出口处形成负压，试液沿毛细管吸入再喷出，被通入的助燃气分散成雾滴（气溶胶）。雾滴越细越易干燥、熔化、汽化，生成的自由原子也就越多，测定灵敏度也就越高。

② 雾化室　雾化室的作用是使试液雾滴进一步细化并与燃料气均匀混合，以获得稳定的层流火焰。为达此目的，常在雾化室设有撞击球、扰流器及废液排出口等装置。大雾滴或液滴凝聚后由废液口排出，只有直径小而均匀的细小雾滴被引进燃烧器。

③ 燃烧器　燃烧器的作用是产生火焰并使样品原子化。被雾化的试液进入燃烧器，在燃烧的火焰中蒸发、干燥形成干气溶胶雾粒，再经熔化、受热解离成基态自由原子蒸气。燃烧器应能使火焰燃烧稳定，原子化程度高，并能耐高温、耐腐蚀。燃烧器有单缝和三缝两种，常用的燃烧器是单缝的，对空气-乙炔和空气-氢气火焰，其缝长 10~12 cm，缝宽 0.5~0.7 mm；对于 N_2O-乙炔火焰，缝长 5 cm，缝宽 0.5 mm。也有三缝火焰，它可增加火焰的宽度。

（2）火焰及其性质　预混合型燃烧器中的气体流动呈层流状，因此形成的火焰闪动较小，噪声小，称为层流火焰。火焰是由燃料气和助燃气按一定比例混合后燃烧而形成的。火焰的燃烧特性是指可燃极限、可燃温度和燃烧速率。当燃料气在混合气体中一定比例范围内才能点燃并继续燃烧，这一比例范围称为可燃极限，在可燃极限范围内，燃烧能自发进行所需的最低温度称为可燃温度。若点燃后，燃烧能继续下去，并以恒定速率传播到混合气的各点，形成火焰，此传播速率称为燃烧速率。为了获得稳定的火焰，从燃烧器垂直向上喷出的混合气流速一般为燃烧速率的 3~10 倍，若混合气流速太低，会产生回火；若太高，会使火焰离开燃烧器，变得不稳定，甚至吹灭火焰。在火焰中，被测物经历了去溶剂、挥发、解离、激发和电离等复杂的物理化学过程。为了避免激发态原子、离子和分子等不吸收辐射粒子的产生，而尽可能多地产生能够吸收辐射的气态基态自由原子，必须根据被测元素的性质选择适宜的火焰。原子吸收光谱分析中，一般用乙炔、H_2、丙烷等作燃料气，以空气、N_2O、氧气作助燃气。温度和氧化还原性是火焰的重要特性。火焰的组成决定了火焰的温度及氧化还原性，直接影响化合物的解离和原子化效率。选择适宜的火焰条件是一项很重要的工作，可根据样品的具体情况,通过实验或查阅有关文献资料确定。一般来说,选用火焰的温度应使被测元素恰能分解成基态自由原子为宜。若温度过高,会增加原子电离或激发,而使基态自由原子数减少,导致分析灵敏度降低。下面介绍几种常用的火焰。

① 空气-乙炔火焰　这是原子吸收光谱测定中应用最广泛的一种火焰,火焰的温度为2100~2400 ℃。该火焰最高燃烧速率为156~266 $cm \cdot s^{-1}$,对于大多数元素有足够高的灵敏度,可用于测定35种以上的元素,但它在短波紫外区有较大吸收,不适宜测定吸收波长<230 nm的元素(如As,Se,Zn,Pb)。

② N_2O-乙炔火焰　这是1965年Willis提出的一种高温火焰,温度可达2600~2800 ℃,火焰的最高燃烧速率为285 $cm \cdot s^{-1}$,还原性强,适合测定难熔的元素,用它可测定的元素达73种之多。但它极易发生回火爆炸,不能直接点燃,应先点燃空气-乙炔焰,待火焰建立后,并调节乙炔的流量,达到富燃性状态,然后迅速将空气转化为N_2O。熄灭时也应将N_2O先换成空气,建立空气-乙炔焰后,降低乙炔流量,再熄灭火焰。此外,N_2O-乙炔火焰具有较强的发射背景,噪声大,必须使用专用燃烧器,不能用空气-乙炔燃烧器代替。

③ 空气-氢气火焰　这种火焰温度较其他类型火焰低,为2000~2100 ℃,火焰最高燃烧速率为300~440 $cm \cdot s^{-1}$,适于测定易电离的金属元素。紫外区背景发射低,透光性好,特别适合碱金属元素及共振线位于远紫外区的元素如As(193.696 nm),Se(196.026 nm)等元素的测定。点燃空气-氢气火焰时,应让两种气体混合约30 s后再点火,燃烧速率比较快,所以应注意回火。

火焰类型不同,氧化还原特性不一样,即使对于同类火焰,由于燃料气和助燃气的比例不同,火焰的特性也不一样。按燃助比(燃料气与助燃气的化学反应计量比)的不同,可将火焰分为以下三类。

① 中性火焰　燃料气和助燃气的比例与它们之间化学反应的计量比相近,也称化学计量火焰。这种火焰呈淡蓝色,透明,分区明显,火焰温度高,且具有稳定、噪声小、背景发射低等特点,适合许多元素的测定。

② 富燃火焰　其燃助比大于化学反应计量比,它是燃料气量加大,助燃气量减小时形成的火焰。这种火焰呈黄色,分区不明显,温度低于中性火焰温度,层次模糊,火焰的还原性较强,背景发射高,适合易氧化或氧化物熔点较高的元素的测定。

③ 贫燃火焰　燃助比小于化学反应计量比的火焰。这种火焰氧化性较强,燃烧充分,火焰瘦弱,蓝锥缩小,温度较高,适合熔点高但不易氧化的元素的测定,如碱金属及碱土金属等。

火焰原子吸收光谱法虽然得到了广泛的应用,但仍有局限性。首先,雾化效率低,到达火焰的样品溶液仅为提取量的5%~15%,大部分样品作为废液排掉了。其次,火焰气体的流量大,这一方面由于稀释作用使原子密度降低,另一方面,使原子在吸收区停留时间很短,大约是毫秒级,限制了火焰法的灵敏度。此外,样品用量较大,一般不能分析固体样品,这也使其应用受到限制。

2. 石墨炉

石墨炉是非火焰原子化器,是电热原子化器中目前已被广泛应用的一种。该原子化器是1959年由L'vov首先提出的,它克服了火焰原子化器灵敏度低的缺点。石墨炉原子化器的实质就是石墨电阻加热器,它利用大电流加热高阻值的石墨管,产生高温,温度可达

3000 ℃，使置于其中的少量试液或固体样品熔融，可获得瞬态的自由原子。

(1) 结构

虽然有多种形式的电热原子化器，但商品中通用的是采用石墨制成的圆筒形管，称为石墨炉。石墨炉装置一般包括石墨管、电源和炉体三大部分，如图 4.7 所示。

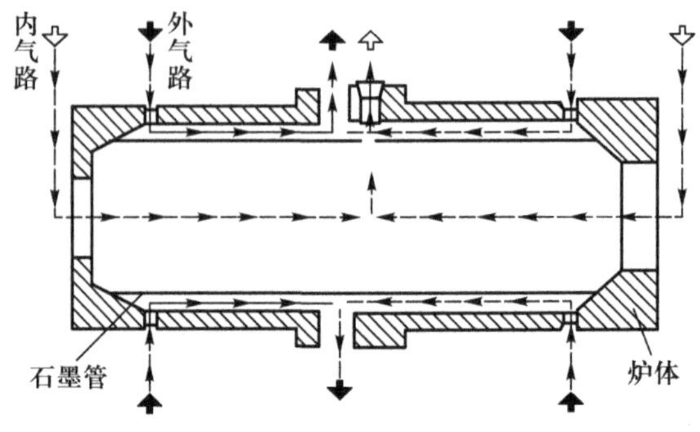

图 4.7　高温石墨炉装置示意图

① 石墨管　目前商品仪器所用的石墨管的尺寸一般长为 28 mm，外径为 8 mm，内径为 6.5 mm，管中央开一小孔，用于样品的注入和使保护气体通过。

② 电源　使用交流电源，电压较低，一般为 8～12 V；电流较大，一般为 300～450 A。电源提供的电流稳定以保证炉温恒定。它通过炉体将电能传递给石墨管。

③ 炉体　炉体与石墨管间的接触必须良好。为了使石墨在高温下不被氧化，炉体必须设有通惰性气体的气路保护系统；为了炉体温度不致很高及断电后可很快降至室温，炉体还设有水冷却系统。保护气体一般为氩气。气路保护系统由内外保护气路组成。外气路中氩气用来保护石墨管不被高温烧蚀；内气路中惰性气体从管两端流向管中心，然后由管中心孔处流出，这样可以有效地使基体蒸气除去，并保护了基态自由原子不再被氧化。但是在原子化阶段应停止通气，这是为了延长原子在吸收区内的平均停留时间，并且可以避免对原子蒸气的稀释。

(2) 操作程序

使用石墨炉时，样品通常以溶液形式(1～100 μL)引入石墨管中，在惰性气体气氛中分几个升温程序进行加热。升温程序有三种模式，即斜坡升温、阶梯升温和最大功率升温，通常用斜坡升温(图 4.8)，斜坡升温是指施加于石墨炉的电流或电压呈线性上升，温度也随时间呈斜坡形逐渐上升。这个程序一般包括干燥、灰化、原子化及净化四步(图 4.8)，主要控制温度和时间。

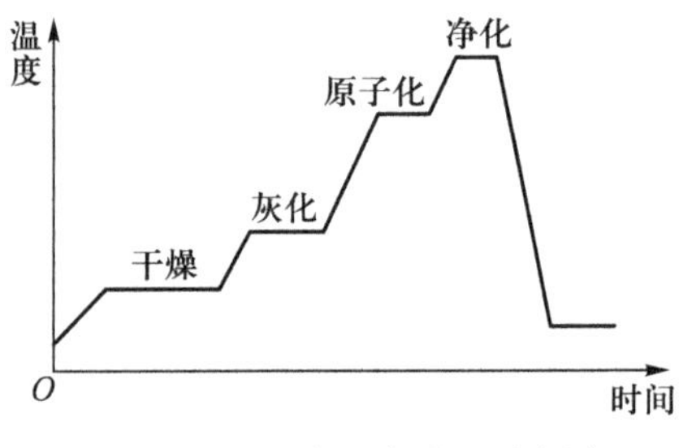

图 4.8　石墨炉程序升温示意图

① 干燥　目的是除去溶剂，但被测物不损失，可将温度迅速升至略低于沸点，再缓慢升至略高于沸点，通常在 100 ℃左右干燥，一般保持 10～20 s。

② 灰化　目的是除去有机物和易挥发基体，而被测物不损失。在保证不损失被测物的情况下，尽可能选用较高温度，并保持一定时间，以使共存物尽可能多地除去。灰化温度一般在 100～1800 ℃，灰化时间为 10～30 s。

③ 原子化 使被测物原子化，在保证使被测物完全或尽可能多地变成自由原子情况下，选择尽可能低的原子化温度和短的原子化时间，以延长石墨管寿命。原子化温度一般在1800～3000 ℃，原子化时间为5～10 s。

④ 净化 在高温下，如3000 ℃，加热3～5 s，以除去石墨管中的样品残渣，减少和避免记忆效应。注意净化时间要短，以防止损坏石墨炉，净化后对石墨炉进行冷却。

普通石墨管有易形成碳化物、寿命短、样品易渗入管壁等缺点，为了改进分析性能，现常使用热解涂层石墨管，通过在高温下向管内通 CH_4 和 N_2，可在管壁上沉积一层碳而制得热解涂层石墨管。热解涂层石墨管有导热性好、抗氧化性强、耐化学腐蚀、使用温度可高达3700 ℃等优点。热解涂层石墨管寿命长，样品不易渗入管壁，但仍可形成碳化物。

(3) 石墨炉原子化法的特点

与火焰原子化法相比，它的主要优点如下：

① 检出限低，灵敏度高 绝对检出限达 10^{-13}～10^{-10} g。因气态被测物原子在石墨炉中平均停留时间达0.1～1 s，比在火焰中长100～1000倍，故原子化的效率高。

② 用样量少 液体样品5～100 μL，通常为1～10 μL(火焰法一般是1 mL)，固体样品20～40 μg。

③ 可分析固体、悬浮体 对火焰法来说，直接进行固体粉末分析是较难实现的。

石墨炉原子化法的不足之处是测量精密度较低，相对标准偏差一般为2%～5%，而火焰法的一般<1%；基体干扰比火焰法严重；记忆效应比较严重；背景吸收较大。另外，因为需进行加热-冷却循环，石墨炉操作也不及火焰法简便快速。石墨管的使用寿命有限，质量也不是很稳定。

3. 低温原子化

低温原子化是通过化学反应将样品溶液中的被测元素转变成易挥发的金属氢化物或低沸点纯金属，这样可使该元素在较低温度下实现原子化。常用的有氢化物和汞低温原子化法。

(1) 氢化物低温原子化法

通常用于测定氢化物的是T形石英管原子化器，管长为十几厘米，管内径一般为几毫米，一般采用火焰或电炉丝加热，支管用于引入被测物和辅助气。氢化物低温原子化法适用于测定易形成氢化物的元素，如Ge，Sn，Pb，Bi，As，Sb，Se，Te等。这些元素在常温酸性介质中能被强还原剂 $NaBH_4$ 还原，生成极易挥发、易分解的氢化物，如 AsH_3，SnH_4，TeH_4 等。然后用载气将氢化物引入石英管原子化器中，可以在较低温度下(<1000 ℃)实现原子化。

该法的一个显著特点是进样效率可达100%，被测元素转化为氢化物后全部进入原子化器，测定灵敏度高；样品中的基体不被还原，对测定的影响很小。此原子化法的实现大大提高了原子吸收光谱法的应用范围。

(2) 汞低温原子化法

因为汞在常温下有一定的蒸气压，沸点低(357 ℃)，可用空气直接将经过化学预处理(汞离子还原为金属汞)后的汞蒸气送入带有石英窗口的吸收管中测定吸光度。这就是环境监测中测定水中有害元素汞时常用的冷原子吸收法。现已有专门的测量仪器出售。

4.2.3 分光检测系统

分光系统的色散元件为棱镜或光栅,目前商品仪器都是用光栅作色散元件,其作用是将被测元素的分析线与邻近的谱线分开。转动光栅,各种波长的单色谱线按长短顺序从出射狭缝射出,被检测系统接收。检测器件主要采用光电倍增管。

当光源强度一定时,选择具有适当色散率的光栅与狭缝宽度配合,可以调节单色器的重要操作参数——光谱通带。光谱通带是指通过单色器出射狭缝的光谱所包含的波长区间,它是由光栅的倒线色散率和出射狭缝宽度所决定的,可表示为

$$W = DS \tag{4.11}$$

式中 W 为单色器的光谱通带(nm),D 为色散元件的倒线色散率$\left(\frac{d\lambda}{dl}, nm \cdot mm^{-1}\right)$,$S$ 为狭缝宽度(mm)。对于确定的仪器,D 是固定的,W 仅由 S 决定。

不同仪器的单色器有不同的倒线色散率,如果只用狭缝宽度并不能说明光谱通带的波长范围。所以,光谱通带更具有实用意义。

4.2.4 原子吸收光谱仪的类型

按光束形式分类,原子吸收光谱仪可分为单光束型、双光束型,按通道数目分类,又有单道、双道之分。所谓单道是指仪器只有一个单色器和一个检测器,只能测定一种元素,而双道是指有两个光源、两套独立的单色器和检测系统,能同时测定两种元素。目前,最常见的原子吸收光谱仪为单道单光束和单道双光束两种类型。

1. 单道单光束型

早期生产的原子吸收光谱仪一般都是单道单光束型。单道单光束型仪器光学系统见图 4.3。来自光源的特征辐射通过火焰原子化器,部分辐射被基态原子吸收,透过部分经分光系统,使所需的辐射通向检测器,将光信号变成电信号并经放大而读出。

该类型仪器结构简单、操作方便、价格低廉,能满足日常分析工作的要求。缺点是不能消除光源波动引起的基线漂移,使用前空心阴极灯要预热一段时间,并且在测量时经常要校正零点。

2. 单道双光束型

单道双光束型仪器现在使用较多,其光学系统如图 4.9(a)所示。双光束是指从光源发出的光被可交替反射和透射光的切光器 1 分成两束强度相等的光,反射束为样品光束,经原子化器被基态原子部分吸收,透射束为参比光束,不通过原子化器,光强度不被减弱,两光束不是同时到达切光器 2,而是顺序交替到达切光器 2,而后又顺序交替地经分光系统后进入检测器,检测器系统将按接收到的信号进行同步检波放大,最后在显示器或记录仪上读出两光束信号比。切光器由两个对角两面扇形镜组成[图 4.9(b)],由电动机带动旋转。单道双光束型仪器由于两束光均由同一光源发射,检测器的信号是对两束光进行比较的结果,因此校正了光源及检测器不稳定引起的输出信号的不稳定。但由于参比光束不通过原子化器,原子化器不稳定无法校正。

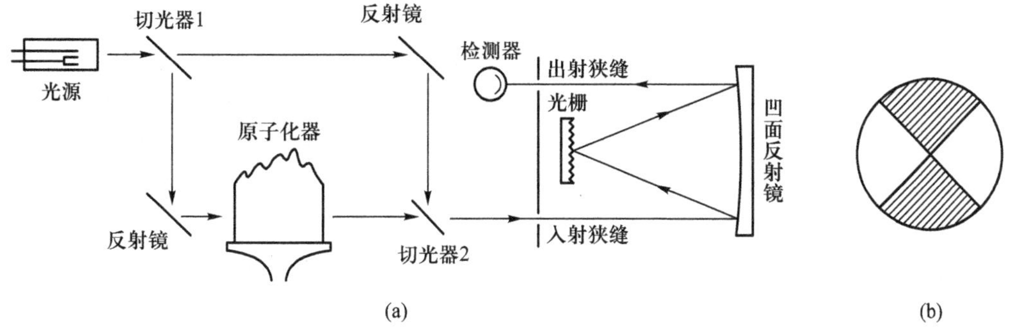

图 4.9 单道双光束型原子吸收光谱仪的光学系统(a)和切光器(b)示意图

4.3 定量分析

原子吸收光谱法主要用于元素的定量分析,分析时要首先了解原子吸收光谱法的分析性能指标,才能在正确的操作条件下,获得准确的分析结果。

4.3.1 分析性能指标

1. 灵敏度

灵敏度表示被测元素浓度或质量改变 1 个单位所引起的测量信号的变化,即分析校准曲线的斜率。但是在原子吸收光谱法中,常用特征浓度或特征质量来表征灵敏度。特征浓度或特征质量是指能产生 1%吸收时所对应的被测元素的质量浓度 ρ 或质量 m。

吸光度 A 与被测组分的质量浓度 ρ 或质量 m 之间的关系符合吸收定律,即

$$A = k_\rho \rho \text{ 或 } A = k_m m$$

式中 ρ 的单位为 $\mu g \cdot mL^{-1}$, $ng \cdot mL^{-1}$ 或 $pg \cdot mL^{-1}$; m 的单位为 μg, ng 或 pg。当产生 1%吸收时,有

$$A = \lg \frac{I_0}{I_t} = \lg \frac{100}{99} = 0.0044$$

即

$$A = 0.0044 = kS_A$$

$$S_A = \frac{0.0044}{k}$$

S_A 有特征浓度 S_ρ 和特征质量 S_m 之分,可分别表示为

$$S_\rho = \frac{0.0044}{k_\rho} \qquad (4.12)$$

$$S_m = \frac{0.0044}{k_m} \qquad (4.13)$$

显然,特征浓度或特征质量越小,测定的灵敏度越高。

2. 检出限

检出限是指能以适当的置信度被检出的被测元素的最低质量浓度或质量。检出限的定义是指能产生 3(或 2)倍噪声信号所对应的被测元素的质量浓度或质量。也可以这样认为，在原子吸收光谱分析中，被测元素的吸收信号等于空白溶液测量标准偏差的 3(或 2)倍时对应的质量浓度(ρ_d)或质量(m_d)。对于大多数元素，用火焰原子吸收光谱法时，检出限为 1~20 $ng \cdot mL^{-1}$，而用石墨炉原子吸收光谱法时，检出限为 0.1~20 pg。

检出限不但与仪器的灵敏度有关，还与仪器的稳定性(噪声)有关，它比灵敏度的意义更为明确，是反映分析方法和仪器性能的综合指标。从使用角度看，提高仪器的灵敏度，降低噪声，是降低检出限、提高信噪比的有效手段。

3. 线性范围

原子吸收光谱法的线性范围一般为 2~3 个数量级。在吸光度为 1.5~2.0 时呈平台。造成非线性的原因主要有吸收系数的变化、杂散辐射、被测原子密度的非均匀性等。

4. 精密度

火焰原子吸收光谱法的精密度一般小于 1%，而石墨炉原子吸收光谱法的精密度一般为 2%~5%。

4.3.2　分析方法

在原子吸收光谱法中常用标准曲线法和标准加入法进行定量分析。

1. 标准曲线法

该法适用于对样品比较了解，且样品组成比较简单的情况。用纯物质配制一系列浓度合适的标准溶液，用试剂空白溶液作参比，在选定的操作条件下，将标准溶液由低浓度到高浓度依次引入原子化器中，分别测出各溶液的吸光度 A，以 A 为纵坐标，被测元素浓度 c 为横坐标，绘制$A-c$标准曲线；然后在相同条件下，引入含被测元素的样品溶液，测定其吸光度，从标准曲线上查出该吸光度所对应的浓度，从而求得样品中被测元素的含量。标准曲线最好为直线过原点，但也可不过原点，不是直线。使用标准曲线法时应尽量使分析样品时的操作条件与测定系列标准溶液时的操作条件相同，且标准系列溶液与未知样品溶液的基体组成应尽量一致；分析样品时，尽可能使吸光度值为 0.2~0.8，保证测量的相对误差较小，而且应使被测组分的吸光度值处于标准曲线的直线部分内；在分析样品时应随时对标准曲线进行校正，以减少由于实验条件变化对测定的影响。

2. 标准加入法

当样品组成复杂，共存成分有干扰，无法配制与样品组成相匹配的标准样品时，可使用标准加入法。此法的优点是能够消除基体效应。标准加入法可分为单点标准加入法和多点标准加入法。

(1) 单点标准加入法

首先取未知浓度(c_x)的待测试液 V_x 进行原子吸收测定，得到其吸光度为 A_x；然后加入浓度为 c_s、体积为 V_s 的被测物质的标准溶液，在与上相同的条件下，再次进行测定，测得吸光度为A，则

$$A_x = kc_x$$

$$A = k\frac{V_x c_x + V_s c_s}{V_x + V_s}$$

由上列两式求得

$$c_x = \frac{V_s c_s A_x}{A(V_x + V_s) - V_x A_x}$$

式中 V_s,c_s,V_x 均为已知;A 和 A_x 由实验测得,则 c_x 很容易求出。

(2) 多点标准加入法

将样品溶液分成体积相同的若干份,其中一份不加入被测元素的标准溶液,其余各份样品中分别加入同一浓度不同体积的被测元素的标准溶液,用溶剂稀释至相同体积,于相同实验条件下分别测它们的吸光度 A,绘制吸光度 A 对加入的被测元素浓度的曲线。如果样品中不含被测元素,在正确校正背景后,曲线应过原点;如果曲线不通过原点,说明含有被测元素,截距所对应的吸光度就是被测元素的贡献。外延曲线与横坐标轴相交,交点至原点的距离所相应的浓度 c_x,即为所求的被测元素的含量。

该方法要求相应的标准曲线是一条过原点的直线,被测元素的浓度应在线性范围内;制作标准加入法曲线的点应不少于四个点,且加入标准溶液的量不能过高或过低。一般使第一个标准加入所产生的吸收值为样品吸收值的二分之一左右。

4.3.3 定量分析实验条件的选择

原子吸收光谱法的灵敏度、检出限和准确度除了受仪器性能的影响外,还与测定条件密切相关。

1. 分析线

每一种元素都有若干条吸收谱线,实际工作中通常可选用共振线作分析线,但应视实验需要而定,有时也选择次灵敏线作分析线。如测定元素 Zn 时,一般选择 213.856 nm 的共振线,但当测定高含量的 Zn 时,为避免样品浓度过度稀释而引入误差,可选用灵敏度较低的非共振线吸收线为分析线。

2. 空心阴极灯的工作电流

灯电流的大小直接影响放电的稳定性和光强输出。灯电流过小,透射光太弱,需提高光电倍增管灵敏度的增益,将使噪声增大。灯电流过大,发射谱线变宽,导致灵敏度下降,灯寿命缩短。空心阴极灯上都标有最大工作电流(额定电流,一般为几十毫安),选用灯电流一般原则是在保证有足够强且稳定的光强输出的条件下,尽量使用较低的工作电流。对于大多数元素,日常分析的工作电流常以空心阴极灯上标明的额定电流的 40%~60% 为工作电流。也可由实验来确定,在保持其他条件不变的情况下,改变工作电流,记录吸光度值,并绘制吸光度-灯电流的关系曲线,选择最大吸光度所对应的最小灯电流。

3. 光谱通带

选择光谱通带实际上就是选择单色器的狭缝宽度($W = DS$)。调节不同的光谱通带,测定吸光度随其的变化,当有其他谱线或非吸收光进入光谱通带内,吸光度将会减小。不引起吸光度减小的最大狭缝宽度,即为应选取的狭缝宽度。对于大多数元素,光谱通带为 0.4~4 nm。

4. 进样量

用火焰原子化器时，通常进样量一般选择 3～6 mL · min^{-1}。进样量较小时，雾化效率高，但测定灵敏度下降；进样量太大时，对火焰会产生冷却效应，原子化效率降低，灵敏度不会得到提高。用石墨炉原子化器时，进样量一般为 1～10 μL，进样量太大，会增加净化除残渣的困难。

5. 原子化条件

对于火焰原子吸收光谱法，火焰类型是影响原子化效率的主要因素。不同元素可选择不同的火焰，一般原则是对于易解离、易挥发的元素，可使用低温火焰，如空气-丙烷火焰；对于难挥发和易生成氧化物的元素，可使用高温火焰，如 N_2O-乙炔火焰；对于其余绝大多数元素，多采用空气-乙炔火焰。对于空气-乙炔火焰，大多数元素用化学计量火焰。光源光束通过火焰的不同部位对测定的灵敏度和稳定性有一定的影响，因此，应调节燃烧器的高度，以使来自空心阴极灯的光束从自由原子密度最大的火焰区通过。实验的方法是在其他测定条件不变的情况下，引入被测元素的标准溶液，改变燃烧器高度，测定吸光度，绘制吸光度对燃烧器高度的关系曲线，找出最佳燃烧器高度。对于石墨炉原子吸收光谱法，对于原子化温度低及易挥发的元素，如 Au，Ag，Zn，Cd 等，选用普通石墨管，而对于一些高温元素，如 V，Cr，Mo 等，宜选择热解涂层石墨管。通过实验合理选择干燥、灰化、原子化及净化阶段的温度和时间。

6. 光电倍增管的工作电压

对于光电倍增管，增加其负高压能使信号增加，但是噪声增大，稳定性差；降低负高压，会使信号降低，但可提高信噪比，测定稳定性好，并能延长光电倍增管的使用寿命。常选择的工作电压为最大工作电压的$\frac{1}{3}$～$\frac{2}{3}$。

4.4　干扰及其消除方法

火焰原子吸收光谱法与经典原子发射光谱法相比，总的来说干扰较小，分析结果的精密度与化学分析法相当。但是，在测定中有时必须了解可能存在的干扰，并想办法消除这些干扰，以减小测量误差。

4.4.1　光谱干扰

光谱干扰包括吸收谱线干扰、发射光干扰和背景吸收干扰三大类，主要来自光源和原子化器。

1. 吸收谱线干扰

光谱通带内存在的光源发射的非吸收线（如铬空心阴极灯氩的 357.70nm 与铬的 357.869 nm吸收线）、被测元素分析线与共存元素吸收线的重叠（如 Ge 的分析线 422.657 nm 与共存元素 Ca 的吸收线 422.673 nm 重叠）是主要的谱线干扰。为了消除谱线干扰，可采用减小狭缝宽度与降低灯电流、另选分析线及采用对光源进行机械调制或脉冲供电等方法。

2. 发射光干扰

原子化器在高温原子化过程也是一个光辐射源，被测元素会发射与吸收谱线相同波长的光，原子化器中在高温下产生的 CO，CN，OH 等分子及游离基也会发射光，这些发射光的信号通过用电调制（如空心阴极灯用脉冲供电方式）或用机械调制（在光源和原子化器之间加一按一定频率旋转的扇形切光器）使光源发出的光调制成一定频率的光，检测系统采用相应的交流放大器，与光源的调制相匹配，将原子化器中发射的直流信号滤掉。

3. 背景吸收

背景吸收是一种非被测原子的吸收，是一种非选择性吸收，主要包括分子吸收和光散射，干扰的结果往往使吸光度增大。光散射是指原子化器内未挥发的固体颗粒，会对入射光产生散射而使部分入射光未进入单色器，偏离光路而不为检测器所检测，造成假吸收。高温石墨炉在原子化过程中会生成烟雾与固体颗粒，光散射比火焰原子化器严重得多。分子吸收是一种带吸收，常见的分子吸收有三种类型。

（1）金属化合物的分子吸收

这是由于原子化器的温度低或金属化合物难解离，使一些金属化合物仍以分子形式存在，不同分子具有不同的吸收带。当某一被测元素测定波长正好落在分子吸收带内时，必然产生干扰。

（2）无机酸的分子吸收

当波长小于 250 nm 时，H_2SO_4 有较强的吸收，H_3PO_4 与 H_2SO_4 类似，也在此波长区内有强的吸收。HNO_3，HCl 和 $HClO_4$ 等无机酸即使在波长小于 250 nm 处，吸收也较小。因此，在原子吸收光谱分析中，样品处理尽量采用 HNO_3，HCl 和 $HClO_4$，而避免使用 H_2SO_4 和 H_3PO_4。

（3）火焰气体的吸收

火焰的成分主要有 N_2，CO，H_2，H_2O，CO_2，NO，CN，C_2 等。这些分子必然在一定波长处产生吸收，对测定产生干扰。虽然火焰气体吸收及引入空白试液时引起的散射和分子吸收可通过仪器调零来校正，但是由样品中附随物所引起的背景吸收却必须通过扣除背景吸收进行校正。

背景校正方法一般有邻近非共振线背景校正法、氘灯背景校正法和塞曼背景校正法等。

（1）邻近非共振线背景校正法

当分析线附近的背景吸收变化不大时，可采用此法。用分析线测量被测元素吸收与背景吸收的总和，在分析线邻近选择一条非共振线，非共振线不会产生被测元素的共振吸收，此时测出的是背景吸收，从总和中扣除背景吸收，就得到了被测元素的吸收值。可以选择被测元素（被测元素在非共振线处的吸收概率低，可以忽略）或其他元素的非共振线。例如，用 324.754 nm 谱线测 Cu，可以用 324.754 nm 的测量值（原子吸收与背景吸收的总和）减去其在 323.12 nm（Cu 的非共振线）的测量值（背景吸收），就得到扣除背景吸收后的结果。

（2）氘灯背景校正法

由于分子吸收和光散射属于宽带吸收，其波长范围一般远比单色器的光谱通带宽。而原子吸收为谱线吸收，线宽只有 10^{-3} nm 数量级，单色器的光谱通带通常选 0.2~1.0 nm，因此当空心阴极灯的辐射通过原子化器时，其辐射不仅被原子吸收，同时也被背景吸收，测得的

是原子吸收和背景吸收的总吸光度 A,即

$$A = A_a + A_b$$

式中 A_a 和 A_b 分别表示被测元素的原子吸收和背景吸收。氘灯是最常用的连续光源,当用氘灯在同一波长进行测定时,被测元素的基态原子对氘灯连续光谱的吸收可忽略不计,这时测定的吸光度 A_D 仅为背景吸收,即

$$A_D \approx A_b$$

因此不难得出

$$A_a = A - A_D$$

空心阴极灯测量的吸光度与氘灯测量的吸光度之差就是被测元素校正了背景后的吸光度。氘灯背景校正法设备简单,已经得到了广泛的应用,但仍有一定的局限性,如在上面的推导中,假设了分析线波长处的背景吸收与单色器通带内的平均背景吸收近似相等,这将会带来一定的误差。

(3) 塞曼背景校正法

当使用石墨炉原子化法时,常利用塞曼效应进行背景校正。塞曼效应是指将自由原子置于强磁场中时,自由原子的能级会发生分裂,从而其发射和吸收光的波长会改变,即可引起原子光谱线的分裂。在正常塞曼效应中分裂为 3 条谱线,中心的 π 线和对称分布在中心波长两侧的两条谱线 σ^+ 和 σ^-。正常塞曼效应的 π 线的波长位置与共振线完全一样,而 σ^+ 和 σ^- 线的波长位置对称分布在共振线的两侧,随着磁感应强度的增大,偏离增大。

塞曼效应扣除背景的原理是:利用原子谱线的磁效应和偏振特性,使原子吸收和背景吸收分离,以实现背景校正。加磁场于光源,称光源调制法;也可加磁场于原子化器上,称原子化器调制法。原子化器调制法应用较广,如图 4.10(a)所示,当对原子化器施加恒定的强磁场,且使光束方向垂直于磁场,由于塞曼效应,原子吸收线分裂为 π 和 σ^+,σ^- 三种组分,π 组分只能吸收与磁场平行的偏振光,而 σ^+ 和 σ^- 组分只能吸收与磁场垂直的偏振光,而且很弱。而引起背景吸收的分子,则对偏振光没有选择性,完全等同地吸收平行和垂直的偏振光。由光源发射的光通过旋转偏振器后分解为平行磁场的偏振光 $p_{//}$ 和垂直于磁场的偏振光 $p_{\perp}$。随着偏振器的旋转,两束光将交替通过原子化器,在某一时刻平行于磁场的 $p_{//}$ 通过原子化器时,在 λ_0 处被被测原子吸收线的 π 组分及背景分子吸收,测得原子吸收和背景吸收的总吸光度[图 4.10(b)];另一时刻当 $p_{\perp}$ 通过原子化器时,由于它垂直于磁场,在 λ_0 处不被原子吸收线的 π 组分吸收,且原子吸收线的 σ^+ 和 σ^- 组分的波长已不在 λ_0 处,也不吸收 $p_{\perp}$,而仅被背景吸收[图 4.10(c)]。两次测定吸光度之差,便是校正了背景吸收之后的净原子吸收的吸光度。

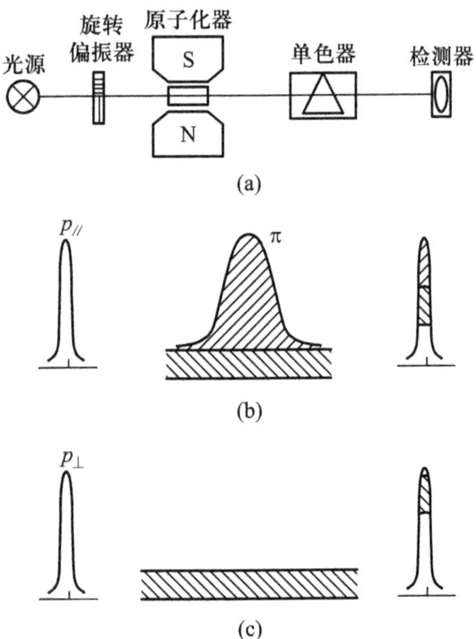

图 4.10 塞曼背景校正(原子化器横向恒定磁场调制方式)

塞曼背景校正法可以校正吸光度高达 1.5~2.0 的背景。该方法只用一个空心阴极灯，但起到两个光束的作用，可以缩小仪器的体积，操作简便，而且背景的测量恰好在分析线波长处，因此背景扣除非常有效，其准确度较高。其主要缺点是灵敏度有一定损失（约下降 20%），且仪器设备费用较高。

4.4.2 物理干扰

由分析样品溶液与标准溶液一些物理性质（如表面张力、黏度、密度等）之间的差异发生变化而引起吸光度变化带来的干扰称为物理干扰。物理干扰是基体干扰。消除物理干扰最常用的方法是配制标准溶液时应使标准溶液的组成与分析样品组成相似，并保证测定条件一致。当无法获知被分析样品的组成时，可用标准加入法。此外，在消化处理样品时，尽可能避免使用浓度大的 H_2SO_4 或 H_3PO_4。

4.4.3 化学干扰

化学干扰是指被测元素不能全部从它的化合物中解离出来或被测元素的原子与干扰组分发生了化学反应，使原子化器中基态原子数目降低的现象。消除化学干扰可通过化学分离、使用高温火焰、加入释放剂、加入保护配位剂或缓冲剂、使用基体改进剂等方法来实现。例如，在空气-乙炔火焰中，PO_4^{3-} 干扰钙的测定，当改用 N_2O-乙炔火焰后，提高了温度，就可以消除此类干扰。又如，测定镁时铝盐会与 Mg^{2+} 生成 $MgAl_2O_4$ 难熔晶体，使镁难以原子化而影响测定，当向试液中加入释放剂 $SrCl_2$，其可与铝结合生成稳定的 $SrAl_2O_4$ 而将镁释放出来。在石墨炉原子吸收光谱法中，加入某种化学物质使基体形成易挥发化合物，在原子化前除去，从而避免与被测元素共挥发，这种物质为基体改进剂。例如，硝酸铵是测定镉时消除 NaCl 基体干扰的基体改进剂，它能使 NaCl 转变成易挥发的氯化铵和硝酸钠，在灰化阶段除去加以消除。

4.4.4 电离干扰

被测元素在火焰中吸收能量后，除生成自由原子外，还可发生电离，从而使参与原子吸收的基态原子数减少，吸光度降低，这种干扰称为电离干扰。原子化器温度越高，电离干扰越严重。为抑制电离干扰，可采用降低温度的方法，还可向试液中加入消电离剂，如 1% 的 CsCl（或 KCl）溶液等。

4.5 原子荧光光谱法

原子荧光光谱法是通过测量原子蒸气在特定波长光激发下所产生的荧光来测物质含量的一种方法。虽然原子荧光光谱法是一种发射光谱分析法，但它与原子吸收光谱法密切相关,所用仪器与原子吸收光谱仪相近,所以在本章讨论。

原子荧光光谱法的主要特点是灵敏度高、谱线简单、线性范围宽和可进行多元素同时测定等,但它的应用不如原子发射光谱法和原子吸收光谱法广泛。

4.5.1 基本原理

1. 荧光分类

原子荧光是原子吸收光子后被激发到较高能级,经约 10^{-8} s 后,又跃迁回到低能级所发射的光。常见的原子荧光类型有共振荧光、直跃线荧光、阶跃线荧光和敏化荧光等。

(1) 共振荧光

原子吸收光子后,从低能级跃迁到高能级,并以直接跃迁方式回到较低能级而辐射的光,叫作共振荧光。特征是原子被激发和发射所涉及的上、下能级都相同,过程如图4.11(a)所示,荧光的波长与入射光的波长相同。

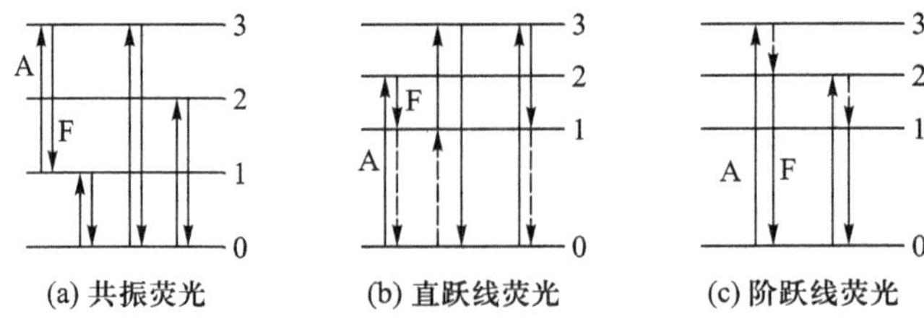

A—吸收; F—荧光; 虚线表示非辐射跃迁

图 4.11 原子荧光的类型

(2) 直跃线荧光

当涉及激发和发射的上能级相同而下能级不同时,会发生直跃线荧光,如图 4.11(b)所示。如果 $\lambda_{激发}<\lambda_{荧光}$,称为斯托克斯直跃线荧光;如果 $\lambda_{激发}>\lambda_{荧光}$,称为反斯托克斯直跃线荧光。

(3) 阶跃线荧光

当荧光的上能级与激发的上能级不同时,所对应的荧光称为阶跃线荧光。产生过程如图 4.11(c)所示。阶跃线荧光也是根据 $\lambda_{激发}$与 $\lambda_{荧光}$的相对长短分为斯托克斯阶跃线荧光和反斯托克斯阶跃线荧光。

(4) 敏化荧光

A 原子被光激发到激发态后,并非发出荧光回到基态,而是与 B 原子发生非弹性碰撞,将激发能转移给 B 原子,并使其激发,B 原子随后发射的荧光称为敏化荧光。这一过程可表示为

$$A + h\nu = A^*$$
$$A^* + B = B^* + A$$
$$B^* = B + h\nu$$

共振荧光最强,分析时常用。敏化荧光很少用于分析。

2. 荧光强度

设照射到原子蒸气上的入射光强度为 I_0,透射光的强度为 I_t,荧光强度为 I_f。I_t 的方向

与激发光束 I_0 的方向相同，而 I_f 向四周发射，除激发光束方向外，可在任何方向检测 I_f，但一般在与激发光束成直角方向进行的检测。则 I_f 与吸收光强度 I_a 的关系为

$$I_f = \phi I_a = \phi(I_0 - I_t) \tag{4.14}$$

式中 ϕ 为荧光量子产率，其定义为

$$\phi = \frac{\phi_F(\text{发射的荧光光子数})}{\phi_A(\text{吸收激发光的光子数})}$$

将式(4.9)代入式(4.14)，并根据式(4.7)，$K_0 = an_i$，且常检测基态原子，$n_i = n_0$，所以 $K_0 = an_0$，则得到

$$I_f = \phi(I_0 - I_0 e^{-an_0 l}) = \phi I_0(1 - e^{-an_0 l}) \tag{4.15}$$

基于数学公式 $1 - e^{-x} = x(x \to 0)$，当 $n_0 l \to 0$ 时，且根据 $n_0 \approx n_t$ 和 $n_t = bc$，式(4.15)可简化为

$$I_f = \phi I_0 a n_0 l = I_0 a' n_0 = a'' n_0 = a'' n_t = a'' bc = kc \tag{4.16}$$

式中 a', a'', b, k 均为常数；n_t 为能吸收光的总原子密度。式(4.16)说明，只有在低浓度条件下，I_f 与被测物浓度成正比。

4.5.2 仪器装置

原子荧光光谱仪的仪器结构和许多部件与原子吸收光谱仪并无本质差异，如原子化器、检测器、切光器等，主要不同之处在于：

① 对于原子荧光光谱仪，光源、原子化器与分光检测系统不在一条直线上。原子荧光光谱仪的光源、原子化器与分光检测系统一般成直角配置，如图 4.12(a)所示，这主要是为了避免光源对检测原子荧光信号的影响。而原子吸收光谱仪的光源、原子化器与分光检测系统在一条直线上。

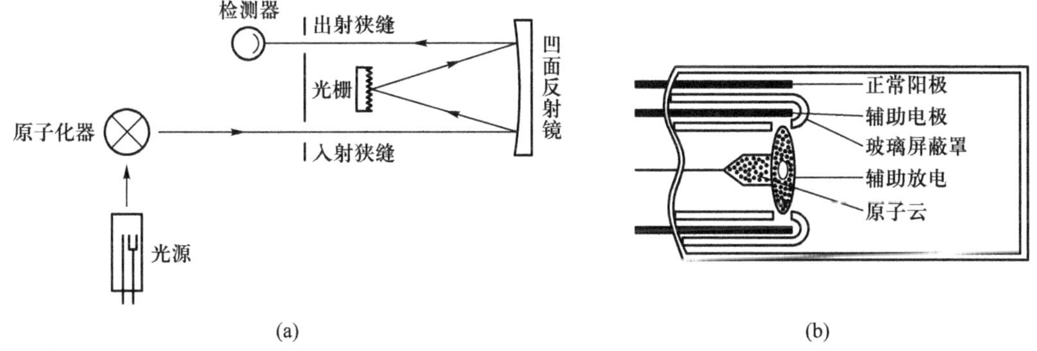

图 4.12 原子荧光光谱仪(a)和高强度空心阴极灯(b)示意图

② 光源具有更高的发光强度和稳定性。如式(4.16)所示，原子荧光的强度与照射的激发光强度成正比，因此仪器需要使用高强度的光源，如高强度空心阴极灯、氙弧灯，以增强荧光信号，提高灵敏度。与通常空心阴极灯(HCL)相比，高强度 HCL[图 4.12(b)]中增加了两个辅助电极，每个辅助电极置于玻璃屏蔽罩中，当 200～300 mA 直流电通过两电极时，在空心阴极开口处放电，金属原子不仅在空心阴极内可被激发发光，而且扩散到阴极腔口外也可

被激发发光。由于辅助电极电压很低(20~30 V),电子动能不高,所以充入气体谱线及被测元素离子线的强度增加不大,只有原子共振线强度显著增加。

③ 原子荧光光谱仪对分光系统的要求不高,甚至可不用光栅,而用非色散型滤光片。这是因为在原子光谱分析中,光谱干扰的顺序为:原子发射光谱法>原子吸收光谱法>原子荧光光谱法。所以,原子荧光光谱法对分光系统的要求不像原子吸收和原子发射光谱法那样高。

原子荧光光谱仪分为色散型和非色散型两类,色散型仪器采用平面闪耀光栅为分光元件,而非色散型仪器采用滤光片为波长选择元件。用于波长选择的滤光片主要有吸收滤光片、干涉滤光片和声光可调滤光片(AOTF)。吸收滤光片主要是带颜色的玻璃,对一些波长范围的光强烈地吸收,透光的谱带宽度通常大于 30 nm,且透光度较低。干涉滤光片是在玻璃表面镀多层具有特定厚度的光学薄膜,利用干涉原理使特定波长范围的光透过,透光的谱带宽度较窄(10~15 nm),透光度较高。AOTF 由压电换能器和各向异性晶体(TeO_2)组成,当射频辐射照射压电换能器时,会产生声波,声波传播进入晶体时,会引起晶体折射率的变化,此时晶体可看作一个透射衍射光栅,因此可通过改变射频频率来改变通过 AOTF 的波长。

④ 色散型原子荧光光谱仪的检测器采用光电倍增管,而非色散型仪器常用日盲光电倍增管,这种管的阴极由 Ce-Te 制成,对于大于 320 nm 波长的光不灵敏,适用的波长范围为 160~320 nm。

4.5.3　应用

原子荧光光谱法具有很高的灵敏度,标准曲线的线性范围也较宽,根据式(4.16)可知,对于低浓度的被测元素,荧光强度与被测元素的含量成正比,可采用标准曲线法进行定量分析,能进行多元素同时测定。特别是对于 As,Sb,Bi,Se,Te,Ge,Pb,Sn 和 Hg 等元素,利用原子荧光光谱法进行测定可获得满意的结果。由于 As,Sb,Bi,Se,Te,Ge,Pb,Sn 这八个元素可形成气态氢化物,可采用硼氢化物-酸还原体系获得氢化物,即酸化过的含有 As,Sb,Bi,Se,Te 等元素化合物的样品溶液与还原剂(一般为硼氢化钠或硼氢化钾)在氢化物发生系统中反应,生成挥发性共价氢化物。典型反应为

$$3BH_4^- + 3H^+ + 4H_3AsO_3 \xlongequal{} 3H_3BO_3 + 4H_3As + 3H_2O$$

形成的氢化物沸点较低,具有挥发性,见表 4.3。Hg^{2+} 可被 $SnCl_2$ 还原到 Hg,Hg 原子在常温下可挥发。气态氢化物通过原子化器时形成基态原子,基态原子被光致激发而产生原子荧光。

表 4.3　氢化物的沸点

氢化物	AsH_3	SbH_3	BiH_3	H_2Se	H_2Te	GeH_4	PbH_4	SnH_4
沸点/℃	-55	-17	-22	-42	-4	-88	-13	-52

参考文献

[1] 张寒琦,孙书菊,金钦汉.光谱分析.长春:吉林大学出版社,1995.

[2] 董慧茹、王志华、杨屹.仪器分析.4版.北京:化学工业出版社,2022.

[3] Ingle J D Jr, Crouch S R.光谱化学分析.张寒琦,王芬蒂,施文,译.长春:吉林大学出版社,1996.

[4] 邓勃.实用原子吸收光谱分析.2版.北京:化学工业出版社,2021.

[5] 曾泳淮.分析化学(仪器分析部分).3版.北京:高等教育出版社,2010.

习题

4.1 火焰原子吸收光谱法测 Zn 时单色器的倒线色散率为 2.0 nm · mm^{-1},出射、入射狭缝宽度均为 0.1 mm。试计算单色器通带。

4.2 欲测 K 404.414 nm 的吸收值,为了避免 K 404.721 nm 的干扰,应选择狭缝宽度为多少?(单色器的倒线色散率为 2.0 nm · mm^{-1}。)

4.3 已知原子吸收光谱仪的光栅刻线数为 1200 条 · mm^{-1},光栅面积为 50 × 50 mm^2,倒线色散率为 2.0 nm · mm^{-1},狭缝宽度为 0.05 mm,0.1 mm,0.2 mm 和 2 mm 四挡可调。

(a) 此仪器的一级光谱理论分辨率是多少?

(b) Mn 279.482 nm 和 Mn 279.827 nm 双线中,前者是最灵敏线,若以 279.482 nm 为分析线并用 0.1 mm 和 0.2 mm 的狭缝宽度分别测定 Mn,所得灵敏度是否相同?为什么?

4.4 原子吸收光谱仪测定铍时,若配制铍质量浓度为 2.00 μg · mL^{-1}的水溶液,测得其透光度为 35%,试计算测定铍的灵敏度。

4.5 A 和 B 两个分析仪器厂生产的原子吸收光谱仪,对质量浓度为 0.200 μg · mL^{-1}的镁标准溶液进行测定,吸光度分别为 0.042,0.056。试问哪个厂生产的原子吸收光谱仪测定 Mg 的特征浓度低?

4.6 用原子吸收光谱法测定铅含量时,以 0.10 μg · mL^{-1}质量浓度的铅标准溶液测得吸光度为 0.24,连续 11 次测得空白值的标准偏差为 0.012,计算检出限。

4.7 平行称取两份 0.500 g 金矿样品,经溶解后,向其中一份样品中加入 1.00 mL 5.00 μg · mL^{-1}的金标准溶液,然后向每份样品中都加入 5.00 mL 氢溴酸溶液,并加入 5.00 mL甲基异丁酮,由于金与溴离子形成配合物而被萃取到有机相中。用原子吸收光谱法分别测得吸光度分别为 0.37 和 0.22。求样品中金的含量(μg · g^{-1})。

4.8 用原子吸收光谱法测定某溶液中 Cd 的含量时,测得吸光度为 0.141。在 50.00 mL 这种试液中加入 1.00 mL 1.00 × 10^{-3} mol · L^{-1}的 Cd 标准溶液后,测得吸光度为 0.235,而在同样条件下,测得蒸馏水的吸光度为 0.010。试求未知液中 Cd 的含量和测定 Cd 的特征浓度。

4.9 用原子吸收光谱法测定矿石中的钼含量。制备的样品溶液每 100.00 mL 含矿石 1.23 g,而制备的钼标准溶液每 100.00 mL 含钼 2.00 × 10^{-3}g,取 10.00 mL 样品溶液于 100.00 mL 容量瓶中,另一个 100.00 mL 容量瓶中加入 10.00 mL 样品溶液和 10.00 mL 钼标准溶液,用蒸馏水稀释至刻度后摇匀,测得吸光度分别为 0.421 和 0.863。求矿石中钼的含量。

4.10 用石墨炉原子吸收光谱法测定食品中稀土元素镧的含量。称取样品 10.000 g,经处理后，稀释至 100.00 mL。取 10.00 mL 样品溶液放入 50.00 mL 容量瓶中，稀释至刻度。在另一个 50.00 mL 容量瓶中，加入 9.00 mL 样品溶液和 1.00 mL 10.00 $\mu g \cdot mL^{-1}$ 的镧标准溶液，稀释至刻度。分别测得吸光度分别为 0.288 和 0.626。计算食品样品中镧的含量。

4.11 用原子吸收光谱法测定自来水中镁的含量。取不同体积镁标准溶液（1.00 $\mu g \cdot mL^{-1}$）及 20.00 mL 自来水样于 50.00 mL 容量瓶中，分别加入 5% 锶盐溶液 2.00 mL 后，用蒸馏水稀释至刻度。然后与蒸馏水交替进行测量其吸光度，数据如下所示。求自来水中镁的含量（$mg \cdot L^{-1}$）。

	1	2	3	4	5	6	7
镁标准溶液体积/mL	0.00	1.00	2.00	3.00	4.00	5.00	自来水样 20.00 mL
A	0.043	0.092	0.140	0.187	0.234	0.234	0.135

4.12 用原子吸收光谱法分析 0.0500 $mg \cdot L^{-1}$ Co 标准溶液，用石墨炉原子吸收光谱法，每次以 5.0 μL 标准溶液与去离子水交替连续测，共测 10 次，测得吸光度如下所示。计算该原子吸收光谱法测量 Co 的检出限。

测定次数	1	2	3	4	5
A	0.165	0.170	0.166	0.165	0.168
测定次数	6	7	8	9	10
A	0.167	0.168	0.166	0.170	0.167

4.13 用标准加入法测定样品溶液中 Ca 的质量浓度，标准溶液中 Ca 的质量浓度为 0.100 $mg \cdot mL^{-1}$，实验中测得数据如下。计算样品溶液中 Ca 的质量浓度。

溶液	A	溶液	A
5.00 mL 样品溶液稀释至 50.00 mL	0.475	5.00 mL 样品溶液+3.00 mL 标准溶液，稀释至 50.00 mL	1.150
5.00 mL 样品溶液+1.00 mL 标准溶液，稀释至 50.00 mL	0.699	5.00 mL 样品溶液+4.00 mL 标准溶液，稀释至 50.00 mL	1.375
5.00 mL 样品溶液+2.00 mL 标准溶液，稀释至 50.00 mL	0.922	5.00 mL 样品溶液+5.00 mL 标准溶液，稀释至 50.00 mL	1.597

4.14 简述空心阴极灯的放电机理。

4.15 在原子吸收光谱仪中为什么不采用连续光源（如钨丝灯或氘灯）？

4.16 试比较原子吸收光谱仪与原子荧光光谱仪的异同点。

4.17 原子吸收光谱仪中，若产生下述情况而引致误差，应采用什么措施来降低或消除？

(a) 光源强度变化引起基线漂移；

(b) 火焰发射的辐射进入检测器（发射背景）；

(c) 被测元素吸收线和样品中共存元素的吸收线重叠。

4.18 为什么空心阴极灯内充的低压惰性气体一般都是 Ne?

4.19 原子吸收光谱仪中光源的作用与原子发射光谱仪中光源的作用相同吗?

4.20 如何理解原子发射、吸收和荧光光谱法中,荧光光谱法的灵敏度最高,而发射和吸收光谱法的灵敏度相差不大?

习题参考答案

第五章 紫外-可见吸收光谱法

紫外-可见吸收光谱法是基于物质对紫外-可见光吸收所建立的分析方法。

5.1 比尔定律

5.1.1 吸光度与被测物浓度的关系

当一束单色光透过一厚度为 b 的介质后，光的强度 I_ν 被减弱的程度可表示为

$$dI_\nu = -k_\nu I_\nu db$$

式中 k_ν 为比例系数，与入射光频率有关。经过厚度为 b（吸收光程）的介质后，入射光强度 $(I_\nu)_0$ 被减弱，而透射光的强度为 $(I_\nu)_t$，$(I_\nu)_t$ 和 $(I_\nu)_0$ 的关系可通过积分上式得到：

$$\int_{(I_\nu)_0}^{(I_\nu)_t} \frac{dI_\nu}{I_\nu} = \int_0^b - k_\nu db$$

$$(I_\nu)_t = (I_\nu)_0 e^{-k_\nu b} \tag{5.1}$$

这就是在第四章讨论原子吸收光谱法时导出的吸收定律。在原子吸收光谱法中，k_ν 与气相中被测原子密度的关系一般要在理论上进行推导。这一吸收定律同样适合于分子吸收，但在分子吸收光谱法中，k_ν 与被测物在溶液中的浓度关系一般不进行理论推导而直接利用 $k_\nu = k'_\nu c$（k'_ν 与浓度无关），将此 k_ν 代入式(5.1)中，得

$$(I_\nu)_t = (I_\nu)_0 e^{-k'_\nu bc} \tag{5.2}$$

这就是比尔(Beer)定律。应用比尔定律的前提是所照射的光是单色光。但在紫外-可见吸收光谱的测量中，所用的光源为连续光源，即进行吸收测量的入射光为复色光，设入射光的强度为 I_0，透射光的强度为 I_t，则

$$I_0 = \int_{\nu_1}^{\nu_2} (I_\nu)_0 d\nu$$

$$I_t = \int_{\nu_1}^{\nu_2} (I_\nu)_t d\nu$$

在紫外-可见吸收光谱测量中，积分强度所涉及的频率范围应从 ν_1 至 ν_2，因为用连续光源，

光源所发射的是连续光谱，只能通过调节光谱仪的狭缝宽度来控制分子吸收光谱测量所涉及的光谱频率范围。将式(5.2)两边积分得

$$\int_{\nu_1}^{\nu_2}(I_\nu)_t\mathrm{d}\nu = \int_{\nu_1}^{\nu_2}(I_\nu)_0\mathrm{e}^{-k'_\nu bc}\mathrm{d}\nu$$

分子吸收谱是带光谱，谱带较宽，在一定频率范围内，特别是在吸收峰最强吸收处附近的频率范围内，k'_ν可看作常数，用 k 来表示，则

$$\int_{\nu_1}^{\nu_2}(I_\nu)_t\mathrm{d}\nu = \mathrm{e}^{-kbc}\int_{\nu_1}^{\nu_2}(I_\nu)_0\mathrm{d}\nu$$

$$I_t = I_0\mathrm{e}^{-kbc} \tag{5.3}$$

在吸收光谱测量中，更普遍的是测量吸光度(A)和透光度(T)，因为在实验中，I_0 和 I_t 是可以测得的量，在实际测量中，并非将检测器放在样品池前测得 I_0，而是将光通过参比溶液，调节透光度为 100%，即测得光强度为 I_0，而后再将光通过样品溶液，测得光强度为 I_t，参比溶液可以是溶剂、试剂空白或空白样品。使用合适的参比溶液，可以消除样品池、溶剂、试剂等对测定的影响。A 和 T 与 c 的关系为

$$A = -\lg T = -\lg\frac{I_t}{I_0} = \lg\frac{I_0}{I_t} = \lg\frac{I_0}{I_0\mathrm{e}^{-kbc}} = \lg\mathrm{e}^{kbc}$$

$$A = 0.434kbc = abc$$

式中 a 是一个常数。这就是在分子吸收光谱中的吸收定律，即比尔定律常见的表达式。这一定律说明吸光度 A 不仅与光程长度 b 有关，而且与被测物浓度有关，是分子吸收光谱法定量分析的基础。式中 c 为浓度，当浓度的单位为 $\mathrm{g\cdot L^{-1}}$、b 的单位为 cm 时，a 叫作吸收系数，其单位为$\mathrm{L\cdot g^{-1}\cdot cm^{-1}}$；当浓度的单位为 $\mathrm{mol\cdot L^{-1}}$、b 的单位为 cm 时，a 用 ε 表示，叫作摩尔吸收系数，单位为 $\mathrm{L\cdot mol^{-1}\cdot cm^{-1}}$。当用 ε 时，比尔定律表示为

$$A = \varepsilon bc \tag{5.4}$$

这是一个常用的公式。

吸收定律成立的基础是入射光为单色光，但在实验上，很难满足这一条件。为了在实际中应用吸收定律，在原子吸收光谱法中，应用窄线光源。由第四章讨论可知，在原子吸收光谱中，吸收系数不仅与被测物的密度有关，而且与谱线的线性函数有关，由于线性函数是吸收系数随波长变化的函数，且原子吸收光谱线很窄，在谱线波长范围内，吸收系数随波长的变化很大，所以在原子吸收光谱中，要用窄线光源，使吸收系数在测量波长范围内为常数，不随波长而变。而在分子吸收光谱法中，吸收系数与被测物浓度无关，且由于分子吸收光谱是一谱带，谱带很宽，在这一谱带中吸收系数 a 或 ε 在较宽波长范围内可视为常数，所以可以采用连续光源，而用光谱仪狭缝来控制入射光的波长范围，从而使吸收系数在这一波长范围内可视为一常数，不随波长而变。这也说明，吸收定律虽然是在假设单色入射光的条件下成立的，但可通过控制在入射光波长范围内吸收系数为常数来应用吸收定律。另外，溶剂和试剂的吸收及样品池表面的反射也会使入射光强度减弱，这些影响可通过使用参比溶液消除。

5.1.2 吸光度的加和性

用一束波长为 λ、强度为 I_0 的光照射试液，若试液中不仅一种物质在此波长下吸收光，

而有多种物质同时在此波长下吸收光，则由于第一种物质吸收光使光强度减弱后，透射光强度为 I_t^1，同样由于第二、第三种物质吸收光后，使强度分别减弱至 I_t^2，I_t^3，等等，那么，由于各种物质吸收光而使透光度分别为 $T_1=\dfrac{I_t^1}{I_0}$，$T_2=\dfrac{I_t^2}{I_0}$，$T_3=\dfrac{I_t^3}{I_0}$等，总的透光度 T 当然等于各透光度的乘积，即

$$T = T_1 \times T_2 \times T_3 \times \cdots \times T_n$$

$$-\lg T = -\lg(T_1 \times T_2 \times T_3 \times \cdots \times T_n) = -\lg T_1 - \lg T_2 - \lg T_3 - \cdots - \lg T_n$$

$$A = A_1 + A_2 + A_3 + \cdots + A_n \tag{5.5}$$

这就是吸光度的加和性。

5.1.3 比尔定律应用的局限性

比尔定律是根据一些假设建立的。这些假设包括入射光线是平行和单色的、吸收粒子（分子、原子、离子）的吸收行为是独立的，以及吸收介质是均匀的且不散射光。由式(5.4)可知，吸光度与试液中被测物浓度和光程长度成正比，当样品池厚度固定时，以吸光度对浓度作标准曲线，应当得到一条过原点的直线。但有时发现此标准曲线呈非线性或不过原点。这是所用测量条件使导出比尔定律的一些假定失效造成的。产生非零截距的主要原因是使用不适当的参比，因参比由参比池及其中的参比液构成，这二者在使用上要适当，才可使截距为零。产生非线性的原因主要有下列几种。

1. 化学平衡

在比尔定律中，c 常常指的是被测物的分析浓度（总浓度），且认为被测物为一种形态，即使有几种形态，这些形态也应有相同的 ε。但若被测物有两种以上形态，且各种形态的 ε 不一样，那么就会观察到标准曲线偏离线性。一个经典的例子是 Cr(Ⅵ)在水溶液中存在下列平衡：

$$Cr_2O_7^{2-} + H_2O \rightleftharpoons 2HCrO_4^- \rightleftharpoons 2H^+ + 2CrO_4^{2-}$$

由于 $Cr_2O_7^{2-}$，$HCrO_4^-$ 和 CrO_4^{2-} 在大多数波长处的 ε 不相同，在某一固定波长处检测，即使严格地控制 pH，但由于上述平衡与 Cr(Ⅵ)的分析浓度有关，即不同 Cr(Ⅵ)总浓度下上述 Cr(Ⅵ)的三种形态的比例会有差别，使测得的吸光度与 Cr(Ⅵ)总浓度间的标准曲线产生非线性。

2. 复色光

由于很难做到用单色光作光源进行吸收测量，所以要求在入射光波长范围内摩尔吸收系数相等，若 ε 不等，显然不符合比尔定律。复色光是由许多波长光组成的，为了简化，假定复色光由波长 λ_1 和 λ_2 的两种光组成，则根据比尔定律：

$$I_t' = I_0' 10^{-\varepsilon' bc} \quad (\text{在 } \lambda_1 \text{ 处})$$

$$I_t'' = I_0'' 10^{-\varepsilon'' bc} \quad (\text{在 } \lambda_2 \text{ 处})$$

实验上可测得的量为 $(I_0'+I_0'')$ 和 $(I_t'+I_t'')$，而由此得到的吸光度 A 为

$$A = \lg\frac{I_0'+I_0''}{I_t'+I_t''} = \lg\frac{I_0'+I_0''}{I_0' 10^{-\varepsilon' bc} + I_0'' 10^{-\varepsilon'' bc}}$$

显然，A 与 c 间不呈线性关系，若 $\varepsilon' = \varepsilon'' = \varepsilon$，且一般情况下 $I_0' = I_0''$，则很容易得到

$$A = \varepsilon bc$$

此式说明当复色光中不同波长处的摩尔吸收系数相同时，A 与 c 的关系符合比尔定律。若 $\varepsilon' \neq \varepsilon''$，吸收定律失效，$A$ 与 c 之间不呈线性关系，且 ε' 与 ε'' 之间差别($\Delta\varepsilon$)越大，偏离线性也越大。这说明在选择吸收波长时，应注意吸收光谱的形状，以选择合适的波长。如图 5.1 所示，若选择波长 λ_1 处，则在 $\Delta\lambda_1$ 范围内 ε 基本不变，得到的标准曲线就是直线；若选择波长 λ_2，由于在 $\Delta\lambda_2$ 内，ε 变化大，得到的标准曲线就会偏离线性。一般要求$\dfrac{\Delta\varepsilon}{\varepsilon}$小于 1%，且常在最大吸收波长处进行测量，因为在此波长处 $\Delta\varepsilon$ 一般最小。

此外，吸收介质不均匀和散射光等因素也会影响比尔定律的正确应用。

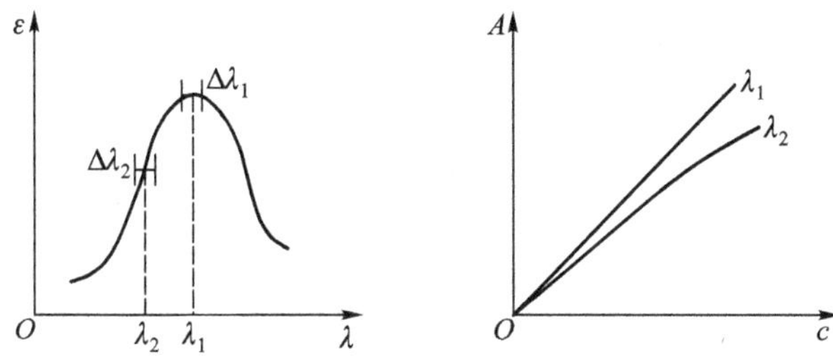

图 5.1 复色光对吸收定律的影响

5.2 常用术语

5.2.1 生色团和助色团

凡能吸收紫外-可见光而使电子由一个轨道(通常是含一对孤对电子的 n 轨道或成键轨道)向另一个轨道(通常是反键轨道)跃迁的基团称为生色团(或发色团)。但常常将那些带有不饱和键或在不饱和键上连有杂原子的基团称为生色团，如 C═O，C═N，C═C等。助色团是在生色团上的取代基且能使生色团的吸收波长变长或吸收强度增加(常常两者兼有)的基团，助色团一般是含杂原子的饱和基团，如—Cl，—NHR，—OR，—OH，—Br 等。

5.2.2 红移和蓝移

加入基团或改变溶剂等实验条件使化合物的最大吸收波长(λ_{max})发生变化的现象叫红移或蓝移。红移是使最大吸收波长向长波方向移动(深色移动)。例如，加入—Cl，—NH_2，—OR 基团可使最大吸收波长向长波移动。蓝移是使最大吸收波长向短波方向移动(浅色移动)，也叫紫移。例如，加入—CH_3，—C_2H_5 基团可使最大吸收波长向短波方向移动。

5.2.3 增色效应和减色效应

增色效应是使吸收强度增加的效应;减色效应是使吸收强度降低的效应。

5.3 有机化合物的吸收光谱

分子的吸收光谱基本可分为三类,即转动光谱、振动光谱和电子光谱。纯粹的转动光谱只涉及分子转动能级的改变,发生在远红外区和微波区。振动光谱反映了分子振动和转动能级的改变,主要在 0.75~50 μm 的波长区。分子或离子吸收光子后使电子跃迁,即产生电子光谱,常研究的电子光谱在 200~750 nm 波长内。分子电子跃迁主要包括 σ,π 和 n 电子跃迁、d 和 f 电子跃迁以及电荷转移跃迁。本章重点讨论与 σ,π 和 n 电子跃迁相关的有机化合物的吸收光谱。电子光谱源于电子跃迁,但电子跃迁时必然伴随着振动和转动能级的跃迁。与电子能级相比,振动和转动能量间隔很小,加上环境对电子跃迁影响较大,所以一般观察到的电子吸收光谱不是由一系列靠得很近的吸收线组成,而是呈现为一平滑曲线,即带状吸收光谱。电子光谱的波长主要位于紫外-可见波长区。电子光谱常叫作紫外-可见吸收光谱。紫外-可见吸收光谱常用图来表示,如图 5.2 所示,在短波长处,随着波长蓝移,吸收增加,但由于仪器波长范围的限制,吸收曲线在上升但未成峰的部分称为末端吸收。吸收最大的峰称为最大吸收峰,最大吸收峰最强吸收处所对应的波长为最大吸收波长(λ_{max}),相应的摩尔吸收系数为最大摩尔吸收系数(ε_{max})。吸收强度次于最大吸收峰的吸收峰称为次峰。次峰最强吸收处所对应的波长同样为 λ_{max},相应的摩尔吸收系数同样为 ε_{max}。显然,一些分子的吸收光谱可能有多个 λ_{max}和 ε_{max}。在吸收峰上叠加的小的吸收峰称为肩峰。相邻两峰间的吸收最低点是吸收谷,吸收谷所对应的波长为最小吸收波长(λ_{min})。图的横坐标可用波长、波数或频率,因为频率和波数与能量成正比,所以用频率和波数作横坐标更适用于物理学或物理化学的相关研究。但在与分析化学有关的书籍及文献中,紫外-可见吸收光谱的横坐标常用波长,因为波长比较直观。纵坐标可用摩尔吸收系数(ε)、$\lg\varepsilon$、吸光度(A)或透光度(T)表示,A 适合于定量分析,而 ε 和 $\lg\varepsilon$ 更适合于理论研究,因其值与浓度无关。用 $\lg\varepsilon$ 时,可将强弱吸收带显示在一张图上。在分析化学中,特别是定量分析中,纵坐标常用 A。描述紫外-可见吸收光谱常用 λ_{max}(反映吸收能量的大小)及 ε_{max}(反映能级间电子能级跃迁的概率)两个参数,λ_{max}的单位常用 nm,而 ε_{max}的单位是 $L \cdot mol^{-1} \cdot cm^{-1}$。有的需要指出吸收谷的 λ_{min}和 ε_{min},这对识别一个化合物或检查物质纯度有参考价值。当然,形状也是一个描述紫

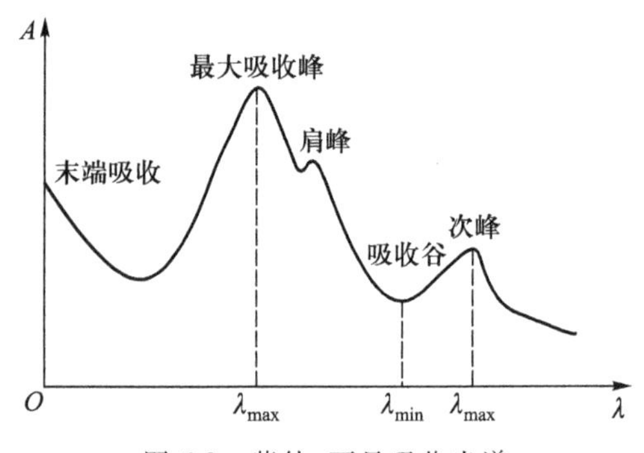

图 5.2 紫外-可见吸收光谱

外-可见吸收光谱的参数,但形状很难用一个或几个具体数字来描述,一般也不像原子光谱那样用半峰宽来描述。

5.3.1 有机物电子跃迁类型

基态有机化合物的价电子包括成键的 σ 电子、π 电子及非键的 n 电子,这些电子占据相应的分子轨道,分别称为 σ,π 和 n 轨道。分子的空轨道包括反键 σ^* 轨道和反键 π^* 轨道,这些轨道的能量高低顺序为

$$\sigma^* > \pi^* > n > \pi > \sigma$$

价电子吸收光子后可由低能级跃迁至高能级,即由成键或非键轨道跃迁至反键空轨道,电子跃迁的类型见图 5.3。

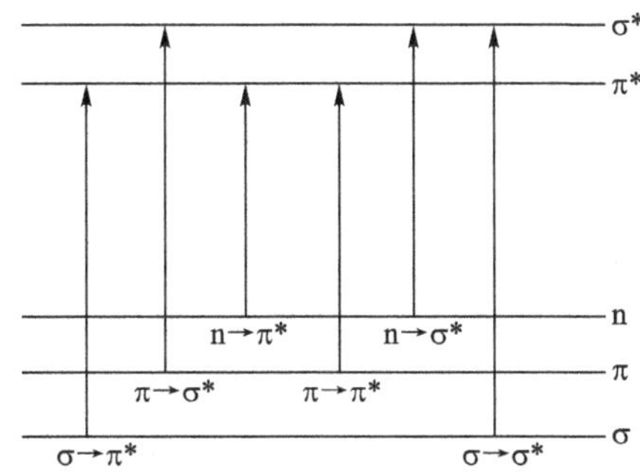

图 5.3 电子跃迁的类型

显然,可能的电子跃迁有 6 种,即 $\sigma\rightarrow\sigma^*$,$\sigma\rightarrow\pi^*$,$\pi\rightarrow\pi^*$,$\pi\rightarrow\sigma^*$,$n\rightarrow\sigma^*$ 和 $n\rightarrow\pi^*$,其中 $\sigma\rightarrow\sigma^*$ 和 $\pi\rightarrow\pi^*$ 跃迁属于强烈允许跃迁;$n\rightarrow\sigma^*$ 和 $n\rightarrow\pi^*$ 跃迁虽然在理论上也属于禁阻跃迁,而在实验上仍能观察到所对应的吸收峰,但较弱;而 $\sigma\rightarrow\pi^*$ 和 $\pi\rightarrow\sigma^*$ 属于禁阻跃迁,ε 太小,一般都不考虑。各种跃迁所需能量大小顺序为 $\sigma\rightarrow\sigma^* > n\rightarrow\sigma^* \geqslant \pi\rightarrow\pi^* > n\rightarrow\pi^*$。

1. $\sigma\rightarrow\sigma^*$ 跃迁

电子由 σ 轨道跃迁至 σ^* 轨道时,由于能级间隔大,需要吸收能量高、波长短(λ_{max}一般小于 150 nm)的远紫外光,超出了一般紫外分光光度计的测量范围。

2. $n\rightarrow\sigma^*$ 跃迁

电子由 n 轨道向 σ^* 轨道跃迁属于禁阻跃迁,其 ε_{max}一般不高($10^2\sim10^3$ L·mol^{-1}·cm^{-1}),其 λ_{max}一般在 160~260 nm。

3. $\pi\rightarrow\pi^*$ 跃迁

电子由 π 轨道向 π^* 轨道跃迁属于允许跃迁,在共轭体系中由 $\pi\rightarrow\pi^*$ 跃迁产生的吸收带常称为 K 吸收带,其 ε_{max}较高,一般大于 10^4 L·mol^{-1}·cm^{-1},而 λ_{max}一般在 200~500 nm。

4. $n\rightarrow\pi^*$ 跃迁

$n\rightarrow\pi^*$ 跃迁属于禁阻跃迁,由 $n\rightarrow\pi^*$ 跃迁产生的吸收带常称为 R 吸收带。其 ε_{max}一般比 $n\rightarrow\sigma^*$ 跃迁的 ε_{max}小,通常为 $10\sim10^2$ L·mol^{-1}·cm^{-1},因为与其他跃迁比,电子由 n 轨道向 π^* 轨道的跃迁所需能量最低,所以吸收光的波长较长,一般在 250~600 nm。所以 $n\rightarrow\pi^*$ 跃迁也是紫外-可见吸收光谱常研究的对象。

5.3.2 饱和化合物

饱和烃类分子中只含有 σ 键,因此只有 $\sigma \rightarrow \sigma^*$ 跃迁。饱和烃化合物吸收峰的 λ_{max} 一般小于 150 nm,如 CH_4 的 λ_{max} 为 125 nm;而 C_2H_6 的 λ_{max} 为 145 nm。由于含杂原子的饱和化合物有孤对电子,所以这类化合物既可发生 $\sigma \rightarrow \sigma^*$ 跃迁,也可发生 $n \rightarrow \sigma^*$ 跃迁。$n \rightarrow \sigma^*$ 跃迁吸收的能量较 $\sigma \rightarrow \sigma^*$ 跃迁吸收的能量低,因此与 $n \rightarrow \sigma^*$ 跃迁所对应的吸收峰的 λ_{max} 也更长一些。一般来说,含 Br,I,N 和 S 的饱和化合物 $n \rightarrow \sigma^*$ 跃迁吸收峰的 λ_{max} 大多位于 200 nm以上,而含 F,Cl 和 O 的不饱和化合物 $n \rightarrow \sigma^*$ 跃迁吸收峰的 λ_{max} 一般小于 200 nm。

5.3.3 烯烃和炔烃

在不饱和的烃类分子中,如烯烃类分子,除含 σ 键外,还含有 π 键,可以产生 $\sigma \rightarrow \sigma^*$ 和 $\pi \rightarrow \pi^*$ 两种跃迁。如乙烯 $\pi \rightarrow \pi^*$ 跃迁的 λ_{max} 为 165 nm,ε_{max} 为 15000 $L \cdot mol^{-1} \cdot cm^{-1}$,但当两个或多个 π 键组成共轭体系时,吸收峰的 λ_{max} 向长波方向移动,而 ε_{max} 也增加,如丁二烯 $\pi \rightarrow \pi^*$ 跃迁的 λ_{max} 为217 nm,而 ε_{max} 为 21000 $L \cdot mol^{-1} \cdot cm^{-1}$。随着多烯分子中共轭双键数目的增加,吸收光谱的 λ_{max} 逐渐移向更长波长,ε_{max} 值也逐渐增大(表 5.1)。由图 5.4 可知,丁二烯原来有 4 个 π 轨道,2 个成键,2 个反键,2 对电子。由于共轭前后轨道数目和电子数目都不变,共轭后,产生两个成键轨道 π_1 和 π_2 及两个反键轨道 π_3^* 和 π_4^*。两对电子位于 π_1 和 π_2 轨道,其中 π_2 比共轭前 π 轨道能级高,而 π_3^* 比共轭前 π^* 轨道的能级低,所以使 $\pi \rightarrow \pi^*$ 跃迁所涉及轨道间(π_3^* 与 π_2)能量降低了,相应的波长红移,ε_{max} 也增大了。

表 5.1 一些共轭烯的吸收特性

化合物	λ_{max}/nm	ε_{max}/($L \cdot mol^{-1} \cdot cm^{-1}$)
乙烯	165	15000
丁二烯	217	21000
己三烯	268	35000
辛四烯	304	64000
癸五烯	334	121000

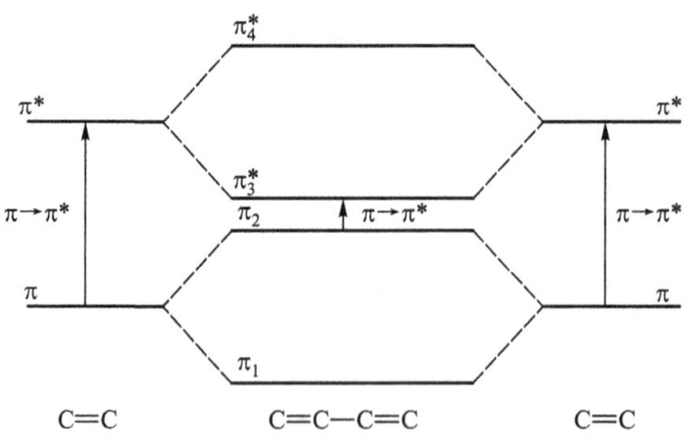

图 5.4 丁二烯的能级及电子跃迁示意图

乙炔在 173 nm 处有一个弱的 $\pi \rightarrow \pi^*$ 跃迁吸收带，共轭后，λ_{max} 红移，ε_{max} 增大。共轭多炔有两组主要吸收带，每组吸收带由几个亚带组成。如图 5.5 所示，短波处的吸收带较强（$\varepsilon_{max} > 10^5\ L \cdot mol^{-1} \cdot cm^{-1}$），长波处的吸收带较弱（$\varepsilon_{max} < 10^3\ L \cdot mol^{-1} \cdot cm^{-1}$）。

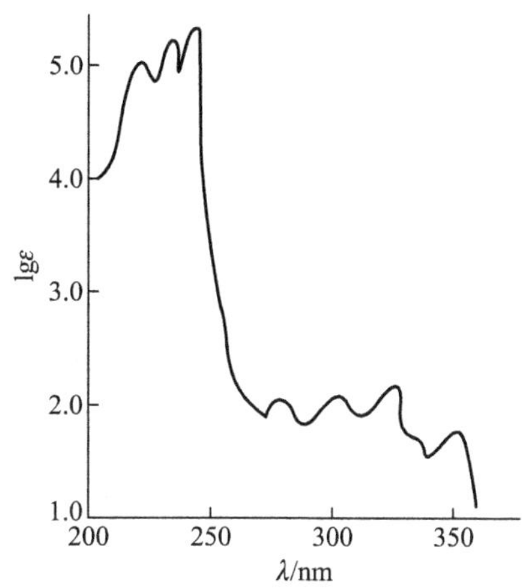

图 5.5 $CH_3 \leftarrow\!\!(C \equiv C)\!\!\rightarrow_4 CH_3$ 的紫外吸收光谱

表 5.2 列出了 $CH_3(C \equiv C)_n CH_3$ 类化合物强吸收带及弱吸收带中有代表性亚带的 λ_{max} 和 ε_{max}。

表 5.2 共轭多炔 $CH_3(C \equiv C)_n CH_3$ 的吸收特性

n	$\lambda_{max(强)}$/nm	$\varepsilon_{max(强)}$/($L \cdot mol^{-1} \cdot cm^{-1}$)	$\lambda_{max(弱)}$/ nm	$\varepsilon_{max(弱)}$/($L \cdot mol^{-1} \cdot cm^{-1}$)
2	—	—	250	160
3	207	145000	306	120
4	234.5	281000	354	105
5	260.5	352000	394	120

5.3.4 羰基化合物

1. 醛和酮

饱和醛和酮中含有 σ 电子、π 电子和 n 电子，可能产生四种跃迁，即 $\sigma \rightarrow \sigma^*$，$n \rightarrow \sigma^*$，$n \rightarrow \pi^*$ 和 $\pi \rightarrow \pi^*$ 跃迁。不考虑 $\sigma \rightarrow \sigma^*$ 跃迁，其余三种跃迁所对应的吸收带的 λ_{max} 值见表 5.3。

表 5.3 饱和羰基化合物的跃迁

跃迁	λ_{max}/nm
$\pi \rightarrow \pi^*$	160
$n \rightarrow \sigma^*$	190
$n \rightarrow \pi^*$	270~300

显然，电子 $n \to \pi^*$ 跃迁所产生的吸收带的 λ_{max} 在紫外-可见区，丙酮和乙醛的吸收特性见表 5.4。

表 5.4　丙酮和乙醛的吸收特性

化合物	跃迁	λ_{max}/nm	ε_{max}/(L · mol^{-1} · cm^{-1})
丙酮	$n \to \pi^*$	279	14
乙醛	$n \to \pi^*$	290	17

α,β-不饱和醛、酮类化合物中均含有与羰基共轭的烯键，与上述共轭烯烃相同，对于 π-π 共轭，$\pi \to \pi^*$ 的跃迁能量下降，λ_{max} 向长波方向移动；羰基的 n 电子能级基本保持不变，而 π_3^* 的能量下降，使 $n \to \pi^*$ 的跃迁能量降低，λ_{max} 也向长波方向移动，如图 5.6 所示。

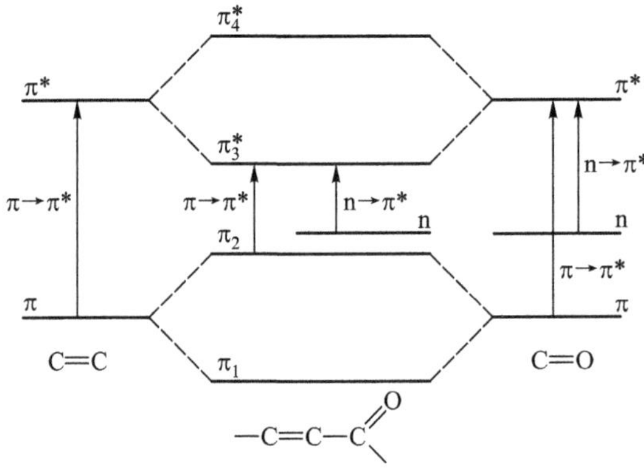

图 5.6　不饱和醛、酮共轭后轨道能级和电子跃迁示意图

如巴豆醛，其 $\pi \to \pi^*$，$n \to \pi^*$ 跃迁所涉及的 λ_{max} 向长波方向移动。其中 $\pi \to \pi^*$ 跃迁所引起吸收的 λ_{max} 为 217 nm，而由 $n \to \pi^*$ 跃迁所引起吸收的 λ_{max} 为 321 nm，与表 5.3 所列 $\pi \to \pi^*$ 和 $n \to \pi^*$ 跃迁对应的 λ_{max} 相比，显然红移了许多。

2. 羧酸和酯

当羟基和烷氧基在羰基碳上取代生成羧酸和酯时，与相应的醛和酮相比，由于取代基中—OH 和—OR 的孤对电子与羰基 π 轨道产生 n-π共轭，产生两个成键 π 轨道 π_1 和 π_2 及一个反键轨道 π_3^*，如图 5.7 所示。其中 π_2 轨道能级比共轭前孤立羰基 π 轨道的能级高，π_3^* 轨道能级比孤立羰基 π^* 轨道能级也高，但升高的程度后者大于前者，所以使 $\pi \to \pi^*$ 的跃迁能量增大，λ_{max} 蓝移。由于共轭后，原来羰基的 n 轨道能级略有下降，所以使 $n \to \pi^*$ 的跃迁能量增大，λ_{max} 蓝移。类似地，α,β-不饱和羧酸和酯的 $\pi \to \pi^*$

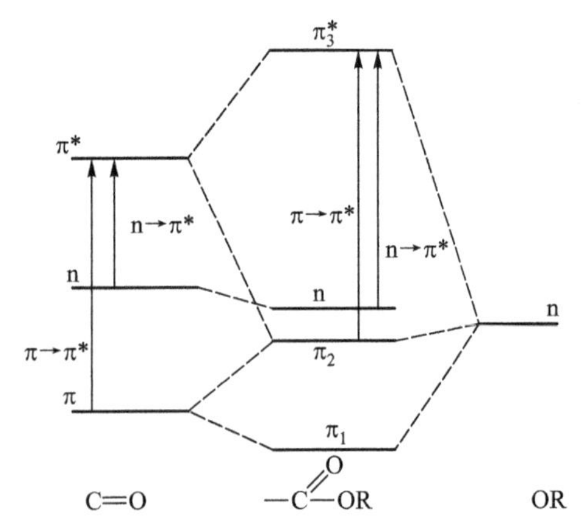

图 5.7　n-π 共轭后轨道能级和电子跃迁示意图

和 $n\rightarrow\pi^*$ 跃迁能量增大，而由这些跃迁产生的吸收峰 λ_{max} 与相应的 α,β-不饱和醛、酮相比也发生蓝移。

由图 5.7 可知，C═O 上的 n 电子不参与共轭，而产生 $n\rightarrow\pi^*$ 跃迁，而—OR 上的 n 电子参与共轭，不产生 $n\rightarrow\pi^*$ 跃迁。羧酸和酯的 $n\rightarrow\pi^*$ 跃迁所产生的吸收带的 λ_{max} 见表 5.5。

表 5.5 羧酸和酯的 $n\rightarrow\pi^*$ 跃迁所产生的吸收带的 λ_{max}

化合物	λ_{max}/nm
R—C(═O)—OH	205
R—C(═O)—OR	205

将表 5.5 所列 λ_{max} 与表 5.4 所列丙酮和乙醛的相比，可知，由于 n-π 共轭，而使羰基 n 电子的 $n\rightarrow\pi^*$ 跃迁所对应的 λ_{max} 蓝移了。

5.3.5 芳香族化合物

苯是最简单的芳香族化合物，有三个吸收带，它们都是由 $\pi\rightarrow\pi^*$ 跃迁引起的。这三个吸收带分别称为 E_1 带、E_2 带和 B 带，如图 5.8 所示。E_1 带位于 184 nm，为强末端吸收带（$\varepsilon_{max}\approx$ 60000 L · mol^{-1} · cm^{-1}），没有精细结构，波长较短，一般仪器检测不到；E_2 带位于204 nm，较 E_1 带弱（ε_{max} = 7900 L · mol^{-1} · cm^{-1}），一般仪器也只能检测到末端吸收；B 带为更弱的吸收带，其具有明显的振动精细结构，最强子峰位于254 nm（ε_{max} = 200 L · mol^{-1} · cm^{-1}），这一精细结构可被用于识别芳香化合物，但在极性溶剂中，这一精细结构容易简化甚至消失，变为宽的吸收带。当苯环上有取代基时，苯的三个特征谱带都有变化，特别是 E_2 带和 B 带。当烷基取代时，这种变化不大，若含有非键 n 电子和 π 电子的基团取代时影响就较明显，使有精细结构的 B 吸收带简化并发生红移，吸收强度也增加。稠环芳烃均显示苯的三个吸收带，且随着苯环数目的增多，吸收波长红移更明显，吸收强度也相应增加，如表 5.6 所示。

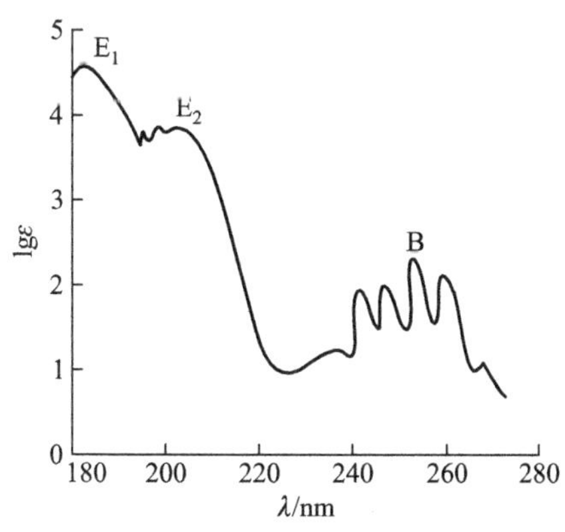

图 5.8 苯在乙醇中的紫外吸收光谱

表 5.6　几种稠环芳烃的吸收光谱

化合物		E_1 带		E_2 带		B 带	
		λ_{max}/nm	ε_{max}/$L\cdot mol^{-1}\cdot cm^{-1}$	λ_{max}/nm	ε_{max}/$L\cdot mol^{-1}\cdot cm^{-1}$	λ_{max}/nm	ε_{max}/$L\cdot mol^{-1}\cdot cm^{-1}$
苯 		184	6.0×10^4	204	7900	254	200
萘 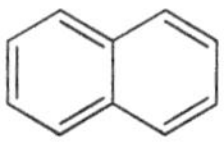		221	1.1×10^5	275	5600	314	316
蒽 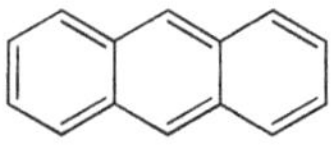		252	2.2×10^5	375	8500	被掩盖	—
并四苯 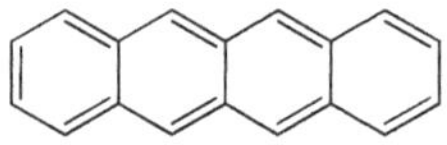		278	1.8×10^5	471	12500	被掩盖	—

5.4 无机化合物的吸收光谱

5.4.1 电荷转移吸收光谱

分子吸收光子后，分子中的电子从分子中某一基团的轨道转移至另一基团的轨道，其中一个基团为电子给予体，另一个基团为电子接受体，此种跃迁叫电荷转移跃迁，产生的吸收光谱叫电荷转移吸收光谱。这种光谱的摩尔吸收系数一般较大（$10^4\ L\cdot mol^{-1}\cdot cm^{-1}$），分为三种类型。

1. 配体→金属的电荷转移

这一过程配体是电子给予体，而金属是电子接受体，相当于金属离子被还原，如：

$$Fe^{3+}SCN^- \xrightarrow{h\nu} Fe^{2+}SCN$$

2. 金属→配体的电荷转移

这一过程金属是电子给予体，相当于金属离子被氧化，而配体是电子接受体，如 Fe^{2+} 与邻二氮菲（Phen）配合物：

$$Fe^{2+}(phen)_3 \xrightarrow{h\nu} Fe^{3+}(phen)_3^-$$

3. 金属→金属的电荷转移

配合物中含有两种不同氧化态的金属时，电子可在两种金属间转移，如普鲁士蓝

$K^+Fe^{3+}[Fe^{2+}(CN^-)_6]$在光吸收过程中,分子中电子由 Fe^{2+}转移到 Fe^{3+}。

5.4.2 配体场吸收光谱

过渡金属离子及其配合物除产生电荷转移吸收光谱外,还会产生配体场吸收光谱。元素周期表中,第四和第五周期的过渡元素分别含有 3d 轨道和 4d 轨道,这些轨道的能量是相等的,但在配体场作用下,能级会变化,当配合物形状为球形时,能级能量升高,但是简并的,而当配合物形状不是球形而为八面体时,能级会分裂,分裂能量差用 Δ 表示(图 5.9)。吸收光子后,d 电子就会由低能级轨道向未充满的高能级轨道跃迁并产生吸收光谱。对于 d-d 跃迁,轨道上未充满电子时,才能产生跃迁,Δ 与中心离子有关,同族元素的同价离子中,Δ 随原子序数增加而增大。Δ 还与配体有关,对于同种中心离子,Δ 按以下次序递增:

$$I^- < Br^- < SCN^- \approx Cl^- < NO_3^- < F^- \approx OH^- < C_2O_4^{2-}$$

$$\approx H_2O < NCS^- < EDTA < NH_3 < \text{乙二胺} < \text{邻二氮菲} < CN^-$$

这一序列叫光谱化学序列。因 d-d 跃迁是禁阻跃迁,因此这种跃迁所产生的吸收光谱摩尔吸收系数较小,ε_{max}为 0.1~100 L · mol^{-1} · cm^{-1},所以较少应用于定量分析,吸收带较宽,但可用于研究配合物。

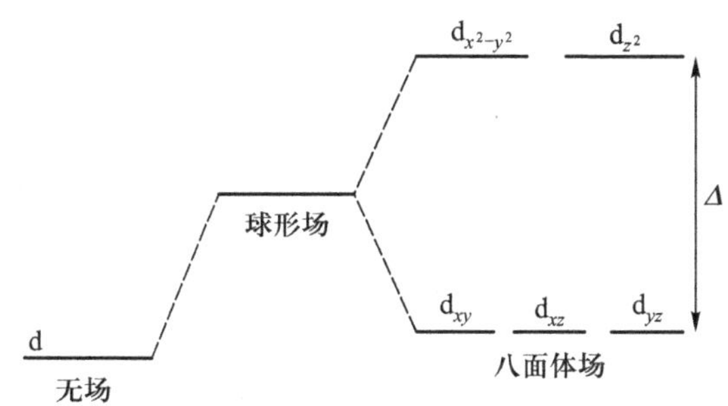

图 5.9 八面体场中 d 轨道的能级分裂

镧系元素和锕系元素分别含有 4f 轨道和 5f 轨道,这些轨道能量是相等的,而当这些元素的离子与配体形成配合物时,这些轨道会分裂成几组能量不等的轨道,如果这些轨道未充满,离子就会吸收光,电子会由低能态轨道跃迁至高能态轨道,就会产生 f-f 跃迁,与 d-d 跃迁相比,f 电子受 s 和 p 电子的屏蔽效应比 d 电子的大。不易受溶剂和配体种类的影响,吸收带较窄。由 d-d 和 f-f 跃迁所产生的光谱一般位于可见光区。

5.5 溶剂

溶剂对紫外-可见吸收光谱的影响比较复杂。紫外-可见吸收光谱带的形状、最大吸收波长和吸收强度都因所用溶剂种类的变化而不同。通常极性溶剂可使源于振动的光谱精细结构消失,如苯酚在正庚烷中出现精细结构(图 5.10),而在乙醇中精细结构消失,说明了溶剂对谱带形状的影响。

溶剂对吸收谱带另外的影响是改变最大吸收的波长和强度。如在不同溶剂中,化合物亚异丙基丙酮 $H_3C-\overset{\overset{\large O}{\|}}{C}-\underset{\underset{\large H}{|}}{C}=C\begin{matrix}CH_3\\CH_3\end{matrix}$ 随溶剂极性增加,$\pi \rightarrow \pi^*$ 跃迁的 λ_{max} 向长波方向移动(红移),$n \rightarrow \pi^*$ 跃迁的 λ_{max} 向短波方向移动(蓝移),且 ε_{max} 也改变了(表 5.7)。

表 5.7　溶剂极性对亚异丙基丙酮 λ_{max} 和 ε_{max} 的影响

溶剂	$\pi \rightarrow \pi^*$		$n \rightarrow \pi^*$	
	λ_{max}/nm	ε_{max}/(L · mol^{-1} · cm^{-1})	λ_{max}/nm	ε_{max}/(L · mol^{-1} · cm^{-1})
正己烷	229.5	12600	327	97.5
乙醚	230	12600	326	96
乙醇	237	12600	315	78
甲醇	238	10700	312	74
水	244.5	10000	305	60

最大吸收波长产生红移和蓝移可简单地根据轨道的极性来解释。对于 $\pi \rightarrow \pi^*$ 跃迁,由于激发态的极性比基态更大,所以极性 $\pi^* > \pi$;而对于 $n \rightarrow \pi^*$ 跃迁,n 电子基态时靠近 O,而在 π^* 轨道中,n 电子靠近 C,所以 O 周围的电子密度下降,而极性 $\pi^* < n$。由此可知,由于轨道的极性 $n > \pi^* > \pi$,与极性溶剂作用时,极性大的轨道能量下降更大些。所以,在由极性小到极性大的溶剂中,能量下降的顺序为 $n > \pi^* > \pi$。对于 $\pi \rightarrow \pi^*$ 跃迁产生的吸收带,由于在极性大溶剂中的 π 与 π^* 轨道能量之差(ΔE_p)小于在极性小溶剂中的 π 与 π^* 轨道能量之差(ΔE_n),所以 λ_{max} 红移,而根据同样的道理,对于 $n \rightarrow \pi^*$ 跃迁,$\Delta E_p > \Delta E_n$,所以 λ_{max} 产生蓝移(图 5.11)。

测量化合物的紫外-可见吸收光谱一般要配成溶液,所以选择合适的溶剂很重要。选择溶剂时既要考虑被测物在溶剂中能达到一定溶解度以及与溶剂不发生化学反应外,还要考

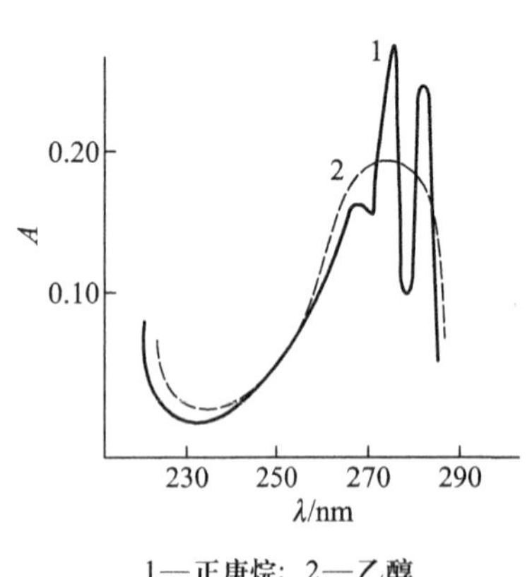

图 5.10　苯酚的吸收带

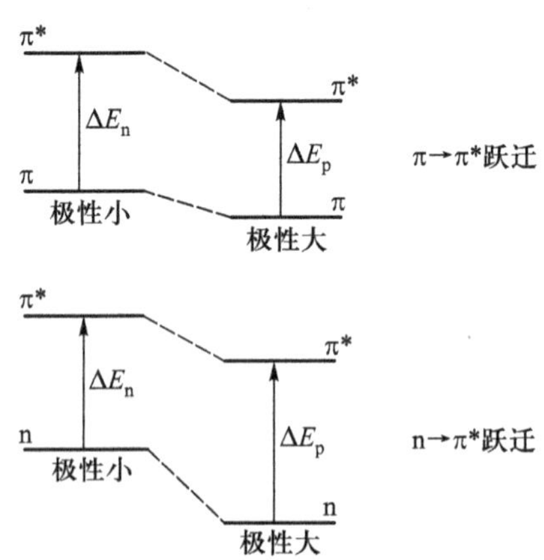

图 5.11　溶剂极性对 $\pi \rightarrow \pi^*$ 和 $n \rightarrow \pi^*$ 跃迁能量的影响

虑溶剂的截止波长。截止波长是溶剂允许使用的最短波长,低于此波长时,溶剂的吸收不可忽略。截止波长与所用样品池厚度、参比(如空气或水)和溶剂本身的纯度等有关,所以不同文献中所给出的截止波长也不同。且截止波长的定义也有差别,一般规定溶剂以水(或空气)为参比,样品池为 1 cm 厚的条件下,吸光度为 1.0 时所对应的波长即为截止波长。水是常用的溶剂,以空气为参比时,水的截止波长为 190 nm,表 5.8 列出了用 1 cm 样品池,以蒸馏水为参比,当吸光度 $A = 1.0$ 时得到的一些常用溶剂的截止波长。在紫外-可见吸收光谱测量中,对照空白一般是溶剂,虽然低于截止波长时也可抵消溶剂吸收的影响,但由于溶剂吸收使通过的光减弱,噪声增大,影响准确度,所以最好不在低于截止波长处进行测量。

表 5.8 一些常用溶剂的截止波长

溶剂名称	截止波长/nm	溶剂名称	截止波长/nm
丙酮	330	二氧六环	220
乙腈	190	乙醇	210
四氯化碳	265	己烷	210
氯仿	245	甲醇	210
环己烷	210	异辛烷	210
二氯甲烷	235	乙醚	218

5.6 分光光度计

5.6.1 主要部件

1. 光源

在紫外-可见分光光度计中,对光源的要求是在宽的光谱区内发射足够强度的连续光谱,有较好的稳定性和较长的使用寿命,且要求辐射强度随波长没有明显的变化。钨灯和碘钨灯是在可见光区最常用的连续光源,它们的发射光谱的波长范围是 320~2500 nm。钨灯通过电能加热灯丝而发光,其光谱分布与灯丝温度有关,钨灯的工作温度一般是 2400~2800 K(钨的熔点为 3680 K)。高温有利于光谱向短波长方向移动,但不利于灯的寿命,为了减少钨的蒸发,常加入 He,Ne,Ar,Ke 等气体。卤钨灯是在钨丝灯内壳充入一定量卤素或卤化物(如碘钨灯内加入纯碘,溴钨灯内加入 HBr),蒸发的钨与卤素生成易挥发的卤化物,该卤化物向灯丝扩散,并在灯丝处分解成钨。与钨灯相比,卤钨灯寿命更长一些。氢灯和氘灯是常用的紫外光区的连续光源,光谱范围在 180~370 nm。氢灯有高压和低压两种。常用低压氢灯,所用电压一般为 40~80 V,氢灯灯管用石英制成,内充几十至几百帕的氢气。工作时,气体放电,氢分子被激发,而后再分解,即

$$H_2 \longrightarrow H_2^* \longrightarrow H + H + h\nu$$

虽然 H_2^* 的能量是不连续、量子化的，但两个 H 的动能是连续的，因而发射光谱为连续光谱。当灯管内用氘代替氢作填充气时，称作氘灯。氘灯寿命比氢灯寿命约长 1 倍，光强度强 3~5 倍，而它的发射光谱与氢灯的类似。

2. 样品池

样品池用于放置样品溶液。在可见光区测量时用玻璃制成的样品池，在紫外光区测量时用石英制成的样品池，当然石英样品池可用于可见光区和近红外光区，样品池一般为长方体，有两面为光学面，另两面为接触面，光学面不能用手触摸。圆柱体样品池较少使用，比较便宜，但必须严格控制圆柱体样品池位置的重现性，否则会影响测量结果。样品池的厚度即光程长度可以从几毫米至几厘米，但常用样品池的厚度为 1 cm。

3. 分光元件

分光元件的主要作用是由连续光源中分离出所需要的窄带光束，现在市售的仪器几乎都用光栅作为分光元件。

4. 检测器

现在常用的检测器是光电检测器，它的作用是检测光信号，并将光信号转变为电信号。在紫外-可见分光光度计中可用光电管、光电二极管阵列和光电倍增管。

光电管由带有石英窗口的真空玻璃封套、半圆柱阴极和置于中心的阳极金属丝构成(图 5.12)。当光通过石英窗口照射到阴极时，阴极发射出光电子，此电子被阳极收集，在电路中形成电流。光谱响应的波长范围与阴极材料有关，当镍阴极表面沉积锑和铯时，光谱响应波长范围为 210~625 nm，当镍阴极表面沉积银和氧化铯时，光谱响应波长范围为 625~1000 nm。

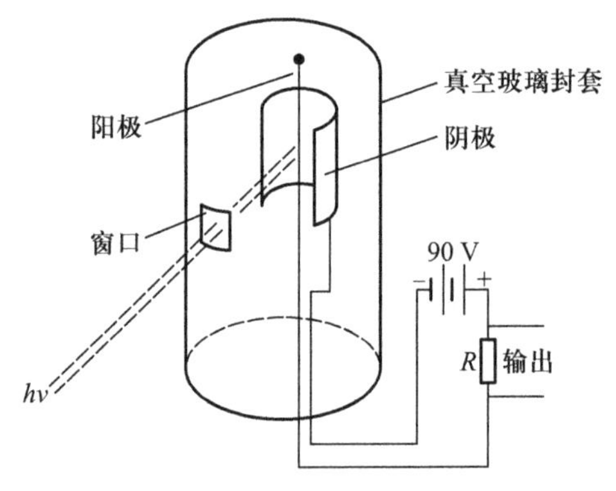

图 5.12　光电管工作原理

在同一块硅片上，在一边掺杂硼，硼原子少一个电子，形成一个空穴，相当于一个正电荷，此种半导体为 P 型半导体。在另一边掺杂磷，磷原子多一个 p 电子，此种半导体为 N 型半导体。在 P 型和 N 型半导体界面，形成 P-N 结，P 区的空穴向 N 区扩散，N 区的电子向 P 区扩散，在 P 区和 N 区界面分别积累了过剩的负电荷和正电荷，形成了内电场，电场方向由 N 区指向 P 区，当 P 型和 N 型半导体分别与外电源的负极和正极相连，即给 P-N 结施加一个适当的反向偏置电压，在无光照射条件下，则通过 P-N 结的电流很小，当用光照射 P-N 结时，产生电子，就会产生光电流，且光电流随光强度增加而增大。

光电二极管象元存储电荷的原理如图 5.13 所示。光电二极管象元中 D 为理想的光电二极管(P-N 结)，C_d 为电容器，U_c 为光电二极管的反向偏置电压(一般为几伏)，R_L 为负载电阻。用光电二极管象元进行光电信号的转换和输出是通过下面两步实现的。

① 光电信号转换　如图 5.13(a)所示，当偏置电压 U_c 通过负载电阻 R_L 向光电二极管充电，充电达到稳定后，C_d 上的电压基本上为电源电压 U_c。断开开关 K，同时光照射光电二极管，此时产生光电流，光电流强度与照射光强度成正比，电容 C_d 将缓慢放电。K 断开的时间为 t(电荷积分时间)。C_d 释放的电荷量与照射光强度及 t 有关，当 t 恒定时，C_d 释放的电荷量与光强度成正比，即光信号转换成了电信号。

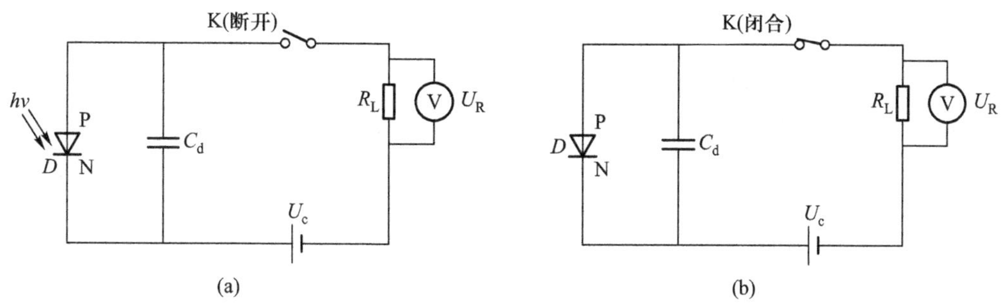

图 5.13　光电二极管象元存储电荷的原理

② 信号输出　光电二极管象元上的信号经过 t 时间的积分后，再闭合开关 K，如图 5.13(b)所示。电源通过负载电阻 R_L 向电容 C_d 再充电，直到 C_d 上的电压达到 U_c。显然，补充的电荷等于曝光过程中 C_d 上释放的电荷。充电电流在负载电阻 R_L 上的电压降 U_R 就是输出的光电信号，电压积分信号与照射光强度成正比。

图 5.14 是 N 个光电二极管象元组成的光电二极管阵列（N 位）示意图。它主要由以下三部分组成：

① N 个完全相同的光电二极管象元　用半导体集成电路技术把它们等间距地排成一条直线，故称为线阵。通常使用的光电二极管阵列由 256 个、512 个或 1024 个光电二极管象元组成，每个光电二极管象元上有相同的存储电容 C_d。所有光电二极管的 N 端连在一起，组成公共端 COM。

② N 个多路开关　由 N 个金属氧化物半导体场效应管 T_1—T_N 组成，用于控制光电二极管象元的电荷积分时间和信号输出过程，即相当于图 5.13 中的开关 K。

③ N 位数字移位寄存器　扫描控制系统，控制 T_1—T_N 的状态，相当于控制开关 K 的断开、闭合。

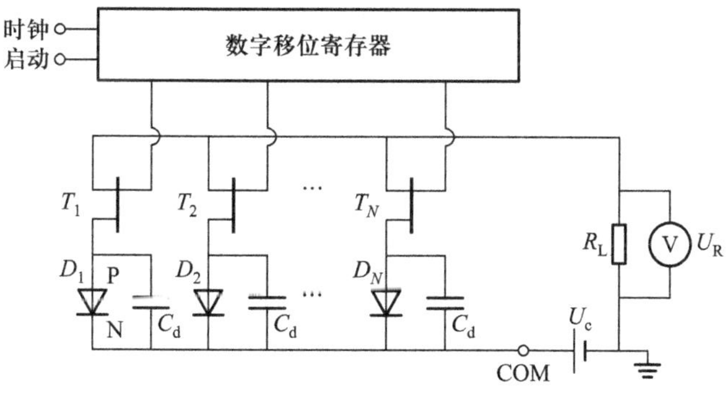

图 5.14　光电二极管阵列示意图

移位寄存器产生依次延迟一定时间的采样扫描信号，使多路开关 T_1—T_N 按顺序依次断开、闭合，从而依次在 1—N 位光电二极管象元处，把光信号转换成电信号并依次将电信号输出。因在积分过程中存储电容 C_d 上的电荷量变化量与光强度成正比，因此不同位置光电二极管象元输出的电信号大小随不同位置上的光强度大小而变化。这样一幅光强度随位置变化的光学图像，就转变成了一张电压随波长（或频率）变化的光谱图，因为不同位置对应于不同的波长（或频率）。与光电管及光电倍增管相比，光电二极管阵列最大的优点是有波长的空间分辨能力，可同时检测不同波长的光信号。

光电倍增管的结构和工作原理见第三章。光电倍增管比光电管和光电二极管阵列更灵敏，有放大作用，在中高档紫外-可见分光光度计中多采用光电倍增管作检测器。

5.6.2 类型

紫外-可见分光光度计的类型很多，但可分为单波长、双波长和多通道分光光度计，以及光导纤维探头式分光光度计。单波长分光光度计从光路上又可分为单光束和双光束分光光度计。

1. 单波长单光束分光光度计

单波长单光束分光光度计的光路如图 5.15 所示。仪器结构比较简单，价格也比较便宜。样品池和参比池交替置于光路中。参比溶液根据不同情况，可选择溶剂、试剂空白或空白样品。若置参比池，检测器测的光强度为 I_0，而置样品池时，测得的光强度为 I_t，则吸光度 A 为 $\lg \dfrac{I_0}{I_t}$。

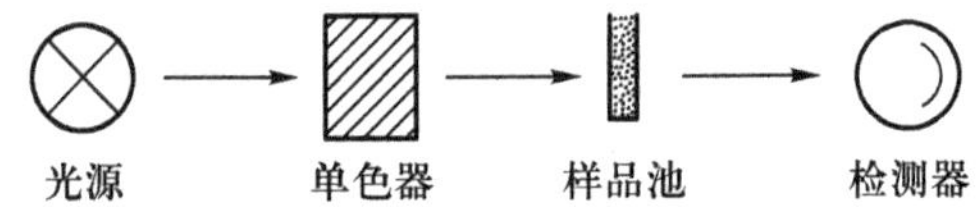

图 5.15 单波长单光束分光光度计的光路示意图

2. 单波长双光束分光光度计

单波长双光束分光光度计的光路如图 5.16 所示。经单色器分光后的光通过切光器 1 交替通过样品池和参比池，用切光器 2 使两束光交替进入检测器。若通过参比池的光强度为 I_0，而通过样品池的光强度为 I_t，则测得的吸光度 A 为 $\lg \dfrac{I_0}{I_t}$。由于切光器旋转速度较快，I_0 和 I_t 几乎可同时测得，所以用单波长双光束分光光度计可消除光源和检测器不稳定的影响。

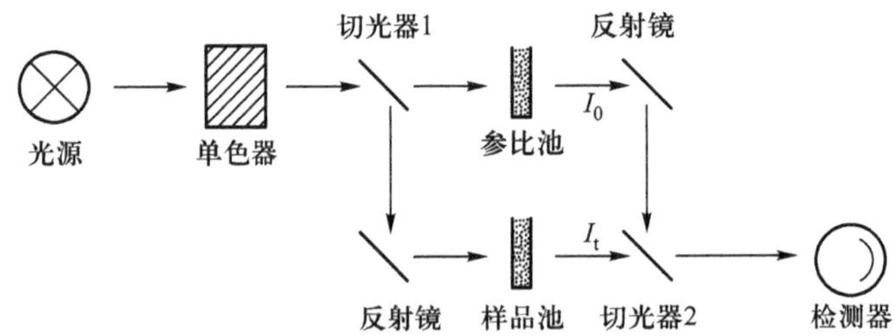

图 5.16 单波长双光束分光光度计的光路示意图

3. 双波长分光光度计

双波长分光光度计用两个单色器（图 5.17），光源的光束经过两个单色器后分别形成波长为 λ_1 和 λ_2 的两束光，两束光经切光器后交替进入样品池，通过样品池后被检测。实验上只能测得通过样品池后的光强度 $I_t^{\lambda_1}$ 和 $I_t^{\lambda_2}$，假定入射样品池的光强度为 $I_0^{\lambda_1}$ 和 $I_0^{\lambda_2}$，同时调节仪器，使 $I_0^{\lambda_1}$ 和 $I_0^{\lambda_2}$ 相等，可得

$$\lg\frac{I_t^{\lambda_1}}{I_t^{\lambda_2}}=\lg\frac{I_t^{\lambda_1}I_0^{\lambda_2}}{I_t^{\lambda_2}I_0^{\lambda_1}}=\lg\frac{\dfrac{I_0^{\lambda_2}}{I_t^{\lambda_2}}}{\dfrac{I_0^{\lambda_1}}{I_t^{\lambda_1}}}=\lg\frac{I_0^{\lambda_2}}{I_t^{\lambda_2}}-\lg\frac{I_0^{\lambda_1}}{I_t^{\lambda_1}}=A^{\lambda_2}-A^{\lambda_1}$$

$$A^{\lambda_1}=\varepsilon^{\lambda_1}bc+A_s^{\lambda_1}$$

$$A^{\lambda_2}=\varepsilon^{\lambda_2}bc+A_s^{\lambda_2}$$

$$\Delta A=A^{\lambda_2}-A^{\lambda_1}=\varepsilon^{\lambda_2}bc-\varepsilon^{\lambda_1}bc=(\varepsilon^{\lambda_2}-\varepsilon^{\lambda_1})bc \tag{5.6}$$

式(5.6)是双波长分光光度计定量分析的基础。式中 $A_s^{\lambda_1}$ 和 $A_s^{\lambda_2}$ 是空白吸收,这些空白吸收主要由背景吸收和光散射所引起,由于用同一种溶液且 λ_1 和 λ_2 接近,可以认为 $A_s^{\lambda_1}=A_s^{\lambda_2}$,与前述单波长法相比,双波长法不用参比溶液,只用一种试液,因而,完全扣除了背景,即消除了溶液混浊、样品池差别等引起的误差,可分析混浊样品,分析准确度高,可进行双组分同时测定,且可得到导数光谱。

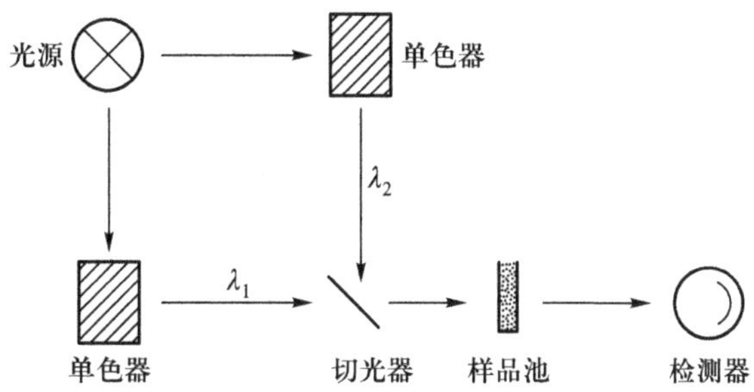

图 5.17 双波长分光光度计的光路示意图

4. 多通道分光光度计

多通道分光光度计的工作原理如图 5.18 所示。光源发出的光通过样品池,经单色器分光后,不同波长的光从不同方向照到光电二极管阵列检测器的不同位置上,即不同的光电二极管象元上,经光电转换后变成电信号,并经过数据处理就可得到吸光度随波长变化的光谱图。这一仪器最大的优点是可同时得到很宽波长范围内的光谱信息。

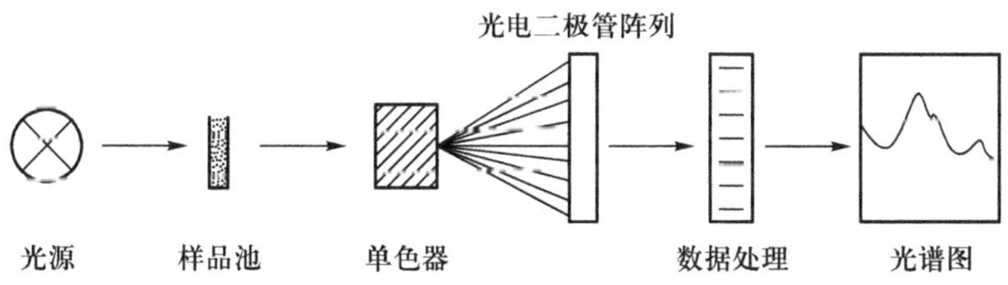

图 5.18 多通道分光光度计的工作原理示意图

5. 光导纤维探头式分光光度计

光导纤维探头式分光光度计的工作原理如图 5.19 所示,钨灯发出的光由一根光纤传导至玻璃封口,透过玻璃后通过样品,在反射镜处反射后再次通过样品后进入另一根光纤,光由此光纤传导通过干涉滤光后照射光电二极管,转变成电信号。玻璃封口至反射镜的距离为 d,照射样品的光程长为 $2d$,可在 0.1~10 cm 内调节。这类光度计的优点是不需要样品池，可进行原位测量，不受外界光的影响。

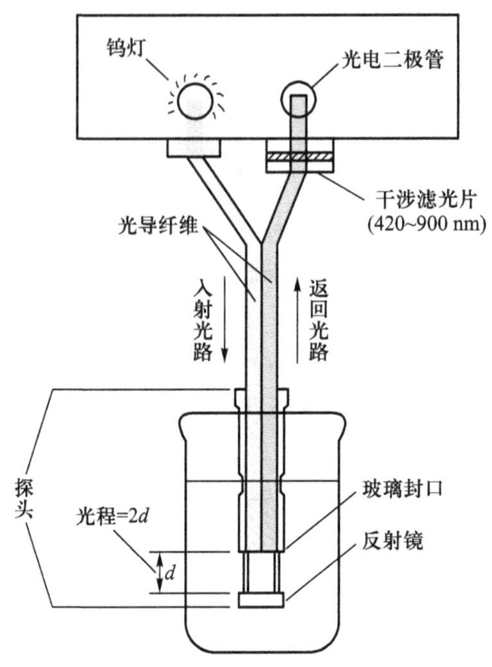

图 5.19　光导纤维探头式分光光度计的工作原理示意图

5.7 定性分析

5.7.1 定性方法

用紫外-可见吸收光谱法进行定性分析时一般有两种方法：① 将实验所得未知物的谱图与标准谱图对照，主要对比 λ_{max} 和 ε_{max} 以及峰数目是否一致；② 用经验公式计算 λ_{max}，与实验结果对照。用第一种方法时要注意，紫外-可见吸收光谱通常只有 2～3 个较宽的吸收峰，且不同化合物也常产生相同的光谱，但它们的吸收系数是有差别的，所以在相同的实验条件（溶剂、pH 等）下，要比较峰数目、λ_{max} 和 ε_{max}，如果被测物和已知化合物吸收曲线相同，带有相同峰数目、λ_{max} 和 ε_{max}，则可认为二者有相同的生色团，也可将被测物的光谱与前人汇编的有机化合物的标准谱图和电子光谱数据进行比较，一个很完整的标准谱图集是 Sadtler 紫外光谱手册，主要的数据库是“有机电子光谱数据”（New Jersey：John Wiley & Sons），这套数据库是通过对 1945 年起主要期刊的完全检索而成的，目前还在继续编写。

下面主要介绍第二种方法。

5.7.2 伍德沃德规则

伍德沃德（Woodward）规则是经验规则，用于计算共轭二烯、多烯及共轭烯酮等化合物

$\pi \rightarrow \pi^*$ 跃迁所对应的 λ_{max}，计算规则如表 5.9 和表 5.10 所列。

表 5.9 共轭烯烃 λ_{max} 的计算规则

直链、环内外二烯、异环二烯	基数 214 nm
同环二烯	基数 253 nm （既有同环又有异环、环内外或直链时，取同环二烯的基数 253 nm）
增加一个共轭双键	+30 nm
一个环外双键	+5 nm
一个烷基取代	+5 nm
增加一个极性基	
—OCOR	+0 nm
—OR	+6 nm
—SR	+30 nm
—Cl，—Br	+5 nm
$—NR_2$	+60 nm
溶剂校正值	0 nm

例 5.1

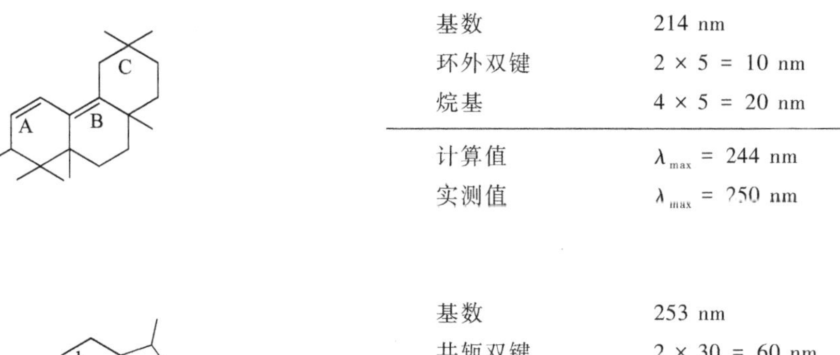

基数	214 nm
环外双键	2 × 5 = 10 nm
烷基	4 × 5 = 20 nm
计算值	λ_{max} = 244 nm
实测值	λ_{max} = 250 nm

例 5.2

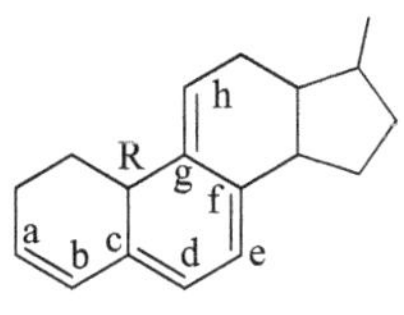

基数	253 nm
共轭双键	2 × 30 = 60 nm
环外双键	3 × 5 = 15 nm
烷基	5 × 5 = 25 nm
计算值	λ_{max} = 353 nm
实测值	λ_{max} = 355 nm

例 5.3

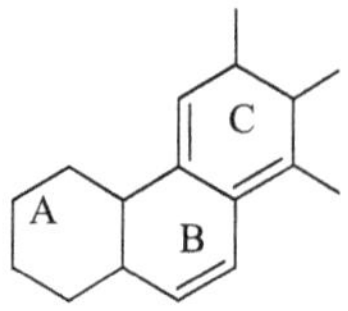

基数	253 nm
环外双键	2 × 5 = 10 nm
烷基	5 × 5 = 25 nm
计算值	λ_{max} = 288 nm
实测值	λ_{max} = 285 nm

由上述例子可以看出，① 环外双键满足的条件是：a.双键必须在共轭体系中；b.双键的一个 C 在环上，不是两个都在环上；c.双键是 C═C 双键；d.一个环外双键可多次用，如例 5.1 中的 B 环中的双键分别为 A 环和 C 环的环外双键。② 取代烷基满足的条件是：a.仅由 C 和 H 组成的基团，包括环残基，$—CH_3$，$—C_2H_5$ 等；b.共轭链上碳原子上的取代烷基，常用 R 代替；c.一个取代基可多次使用，如例 5.2 中烷基 R 既是碳原子 c 上的取代基，又是碳原子 g 上的取代基。③ 共轭双键是指共轭体系中除二烯的两个双键外的双键，这一规则不适用于交叉共轭体系，即一个双键属于两个共轭体系，如例 5.3 中，有两个共轭体系，即 B 环和 C 环的异环双烯和 C 环上的同环双烯，C 环中的一个双键同时属于这两个共轭体系，计算时采用吸收带波长较长的体系，即同环双烯，而不计算 B 环中的双键。

表 5.10　α,β-不饱和羰基化合物 λ_{max} 的计算规则

δ γ β α O —C═C—C═C—C(═O)—X [母体为直链(无环)、六元环或更大元的环]		基数 215 nm
X = —H		−5 nm
X = —OH,—OR		−20 nm
X = —R		−0 nm
增加一个共轭双键		+30 nm
一个环外双键		+5 nm
一个同环二烯		+39 nm
一个烷基取代(α)		+10 nm
	(β)	+12 nm
	(γ 或更高)	+18 nm
增加一个极性基		
—OH	α	+35 nm
	β	+30 nm
	γ 或更高	+50 nm
$—OCOCH_3$	α,β,γ 或更高	+6 nm
—OR	α	+35 nm
	β	+30 nm
	γ	+17 nm
	δ 或更高	+31 nm

续表

	—SR	β	+85 nm
	—Cl	α	+15 nm
		β	+12 nm
	—Br	α	+25 nm
		β	+30 nm
	—NRR′	β	+95 nm
溶剂校正*			
甲醇、乙醇			0 nm
氯仿			+1 nm
二氧六环			+5 nm
乙醚			+7 nm
己烷、环己烷			+11 nm
水			-8 nm

* 从计算规则计算的值减去此溶剂校正值可得实际预测值。

例 5.4

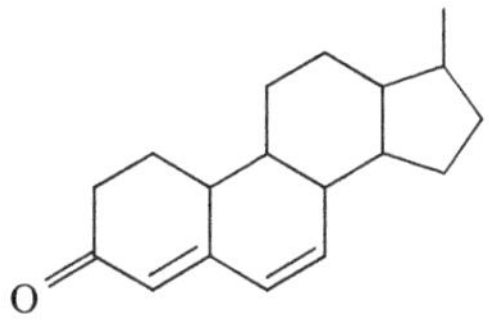

基数	215 nm
共轭双键	1 × 30 = 30 nm
环外双键	1 × 5 = 5 nm
烷基取代 β	1 × 12 = 12 nm
δ	1 × 18 = 18 nm
计算值	λ_{max} = 280 nm
实测值	λ_{max} = 284 nm

例 5.5

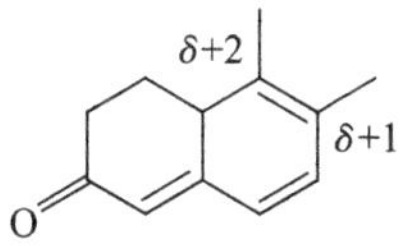

基数	215 nm
共轭双键	2 × 30 nm = 60 nm
同环二烯	1 × 39 nm = 39 nm
环外双键	1 × 5 nm = 5 nm
烷基取代 β	1 × 12 nm = 12 nm
δ+1	1 × 18 nm = 18 nm
δ+2	2 × 18 nm = 36 nm
计算值	λ_{max} = 385 nm
实测值	λ_{max} = 388 nm

由上述例子可知，对于某一双键，共轭双键与同环二烯可重复使用。

5.7.3 斯科特规则

斯科特(Scott)规则是一个经验规则，用于计算 C_6H_5—COX E_2 带的 λ_{max}，见表 5.11。

表 5.11　芳香族化合物 λ_{max} 的计算规则(在乙醇溶液中)

母体结构		X		基数	
C_6H_5—C(=O)—X		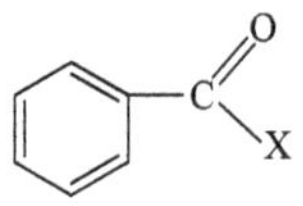 X = R		基数 246 nm	
		X = H		基数 250 nm	
		X = OH,—OR		基数 230 nm	
取代	邻		间		对
—R	+3 nm		+3 nm		+10 nm
—OR,—OH	+7 nm		+7 nm		+25 nm
$—O^-$	+11 nm		+20 nm		+78 nm
—Br	+2 nm		+2 nm		+15 nm
—Cl	+0 nm		+0 nm		+10 nm
$—NH_2$	+14 nm		+14 nm		+58 nm
$—NHCOCH_3$	+20 nm		+20 nm		+45 nm
$—NHCH_3$					+73 nm
$—N(CH_3)_2$	+20 nm		+20 nm		+85 nm

例 5.6

(结构式:苯环上依次带有 —COR、OH、CH_3、OH、CH_3、OH 取代基)

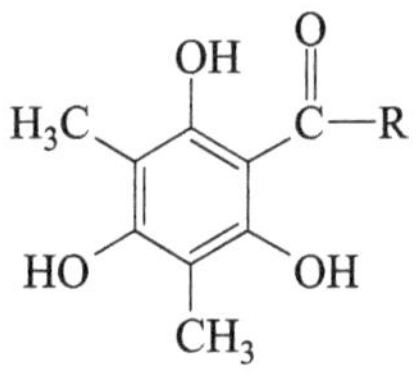

基数		246 nm
—OH 取代	邻	2 × 7 nm = 14 nm
	对	1 × 25 nm = 25 nm
烷基取代	间	2 × 3 nm = 6 nm
计算值		λ_{max} = 291 nm
实测值		λ_{max} = 291 nm

例 5.7　将化合物与浓硫酸反应,有两种可能的生成物:

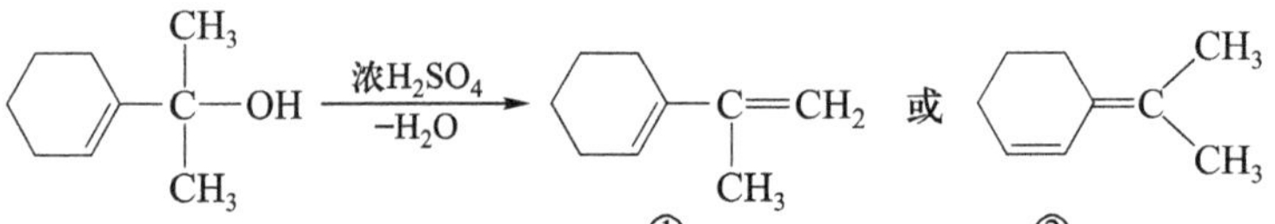

(反应式:环己烯基—C(CH_3)$_2$—OH 经 浓H_2SO_4、$-H_2O$ 生成 ① 环己烯基—C(CH_3)=CH_2 或 ② 环己烯亚基=C(CH_3)$_2$)

由分光光度计测得生成物的 λ_{max} 为 242 nm,问生成哪种化合物?

解:先计算两种生成物的 λ_{max}。

① (214 + 3 × 5) nm = 229 nm　② (214 + 5 + 4 × 5) nm = 239 nm

用分光光度计测得生成化合物的 λ_{max} 为 242 nm,可知 239 nm 与其相近,故生成物为第②种化合物。

5.8　分子结构的推断

紫外-可见吸收光谱法可以得到各吸收带的 λ_{max} 和 ε_{max},它反映了分子结构的特征,与分子结构有关。

① 化合物在 220~400 nm 无吸收，说明该化合物是直链烃、环烷烃或其他饱和的脂肪烃，也可能是非共轭烯烃。

② 化合物在 210~250 nm 有强吸收（$\varepsilon_{max} \geqslant 10000\ L \cdot mol^{-1} \cdot cm^{-1}$），说明分子中含有两个共轭双键；若在 260~300 nm 有强吸收带，说明分子中含有 3 个或 3 个以上共轭双键。

③ 化合物在 300 nm 以上有高强吸收带，说明化合物含有较大的共轭体系；若高强度吸收具有明显的精细结构，说明为稠环芳烃及其衍生物。

④ 化合物在 270~350 nm 有弱的吸收（$\varepsilon_{max} = 10 \sim 100\ L \cdot mol^{-1} \cdot cm^{-1}$），说明该化合物为含有 n 电子的化合物，且没有共轭体系，如醛、酮等。弱吸收峰是由 $n \rightarrow \pi^*$ 跃迁引起的。

⑤ 化合物在 200~250 nm 有中等强度的吸收带（$\varepsilon_{max} = 10^3 \sim 10^4\ L \cdot mol^{-1} \cdot cm^{-1}$），再结合在 250~290 nm 有弱吸收带（$\varepsilon_{max} = 100 \sim 1000\ L \cdot mol^{-1} \cdot cm^{-1}$），且有一定的精细结构，说明分子中有苯环存在，前者为 E_2 带，后者为 B 带，B 带为芳环的特征谱带。

紫外-可见吸收光谱法可用于鉴定分子所含官能团，因为一般一个有机分子的大部分并不吸收波长大于 200 nm 的光，若在波长大于 200 nm 的紫外-可见光区有吸收峰，则说明该分子含有不饱和基团或杂原子，但由于紫外-可见吸收光谱不具有源于振动的精细结构，因此紫外-可见吸收光谱法在定性和结构分析中通常只能作为其他方法（如红外吸收光谱法、核磁共振波谱法、质谱法）的辅助方法。紫外-可见吸收光谱法还可用于某些同分异构体的判别。例如，1，2-二苯烯具有顺式和反式两种异构体：

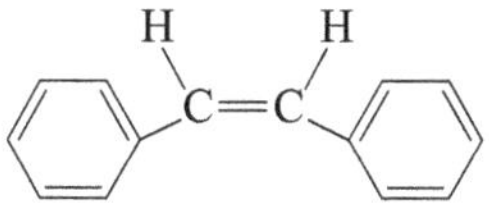

顺式	反式
λ_{max}=280 nm	λ_{max}=295 nm
ε_{max}=10450 L·mol^{-1}·cm^{-1}	ε_{max}=27950 L·mol^{-1}·cm^{-1}

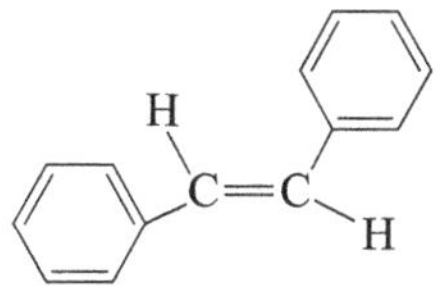

与反式异构体相比，在顺式异构体中由于位阻效应而影响平面性，使共轭程度降低，而使 $\pi \rightarrow \pi^*$ 跃迁能量较高，所以 λ_{max} 较短，ε_{max} 较小。

某些化合物在溶液中存在互变异构现象。例如，乙酰乙酸乙酯在溶液中存在酮式与烯醇式的转化平衡：

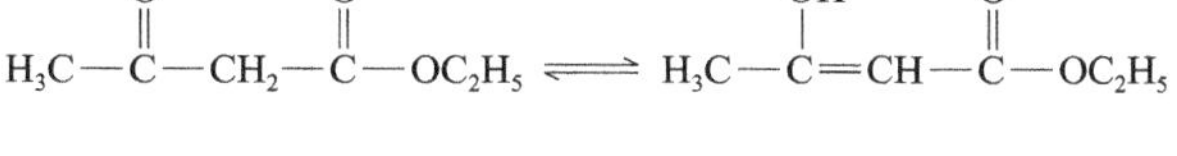

$$H_3C-\overset{O}{\overset{\|}{C}}-CH_2-\overset{O}{\overset{\|}{C}}-OC_2H_5 \rightleftharpoons H_3C-\overset{OH}{\overset{|}{C}}=CH-\overset{O}{\overset{\|}{C}}-OC_2H_5$$

酮式　　　　烯醇式

在极性溶剂中，$n \rightarrow \pi^*$ 跃迁所对应的 $\lambda_{max} = 272$ nm，$\varepsilon_{max} = 16\ L \cdot mol^{-1} \cdot cm^{-1}$，说明两个 C═O 未共轭，以酮式存在，这样酮式异构体与极性溶剂如水形成氢键，使体系能量下降而达到稳定状态。而在非极性溶剂如正己烷中，不能形成分子间氢键，易形成分子内氢键，C═C 和 C═O共轭，形成烯醇式。$\pi \rightarrow \pi^*$ 跃迁能量较低，在 $\lambda_{max} = 243$ nm 处出现强吸收峰（ε_{max} =

$18000\ L \cdot mol^{-1} \cdot cm^{-1}$)。

5.9　定量分析

应用紫外-可见吸收光谱法进行定量分析的理论依据是比尔定律，即 $A = \varepsilon bc$(c 的单位是 $mol \cdot L^{-1}$)或 $A = abc$(c 的单位是 $g \cdot L^{-1}$)。

5.9.1　单波长单组分定量测定

测定样品中某一组分，常采用标准曲线法。在选定波长和最佳实验条件下，测量含有不同浓度被测物标准溶液的吸光度 A，绘制 A 相对于 c 的标准曲线，而后根据样品溶液的吸光度 A_x，求出样品中被测物的浓度 c_x。

5.9.2　双波长单组分定量测定

若测定样品中 B 组分，而 A 组分的吸收光谱与 B 组分的重叠，见图 5.20。为了消除 A 组分的干扰，选择对 A 组分有相同吸收的 λ_1 和 λ_2，以 λ_1 为测量波长，λ_2 为参比波长，根据吸光度加和原理：

$$A_{\lambda_1} = A_{\lambda_1}^{A} + A_{\lambda_1}^{B}$$

$$A_{\lambda_2} = A_{\lambda_2}^{A} + A_{\lambda_2}^{B}$$

$$\Delta A = A_{\lambda_1} - A_{\lambda_2} = (A_{\lambda_1}^{A} + A_{\lambda_1}^{B}) - (A_{\lambda_2}^{A} + A_{\lambda_2}^{B})$$

$$\Delta A = (A_{\lambda_1}^{B} - A_{\lambda_2}^{B}) + (A_{\lambda_2}^{A} - A_{\lambda_1}^{A})$$

因为　$$A_{\lambda_1}^{A} = A_{\lambda_2}^{A}$$

所以　$$\Delta A = A_{\lambda_1}^{B} - A_{\lambda_2}^{B} = \varepsilon_{\lambda_1}^{B} bc_B - \varepsilon_{\lambda_2}^{B} bc_B$$

$$\Delta A = (\varepsilon_{\lambda_1}^{B} - \varepsilon_{\lambda_2}^{B}) bc_B$$

$$\Delta A = \Delta\varepsilon^{B} bc_B$$

这说明 A 组分的干扰消除了，且 ΔA 与 c_B 成正比。

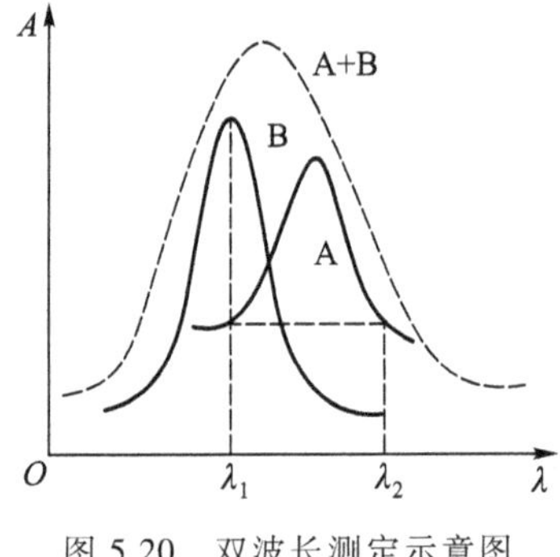

图 5.20　双波长测定示意图

5.9.3　多组分同时测定

若同一样品中有两个组分需测定，这两个组分的吸收峰相互重叠，如图 5.21 所示，在选定的 λ_1 和 λ_2 处分别测量，得到吸光度分别为 A_{λ_1} 和 A_{λ_2}，根据吸光度加和定理：

$$A_{\lambda_1} = \varepsilon_{\lambda_1}^{A} bc_A + \varepsilon_{\lambda_1}^{B} bc_B \qquad (5.7)$$

$$A_{\lambda_2} = \varepsilon_{\lambda_2}^{A} bc_A + \varepsilon_{\lambda_2}^{B} bc_B$$

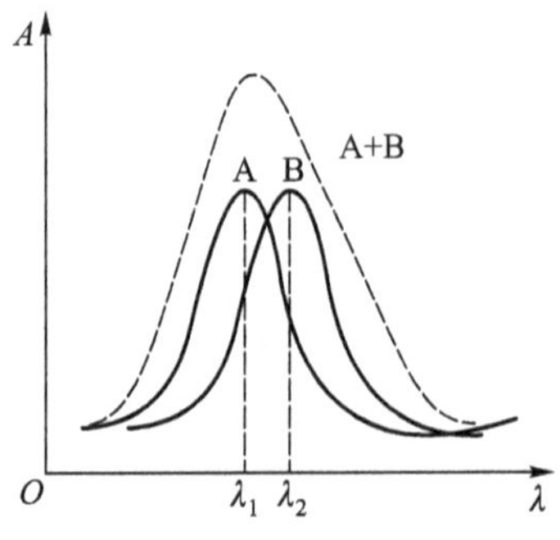

图 5.21　两个组分的吸收曲线

先分别用含纯 A 和纯 B 的溶液求得 $\varepsilon_{\lambda_1}^{A}$,$\varepsilon_{\lambda_2}^{A}$,$\varepsilon_{\lambda_1}^{B}$和 $\varepsilon_{\lambda_2}^{B}$,并由实验测得 A_{λ_1}和 A_{λ_2},将 A_{λ_1},A_{λ_2},$\varepsilon_{\lambda_1}^{A}$,$\varepsilon_{\lambda_2}^{A}$,$\varepsilon_{\lambda_1}^{B}$和 $\varepsilon_{\lambda_2}^{B}$代入式(5.7)可求出 c_A 和 c_B。这一方法可推广应用到多个组分的测定。

5.9.4 导数紫外-可见吸收光谱法

与普通的紫外-可见吸收光谱法相比,导数紫外-可见吸收光谱法有更高的光谱分辨率,所以可降低或消除干扰物质的光谱干扰、悬浮物散射和背景吸收的影响。对于比尔定律表达式$A_\lambda = \varepsilon_\lambda bc$,对波长 λ 进行 n 次求导,由于 b 和 c 不随波长而变,所以可得

$$\frac{\mathrm{d}^n A_\lambda}{\mathrm{d}\lambda^n} = \frac{\mathrm{d}^n \varepsilon_\lambda}{\mathrm{d}\lambda^n} bc \tag{5.8}$$

从式(5.8)可见,经 n 次求导后,吸光度 A 的导数值仍与吸收物质的浓度 c 成正比,这是定量分析的基础。$\frac{\mathrm{d}^n \varepsilon_\lambda}{\mathrm{d}\lambda^n}$是系数,与灵敏度有关。若吸收光谱为一个高斯型吸收峰,则 1 至 4 阶导数光谱如图 5.22 所示。由图可见,随着导数阶数的增加,峰的数目增加,谱带变得尖锐,分辨率提高。在用导数光谱法进行定量分析时,需要测量导数值,常用的测量方法有三种,如图 5.23 所示。

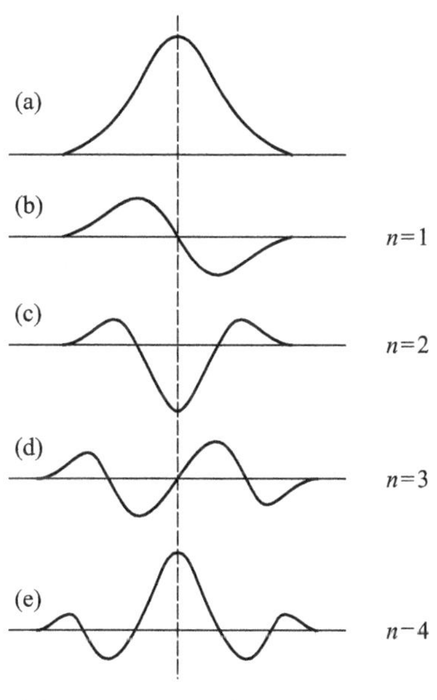

图 5.22 吸收光谱(a)及其 1 至 4 阶导数光谱(b~e)

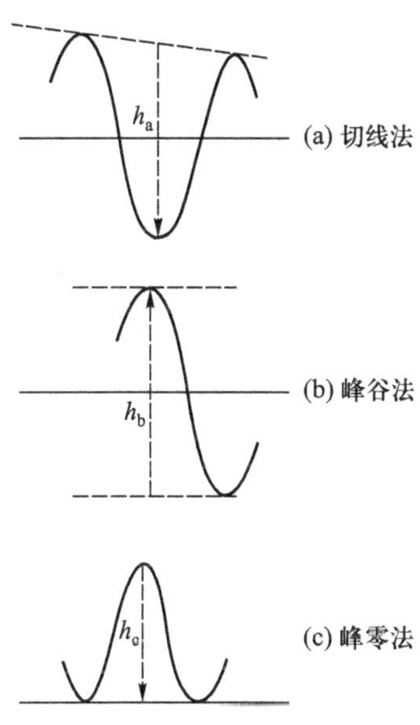

图 5.23 导数光谱导数值的测定法

① 切线法 作相邻两个峰的公切线,然后从两峰间的谷为起点画一条平行于纵坐标的线,与公切线交于一点,此点到谷之间的距离 h_a 即为导数值。

② 峰谷法 通过相邻峰和谷分别作平行于横坐标的直线,此两直线间的距离 h_b 即为导数值。

③ 峰零法 当导数光谱对称时,峰到基线之间的垂直距离 h_c 可作为导数值。

导数光谱的最大优点是分辨率得到很大的提高。它能分辨重叠度很高的吸收峰,能够

分辨吸光度随波长急剧上升时所掩盖的弱吸收峰，可消除胶体和悬浮物散射影响和背景吸收，因此可以提高检测的灵敏度。

参考文献

[1] 黄量，于德泉．紫外光谱在有机化学中的应用(上册)．北京：科学出版社，1988.

[2] 李润卿．有机结构波谱分析．天津：天津大学出版社，2002.

[3] 薛松．有机结构分析(修订版)．合肥：中国科学技术大学出版社，2012.

[4] 缪宗鼎，徐文娟，牟同升．光电技术．杭州：浙江大学出版社，1995.

[5] 曾泳淮．分析化学(仪器分析部分)．3版．北京：高等教育出版社，2010.

[6] 张新祥，李美仙，李娜，等．仪器分析教程．3版．北京：北京大学出版社，2022.

[7] 武汉大学．分析化学(下册)．6版．北京：高等教育出版社，2018.

习题

5.1　用氯仿将β-胡萝卜素(相对分子质量为536.88)配成质量浓度为2.50 $mg \cdot L^{-1}$的溶液，在λ_{max}(465 nm)处，样品池厚度为1.00 cm，测得吸光度为0.55，计算β-胡萝卜素的摩尔吸收系数。

5.2　某亚铁螯合物的摩尔吸收系数为12000 $L \cdot mol^{-1} \cdot cm^{-1}$，如果希望把透光度读数限制在0.200到0.650之间(样品池厚度为1.00 cm)，问被测物的浓度范围是多少？

5.3　钢中的Ti和V可以以它们的过氧化物配合物的形式进行同时测定，当1.000 g钢样溶解和显色后，准确稀释至50.00 mL，以同样的方法处理Ti，1.00 mg Ti将使400 nm处吸光度为0.268，460 nm处的吸光度为0.134。在类似条件下，1.00 mg V使400 nm处的吸光度为0.057，460 nm处的吸光度为0.091。而分析钢样时，在400 nm和460 nm处测量得到的吸光度分别为0.393和0.215。根据吸光度计算钛和钒的百分含量。

5.4　某分光光度计透光度的读数误差$\Delta T = 0.005$，现测量不同浓度的某溶液吸光度值分别为1.000，0.434，0.100，试问测定的浓度相对误差各为多少？

5.5　某有色配合物的0.0010%水溶液在510 nm处，用2.00 cm样品池测得透光度T为0.420，已知此配合物的摩尔吸收系数为2.5×10^{3} $L \cdot mol^{-1} \cdot cm^{-1}$，试求此有色配合物的摩尔质量。

5.6　将某有色溶液置于1.00 cm样品池中，测得吸光度为0.300。

(a) 入射光强度减弱了多少？

(b) 若置于3.00 cm的样品池中，入射光强度又减弱了多少？

5.7　以丁二酮肟光度法测定镍，若配合物$NiDx_2$的浓度为1.7×10^{-5} $mol \cdot L^{-1}$，用2.0 cm样品池在470 nm波长下测得的透光度为30.0%。计算配合物$NiDx_2$在470 nm波长

下的摩尔吸收系数。

5.8 有一含氧化态辅酶(NAD^+)和还原态辅酶(NADH)的混合溶液,使用 1.0 cm 样品池,在 340 nm 处测得该溶液的吸光度为 0.311,在 260 nm 处测得吸光度为 1.20。试计算 NAD^+和 NADH 的浓度。

已知条件如下:

辅酶	$\varepsilon_{260}/(L \cdot mol^{-1} \cdot cm^{-1})$	$\varepsilon_{340}/(L \cdot mol^{-1} \cdot cm^{-1})$
NAD^+	1.8×10^4	0.0
NADH	1.5×10^4	6.2×10^3

5.9 计算下列化合物的 λ_{max}。

5.10 计算下列化合物的 λ_{max}。

5.11 计算下列化合物的 λ_{max}。

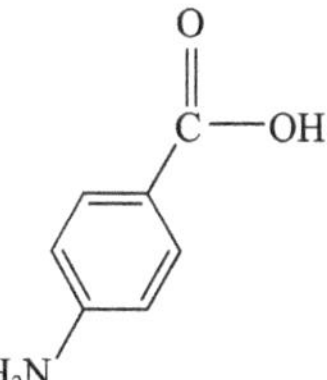

5.12 电子跃迁有哪几种类型?跃迁所需的能量大小顺序如何?

5.13 举例说明发色团和助色团,并解释红移和蓝移。

5.14 引起偏离比尔定律的主要因素有哪些?

5.15 在吸收光谱法中为何用 $A-c$ 曲线而不用 $T-c$ 曲线作标准曲线进行定量分析?

5.16 紫外-可见分光光度计从光路设计上分类有哪几类?各有何特点?

5.17 比较紫外-可见吸收光谱法与原子吸收光谱法的异同。

5.18 简述原子吸收光谱仪和紫外-可见分光光度计在光源、样品池和检测器方面的主要差别。

5.19 简述无机化合物和有机化合物吸收光谱所涉及的电子跃迁。

习题参考答案

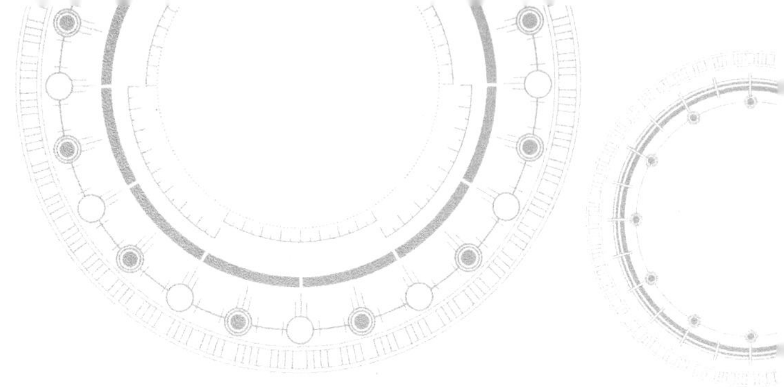

第六章 分子发光光谱法

紫外-可见吸收光谱法是研究分子通过对特征光的吸收，由低能级跃迁到高能级时产生的吸收光谱。分子发光光谱法则研究高能级分子释放能量回到基态时所发射的光，包括分子荧光、分子磷光和化学发光。荧光和磷光均属于光致发光，即分子受一定波长的光激发后发出更长波长的光。分子受激后，由第一电子激发单重态回到基态的任一振动能级伴随的光辐射是分子荧光，而由第一电子激发三重态回到基态伴随的光辐射是分子磷光。如果分子的激发能量是由化学反应提供的，则其发光现象称为化学发光。

6.1 分子荧光光谱法

6.1.1 荧光的激发光谱和发射光谱

荧光是一种光致发光现象，分子对光的吸收具有选择性，因此荧光的激发和发射光谱是荧光物质的基本特征。测定激发光谱时，通常是在一定的狭缝宽度下，固定被测物的发射波长 λ_{em}，然后改变激发光的波长 λ_{ex}，测量不同激发光波长所产生的荧光强度的变化。荧光强度最大处所对应的激发光波长即为最适宜激发波长，称为最大激发波长，表示在此波长处，分子吸收的能量最大，能产生最强的荧光。测定发射光谱时，是将激发光波长固定在最大激发波长处，然后不断地改变荧光的发射波长，测定不同发射波长处的荧光强度。在一般情况下，λ_{ex} 和 λ_{em} 分别表示最大激发波长和最大发射波长。激发光谱和发射光谱可用于鉴别荧光物质，并可以作为荧光测定时选择激发波长和测定波长的依据。图 6.1 为 1-萘酚的荧光激发光谱和发射光谱。

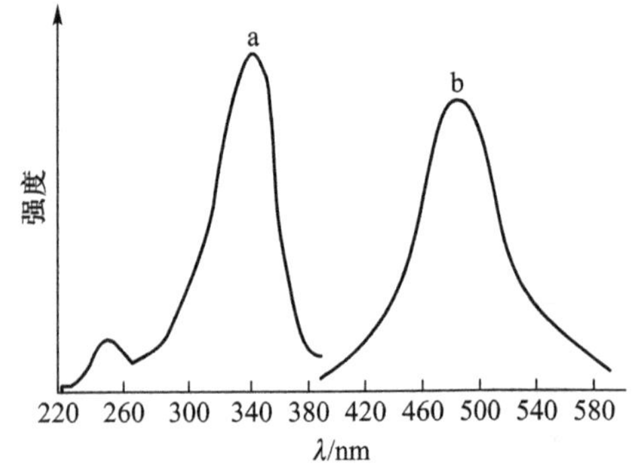

图 6.1 1-萘酚的荧光激发光谱(a)和发射光谱(b)

理论上讲，某种化合物激发光谱的形状应与其吸收光谱的形状相同，然而由于测量仪器中光源的能量分布、单色器的透光度和检测器的敏感度都随波长而改变,并随测量仪器而异,测定的激发光谱的形状与吸收光谱的形状一般有所差异。若化合物的浓度足够小,且荧光的量子产率与激发光波长无关,并校正测量仪器的影响后,激发光谱在形状上将与吸收光谱相同,不同的仅仅是吸收光谱的纵坐标是吸光强度,而激发光谱的纵坐标是荧光强度。

6.1.2 荧光发射光谱的特征

1. 斯托克斯位移

对于溶液的荧光光谱,所观察到的物质的荧光波长总是大于激发光的波长,这种现象称为斯托克斯位移。这说明了在激发和发射之间存在着一定的能量损失。激发态分子在发射荧光之前和之后均发生了能量的损失,其中主要的能量损失源于发射荧光之前的激发单重态分子到第一激发单重态(S_1)的最低振动能级的过程。在这个过程中,激发单重态分子经历了振动弛豫和内转换的非辐射跃迁,损失了部分能量,所以由第一激发单重态(S_1)的最低振动能级返回到基态(S_0)所发射的荧光的能量小于受激发时吸收的能量,因此荧光的发射波长比激发光波长要长。而且,辐射跃迁可能只使激发态分子返回到基态的不同振动能级,然后在不同的振动能级之间通过振动弛豫进一步损失振动能量,这也使发射光波长比激发光波长长。

2. 荧光光谱的形状

荧光物质的发射光谱通常只有一个发射带,这与分子吸收光谱不同,分子吸收光谱的吸收带往往可能有几个,这是由于分子吸收了不同能量的光子可以从基态跃迁到不同能级的电子激发态。而对于受到激发的荧光分子,由于从较高的激发态通过振动弛豫和内转换回到第一激发单重态的概率非常高,远远大于从高能级激发态(如 S_2)直接发射光子而回到较低能级或基态的概率,所以,几乎绝大多数物质在发射荧光时,无论用哪个波长进行激发,电子都是从第一激发态的最低振动能级返回到基态的各振动能级,因此只能产生一个发射带。但是也有例外,例如 pH 为 9 的吖啶的甲醇溶液中,当以 313 nm 或 365 nm 的光激发时,观察到的是通常的荧光光谱。但如果用 385 nm, 405 nm 或 436 nm的光激发时,便会观察到光谱的突然红移,形状也有改变,这种现象被认为与激发态的质子迁移反应有关。

由图 6.2 可见,苝的苯溶液的吸收光谱与其荧光发射光谱之间呈镜像对称关系。多数情况下,分子的荧光光谱和它的吸收光谱呈现这种镜像对称。

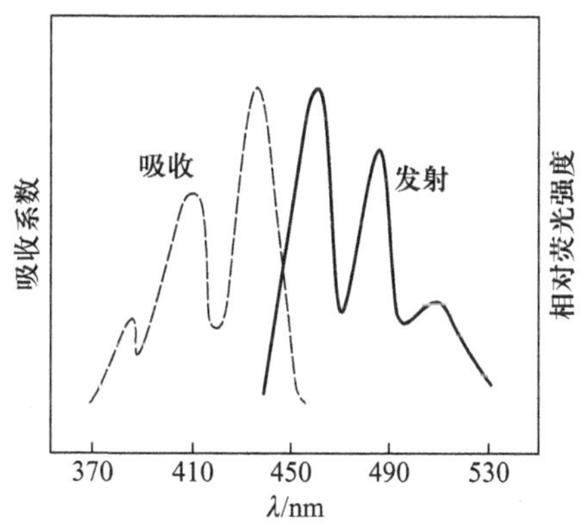

图 6.2 苝的苯溶液的吸收光谱和荧光发射光谱

6.1.3 荧光强度、荧光量子产率和荧光寿命

1. 荧光强度与浓度之间的关系

荧光强度是指在一定条件下仪器所测得荧光物质发射荧光大小的一种量度。荧光是向

四周发射的，没有固定方向，是各向同性的，因此实际上所测量的是某一方向的荧光强度。荧光是光致发光，即物质吸收光以后再发射光，所以荧光强度应与吸收光强度以及荧光量子产率成正比：

$$I_f = \phi I_a = \phi(I_0 - I_t) \tag{6.1}$$

式中 I_f 为荧光强度；ϕ 为荧光量子产率；I_a 为吸收光强度；I_0 为照射被测物的光强度；I_t 为透射光强度。

由第五章讨论可知，对于分子吸收，I_t 和 I_0 之间的关系为

$$I_t = I_0 e^{-kbc} \tag{6.2}$$

式中 k 可作为常数；b 为样品池厚度；c 为被测物的浓度。

将式(6.2)代入式(6.1)得

$$I_f = \phi(I_0 - I_0 e^{-kbc})$$

当 $bc \to 0$，上式可化为

$$I_f = \phi I_0 kbc \tag{6.3}$$

当 ϕ 和 b 不变时，式(6.3)可表示为

$$I_f = aI_0 c \tag{6.4}$$

式中 a 为常数。由式(6.4)可知，增加入射光强度可提高荧光强度，当入射光强度 I_0 固定时，荧光强度与浓度之间成正比，但这样的正比关系在被测物的浓度较低时才成立，而随着溶液浓度的进一步增大，将会出现荧光强度不仅不随被测物浓度线性增加，甚至随被测物浓度的增加而下降的现象。这种现象产生的原因主要包括下列三方面。

① 内滤光效应　溶液中若存在能吸收激发光的物质，就会减少观察到的荧光，这种现象叫作内滤光效应。当可吸收激发光物质的浓度过高时，对入射光的吸收作用增加，相当于降低了激发光的强度。

② 再吸收现象　广义地讲，这也是内滤光效应的另一种情况。当荧光物质本身的吸收光谱和它的荧光光谱发生重叠时，且当溶液中荧光物质浓度比较高时，一部分荧光在它离开样品池之前又被吸收，从而造成荧光强度的下降。

③ 分子间相互作用　在溶质浓度较高的溶液中，可能发生溶质分子之间的相互作用，结果荧光物质的激发态分子与其基态分子发生相互作用形成二聚物，且荧光物质的激发态分子与其他溶质的基态分子也可能形成复合物，从而导致荧光强度下降。甚至当浓度更高时，荧光物质基态分子之间也可能形成聚合体，导致荧光强度更严重地下降。

与紫外-可见吸收光谱法相比，分子荧光光谱法的灵敏度更高，一般要高 2~4 个数量级。这首先是由于在紫外-可见吸收光谱法中，测量的信号是 I_0 和 I_t（第五章）。当被测物浓度很低时，I_t 接近于 I_0，这两个信号都很大。而对于荧光光谱法，测量的信号是 I_f。当没有被测物时，空白信号 I_f^0 很小，接近于零，而当被测物浓度很低时，I_f 也很小，这两个信号都很小。由于噪声一般随信号增大而增大，所以在测量中，区分两个很小信号的微小差别比区分两个很大信号的微小差别更容易。即在荧光光谱法中，由低浓度被测物产生的小信号更容易被准确地测量。其次由于 I_t 与 I_0 同时增强，所以增强 I_0 时对 I_t/I_0 不影响，而 I_f 随 I_0 增强而增强，所以可以通过增强 I_0 来提高荧光光谱法的灵敏度。

2. 荧光量子产率

荧光量子产率（ϕ）为荧光物质吸收光后所发射的荧光的光子数与所吸收的激发光的光

子数之比。由于激发态分子的去活化过程包括辐射跃迁和非辐射跃迁，荧光的量子产率将与每个过程的速率常数有关：

$$\phi = \frac{k_f}{k_f + \sum k} \tag{6.5}$$

式中 k_f 为荧光发射过程的速率常数；$\sum k$ 为其他非辐射跃迁过程的速率常数的总和。可见，荧光量子产率的大小取决于荧光发射过程与非辐射跃迁过程的竞争结果。假设 $\sum k \ll k_f$，ϕ 的数值便接近 1。如荧光素在 NaOH 溶液中和罗丹明 B 在乙醇溶液中的 ϕ 分别达到 0.92和 0.97，均接近 1.0，说明这两种物质在去活化过程中的非辐射跃迁很小，可以忽略不计。多数荧光物质的 ϕ 一般都小于 1。ϕ 越大，荧光强度越大；当 ϕ 为 0 时，就意味着该物质不能发射荧光。在荧光检测中，有分析应用价值的荧光物质的 ϕ 应在 0.1 以上。荧光物质的 ϕ 的大小，主要取决于化合物的结构和性质，除此以外，还与化合物所处的环境因素（介质、酸度、温度等）有关。

3. 荧光寿命

荧光寿命（τ）可用下式测定：

$$\ln I_f(0) - \ln I_f(t) = t/\tau \tag{6.6}$$

式中 $I_f(0)$，$I_f(t)$ 分别表示时间为 0，t 时的荧光强度；τ 为荧光寿命。通过实验测定不同时间的 $I_f(t)$ 值，并作出 $\ln I_f(t)-t$ 的关系曲线，由所得直线的斜率便可计算荧光寿命 τ。当脉冲光源的寿命小于物质的荧光寿命时，可观察到荧光的衰减，激光光源可获得 10^{-12} s 级的脉冲宽度，可用于测定荧光的寿命。

激发态的平均寿命 $\bar{\tau}$ 也可根据下式估计：

$$\bar{\tau} = 10^{-5}/\varepsilon_{max} \tag{6.7}$$

式中 ε_{max} 为最大吸收波长处的摩尔吸收系数，单位是 $L \cdot mol^{-1} \cdot cm^{-1}$。由基态至第一激发单重态跃迁为允许的跃迁，$\varepsilon$ 值一般为 $10^3 \sim 10^4$ $L \cdot mol^{-1} \cdot cm^{-1}$，因而荧光的寿命一般为 $10^{-9} \sim 10^{-8}$ s。

6.1.4 荧光与分子结构的关系

对于大量的有机物和无机物，能够发射荧光的不是很多。这是因为荧光的产生须具备两个条件：首先，物质的分子必须具有电子吸收光谱的特征结构，这是产生荧光的前提；其次，物质的分子吸收光之后，还必须具有高的荧光量子产率。许多吸光物质由于其结构特征，荧光量子产率不高，不一定会发射荧光。可见，荧光物质分子的激发、发射性质都与分子结构密切相关。分子是否发荧光与分子结构及测量荧光的环境有关。虽然预测分子是否发荧光是困难的，但是仍然具有一般的规律可循。

第一激发单重态的性质是决定一个分子荧光特性的关键因素，这是因为荧光和体系间交叉跃迁通常都由此单重态发生。在有机分子中，S_0 和 S_1 间的跃迁包括 $\pi \to \pi^*$ 跃迁或 $n \to \pi^*$ 跃迁。最有效的荧光通常涉及 $\pi \to \pi^*$ 跃迁。

荧光物质往往具有如下特征：① 具有大的共轭 π 键体系；② 具有刚性平面结构；③ 取代基团为给电子取代基。

当然，应注意到，这些结构上的特征只具有一般意义，有时会有例外。

1. 共轭 π 键体系

大量事实表明,荧光分子都含有能发射荧光的基团,习惯称作荧光团。荧光团通常含有共轭 π 键,共轭 π 键达到一定程度才会发出荧光。由表 6.1 可以看出,电子共轭体系越大,π 电子越容易激发,一般来说产生的荧光越强(也有例外,如表 6.1 中并四苯与并五苯的荧光量子产率,后者小于前者),同时荧光光谱越向长波方向移动。

表 6.1　几种线状多环芳烃的荧光

化合物	ϕ	λ_{ex}/nm	λ_{em}/nm
苯	0.11	205	278
萘	0.29	286	321
蒽	0.46	365	400
并四苯	0.60	390	480
并五苯	0.52	580	640

2. 刚性平面结构

对于具有强荧光的化合物和荧光试剂,仅有大的共轭 π 键体系还不够,还必须具有刚性平面结构(图 6.3)。因为这种刚性平面结构增加了 π 电子的相互作用和共轭,结果使分子与溶剂或其他溶质分子的相互作用减小,降低了碰撞去活化的可能性。例如,荧光素和酚酞结构十分相似,荧光素呈平面结构,是强荧光物质。而酚酞没有氧桥,其分子不易保持平

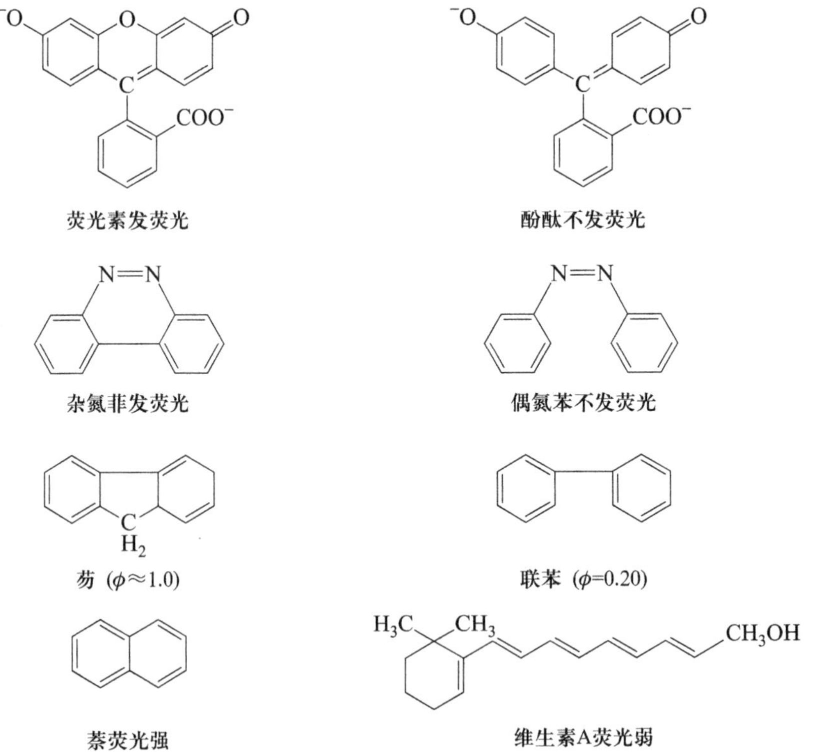

图 6.3　刚性平面结构对荧光强度的影响

面,不是荧光物质。荧光素衍生物常作为生物及医学研究中的分子探针就是基于这类分子的荧光团有很强的荧光发射能力。同样,偶氮苯不发荧光,而杂氮菲会发荧光。又如,芴和联苯,芴在 0.1 mol · L^{-1} NaOH 溶液中的荧光量子产率接近 1.0,而联苯仅为 0.20,这是芴中引入亚甲基,使芴刚性增强的缘故。再如,萘和维生素 A 都有 5 个共轭双键,萘是平面刚性结构,维生素 A 为非刚性结构,因而相同浓度下萘的荧光强度是维生素 A 的 5 倍。

刚性的影响也表现在有机配位剂与金属离子配位后荧光大大增强。例如,8-羟基喹啉-5-磺酸在弱碱性介质中无荧光,但是与 Zn(Ⅱ),Cd(Ⅱ)等离子配位后,能够形成强荧光的配合物,这是喹啉上的羟基和 N 原子与金属离子形成了刚性分子结构的缘故。

3. 取代基效应

在芳香族化合物的芳环上引入不同的取代基,对化合物的荧光强度和荧光波长都有很大的影响。通常有以下一些规律。

(1) 给电子取代基

给电子取代基使荧光增强,属于这类取代基的有—NH_2,—NHR,—NR_2,—OH,—OR,—CN 等,这是因为取代基上的非键电子 n 几乎与芳环上的 π 轨道平行,产生了 n-π 共轭作用,增强了电子的共轭程度,导致荧光增强,荧光波长红移。表 6.2 列出了部分给电子取代基对苯荧光的影响。

表 6.2 给电子取代基对苯荧光的影响

化合物	分子式	λ_{em}/nm	荧光相对强度
苯	C_6H_6	270~310	10
苯酚	C_6H_5OH	285~365	18
苯胺	$C_6H_5NH_2$	310~405	20
苯甲腈	C_6H_5CN	280~390	20
苯甲醚	$C_6H_5OCH_3$	285~345	20

需要注意的是,含有这类基团的荧光分子在极性溶剂中易形成氢键,在强酸中易质子化($—NH_2 \longrightarrow —NH_3^+$),在碱性介质中易转化为相应的盐($—OH \longrightarrow —O^-$),导致荧光强度变弱。

(2) 吸电子取代基

吸电子取代基有—C═O,—NO_2,—COOH,—CHO,—COR,—N═N—,卤素(—Cl,—Br,—I)等。这些取代基取代后,荧光体的荧光强度一般会减弱甚至猝灭,虽然这类基团中也都含有 n 电子,但其 n 电子的电子云不与芳环上 π 电子云共平面,不能构成 n-π 共轭,不能扩大电子共轭程度,这类化合物的 $n \rightarrow \pi^*$ 跃迁属于禁阻跃迁,其摩尔吸收系数小,导致荧光减弱。硝基吸电子能力可以说是最大的,对荧光抑制非常严重,硝基苯无荧光。

—SO_3H 含有不饱和键,表现出吸电子性能,减弱荧光;同时,它又能解离出 H^+ 而带负电荷,又体现出给电子行为,使荧光增强。增减相抵,因此它的引入一般无显著的荧光变化,但是却能使试剂的水溶性增加。

(3) 取代基的位置

只有一个给电子取代基时,取代基位置对芳烃荧光的影响通常是处于空间位阻最小或无空间位阻时，可使荧光增强。例如，在下列化合物萘环上引入磺酸基，由于空间障碍使—$N(CH_3)_2$ 与萘之间的键发生了扭转而偏离了平面构型，影响了 n-π 共轭作用，导致荧光减弱。

ϕ=0.75　　　　ϕ=0.03

（4）重原子效应

重原子效应，一般是指在发光分子中，引入相对原子质量较大的原子时出现磷光增强和荧光减弱的现象。典型的例子是芳烃被卤素取代之后，其化合物的荧光随卤素相对原子质量的增加而减弱，相反磷光则相应地增强（表 6.3）。这种现象一般认为是由于相对较重的原子带有的电磁场对分子中电子自旋的影响要比较轻原子的影响大，因此，在分子中引入相对较重的原子可以造成激发的单重态和三重态在能量上更为接近，这也就减小了单重态和三重态之间的能量差，从而增加了 $S_1 \rightarrow T_1$ 体系交叉跃迁的概率，有利于磷光的发生，荧光量子产率则降低。

表 6.3　卤素取代的重原子效应

化合物	ϕ_p/ϕ_f*	荧光波长 λ_{em}/nm	磷光波长 λ_{em}/nm
萘	0.093	315	470
1-甲基萘	0.053	318	476
1-氟萘	0.086	316	473
1-氯萘	5.2	319	483
1-溴萘	6.4	320	484
1-碘萘	> 1000	没观察到	488

* ϕ_p 和 ϕ_f 分别为磷光量子产率和荧光量子产率。

（5）饱和烃的取代

此类取代基对荧光体的荧光强度影响不大，但由于饱和烃基的引入，增加了荧光体的振动和转动自由度，因而削弱了荧光激发光谱和发射光谱振动结构的分辨率，使振动结构变得模糊，且荧光峰也略向红移。

了解荧光和物质分子结构的关系，可以帮助我们考虑如何将非荧光物质转化为荧光物质，或将荧光强度不大或选择性较差的荧光物质转化为荧光强度大及选择性高的荧光物质，以提高荧光分析的灵敏度和选择性。

6.1.5　影响荧光强度的环境因素

虽然物质产生荧光的能力主要取决于其分子结构，然而物质所处的环境对分子的荧光也可能产生较大的影响。

1. 溶剂的影响

溶剂对物质的荧光特性有比较大的影响。同一种荧光物质在不同溶剂中，其荧光光谱的位置和强度可能有明显不同。如硫酸奎宁在 H_2SO_4 中有荧光，而在 HCl 溶液中无荧光。一般来说，许多共轭芳烃化合物的荧光强度随溶剂极性的增加而增强，且荧光峰波长向长波方向移动。这是因为共轭芳烃化合物在激发时发生了 $\pi \rightarrow \pi^*$ 跃迁，其激发态比基态的极性更大，随着溶剂极性的增大，对激发态比对基态产生更大的稳定作用，使激发态能量比基态能量下降得更多，结果使荧光光谱发生了红移。表 6.4 列出了 8-巯基喹啉在不同溶剂中的荧光峰波长和荧光量子产率，发现它在极性不同的溶剂中，荧光量子产率、荧光波长均发生了变化，随着溶剂极性的增加，由四氯化碳、氯仿、丙酮到乙腈，荧光量子产率依次增加，波长红移。

表 6.4 8-巯基喹啉在不同溶剂中的荧光峰波长和荧光量子产率

溶剂	相对介电常数	λ_{em}/nm	ϕ
四氯化碳	2.24	390	0.002
氯仿	5.2	398	0.041
丙酮	21.5	405	0.055
乙腈	38.8	410	0.064

如果溶剂和荧光物质形成了化合物，或者溶剂使荧光物质的解离状态改变，则荧光峰波长和荧光量子产率都会发生很大的改变。

在含有重原子的溶剂如碘乙烷和四溴化碳中，与将这些成分引入荧光物质中所产生的重原子效应相似，导致荧光强度减弱。

荧光光谱的形状和强度与溶剂之间的关系，似乎没有绝对的规律，视各种荧光物质与溶剂的不同而异。

2. 温度的影响

温度对荧光的影响是很明显的。一般来说，随着温度的降低，大多数荧光物质荧光量子产率增加，荧光强度增强；反之，温度升高，荧光量子产率下降，荧光强度减弱。这是因为温度降低时，溶液中分子的活性减弱，溶液的黏度增大，溶质分子与溶剂分子间碰撞机会减少，降低了各种非辐射去活化概率，使荧光量子产率增加，荧光强度增强。例如，在中性水溶液中，吲哚乙酸的荧光强度随温度升高而减弱。在 20~30 ℃时，温度系数约为 1.5%，即温度每升高 1 ℃，荧光强度降低 1.5%。又如，荧光素的乙醇溶液在 0 ℃以下每降低 10 ℃，荧光量子产率增加 3%；冷却至 −80 ℃时，荧光量子产率为 100%。也有少数荧光物质例外，如喹啉红在水溶液或乙醇溶液中，在 0~100 ℃时，荧光量子产率并不改变。若溶液中有猝灭剂存在，温度对荧光强度的影响将更为复杂。在进行荧光测定时，激发光源产生的热量是溶液温度变化最重要的原因，而且分析过程中室温可能发生变化，因此在检测一些温度系数大的样品时，必须使用恒温池，保持溶液温度的恒定。

3. pH 的影响

当荧光物质为有机弱酸或弱碱时，溶液 pH 的改变对荧光强度有很大的影响。无机螯合物的荧光也同样对 pH 很敏感，这是由于它们的分子和离子在电子构型上的差异。例如，苯酚离子化后，其荧光消失。

$$C_6H_5OH \underset{H^+}{\overset{OH^-}{\rightleftharpoons}} C_6H_5O^-$$

pH≈1，有荧光　　　　pH≈13，无荧光

这说明，苯酚在酸性溶液中以分子形式存在，呈现荧光，但在碱性溶液中，则以负离子形式存在。所以，当溶液的酸度降低至强碱性时，此时溶液中主要是苯酚的负离子形态，不发荧光。这种情况是荧光物质在分子状态下有荧光，而在离子状态下无荧光。有些物质则相反，在离子状态下有荧光，而在分子状态下无荧光，如 α-萘酚，其分子形式无荧光，离子化后显荧光。又如，1-萘酚-6-磺酸在 pH 6.4～7.4 的溶液中会发出蓝色的荧光，而当溶液 pH < 6.4 时，就不发荧光。

$$^-O_3S\text{-}C_{10}H_6\text{-}OH \xrightarrow[\text{pH } 6.4\sim7.4]{-H^+} {}^-O_3S\text{-}C_{10}H_6\text{-}O^-$$

无荧光　　　　有荧光

金属离子与有机试剂所形成的荧光配合物，在溶液 pH 改变时，配位数也要改变，从而影响荧光。例如，镓与 2,2-二羟基偶氮苯在 pH 3～4 溶液中形成 1∶1 配合物，能发出荧光；而在 pH 6～7 溶液中则形成非荧光的 1∶2 配合物。在实际应用中，应考虑溶液 pH 对荧光物质的测定的影响。有时，也可以利用这种影响，通过调节溶液的 pH 来产生某种所要求的型体。

4. 荧光猝灭作用

广义地说，荧光猝灭是指任何可使荧光强度降低的现象。这里讨论的荧光猝灭是指荧光物质分子与溶剂分子或其他溶质分子相互作用，引起荧光强度降低的现象。与荧光物质分子相互作用引起荧光强度下降的物质，称为猝灭剂。荧光猝灭的类型很多，大致有如下几种类型。

（1）动态猝灭

动态猝灭要求激发单重态的荧光分子 M^* 与猝灭剂 Q 间相互接触。两者相互碰撞后，激发态分子以非辐射跃迁方式返回基态，产生猝灭作用。这是激发态荧光分子在其寿命期间由于扩散而和猝灭剂之间发生的碰撞猝灭。猝灭速率受扩散控制并与溶液的温度和黏度有关。动态猝灭过程与自发发射过程相竞争从而缩短激发态分子寿命。溶液中荧光分子 M 与猝灭剂 Q 相互碰撞而引起荧光猝灭的最简单情况可表示如下：

(i) $M + h\nu \longrightarrow M^*$　　（吸光过程）

(ii) $M^* \longrightarrow M + h\nu'$　　（荧光过程）

(iii) $M^* + Q \longrightarrow M + Q$　　（猝灭过程）

猝灭机理一般用 Stern-Volmer 方程进行分析：

$$\frac{I_f^0}{I_f} = 1 + k_q\tau_0[Q] = 1 + k_{sv}[Q] \qquad (6.8)$$

式中 I_f^0，I_f 分别表示不存在猝灭剂和猝灭剂浓度为[Q]时的荧光强度；k_q 是猝灭速率常数；τ_0

为不存在猝灭剂时荧光物质的平均荧光寿命；k_{sv} 是 Stern-Volmer 猝灭常数，显然，$k_{sv}=k_q\tau_0$。

温度升高，分子间碰撞概率增大，导致非辐射失活的外转换增加，从而加大猝灭的程度。溶剂黏度减小，同样会增大分子间的碰撞概率，增大碰撞猝灭的程度。

（2）静态猝灭

这是基态的荧光分子 M 与猝灭剂分子 Q 生成非荧光配合物 MQ 的过程，即 $M+Q \rightleftharpoons MQ$，$K=\frac{[MQ]}{[M][Q]}$，由于与荧光分子 M 生成了一种新的不发光的基态配合物，使荧光分子发出的荧光强度降低。基态配合物也可能与荧光物质的基态分子竞争吸收激发光（内滤光效应），从而降低了荧光物质的荧光强度。

静态猝灭过程中荧光强度与猝灭剂浓度之间的关系为

$$\frac{I_f^0}{I_f}=1+K[Q] \tag{6.9}$$

上式与动态猝灭过程所获得的关系式相似，只是在静态猝灭的情况下用配合物的形成常数 K（热力学常数）代替了猝灭常数 k_{sv}（动力学常数）。不过应当指出，只有荧光物质与猝灭剂之间形成 1∶1 配合物的情况下，静态荧光猝灭才符合上述关系式。

（3）动态和静态的联合猝灭

有些情况下，荧光分子与猝灭剂之间不仅能发生动态猝灭，同时又能发生静态猝灭，即动态和静态的联合猝灭。这种情况下实验获得的 Stern-Volmer 图不是一条直线，而是一条向纵坐标轴弯曲的上升曲线。

（4）远程猝灭

分子间没有碰撞也可发生能量转移，这种类型的非辐射去活化叫作远程猝灭或 Förster 猝灭。当荧光给体分子和受体分子相隔的距离远大于给体-受体的碰撞直径时，仍然可以发生从给体到受体的非辐射能量转移。这种非辐射能量转移过程是源于给体和受体间的偶极-偶极作用。当给体的发射光谱与受体的吸收光谱重叠且在重叠波长范围内给体的摩尔吸收系数相当高时，有利于发生远程猝灭。

（5）氧的猝灭作用

氧分子可以说是普遍存在的荧光猝灭剂。它能引起几乎所有的荧光物质产生不同程度的荧光猝灭现象。尤其是对无取代基的芳香化合物的荧光影响较为显著。不过，由于除氧操作麻烦，故在可以满足分析灵敏度要求下，在一般的分析中往往不需要除氧。

（6）荧光物质的自猝灭

在高浓度的荧光物质（浓度超过 $1\ g\cdot L^{-1}$）中，荧光强度因其浓度高而减弱称为自猝灭。自猝灭的原因并不完全一样，最简单的原因是激发态分子在发出荧光之前和未激发的荧光物质分子发生碰撞。此外，还有些荧光物质分子在高浓度溶液中生成二聚体或多聚体，使其吸收光谱发生变化，也会引起荧光的减弱或消失。

综上所述，荧光猝灭作用在荧光分析中降低了被测物的荧光强度，从这个角度看，这种作用在荧光测定中是一种不利的因素。但是，从另一个角度看，人们也可以利用猝灭剂对某一荧光物质的荧光猝灭作用来进行定量分析。一般地说，荧光猝灭法比直接荧光法更为灵敏，并具有更高的选择性。

6.1.6　荧光光谱仪

荧光光谱仪一般由光源、激发单色器、样品池、发射单色器、检测器、信号处理与读出系统组成。光源用来激发被测物，单色器用来分离出所需要的单色光，检测器（光电倍增管）用来把荧光信号转换为电信号。图 6.4 所示为常见的荧光光谱仪的结构示意图。

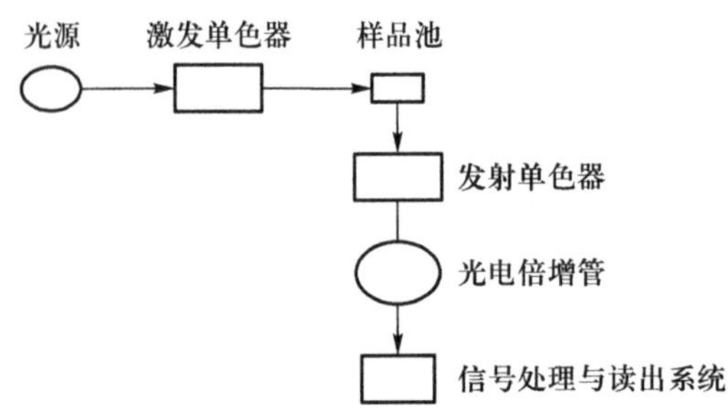

图 6.4　荧光光谱仪的结构示意图

从光源发出的光照射到盛有荧光物质的样品池上，产生荧光，荧光将向四面八方发射。为了消除光源发射的光对荧光检测的影响，通常在与激发光传播方向成 90°的方向上测量荧光。在 90°处进行测量的方法之所以被人们广泛采用，还与通常使用的样品池为矩形有关。在矩形池中以 90°的位置进行测量可使入射光及被测荧光物质均能垂直通过液池壁，这就减少了池壁对入射光及荧光的反射。仪器中的发射单色器的作用是滤去激发光所产生的反射光、溶剂的杂散光和溶液中杂质的荧光，只让被测物的一定波长的荧光通过，然后到达光电倍增管，光信号被转变为电信号，电信号再输入信号处理与读出系统。

1. 光源

光源应具有足够的强度、在所需光谱范围内有连续的光谱、强度与波长无关、稳定性好等特点。由式（6.4）可见，荧光强度与入射光强度成正比，所以光源的强度直接影响测量的灵敏度；而光源的稳定性则直接影响测量的重复性。最常用的光源是氙灯、汞灯。目前激光光源的使用使荧光分析法的应用更为广泛。

（1）氙灯

高压氙灯是目前荧光光谱仪中应用最广泛的一种光源。这种光源是一种短弧气体放电灯，外套为石英，内充氙气，室温时压力为 5×100 kPa，工作时压力约为 20×100 kPa。250～800 nm 波长区域为连续光谱，450 nm 附近有几条锐线。氙灯灯光很强，且在 250～400 nm 波段辐射线强度几乎相等。氙灯需要稳压电源以保证光源的稳定。氙灯无论在平时或在工作时都处于高压之下，存在爆裂的危险，安装时要特别小心。工作者应避免直视光源。氙灯使用寿命一般为 2000 h，长寿命的氙灯一般可使用约 4000 h。

（2）汞灯

汞灯是初期荧光光谱仪的主要激发光源，它利用汞蒸气放电发光，所发射的光谱与灯的汞蒸气压有关，可分为低压汞灯和高压汞灯两种。对于简单的荧光光谱仪，低压汞灯是最常用的光源；在商品荧光光谱仪中所用的汞灯一般为高压汞灯。高压汞灯产生的是强的线状光谱而不是连续光谱，因而不能用在对入射光波长进行扫描的仪器上。荧光分析中激发光常用的是汞的 365 nm 线，其次是 405 nm 线和 436 nm 线，由于大多数荧光化合物可被许多波长的光激发，所以一般至少有一条汞线是合适的。

除了上述两种传统的光源外，还可以用激光光源。正是激光光源的使用，使荧光光谱法成为世界上第一个实现单分子检测的技术手段。但是因为使用激光光源的荧光光谱仪设备复杂、价格昂贵、难以维修，且由于高激发辐照度带来的光解问题等，除了一些特殊用途以外，激光光源目前很少应用于商品荧光光谱仪中。

2. 样品池

荧光分析用的样品池必须用低荧光材料制成，通常用不吸收紫外光的石英材料制成，样品池的四壁均光洁透明，形状以散射光较少的矩形为宜。测定低温荧光时，在石英池外套上一个装有液氮的透明的石英真空瓶，以降低温度。

3. 单色器

较精密的荧光光谱仪均采用光栅做色散元件，有两个单色器，第一个是激发单色器，置于光源和样品池之间，用于选择激发波长；第二个是发射单色器，置于样品池和检测器之间，用于选择荧光发射波长。

4. 检测器

荧光的强度比较弱，因此要求检测器有较高的灵敏度，目前几乎所有的普通荧光光谱仪都采用光电倍增管作为检测器，并使发射单色器和检测器所确定的方向与激发单色器和光源所确定的方向垂直。

6.1.7 荧光分析法的应用

由于能产生荧光的化合物是相当有限的，并且许多化合物几乎在同一波长产生光致发光，所以荧光分析法很少用于定性分析。目前用于定量分析的方法有直接测定法、间接测定法和同步荧光法，其中，直接测定法、间接测定法为荧光分析中最常用的方法。

1. 直接测定法

具有共轭体系的脂肪族和芳香族化合物能产生较强的荧光，可以直接测定。如血液中的维生素 A，用环己烷萃取后，以 345 nm 的光激发，测量 450 nm 处的荧光强度，可得到维生素 A 的含量；3,4-苯并芘是芳香族化合物，在 H_2SO_4 介质中，用 520 nm 的光激发，测量 545 nm 处的荧光强度，可得到其在水中的含量。

（1）标准曲线法

用已知量的标准物质，配制成一系列标准溶液，并在一定的仪器条件下测量这些标准溶液的荧光强度，以荧光强度对标准溶液中被测物浓度绘制标准曲线。然后在相同的仪器条件下，测量样品溶液的荧光强度，从标准曲线上查出样品溶液中被测物的浓度。

（2）直接比较法

如果荧光物质的标准曲线通过原点，就可以选择其线性范围内某一浓度的标准溶液，用直接比较法测量。先配制标准溶液测定其荧光强度 I_s，然后在同样条件下测量样品溶液的荧光强度 I_x，由标准溶液的浓度 c_s 和两个溶液的荧光强度的比值，求出样品溶液中被测物的浓度 c_x，即 $c_x = c_s \dfrac{I_x}{I_s}$。

2. 间接测定法

许多有机物和绝大多数的无机物，或者不发荧光，或者因荧光量子产率很低而只有微弱的荧光，无法进行直接测定，只能采用间接测定的方法。

(1) 荧光衍生法

荧光衍生法是通过某种手段使本身不发荧光的被测物转变为发荧光的另一种物质，再通过测定该物质而测定被测物的方法。荧光衍生法根据采用的衍生反应大致可分为化学衍生法、电化学衍生法和光化学衍生法。其中化学衍生法和光化学衍生法用得较多，尤其是化学衍生法用得最多。许多无机金属离子的荧光测定，一般就是通过它们与金属螯合剂反应生成具有荧光的螯合物之后加以测定的。例如 Al^{3+} 不发荧光，但是它与 8-羟基喹啉所生成的螯合物，会产生绿色荧光。

Al^{3+} + 3 [OH, N] ⟶ Al [O, N, N]$_3$ + $3H^+$

选择 $\lambda_{ex}=520$ nm，测定 $\lambda_{em}=570$ nm 波长处的荧光强度，可定量测定质量浓度范围为 0.002～0.24 $\mu g\cdot mL^{-1}$ 的铝。利用荧光衍生法测定的元素已达 60 余种，如铍、铝、硼、镓、镁及某些稀土元素等。

某些不发光的有机化合物，也可以通过化学衍生法，将它们转化为荧光物质进行测定。例如，维生素 B_1 本身不发荧光，但可在碱性溶液中用铁氰化钾等一些氧化剂将它氧化为发荧光的硫胺荧。又如，甘油三酯是生理化验的一个项目，人体血浆中甘油三酯含量的增高被认为是冠状动脉疾病的一个标志。测定时，首先将其水解，再氧化为甲醛，甲醛与乙酰丙酮及氨反应成为发荧光的 3,5-二乙酰基-1,4-二氢卢剔啶，其激发波长为 405 nm，发射波长为 505 nm，测定质量浓度范围为 400～4000 $\mu g\cdot mL^{-1}$。

(2) 荧光猝灭法

如果被测物本身不发荧光，但却具有能使某种荧光化合物的荧光猝灭的能力，由于荧光猝灭的程度与被测物的浓度有着定量关系，则可以通过荧光化合物荧光强度的下降程度，间接测定该被测物。例如，大多数过渡金属离子与具有荧光性的芳香族配位剂配位后，往往使配位剂的荧光猝灭，从而可间接测定金属离子的浓度。Al^{3+} 与石榴茜素 R 形成的配合物发荧光，以此来测 Al^{3+} 的检出限为 0.007 $\mu g\cdot mL^{-1}$。在 F^- 存在下这一荧光会被猝灭，选择 $\lambda_{ex}=470$ nm，测定波长为 500 nm 处的荧光，测定 F^- 的检出限为 0.001 $\mu g\cdot mL^{-1}$。利用这一方法测定的元素除氟外，还有硫、铁、银、钴、镍等。

3. 同步荧光法

上述常规的荧光测定方法，都是固定发射或激发波长，而扫描另一波长，获得的是两种基本类型的光谱，即激发光谱和发射光谱。而同步荧光法现已常用于分析一些多组分复杂混合物。与常规荧光分析法相比，同步荧光法最大的特点是可同时扫描激发和发射两个单色器的波长，由测得的荧光强度信号与对应的激发波长（或发射波长）构成光谱图，称为同步荧光光谱。

根据激发和发射两种波长在同时扫描过程中彼此间所保持的关系，同步荧光法可分为固定波长同步荧光法、固定能量同步荧光法、可变波长同步荧光法和固定基体同步荧光法四种类型，其中固定波长同步荧光法是最早提出的一种同步扫描技术，即习惯上所说的同步荧光法。这种分析方法要求光谱测量过程中保持 $\Delta\lambda(\lambda_{em}-\lambda_{ex})$ 为常数。同步荧光法具有简化谱图、窄化谱带、提高选择性、减少光散射干扰等特点。图 6.5 是蒽的常规和同步荧光光谱。

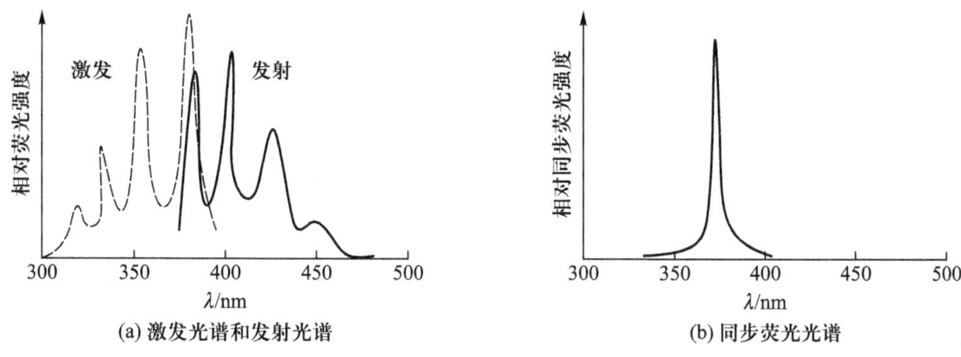

图 6.5 蒽的荧光光谱

在图 6.5(a)中，发射光谱(λ_{ex} = 375 nm)于 378 nm，400 nm，423 nm 及 448 nm 处呈现四个明显的发射带，所覆盖的波长范围为 370～480 nm；激发光谱(λ_{em} = 400 nm)于 375 nm，357 nm，340 nm及 324 nm 处呈现四个吸收带，覆盖的波长范围为 310～385 nm。但保持$\Delta\lambda$ = 3 nm 得到的同步荧光光谱[图 6.5(b)]只呈现一个位于 375 nm 处的同步荧光峰。这就使光谱简化和光谱波长范围缩小，虽然损失了其他光谱带所包含的信息，对光谱学的研究不利，但可免除其他光谱带所引起的干扰，对测定还是有利的。

在同步荧光测量过程中，$\Delta\lambda$ 的选择十分重要，它直接影响同步荧光光谱的形状、带宽和信号强度。在可能的条件下，选择等于斯托克斯位移的$\Delta\lambda$ 值是有利的，将获得信号最强、峰最窄的光谱图。但$\Delta\lambda$ 的最终选择还是要通过实验确认。

6.2 磷光分析法

磷光和荧光都是光致发光。磷光的产生伴随着电子自旋多重态的改变，并且磷光在激发光消失后还可以在一定时间内观察到。但对于荧光，电子能量的转移不涉及电子自旋的改变，激发光消失，荧光消失。任何发射磷光的物质也都具有两个特征光谱，即磷光激发光谱和磷光发射光谱。其定量分析的依据是在一定的条件下磷光强度与磷光物质浓度成正比。在仪器和应用方面磷光法与荧光法也是相似的。

6.2.1 磷光分析法原理

1. 磷光的特点

磷光是分子由第一激发单重态 S_1 的最低振动能级，经体系间交叉跃迁到第一激发三重态 T_1，并经振动弛豫至最低振动能级，然后跃迁到基态时所发射的光。磷光与荧光的不同点如下所述。

① 磷光辐射的波长比荧光长。这是因为分子的激发三重态(T_1)的能量比单重态(S_1)的低。

② 磷光的寿命比荧光的长。因为荧光是 $S_1 \rightarrow S_0$ 跃迁产生的,这种跃迁不涉及电子自旋方向的改变,容易发生,是自旋允许的跃迁,因而这种跃迁通常为 $10^{-9} \sim 10^{-7}$ s;磷光是 $T_1 \rightarrow S_0$ 跃迁产生的,这种跃迁要求电子自旋反转,属于自旋禁阻的跃迁,这种跃迁通常为 $10^{-4} \sim 10$ s。所以,当关闭激发光源后,荧光基本上瞬间消失,而磷光还可持续一段时间。

③ 重原子和顺磁性离子对磷光的寿命和辐射强度有很大影响。

2. 低温磷光

当分子处于 T_1 态时,使激发态分子发生 $T_1 \rightarrow S_0$ 跃迁发射磷光的速度很慢,需要 $10^{-4} \sim 10$ s,所以非辐射去活化过程的概率增大,使磷光强度减弱,甚至完全消失。因此,在室温下很少观察到溶液中的磷光。为了获得比较强的磷光,通常应在低温下测量磷光。

当溶解在有机溶剂中的样品处于液氮温度(77 K)下时,则许多基质形成刚性玻璃体。使振动耦合和碰撞等非辐射去活化过程的概率降低,使处于激发三重态的分子可发射强的磷光。一般来说,大多数具有共轭体系的环状化合物在低温下都会发出较强的磷光。

3. 室温磷光

一般情况下,室温下溶液中磷光物质发射的磷光很弱,而低温荧光要求在冷冻条件下进行测量。为了在室温下测量磷光,可采用下列办法。

(1) 固体室温磷光法

将测定的物质吸附在固体(载体)上,若能将被测物牢固地束缚在表面基质上,则可增加刚性,降低激发三重态非辐射去活化过程的概率。用得较多的载体有滤纸、硅胶、氧化铝和玻璃纤维等。

(2) 胶束缔合物室温磷光法

在试液中加入适当的表面活化剂,使其与被测物形成胶束缔合物,以增加被测物的刚性,减少因碰撞引起的去活化过程,从而可在溶液中测量室温磷光。例如,在含有表面活性剂十二烷基磺酸钠的溶液中,加入重原子 Tl 或 Pb,用化学法除氧,可测定 $10^{-7} \sim 10^{-6}$ mol · L^{-1} 的萘、芘和联苯等。由此例可看出,采用胶束缔合物室温磷光法时,一般应加入重原子,并除氧。

(3) 敏化室温磷光法

在敏化室温磷光法测量中,弱或不发磷光的被测物(给体)被激发后把它的三重态能量转移到具有良好磷光量子产率的一个受体的三重态上,然后测量受体产生的磷光信号。良好的受体有溴代萘和丁二酮,它们即使在室温的溶液中也能发射较强的磷光。

4. 重原子效应

如 6.1.4 节所述,在含有重原子的溶剂(如碘甲烷、碘乙烷等)中或在磷光物质中引入重原子取代基都可以增强磷光物质的磷光强度。利用重原子效应是提高磷光分析法灵敏度简单而有效的办法。

6.2.2 磷光光谱仪

磷光光谱仪同荧光光谱仪基本相同，主要区别在于前者在光谱仪上装有特殊样品池（图 6.6）。样品池由样品管、杜瓦瓶和磷光镜组成。杜瓦瓶是一个装有液氮的石英瓶，样品管放在杜瓦瓶中，这样样品被液氮冷却，可在低温下测磷光。磷光镜实际上由切光器和电动机组成，有转筒式和转盘式两种类型。电动机带动切光器旋转，此切光器可同时控制两个光路，让一个光路开通，另一个断开，即交替切断光路，使来自激发器的激发光交替照射样品，而由样品发射的光也交替地到达发射单色器。当激发光照射样品时，可将被测物激发到高能级，这时样品池与发射单色器间的光路被切断，磷光、散射光和荧光信号都不能进入检测器；而当激发光单色器与样品池间的光路被切断时，光不照射样品，荧光和反射光随即消失，而磷光寿命长，所以磷光可到达检测器。

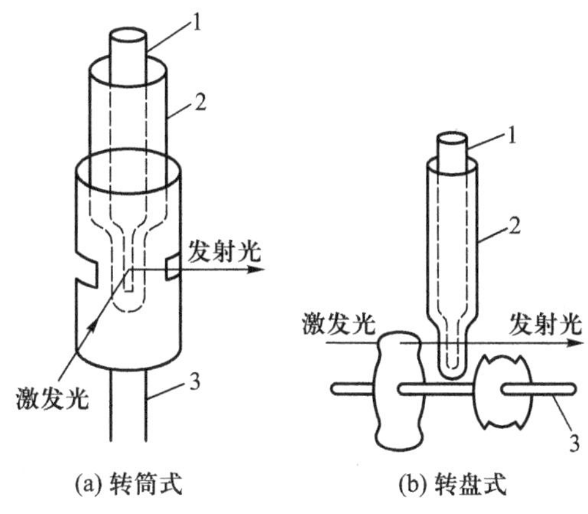

1—样品管; 2—杜瓦瓶; 3—磷光镜

图 6.6 磷光光谱仪样品池

6.2.3 磷光分析法的应用

磷光分析法的应用远不如荧光分析法普遍，这主要是因为能产生磷光的物质数量少且测量磷光时 般需要在液氮条件下进行。磷光分析法主要用于测量有机物和生物物质，如核酸、氨基酸、石油产物、多环芳烃、农药、医药、生物碱及植物生长激素等。

6.3 化学发光分析法

前述的荧光与磷光分析法均为光致发光，而化学发光是指由化学反应产生能量来激发分子，而此分子由激发态回到基态时发射光。根据化学发光的强度测定物质含量的分析方法叫作化学发光分析法。

6.3.1 基本原理

1. 化学发光反应的基本条件

化学反应要产生化学发光现象,必须满足以下条件:① 该反应必须提供足够的激发能,即生成激发态分子的效率足够高;② 化学反应的能量至少能被一种分子吸收生成激发态;③ 处于激发态的分子必须具有一定的化学发光量子产率,或者能将能量转移给另一个分子使之激发并释放出光子。

化学发光量子产率 ϕ_{CL} 为

$$\phi_{CL}=\frac{发射光子数}{反应分子数}$$

即

$$\phi_{CL}=\phi_{C}\cdot\phi_{L} \tag{6.10}$$

式中 $\phi_{C}=\dfrac{激发态分子数}{反应分子数}$;$\phi_{L}=\dfrac{发射光子数}{激发态分子数}$。

2. 化学发光强度与反应物浓度的关系

化学发光反应一般可表示为

$$A+B\longrightarrow C^{*}+D \qquad C^{*}\longrightarrow C^{*}+h\nu$$

C^{*} 为反应产物 C 的激发态;$h\nu$ 为发射的光子。

化学发光反应的发光强度(单位时间发射的光子数)取决于单位时间内参加化学反应分子数 n_{A} 的变化和反应的化学发光量子产率 ϕ_{CL}。若反应物 B 的浓度恒定,则

$$I_{CL}(t)=-\phi_{CL}\cdot\frac{dn_{A}}{dt}=-\phi_{CL}\cdot\frac{dc_{A}V}{dt} \tag{6.11}$$

式中 $I_{CL}(t)$ 表示 t 时刻的化学发光强度;V 为反应体积;c_{A} 为反应物浓度。若反应体积不变,则上式可写为

$$I_{CL}(t)\,dt=-V\phi_{CL}dc_{A} \tag{6.12}$$

如果积分发光强度用 I_{CL} 表示,即 I_{CL} 为从化学反应开始($t=0,c_{A}=c_{0}$)至反应完全($t=\tau,c_{A}=0$)区间内的积分强度,则

$$I_{CL}=\int_{0}^{\tau}I_{CL}(t)\,dt=-V\phi_{CL}\int_{c_0}^{0}dc_{A}$$

$$I_{CL}=V\phi_{CL}c_{0}=Kc_{0} \tag{6.13}$$

可见,在合适的条件下,化学发光强度与被测物的浓度成正比。

6.3.2 化学发光反应的主要类型

1. 自身化学发光反应

被测物质作为反应物直接参加化学反应,利用自身化学反应释放的能量激发产物分子产生光辐射,称为自身化学发光反应,可用反应式表示为

$$A + B \longrightarrow C^* + D \qquad C^* \longrightarrow C + h\nu$$

这类化学发光反应最多、最普遍。

2. 敏化化学发光反应

敏化化学发光是指在某些化学反应中由于激发态产物本身不发光或发光十分微弱，但通过加入某种荧光剂（能量接受体）可导致发光。反应式为

$$A + B \longrightarrow C^* + D \qquad \text{激发步骤}$$
$$F + C^* \longrightarrow F^* + C \qquad \text{能量转移过程}$$
$$F^* \longrightarrow F + h\nu \qquad \text{发光步骤}$$

式中 C^* 为能量给予体；F 为能量接受体。这是一类间接化学发光，弥补了自身化学发光荧光量子产率低的不足，具有广泛的用途。常用的能量接受体有罗丹明 6G、荧光素、曙红 Y、吖啶橙、维生素 B_2、烟鲁绿 B 和酚藏红花等。

例如，罗丹明 6G-抗坏血酸-铈(Ⅳ)体系测定抗坏血酸就属于这一类型，其中罗丹明 6G 为发光能量接受体：

$$\text{抗坏血酸} + Ce(\text{Ⅳ}) \longrightarrow A^* + Ce(\text{Ⅲ})$$
$$A^* + \text{罗丹明 6G} \longrightarrow \text{罗丹明6G}^* + B$$
$$\text{罗丹明6G}^* \longrightarrow \text{罗丹明 6G} + h\nu$$

抗坏血酸被 Ce(Ⅳ)氧化时吸收反应产生的化学能，形成受激中间体 A^*，而 A^* 又迅速将能量转移给罗丹明 6G，并使罗丹明 6G 分子激发，处于激发态的罗丹明 $6G^*$ 分子回到基态时，发射出光子。

3. 偶合化学发光反应

偶合化学发光反应是将一个化学反应与一个化学发光反应进行偶合。

化学反应 $\qquad A + B = C$

化学发光反应 $\qquad C + D \longrightarrow E^* + F \qquad E^* \longrightarrow G + h\nu$

在临床化学中，许多酶促反应都能同化学发光反应相偶合，可用于血液或其他组织中某些成分的测定。

4. 光解化学发光反应

光解化学发光是指化学物质在强光照射下分裂成分子碎片，这些分子碎片发生化学反应时发射光。光解表示反应的历程为

$$A + h\nu_1 \longrightarrow B^* + C$$
$$B^* + C \longrightarrow A^* \longrightarrow A + h\nu_2$$

例如，二氧化氮的光解化学发光机理可表示为

$$NO_2 + h\nu_1 \longrightarrow NO^* + O \qquad NO^* + O \longrightarrow NO_2^* \longrightarrow NO_2 + h\nu_2$$

5. 火焰化学发光反应

一般化合物在高温下成为气态分子碎片，这些气态分子碎片（如 A 和 B）间发生化学反应时发射光，这一化学反应称为火焰化学发光反应：

$$A + B \longrightarrow C^* \qquad C^* \longrightarrow C + h\nu$$

火焰化学发光必须在专门的元素火焰化学发光检测仪上进行。火焰化学发光反应多用于大气中硫、氮、磷等污染物的监测。

6. 电致化学发光反应

电致化学发光是指电解的氧化还原产物之间或与体系中某种组分进行化学反应所发射的光。当电极施加正、负电位时，分子 A 在正电位下被氧化为 A^+：

$$A \Longrightarrow A^+ + e^-$$

在负电位下被还原为 A^-：

$$A + e^- \Longrightarrow A^-$$

A^+与 A^-反应生成激发态的 A^*，并产生化学发光：

$$A^+ + A^- \longrightarrow A^* + A$$

$$A^* \longrightarrow A + h\nu$$

如果体系中同时含有还原性（Red）或氧化性（Ox）物质时，仅在工作电极上施加正电位或负电位便可生成激发态的 A^* 而发光：

$$A \Longrightarrow A^+ + e^- (\text{或 } A + e^- \Longrightarrow A^-)$$

$$A^+ + \text{Red} \longrightarrow A^* + \text{Ox} (\text{或 } A^- + \text{Ox} \longrightarrow A^* + \text{Red})$$

$$A^* \longrightarrow A + h\nu$$

6.3.3　常见的化学发光试剂

化学发光试剂是化学发光分析的基础。研究、开发和合成化学发光量子产率高的化学发光试剂，对提高化学发光分析的灵敏度和扩大其应用范围十分重要。

1. 鲁米诺

鲁米诺是化学发光分析中研究和应用最多的试剂之一。以鲁米诺的化学发光反应为基础测定的化合物有许多氧化剂，如 Cl_2，H_2O_2，O_2，MnO_4^- 等。产生化学发光时的量子产率在 0.01～0.05，在水介质中，最大发射波长为 425 nm。

鲁米诺在碱性溶液中整个反应历程可表示为

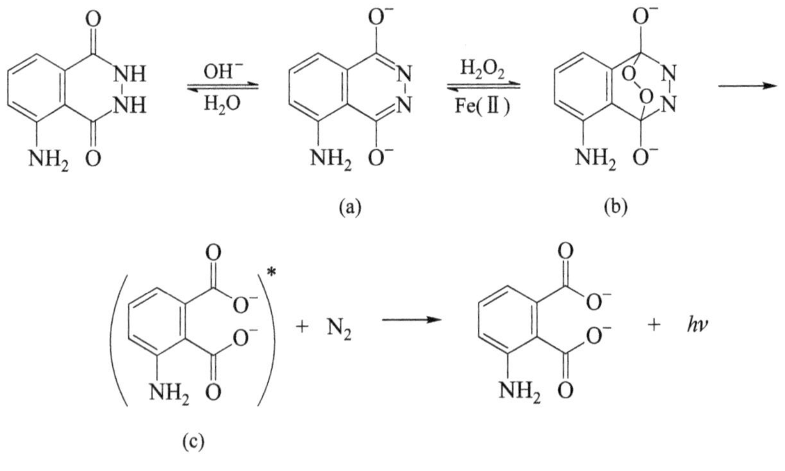

关键的中间体为与氧化剂 H_2O_2 作用生成的不稳定的跨环过氧化物（b），此中间体分解的唯一结果是产生激发态而获得发射光。利用该发光反应可检测低至 10^{-9} mol·L^{-1} 的 H_2O_2。近年来，人们合成了一些选择性较好的以及发光量子产率较高的异鲁米诺，并将其用

作标记试剂。如将合成的异硫氰酸鲁米诺标记到酵母 RNA 上，通过离心和透析分离后，进行化学发光测定。随着鲁米诺及其衍生物研究的深入，这类发光试剂的灵敏度将会得到更大的提高，结合标记技术，它们在氨基酸、肽及蛋白质等生化物质分析方面将有更广阔的应用前景。

2. 吖啶衍生物

光泽精是一种吖啶衍生物，是最常见的化学发光试剂之一。它的化学发光反应式为

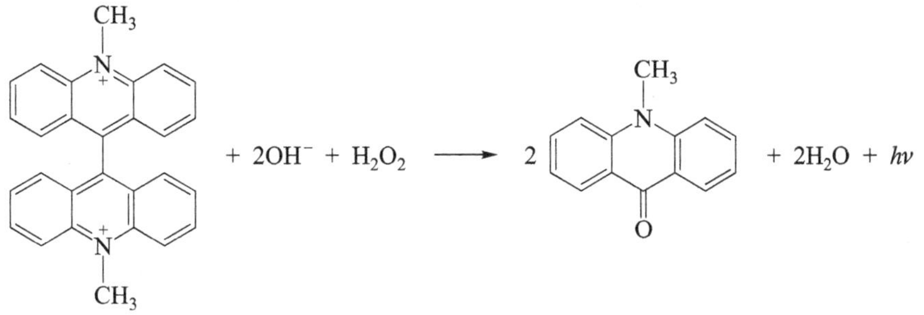

$$\text{光泽精} + 2OH^- + H_2O_2 \longrightarrow 2\,\text{N-甲基吖啶酮} + 2H_2O + h\nu$$

在碱性条件下光泽精可被氧化而发出波长为 470 nm 的光，与鲁米诺一样具有较高的化学发光量子产率，为 0.01～0.02。

3. 过氧草酸盐类

过氧草酸盐类物质自身并不发光，其化学发光为敏化化学发光，化学发光反应可能是芳香草酸酯通过过氧化氢的氧化作用，形成高能量的中间产物 1,2-二氧杂环丁烷二酮：

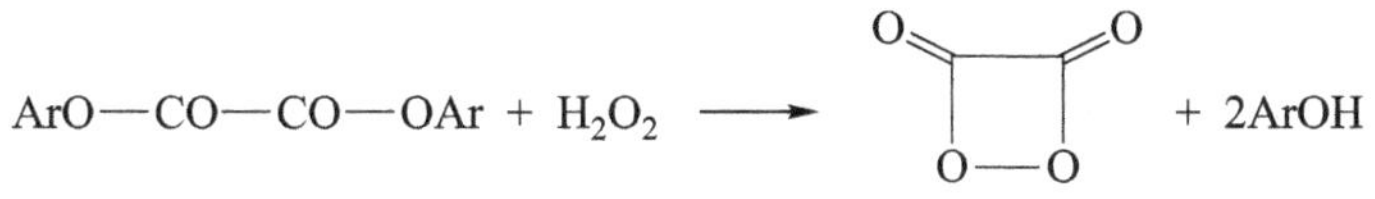

$$ArO—CO—CO—OAr + H_2O_2 \longrightarrow \text{1,2-二氧杂环丁烷二酮} + 2ArOH$$

1,2-二氧杂环丁烷二酮可看成被测物的化学激发源，它与被测物反应并使被测物激发发光。

与鲁米诺相比，过氧草酸盐化学反应的发光效率高，可达到 27%，且在较宽的酸度范围内（pH 4～10）都能发光。但是过氧草酸盐本身难溶于水，这限制了它的应用。

4. 多羟基化合物

多羟基化合物，如没食子酸、焦性没食子酸、苏木色精、桑色素、槲皮素等都可以作为化学发光试剂。如没食子酸（3,4,5-三羟基苯甲酸）和焦性没食子酸等在碱性介质中被 H_2O_2 或 O_2 氧化时有化学发光现象，发出蓝色（475～505 nm）和红色（643 nm）两种光。微量金属离子，如 Co(Ⅱ)，Mn(Ⅱ)，Cd(Ⅱ)，Pb(Ⅱ)等对这一反应有催化作用，据此可以测定这些金属离子。用没食子酸发光体系测定甲醛，发现微量甲醛的存在使没食子酸-H_2O_2 反应的化学发光强度大大提高，且与甲醛含量呈线性关系，因此该发光体系为水中微量甲醛的测定提供了一种灵敏而方便的方法，检出限可达 $1.0\times10^{-8}\ mol\cdot L^{-1}$。

6.3.4 化学发光分析的测量仪器

化学发光分析的测量仪器主要包括样品室、光检测器、放大器和信号显示记录系统，如图 6.7 所示。不需要光源，一般也不需要分光系统，信号随时间增加而增大，达到最大后开始下降。通常积分信号是在固定时间段的信号-时间积分值，定量分析可用积分信号或峰高信号。

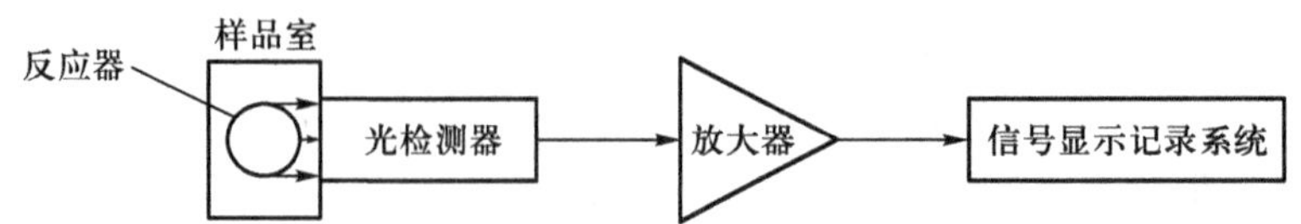

图 6.7　化学发光分析测量仪器结构示意图

在样品室中，当样品与有关试剂在反应器中混合后，化学发光反应立即发生，从反应器产生的化学发光直接进入检测系统进行光电转换，再通过放大器处理输出信号。在样品与有关试剂混合过程中应立即测定信号强度，否则就会造成光信号的损失。由于化学发光反应的这一特点，样品与试剂混合方式的重复性就成为影响分析结果精密度的主要因素。按照进样方式划分，有分立取样式和流动注射式两种发光分析仪。

1. 分立取样式化学发光分析仪

分立取样式化学发光分析仪是一种在静态下测量化学发光信号的装置。利用移液管或注射器先将样品与试剂加入储液管中，然后使样品与试剂同时注入样品室的反应器中混合均匀。

分立式仪器具有简单、灵敏度高的特点，还可用于反应动力学的研究。但手动进样重复性差，测量的精密度不高，且难以实现自动化。

2. 流动注射式化学发光分析仪

流动注射分析是一种自动化溶液分析方法。把一定体积的液体（几十到几百微升）样品注射到一个流动着的、无空气间隔的、由适当液体组成的载流中，样品被载带到反应器中，在此与由另一流路引入的反应试剂反应发光，再连续地记录其信号强度。采用流动注射式进样，可以准确地控制样品及有关反应试剂的体积，并可以选择样品准确进入反应器的时间，使其与反应试剂进入反应器的时间一致。该方法得到了比分立式发光分析法更高的灵敏度和精密度。

6.3.5　化学发光分析法的特点和应用

化学发光分析法具有以下特点：① 灵敏度高，检出限可达 10^{-15} mol · L^{-1}；② 线性范围宽，一般可达 4~5 个数量级；③ 设备简单，不需要光源及单色器；④ 操作方便，易实现自动化。

化学发光分析法可测定的金属离子和其他无机组分可达 30 多种，涉及的分析样品极为广泛。其中，利用金属离子对化学发光反应的催化作用测定无机物的研究报道最多；利用被测无机组分的氧化作用或对化学发光反应的抑制作用或利用偶合反应测定无机物的研究也有报道。所用的发光试剂以鲁米诺最多，采用的分析手段以流动注射分析为主，或与其他技术联用，其中以毛细管电泳-化学发光联用技术最为引人注目。

相对于无机物的化学发光分析，有机物的化学发光分析难度比较大。一般通过三种途径实现化学发光分析：一是有机物作为发光试剂参与化学发光反应直接被测定；二是作为反应物（不是发光试剂）、敏化剂、猝灭剂、能量接受体等间接被测定；三是通过酶促反应的产物与发光反应偶合间接被测定。有机物及药物的化学发光分析一般都要结合分离技术，如高效液相色谱-化学发光法等。

近年来，活性氧在生物学和生物医学等领域中备受关注，自由基参与的各种发病机理研究越来越受到重视。黄嘌呤氧化酶在氧存在下，催化底物黄嘌呤发生氧化反应产生 O_2^-，O_2^- 进一步与鲁米诺反应产生化学发光。机体内的超氧歧化酶能消除 O_2^-，所以抑制了鲁米诺的发光，利用此原理可间接测定超氧歧化酶。

化学发光免疫分析是目前研究十分活跃的领域，它以发光试剂标记或酶标记进行测定，使其灵敏度可以赶上或超过放射免疫分析。例如，将发光免疫试剂 N-(β-羟基丙酰基)异鲁米诺标记羊抗原抗体，并基于 $K_3Fe(CN)_6$-H_2O_2-Co(Ⅱ)发光体系可测定 8.75×10^{-13} mol·L^{-1} 的标记抗体。

化学发光分析技术以其分析快速、操作简单、无放射性污染等特点在核酸杂交分析中受到关注。例如，吖啶酯类衍生物可以直接标记在核酸探针上，以它作标记物不需催化剂，标记反应不影响其发光量子产率，并可选择性地分解标记物，产生化学发光，而吖啶酯类衍生物的发光可因其中的苯酚水解而完全猝灭。因此在一定条件下，可以用化学方法将未杂交的吖啶酯水解而破坏，而探针中的吖啶酯因插入碱基对中而受到保护。

参考文献

[1] 许金钩，王尊本.荧光分析法.北京：科学出版社，2006.

[2] 张华山，王红，赵媛媛.分子探针与检测试剂.北京：科学出版社，2002.

[3] 曾泳淮.分析化学(仪器分析部分).3 版.北京：高等教育出版社，2010.

习题

6.1 用荧光分析法测定复方炔诺酮片中炔雌醇的含量时，取药 20 片(每片含炔雌醇应为 31.50~38.50 μg)，研细溶于无水乙醇中，稀释至 250.00 mL，过滤，取滤液 5.00 mL，稀释至 10.00 mL，得到的分析溶液在激发波长 285 nm 和发射波长 307 nm 处测量荧光强度。炔雌醇的标准乙醇溶液(1.40 μg·mL^{-1})在同样测定条件下荧光强度为 65，则合格药片的荧光强度应在什么范围内？

6.2 用酸处理 1.00 g 谷物样品，分离出核黄素，加入少量 $KMnO_4$，将核黄素氧化，过量的 $KMnO_4$ 用 H_2O_2 除去。将此溶液移入 50.00 mL 容量瓶中，稀释至刻度。移取 25.00 mL 放入样品池中测量荧光强度，测得氧化液的读数为 5.0 格。加入少量连二亚硫酸钠($Na_2S_2O_4$)，使氧化态核黄素(无荧光)重新转化为核黄素，这时读数为 58 格。在另一样品池中重新加入 24.00 mL 被氧化的核黄素溶液以及 1.00 mL 0.80 μg·mL^{-1} 核黄素标准溶液，这一溶液的读数为 90 格，计算样品中核黄素的含量(μg·g^{-1})。

6.3 烟酰胺腺嘌呤双核苷酸(NADH)的还原态是一种重要的强发荧光辅酶，其最大激发波长为 340 nm，最大发射波长为 365 nm，用荧光光谱仪测得一系列 NADH 标准溶液的相对荧光强度值如下所示：

$\frac{\text{NADH 浓度}}{\mu mol \cdot L^{-1}}$	0.100	0.200	0.300	0.400	0.500	0.600	0.700	0.800
相对荧光强度	13.0	24.6	37.9	49.0	59.7	71.2	83.5	95.1

写出回归方程，并计算相对荧光强度为 42.3 时未知样品中 NADH 的浓度。

6.4　说明荧光波长通常比激发光波长长的原因。

6.5　简述分子荧光光谱仪的主要结构。

6.6　哪些环境因素会影响荧光波长和荧光强度？

6.7　如何利用荧光分析方法测定溶液中 Al^{3+} 的含量？

6.8　通常情况下，物质荧光强度会随温度降低而增强，为什么？

6.9　当溶剂由苯变为乙醚时，萘产生的荧光波长会发生红移还是蓝移？为什么？

6.10　叙述荧光分析法中，检测器在与激发光成 90°的方向检测的优越性。

6.11　通过两种氨基酸的化学结构，是否可以不经实验判断其荧光强度的大小顺序？

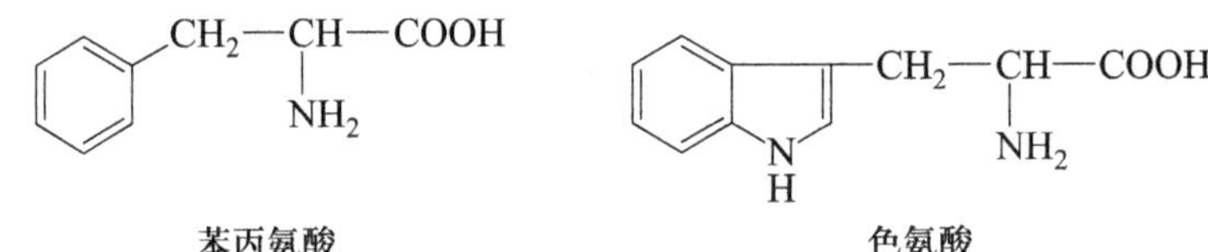

6.12　按荧光强弱顺序排列下列化合物并解释原因。

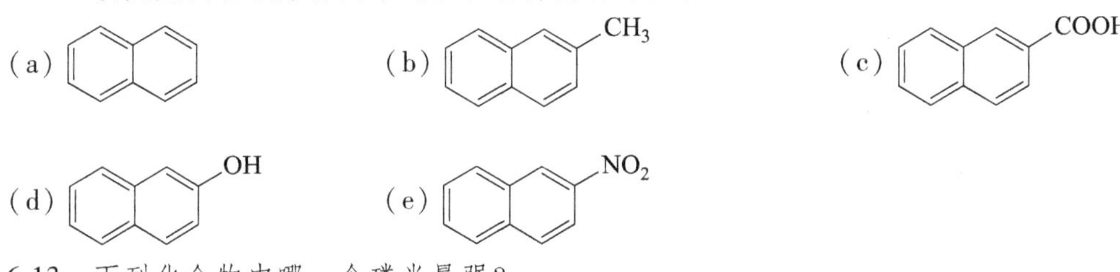

6.13　下列化合物中哪一个磷光最强？

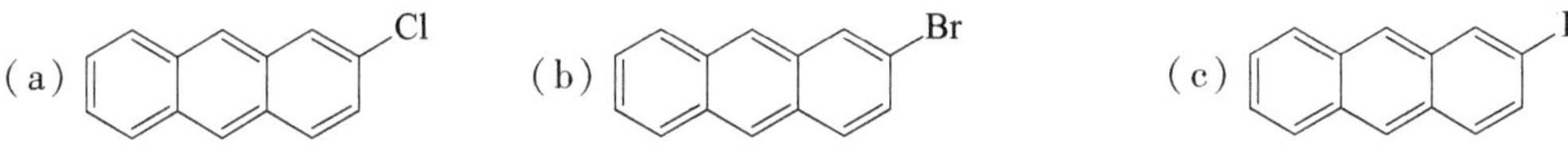

6.14　什么是同步荧光分析法？该分析法的特点是什么？

6.15　发生化学发光要满足哪些条件？

6.16　为什么原子吸收光谱法用线光源（如空心阴极灯），而在分子荧光光谱法中可用连续光源（如氙灯）？

6.17　请从分子结构角度分析荧光与磷光产生的机理有什么不同。

6.18　分子荧光光谱仪为什么有两个单色器，这两个单色器的作用分别是什么？

习题参考答案

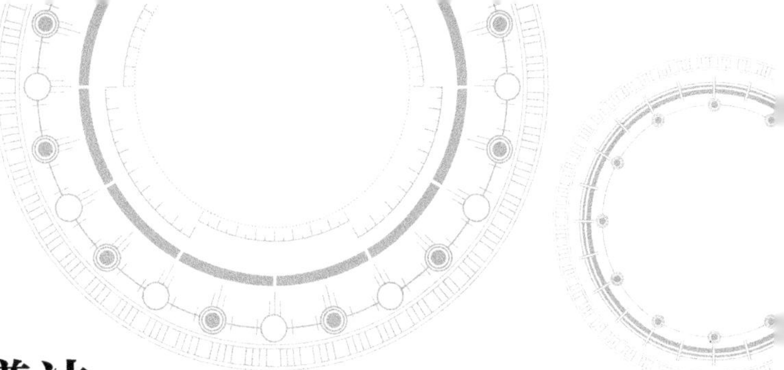

第七章

红外吸收和拉曼光谱法

红外吸收光谱法和拉曼光谱法是利用分子振动及转动能级的跃迁产生的特征光谱，进行定量、定性和结构分析的两种重要光谱分析法。红外吸收光谱法是根据物质对红外光的吸收特性而建立起来的一种分析方法，拉曼光谱法是根据光通过物质时发生的拉曼散射现象而获得物质化学组成和结构信息的一种分析方法。由于拉曼谱线的数目、位移和强度均与物质分子振动和转动能级有关，因此在物质的结构鉴定、化学组成研究及化学反应机理研究等方面，拉曼光谱法与红外吸收光谱法作为两种有效的研究手段得到了广泛的应用。

红外吸收光谱是一种分子吸收光谱，与紫外-可见吸收光谱一样，呈现出带状光谱，可在不同波长范围内显示出物质分子中各种官能团的特征吸收峰。基于二者建立的吸收光谱法主要不同之处见表 7.1。

表 7.1　红外吸收光谱法与紫外-可见吸收光谱法的比较

项目	红外吸收光谱法	紫外-可见吸收光谱法
跃迁类型	振动跃迁	电子跃迁
谱带形状	振动带不合并，一般转动精细结构消失	电子带不合并，一般振动、转动精细结构变得模糊或消失
谱带强度	$\varepsilon_{max}=10^2\sim10^3\ L\cdot mol^{-1}\cdot cm^{-1}$	$\varepsilon_{max}=10^4\sim10^5\ L\cdot mol^{-1}\cdot cm^{-1}$
光源	硅碳棒、能斯特灯	卤钨灯、氘灯
波长选择器	干涉仪、光栅	光栅
检测器	热电偶、热释电、光导型	光电倍增管
应用	主要是定性分析，其次是定量分析	主要是定量分析，其次是定性分析
被测物	几乎所有有机物	共轭有机分子

7.1 基本原理

7.1.1 红外吸收光谱

红外光的能量低于紫外光和可见光的能量，当红外光照射样品时，其能量不能引起分子中电子能级的跃迁，而只能引起分子振动能级和转动能级的跃迁。由分子的振动能级和转动能级跃迁产生的吸收光谱称为红外吸收光谱。红外光区可分为近红外光区、中红外光区和远红外光区三个区域，如表 7.2 所示。

表 7.2 红外光区的划分

区域	$\lambda/\mu m$	σ/cm^{-1}	ν/Hz
近红外	0.78～2.5	13333～4000	$3.8\times10^{14}\sim1.2\times10^{14}$
中红外	2.5～50	4000～200	$1.2\times10^{14}\sim6.0\times10^{12}$
远红外	50～1000	200～10	$6.0\times10^{12}\sim3.0\times10^{11}$
最常用	2.5～15	4000～667	$1.2\times10^{14}\sim2.0\times10^{13}$

大多数物质分子的振动基频峰主要都集中在中红外光区，基频峰是最强的，所以这一光区在红外吸收光谱分析中应用最广。一般说的红外吸收光谱就是指中红外吸收光谱。如图 7.1所示，红外吸收光谱图一般是以透光度 T 为纵坐标标度，以波数 $\sigma(cm^{-1})$ 为横坐标标度绘制得到的吸收曲线，它反映了物质对不同波长红外光吸收的情况。虽然也可以吸光度

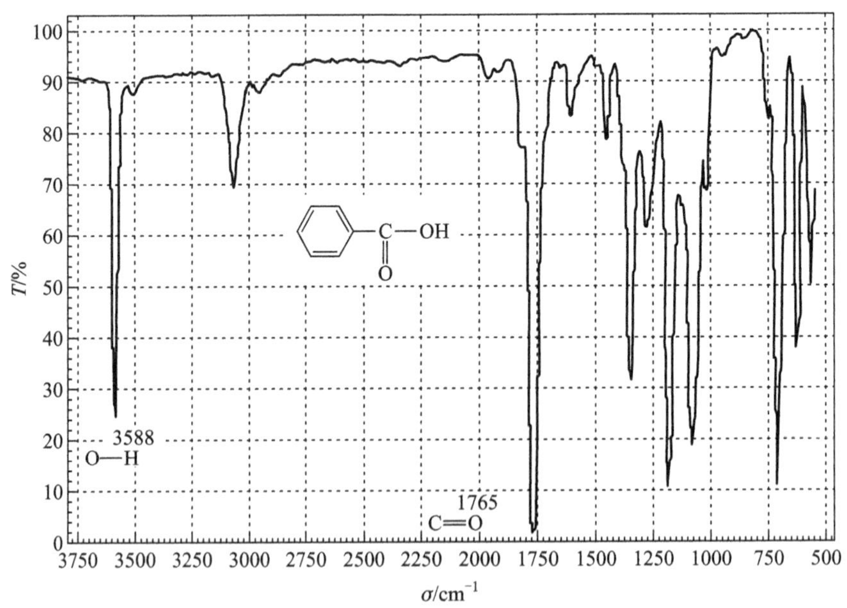

图 7.1 典型的红外吸收光谱图

为纵坐标标度，以波长为横坐标标度，但现在一般以透光度和波数分别为纵坐标和横坐标标度。虽然能量与频率成正比，但用频率作为标度时，数字太大，不方便，而波数与频率成正比，所以用波数作横坐标标度，且易与拉曼光谱进行比较。以波数作标度时，单位为 cm^{-1}，但人们有时将以 cm^{-1} 为单位的波数称为频率。如 HF 的伸缩振动吸收峰在 4185 cm^{-1}，常说成 HF 的伸缩振动频率为 4185 cm^{-1}。紫外-可见吸收光谱法主要用于定量分析，所以纵坐标标度用吸光度方便，而红外吸收光谱主要用于定性和结构分析，习惯上用透光度。

7.1.2 产生红外吸收的条件

红外吸收光谱是由分子振动（同时伴随着转动）能级的跃迁产生的，但并不是所有的振动能级跃迁都会吸收红外光，产生红外吸收光谱。只有满足以下两个条件，物质分子才能产生红外吸收：

① $\Delta E_v = h\nu$，即照射光的能量（$h\nu$）与分子振动能级间能量差（ΔE_v）正好相等时，物质分子才会吸收红外光；

② $\Delta\mu \neq 0$，即分子偶极矩（μ）发生变化的振动才会产生红外吸收。偶极矩是表征分子极性大小的一个参数，等于正、负电荷中心距离（L）与电荷量（Q）的乘积：

$$\mu = QL$$

偶极矩变化的分子振动是红外活性的振动，反之，则是非红外活性的振动。对于单原子或具有两个相同原子的双原子分子（如 He，Ar，O_2，N_2，H_2 等）的振动，其偶极矩变化为 0，是非红外活性的。CO_2 分子是一个中心对称分子，其永久偶极矩为 0，但其振动时偶极矩发生变化，如图 7.2 所示，故有红外吸收。对于多原子分子，若分子有对称中心，如乙烯的对称中心位于 C═C 键的正中央，苯的对称中心是苯环六边形的中心，则使分子失去对称中心的振动是红外活性的；而对称中心仍保持着的振动为非红外活性的。

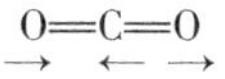

$$\underset{\rightarrow}{O}{=}\underset{\leftarrow}{C}{=}\underset{\rightarrow}{O}$$

图 7.2 CO_2 的不对称伸缩振动

7.1.3 双原子分子的振动

由经典力学原理可知，对于一个弹簧振子的简谐振动，物体所受的弹性力 f 与弹簧的伸长即物体对平衡位置的位移 x 的关系是 $f = -kx$，k 是力常数，负号表示力与位移的方向相反。如果物体在平衡位置时的势能为 0，则物体的势能为 $E = \frac{1}{2}kx^2$。物体的机械振动频率 $\left(\nu_{机} = \frac{1}{2\pi}\sqrt{\frac{k}{m}}\right)$ 为物体的固有频率。

对于双原子分子，可把两个原子看成质量分别是 m_1 和 m_2 的两个刚性小球，两球之间的化学键可以看作一个没有质量的弹簧，如图 7.3 所示。同样可得到双原子分子的机械振动频率 $\nu_{机} = \frac{1}{2\pi}\sqrt{\frac{k}{\mu'}}$，$\mu'$是两原子的折合质量，$\mu' = \frac{m_1 m_2}{m_1 + m_2}$。

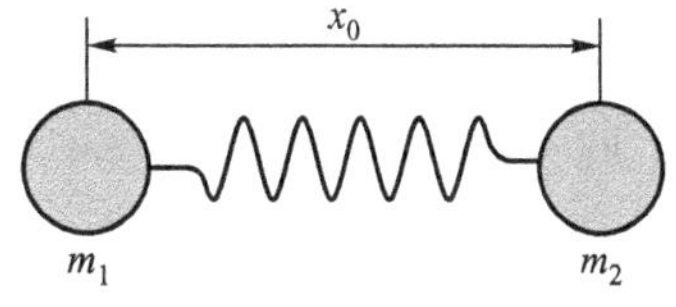

图 7.3 双原子分子振动模型

虽然将经典力学用于双原子分子的简谐振动可得到振动的频率,但原子、分子是微观粒子,它们的运动应用量子力学来描述才是合适的。对于双原子分子的简谐振动,量子力学证明,分子振动的能量是量子化的,可用振动量子数 v 来描述:

$$E_v = \left(v + \frac{1}{2}\right)\frac{h}{2\pi}\sqrt{\frac{k}{\mu'}} \tag{7.1}$$

式中 k 为化学键的力常数;v 为振动量子数,$v=0,1,2,\cdots$。

振动跃迁的选律为 $\Delta v = \pm1$,即一般分子吸收红外光主要属于基态($v = 0$)到第一振动激发态($v = 1$)之间的跃迁。当光照射分子时,$E_1 - E_0 = \Delta E_v = h\nu$,由式(7.1)可知

$$h\nu = \Delta E_v = E_1 - E_0 = \left(1 + \frac{1}{2}\right)\frac{h}{2\pi}\sqrt{\frac{k}{\mu'}} - \left(0 + \frac{1}{2}\right)\frac{h}{2\pi}\sqrt{\frac{k}{\mu'}} = \frac{h}{2\pi}\sqrt{\frac{k}{\mu'}}$$

即

$$\nu = \frac{1}{2\pi}\sqrt{\frac{k}{\mu'}} \tag{7.2}$$

与前边用经典力学推导结果相比可知,由经典力学推导的双原子分子的机械振动频率与量子力学得到的分子由基态跃迁至第一振动激发态吸收光的频率有相同的表达式。由简谐振动跃迁的选律和式(7.1)可知,由 $v=0$ 跃迁到 $v=1$,或由 $v=1$ 跃迁到 $v=2$ 以及由 $v=2$ 跃迁到 $v=3$ 等,所需的能量是相等的,所以对于特定的分子振动,应当只能有一个吸收峰,但实际上分子的振动是近似的简谐振动,因此,振动跃迁的选律不再被严格遵守,会产生相应于 $\Delta v = \pm2$,$\Delta v = \pm3$ 的跃迁,即分子可由振动基态($v = 0$)跃迁至第二振动激发态($v = 2$)、第三振动激发态($v = 3$)等,而在实验中,也确实观察到红外吸收峰除了由基态($v = 0$)跃迁至第一激发态($v = 1$)产生的基频峰外,还有由 $v = 0$ 跃迁到 $v = 2$ 或 $v = 3$ 等产生的二倍频峰、三倍频峰等,但这些峰都较弱。式(7.2)是由双原子分子振动模型导出的,用此式来计算多原子分子中某些化学键的振动频率,与实验值有一定差别。当用波数表示频率时,式(7.2)可写成

$$\sigma = \frac{\nu}{c} = \frac{1}{2\pi c}\sqrt{\frac{k}{\mu'}} \tag{7.3}$$

应当注意,用上式计算 σ 时,k 的单位为 $N \cdot m^{-1}$。m_1 和 m_2(单位为 kg)是原子的质量,为计算方便,分别用相对原子质量 A_{r_1} 和 A_{r_2} 代替:

$$A_{r_1} = \frac{m_1}{u} \qquad A_{r_2} = \frac{m_2}{u}$$

式中 u 为原子质量单位。式(7.3)变为

$$\sigma = \frac{1}{2\pi c}\sqrt{\frac{k}{\dfrac{A_{r_1}A_{r_2}u}{A_{r_1} + A_{r_2}}}}$$

将 π(3.1416),c(2.998×10^{10} cm · s^{-1}),u(1.6605×10^{-27} kg)代入,k 的单位是 $N \cdot m^{-1}$,1 N = 1 kg · m · s^{-2},若以 $N \cdot cm^{-1}$ 为单位,则应在 k 前边乘以 100,并令

$$\mu = \frac{A_{r_1}A_{r_2}}{A_{r_1} + A_{r_2}}$$

则

$$\sigma = \frac{1}{2 \times 3.1416 \times 2.998 \times 10^{10}} \sqrt{\frac{100k}{1.6605 \times 10^{-27}\mu}} = 1303\sqrt{\frac{k}{\mu}} \qquad (7.4)$$

式中 k 的单位是 $N \cdot cm^{-1}$；μ 是相对原子折合质量，为了方便也称 μ 为原子折合质量。

由式(7.4)可知，影响化学键振动频率的直接因素是化学键的力常数 k 和相对原子折合质量 μ。当 k 较大或 μ 较小时，吸收峰出现在高波数区；而当 k 较小或 μ 较大时，吸收峰出现在低波数区。影响 k 的主要因素有：

① 键的数目　随化学键数目增加，k 会增加，则 σ 会增加，例如，C≡C，C═C 和 C—C 三种碳碳键的 k 分别为 15.6 $N \cdot cm^{-1}$，9.6 $N \cdot cm^{-1}$ 和 4.5 $N \cdot cm^{-1}$，即 $k_{C\equiv C} > k_{C=C} > k_{C-C}$，则对于这三种碳碳键吸收峰的位置可计算如下：

$$\mu = \frac{12 \times 12}{12 + 12} = 6$$

$$\sigma_{C\equiv C} = 1303\sqrt{\frac{15.6}{6}}\ cm^{-1} = 2101\ cm^{-1}$$

$$\sigma_{C=C} = 1303\sqrt{\frac{9.6}{6}}\ cm^{-1} = 1648\ cm^{-1}$$

$$\sigma_{C-C} = 1303\sqrt{\frac{4.5}{6}}\ cm^{-1} = 1128\ cm^{-1}$$

由上述例子可知，虽然原子种类相同，即两个原子均为碳，但随碳碳间键数目的增加，σ 增加。

② 原子的种类　对于相同的化学键，例如均为单键，若单键所连原子不相同，则所得的 σ 也是不同的，因为不同的原子将同时影响 k 和 μ 的大小，例如 H—F，H—Cl，H—Br 和 H—I 四个化合物中单键的 k 分别为 9.8 $N \cdot cm^{-1}$，4.8 $N \cdot cm^{-1}$，4.1 $N \cdot cm^{-1}$ 和 3.2 $N \cdot cm^{-1}$，而它们的 σ 分别为 4185 cm^{-1}，2894 cm^{-1}，2654 cm^{-1} 和 2340 cm^{-1}。分子中的原子被它的同位素取代后，对键长和化学键的力常数 k 几乎没有影响，这样就可以利用振动波数与相对原子质量的关系来研究同位素。

③ 环境　化学键所处的环境对吸收峰的位置有一定的影响，如 H—C≡C—H 中的 C—H 键的吸收峰出现在 3300 cm^{-1} 附近，而 $H_2C{=}CH_2$ 中的 C—H 键的吸收峰出现在3060 cm^{-1} 附近。这是由于 C—H 键所处的环境不同，使得 k 不同（前者 k 为 5.9 $N \cdot cm^{-1}$，后者为 5.1 $N \cdot cm^{-1}$）而产生的结果。

7.1.4 多原子分子的振动

1. 振动类型

双原子分子的振动只有伸缩振动一种类型，而对于多原子分子，其振动类型有伸缩振动和变形振动两类。伸缩振动是指原子沿键轴方向来回运动，键长变化而键角不变的振动，用符号 ν 表示。伸缩振动有对称伸缩振动（ν_s）和不对称伸缩振动（ν_{as}）两种形式。变形振动又称弯曲振动，是指原子垂直于价键方向运动，键长不变而键角变化的振动，用符

号 δ 表示。变形振动有面内变形振动和面外变形振动。分子振动的各种形式以亚甲基为例说明，如图 7.4 所示。

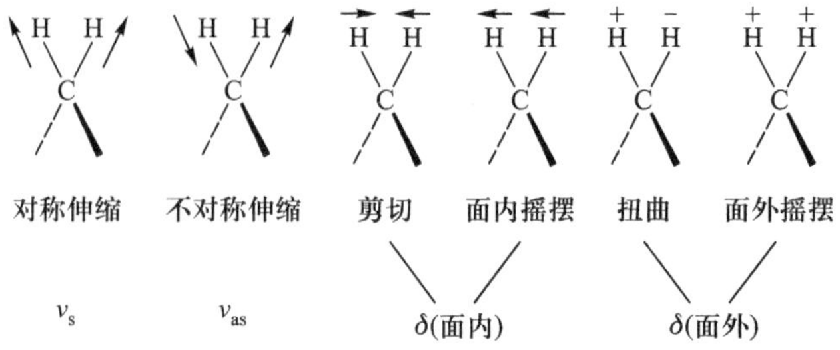

图 7.4　亚甲基的各种振动形式

2. 振动数目

振动数目称为振动自由度，每个振动自由度相应于红外吸收光谱的一个基频吸收峰。一个原子在空间的位置需要 3 个坐标或自由度（x,y,z）来确定，对于含有 N 个原子的分子，则需要 $3N$ 个坐标或自由度。这 $3N$ 个自由度包括整个分子分别沿 x,y,z 轴方向的 3 个平动自由度以及整个分子绕 x,y,z 轴方向的转动自由度，平动自由度和转动自由度都不是分子的振动自由度，因此

$$\text{振动自由度} = 3N - \text{平动自由度} - \text{转动自由度}$$

线性分子和非线性分子绕坐标轴的转动如图 7.5 所示。可以看出，线性分子绕 y 轴和 z 轴的转动引起原子的位置改变，但是其绕 x 轴的转动原子的位置并没有改变，不能形成转动自由度。所以，线性分子的振动自由度为 $3N-3-2=3N-5$。非线性分子绕三个坐标轴的转动都使原子的位置发生改变，其振动自由度为 $3N-3-3=3N-6$。

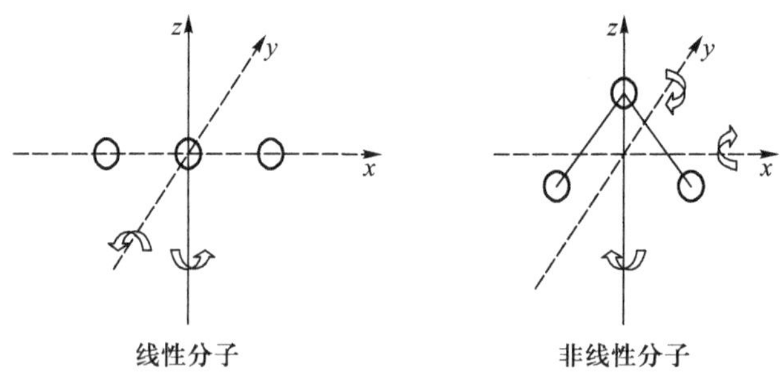

图 7.5　分子绕坐标轴的转动

例如，对于 H_2O，它是非线性分子，因此振动自由度为 $3N-6=3$，这 3 个振动形式及水的红外吸收光谱图如图 7.6 所示。

从理论上讲，计算得到的一个振动自由度应对应一个基频吸收峰，如上面的水分子。但实际上，出现在红外吸收光谱图上的基频吸收峰的数目常小于理论计算的振动自由度。例如，对于线性分子 CO_2，计算其振动自由度为 $3N-5=4$，有四种基本振动形式，如图 7.7 所示。但在 CO_2 的红外吸收光谱中，只出现了 667 cm^{-1} 和 2349 cm^{-1} 两个基频吸收峰。这是因

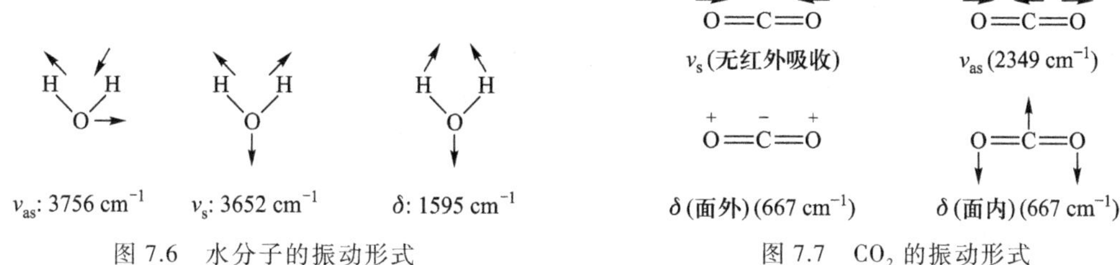

图 7.6 水分子的振动形式　　图 7.7 CO_2 的振动形式

为 CO_2 的对称伸缩振动不引起偶极矩的变化,所以不产生吸收峰;面内和面外变形振动对应的吸收峰均位于 667 cm^{-1} 处,发生了简并。

实际测得的基频吸收峰的数目比理论计算的振动自由度少的原因一般有:

① 具有相同波数的振动所对应的吸收峰发生了简并;

② 振动过程中分子的瞬间偶极矩不发生变化,无红外活性;

③ 仪器的分辨率和灵敏度不够高,对一些波数接近或强度很弱的吸收峰,仪器无法将之分开或检出;

④ 仪器波长范围不够,有些吸收峰超出了仪器的测量范围。

由于上述原因,苯分子的红外吸收光谱图只有几个峰,远远小于理论计算的苯分子的振动自由度($3\times N-6=3\times 12-6=30$)。

分子吸收红外辐射由基态振动能级($\upsilon=0$)向第一振动激发态($\upsilon=1$)跃迁产生的基频吸收峰,其数目等于计算得到的振动自由度。但是有时测得的红外吸收光谱峰的数目比振动自由度多,这是由于红外吸收峰除了基频峰外,还有泛频峰存在,泛频峰是倍频峰、合频峰和差频峰的总称。

① 倍频峰　由基态振动能级($\upsilon=0$)跃迁到第二振动激发态($\upsilon=2$)产生的二倍频峰及由基态振动能级($\upsilon=0$)跃迁到第三振动激发态($\upsilon=3$)产生的三倍频峰。三倍频峰以上,因跃迁概率很小,一般都很弱,常常观测不到。

② 合频峰　红外吸收光谱中由于多原子分子中各种振动形式的能级之间,存在可能的相互作用,若吸收的红外辐射频率为两个相互作用的基频之和,就会产生合频峰,如 $\nu_1+\nu_2$,$\nu_1+\nu_3$,$\nu_2+\nu_3$,…。

③ 差频峰　若吸收的红外辐射频率为两个相互作用的基频之差,就会产生差频峰,如 $\nu_1-\nu_2$,$\nu_2-\nu_3$,$2\nu_1-\nu_3$,…。

7.1.5 红外吸收峰强度

红外吸收峰的强度一般按摩尔吸收系数 ε 的大小划分为很强(vs)、强(s)、中(m)、弱(w)、很弱(vw)等,具体如表 7.3 所示。由表 7.3 可知,红外吸收光谱的 ε 要远远低于紫外-可见吸收光谱的 ε,说明与紫外-可见吸收光谱法相比,红外吸收光谱法的灵敏度较低。

表 7.3　吸收峰强度

峰强度	vs	s	m	w	vw
$\varepsilon/(L\cdot mol^{-1}\cdot cm^{-1})$	> 200	200~75	75~25	25~5	< 5

红外吸收峰的强度主要取决于振动能级跃迁的概率和振动过程中偶极矩变化的大小,影响红外吸收峰强度的因素主要有跃迁类型、基团极性、被测物浓度等。

① 跃迁类型 振动能级跃迁的概率与跃迁类型有关,因此,振动能级跃迁的类型影响红外吸收峰的强度。一般规律是:由 $v=0\rightarrow v=1$ 产生的基频峰较强,而由 $v=0\rightarrow v=2$ 或 $v=0\rightarrow v=3$ 产生的倍频峰较弱;不对称伸缩振动对应的吸收峰比对称伸缩振动对应的吸收峰强;伸缩振动对应的吸收峰比变形振动所对应的吸收峰强。

② 基团极性 一般说来,振动能级跃迁过程中偶极矩变化的大小与跃迁基团的极性有关,基团极性大,偶极矩变化就大,因此极性较强基团的吸收峰比极性较弱基团的吸收峰强,与 C═O 伸缩振动对应的吸收峰明显强于与 C═C 伸缩振动对应的吸收峰。

③ 被测物浓度 吸收峰的强度还与样品中被测物的浓度有关,浓度越大,吸收峰越强。

7.2 特征吸收峰

红外吸收光谱具有明显的特征性,是对物质进行定性和结构分析的重要依据。研究表明,具有相同化学键或官能团的振动波数十分接近,总是在一定的波数范围内出现。因此,通常将一些官能团所特有的较强吸收峰称为特征吸收峰,其所在的位置称为基团区。

红外吸收光谱按照波数大小分为两个区域,一个是基团区,又称官能团区,波数范围为 4000~1300 cm^{-1},该区域的吸收峰主要是由伸缩振动产生的;另一个是指纹区,波数范围为 1300~600 cm^{-1},该区域除了单键伸缩振动吸收峰外,还有因变形振动产生的复杂的吸收峰。

7.2.1 基团(官能团)区

基团的特征吸收峰一般位于该区域内,且该区域内的峰比较稀疏,易分辨,因此基团区是鉴定基团的最有价值的区域。基团区可分为四个区域。

(1) 4000~2500 cm^{-1}

这是 X—H(X=C,N,O)伸缩振动区。如 O—H 的伸缩振动吸收峰在 3700~3200 cm^{-1},N—H 的伸缩振动吸收峰在 3500~3300 cm^{-1},饱和碳的碳氢伸缩振动吸收峰位于 3000 cm^{-1} 以下(3000~2700 cm^{-1}),不饱和碳(双键、三键)的碳氢伸缩振动吸收峰位于 3000 cm^{-1} 以上(3300~3000 cm^{-1})。因此,如果红外吸收光谱图中有大于 3000 cm^{-1} 的吸收峰,则说明可能含有不饱和碳。

(2) 2500~2000 cm^{-1}

这是三键和累积双键伸缩振动区。如C≡C、C≡N等的伸缩振动吸收峰以及 C═C═C,C═C═N,C═C═O 等的不对称伸缩振动吸收峰均位于这一波数区。

(3) 2000~1500 cm^{-1}

这是双键 X═Y(X,Y=C,N,O)的伸缩振动区,如 C═O,N═C,C═C,N═O 等的伸缩振动吸收带位于这一波数区。特别是C═O 所对应的强吸收峰出现在 1870~1600 cm^{-1},是红外吸收光谱中非常特征的吸收峰。

(4) 1500~1300 cm^{-1}

在 1500~1300 cm^{-1} 范围内,主要提供了 C—H 变形振动的信息。如—CH_3,它在1375 cm^{-1} 和 1460 cm^{-1} 同时存在两个吸收峰。当 1375 cm^{-1} 处的吸收峰发生分裂时,表示异丙基或叔丁基的存在,这是因为两个或三个甲基同时连接在一个碳原子上时,由于振动的耦合,异丙基或叔丁基的对称变形振动分裂成两个强度相等的峰。对于—CH_2—,仅在 1460 cm^{-1} 有吸收峰。

此外,在 2000~1667 cm^{-1} 范围内有苯衍生物分子中 C—H 面外变形振动的泛频峰,因强度太弱,这些峰仅在样品浓度较大时才出现。通常根据该区域的吸收峰并结合指纹区 900~700 cm^{-1} 的峰来确定苯环的取代类型。

7.2.2 指纹区

指纹区的吸收光谱比较复杂,而且对分子结构的变化非常敏感,吸收峰密集,如人的指纹,每个细微的结构差异均会产生吸收的细微变化。该区在判断化合物结构时,价值很大。

(1) 1300~900 cm^{-1}

单键 X—Y 的伸缩振动吸收带位于这一区域,如 C—O,C—C,C—N,C—S,C—P,P—O 等的伸缩振动吸收峰就位于这一区域。C═S,S═O,P═O 等含重原子的双键的伸缩振动吸收峰也在这个区域。

(2) 900~600 cm^{-1}

该区域内的吸收峰为变形振动产生的。常常利用该区的吸收峰来推断苯环的取代类型。

应该指出,官能团区(4000~1300 cm^{-1})的吸收峰受分子其他部分影响较小,波数变化较小,是官能团特征。而指纹区(1300~600 cm^{-1})的吸收峰受分子其他部分影响较大,是整个分子的特征。

7.2.3 化合物的特征吸收峰

用红外吸收光谱来鉴定化合物官能团时,应根据官能团的特征峰及其相关峰的情况来判断。例如,对于—CH_3,它的非对称伸缩振动吸收峰位于 2960 cm^{-1},而对称伸缩振动吸收峰位于 2870 cm^{-1},变形振动吸收峰位于 1375 cm^{-1} 和 1460 cm^{-1},应依据这些峰的存在与否对—CH_3 进行鉴别。下面将讨论几类常见化合物的特征吸收峰。

1. 烷烃

饱和碳氢化合物的特征峰有—CH_3,—CH_2,—CH 和碳碳骨架的振动吸收峰。由甲基产生的谱带主要有 C—H 的不对称伸缩振动吸收峰(ν_{as} 2960 cm^{-1})、对称伸缩振动吸收峰(ν_s 2870 cm^{-1})和变形振动吸收峰(δ 1460 cm^{-1} 和 δ 1375 cm^{-1})。

同碳上的两个甲基的主要特征是在 1375 cm^{-1} 附近出现强度几乎相等的变形振动吸收双峰(1385 cm^{-1} 和 1370 cm^{-1})。同碳上的三个甲基则在 1375 cm^{-1} 附近分成强度不等的双峰[1395 cm^{-1}(m)和 1370 cm^{-1}(s)]。

亚甲基主要有位于 2926 cm^{-1} 的不对称伸缩振动吸收峰、位于 2850 cm^{-1} 的对称伸缩振动吸收峰和在 1460 cm^{-1} 处的变形振动吸收峰。对于—$(CH_2)_n$—,当 $n=4$ 时,—CH_2—的面内摇摆振动吸收峰位于 725~715 cm^{-1},大多数情况位于 720 cm^{-1}。

亚甲基的伸缩振动吸收峰位于 2890~2880 cm^{-1},较弱。

碳碳骨架的振动吸收峰位于 1250~720 cm^{-1},但一般较弱,用处不大。

2. 烯烃

烯烃除了有—CH_3,—CH_2 等相应的各种特征吸收峰外,还有三类特征吸收峰,即═C—H 的伸缩振动吸收峰、═C—H 的变形振动吸收峰及 C═C 的伸缩振动吸收峰。

═C—H 的伸缩振动吸收峰位于 3100~3000 cm^{-1},C═C 的伸缩振动吸收峰位于1950~1500 cm^{-1}。═C—H 的面内变形振动吸收峰位于 1420~1290 cm^{-1},较弱,而其面外变形振动吸收峰位于 1000~650 cm^{-1}(表 7.4),较强,对判断烯烃的取代类型有很大帮助。

表 7.4　不同类型烯烃的特征谱

取代烯烃	伸缩振动 σ_{C-H}/cm^{-1}	伸缩振动 $\sigma_{C=C}/cm^{-1}$	面外振动 σ/cm^{-1}
$RCH{=}CH_2$	3095~3075,3040~3010	1650~1635(m)	990(s),910(s)
$R_1R_2C{=}CH_2$	3095~3075	1660~1640(m)	890(s)
$R_1R_2C{=}CH_2R_2$(顺式)	3040~3010	1660~1635(m)	690(m)
$R_1CH{=}CHR_2$(反式)	3040~3010	1675~1665(w)	970(s)
$R_1R_2C{=}CHR_3$	3040~3010	1690~1670(w~m)	820(s)
$R_1R_2C{=}CR_3R_4$	—	1680~1665(w~0)	—

3. 炔烃

炔烃有三个特征吸收峰,即 ≡C—H的伸缩振动和变形振动吸收峰以及 C≡C 的伸缩振动吸收峰。≡C—H的伸缩振动吸收峰位于 3340~3260 cm^{-1},峰强而窄。≡C—H 的变形振动吸收峰位于 700~610 cm^{-1},峰强而窄。C≡C 的伸缩振动吸收峰在 2150 cm^{-1} 附近,中等强度,但随分子对称性加强而变弱,甚至观察不到。

4. 芳香烃

芳香族化合物有如下四类特征吸收峰:

① 苯环上质子(C—H)的伸缩振动吸收峰出现在 3100~3000 cm^{-1};

② 在 2000~1650 cm^{-1} 出现的很弱的吸收峰,是苯环 C—H 面外变形振动的倍频峰和合频峰;

③ 在 1600~1450 cm^{-1} 出现的吸收峰为芳环骨架的振动吸收峰,绝大多数芳香族化合物在此范围内出现两到四个强度不等的峰;

④ 位于 900~650 cm^{-1} 的吸收峰是苯环 C—H 的面外变形振动吸收峰,较强,这一区域的峰为芳环取代类型的特征峰,见表 7.5。

5. 醇和酚类

醇和酚分子中均含有—OH,与—OH 基团相关的特征吸收峰有 O—H 的伸缩振动吸收峰、O—H 的变形振动吸收峰和 C—O 的伸缩振动吸收峰。O—H 的伸缩振动吸收峰位于 3670~3230 cm^{-1},游离羟基的吸收峰在 3600 cm^{-1} 附近,但当形成分子内或分子间氢键时,谱峰向低波数移动,同时强度增加,峰变宽。O—H 的变形振动吸收峰位于 1420~1260 cm^{-1},峰弱而宽。C—O 的伸缩振动吸收峰位于 1250~1000 cm^{-1},可以用来区分不同类型的醇,叔醇的吸

表 7.5 芳环取代类型的特征峰

取代类型	σ/cm^{-1}
单取代	770~730(vs),710~690(s)
邻二取代	770~730(vs)
间二取代	900~860(m),810~750(vs),725~680(s)
对二取代	860~800(vs)
1,3,5-三取代	865~810(s),730~675(m)
1,2,3-三取代	810~750(s),725~680(m)
1,2,4-三取代	910~830(m),860~790(s)

收峰位于 1200~1125 cm^{-1},仲醇的吸收峰位于 1125~1085 cm^{-1},而伯醇的吸收峰则位于 1085~1050 cm^{-1}。

6. 羰基化合物

羰基的伸缩振动特征峰在 1850~1650 cm^{-1}。由于羰基的电偶极矩较大,在红外吸收光谱中常常以最强峰出现。酸、酸酐、酰、酯、酮等都含有羰基,这些化合物中 C═O 的特征吸收峰大多位于 1850~1650 cm^{-1},而吸收峰所处的具体区域与含 C═O 化合物种类有关,一般情况下,C═O 伸缩振动的频率为酰胺(1680 cm^{-1})< 酮(1715 cm^{-1})< 醛(1725 cm^{-1})< 酯(1735 cm^{-1})< 酸(1780 cm^{-1})< 酸酐(1817 cm^{-1}和 1760 cm^{-1})。醛类化合物在 2820 cm^{-1} 和 2720 cm^{-1} 出现两个吸收峰,利用其特征可将醛类化合物与其他羰基化合物区分开,醛二重峰是由于 $\delta_{\text{C—H}}$(1400 cm^{-1})的倍频峰与 $\nu_{\text{C—H}}$峰(2800 cm^{-1})之间发生了费米共振。

以上简单介绍了几类常见化合物的特征红外吸收光谱,在实际工作中,会遇到更多的化合物,应结合化学手册及谱图数据库来进行综合分析。

7.3 影响官能团振动频率的因素

官能团对应有特征波数的吸收峰,峰的位置(波数)是识别官能团的重要依据。虽然每个官能团都对应有特征波数的吸收峰,但是相同的官能团在不同分子中的特征吸收峰并不出现在同一位置,会因分子结构和外部环境等的变化而发生不同程度的改变,使相同官能团的特征吸收峰出现在一定的区间范围内。因此,了解影响官能团振动频率的各种因素是必要的,可以很好地对化合物进行结构分析。

7.3.1 诱导效应

当分子中引入具有不同电负性的取代基后,通过静电诱导作用,可使电子发生转移,电子云形状发生变化,必然影响键强,从而影响化学键的力常数 k,使官能团的特征波

数 σ 发生改变。例如，羰基(C═O)的伸缩振动吸收峰谱带波数在不同化合物中分别如下所示：

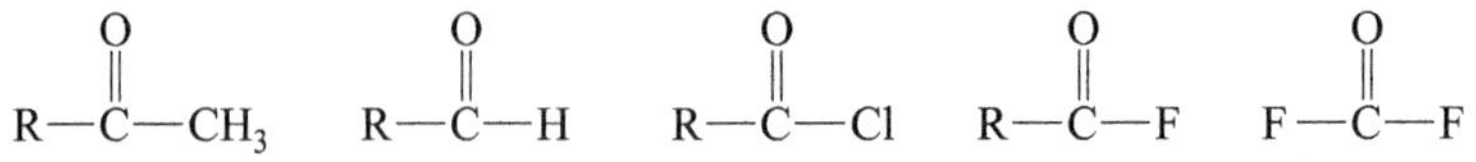

$$\underset{(1)}{R-\overset{\overset{\displaystyle O}{\|}}{C}-CH_3}\quad \underset{(2)}{R-\overset{\overset{\displaystyle O}{\|}}{C}-H}\quad \underset{(3)}{R-\overset{\overset{\displaystyle O}{\|}}{C}-Cl}\quad \underset{(4)}{R-\overset{\overset{\displaystyle O}{\|}}{C}-F}\quad \underset{(5)}{F-\overset{\overset{\displaystyle O}{\|}}{C}-F}$$

$\sigma_{C=O}$　1715 cm^{-1}　1730 cm^{-1}　1800 cm^{-1}　1920 cm^{-1}　1928 cm^{-1}

波数增加 →

对于化合物(2)，(3)，(4)和(5)，C═O 伸缩振动吸收峰的波数逐渐增大，从 1730 cm^{-1} 增大到 1928 cm^{-1}，上述现象可以解释为当分子中 H 原子被卤原子取代后，由于卤原子的电负性较强，发生诱导效应，由于 O 原子上孤对电子向双键转移，而使 C═O 间电子云密度增加，C═O 的双键性增强，k 增大，所以 σ 增大。

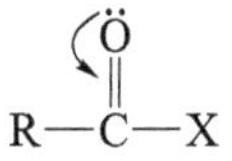

$$R-\overset{\overset{\displaystyle \ddot{O}}{\|}}{C}-X$$

而对于化合物(1)，由于—CH_3 仅有弱的给电子能力，其 C═O 的吸收峰移向低波数。

7.3.2　中介效应

如下所示的酰胺化合物，C═O 的伸缩振动吸收峰在 1680 cm^{-1}，比上述化合物(1)的波数低。N 原子的电负性大于 C 原子，从诱导效应来看，该化合物 C═O 的吸收峰应大于 1715 cm^{-1}，而实际则不然。这是因为在酰胺化合物分子中，除了 N 原子的诱导效应外，还同时存在着中介效应，即由于 N 上 n 电子与 C═O 的 π 键发生了 n-π 共轭，C═O 电子云密度下降，电子云密度平均化，k 减小，故 C═O 伸缩振动吸收峰的 σ 降低。

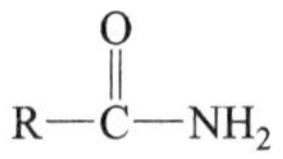

$$R-\overset{\overset{\displaystyle O}{\|}}{C}-NH_2$$

$\sigma_{C=O}$　1680 cm^{-1}

N 与 Cl 电负性分别为 3.04 和 3.16，差别不大，但由于 N 与 C 在元素周期表中处于同一周期，n-π 共轭效应强，中介效应强，而 Cl 与 C 不在同一周期，n-π 共轭效应弱，诱导效应强。对于同一官能团，若诱导和中介两种效应同时存在，哪种效应占优势，要视具体情况而定，如下列化合物中，—OR′的诱导效应占优势，而—SR′的中介效应占优势。

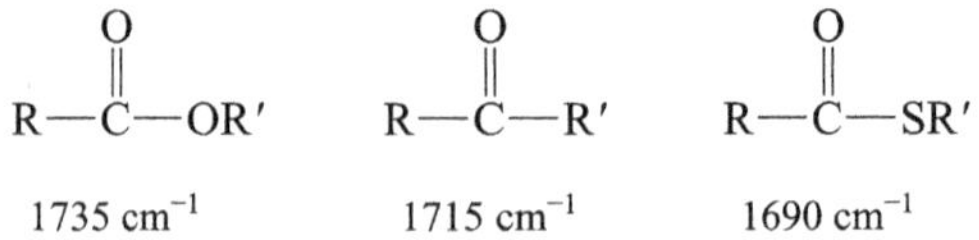

$$R-\overset{\overset{\displaystyle O}{\|}}{C}-OR'\qquad R-\overset{\overset{\displaystyle O}{\|}}{C}-R'\qquad R-\overset{\overset{\displaystyle O}{\|}}{C}-SR'$$

$\sigma_{C=O}$　1735 cm^{-1}　1715 cm^{-1}　1690 cm^{-1}

7.3.3　共轭效应

当分子中形成大 π 键时会引起电子云密度平均化，造成双键上的 π 电子云密度下降，k 减小，双键吸收峰的 σ 降低。

R—C(=O)—R′　　R—C=C—C(=O)—R′

$\sigma_{C=O}$　1715 cm^{-1}　　1685~1665 cm^{-1}

7.3.4 空间效应

空间效应主要包括空间位阻效应和环状化合物的张力效应。由于取代基的空间位阻,使 C=O 与双键的共轭受到限制,k 增大,σ 增大。

$\sigma_{C=O}$　1663 cm^{-1}　　1686 cm^{-1}　　1693 cm^{-1}

对于环状化合物,环外双键随环的张力的增加,σ 增大。

$\sigma_{C=O}$　1715 cm^{-1}　　1745 cm^{-1}　　1775 cm^{-1}

环内双键随张力的增加,σ 降低,但 C—H 伸缩振动吸收峰的 σ 却增大。

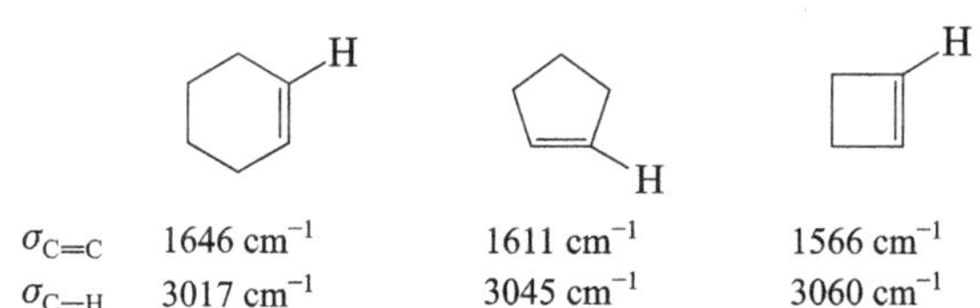

随着环的缩小,环张力增大,环内角逐渐减小,环内 σ 键的 s 成分逐渐减少,p 成分逐渐增多,键长变长,伸缩振动吸收峰的 σ 逐渐减小;而环外 σ 键的 s 成分逐渐增多,p 成分逐渐减少,键长变短,伸缩振动吸收峰的 σ 逐渐增大。

7.3.5 氢键效应

氢键的形成对吸收峰的位置和强度都有较大的影响,无论是形成分子间氢键还是分子内氢键,都会使电子云密度平均化,k 减小,吸收峰的 σ 减小。

R—C(=O)—OH　　（羧酸二聚体）

$\sigma_{C=O}$　1780 cm^{-1}　　1710 cm^{-1}

在含 0.01 mol · L^{-1} 乙醇的四氯化碳溶液中,分子间不存在氢键,为单聚体,其 O—H 伸缩振动的吸收峰在 3640 cm^{-1};当乙醇浓度增大到 0.1 mol · L^{-1} 时,此时形成了分子间氢键,乙醇成为双聚体,其 O—H 伸缩振动吸收峰移至 3515 cm^{-1};当乙醇浓度增大到 1.0 mol · L^{-1} 时,此时分子间氢键进一步加强,形成了多聚体,其 O—H 伸缩振动吸收峰移至 3350 cm^{-1}。对于如下所示的乙酰乙酸乙酯等在分子内形成氢键的化合物,也会引起 C═O 伸缩振动吸收峰向低波数移动。

$$H_3C-\underset{\underset{O}{\|}}{C}-CH_2-\underset{\underset{O}{\|}}{C}-OC_2H_5 \rightleftharpoons H_3C-\underset{\underset{OH}{|}}{C}=CH-\underset{\underset{O}{\|}}{C}-OC_2H_5$$

$\sigma_{C=O}$ 1738~1717 cm^{-1}　　$\sigma_{C=O}$ 1650 cm^{-1}

酮式　　烯醇式

但是,对于分子内氢键,吸收峰的位置不随化合物浓度的变化而变化,利用这一点,可以鉴别化合物中存在的氢键是分子内氢键还是分子间氢键。

7.3.6 振动耦合

当一个分子中两个基团振动频率相同或相近(结构不一定相同)且距离接近时,就会相互作用而成为一个整体,表现出整体的频率特征,与原来频率也不相同,会组合成对称和不对称两种振动状态,产生振动耦合,一个吸收峰向高于正常波数的方向移动,一个向低于正常波数的方向移动,这种因振动耦合引起吸收峰分裂的现象,称为振动耦合效应。

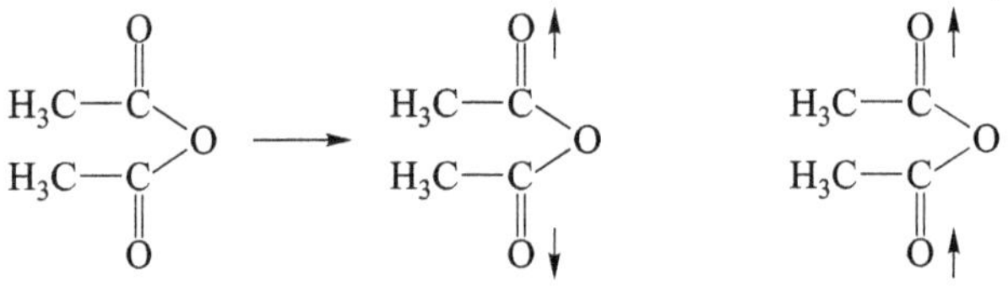

$$(H_3C-CO)_2O \longrightarrow (H_3C-CO)_2O$$

对称　　不对称

从理论上预测,应产生一个 C═O 吸收峰,但实际上,在酸酐分子中,由于两个羰基的振动耦合,使羰基的吸收峰分裂为两个峰,波数分别为 1750 cm^{-1} 和 1828 cm^{-1}。

7.3.7 费米共振

当一个基团一种振动的基频与它自己或另一个连在一起的基团的另一种振动的倍频(或差频、合频)很接近时,所发生的振动耦合叫费米共振。

费米共振使原来接近的谱带分离得更远,且使原来的倍频(或差频、合频)峰的强度增加。正丁基乙烯醚 $C_4H_9O-CH=CH_2$ 中,C═C 的伸缩振动吸收峰应在 1623 cm^{-1},═C—H 面外弯曲振动吸收峰 810 cm^{-1} 的倍频(约为 2×810 cm^{-1} = 1620 cm^{-1})与 1623 cm^{-1} 很接近,发生费米共振,而产生了 1640 cm^{-1} 和 1613 cm^{-1} 两个强峰。

7.3.8 外部效应

1. 样品物理状态的影响

同一化合物在固、液、气态时的红外吸收光谱图不是完全相同的。这是因为不同状态时分子间作用力不同。在气态时,分子间作用力很弱,可获得自由分子的谱图;在液态时，由于分子间氢键而产生分子间缔合，或者形成分子内氢键，吸收峰的位置、强度和形状都会改变；在固态时，由于晶格力场的作用，会因分子振动与晶格振动耦合而出现新的吸收峰。例如，丙酮 C═O 的伸缩振动吸收峰气态时位于 1742 cm^{-1}，液态时则位于 1718 cm^{-1}。

2.溶剂种类的影响

溶剂不同，同一化合物的红外吸收光谱也不相同。化合物与溶剂间的相互作用会引起吸收谱带的位移或强度变化。通常在极性溶剂中，化合物的极性基团的伸缩振动吸收峰随溶剂极性的增加而向低波数方向移动，而且强度增大。例如，羧酸 RCOOH 在气体及不同溶剂中 C═O 伸缩振动吸收峰的波数如下：

	气体	非极性	乙醚	乙醇
$\sigma_{C=O}$	1780 cm^{-1}	1760 cm^{-1}	1735 cm^{-1}	1720 cm^{-1}

所以在红外吸收光谱测量时，应尽量选用 CCl_4，CS_2 等非极性溶剂。

7.4 红外光谱仪

7.4.1 色散型红外光谱仪

紫外-可见分光光度计可以是双光束的，也可以是单光束的，但是，红外光谱仪一般只能是双光束的，这是为了避免下列因素带来的误差：

① 空气中 H_2O，CO_2 在红外光区的吸收；

② 红外测定中溶剂的吸收；

③ 光源、检测器的不稳定。

以棱镜或光栅为色散元件的色散型红外光谱仪的基本结构如图 7.8 所示。与紫外-可见分光光度计的相似，也是由光源、样品池、单色器和检测器组成，但基本结构最明显的不同是样品池的位置，紫外-可见分光光度计的样品池一般位于分光系统的后面，以防止光解作用对测定的影响；而色散型红外光谱仪的样品池在分光系统之前，以防止样品的红外发射（常温下物质可发射红外光）和杂散光进入检测器。但是，对于傅里叶变换红外光谱仪，样品池可放在干涉仪之后，发射的红外光和杂散光可作为信号的直流组分被除去。

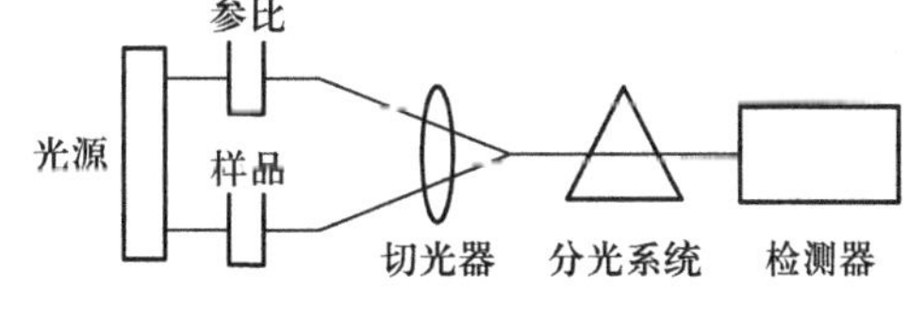

图 7.8 色散型红外光谱仪的基本结构

1. 光源

中红外辐射光源是能够发射高强度连续红外光的炽热固体，常见的有硅碳棒和能斯特灯。这些固体被电加热到高温发射红外光，最大辐射强度在 1.7~2.0 μm，随波长变短，辐射强度迅速下降，随波长变长，辐射强度缓慢下降。

（1）硅碳棒

硅碳棒由碳化硅组成，一般制成两端粗中间细的实心棒，中间为发光部分，两端粗是使两端的电阻降低，使其在工作时成冷态。一般长为几十毫米，直径为几毫米，工作温度为1200～1500 ℃，适用的波长范围为 1～40 μm。硅碳棒的优点是寿命长，便宜；发光面积大；较适合低波数区，但工作时需冷却。

（2）能斯特灯

能斯特灯由 ZrO_2，ThO_2 等稀土氧化物混合烧结制成，一般为长几十毫米、直径几毫米的中空或实心棒，工作温度为 1300～1700 ℃，适用的波长范围为 0.4～20 μm。室温下不导电，在工作之前必须有辅助加热器预热，可用 Pt 丝电加热至 800 ℃，就可使之导电，从而发出红外光。该光源的特点是脆弱、易坏；在高波数区光强度较硅碳棒高，使用比硅碳棒有利，使用寿命约为一年。

远红外辐射光源常用汞灯，在一个石英套管中含有压力高于大气压的汞蒸气，电流通过汞蒸气时，形成等离子体，辐射远红外光。近红外辐射光源可用钨灯。

2. 分光系统

分光系统位于样品池和检测器之间，可用棱镜或光栅作为分光元件。现在大多数用傅里叶变换来进行波长选择。棱镜主要用于早期生产的仪器中，制作棱镜的材料和样品池一样，应该能透过红外辐射。表 7.6 为制作棱镜和用作样品池的红外光学材料的透光波长范围、波数范围及 2 μm 处的折射率（n）。棱镜表面易吸水蒸气而使透光性变差，其折射率会随温度变化而变化，近年已被光栅取代。

表 7.6　红外光学材料

	石英	NaCl	KCl	CsBr	KBr	CsI	CaF_2	BaF_2	MgO
$\lambda/\mu m$	0.16～3.7	0.25～17	0.30～20	1～37	0.25～25	1～50	0.15～9	0.20～11.5	0.39～9.4
σ/cm^{-1}	62500～2700	40000～590	33000～500	10000～270	40000～400	10000～200	66700～1110	50000～870	25600～1060
n	—	1.52	1.5	1.67	1.53	1.74	1.4	1.46	1.71

3. 检测系统

（1）热电偶

热电偶是将两种不同的金属丝焊接成两个接点，接收红外辐射的一端焊接在涂黑的金箔上，作为热点；另一端作为冷点（通常为室温）。没有红外光照射时，冷点与热点温度相同，回路中没有电流通过，而当用红外光照射后，热点升温，冷点仍保持原来温度，两点温度不同，就会产生温差电动势，回路中有电流通过，放大后得到信号，信号强度与照射的红外光强度成正比。为避免热量散失，热电偶置于高真空的容器中。

热电偶的缺点是反应较迟钝，信号输入与输出的时间达几十毫秒，不适于傅里叶变换红外光谱仪，可用于普通色散型仪器。

（2）热释电器件

热释电器件响应速度快（毫秒级），适用于傅里叶变换红外光谱仪，其结构如图 7.9 所示。它是以热释电材料硫酸三苷肽[$(NH_2CH_2COOH)_3$-H_2SO_4，TGS]为晶体薄片，现在常用氘代硫酸三苷肽（DTGS）和部分甘氨酸被丙氨酸取代的氘代 L-丙氨酸硫酸三苷肽（DLaTGS）为原料的晶体薄片，在它的正面真空镀铬（半透明，可透红外光），背面镀金。TGS 为非中心对称结构的极性晶体，即使在无外电场和应力的情况下，本身也会电极化，此自发电极化强度 P_s 是温度 T 的函数，随温度上升，极化强度下降，与 P_s 方向垂直的薄片两个表面有电荷存在，且表面电荷密度 $\sigma_s = P_s$。当正面吸收红外辐射时，薄片的温度升高，极化强度降低，晶体的表面电荷减少，相当于"释放"了一部分电荷，释放的电荷经过外电路时被检测。电荷密度 σ_s 与温度 T 有关。当红外光强度增大，其温度变化率也大，电荷密度变化增大，输出的电流也增大。

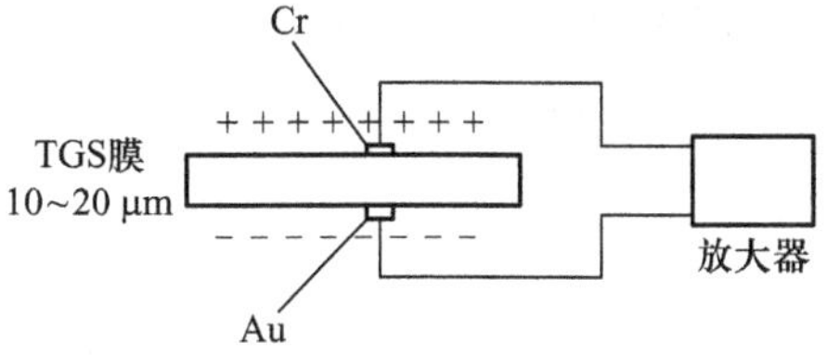

图 7.9 TGS 热释电器件结构示意图

(3) 光导型检测器

光导型汞镉碲(MCT)检测器由半导体碲化镉和碲化汞混合物沉积在非导体的玻璃表面制成，而后置于真空舱内。半导体电压源和负载电阻串联形成电路，当有光照射半导体时，半导体吸收辐射后非导电性的价电子跃迁至高能量的导电带，从而降低半导体的电阻，电路中电流增加，负载电阻两端的电压就增加，产生信号。MCT 检测器的灵敏度比 TGS 检测器的高约 10 倍，响应时间比 TGS 的短。光导型硫化铅检测器可在常温下工作，主要用于近红外光区检测，MCT 检测器需在液氮温度下工作，主要用于中红外和远红外光区检测。

7.4.2 傅里叶变换红外光谱仪

由于以棱镜、光栅为色散元件的第一代、第二代红外光谱仪的扫描速度慢，不适于动态反应过程的研究，且灵敏度、分辨率和准确度较低，使其在许多方面的应用受到限制。20 世纪 70 年代，第三代红外光谱仪——傅里叶变换红外(FTIR)光谱仪问世了。傅里叶变换是指利用数学的方法把复色光分解成单色光，目前红外光谱仪基本都用傅里叶变换红外光谱仪，色散型红外光谱仪基本已不用了，但市售的紫外-可见-近红外分光光度计可用于获得近红外吸收光谱，这主要是测量紫外-可见吸收仪器中的光源(钨灯)和样品池(石英)可用于近红外吸收测量。

傅里叶变换红外光谱仪不使用色散元件，主要由光源(硅碳棒、高压汞灯)、迈克尔孙干涉仪、样品池、检测器(热释电检测器、汞镉碲检测器)和计算机等组成。它的核心部分是迈克尔孙干涉仪，可使由光源来的光变成干涉光，然后以干涉图的形式送达计算机，计算机进行快速傅里叶变换数学处理后，将干涉图变换为红外吸收光谱图。

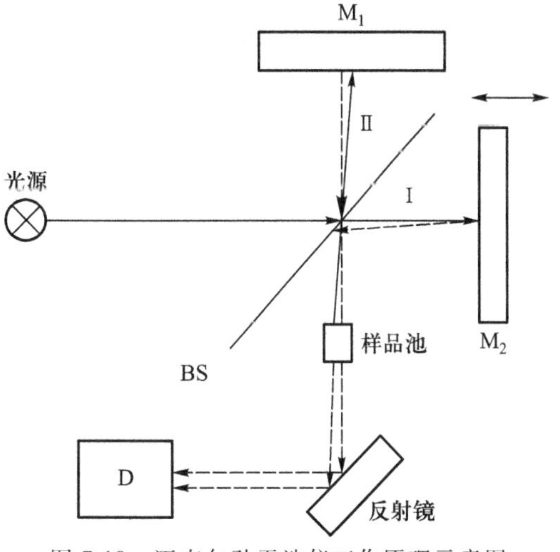

图 7.10 迈克尔孙干涉仪工作原理示意图

如图 7.10 所示，迈克尔孙干涉仪由两块互相垂直的平面反射镜(定镜 M_1 和动镜 M_2)以及光束分裂器 BS(与 M_1 和 M_2 分别成 45°角)组成。M_1 固定不动，M_2 可沿与入射光平行的方向移动，BS 一般由溴化钾晶体表面镀金属膜制成，它可让光源入射红外光一半透过，另一半被反射。当入射光进入干涉仪后，透射光Ⅰ穿过 BS 被 M_2 反射，沿原路返回到 BS（图中绘制成不重合的双线是为了便于理解），反射光Ⅱ被 M_1 反射也回到 BS，这两束光通过 BS 汇合后合成一束光，这束由干涉仪出射的光经样品池后，经过一反射镜被反射到达检测器 D。光束Ⅰ，Ⅱ到达 D 时，这两束光的光程差随 M_2 的往复运动作周期性变化，形成干涉光。若入射光为 λ，光程差 $= \pm K\lambda$（$K = 0, 1, 2, \cdots$）时，就发生相长干涉，干涉光强度最大；光程差 $= \pm(K + 1/2)\lambda$ 时，就产生相消干涉，干涉光强度最小；而部分相消干涉发生在上述两种位移之间。

测定时，当复色光通过样品室时，样品对不同波长的光具有选择性吸收，所以得到如图 7.11（a）所示的干涉图，其横坐标是 M_2 的位移，纵坐标是干涉光强度。从干涉图中很难识别不同波数下光的吸收信号，因此可以将这种干涉图经计算机的快速傅里叶变换后，就可以获得如图 7.11（b）所示的透光度 T 随波数 σ 变化的红外吸收光谱图。在单光束傅里叶变换红外光谱仪中，参比池和样品池交替置于干涉仪出射光的光路中。在双光束傅里叶变换红外光谱仪中，将干涉仪出射光分成两束，一束通过参比池，另一束通过样品池，两束光交替进入检测器。

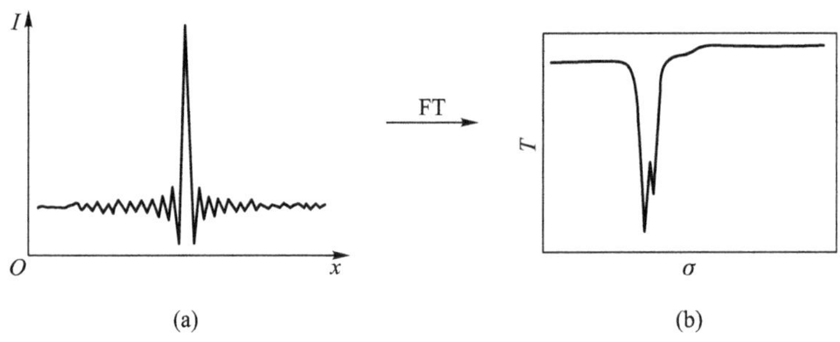

图 7.11 复色光的干涉图（a）和红外吸收光谱图（b）

傅里叶变换红外光谱仪有如下优点：

① 分析速度快，响应速度快。傅里叶变换红外光谱仪传输通路多，可对全部频率范围同时进行测量。

② 分辨率高，可达 0.1～0.005 cm^{-1}，而普通光栅红外光谱仪为 1～0.2 cm^{-1}。

③ 光谱范围宽，为 10000～10 cm^{-1}，普通光栅红外光谱仪为 4000～400 cm^{-1}

④ 波数测量准确度高，可测准至 0.01 cm^{-1}。

⑤ 灵敏度度，无狭缝和色散元件，两块平面反射镜面积大，光通量大，到达检测器的光强度高，检出限可达 10^{-12}～10^{-9} g。

傅里叶变换红外光谱仪的诸多优点使得它成为近代化学研究不可缺少的仪器。它还可与气相色谱、高效液相色谱、超临界流体色谱等分析仪器联用，为化合物的结构分析与测定提供更有效的手段。

7.5 样品制备

化合物红外吸收光谱图的特征谱带、强度和形状会因样品的制备方法不同而发生一些变化，因此样品的制备和处理是红外吸收光谱分析中较为重要的环节。

7.5.1 气体样品

气体样品在玻璃气槽内进行测定。玻璃气槽一般长为 5~10 cm,容积为 50~150 mL。测定时,通常先将气槽抽成真空,再充入一定压力的气体样品。气槽两端装有盐窗,一般由 NaCl,KBr 等制成,用金属槽架将盐窗固定。为消除水蒸气对谱图的干扰,使用后的气槽应用干燥的氮气吹洗以保持干燥。

7.5.2 液体样品

液体样品分析可采用样品池,构建样品池的材料是表 7.6 中所列的盐类,最常用的是 NaCl 和 KBr。样品池主要有三种类型:

① 厚度固定的封闭固定池。对低沸点液体样品可使用封闭固定池。若需定量测定,最好也使用封闭固定池,可以获得较好的重复性。测定时,将液体(或固体)样品溶解在 CS_2,CCl_4 等红外用溶剂中,然后注入池中进行测定。封闭固定池用后应注入能溶解样品的溶剂进行浸泡,最后用干燥的空气或氮气吹干。

② 垫片可改变厚度的可拆池。

③ 调螺栓连续改变厚度的封闭可变池。

测定时,在可拆池两盐窗之间注入液体样品,再用螺栓调节液膜厚度,液膜厚度一般为 0.01~1 mm。此时,应注意盐窗内不应有气泡。可拆池用后应将两个盐窗片取出,在红外灯下用少许滑石粉加入几滴乙醇磨光其表面,用镜头纸擦干后,再滴加 1~2 滴乙醇洗净,用红外灯烘干后放入干燥器中备用。

用于制备液体样品的溶剂应能溶解样品,在所测的光谱区内没有明显的吸收,不侵蚀盐窗,与被测物没有氢键反应,原则上,采用极性小的溶剂,如 CS_2 是 1350~600 cm^{-1} 区域常用的溶剂,而 CCl_4 是 5000~800 cm^{-1} 区域(在 1580 cm^{-1} 附近稍有干扰)常用的溶剂。

但对于近红外吸收光谱法,分析液体样品时,可使用石英样品池,由于近红外吸收强度很弱,样品池的光程可以增长,一般几毫米至几厘米,近红外光区所用样品池常与紫外光区所用样品池合用。

7.5.3 固体样品

固体样品可采用如下方法制备:

① 糊状法　将 1~3 mg 固体样品在玛瑙研钵内研碎后,滴入几滴液体悬浮剂(液体石蜡油),充分研磨成糊状,再用刮刀将糊状物均匀涂在两盐片之间,用可拆池进行测定。

② 压片法　将 1~3 mg 固体样品与 300 mg 干燥高纯 KBr 粉末置于研钵中研磨混匀,再转移到压片机的模具中,用 10^5 N · m^{-2} 左右的压力压成透明的薄片后,置于光路中进行测定。除了用 KBr 压片外,也可以用 KI,KCl 等压片。

③ 薄膜法　对于熔点低、熔融后不分解的物质,可将其在高温下熔融后压成膜,直接涂在盐片上进行测定。对于大多数高分子化合物,可将其溶于低沸点、易挥发的溶剂中,再注

于玻璃板上，待溶剂挥发后成膜。将制成的膜剥下后，置于两个盐片之间进行测定。

④ 溶液法　将固体物质配成溶液后，注入液体样品池内进行测定。

7.6 定性分析

红外吸收光谱测试中，分析目的不同，对分析对象的要求也不同。一般若进行结构分析，分析对象应使用纯度大于98% 的单一组分的纯物质；若进行定性分析，则要求样品应为简单混合物；若进行定量测定，则分析对象可为混合物。

7.6.1　已知化合物的鉴定

通常采用比较法进行鉴定，一种比较法是在相同条件下对被测物和标准物质分别进行红外吸收光谱扫描，将得到的两张谱图进行比较；另一种比较法是与可获得的数据库中该物质的标准谱图进行比较，但被测物的物态和结晶状态以及所用的溶剂测试条件和仪器类型需尽量与标准谱图上标注的一致。最常用的标准图谱集有 Sadtler 标准红外吸收光谱集、Aldrich 红外吸收光谱图库和 Sigma Fourier 红外吸收光谱图库。用这两种比较方法时，将测得的被测物的谱图与由标准物质得到的谱图或文献上的标准谱图进行比较，如果两张谱图所示吸收峰的位置、形状和峰的相对强度都一致，即可认为被测物就是标准物质。

7.6.2　未知物的结构鉴定

未知物的结构鉴定是指对未知物进行红外吸收光谱扫描后，对获得的谱图进行解析的过程。一般可通过以下三步程序完成。

① 了解样品的基本情况　这些基本情况包括样品来源、外观、物理性质（如熔点、沸点、溶解度、折射率等）、元素分析结果及样品的纯度等。

② 求不饱和度　不饱和度即有机分子中碳原子的不饱和程度，可以估计分子中是否含有双键、三键或芳香环，可以由元素分析结果或质谱分析数据来求不饱和度 Ω：

$$\Omega = 1 + n_4 + \frac{n_3 - n_1}{2} \tag{7.5}$$

式中 n_1，n_3 和 n_4 分别为分子中一价、三价和四价原子的数目，二价原子不考虑。一价原子包括 H，F，Cl，Br 和 I，二价原子包括 S 和 O，三价原子包括 N 和 P，四价原子包括 C 和 Si。对于有多重价态的原子，如 S（二价、四价、六价）、N（三价、五价）和 P（三价、五价），此处考察了常见的一个最低价态，其他价态并没有考虑。链状烃及其不含双键的衍生物的 $\Omega = 0$，双键（如 C═C，C═O）和环烷烃的 $\Omega = 1$；三键或两个双键或两个环烷烃的 $\Omega = 2$；苯环的 $\Omega = 4$（可理解为一个环烷烃加三个双键）。

③ 解析谱图　常见有机基团的特征吸收峰波数区域见表 7.7，基于此表所列数据，并根据绘制的红外吸收光谱图来确定分子含有的官能团，并推测可能的分子结构。

表 7.7 常见红外特征吸收带

振动类型	σ/cm^{-1}	常见基团
O—H,N—H 伸缩振动	3700~3000	—O—H,═N—OH,—C(═O)—O—H,—NH_2,═NH,—CO—NH_2,—CO—NH—
不饱和 C—H 伸缩振动	3350~3000	C≡C—H,C═C—H,Ar—H(Ar 为苯基)
饱和 C—H 伸缩振动	3000~2700	—CH_3,—CH_2,—C(—)(—)—H,—C(═O)—H
X—H 伸缩振动(X=B,S,P,Si)	2650~2000	B—H,S—H,P—H,Si—H
三键和累积双键伸缩振动	2300~1900	—C≡C—,—C≡N,—N≡C,>C═C═C<,>C═C═O,O═C═O,—N═C═O,—N═C═S,—N═$\overset{+}{N}$═$\overset{-}{N}$,>C═$\overset{+}{N}$═$\overset{-}{N}$
双键伸缩振动	1950~1500	>C═C<,>C═O,>C═N—,—N═O,—N═N—,芳香环的骨架
饱和 C—H 面内弯曲振动	1500~1350	—CH_3,—CH_2—
不饱和 C—H 面外弯曲振动	1000~650	C═C—H,Ar—H(Ar 为苯基)

例 7.1 某化合物分子式为 C_9H_{12},试从图 7.12 所示的该化合物的红外吸收光谱图推断其结构。

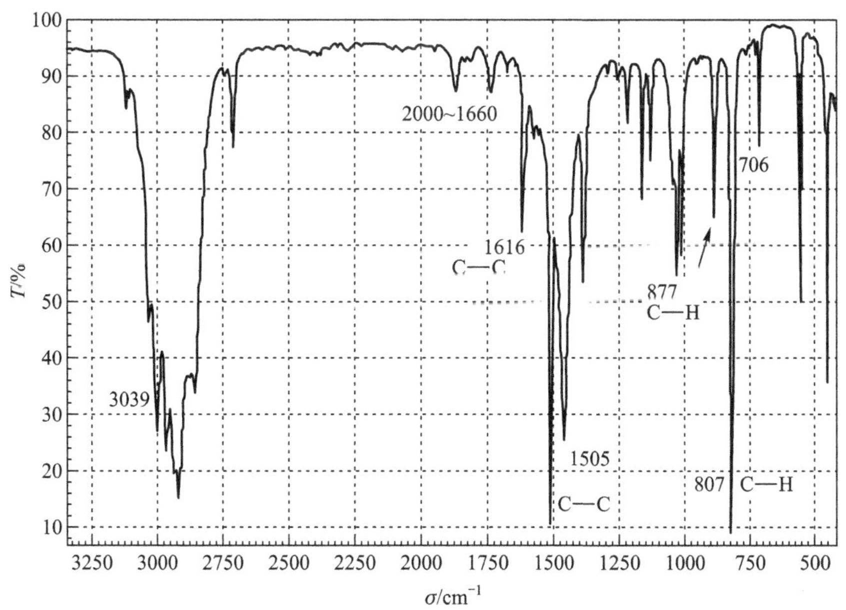

图 7.12 化合物 C_9H_{12} 的红外吸收光谱图

解：a.计算不饱和度：$\Omega=1+9+\frac{0-12}{2}=4$，该化合物可能含有苯环。

b.谱图解析：由谱图可看到 3039 cm^{-1} 处有明显的吸收峰，说明有 C═C—H 存在；2960 cm^{-1} 有吸收，表明有—CH_3 存在；1375 cm^{-1} 的吸收峰为—CH_3 的面内变形振动吸收峰；1616 cm^{-1} 和 1505 cm^{-1} 为苯环骨架 C═C 伸缩振动的特征峰；807 cm^{-1} 和 877 cm^{-1} 的吸收峰表明苯环有 1,2,4-三取代基。

根据以上的解析及化合物的分子式，可确定该化合物为 1,2,4-三甲基苯。

例 7.2　某化合物分子式为 C_8H_{14}，试从图 7.13 所示的该化合物的红外吸收光谱图推断其结构。

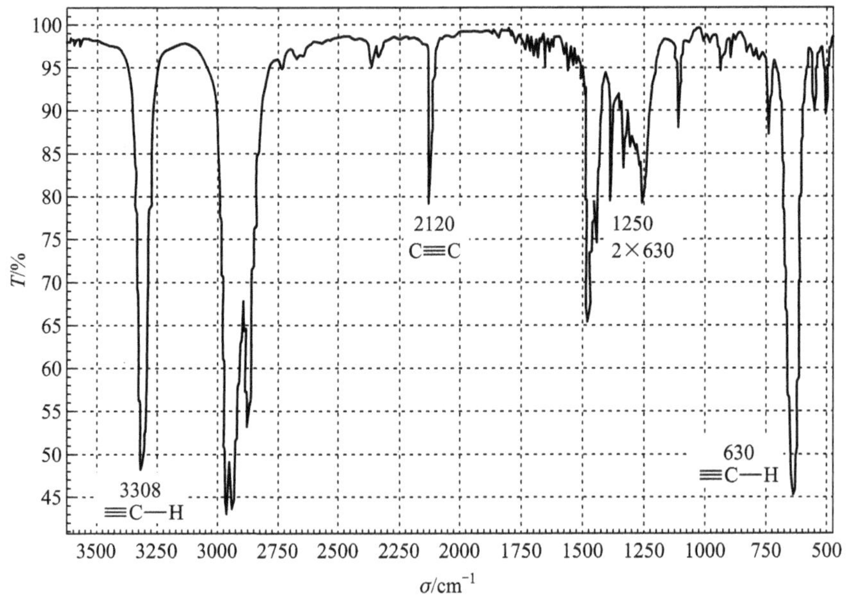

图 7.13　化合物 C_8H_{14}的红外吸收光谱图

解：a.计算不饱和度：$\Omega=1+8+\frac{0-14}{2}=2$，该化合物可能含有三键或累积双键。

b.谱图解析：由于在 1675～1500 cm^{-1} 没有吸收峰，可以初步认为无 C═C 双键存在；而在 3308 cm^{-1} 的峰为 ≡C—H 伸缩振动的吸收峰；在 2120 cm^{-1} 的峰为C≡C伸缩振动的吸收峰；2960 cm^{-1}，2850 cm^{-1} 的峰为饱和碳氢的伸缩振动吸收峰，表明可能有—CH_3，—CH_2 存在；1375 cm^{-1} 的吸收峰为—CH_3 的面内变形振动吸收峰，且此峰无分叉，说明没有两个甲基连在同一个碳原子上的情况；1460 cm^{-1} 的吸收峰为—CH_2 的面内变形振动吸收峰；在 720 cm^{-1} 的吸收峰说明—$(CH_2)_n$—中的 $n\geq4$；630 cm^{-1} 峰为 ≡C—H 的面外变形振动吸收峰。

结合上述分析及分子式，推断该化合物为 1-辛炔，即HC≡C—$(CH_2)_5$—CH_3。

7.7　定量分析

红外吸收光谱法进行定量分析的依据是比尔定律。由于红外吸收光谱谱峰较多，可根据实际需要方便地选择吸收峰对组分进行定量分析。但是，由于获得的吸收峰较密集，且往往不对称，因此进行定量分析时，应严格保持测定条件一致。

7.7.1 吸光度的计算

红外吸收光谱测定中,常常给出的信号是透光度 T,而定量分析的基础是比尔定律,即 $A = \varepsilon bc$,所需的信号应该是 A,所以应先将 T 换算成 A。由实验得到的红外吸收光谱图中可容易知道对应于背景的 T_0 以及对应于被测物和背景的 T,对应于背景吸收的 $A_0 = \lg\frac{1}{T_0}$,而对应于背景和被测物吸收的 $A_s = \lg\frac{1}{T}$,根据吸光度加和定理,则对应于被测物吸收的 $A = A_s - A_0 = \lg\frac{1}{T} - \lg\frac{1}{T_0} = \lg\frac{T_0}{T}$。如图 7.14(a)所示,在没有背景吸收时,即 $T_0 = 100\%$,可直接从红外谱图中读取被测物的透光度 T,再由公式 $A = \lg\frac{T_0}{T} = \lg\frac{1}{T}$ 求出吸光度。实际测定中常常有背景吸收,如图 7.14(b)所示,这种情况下,可通过谱带两侧透光度最大的 E,F 两点绘制光谱吸收的切线,通过吸收峰顶点 M 作垂直于横坐标的垂线 GH,这样可得到对应于背景及背景和被测物的透光度 T_0 和 T,则被测物的吸光度 $A = \lg\frac{T_0}{T}$。

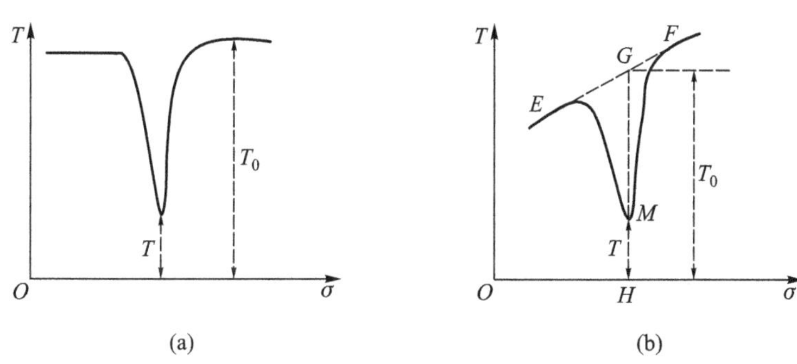

图 7.14 吸光度的测量方法

7.7.2 定量方法

1. 标准曲线法

配制一系列不同浓度被测组分纯物质的标准溶液,在选定的吸收波长下测量系列标准溶液的吸光度,绘制标准曲线。在相同的测定条件下测量样品的吸光度,由标准曲线和被分析样品的吸光度,可求出被测组分的浓度。

2. 解联立方程法

如果溶液中含有的两组分 m,n 互相干扰,而其他组分不干扰 m,n 的测定,此时,可利用吸光度的加和性用解联立方程的方法求出 m,n 的含量。假设 m,n 选择的吸收波长分别为 λ_1,λ_2,在测得混合物的二者吸光度之和分别为 A_1,A_2,则可得到联立方程:

在 λ_1 处 $A_1 = a_m^1 bc_m + a_n^1 bc_n$

在 λ_2 处 $A_2 = a_m^2 bc_m + a_n^2 bc_n$

式中各项意义与紫外-可见吸收光谱法一致,解上述方程组可求出 m,n 各自的浓度。

3. 强度比法

如果两组分 m,n 的最强吸收峰互不干扰,且样品中仅含 m,n 两组分,吸光度分别为 A_m,A_n,令 $R=\frac{A_m}{A_n}$,则

$$R=\frac{A_m}{A_n}=\frac{a_m bc_m}{a_n bc_n}=k\frac{c_m}{c_n} \tag{7.6}$$

式中 $k=\frac{a_m}{a_n}$;c_m和 c_n分别为 m 和 n 的质量分数或摩尔分数。由于 $c_m+c_n=1$,所以式(7.6)可变为

$$R=k\frac{1-c_n}{c_n}$$

则 m,n 两组分的浓度可用下式求出:

$$c_m=\frac{R}{R+k} \qquad c_n=\frac{k}{R+k}$$

分析未知样品前,用已知 m,n 组分不同浓度比的一系列标准,测定一系列的 R_s,根据式(7.6),以 $\frac{c_m}{c_n}$ 对 R_s 作图,可得到直线斜率 k,将由此测得的 k 用于未知样品分析。R 是用未知样品测得的。b 不准确,但同一样品,可消除 b 不准确的影响。

7.8 近和远红外吸收光谱法的应用

前边几节主要讲了中红外吸收光谱法的应用,与中红外吸收光谱法相比,近红外吸收光谱法最主要的应用是水、蛋白质、碳氢化合物和脂肪的定量测定,广泛用于农业、食品、石油和化学工业等领域。近红外光区主要涉及含氢基团,即 C—H、O—H 和 N—H 伸缩振动的倍频及合频吸收区,虽然与中红外光区相比,近红外光区吸收强度弱、吸收带较宽,但随着计算机的应用和化学计量学的发展,这些不足得到了克服,这一方法得到了迅速发展,近红外吸收光谱法可用于液体、固体及浆状样品的分析,测定时不破坏样品,样品不需任何预处理可直接分析,操作方便,几秒就可完成,结合光纤技术,可进行远距离测量。许多小分子的纯转动光谱出现在远红外光区,金属原子与有机或无机配体间键的伸缩或弯曲振动的特征吸收处于远红外光区,所以远红外吸收光谱法可用于无机物和气态小分子的研究。

7.9 拉曼光谱法

当入射光通过透明介质时,大部分光按原来方向透过介质,而其余小部分光则从不同方

向传播，产生散射光。在散射光谱中，除了能够发现与入射光频率相同的瑞利散射谱线外，在瑞利散射谱线两侧还会发现一些与入射光频率相比发生位移的拉曼谱线。通过拉曼散射实验可以获得分子的振动和转动信息，这与红外吸收光谱类似。

7.9.1 拉曼散射的产生

1923 年，德国物理学家 Smekal 首先预言，当光照射物质时，除了产生与入射光频率相同的瑞利散射外，还会产生非弹性散射，即散射光的频率与入射光频率不同。1928 年，印度科学家拉曼（Raman）率先证实了上述预言，并于 1930 年获得诺贝尔物理学奖。为了纪念拉曼，将产生的与入射光频率不同的光散射现象称为拉曼散射。图 7.15 说明了瑞利散射和拉曼散射产生的过程。图中 S_0，S_1 分别为分子的电子基态和第一激发态；v_0，v_1 分别表示处于电子基态分子的振动基态和第一激发态；v_0'，v_1' 分别为第一受激虚态和第二受激虚态；ΔE 为分子电子基态与振动能级间的能量差，也是各激发虚态间的能量差。

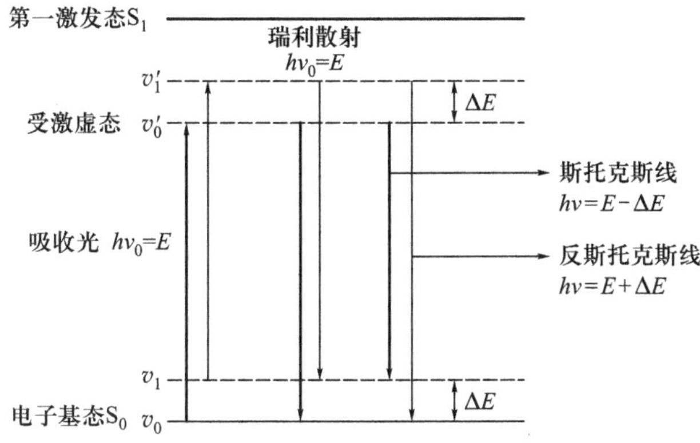

图 7.15 瑞利散射和拉曼散射的产生

当频率为 ν_0 入射光照射介质时，处于基态 v_0 的分子会受到光子的激发跃迁到受激虚态 v_0'，受激虚态不与真正的原子或分子能级相对应，其介于基态 S_0 与第一激发态 S_1 之间。电子由基态跃迁到受激虚态也有一定的跃迁概率。受激虚态与真实的能级越接近，其跃迁的概率越大。处于受激虚态的分子不稳定，会很快回到基态 S_0，发射与入射光频率 ν_0 相同的辐射，此过程对应于弹性散射，为瑞利散射。类似的过程也可能发生在处于激发态 v_1 的分子被入射光子激发跃迁到一个受激虚态 v_1' 后，重新回到激发态 v_1 而产生瑞利散射。由玻尔兹曼分布可知，分子处于低能级的概率远比处于高能级的概率高。所以 v_1 跃迁到受激虚态 v_1' 后产生瑞利散射的概率要比 v_0 跃迁到受激虚态 v_0' 后产生瑞利散射的概率小得多。

在入射光的作用下，分子由电子基态 S_0 的 v_0 跃迁到受激虚态 v_0'，而后分子会迅速（10^{-8} s）跃迁到基态 S_0 的第一振动能级 v_1，并发射能量为 $h\nu = E - \Delta E$ 的光子，此过程对应于非弹性散射，为拉曼散射。此过程发射的光子的能量小于入射光光子的能量，由此产生的拉曼线称作斯托克斯线或拉曼红伴线。斯托克斯线的频率要低于入射光频率，位于瑞利线左侧。类似地，分子吸收光后由 S_0 的 v_1 跃迁到 v_1' 后再返回 S_0 的 v_0 时，发射能量为 $h\nu =$

$E + \Delta E$ 的光子，此过程发射的光子的能量大于入射光光子的能量，由此产生的拉曼线称为反斯托克斯线，其频率要高于入射光的频率，位于瑞利线的右侧，由玻尔兹曼分布可知，常温下处于 S_0 中 υ_0 的分子数远大于处于 υ_1 的分子数，所以斯托克斯线远强于反斯托克斯线。不难理解升高温度时，斯托克斯线会减弱，而反斯托克斯线会增强。

由上述讨论可知，拉曼位移（$\Delta\sigma$）是入射光波数（σ_0）与拉曼线波数（σ_R）之差，即 $\Delta\sigma = \sigma_0 - \sigma_R$。由于拉曼位移与入射光的波数（或波长）无关，而仅与分子振动-转动能级差有关，不同分子具有不同的振动-转动能级，因此拉曼位移与分子的结构有关。图 7.16 为四氯化碳分子的拉曼光谱，纵坐标为拉曼散射的强度，横坐标为拉曼位移，通常情况下用波数表示。波数为 0 处为瑞利散射线，左侧为斯托克斯线，右侧为反斯托克斯线。在拉曼光谱中，斯托克斯线的强度总是比反斯托克斯线的强，拉曼光谱仪一般也只记录斯托克斯线。

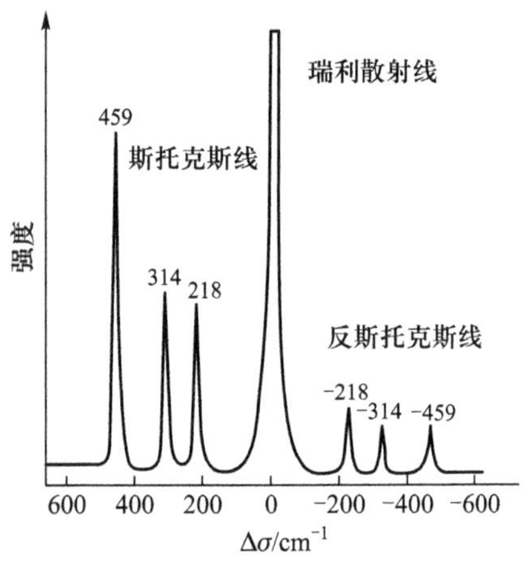

图 7.16　四氯化碳的拉曼光谱

7.9.2　拉曼光谱和红外吸收光谱的区别

拉曼光谱和红外吸收光谱一样都是反映分子的振动和转动特征，二者同属于分子振动-转动光谱。但二者产生的原理及光谱研究所用的仪器装置方面存在着明显的差别。

① 拉曼光谱是由分子振动引起极化率的变化造成的，极化率是表示分子轨道电子云在电场中变形的程度；红外吸收光谱是由分子振动时偶极矩的变化造成的。若分子在振动中既有偶极矩的变化又有极化率的变化，则红外吸收光谱和拉曼光谱中将同时出现谱带。拉曼光谱为散射光谱；红外吸收光谱为吸收光谱。

② 一般来说，极性和非对称基团的振动可使分子的偶极矩变化，是红外活性的；而非极性和对称基团的振动使分子的极化率发生变化，是拉曼活性的。如—OH，—C═O，—C—X 等强极性基团在红外吸收光谱中有强的吸收峰，在拉曼光谱中没有反映。如—C═C—C═C—，—N═N—，—S—S—等非极性但易极化的基团，在拉曼光谱中有明显的反映，在红外吸收光谱中却不能明显反映。

③ 在样品的应用方面，拉曼光谱可以用于水溶液样品的研究；由于水分子本身对红外光有吸收，红外吸收光谱的测量要求样品中不含有游离的水。

④ 拉曼光谱法所采用的光学器件和样品池可由玻璃或石英制成；红外吸收光谱法中一般采用盐材料。

⑤ 拉曼光谱法用的检测器可以是紫外-可见吸收光谱法中应用的光电倍增管、二极管阵列等；红外吸收光谱法用到的检测器则是热电偶、热释电器件和光导型检测器。

⑥ 拉曼光谱仪可以覆盖整个振动频率范围，可以得到对称振动信息；红外吸收光谱要想覆盖整个振动频率必须改变检测器，不能得到对称振动信息。

7.9.3 色散型拉曼光谱仪

色散型拉曼光谱仪器主要由光源、样品池、单色器及检测和记录系统等组成(图 7.17)。

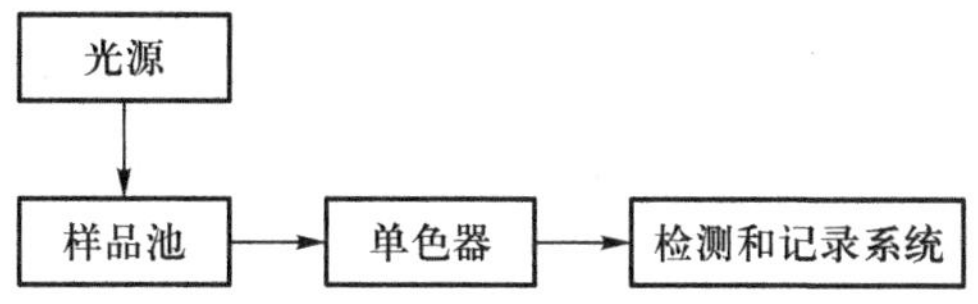

图 7.17 色散型拉曼光谱仪的结构示意图

1. 光源

激光具有亮度高、方向性强、谱线窄和发散小等优点,是拉曼光谱仪的理想光源,表 7.8 列出了拉曼光谱常用的五种激光光源。在拉曼光谱中,散射光的强度与激发光频率的四次方成正比。所以早期使用的 He/Ne 激光光源,逐渐被 Ar^+ 和 Kr^+ 激光光源所代替。但值得注意的是,在选择光源时要考察光源对样品的影响,如是否引起光解、是否激发产生荧光等。

表 7.8 拉曼光谱常用的五种激光光源

	Ar^+	Kr^+	He/Ne	二极管激光器	Nd/YAG
λ/nm	488.0, 514.5	530.9, 647.1	632.8	782, 830	1064

2. 单色器

单色器是拉曼光谱仪的核心部分,要求单色器不仅应具有较高的分辨率而且必须使相当弱的拉曼谱线与强的瑞利散射线分开,同时还要消除其他杂散光。现在拉曼光谱仪中多采用全息光栅代替刻痕光栅,大大提高了单色器的性能。也可采用多光栅单色器,如二光栅、三光栅单色器,现在已有许多仪器采用高质量干涉滤光片与高质量光栅组成的单色器。

3. 检测器

拉曼光谱仪中最常用的检测器就是光电倍增管,最近,CCD 已被用于拉曼光谱仪。

4. 样品装置

无论是何种状态(气态、液态和固态)的样品都可以进行拉曼光谱的测量,样品的制备比红外吸收光谱法简单。样品池的材料可以用玻璃和石英,代替了较易损坏的卤化物晶体。

对于气体样品,一般置于直径 1~2 cm,厚 1 mm 的玻璃管中。对于液体样品,可以置于常规的样品池中,也可以装于毛细管样品池。固体样品相对容易,固体粉末可以填入开口的毛细管中。透明的棒状、块状和片状固体则可直接分析。

7.9.4 傅里叶变换拉曼光谱仪

傅里叶变换拉曼光谱仪与傅里叶变换红外光谱仪相似,只是干涉仪与样品池的排列顺序不同,在拉曼光谱仪中,样品池位于光源与干涉仪之间,并增加了一个干涉滤光片组。傅里叶变换拉曼光谱仪由近红外激光光源、样品池、干涉仪、滤光片组、检测器及计算机控制系统组成。光源为 Nd/YAG 激光器，其发射波长为 1.064 μm，干涉仪与红外光谱仪所用的相同，为了消除杂散光和瑞利散射光的干扰，增加了一个干涉滤光片组，检测器采用可通常在低温下工作的 InGaAs、Ge 等光导型检测器。与色散型拉曼光谱仪相比，使用傅里叶变换拉曼光谱仪时，由于所用波长为 1.064 μm，能量低，消除了荧光的干扰及被测物的光解，且具有扫描速度快、分辨率高、波长精度高和稳定性好等优点，缺点是拉曼散射光强度较弱，水在 1 μm 处有吸收，这使傅里叶变换拉曼光谱仪在分析水溶液样品时受到限制。

7.9.5　拉曼光谱法的应用

拉曼光谱作为一种新型的光谱手段逐渐被人们重视。利用此技术可以研究分子的对称性及分子动力学等问题。与红外吸收光谱技术互为补充，综合二者的信息可以得到分子结构的完整信息。

在无机化学中，拉曼光谱常用于研究无机晶体的结构和性质，通过拉曼光谱的测量可以了解晶体的各个振动模式，反映晶格的对称性，测定薄层晶体的晶向。同时拉曼光谱也常用于研究催化剂的结构、组成、催化剂表面吸附物等。

在有机化学中，拉曼光谱可以阐明分子的结构，表征分子中不同基团的振动特征，同时对有机分子的构象进行分析。拉曼光谱往往测定有机物分子的骨架，红外吸收光谱则适用于测定有机分子的端基，二者结合可以有效地对有机物分子结构进行解析。由于拉曼光谱可用于研究水溶液，所以在无机化学研究方面就显得更重要和更便于应用。拉曼光谱法对—C—S—，—S—S—，—C—C—，—N═N—及—C═C—等官能团的鉴别特别有用，而红外吸收光谱法则适用于—O—H，C═O，P═O，$—NO_2$ 和 S═O 等官能团的鉴别。

在生物化学中，拉曼光谱作为一种分析手段的优点是，水的拉曼散射非常弱，绝大多数的生化样品都溶于水，其次样品用量特别少。例如，多肽和蛋白质是由氨基酸构成的，肽键的振动可以产生多种类型的谱带。通过测量酰胺Ⅰ谱带的强度分布可以测定蛋白质分子在水溶液中的二级结构。

7.9.6　增强拉曼光谱法

由于拉曼散射光的强度很弱，拉曼光谱法的应用受到了限制。增强拉曼光谱法克服了这一缺点，有两类增强方式，即表面增强和共振增强。将被测物吸附在金、银、铜等金属的粗糙表面或胶粒上，可大大增强这些被测物的拉曼光谱信号，增强因子达 $10^3 \sim 10^6$，基于这种表面增强效应的光谱法叫表面增强拉曼光谱法。当激发光波长与分子的电子跃迁产生的吸收峰的波长接近或相同时，一些拉曼谱带的强度大大增加，增强因子达 $10^2 \sim 10^6$。这一效应称为共振拉曼效应，基于这一效应所建立的方法叫共振拉曼光谱法。同时利用表面增强效应和共振效应所建立的方法称为表面增强共振拉曼光谱法，这一方法有很高的灵敏度，使用这一方法使单分子测定成为可能。

参考文献

[1] 武汉大学.分析化学(下册).6版.北京:高等教育出版社,2018.
[2] 李润卿.有机结构波谱分析.天津:天津大学出版社,2002.
[3] 张新祥,李美仙,李娜,等.仪器分析教程.3版.北京:北京大学出版社,2022.
[4] 薛松.有机结构分析(修订版).合肥:中国科学技术大学出版社,2012.
[5] 晋卫军. 分子发射光谱分析. 北京:化学工业出版社,2018.
[6] 徐经纬,牛利,高翔,等.波谱解析. 北京:科学出版社,2013.

习题

7.1 根据下述化学键的力常数,计算各化学键的振动频率(用波数表示)。

(a) H—F 键,$k = 9\ N \cdot cm^{-1}$;

(b) C≡N键,$k = 17.5\ N \cdot cm^{-1}$。

7.2 羧基(—COOH)中 C═O 键和 C—O 键的力常数分别为 $12.1\ N \cdot cm^{-1}$和 $5.80\ N \cdot cm^{-1}$,若不考虑相互影响,试求 C═O 和 C—O 的基本伸缩振动频率(用波数表示)。

7.3 氯仿($CHCl_3$)的红外吸收光谱说明 C—H 伸缩振动频率为 $3100\ cm^{-1}$,对于氘代氯仿($CDCl_3$),其 C—D 振动频率是否会改变?如果变化,是向高波数还是低波数位移?为什么?

7.4 产生红外吸收的条件是什么?是否所有的分子振动都会产生红外吸收?为什么?

7.5 解释红外吸收峰数目比理论计算的振动自由度少的原因。

7.6 何谓基团频率?它有什么重要用途?影响基团频率的主要因素有哪些?

7.7 什么是"指纹区"?

7.8 试比较下列两种异构体化合物中 C═O 伸缩振动频率 $\sigma_{C=O}$ 的大小,并说明原因。

反式　　　　顺式

7.9 下面两个化合物的红外吸收光谱有何不同?

C_6H_5—CH_2—NH_2　　　　CH_3—C(═O)—$N(CH_3)_2$

(a)　　　　(b)

7.10 芳香族化合物 C_7H_8O 的红外吸收峰为 3380 cm^{-1},3040 cm^{-1},2940 cm^{-1},1460 cm^{-1},1010 cm^{-1},690 cm^{-1} 和 740 cm^{-1},试推断其结构并确定各峰归属。

7.11 化合物 C_4H_5N 的红外吸收峰为 3080 cm^{-1},2960 cm^{-1},2260 cm^{-1},1647 cm^{-1},990 cm^{-1} 和 935 cm^{-1},试推断其结构。

7.12 分子式为 C_7H_5OCl 的化合物,红外吸收峰为 3080 cm^{-1},2820 cm^{-1},2720 cm^{-1},1715 cm^{-1},1593 cm^{-1},1573 cm^{-1},1470 cm^{-1},1438 cm^{-1},1383 cm^{-1},1279 cm^{-1},1196 cm^{-1},1070 cm^{-1},900 cm^{-1} 和 817 cm^{-1},试推断其结构。

7.13 化合物 $C_4H_{11}N$ 的红外吸收光谱图如下图所示,据此推断该化合物的结构。

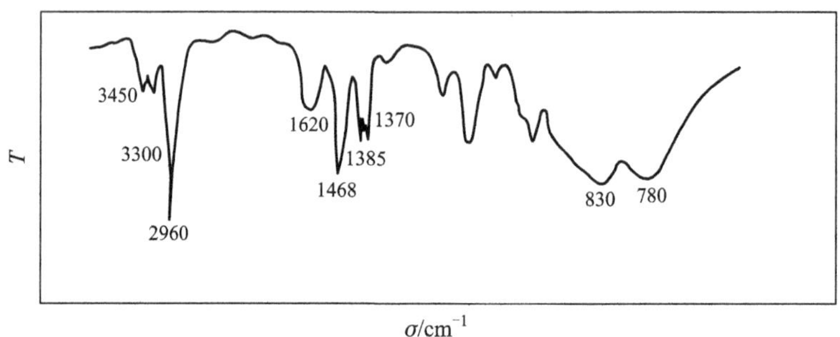

7.14 化合物分子式为 $C_6H_{12}O_2$,根据下列红外吸收光谱图推断其结构。

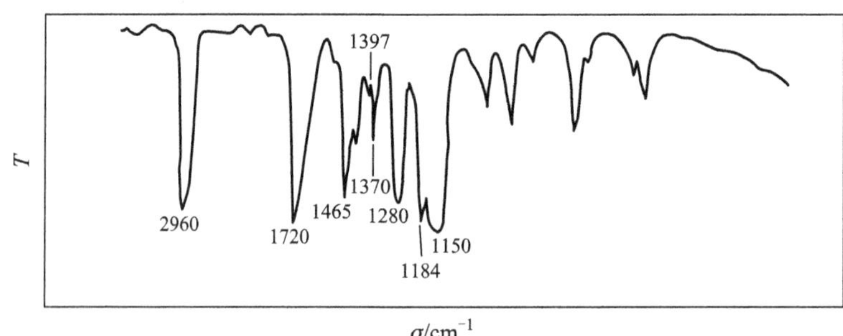

7.15 化合物分子式为 C_4H_9NO,根据下列红外吸收光谱图推断其结构。

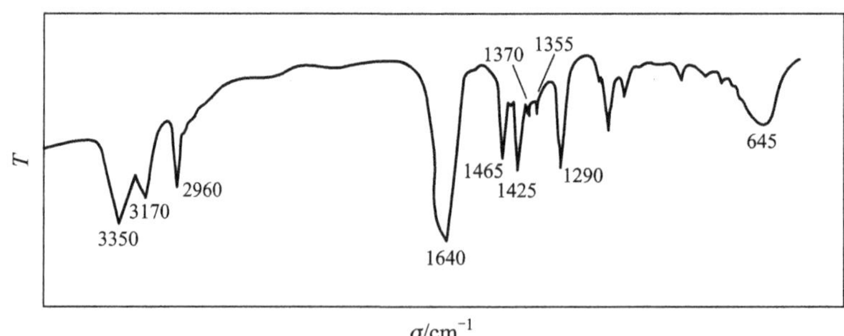

7.16 某化合物 $C_9H_{10}O$,其红外吸收光谱主要吸收峰为 3080 cm^{-1},3040 cm^{-1},2980 cm^{-1},2920 cm^{-1},1690 cm^{-1}(s),1600 cm^{-1},1580 cm^{-1},1500 cm^{-1},1370 cm^{-1},1230 cm^{-1},750 cm^{-1} 及 690 cm^{-1},试推断其结构。

7.17 简述红外吸收光谱法和拉曼光谱法的区别。

7.18 为什么紫外-可见分光光度计既有双光束的又有单光束的，而色散型红外光谱仪只能是双光束的？

7.19 简述紫外-可见吸收光谱和红外吸收光谱的差别。

7.20 什么是表面增强拉曼光谱法？

习题参考答案

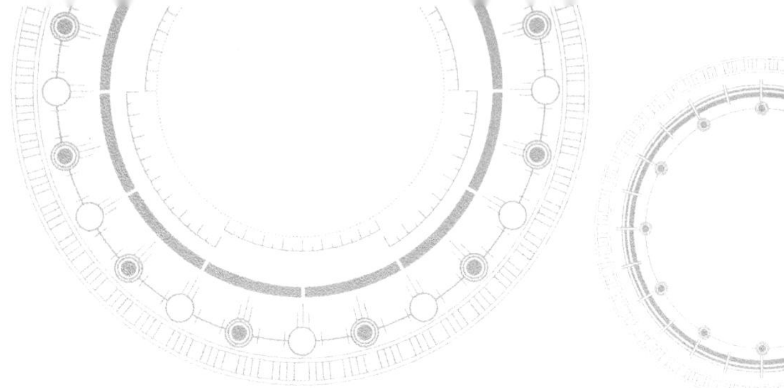

第八章

核磁共振波谱法

核磁共振（NMR）波谱法是基于在外磁场作用下原子核对射频辐射的吸收所建立的分析方法。在外磁场作用下，核磁矩不为零的原子核的自旋能级发生分裂，从而核在不同能级间跃迁可吸收一定频率的电磁波发生核磁共振。由于核自旋能级分裂的大小与分子的化学结构有关，即产生核磁共振时，吸收电磁波的频率与分子的化学结构有关，所以，通过分析核磁共振时所得到的信息，可推测分子的化学结构。

1924 年，Pauli 提出有些原子核具有自旋角动量和核磁矩的假设。1946 年，美国科学家 Bloch 和 Purcell 为首的科研小组，分别获得了氢原子的核磁共振信号。他们二人因此于 1952 年获得诺贝尔物理学奖。1991 年，瑞士科学家 Ernst 因对二维 NMR 及傅里叶变换 NMR 的贡献获得诺贝尔化学奖。2002 年，瑞士科学家 Wüthrich 因发展 NMR 波谱学在测定溶液中生物大分子三维结构方面的贡献获得诺贝尔化学奖。核磁共振波谱法是对科学产生影响最大的分析方法之一，NMR 发展史上有三个里程碑：

① 20 世纪 60 年代推出了 NMR 仪器，可测定 ^{1}H，使 NMR 逐步普及；

② 20 世纪 70 年代引入傅里叶变换（FT）NMR，使用少量样品就可测定 ^{1}H，且使 ^{13}C 的测定成为可能，可以直接观察有机物分子的骨架；

③ 20 世纪 90 年代发展起来的二维 NMR 可将质子谱与碳谱相关联，寻找分子骨架连接方式，甚至可以确定分子内或分子间非键部分的距离。

8.1 基本原理

8.1.1 原子核的自旋

原子核由质子和中子组成，且带有电荷，核的旋转会产生磁场，因此描述核自旋运动有两个参数，即自旋角动量 $\boldsymbol{P}_a$ 和核磁矩 $\boldsymbol{\mu}_a$。核自旋角动量和核磁矩均为矢量，$\boldsymbol{\mu}_a$ 与 $\boldsymbol{P}_a$ 方向平行。自旋角动量和核磁矩的大小为

$$\boldsymbol{P}_a = \sqrt{I(I+1)}\,\frac{h}{2\pi} \qquad \boldsymbol{\mu}_a = \gamma\sqrt{I(I+1)}\,\frac{h}{2\pi}$$

显然，$\boldsymbol{\mu}_a=\gamma\boldsymbol{P}_a$，式中 γ 为磁旋比，γ 为核自身属性，不同的核具有不同的 γ（见表 8.1）。当 $\boldsymbol{P}_a$ 与 $\boldsymbol{\mu}_a$ 方向一致时，γ 为正，反之为负。I 为自旋量子数，$I=0,\frac{1}{2},1,\frac{3}{2},\cdots$，当 $I=0$ 时，$\boldsymbol{P}_a=0$，$\boldsymbol{\mu}_a=0$，不产生自旋运动；当 I 不为零时，可产生自旋运动，为磁性核。当中子数、质子数均为偶数时，$I=0$，如 ^{12}C，^{16}O，^{32}S 等。当中子数和质子数均为奇数时，I 为整数，如 ^{2}H，^{14}N，$I=1$；^{58}Co，$I=2$；^{10}B，$I=3$。当中子数和质子数一个为奇数一个为偶数时，I 为半整数，如 ^{1}H，^{13}C，^{15}N，^{19}F，^{29}Si，^{31}P，$I=\frac{1}{2}$；^{11}B，^{33}S，^{35}Cl，^{37}Cl，$I=\frac{3}{2}$；^{17}O，$I=\frac{5}{2}$。

8.1.2 自旋核在磁场中的行为

在无外加磁场的空间，自旋核的自旋角动量和核磁矩可以任意取向。在外磁场中，自旋取向不是任意的。

① 当有外磁场时，自旋角动量和核磁矩相对于外磁场取向用磁量子数（m）描述，磁量子数有 $2I+1$ 个：

$$m=I,I-1,I-2,\cdots,-I$$

$\boldsymbol{P}_a$ 和 μ_a 在外加磁场方向上的分量 $\boldsymbol{P}_z$ 和 $\boldsymbol{\mu}_z$ 的大小可用下式确定：

$$\boldsymbol{P}_z=m\frac{h}{2\pi}\qquad \boldsymbol{\mu}_z=\gamma\boldsymbol{P}_z=\gamma m\frac{h}{2\pi}$$

由上式可知，m 最大时，$\boldsymbol{P}_z$ 和 $\boldsymbol{\mu}_z$ 最大，通常最大 $\boldsymbol{P}_z$ 和 $\boldsymbol{\mu}_z$ 用 $\boldsymbol{P}$ 和 $\boldsymbol{\mu}$ 来表示，不用下标 z，由于 m 最大时等于自旋量子数 I，所以 $\boldsymbol{P}$ 和 $\boldsymbol{\mu}$ 可表示为

$$\boldsymbol{P}=I\frac{h}{2\pi}\qquad \boldsymbol{\mu}=\gamma I\frac{h}{2\pi}$$

常说的核磁矩即为最大的 $\boldsymbol{\mu}_z$，即 $\boldsymbol{\mu}$。$\boldsymbol{\mu}$ 是以核磁子 β 为单位的磁矩，$\beta=5.05\times10^{-27}\ \mathrm{J\cdot T^{-1}}$，其中 T 为磁感应强度的单位。如 $\boldsymbol{\mu}_H=2.7927\beta=2.7927\times5.05\times10^{-27}\ \mathrm{J\cdot T^{-1}}$，但常将 $\boldsymbol{\mu}_H$ 值记为 2.7927，而不写单位。

② 当有外磁场时，原来简并的核自旋能级开始分裂，分裂后各能级的能量为

$$E_m=-\frac{m\boldsymbol{\mu}}{I}B_0=-\frac{m\gamma I\frac{h}{2\pi}}{I}B_0=-m\gamma\frac{h}{2\pi}B_0=-\boldsymbol{\mu}_zB_0$$

例如，对于 $I=2$ 的核，在 z 轴方向施加磁感应强度为 B_0 的磁场，则在外磁场的作用下，核磁矩 $\boldsymbol{\mu}_a$ 的空间取向和核自旋能级的分裂分别见图 8.1 和图 8.2。

8.1.3 核磁共振

决定核是否会产生 NMR 信号及信号强度的因素有核的 I，$\boldsymbol{\mu}$（或 γ）和天然丰度（表 8.1）。

I 为零，无角动量，不会产生 NMR 信号。I 大于零的核，可产生 NMR 信号，但 I 等于 1 和大于 1 的核，核的电荷分布可以看作一个椭圆体，电荷分布不均匀，它们的 NMR 现象较复杂。而 I 为 1/2 的核，核电荷成球形分布于核表面，其 NMR 现象较为简单，是目前研究的主要对象，

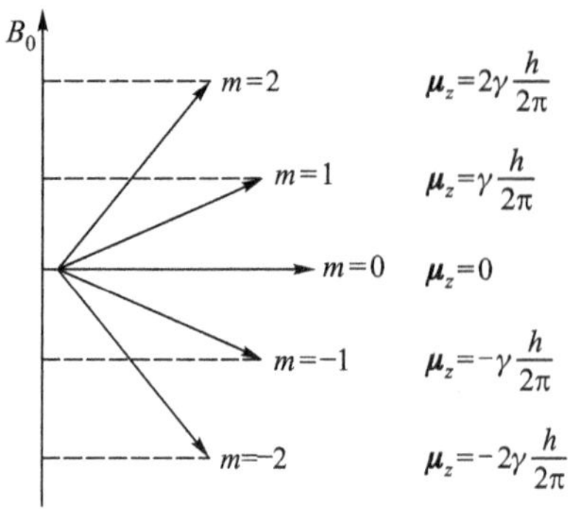

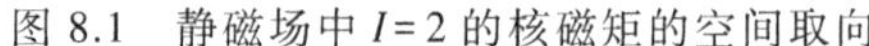
图 8.1　静磁场中 $I=2$ 的核磁矩的空间取向

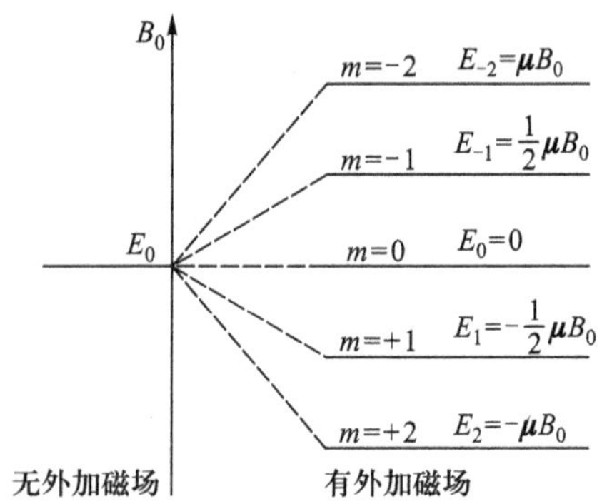

图 8.2　$I=2$ 的核在外加磁场(大小为 B_0)中的能级

属于这类原子核的有 ^1H, ^{13}C, ^{15}N, ^{19}F, ^{31}P,其中研究最多、应用最广的是 ^1H 和 ^{13}C。NMR 信号强度与 γ^3 和核的天然丰度成正比。天然丰度越高的核,NMR 信号越强。

表 8.1　核的磁性质

核	天然丰度/%	自旋量子数 I	磁矩 μ/β	磁旋比 $\gamma/(10^8\ T^{-1}\cdot S^{-1})$	共振频率 ν/MHz (在 $B_0=1.4092$ T 时)
^1H	99.98	$\frac{1}{2}$	2.7927	2.675	60.00
^{13}C	1.108	$\frac{1}{2}$	0.7023	0.6721	15.09
^{15}N	0.365	$\frac{1}{2}$	−0.2830	−0.2712	6.09
^{19}F	100	$\frac{1}{2}$	2.6273	2.5236	56.45
^{31}P	100	$\frac{1}{2}$	1.1305	1.083	24.38

天然丰度(简称为丰度)是地壳中天然存在的一同位素的“原子百分比”。除天然丰度外也常用相对丰度来表示,相对丰度是将最大丰度同位素的原子百分比定为 100%,相对于此同位素其他同位素的相对原子百分比。对于有机化合物中常见的元素,如 H,C,O,N,S 等,元素质量数最低的恰好是丰度最大的同位素。

对于 ^1H,当外加磁感应强度为 B_0 时,^1H 核运动的 μ_a 有 α 和 β 两种取向,原来简并的能级也分裂成两个能级(图 8.3)。

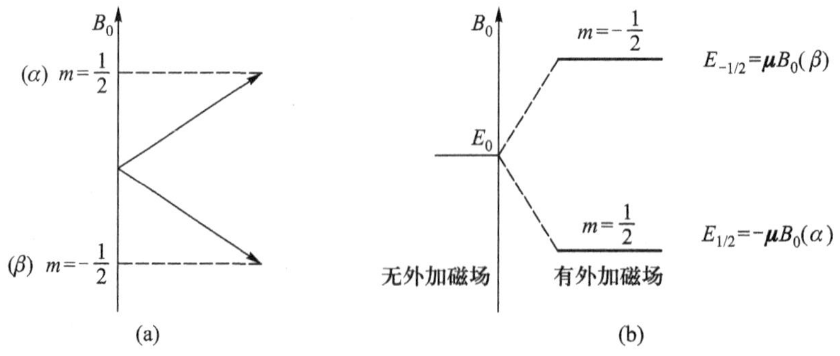

图 8.3　在外加磁场中 ^1H 核的核磁矩取向(a)及能级(b)

由图 8.3 可知：

$$\Delta E = E_{-1/2} - E_{1/2} = \boldsymbol{\mu} B_0 - (-\boldsymbol{\mu} B_0) = 2\boldsymbol{\mu} B_0$$

当一电磁波照射 ^{1}H 核时，若电磁波的能量 $E(E = h\nu)$ 正好等于 ΔE，则 ^{1}H 核将吸收此电磁波，由 $m = 1/2$ 能级跃迁至 $m = -1/2$ 能级。由此可知产生核磁共振的条件是

① 有外磁场，使核自旋能级分裂；

② 原子核为磁性核，即自旋量子数不为零；

③ 照射电磁波的能量($h\nu$)与核自旋能级差 ΔE 相等，即

$$h\nu = \Delta E = 2\boldsymbol{\mu} B_0$$

$$\nu = \frac{2\boldsymbol{\mu} B_0}{h} \tag{8.1}$$

由式(8.1)可知，若用适当频率的电磁波照射核，使电磁波的频率满足式(8.1)，原子核就可进行能级间跃迁，这就是核磁共振，但切记跃迁必须满足选律，即 $\Delta m = \pm 1$，即只有相邻能级间可跃迁，如 ^{1}H 核可由 m 为 1/2 能级跃迁至 m 为−1/2 能级。

由于 ^{1}H 的 I 为 1/2，则

$$\boldsymbol{\mu} = \gamma I \frac{h}{2\pi} = \gamma \frac{1}{2} \frac{h}{2\pi}$$

$$\nu = \frac{2\gamma \frac{1}{2} \frac{h}{2\pi} B_0}{h} = \frac{\gamma}{2\pi} B_0 \tag{8.2}$$

此处仅以 ^{1}H 为例，只考虑了 $I = 1/2$ 时的情况，实际上，I 为其他值时，式(8.2)也成立，因为 $\Delta m = \pm 1$。

根据式(8.1)，对同一个核，$\boldsymbol{\mu}$ 相等，ν 随 B_0 增加而增加。对于不同核，$\boldsymbol{\mu}$ 不等，固定 B_0，ν 随 $\boldsymbol{\mu}$ 增加而增加。核磁共振波谱仪型号习惯上用 ^{1}H 核的共振频率表示，而非磁感应强度或其他种核的共振频率。如 300 MHz 核磁共振波谱仪，说明 ^{1}H 核的共振频率应为 300 MHz，而该仪器应用的磁感应强度应为 7.0 T。

8.1.4 经典力学描述

经典力学认为，当核的自旋量子数 I 不为零时，由于核带电荷，其自旋时会产生磁场，这相当于一个小磁针。当这个自旋核置于磁场中时，核自旋产生的磁场与外加磁场相互作用，使这个核除了自行旋转外，还要绕外磁场进动(图 8.4)，进动的频率为拉莫尔(Larmor)频率 ν_0，进动角速度为 ω，而 ω 与 B_0 成正比，其比例常数为 γ：

$$\omega = \gamma B_0 \quad \omega = 2\pi\nu_0 = \gamma B_0$$

$$\nu_0 = \frac{\gamma}{2\pi} B_0 \tag{8.3}$$

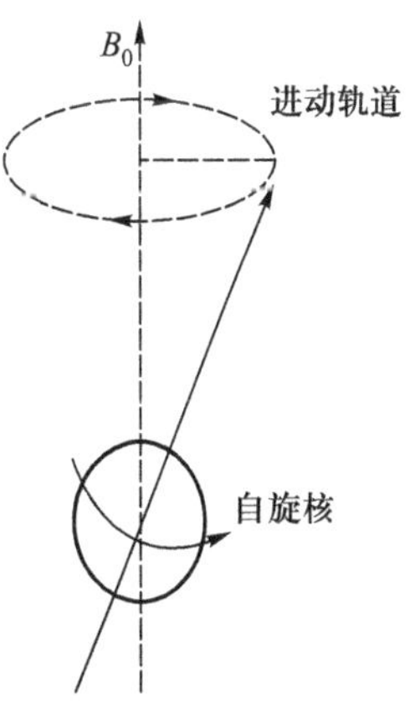

图 8.4 自旋核在磁场中的进动

在磁场中，当 ^{1}H 核绕外磁场运动时，其核磁矩进动有两种取向，但均以进动频率 ν_0 绕 B_0 进动，形成两个进动锥面，一

个进动锥面开口向 B_0 的正方向(图 8.4),另一个开口向 B_0 的反方向。若以与 ν_0 相同频率的射频照射 ^{1}H 核,即满足共振条件,就会发生核磁共振,^{1}H 核就会吸收射频的能量,使其核磁矩在磁场中的进动取向发生翻转,而由一种取向变为另一种取向。比较式(8.2)和式(8.3)可知,由量子力学和经典力学得到的结论是一致的。

8.1.5　弛豫过程

根据玻尔兹曼分布,当 $B_0=1.0$ T 和 $T=300$ K 时,处于上下能级 ^{1}H 核数目之比为

$$\frac{n_{-1/2}}{n_{1/2}}=e^{-\frac{\Delta E}{kT}}=e^{-\frac{2\mu B_0}{kT}}=e^{-\frac{2\times 2.7927\times 5.05\times 10^{-27}\ \mathrm{J\cdot T^{-1}}\times 1.0\ \mathrm{T}}{1.38\times 10^{-23}\ \mathrm{J\cdot K^{-1}}\times 300\ \mathrm{K}}}=0.999993$$

根据这一计算结果也可以看出,$n_{1/2}$ 比 $n_{-1/2}$ 仅多百万分之七,由于低能级与高能级核数目相差太少,而 NMR 波谱法的灵敏度与低能级核数目有关,所以由玻尔兹曼分布可知,通过增加 B_0,即使用高频率的波谱仪,使处于高能级核的数目比例降低,可提高方法的灵敏度。在射频的照射下,低能级核数目由于吸收能量跃迁到高能级而减少,这会使 NMR 信号减弱甚至消失,这种现象称为饱和,但实际上,共振信号并未消失,这是由于高能级核通过非辐射释放能量后,又很快返回低能级,这种由高能级回到低能级的过程叫弛豫。弛豫分为纵向弛豫和横向弛豫。

纵向弛豫又称自旋-晶格弛豫。高能极核的能量传递给周围分子而变成动能,高能级核的数目降低。但是这种能量传递不能靠碰撞,因为原子核远离核外电子及其他原子核,周围分子的振动和转动产生振荡磁场,当此振荡磁场的频率与原子核的进动频率一致时才会使纵向弛豫发生。核的特征寿命 τ_1 是高能级核寿命的量度,固体达几小时,气体、液体中 ^{1}H 的 τ_1 为 1 s 左右;而 ^{13}C 的 τ_1 通常比 ^{1}H 的 τ_1 大 1 个数量级。

横向弛豫又称自旋-自旋弛豫。相同核不同能级间互相交换能量,即一个核的能量被转移给另一个核,高低能级自旋核的数目保持不变,但高能级核的寿命缩短了,谱线变宽了。核的特征寿命为 τ_2,固体达 10^{-4} s,气体、液体为 1 s 左右。

根据不确定原理(第二章),激发态粒子寿命与谱线的宽度成反比,即激发态粒子寿命越短,谱线越宽。对于同一个核,它在同一能级上的平均寿命取决于 τ_1 和 τ_2 之间较短者,对于固体,由于一般 $\tau_1 \geqslant \tau_2$,所以谱线宽度主要由 τ_2 决定。固体因 τ_2 很短,谱线很宽,所以 NMR 常用于液体和气体的分析。

8.2　核磁共振波谱仪

按工作方式,可把核磁共振谱仪分为连续波核磁共振(CW-NMR)波谱仪和脉冲傅里叶变换核磁共振(PFT-NMR)波谱仪两种类型。

8.2.1　连续波核磁共振波谱仪

CW-NMR 波谱仪主要由磁体、射频发射器、射频接收器等组成(图 8.5)。

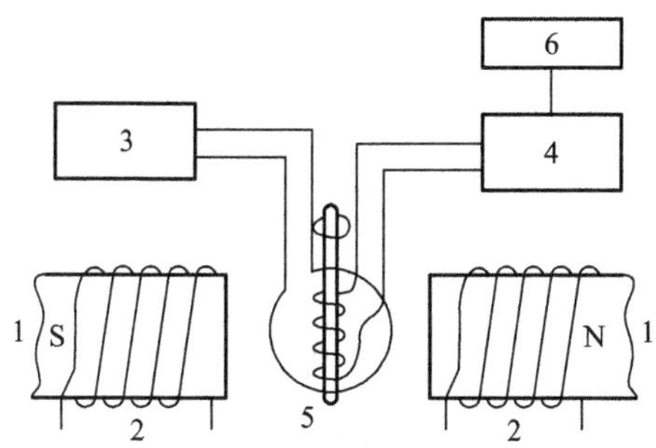

1—磁体；2—扫场线圈；3—射频发射器；4—射频接收器及放大器；
5—样品管；6—记录仪或显示器

图 8.5 CW-NMR 波谱仪示意图

1. 磁体

用磁体产生一个外加磁场。磁体可分为永久磁铁、电磁铁和超导磁体三种。永久磁铁的磁感应强度最高为 2.35 T，用它制作的波谱仪最高频率只能为 100 MHz，永久磁铁的磁感应强度稳定，耗电少，但温度变化敏感，需长时间才达到稳定。电磁铁的磁感应强度最高为 2.35 T，对温度不敏感，能很快达到稳定，但功耗大，需冷却。超导磁体用铌-钛合金丝绕成空心螺旋管线圈，将其置于杜瓦瓶中液氦里，给线圈缓慢通入电流，当电流增大到使电磁场的磁感应强度达到额定值时，使线圈两头闭合，液氦温度（4 K）下，线圈的电阻几乎为零，成为超导体，消耗的电功率也接近零，电流始终保持原来的大小，形成稳定的永久磁场。为了减少液氦的蒸发，通常使用双杜瓦瓶，在外层杜瓦瓶中充入液氮。液氦的补充周期与仪器有关，一般为 3～10 个月，液氮的补充周期为 7～10 天。超导磁体的最大优点是可达到很高的磁感应强度，可以制作 200 MHz 以上的波谱仪。已有 1000 MHz 的波谱仪，但由超导磁体制成的波谱仪运行需消耗液氮和液氦，运行费用较高。

2. 射频发射器

射频发射器用于产生射频发射，此射频的频率与外加磁感应强度相匹配，如对于测 ^{1}H 的波谱仪，超导磁体产生 7.0463 T 的磁感应强度，则所用的射频发生器产生 300 MHz 的射频。

3. 射频接收器

产生 NMR 时，射频接收器通过接收线圈接收到的射频信号，经放大后记录下 NMR 信号。

4. 探头

探头主要由样品管座、射频发射线圈、射频接收线圈组成。发射线圈和接收线圈分别与射频发射器和射频接收器相连，并使发射线圈轴、接收线圈轴与磁场方向三者互相垂直。样品管座用于承放样品管。通过旋转样品管，可增进磁场的均匀性。

5. 扫描单元

具有不同化学环境的同类核（如 ^{1}H）具有不同的共振频率，即必须使照射样品的射频频率或外加磁场的磁感应强度在一定范围内不断变化（扫描），以使不同化学环境的核依次被激发。核磁共振波谱仪的扫描方式有两种，一种是保持频率恒定，线性地改变磁感应强度，称为扫场；另一种是保持磁感应强度恒定，线性地改变频率，称为扫频，但大部分用扫场方式。图 8.5 的扫场线圈通直流电，可产生一附加磁场，连续改变电流大小，即连续改变磁感应强度，就可进行扫场。

8.2.2　样品的制备

样品管由玻璃制成，外径为 5～10 mm，长为 15～20 cm，为防止挥发，样品管需要加盖。在 NMR 研究中，用于结构分析时，样品应是纯物质，即样品就是被测物，用于定量分析时，样品可以是混合物，通常将样品溶于溶剂中，制成样品溶液。样品溶液中样品的含量一般为 5%～10%，需样品 15～30 mg，样品管中样品溶液量占总管长的$\frac{1}{8}$～$\frac{1}{6}$。常采用的溶剂是不含氢试剂，如 CCl_4，CS_2，此外还常用 D_2O，$CDCl_3$，C_6D_6 等氘代试剂。

进行 NMR 测量时，必须有标准（参考）样品，理想的标准样品是四甲基硅烷（TMS），在用 CW 仪器测量时样品溶液中 TMS 的含量一般为 0.1%。采用 D_2O 作溶剂时，由于 TMS 不溶于 D_2O，可以用 DSS（2，2-二甲基-2 硫代戊磺酸钠）作标准。也可采用外标，即用毛细管将标准与样品分开。在测量中，样品管以每秒 10～20 转的转速旋转，以抵消局部磁场不均匀的影响。

8.2.3　脉冲傅里叶变换核磁共振波谱仪

脉冲傅里叶变换核磁共振（PFT-NMR）波谱仪（图 8.6）中的磁体与连续波核磁共振（CW-NMR）波谱仪中所用的相同，但没有扫描单元，增加一个计算机采集和处理系统以及一个脉冲程序发生器。探头包括样品管座和样品管，但通常只有一个线圈，这个线圈既用于射频发射又用于信号接受。射频发生器发射频率为 ν_0 的频率，经门控变成强而短的脉冲，脉冲的宽度为 1～10 μs，而脉冲的时间间隔为 1～10 s，射频脉冲通过射频发射线圈照射样品激发目标核时，由于脉冲时间很短（微秒级），激发目标核的射频就不是单一的频率 ν_0，而是在 ν_0 周围一定范围内的频率。其频率包括同类核（如 ^1H）所有的共振频率，使所有的核同时都被激发到高能级，照射结束后，这些核由高能级回到低能级，在此过程中，由于核

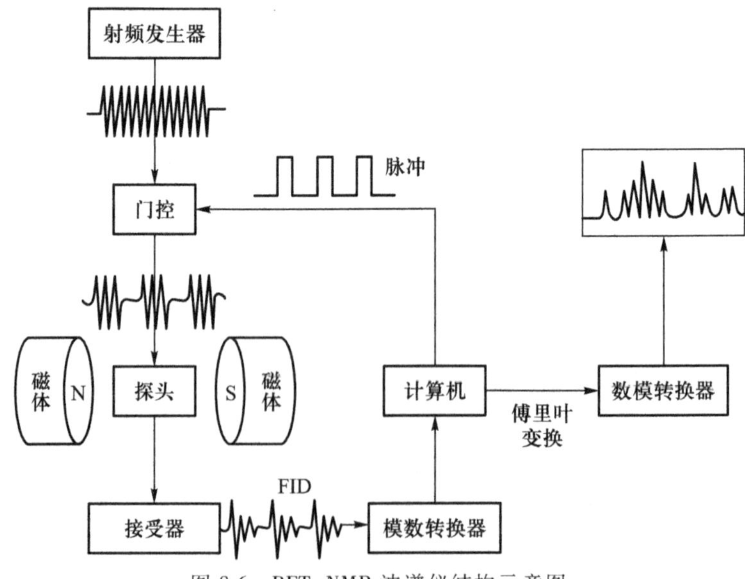

图 8.6　PFT-NMR 波谱仪结构示意图

磁矩改变,而使信号接受线圈内产生感应电流,此电信号输入接受器。射频接收器接收到一个随时间衰减的信号,称为自由感应衰减(FID)信号。FID 信号虽然包含所有激发核的信息,但这种随时间变化的信号(时间域信号)很难识别。FID 信号经模数转换变成数字信号,经傅里叶变换(FT)并经过数模转换成常规的模拟信号(频率域信号),即信号随频率而变化的曲线,也就是人们熟悉的 NMR 谱图。模拟信号是指用连续变化的物理量表示的信号,信号的幅度随时间连续变化,如 NMR 谱图,数字信号是指自变量和因变量均为离散信号,自变量用整数(如 1 和 2)表示,因变量用有限数字中的一个数字来表示,为了便于计算机处理,要进行模数转换,而为了得到常规的谱图,要进行数模转换。

与 CW-NMR 相比,PFT-NMR 有如下特点:

① 采用重复扫描,累加一系列 FID 信号,提高信噪比。因为信号(S)与扫描次数(n)成正比,而噪声(N)与$\sqrt{n}$成正比,所以 S/N 与$\sqrt{n}$成正比。对于 PFT-NMR,使用脉冲波,脉冲宽度为 1~50 μs,时间间隔为几秒,速度快,可增加扫描次数。而对于 CW-NMR,若 250 s 记录一张谱图,要使 S/N 提高 10 倍,需 250 s × 100 = 25000 s,所以很难通过增加扫描次数来提高 S/N。

② 由于 PFT-NMR 灵敏度高于 CW-NMR 灵敏度,对于 ^{1}H NMR,使用 PFT-NMR 时,样品用量可从几十毫克降到 1 mg,甚至更少。

③ 用 PFT-NMR 可以测 ^{13}C 信号,而用 CW-NMR 不可测,用 PFT-NMR 时,测 ^{13}C 谱所需样品量以几毫克到几十毫克。用大量脉冲,可使样品量降到 1 mg。

④ 脉冲发射与 FID 信号不同时检测,脉冲发射后才检测 FID 信号,脉冲发射信号不干扰 FID 信号。

8.3 ^{1}H 核磁共振波谱法

8.3.1 屏蔽效应与屏蔽常数

根据 ^{1}H 核发生 NMR 的条件,当 B_0 = 1.4092 T 时,吸收 60.00 MHz 的电磁波,发生自旋能级跃迁,产生核磁共振信号。事实上,化合物中不同化学环境的 ^{1}H 核,发生 NMR 时,吸收的电磁波频率稍有不同(外加磁感应强度 B_0 固定)。不同化学环境的 ^{1}H 核共振频率有微小的差别,主要是因为 ^{1}H 核并非裸核。由于 ^{1}H 核外有电子云,当 ^{1}H 绕自己的自旋轴在外磁场($B_0 \neq 0$)中旋转时,核外电子也做相对运动,即核外电子在外磁场作用下会发生回旋运动,产生电子环流,这个电子环流产生一个感应磁场,因为这个感应磁场是在外加磁场诱导下产生的,所以电子在外磁场中运动产生的磁场和外磁场方向相反。^{1}H核在外磁场($B_0 \neq 0$)中产生的感应磁场的磁感应强度为 B',如图 8.7 所示。

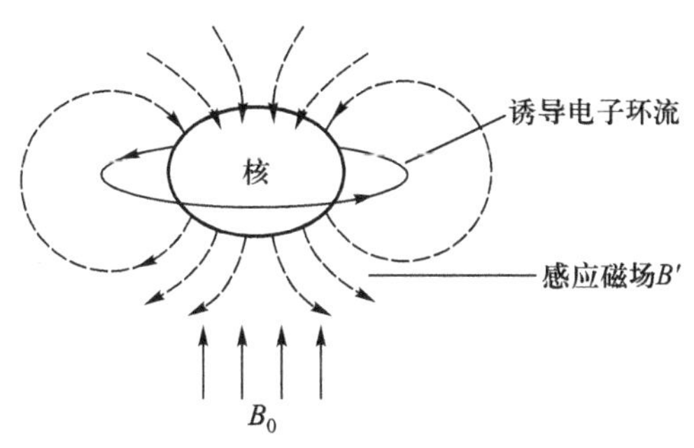

图 8.7 电子对质子的屏蔽作用

屏蔽效应是指由于 ^{1}H 核外电子云产生

的感应磁场方向和外加磁场的方向相反，故使 ^{1}H 核实际受到的磁感应强度稍有降低。因屏蔽效应的影响，^{1}H 核实际受到的磁感应强度为

$$B_{有效} = B_0 - B'$$

因为 $B' = \sigma B_0$，故

$$B_{有效} = B_0 - B' = B_0 - \sigma B_0 = B_0(1 - \sigma)$$

σ 为屏蔽常数，表征 ^{1}H 核外电子云产生感应磁场对抗外加磁场的能力。^{1}H 核外电子云密度越大，σ 越大，则对抗外磁场的能力越大。σ 与化学环境有关，化学环境主要是指 ^{1}H 核外电子及该 ^{1}H 核周围相近的其他核核外电子的运动情况。

考虑 ^{1}H 核外电子云的屏蔽效应，则上述讨论的发生核磁共振的公式需适当修正，即 $\nu = \dfrac{2\boldsymbol{\mu} B_0}{h}$［式(8.1)］应修正为

$$\nu = \frac{2\boldsymbol{\mu} B_0}{h}(1 - \sigma) \tag{8.4}$$

由式(8.4)可知，固定 B_0，ν 随 σ 增大而减小。式(8.4)可写为

$$B_0 = \frac{\nu h}{2\boldsymbol{\mu}(1 - \sigma)} \tag{8.5}$$

由式(8.5)可知，固定 ν，B_0 随 σ 增大而增大。由此可得到如下结论：

① 当 B_0 一定时，σ 大的 ^{1}H 核，共振频率 ν 小，共振峰出现在核磁共振谱的低频端，而 σ 小的 ^{1}H 核的共振峰则出现在高频端。

② 当 ν 一定时，σ 大的 ^{1}H 核，需在较大的 B_0 下共振，即共振峰出现在高场端，而 σ 小的 ^{1}H 核的共振峰则出现在低场端。

这也说明，化学结构的差别，会造成不同的化学环境，从而使 σ 不同，根据式(8.4)，若在实验中固定 B_0，会得到不同频率下的 NMR 信号，而根据式(8.5)，若在实验中固定 ν，会得到不同磁感应强度下的 NMR 共振峰。这也就是 NMR 可用于结构分析的理论基础，即根据测得的 NMR 信号来推测物质的化学结构。

8.3.2　化学位移

根据式(8.4)和式(8.5)，由于 ^{1}H 核外电子云产生的屏蔽效应而使核发生 NMR 时磁感应强度或共振频率移动的现象，称为化学位移。原则上讲，化学位移可用共振频率或磁感应强度的变化来表示，但在实际应用中，化学位移大小采用相对值表示，这是因为不易准确测出 ν 或 B_0，也就是不易准确测出 σ，且应用不同实验条件，有不同的 ν 或 B_0，难以对照，而 σ 是固定值，是化学结构本身决定的。为了将化学位移表示成相对值，必须用一标准（参考），理论上讲，应用裸核为标准，但实际上很难做到。测定化学位移的参考标准化合物一般用四甲基硅烷(TMS)，其结构式为

```
        CH3
        |
H3C—Si—CH3
        |
        CH3
```

TMS 中的 12 个氢核具有完全相同的化学环境，在 ^{1}H NMR 谱图上，只有一个单峰。TMS 是化学惰性的，不会和其他试剂反应，沸点低（27 ℃），且与大多数化合物相比，TMS 周围的电子云密度是最大的，即 σ 最大。若固定 ν，改变 B_0，即扫场时，使 TMS 中氢核共振需要最强的 B_0。反之，若固定 B_0，改变 ν，即扫频时，则此氢核共振需要最低的频率。将 TMS 中氢核的化学位移值规定为 0，其左为正，右为负。理论上可将化学位移（δ）定义为

$$\delta = (\sigma_{参} - \sigma_{样}) \times 10^6 \tag{8.6}$$

式中 $\sigma_{参}$ 和 $\sigma_{样}$ 分别为参考（标准）和样品中氢核的屏蔽常数。δ 为一相对量，其量纲为 1。为了使 δ 为正值，通常选 σ 大的化合物为标准，如 TMS。当用 TMS 为标准时，通常 $\sigma_{参} > \sigma_{样}$，δ 为正，只有少数情况下，$\sigma_{参} < \sigma_{样}$，δ 为负。这样定义说明了化学位移用相对值来表示，也保证了化学位移值仅与样品的分子结构有关，而与所用仪器及实验条件无关。但在实验中，很难直接测得 σ，所以需根据这一定义，推导出 δ 与实验参数间的关系。

当固定 B_0 时，根据式（8.4），有

$$\nu_{样} = \frac{2\boldsymbol{\mu} B_0(1-\sigma_{样})}{h} \qquad \sigma_{样} = 1 - \frac{\nu_{样} h}{2\boldsymbol{\mu} B_0}$$

$$\nu_{参} = \frac{2\boldsymbol{\mu} B_0(1-\sigma_{参})}{h} \qquad \sigma_{参} = 1 - \frac{\nu_{参} h}{2\boldsymbol{\mu} B_0}$$

将 $\sigma_{样}$ 和 $\sigma_{参}$ 代入式（8.6），则

$$\begin{aligned}\delta &= (\sigma_{参} - \sigma_{样}) \times 10^6 = \left[\left(1 - \frac{\nu_{参} h}{2\boldsymbol{\mu} B_0}\right) - \left(1 - \frac{\nu_{样} h}{2\boldsymbol{\mu} B_0}\right)\right] \times 10^6 \\ &= \frac{h}{2\boldsymbol{\mu} B_0}(\nu_{样} - \nu_{参}) \times 10^6\end{aligned} \tag{8.7}$$

根据式（8.1），$\nu_0 = \frac{2\boldsymbol{\mu} B_0}{h}$，式中 ν_0 相当于裸核共振时的频率，即仪器本身的频率，也称公称频率，因此在实际应用中化学位移可定义为

$$\delta = \frac{\nu_{样} - \nu_{参}}{\nu_0} \times 10^6 \tag{8.8}$$

当固定 ν_0 时，与固定 B_0 时相同，可得

$$\sigma_{样} = 1 - \frac{\nu_0 h}{2\boldsymbol{\mu} B_{样}} \qquad \sigma_{参} = 1 - \frac{\nu_0 h}{2\boldsymbol{\mu} B_{参}}$$

$$\begin{aligned}\delta &= (\sigma_{参} - \sigma_{样}) \times 10^6 = \left[\left(1 - \frac{\nu_0 h}{2\boldsymbol{\mu} B_{参}}\right) - \left(1 - \frac{\nu_0 h}{2\boldsymbol{\mu} B_{样}}\right)\right] \times 10^6 \\ &= \frac{\nu_0 h}{2\boldsymbol{\mu}}\left(\frac{1}{B_{样}} - \frac{1}{B_{参}}\right) \times 10^6 = \frac{\nu_0 h}{2\boldsymbol{\mu}}\left(\frac{B_{参} - B_{样}}{B_{参} B_{样}}\right) \times 10^6\end{aligned}$$

因为 $B_0 = \frac{\nu_0 h}{2\boldsymbol{\mu}}$，且 B_0 近似等于 $B_{样}$，因为 $B_{样}$ 比 $B_{参}$ 更接近 B_0，此时化学位移可定义为

$$\delta = \frac{B_0(B_{参} - B_{样})}{B_{参} B_0} \times 10^6 = \frac{B_{参} - B_{样}}{B_{参}} \times 10^6 = \frac{B_{参} - B_{样}}{B_0} \times 10^6 \tag{8.9}$$

由上述讨论可知，可以由实验参数计算出与分子结构有关的参数化学位移 δ。在一些讨论中，因为常用 TMS 作为参考，所以常常将化学位移定义为

$$\delta = \frac{\nu_{样} - \nu_{TMS}}{\nu_0} \times 10^6 = \frac{\Delta\nu}{\nu_0} \times 10^6 \tag{8.10}$$

因为在式(8.6)中($\sigma_{参} - \sigma_{样}$)值很低,对应的式(8.10)中$\Delta\nu$($\nu_{样} - \nu_{TMS}$)只有ν_0的10^{-6}~10^{-5},所以在定义化学位移的式(8.6)和式(8.10)中在右边都乘以10^6,以使δ值变为便于表述和书写的数。

因为将 TMS 的δ定为 0,而其σ一般情况下为最大,所以屏蔽效应越大,即σ越大,δ值越小。反之屏蔽效应越小,即σ越小,δ值越大。在 NMR 谱图中σ,$\nu_{样}$和$B_{样}$与δ的关系如图 8.8 所示,δ_{TMS}为 0,其左边δ为正,右边为负。随核的σ逐渐增大,在固定外磁感应强度的情况下,样品的共振频率($\nu_{样}$)逐渐减小,δ值逐渐减小;在固定照射频率的情况下,需产生 NMR 施加于样品上的磁感应强度($B_{样}$)逐渐增大,δ值逐渐减小。

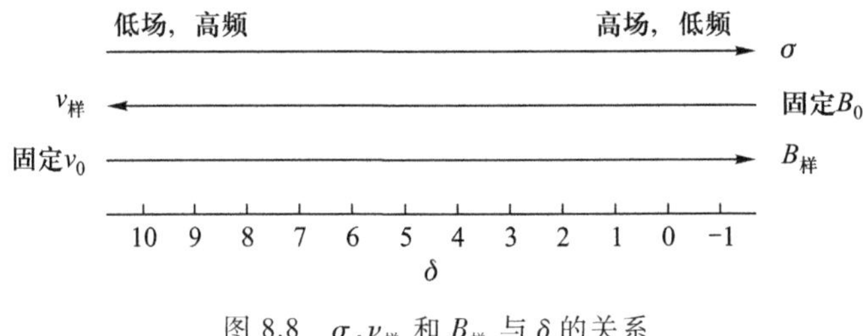

图 8.8　σ,$\nu_{样}$和$B_{样}$与δ的关系

用 60 MHz 和 100 MHz 的核磁共振波谱仪分别测定 1,1,1-三氯丙烷中甲基及亚甲基质子的δ。当用 60 MHz 波谱仪时,甲基质子峰为峰 1,其化学位移δ_1为 2.23。而亚甲基质子峰为峰 2,其化学位移δ_2为 4.00。则甲基质子峰的化学位移为

$$\delta_1 = \frac{\Delta\nu_1}{\nu_0} \times 10^6 = 2.23$$

$$\Delta\nu_1 = 2.23 \times 10^6 \times 60\ \text{Hz} \times 10^{-6} = 134\ \text{Hz}$$

而亚甲基质子峰的化学位移为

$$\delta_2 = \frac{\Delta\nu_2}{\nu_0} \times 10^6 = 4.00$$

$$\Delta\nu_2 = 4.00 \times 60\ \text{Hz} = 240\ \text{Hz}$$

$$\Delta\nu_{2-1} = \Delta\nu_2 - \Delta\nu_1 = 240\ \text{Hz} - 134\ \text{Hz} = 106\ \text{Hz}$$

由此可知,峰 1 与峰 2 的频率间隔为 106 Hz。当用 100 MHz 波谱仪时,由于化学位移δ不随所用仪器的频率变化而变化,所以用上述方法可得

$$\Delta\nu_1 = 2.23 \times 10^6 \times 100 \times 10^{-6}\ \text{Hz} = 223\ \text{Hz}$$

$$\Delta\nu_2 = 4.00 \times 100\ \text{Hz} = 400\ \text{Hz}$$

$$\Delta\nu_{2-1} = 400\ \text{Hz} - 223\ \text{Hz} = 177\ \text{Hz}$$

由上述例子可以得到如下结论:

① 不管用什么频率(ν_0)或什么磁感应强度(B_0)的仪器,测得的化学位移δ均相同;

② 与用低频率射频相比,用高频率射频时,可使—CH_2—和—CH_3质子发生 NMR 时的$\Delta\nu$增大,分辨好;

③ 由玻尔兹曼分布$\frac{n_{-1/2}}{n_{1/2}} = e^{-\frac{2\mu B_0}{kT}}$可知,当$\frac{2\boldsymbol{\mu} B_0}{kT} \to 0$时,$\frac{n_{-1/2}}{n_{1/2}} = 1 - \frac{2\boldsymbol{\mu} B_0}{kT}$,随$B_0$增加,这

一比值线性降低，表明增加 B_0，即用高频率射频时，可降低处于高能级核数目的比例，即可提高灵敏度。

8.3.3 影响化学位移的因素

化学位移是由 ^{1}H 核外电子云产生的磁场对抗外加磁场引起的，因此凡使 ^{1}H 核外电子云分布状况改变的因素都能影响化学位移。总的影响规律是 σ 变大，δ 变小；σ 变小，δ 变大。主要分为两种情况：① 被测核周围的电子云密度增加而使 σ 变大，δ 变小；反之，σ 变小，δ 变大。② 被测核周围环电流产生的次级磁场若与 B_0 同向，相当于 σ 变小，δ 变大；若反向，相当于 σ 变大，δ 变小。环电流是指化学键电子云产生的环电流，主要是指 π 电子云。

1. 诱导效应

当电负性较大的原子或基团与所研究的质子相连时，通过化学键传递将使该质子外围电子云密度降低，从而减少屏蔽。结果使 σ 减少，使 ^{1}H 在较低场（较高频）发生 NMR，δ 变大。由表 8.2 可知，随 CH_3X 中 X 电负性增大，甲基质子的化学位移变大。

表 8.2 CH_3X 中质子化学位移与元素电负性的依赖关系

	CH_3F	CH_3OH	CH_3Cl	CH_3Br	CH_3I	CH_4	$(CH_3)_4Si$
元素	F	O	Cl	Br	I	H	Si
电负性	3.98	3.44	3.16	2.96	2.66	2.20	1.90
δ	4.26	3.40	3.05	2.68	2.16	0.23	0.00

2. 磁各向异性效应

在外加磁场作用下，化学键尤其是 π 键产生一个各向异性感应（次级）磁场，通过空间的相互作用影响邻近的 ^{1}H，施加于 ^{1}H 的感应磁场若与外磁场方向一致，将增强外磁场，在这种情况下，相当于 ^{1}H 的 δ 变大，这是去屏蔽效应；相反，若此感应磁场与外加磁场方向相反，则会使 ^{1}H 的 δ 变小，这是屏蔽效应，这种现象称为磁各向异性效应。实验发现，乙烷中 ^{1}H 的化学位移为 0.96，而乙烯的 ^{1}H、苯环的 ^{1}H 和醛基的 ^{1}H 的化学位移分别为 5.28、7.26 和 9.7。要比乙烷 ^{1}H 的化学位移高很多，但乙炔 ^{1}H 的化学位移为 1.8，比乙烯 ^{1}H 的化学位移低。对于这一实验事实，首先考虑碳原子杂化方式的影响，对于 sp^3 杂化，s 成分占 25%，对于 sp^2 杂化，s 成分占 33%，对于 sp 杂化，s 成分占 50%，碳原子的电负性按 sp^3 杂化、sp^2 杂化和 sp 杂化的顺序增大。按照杂化理论，化学位移最大的应该是乙炔 ^{1}H，其次是乙烯 ^{1}H，最小的应为乙烷 ^{1}H，但这与实验事实不完全相符，再看苯环 ^{1}H 和醛基 ^{1}H 的化学位移就更难解释了。显然，完全根据碳原子电负性变化而引起的诱导效应，不能解释，必须考虑磁各向异性的影响。由图 8.9（a）和（b）可知，由于 π 电子流产生反抗外磁场的次级磁场，对于乙烯而言，质子处于次级磁场与外加磁场方向相同位置处，此区域称为去屏蔽区，因此由 π 电子感应的次级磁场产生去屏蔽作用，即相当于 σ 变小，而使 δ 变大。对于醛基 ^{1}H，除处于去屏蔽区外，还受氧原子诱导效应，所以其化学位移更大。磁各向异性效应对苯中 ^{1}H 的影响与苯环的空间取向有关，当苯环平面垂直于外加磁场时，π 电子在苯环的上下两面沿 C═C 键流动产生环电流，如图 8.9（c）所示，并产生感应磁场，苯环侧面感应磁场与外加磁场方向相同,^{1}H 受到去屏蔽作用。当苯环平面平行于外加磁场时,^{1}H 不受磁各向异性的影响。在溶液中苯环的空间取向不停地改变,总的结果是苯环上 ^{1}H 受到去屏蔽作用,使 ^{1}H 的 δ 增加。但对乙炔来说(图 8.10),由于乙炔中碳原子电负性较大,其中 ^{1}H 的 δ 应该较大,但由于三键的磁各向异性效应,质子处于次级磁场与外加磁场方向相反位置处,此区域称为屏蔽区,^{1}H 受到屏蔽作用,即相当于 σ 变大,δ 应该变小,所以乙炔 ^{1}H 的 δ 比乙烯的 δ 小。与苯环相同,对于具有 π 电子的乙炔、乙烯和羰基分子,由于在溶液中取向不停地改变,总的效应是不同取向的平均结果。碳碳单键的价电子(σ 电子)也能产生各向异性效应,但通常碳碳单键可自由旋转,但当分子构象固定,单键不能旋转时,如环己烷中碳碳键会对氢产生影响,但较小。

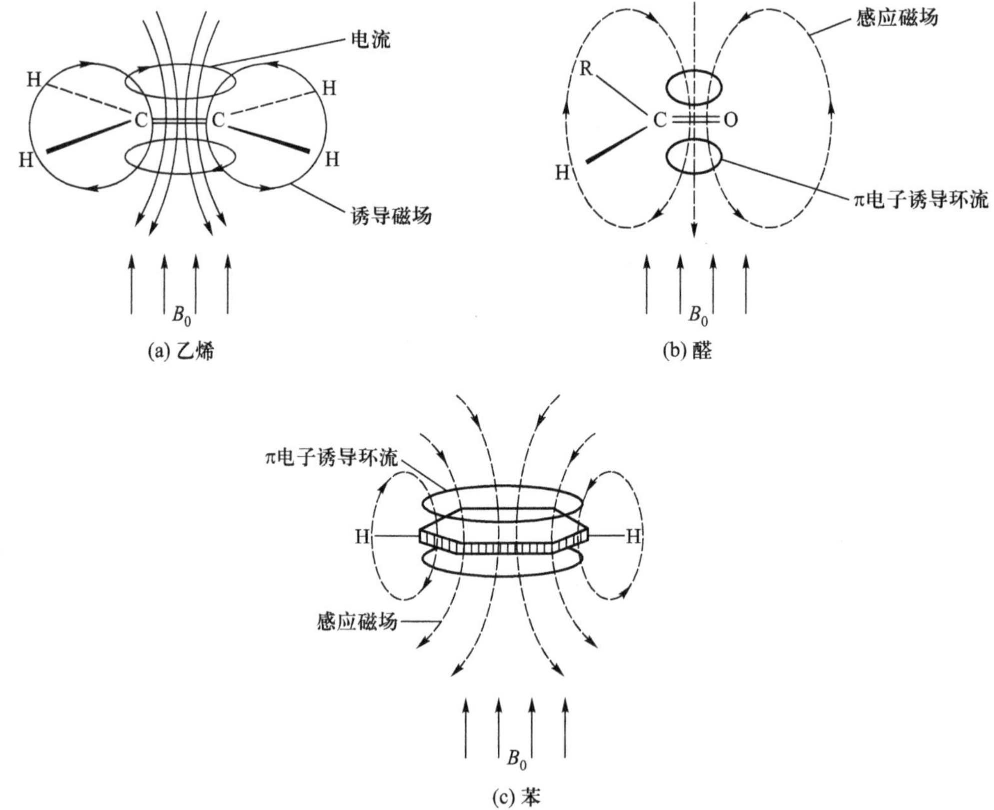

图 8.9 π 电子诱导的环电流引起的磁各向异性效应

由图 8.9 可知,若环内有质子,一定会受到强烈的屏蔽作用,即相当于 σ 变大,δ 变小。对 18-轮烯来说(图 8.11),在低温下,其内部 6 个 ^{1}H 的 δ 为-1.8,而外侧 12 个 ^{1}H 的 δ 为 8.9。当温度升至 121 ℃时,轮烯就只有一个 δ 为 5.45 的峰。轮烯 ^{1}H NMR 谱随温度的变化说明轮烯环内外 ^{1}H 在高温下快速交换,使轮烯的磁各向异性消失,得到一个平均的 δ 值。

3. 范德华效应

当氢核与附近的原子核相互靠近时,由于受到范德华力的作用,电子云相互排斥,使氢核周围电子云密度下降,即 σ 变小,而使 δ 变大,这种效应称为范德华效应,当两个原子均为氢原子且相距 0.17 nm(即两个原子的范德华半径之和)时,δ 将增加 0.5,相距 0.2 nm 时,δ 将增加 0.2,相距大于 0.25 nm 时,δ 的变化可忽略。

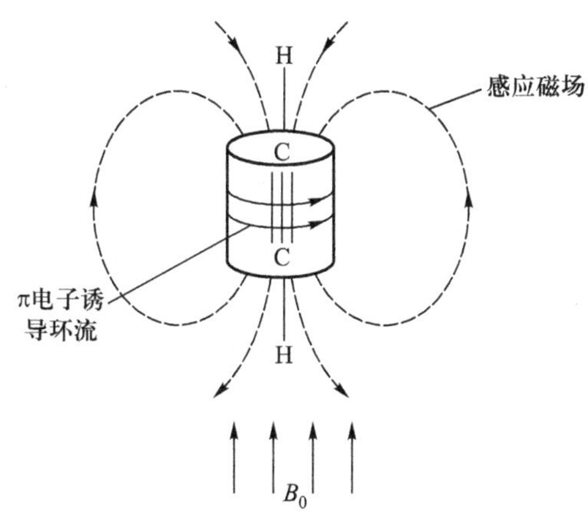

图 8.10　三键的磁各向异性效应

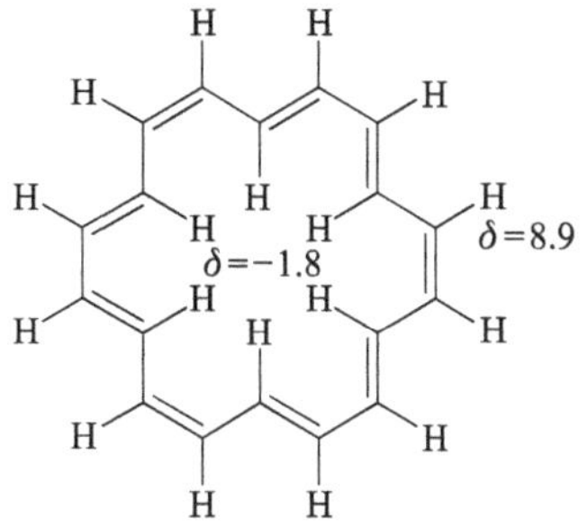

图 8.11　18-轮烯中质子的化学位移

4. 氢键的影响

氢键的形成可使氢核外电子云密度降低，即 σ 变小，δ 变大。氢键可分为分子间氢键和分子内氢键，分子间氢键强度与样品的浓度、溶剂的性能等有关，还与分子本身结构与性质有关，而分子内氢键的强度与样品浓度无关。由于氢键受许多因素影响，所以 OH，SH 和 NH 基团中 ^{1}H 不仅可进行质子交换，成为活泼氢，还受上述这些条件的影响，而使这些基团中 ^{1}H 的 δ 没有确定的值，只是一个范围，以乙醇为例，纯乙醇之间以氢键相连，以二聚体形式存在，OH 上的 ^{1}H 的 δ 为 5.3，用 CCl_4 稀释至 1.0 mol · L^{-1} 时，δ 为 2.5，稀释至 0.001 mol · L^{-1} 时，δ 为1.0。一般来说，OH 中 ^{1}H 的 δ 为 1~5，苯酚中 ^{1}H 的 δ 为 4~10，酸中 ^{1}H 的 δ 为 9~13，烯醇中 ^{1}H 的 δ 为 10~18，胺分子内 NH 中 ^{1}H 的 δ 为 1~5，酰胺分子内 NH 中 ^{1}H 的 δ 为 5~6.5，SH 中^{1}H的 δ 为 1~4。

5. 溶剂效应

同一化合物中同一种 ^{1}H，在不同溶剂中，^{1}H 的 δ 可能不同，这种因溶剂不同而引起 δ 值改变的效应，称为溶剂效应。溶剂效应主要是由溶剂的各向异性及溶剂与被测物形成氢键而引起的。

8.3.4　^{1}H 的化学位移

1. 烷烃

烷基质子的 δ 一般为 0.9~1.5。烷基取代越多，被取代烷基上质子的 δ 越大。RCH_3，$RR'CH_2$ 和 RR′R″CH 化合物中 ^{1}H 的 δ 分别为 0.85~0.95，1.20~1.48 和 1.40~1.65。例如，CH_3CH_3，$CH_3CH_2CH_3$ 和$(CH_3)_3CH$ 化合物内 CH_3，CH_2 和 CH 中 ^{1}H 的 δ 分别为 0.86，1.33 和 1.56。取代基类型对烷基质子的 δ 有一定的影响，如表 8.2 所列那样。环烷烃中亚甲基中 ^{1}H 的 δ 与环的大小有关，如环丙烷、环丁烷、环戊烷、环己烷和环庚烷分子内 CH_2 中 ^{1}H 的 δ 分别为 0.22，1.96，1.51，1.44 和 1.53。

2. 烯烃

烯烃化合物中的氢可直接与不饱和碳原子相连（C ═C—H），由于受双键各向异性效应的影响,这类烯烃中 ^{1}H 的 δ 一般较大,为 4~7.5,$H_2C{=}CH_2$ 中 ^{1}H 的 δ 为 5.28,δ 受取代基影响较大,如图 8.12 所示。

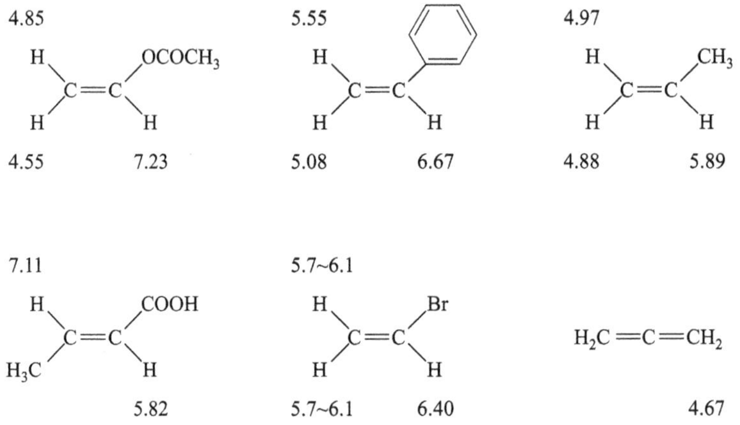

图 8.12　取代基对烯烃中 ^{1}H 的 δ 的影响

烯烃化合物中的氢若不与不饱和碳原子直接相连,而是烯邻位氢(C=C—CH_2—),这类 ^{1}H 的 δ 一般为 1.6~2.6。

3. 炔烃

炔烃化合物氢的 δ 一般为 1.7~3.1,如 HC≡CH, HC≡C—CH_3 和 HC≡C—(苯环) 化合物内≡CH中 ^{1}H 的 δ 分别为 1.8,1.9 和 3.0。

4. 芳烃

芳香化合物中芳香环上 ^{1}H 的 δ 一般为 6.5~9.0,未取代时,环上 6 个氢化学等价,在 δ 7.27 处显单峰,取代基对 δ 有较大影响。

醛基氢、羧基氢、烯醇氢、胺氢和硫氢的 δ 分别为 9~11,9~13,10~18,1~5 和 1~4。

8.3.5　自旋耦合与自旋分裂

不同氢核之间的相互作用称为自旋-自旋耦合(简称自旋耦合)。由于耦合作用而使谱线分裂增多的现象称为自旋-自旋分裂(简称自旋分裂)。下面以乙醇为例说明自旋耦合与自旋分裂。乙醇的分子式见图 8.13,为了讨论方便,将乙醇中的 ^{1}H 分成三组,分别用 a,b,c 来标示。图 8.14 是分别用低、高分辨率 NMR 波谱仪得到的乙醇的 NMR 谱图。用低分辨率 NMR 波谱仪时,谱图中出现三组峰,分别代表—OH,—CH_2—和—CH_3,其峰面积之比为 1∶2∶3,而用高分辨率 NMR 波谱仪时,得到的图中有三组峰,与—OH,—CH_2—和—CH_3 相对应的峰分别分裂为单重峰、四重峰和三重峰,且—CH_2—的四重峰的面积之比为 1∶3∶3∶1,而—CH_3 的三重峰的面积之比为 1∶2∶1。

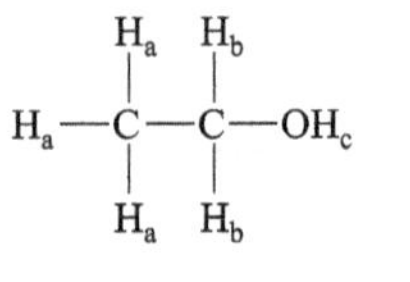

图 8.13　乙醇的分子式

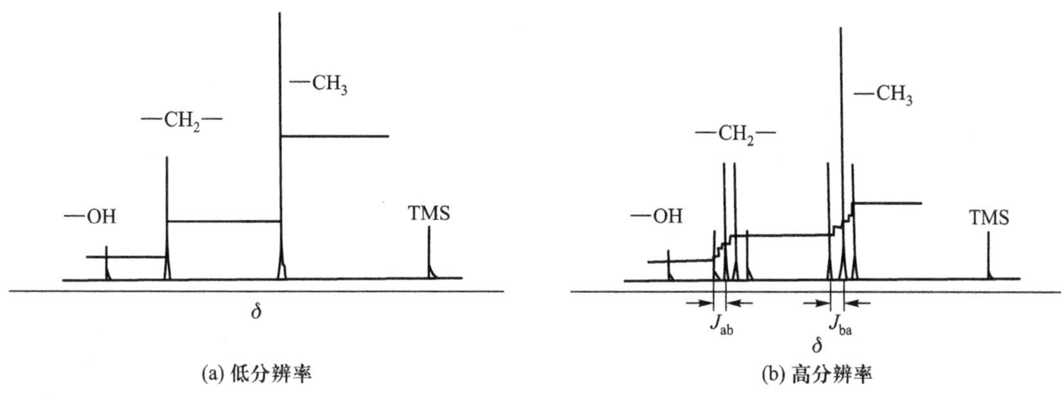

图 8.14　乙醇核磁共振波谱图

图 8.14 中峰面积是指共振信号的强度。为方便，峰面积大小通常用图中阶梯式的积分曲线来表示。积分曲线由低场往高场画，即由高 δ 往低 δ 画，从积分线出发点到终点的高度与所有质子数成正比，而每一阶梯的高度代表其下方对应谱峰的面积，且与相应的质子数成正比。

^{1}H 在磁场中有两种自旋（α 和 β），自旋会产生感应磁场，磁感应强度为 B'，α 自旋时，B' 与外加磁场（B_0）方向一致，β 自旋时，B' 与 B_0 方向相反。这两种自旋出现的概率相等。如图 8.13 中乙醇中的某一 H_a 核和某一 H_b 核，当 H_b 核具有 α 自旋，它的感应磁场和外磁场方向一致，使其周围邻近的 H_a 核实际受到的磁感应强度比没有 H_b 存在时稍大，结果使 H_a 质子产生核磁共振所需的磁感应强度稍小于外加磁感应强度，即出现一个微小的低场位移，相当于 σ 变小，δ 变大。当 H_b 核具有 β 自旋时，影响情况相反，即产生的 B' 与外磁场方向相反，减弱了外磁场的磁感应强度，即相当于使 H_a 周围的 σ 变大，δ 变小。首先考虑乙醇中—CH_2—对 —CH_3 的影响，—CH_2—中有两个 ^{1}H，可能的取向及对—CH_3 的影响如下：

$\alpha\alpha$	$\alpha\beta$　$\beta\alpha$	$\beta\beta$
$2B'$ 与 B_0 方向一致	无 B'	$2B'$ 与 B_0 方向相反
σ 变小	σ 不变	σ 变大
δ 变大	δ 不变	δ 变小

这样乙醇中 —CH_2— 所产生的三种不同的局部磁场，使邻近的—CH_3 分裂为三重峰，且上述四种自旋组合的概率相等，所以此三重峰的相对面积比为 1 : 2 : 1。三重峰中峰与峰之间的间距称作耦合常数，用 $^{m}J_{ab}$ 表示，单位为 Hz。其左上标 m 表示两个磁性核之间相隔的化学键数目，右下标 ab 表示两个核的元素符号，通常在不引起混淆的情况下，J 的左上标和右下标可省略其中之一或全部。一般来说，相互耦合的两个核，相隔化学键数目为奇数时，J 值为正，而为偶数时，J 值通常为负，但有时也会为正。J 值的正负对一级谱图没影响，解析一级谱时不考虑 J 的正负号。同理，乙醇中 —CH_3 对 —CH_2— 的影响，使 —CH_2— 峰分裂为四重峰，且这四重峰的面积之比为1 : 3 : 3 : 1。

根据自旋耦合理论及上述例子，可以得到下列一些结论：

① 自旋耦合发生在核与核之间，耦合强弱与外磁场无关。

② 自旋耦合是通过成键电子传递的，而不是自由空间。因此，J 值的大小与两个氢核之间的键数有关，一般随键数增加，J 值减小。

③ 对于一些非金属元素(H,C,N,O,F,P,S,Cl,Br 和 I)，可分成 4 类：第一类，$I=0$，这些核对其他核无耦合干扰，如^{12}C，^{16}O，^{32}S 和^{34}S；第二类丰度太低，这些核对其他核的耦合作用也不考虑，如 ^{2}H，^{13}C，^{15}N，^{17}O 和^{33}S；第三类，核电四极矩太大，自旋寿命太短，弛豫快，对其他核的耦合作用很弱，不考虑，如^{35}Cl，^{37}Cl，^{79}Br，^{81}Br 和^{127}I；仅考虑第四类核与 ^{1}H 的耦合作用，即 ^{1}H，^{14}N，^{19}F 和^{31}P。但考虑到^{14}N 与 ^{1}H 相连时，^{1}H 为活泼氢，在不同化合物中，—NH—中质子交换速率不同，所以与^{14}N 相连的 ^{1}H 共振峰的分裂情况因化合物不同而有较大差别。在 H—C—N 和 H—C—C—N 构型中，J_{NH} 一般小于 1 Hz，所以本书在考虑自旋耦合作用时，不考虑^{14}N，仅考虑三个核，即 ^{1}H，^{19}F 和^{31}P。如在乙醇分子中，对于^{16}O，^{12}C，因为它们的 $I=0$，所以可不考虑。

④ 对于饱和化合物，相隔三个键以上 ($n \geqslant 4$) 核间的相互作用可以忽略，自旋耦合可不考虑。如乙醇中 $^{1}H_a$ 与 $^{1}H_c$ 间的耦合可不考虑。

⑤ 活泼 ^{1}H 不参与耦合。活泼 ^{1}H 是指连在 O,N,S 等电负性较大原子上的 ^{1}H 原子，其在一定条件下进行快速交换(交换频率大于 NMR 频率)，而使静态条件下化学环境不同的核在动态条件下成为化学等价核，具有相同的化学位移。且在静态条件下与其发生耦合的核在动态下也不与其耦合。如乙醇中的 H_c 为活泼 ^{1}H，可不考虑它与其他核的耦合。但若乙醇为高纯度或在深度冷冻下，H_c 就不是活泼 ^{1}H，则—OH 都会对—CH_2—有影响，即不仅 H_a，而且 H_c 也与 H_b 耦合，使—CH_2—的峰分裂的重数为 $(n_a+1)(n_c+1)=(3+1)(1+1)=8$，即—$CH_2$—的峰为八重峰。且—$CH_2$—对—OH 也有影响，即 H_b 与 H_c 耦合，使—OH 的峰分裂为三重峰。当一组 ^{1}H 核同时与两组或两组以上 ^{1}H 核发生耦合时，如乙醇中 $^{1}H_b$ 核在特定实验条件下，同时与 $^{1}H_a$ 和 $^{1}H_c$ 核发生耦合，若 $J_{ab}=J_{cb}$，则 $^{1}H_b$ 的共振峰分裂为(n_a+n_c+1)重峰；若 $J_{ab} \approx J_{cb}$，由于各个峰靠得很近，一般仪器分不开，$^{1}H_b$ 核共振峰的重数为(n_a+n_c+1)；若 $J_{ab} \neq J_{cb}$，则 $^{1}H_b$ 共振峰分裂为$(n_a+1)(n_c+1)$重峰。

⑥ 磁等价的核之间，虽然也有耦合作用，但不引起峰的分裂，乙醇中 $3H_a$ 和 $2H_b$ 均为磁等价核，所以乙醇中 $3H_a$ 之间和 $2H_b$ 之间的耦合作用可不考虑。

⑦ 相互耦合的 ^{1}H 的峰间距是相等的，a 核使 b 核共振峰分裂的间距用 J_{ab} 表示，而 b 核使 a 核共振峰分裂的间距用 J_{ba} 表示，那么 $J_{ab}=J_{ba}$(图 8.14)。

8.3.6 耦合常数

连接在同一碳上的两个 ^{1}H 间的耦合常数用 ^{2}J 或 $^{2}J_{HH}$($J_{同}$)表示，^{3}J 是邻位耦合常数，^{3+n}J 是远程耦合常数。通常情况下，^{2}J，^{3}J 和^{3+n}J 分别为 0~30 Hz，0~18 Hz 和 0~7 Hz。由此可见，^{2}J 和^{3}J 在很宽的范围内变化。影响耦合常数 J 值的主要因素，除了核之间化学键的数目外，还有耦合核之间的化学键类型、与耦合相关原子轨道的杂化情况、取代基的电负性及分子的几何结构。

1. 烷烃

在饱和化合物中，仅考虑同碳和邻位耦合，因为超过三个键的 ^{3+n}J 一般小于 1 Hz，不能观察到。同碳耦合与键角以及取代基有关，甲烷衍生物中典型的 ^2J 是 10~13 Hz，但常常观察不到，因为 CH_3 基团中的三个 ^{1}H 一般是等价的，而 CH_2 基团中的 2 个 ^{1}H 也常常是等价的。最常见的是邻位耦合，邻位耦合常数主要取决于 H_A—C—C—H_X 组成的二面角中，即 H_A—C—C所在平面与 C—C—H_X 所在平面的夹角 ϕ。^3J 与 ϕ 的依赖关系可用卡普拉斯(Karplus)曲线来描述(图 8.15)，由图可知，当 ϕ 为 180°时，^3J 最大，而当 ϕ=90°时，^3J 最小。对于开链化合物，单键可自由旋转。如乙烷衍生物，虽然单键可自由旋转，但交叉式构象最稳定，如图 8.16 所示。这三种交叉式构象出现的概率最大，三种构象对应的二面角 ϕ 分别为 60°，180°和 60°，从图 8.15 卡普拉斯曲线可知，$^3J_{60°}$ = 3~5 Hz，$^3J_{180°}$ = 10~16 Hz，假设在单键快速旋转时，这三种构象出现的概率相等，并占绝对优势，而其他构象可忽略的情况下，并假定 $^3J_{60°}$ 和 $^3J_{180°}$ 的值取其中间值，即

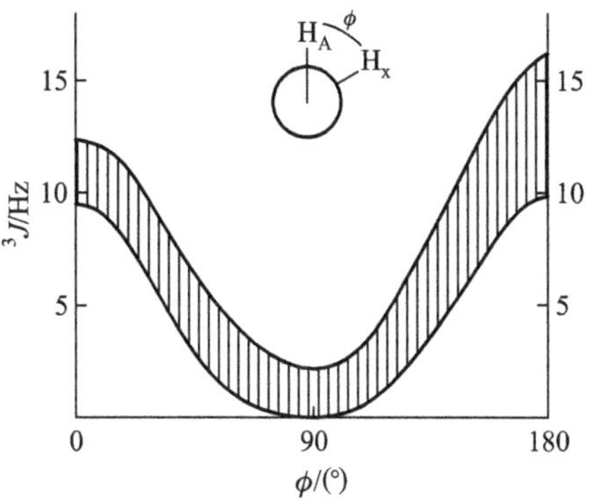

图 8.15 卡普拉斯曲线

$$^3J_{60°} = 4\ \text{Hz}, \qquad ^3J_{180°} = 13\ \text{Hz}$$

则可计算得到邻位的耦合常数 ^3J 为

$$^3J = \frac{^3J_{60°} + {}^3J_{180°} + {}^3J_{60°}}{3} = \frac{4\ \text{Hz} + 13\ \text{Hz} + 4\ \text{Hz}}{3} = 7\ \text{Hz}$$

这与实际结果基本吻合。显然，卡普拉斯曲线可用于测量乙烷衍生物和饱和六元环的构象。

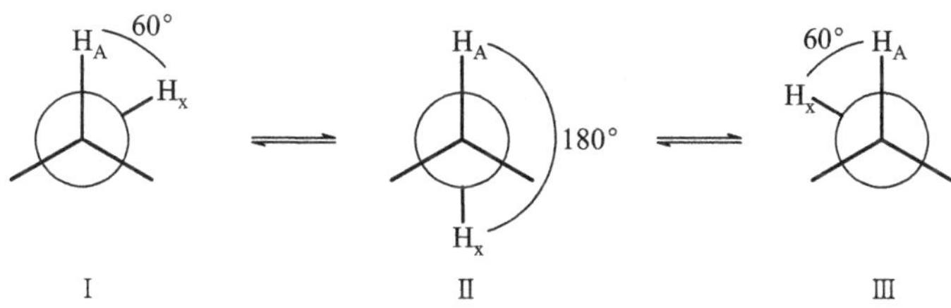

图 8.16 乙烷衍生物三种交叉式构象示意图

2. 烯烃

在乙烯和乙烯衍生物中，顺式耦合常数比反式的小，而同碳耦合常数更小，只有用分辨率非常高的仪器才能观察到。对于乙烯和乙烯衍生物，$^3J_{顺式}$ 为 6~14 Hz，一般为 10 Hz；$^3J_{反式}$ 为 14~20 Hz，一般为 16 Hz；$J_{同}$ 一般为 0~2 Hz。

3. 芳烃

苯和苯衍生物的中邻位、间位和对位耦合常数是不同的，大多数情况下，对位耦合常数较小，一般情况下，$J_{邻}$ 为 7~9 Hz，$J_{间}$ 为 1~3 Hz，而 $J_{对}$ 小于 1 Hz。

4. 远程耦合

相隔 3 个化学键以上的耦合称为远程耦合，在饱和开链化合物中，通常 ^{3+n}J 很小，接近零，不予考虑。但对于一些不饱和化合物，有时需考虑远程耦合。如苯和苯衍生物中，$^4J_{间}$

可达 1~3 Hz。在耦合途经包含双键和三键的化合物中，^4J 也可达 1~4 Hz。

8.3.7　化学等价和磁等价

具有相同化学环境的 ^1H 核叫作化学等价核，这组核的化学位移 δ 相同。是不是化学等价核可通过下列一些方式进行判断。

1. 分子的对称性

对具有对称性分子进行对称操作，即绕 C_n 轴旋转 360°/n、对镜面进行反映和对对称中心进行倒反时能够互换位置的核为化学等价核。

2. 单键快速旋转

若—CH_3，—CH_2—，—NH_2 等基团可绕单键快速旋转，则这些基团上的 ^1H 可能为化学等价核。—CH_3 无论与什么基团相连，只要—CH_3能快速旋转，这三个 ^1H 就是化学等价的。对于—CH_2—，只有当分子存在对称面，且此对称面平分这个 H—C—H 角时，—CH_2— 中的两个 ^1H 才是化学等价的。由于绕单键的旋转与温度有关，所以对 —CO—N(CH_3)$_2$ 来说，由于 n-π 共轭限制了 C—N 键的自由旋转，故在室温及低温下，两个—CH_3 的化学环境不同，不是化学等价的。当温度升高到 80 ℃时，由于 C—N 键旋转速度加快而使两个—CH_3 的化学环境变成相同，两个—CH_3 也成为化学等价的。

3. 环的快速翻转

在低温下，环不能快速翻转，如环己烷中的 ^1H 可分为两组化学等价的核，即 6 个直立的 ^1H 为一组化学等价核，6 个平伏的 ^1H 为另一组化学等价的核。在室温或更高温度下，环的快速翻转使直立 ^1H 和平伏 ^1H 的化学环境变成相同，成为化学等价核，即 12 个 ^1H 为一组化学等价核。

磁等价的核必须是化学等价的核（δ 相同），且在自旋体系中，一组化学等价的核对任何一个其他核的耦合常数都相同，这组核就称为磁等价核或磁全同核。磁等价核之间产生自旋耦合，但不引起峰分裂。而磁不等价核之间产生自旋耦合，并引起峰的分裂。

自旋体系是指通过自旋耦合联系起来的若干组磁等价核，自旋体系是封闭的，即在自旋体系内，各组磁等价核之间存在耦合关系，不要求每一组磁等价核要和其他所有核耦合，但自旋体系内的核不能和体系外的任何一个核有耦合关系。如 CH_3CH_2—O—$CH_2CH_2CH_3$ 有—CH_2CH_3 和—$CH_2CH_2CH_3$ 两个自旋体系，常温下 CH_3CH_2OH 有 —CH_2CH_3 和 —OH 两个自旋体系，在极低温度下，为一个自旋体系。如二氟甲烷：

```
      F1
      |
H1—C—F2
      |
      H2
```

H_1 和 H_2 的化学位移相等，且 $J_{H_1F_1}=J_{H_2F_1}$，$J_{H_1F_2}=J_{H_2F_2}$，因此 H_1 和 H_2 是磁等价核。化学等价的核不一定是磁等价的，而磁等价的核必须是化学等价的。如二氟乙烯：

```
H1        F1
  \      /
   C==C
  /      \
H2        F2
```

两个 H 是化学等价的，但由于 H_1 与 F_1 是顺式耦合，与 F_2 是反式耦合；同理，H_2 与 F_2 是顺式耦合，而与 F_1 是反式耦合，所以 $J_{H_1F_1} \neq J_{H_2F_1}$，$J_{H_1F_2} \neq J_{H_2F_2}$。$H_1$ 和 H_2 化学等价，但磁不等价。按照这个定义，乙醇中—CH_3 中三个 ^1H 是磁等价的，—CH_2— 中两个 ^1H 是磁等价的。

8.3.8 自旋体系分类

通常，规定 $\dfrac{\Delta\nu}{J} > 10$ 为弱耦合，$\dfrac{\Delta\nu}{J} < 10$ 为强耦合。若 $\dfrac{\Delta\nu}{J} > 10$，且一组化学等价核都是磁等价核，则为一级谱图；若 $\dfrac{\Delta\nu}{J} < 10$ 或一组化学等价核中含有两组或两组以上磁等价核，则为高级谱图。此处，J 为自旋分裂的耦合常数，以 Hz 为单位，而 $\Delta\nu$ 为化学位移值之差，以 Hz 表示，$\Delta\nu$ 指两个样品峰之差，并非指与 TMS 之差。如有两个峰：

$$\delta_1 = \frac{\nu_{样_1} - \nu_{TMS}}{\nu_0} \times 10^6$$

$$\delta_2 = \frac{\nu_{样_2} - \nu_{TMS}}{\nu_0} \times 10^6$$

$$\nu_{样_1} - \nu_{TMS} = \delta_1\nu_0 10^{-6}$$

$$\nu_{样_2} - \nu_{TMS} = \delta_2\nu_0 10^{-6}$$

$$(\nu_{样_2} - \nu_{TMS}) - (\nu_{样_1} - \nu_{TMS}) = \delta_2\nu_0 10^{-6} - \delta_1\nu_0 10^{-6}$$

$$\Delta\nu = \nu_{样_2} - \nu_{样_1} = (\delta_2 - \delta_1)\nu_0 10^{-6} \tag{8.11}$$

由此计算得到 $\Delta\nu$，再根据实验上得到的 J 就可以计算出 $\Delta\nu/J$。根据核之间耦合的强度，可以对耦合体系进行分类，强耦合的核，即化学位移值相近的核，标注用的字母在字母表中也相近，如用 A，B 表示；弱耦合的核，即化学位移相差较远的核，可用 A，M 表示。若化学位移相差更远，可用 A，X 表示。磁等价核用相同字母表示，核的数目用下标数字表示，如 A_2，B_3 等，化学等价而磁不等价的核用“′”表示，如 AA′，BB′等。表 8.3 列出了一些典型的自旋体系。

表 8.3 一些典型的自旋体系

化合物	自旋体系	化合物	自旋体系
$H_2C{=}CCl_2$	A_2	$H_2C{=}CFCl$	ABX
H H Cl Br S	AB	CH_2FCl	AX_2
		$H_2C{=}CHBr$	ABC
H Cl F Cl Cl Cl	AX	Cl Cl	AA′BB′
		$H_2C{=}CF_2$	AA′XX′

8.3.9　一级谱图

被测核共振峰分裂服从$(2nI+1)$规则，n为干扰磁等价核的个数，I为干扰核的自旋量子数，当干扰核的$I=1/2$时，则转化为$(n+1)$规则。即被测核分裂后，峰的数目为$(n+1)$，如CH_3CH_2Br中，甲基分裂为三$(2+1)$重峰，亚甲基分裂为四$(3+1)$重峰。

分裂后各子峰的强度比为$(a+b)^n$展开式中按a的幂次递减的顺序排列的各项的系数比。这一强度比也可以由杨辉三角很方便地求出（图8.17）。如上述CH_3CH_2Br中，甲基有3个^1H，$n=3$，则由图8.17很容易知道，亚甲基分裂为四重峰，各子峰的强度之比为1∶3∶3∶1，而亚甲基有2个^1H，$n=2$，甲基分裂为三重峰，各子峰的强度之比为1∶2∶1。

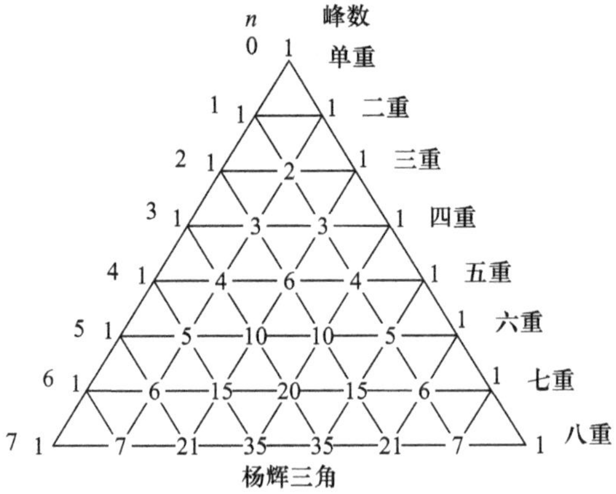

图8.17　n个干扰核使被测核共振峰分裂的重数及各子峰的强度

图8.17中数字很容易记忆，因为每个交点处的数字等于它左右“肩上”两个数字之和。化合物CH_3CH_2Br属于A_3X_2体系，当用60 MHz波谱仪时，实验上测得的δ_{CH_3}为1.67，δ_{CH_2}为3.43，且$J_{ab}=J_{ba}=7.33$ Hz。根据式(8.11)：

$$\Delta\nu=\nu_{样_2}-\nu_{样_1}=(\delta_2-\delta_1)\nu_0 10^{-6}=(3.43-1.67)\times 60\times 10^6\times 10^{-6}\ \text{Hz}=105.6\ \text{Hz}$$

$$\frac{\Delta\nu}{J}=\frac{105.6\ \text{Hz}}{7.33\ \text{Hz}}=14.4$$

当用600 MHz波谱仪时：

$$\Delta\nu=\nu_{样_2}-\nu_{样_1}=(3.43-1.67)\times 600\times 10^6\times 10^{-6}\ \text{Hz}=1056\ \text{Hz}$$

$$\frac{\Delta\nu}{J}=\frac{1056\ \text{Hz}}{7.33\ \text{Hz}}=144$$

由此可知，使用高频率波谱仪的优点是可提高谱图的分辨率，使$\Delta\nu$增加，并且可简化谱图，即使$\Delta\nu/J$增加，可使高波谱图变为一级谱图。这一例子也说明，J和δ与外磁场无关，但ν与外磁场有关。

8.3.10　^{1}H NMR波谱法在结构分析中的应用

一般说来，解析^{1}H NMR谱图进行结构分析可按下面步骤进行。

① 了解样品来源、外观、物理性质(熔点、沸点等)、元素分析结果和样品纯度,样品应是纯化合物。

② 求不饱和度。

③ 看峰的位置,即化学位移,以确定质子所处的化学环境,从而确定该峰归因于什么基团中的质子。

④ 看峰分裂的数目与耦合常数,以确定质子邻近其他核的配置情况,即确定基团与基团之间的关系。

⑤ 看峰的强度,以确定各基团之间所含质子数之比。

例 8.1 经元素分析可知一化合物的分子式为 C_9H_{12},其 ^1H NMR 谱图如图 8.18 所示,试推断其结构。图中实验得到的七重峰图太小,为更清楚,将其放大后放在其原峰上方。

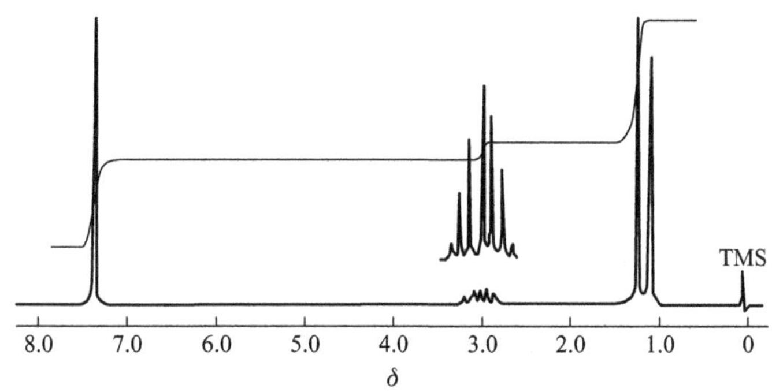

图 8.18 化合物 C_9H_{12} 的 ^1H NMR 谱图

解:化合物的不饱和度为

$$\Omega = 1 + 9 + \frac{0 - 12}{2} = 4 \qquad \text{可能含有苯环}$$

谱图上有三组峰,数据如下:

δ	峰重数	H 个数
1.2	二	6
3.0	七	1
7.3	单	5

δ 1.2 的二重峰,含有 6 个 H,说明可能有两个相同的 CH_3,二重峰,说明此 6 个 H 周围有 1 个 H,推测为 $-\underset{CH_3}{\overset{CH_3}{CH}}$。δ 3.0 的七重峰,含有 1 个 H,说明此 H 周围有 6 个磁等价 H,可能为 $-\underset{CH_3}{\overset{CH_3}{CH}}$。δ 7.3 的单重峰,且已知化合物不饱和度为 4,说明可能有苯环,H 的个数为 5 说明有 5 个 H,为单取代,推测为 C_6H_5-。显然此苯环上 5 个 H 是不一样的,应为 AA′BB′C 五旋体系,但由于这 5 个 H 化学位移差很小,相应的峰靠得近,往往分不开。根据上述分析,推断此化合物的结构式为

$$C_6H_5-\underset{CH_3}{\overset{CH_3}{CH}}$$

由图 8.18 可知，δ 1.2 的二重峰两子峰强度并不相等，而 δ 3.0 的七重线外围线强度也不相等，内侧高，外侧低。当$\frac{\Delta\nu}{J}\geqslant 10$时，内外侧峰强度相差不大，随 $\Delta\nu/J$ 降低，内外侧峰强度差扩大，这叫作屋脊效应，这一效应有时可用来判断组峰间的耦合关系。

例 8.2　根据元素分析已知未知化合物的化学式为 $C_5H_{10}O_2$，其 ^{1}H NMR 谱图见图 8.19，试推断该化合物的结构。

解：计算化合物的不饱和度：$\Omega=1+5+\frac{0-10}{2}=1$，说明该化合物含有一个双键。

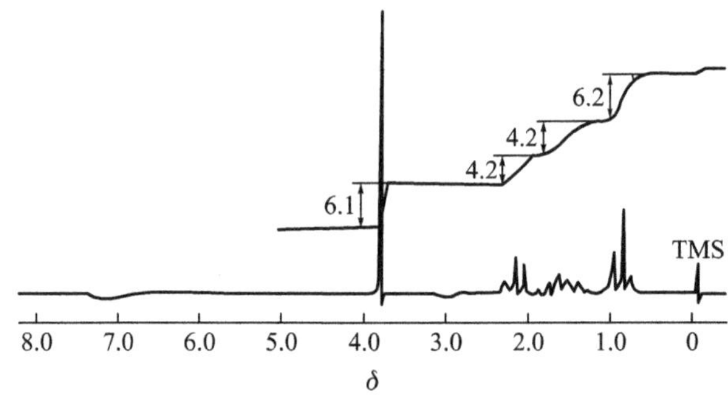

图 8.19　化合物 $C_5H_{10}O_2$ 的 ^{1}H NMR 谱图

谱图上有四组峰，数据如下：

δ	峰重数	积分曲线高度	H 个数
0.9	三	6.2	3
1.7	六	4.2	2
2.2	三	4.2	2
3.6	单	6.1	3

δ 为 0.9，1.7 和 2.2 的三个峰，峰面积比为 3∶2∶2，且峰重数分别为三、六和三，可推测为正丙基—$CH_2CH_2CH_3$。其中 δ 1.7 的峰应为十二重峰，但实际上为六重峰，可能是 CH_3 和 CH_2 对中间 CH_2 的耦合常数几乎相等，故峰的重数应为 (3 + 2 + 1) = 6。δ 3.6 的峰为单重峰，对应 3 个 H，推测为孤立甲基，且根据不饱和度为 1，有一双键，查 δ 为 3.6，可知为 $CH_3O—\overset{\overset{\large O}{\|}}{C}—$ 。根据上述讨论，推断此化合物的结构式为

$$CH_3O—\overset{\overset{\large O}{\|}}{C}—CH_2CH_2CH_3$$

8.4　^{13}C 核磁共振波谱法

8.4.1　^{13}C 核磁共振波谱法的特点

^{13}C 核磁共振波谱法与上节讨论的 ^{1}H 核磁共振波谱法的原理基本相同。有机化合物分

子骨架主要由碳原子构成，^{13}C 出现在碳骨架的任何位置上的概率是相等的，所以 ^{13}C NMR 谱图可以完整地反映出分子中各类碳核的信息。且 ^{13}C NMR 谱在检测无氢基团，如羰基、氰基、季碳等，具有独特的作用，所以研究 ^{13}C NMR 谱具有十分重要的意义。与 ^{1}H NMR 谱相比，^{13}C NMR 谱具有如下一些特点。

1. 化学位移范围宽

常规 ^{1}H 的 δ 值通常在 10 以内，不超过 20，^{13}C 的 δ 值变化范围较宽，一般在 0~250，对于化学环境有较小差异的核也能区分，有利于分子结构鉴定。

2. 耦合常数大

^{13}C 的天然丰度很低，只有 1.108%，因此两个 ^{13}C 相邻的概率很低，故 $^{13}C-^{13}C$ 耦合可忽略不计。而 ^{13}C 常与 ^{1}H 连接，它们可以互相耦合。$^{13}C-^{1}H$ 单键耦合常数很大，一般在 125~250 Hz。

3. 信号强度低

NMR 的共振峰强度与天然丰度成正比，并与 γ^3 成正比，^{13}C 的天然丰度很低，^{13}C 的 γ 约为 ^{1}H 的$\frac{1}{4}$（表 8.1），所以 ^{13}C NMR 信号比 ^{1}H 的要低很多。在 ^{13}C NMR 谱的测定中常常要进行长时间的累加，并需加大样品量。

8.4.2 ^{13}C 的化学位移

与 ^{1}H NMR 谱一样，^{13}C NMR 谱中最重要的参数是化学位移和耦合常数。峰面积（信号强度）也是比较重要的参数，虽然信号强度与分子中不同碳原子的相对数目不存在严格的比例关系。^{13}C NMR 谱中化学位移产生的原因、定义及表示方法与 ^{1}H NMR 谱的一样，也是以 TMS 为标准物质，$\delta_{TMS}=0$，在它左边为正，右边为负。与 ^{1}H NMR 一样，凡使 ^{13}C 核外电子云分布状况改变的因素都会影响 ^{13}C 的化学位移，总的规律是 σ 变大，δ 变小，σ 变小，δ 变大。

1. 影响 ^{13}C 化学位移的因素

（1）碳原子的杂化类型

决定 ^{13}C 化学位移的主要因素是碳原子的杂化类型。sp^3 杂化的 ^{13}C 的 δ 一般为 0~100；sp 杂化的 ^{13}C 的 δ 一般为 70~110；而 sp^2 杂化的 ^{13}C 的 δ 一般为 120~240，这一大小顺序与和它们相应的 ^{1}H 的 δ_H 的大小顺序是一致的。

（2）诱导效应

当碳原子与电负性较大的取代基相连时，碳核周围的电子云密度下降，即产生去屏蔽效应，而使 δ_C 变大，取代基电负性越大，δ_C 增大得越明显，这与研究氢谱时所遇到的情况一样。

影响 ^{13}C 化学位移的因素还有共轭效应、空间效应、电场效应等。

2. 有机化合物中 ^{13}C 的化学位移

有机化合物中 ^{13}C 的化学位移如图 8.20 所示。

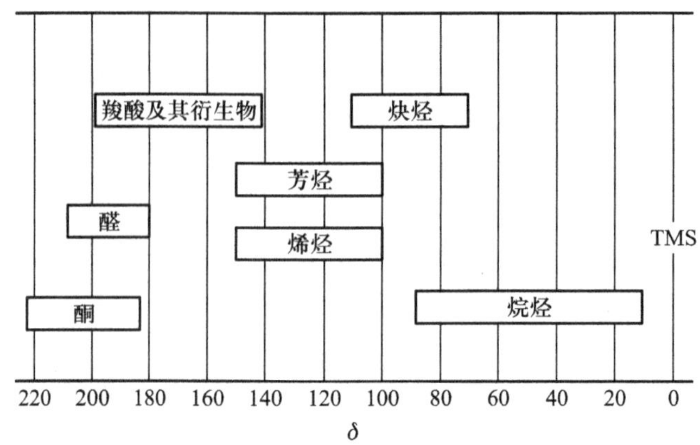

图 8.20　有机化合物中 ^{13}C 的化学位移

8.4.3　^{13}C-^{1}H 耦合

由于 ^{13}C 的天然丰度低,所以主要考虑 ^{13}C-^{1}H 耦合。与 ^{1}H-^{1}H 耦合类似,由 ^{1}H 核引起的 ^{13}C 共振峰的分裂数目也符合($2nI+1$)规则。$^{m}J_{CH}$(上标 m 表示被测 ^{13}C 核与干扰 ^{1}H 核之间的键数,下标 CH 表示 ^{13}C 与 ^{1}H 的耦合)主要与 m 的大小及 ^{13}C 的杂化程度有关,^{1}J 最大,通常在 120~320 Hz; ^{2}J 次之,通常在 60 Hz 以内;^{3}J 较小,一般在十几赫兹;^{4}J 更小,一般不超过1 Hz。^{13}C 杂化程度对 ^{1}J 有显著影响,sp^{3} 杂化的 ^{13}C 的 ^{1}J 最小(125 Hz 左右);sp^{2} 杂化的 ^{13}C 的 ^{1}J 较大(160 Hz 左右);sp 杂化的 ^{13}C 的 ^{1}J 最大(250 Hz 左右)。实际上,在讨论 ^{1}H NMR 谱时讲到,考虑与表 8.1 所列核相关的自旋耦合时,应考虑 ^{1}H, ^{19}F 和 ^{31}P 三种核与 ^{1}H 的耦合。同理,在考虑 ^{13}C NMR谱时,虽然也应主要考虑 ^{1}H, ^{19}F 和 ^{31}P 三种核与 ^{13}C 的耦合,但本书并不详细讨论 ^{19}F 和 ^{31}P 与 ^{13}C 的耦合作用。

8.4.4　质子去耦

^{13}C-^{1}H 耦合不仅包括与 ^{13}C 直接连接的 ^{1}H,也包括较远的 ^{1}H,因此使 ^{13}C NMR 谱变得十分复杂,难以解析。同时,随着分裂峰数目的增多,使得信噪比降低[图 8.21(a)]。为了克服这一缺点,最大限度地利用 ^{13}C NMR 谱的信息,一般选用质子去耦法。对于 ^{13}C-^{1}H 耦合体系,^{1}H 使 ^{13}C 的共振峰分裂,若在正常外加磁场下测定 ^{13}C NMR 谱,采用另一强的射频照射 ^{1}H,且使照射频率恰好等于 ^{1}H 的共振频率,^{1}H 由于受到强的电磁波照射,便在 $-1/2$ 和 $+1/2$ 两个自旋态间迅速往返,在 ^{13}C 的共振过程中, ^{13}C 所"观察"到的 ^{1}H 的自旋既不是 $-1/2$,也不是 $+1/2$,而是两种自旋状态的平均结果,即自旋为零,因此 ^{1}H 对 ^{13}C 的耦合被消除, ^{13}C 显示单重峰,这一方法叫作质子去耦法或双共振去耦法,这一方法不仅适用于 ^{13}C-^{1}H耦合,也适用于其他核之间的耦合。质子去耦法分三种,即质子宽带去耦法、偏共振去耦法和选择质子去耦法。质子宽带去耦法就是施加一个强的射频,这一射频的频率不是单一的,而是包含了各种 ^{1}H 核的共振频率,可以消除所有 ^{1}H 对 ^{13}C 的耦合作用,使所有的 ^{13}C 均显示单重峰[图 8.21(b)]。通常所说的 ^{13}C NMR 谱,实际上就是指质子宽带去耦谱。

质子宽带去耦的 ^{13}C NMR 谱显然便于分析，但又失去了有关 ^{13}C-^{1}H 耦合的信息。对结构分析是不利的。而偏共振去耦和选择质子去耦可以弥补这一缺陷。偏共振去耦技术类似于质子宽带去耦，也是采用双共振技术，但射频的频率高于或低于所有 ^{1}H 核的共振频率，这时 ^{13}C-^{1}H 远程耦合完全消失，单键耦合产生的多重峰间距也大大缩小，即 $^{1}J_{CH}$ 减小，比真实的 $^{1}J_{CH}$ 小得多。但可以在谱图上显示出来［图 8.21(c)］，于是在 ^{13}C NMR 谱中仅仅显示出与 ^{13}C 单键相连 ^{1}H 造成的分裂。在偏共振去耦的 ^{13}C NMR 谱中，共振峰分裂后峰的数目仍然可以根据 $(n+1)$ 规则求得。—CH_3 显示四重峰；—CH_2— 显示三重峰；$\overset{|}{\underset{|}{—CH}}$ 显示二重峰；不与 H 相连的 C 则显示单重峰。选择质子去耦法是用某一特定质子共振频率的射频照射该质子，以消除被照射质子与 ^{13}C 的耦合，当选择 —CH_3 中的 ^{1}H 时，在 ^{13}C NMR 谱中可观察到与该质子耦合的 C 的信号的变化［图 8.21(d)］。对于靶 ^{13}C，相当于质子宽带去耦，消除了所有 ^{1}H 与其的耦合作用，使—CH_3 中的 ^{13}C 显示单峰。而对于其他 ^{13}C，相当于偏振去耦，即峰的数目可用 $(n+1)$ 求出，如—CH_2— 中 ^{13}C 峰的数目为 3。

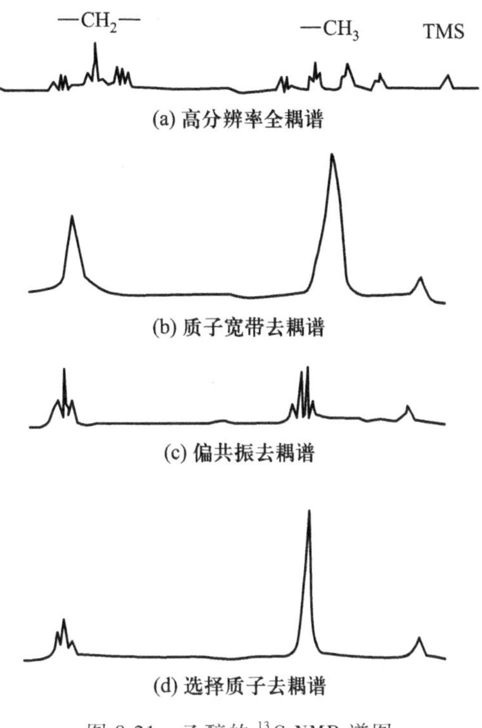

图 8.21 乙醇的 ^{13}C NMR 谱图

8.4.5 ^{13}C NMR 波谱法在结构分析中的应用

一般来说，解析 ^{13}C NMR 谱图进行结构分析可按下面步骤进行。

① 了解样品来源、外观、物理性质（如熔点、沸点、溶解度、折射率等）及元素分析结果。

② 求不饱和度。

③ 鉴别谱图中的溶剂峰和杂质峰。氢谱中一般没有溶剂峰，因所有氢被氘取代。测量 ^{13}C NMR 谱也使用氘代试剂，氘代试剂中的碳在 ^{13}C NMR 谱中有峰。如氘代试剂 $CDCl_3$，CD_3OD 和 C_6D_6 的 δ_C 分别为 77.7，49.7 和 128.7，且根据 $(2nI+1)$ 规则和 D 的 I 为 1，可知这些试剂峰的峰重数分别为 3，7 和 3。测量 ^{13}C NMR 谱要求纯样品，但实际上做不到，样品中往往还是含有少量杂质。尽管如此，杂质峰仍可排除。这一方面是因为杂质峰一般很弱，主要原因是与样品相比，杂质的量很少；另一方面则因已知分子式，可知理论碳原子数，也有助于排除杂质峰。

④ 确定分子对称性。质子宽带去耦谱是常规 ^{13}C NMR 谱，一般所说的 ^{13}C NMR 谱也是指这种谱，在这种谱中，用一条谱线表示一种类型的碳原子，如果谱线数目与分子式中碳原子数目相等，说明所有 C 化学环境都不相同，分子没有对称性；而如果谱线数目少于碳原子

数，说明分子中一些 C 可能有相同的化学环境，分子可能有一定的对称性。但要注意，当分子中有 F，P 等原子时，它们可与 C 核耦合而使谱线数目增加。

⑤ 确定碳原子类型。根据化学位移 δ_C 的数值来确定碳原子类型。饱和碳原子若不直接与杂原子（O，S，N，F 等）相连，则 δ 一般小于 55。不同碳原子 δ 的顺序为 C > CH > CH_2 > CH_3。与电负性大的基团如氧相连时，δ 一般小于 88。烯烃碳的 δ 一般在 105~165，其中端烯基 $=CH_2$ 的 δ 在 104~115，$=CHR$ 的 δ 在 120~140，而 $=CR_1R_2$ 的 δ 在 145~165。炔烃碳的 δ 在 65~90。芳烃碳的 δ 在 110~170。羰基碳的 δ 在 155~225，酸和酯羰基上碳的 δ 在 155~190，醛和酮羰基上碳的 δ 在 175~225。

⑥ 确定碳原子的级数。连有 1，2，3 和 4 个碳原子的碳原子分别称为一级（伯）、二级（仲）、三级（叔）和四级（季）碳原子。根据质子偏共振去耦谱以及（$n+1$）规则，可知季碳为单重峰、叔碳为二重峰、仲碳为三重峰、伯碳为四重峰，并由此计算化合物中与碳原子相连的氢原子的数目，数目小于分子中氢的原子数，则两者之差为分子中活泼氢原子的数目，说明分子中可能含有—OH，—COOH，—NH_2，—NH—等官能团。

例 8.3　某化合物分子式为 $C_8H_8O_2$，其 ^{13}C NMR 谱图如图 8.22 所示，图中还标明了由质子偏共振去耦谱得到的谱线分裂信息，这种信息主要是指峰的峰重数，即用 s，d，t 和 q 分别表示单重峰、二重峰、三重峰和四重峰，根据这一谱图推断该化合物的结构。

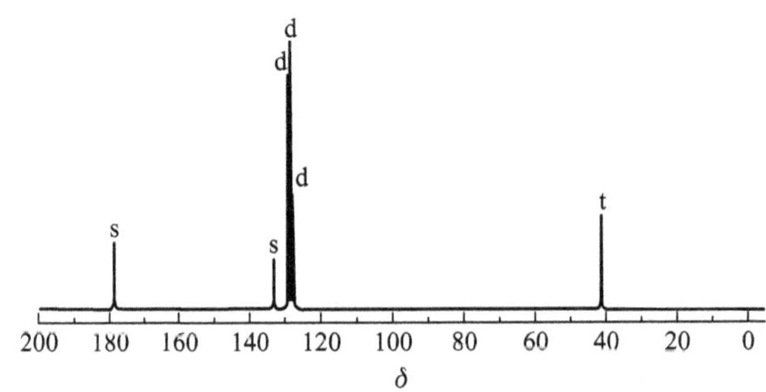

图 8.22　化合物 $C_8H_8O_2$ 的 ^{13}C NMR 谱图

解：化合物的不饱和度为 $\Omega=1+8+\frac{0-8}{2}=5$，可能含有苯环，且分子中有氧，可能有 C═O 基团。谱图信息如下：

δ_C	峰重数	归属	推断
41.0	三	CH_2	—CH_2—
128.0	二	CH	苯环上 CH
129.0	二	CH	苯环上 CH
130.0	二	CH	苯环上 CH
134.0	单	C	苯环上 C
178.0	单	C	C═O

图 8.22 中有 6 条谱线，而分子中有 8 个碳原子，说明分子有对称性，且 δ 为 129.0 和 130.0 两组峰强度明显较高，这两组峰可能分别代表化学环境相同的 2 个碳原子，由上表可知，氢原子的数目为 5，如果由上

述对称性考虑，再加 2 个氢原子，则为 7 个氢原子，与分子式中氢原子数目 8 相比可知还有一个活泼氢，显然应为—OH 基团中的氢，且根据有 C═O 基团，应当有 $-\overset{\overset{\displaystyle O}{\|}}{C}-OH$ 存在，基于这些分析，可推断该化合物的结构式为

$$C_6H_5-CH_2-\overset{\overset{\displaystyle O}{\|}}{C}-OH$$

例 8.4 某化合物的相对分子质量为 72，根据图 8.23 所示 ^{1}H NMR 和 ^{13}C NMR 谱图，推断该化合物的结构。

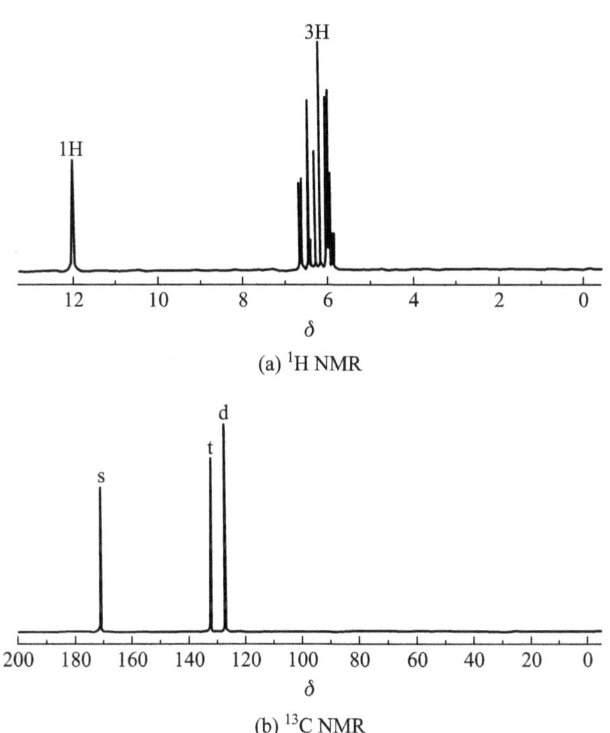

图 8.23 某化合物的 ^{1}H NMR 和 ^{13}C NMR 谱图

解：谱图信息如下：

	δ	峰重数	H 个数	归属	推断
^{1}H NMR 谱图	6.2	多	3		$H_2C=CH-$
	12.0	单	1		$\overset{\overset{\displaystyle O}{\|}}{C}-OH$

续表

	δ	峰重数	H 个数	归属	推断
^{13}C NMR 谱图	128	二		CH	C═CH
	133	三		CH_2	C═CH_2
	172	单		C	C(═O)—OH

因相对分子质量为 72,不可能有苯环。根据 δ_H 6.2 左右有多重峰,应当为烯碳氢,且为多重峰,有三个氢,可推断为 (H)(H)C═C(H) ,因这三个 H 不等价,且化学位移值差别不大。δ_H 12.0 有单峰,因羧基上质子的 δ_H在 10~13,比较特征,可推断为 C(═O)—OH 。因不可能有苯环,根据 δ_C为 128 和 133,并根据质子偏共振信息,这两个峰应对应于 C═CH 和 C═CH_2,与 ^{1}H NMR 谱对照,可知 δ_C 172 峰对应于 C(═O)—OH ,根据这些推断,可知该化合物的结构应为

H_2C═CH—C(═O)—OH

8.5 二维核磁共振波谱法简介

在一维 NMR 谱图中,频率为横坐标,强度为纵坐标。而在二维(2D)NMR 谱图中,横坐标、纵坐标都是频率,强度作为第三维,用等高线来表示。2D NMR 谱主要包括同核相关谱(COSY)和异核相关谱。

8.5.1 二维同核相关谱

最常见的二维同核相关谱是 ^{1}H-^{1}H COSY。^{1}H-^{1}H COSY 谱图通常为一正方形,为了方便解谱,所研究的一维 ^{1}H NMR 谱图置于正方形的上方和左侧。而右侧和下方分别为 F_1 轴和 F_2 轴,其实际上是一维 ^{1}H NMR 谱图的横坐标,F_1 值和 F_2值对应于化学位移值,只是名称上称作 F 轴。^{1}H-^{1}H COSY 谱图中,对角线上的峰称作对角线峰,而对角线外的峰称作交叉峰或相关峰,这些峰的强度均用等高线表示。对角线峰与 ^{1}H NMR 谱图中的峰对应,不能给出新的信息,一组相关峰与另一组相关峰以对角线互相对称,即相关峰成双出现。下面以丙烯酸正丁酯为例,来说明如何解析 ^{1}H-^{1}H COSY 谱图,并推断各组 ^{1}H 间的相互耦合情况。丙烯酸正丁酯的分子式及 ^{1}H-^{1}H COSY 谱图显示在图 8.24 中。丙烯酸正丁酯的

^{1}H NMR 谱中共有 7 组峰(此处不考虑峰的重数),即图 8.24 中上方和左侧的氢峰 H-1~H-7,从结构式标示处可知,这些峰对应于分子中的 7 组氢核。对角线上的峰自然对应于 ^{1}H NMR 谱图中的峰,相应地记为对角线峰1~7,共有 10 个相关峰,因相关峰成对出现,所以实际上有 5 对相关峰,即有 5 组氢核与另外 5 组氢核相互耦合,这 5 组相关峰分别标记为 A 和 A′,B 和 B′,C 和 C′,D 和 D′,E 和 E′。因对角线峰的归属已知,以第一对角线峰 1 开始,以 1 为起点,分别作平行于 F_1 轴和 F_2 轴的两条平行线,这两条平行线分别通过 A′ 和 A,再分别以 A′点为起点作平行于 F_2 轴和以 A 为起点作平行于 F_1 轴的平行线,交于对角线上的 2, 这样由 1A′2A 组成一个正方形,则 1 和 2 所对应的两组氢核互相耦合,由结构式可知,氢核 H-1 与氢核 H-2 相互耦合。同样依次以对角峰 2~7 作起点,可得到 4 个正方形,即 2B′3B,3C′4C,5D′6D 和 6E′7E,并由此可推断出氢核 H-2 与 H-3,H-3 与 H-4,H-5 与 H-6,H-7 与 H-6 相互耦合。以一个对角线峰为起点作两条平行线,可能这条平行线通过的相关峰不止两个(一对),如 4 个(二对),6 个(三对)等,则说明这一组氢核与多组氢核相互耦合,如以对角线 2 为起点就可得到两个正方形,说明 2 所对应的氢核 H-2分别与 H-1 和 H-3 相互耦合。^{1}H-^{1}H COSY 谱图主要反映相距三个键氢(邻碳氢)的耦合情况。

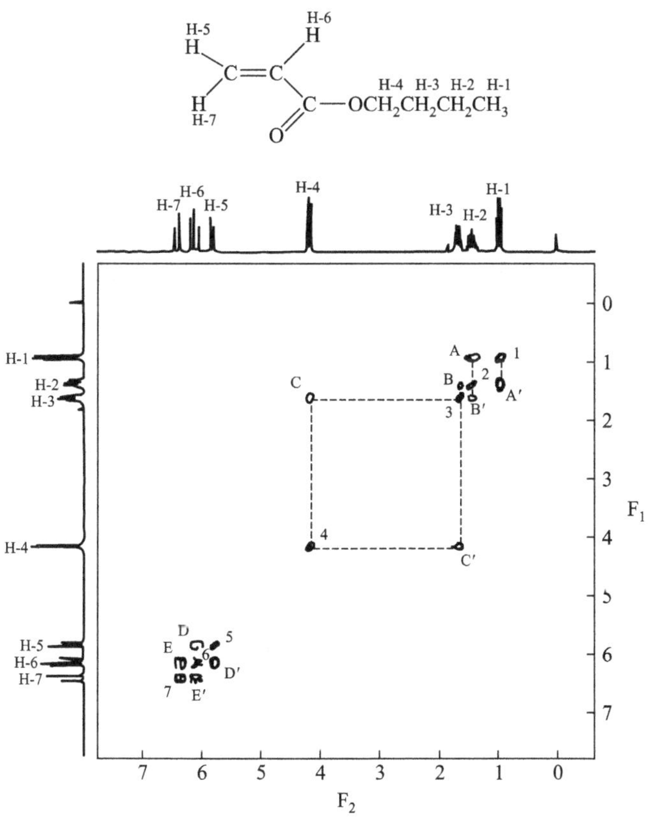

图 8.24 丙烯酸正丁酯的 ^{1}H-^{1}H COSY 谱图

8.5.2　二维异核相关谱

最重要的二维异核相关谱是 $^{13}C-^{1}H$ COSY。$^{13}C-^{1}H$ COSY 谱图通常也是一个正方形，一维 ^{1}H NMR谱和 ^{13}C NMR 谱分别置于正方形的左侧和上方，F_1 和 F_2 轴分别位于右侧和下方，并分别对应于 ^{1}H NMR 谱和 ^{13}C NMR 谱的横坐标。F_1 值和 F_2 值分别对应于氢谱和碳谱的化学位移值。与 $^{1}H-^{1}H$ COSY 谱图不一样，在 $^{13}C-^{1}H$ COSY 谱图中没有对角线峰，只有相关峰，也没有季碳峰。图 8.25 是丙烯酸正丁酯的 $^{13}C-^{1}H$ COSY 谱图，图中共有 7 组相关峰，即 A，B，C，D，E，F 和 G。与 $^{1}H-^{1}H$ COSY 谱图相比，寻找相互耦合的核更简单一些，由相关峰为起点，作平行于 F_1 轴和 F_2 轴的两条平行线，这两条平行线分别通过上端的一组碳谱峰和左侧的一组氢谱峰，则此碳谱峰所对应的 ^{13}C 核与此氢谱峰所对应的 ^{1}H 核相互耦合。在图 8.25 中，由相关峰 C 为起点作 F_1 轴和 F_2 轴的平行线，此两条线分别通过峰 C-3 和峰 H-3，说明峰 C-3 所对应的碳核 C-3 与峰 H-3 所对应的氢核 H-3 相互耦合，用此方法，很容易求得 C-1 与 H-1，C-2与 H-2，C-4 与 H-4，C-5 与 H-6 相互耦合。由相关峰 G 为起点作平行于 F_1 轴的平行线，则此线通过相关峰 F 并通过碳峰 C-6，说明 C-6 与 H-7 和 H-5 两组氢核同时耦合。

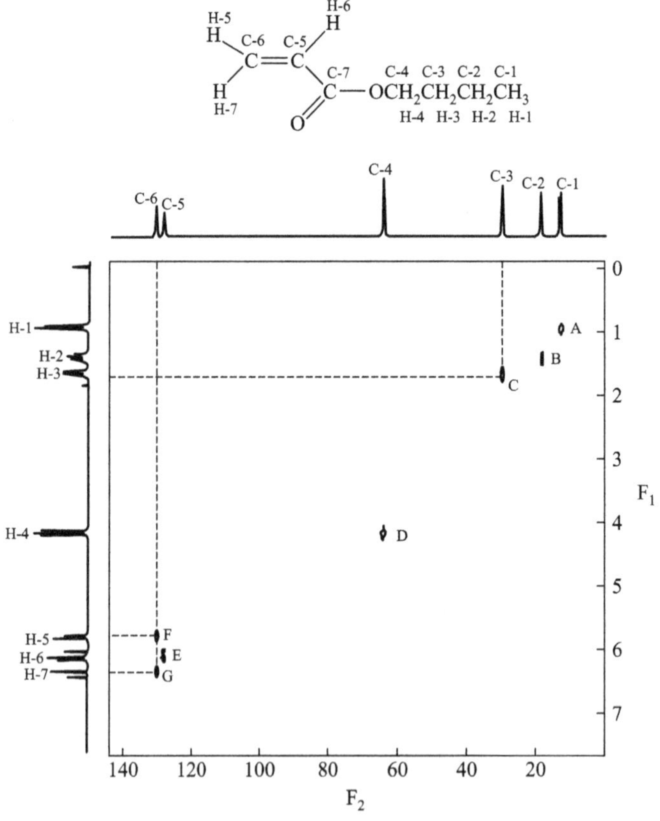

图 8.25　丙烯酸正丁酯的 $^{13}C-^{1}H$ COSY 谱图

参考文献

[1] 李润卿.有机结构波谱分析.天津:天津大学出版社,2002.

[2] Williams D H,等.有机化学中的光谱方法.王剑波,等译.北京:北京大学出版社,2001.

[3] 薛松.有机结构分析(修订版).合肥:中国科学技术大学出版社,2012.

[4] 王乃兴.核磁共振谱学——在有机化学中的应用.4版.北京:化学工业出版社,2021.

[5] 武汉大学.分析化学(下册).6版.北京:高等教育出版社,2018.

[6] Kellner R,Mermet J M,Otto M,等.分析化学.李克安,金钦汉,等译.北京:北京大学出版社,2001.

[7] 徐经纬,牛利,高翔,等.波谱解析. 北京:科学出版社,2013.

习题

8.1 试分别计算 80 MHz,90 MHz,200 MHz 及 400 MHz ^1H NMR 波谱仪的磁感应强度。

8.2 1,1,2-三氯乙烷的核磁共振谱有两组峰。用 60 MHz 仪器测量时,—CH_2Cl 中质子的吸收峰与 TMS 吸收峰相隔 237 Hz,—$CHCl_2$ 质子的吸收峰与 TMS 吸收峰相隔 346 Hz。试计算这两种质子的化学位移。若改用 200 MHz 仪器测量,这两组峰与 TMS 峰频率分别相隔多少?

8.3 使用 60 MHz 波谱仪时,TMS 峰与化合物中待测氢核吸收峰间频率差为180 Hz。试问若同一待测核采用 100 MHz 仪器测量,其峰位与 TMS 峰间频率差是多少?

8.4 氟核和氢核用相同频率的射频照射,为使核磁共振发生,何者要求较强的外加磁感应强度?(已知 $\boldsymbol{\mu}_H > \boldsymbol{\mu}_F$。)

8.5 为什么用化学位移 δ 表示峰位,而不用共振频率的绝对值表示?为什么核的共振频率与仪器的磁感应强度有关,而 δ 与磁感应强度无关?

8.6 在 CH_3CH_2Cl 的低分辨率核磁共振波谱中,有两个吸收峰。其化学位移 δ 分别为 3.6(a)和 1.7(b)。哪一个吸收峰相当于(a)质子,哪一个吸收峰相当于(b)质子?为什么?

8.7 根据下列 NMR 数据,给出化合物的结构式:

(a) $C_{14}H_{14}$: δ 2.89(单重峰,4H),δ 7.19(单重峰,10H);

(b) C_3H_7Cl : δ 1.51(二重峰,6H),δ 4.11(七重峰,1H);

(c) $C_4H_8O_2$: δ 1.2(三重峰,3H),δ 2.3(四重峰,2H)及 δ 3.6(单重峰,3H)。

8.8 一化合物结构式为 $CH_3CH_2O-C_6H_4-NH-C(=O)CH_3$,其 ^1H NMR 谱图如下,峰面积

积分比 a∶b∶c∶d∶e=3∶3∶2∶4∶1。试解释各峰的归属。

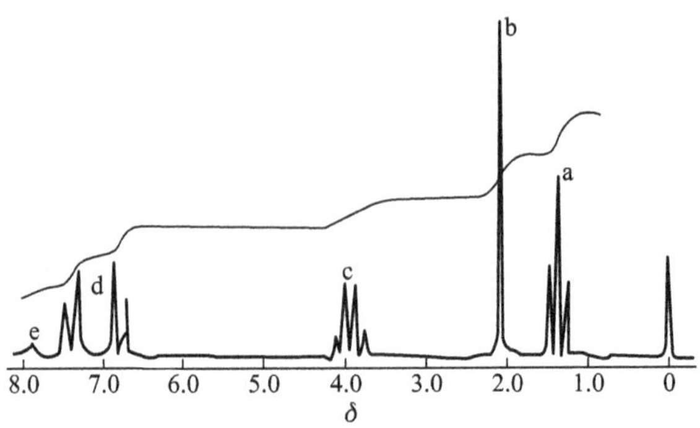

8.9　室温下，甲醇的 ^{1}H NMR 谱图中无法观察到羟基质子与甲基质子之间的自旋耦合；但当冷却至−40 ℃时，质子交换速率变慢而可以观察到分裂现象，试绘出上述两种温度下甲醇的 ^{1}H NMR 谱图。

8.10　某未知化合物的分子式为 $C_8H_{12}O_4$，其 ^{1}H NMR 谱图如下，$\delta_a=1.31$（三重峰），$\delta_b=4.19$（四重峰），$\delta_c=6.71$（单重峰），峰面积积分比 a∶b∶c=3∶2∶1。试推断其结构。

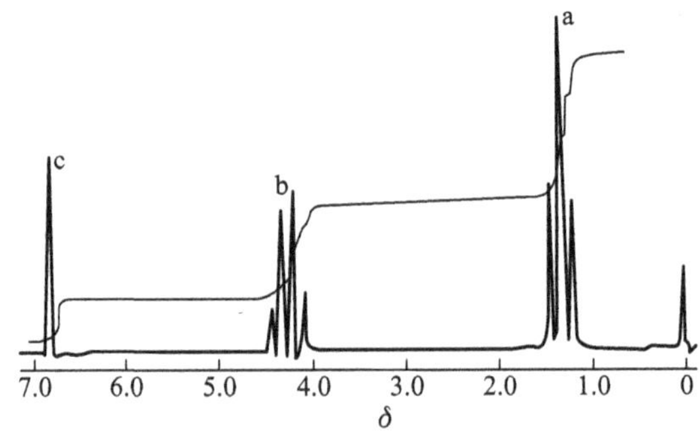

8.11　某化合物的分子式为 C_4H_8O，根据如下 ^{13}C NMR 谱图，确定该化合物的结构。

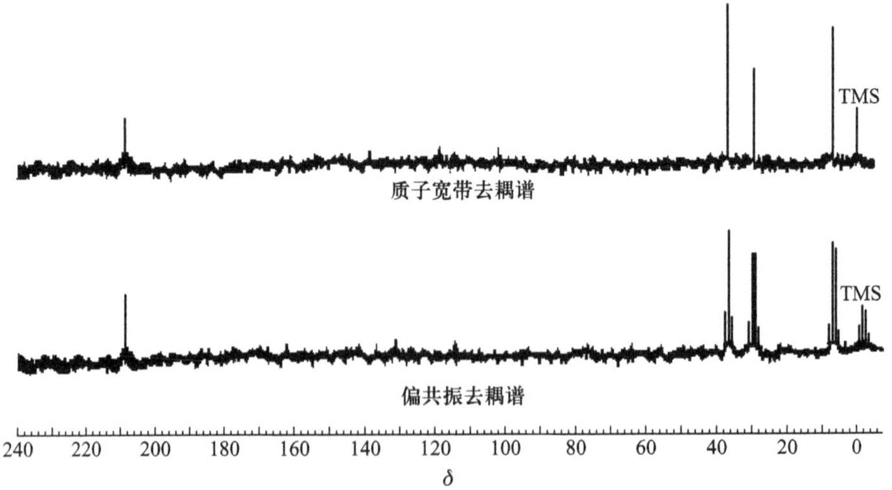

8.12 某化合物的分子式为 $C_{10}H_{14}$，根据如下 ^{13}C NMR 谱图，确定该化合物的结构。

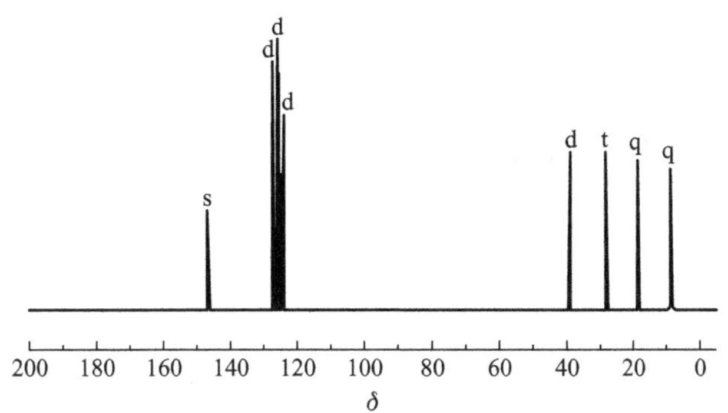

8.13 化学位移、峰分裂的个数和峰面积是描述 ^{1}H NMR 谱的三个主要参数，说明由这些参数可以得到化合物的什么信息。

8.14 为什么用 CW-NMR 波谱仪只能获得 ^{1}H NMR 谱，而用 PFT-NMR 波谱仪可获得 ^{1}H NMR 和 ^{13}C NMR 谱？

8.15 简述紫外-可见吸收光谱法、红外吸收光谱法和 ^{1}H NMR 波谱法的有机分析性能。

习题参考答案

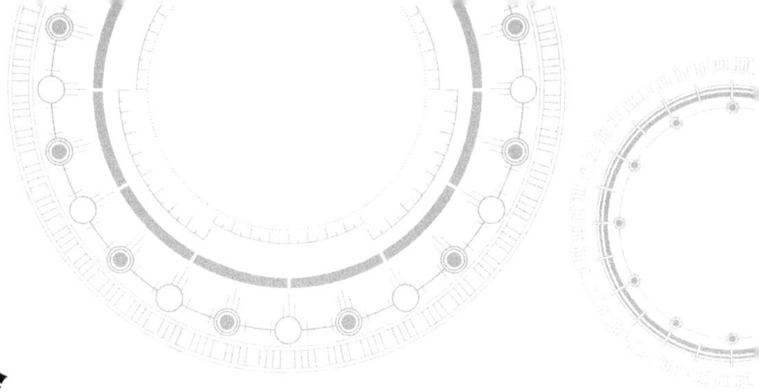

第九章 电化学分析法导论

电化学分析法是以物质在溶液中和电极上的电化学性质为基础建立的分析方法。 它把测定的对象构成一个电化学池的组成部分，通过测量电池的某些物理量，如电动势、电流、电导或电荷量等，求得物质的含量或测定某些化学性质。

9.1 电化学池

电化学池是由两个浸入电解液的电极组成的,电极通常有两类:一类是金属基电极,这类电极由金属及与其紧密接触的电解质溶液构成,这类电极的电极电位产生于电子交换反应,即氧化还原反应,习惯上也把电极的金属部分直接称为电极;另一类是离子选择性电极,这类电极基本上都是由敏感膜(离子选择性膜)组成的,这种膜与溶液接触时,离子会在两相间扩散迁移,达到平衡时,会产生相间电位(界面电位),显然,这类电极的电极电位不是由于电子的交换反应形成的,也不涉及氧化还原反应,只涉及离子的迁移,与上述金属基电极相比,电极电位产生的机理有本质差别。习惯上将敏感膜与内参比电极部分合起来称为离子选择性电极,而不包括与其紧密接触的外部溶液。

电化学池是化学能和电能相互转换的装置。每个电池由两个浸入电解液的电极组成,一个电极也常称为半电池。电化学池通常有两种类型,一种是两个电极浸入同一电解液中的无液体接界电池,另一种是两个电极分别浸入不同电解液的有液体接界电池。电化学池包括原电池和电解池,原电池是将化学能转换成电能的装置,而电解池是将电能转换成化学能的装置。本书讨论的电解、库仑、伏安法是电解法,均采用电解池,而电位法是在零电流条件下,测量电池电动势,采用的电池可看作原电池。

9.1.1 原电池

图 9.1 所示为一原电池,此电池由两个电极组成,即 Cu 与 $CuSO_4$ 溶液构成的电极和 Zn 与 $ZnSO_4$ 溶液构成的电极,两电极中间为盐桥。盐桥通常由 U 形玻璃管中充满饱和 KCl-琼脂凝胶组成,它的作用是让离子通过,导电,并使两种电解质溶液难以混合。当用导线连接两

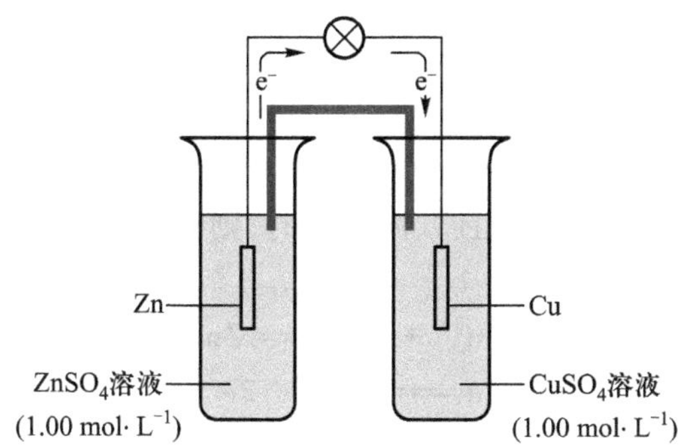

图 9.1 原电池示意图

极,且在导线中间放一电灯泡,电灯泡亮了,说明电流通过了电灯泡,也就是说化学能变成了电能,即原电池中,电化学池是电源,而外电路是导线和灯泡。若将一电流计接在导线中间,则从电流计的指针偏转方向可确定电子由 Zn 电极流向 Cu 电极,即电流方向是由 Cu 电极到 Zn 电极。Cu 极是正极,Zn 极是负极。Zn 极是阳极,发生氧化反应,Cu 极是阴极,发生还原反应。

阳极: $Zn = Zn^{2+} + 2e^-$

阴极: $Cu^{2+} + 2e^- = Cu$

而原电池的电池反应为 $Cu^{2+} + Zn = Zn^{2+} + Cu$

随着反应的进行,由于生成 Zn^{2+} 而使 $ZnSO_4$ 溶液中正电荷过剩。同时,由于 Cu^{2+} 形成 Cu,而使 $CuSO_4$ 溶液中负电荷过剩,通过盐桥可使两种溶液中的离子迁移,使两种溶液仍保持电中性,且使电流通过。为简化,可将图 9.1 所示原电池写为

$$Zn|ZnSO_4(1.00\ mol\cdot L^{-1})\ \vdots\vdots\ CuSO_4(1.00\ mol\cdot L^{-1})|Cu$$

氧化反应	还原反应
阳极	阴极
负极	正极

用这种电池表达式时,要遵循以下一些规则。

① 电池的组成物质以化学符号表示,溶液应注明活度(通常用浓度代替),气体要注明分压和温度,不注明温度时,表示为 25 ℃。固体物质通常不加标注。

② 发生氧化反应的一极写在左边,称作阳极,发生还原反应的一极写在右边,称为阴极。以上述 Zn-Cu 原电池为例,书写的顺序为阳极的金属材料(Zn)、与其相接触的溶液($ZnSO_4$ 溶液)、与阴极相接触的溶液($CuSO_4$ 溶液)、阴极的金属材料(Cu)。

③ 一个接界面用一条竖线表示,当两种溶液通过盐桥连接以消除液接电位时,用双虚线"⁞⁞"表示。

④ 一种电极或一种溶液含有两种或几种不同物质,则这些物质间用逗号分开。

电化学池的电动势 $E_{电池}$ 定义为

$$E_{电池} = \varphi_{右} - \varphi_{左}$$

若假定 Cu^{2+} 和 Zn^{2+} 的浓度等于活度,且均为 $1.00\ mol\cdot L^{-1}$,则上述所示电池的电动势为

$$\begin{aligned}E_{电池} &= \varphi_{右} - \varphi_{左} = \varphi_{阴} - \varphi_{阳} = \varphi_{正} - \varphi_{负}\\ &= 0.337\ V - (-0.763\ V) = 1.100\ V\end{aligned}$$

9.1.2 电解池

图 9.2 所示为一电解池，Zn 极与外加电源的负极相连，而 Cu 极与正极相连。如果外加电压略大于 Cu-Zn 原电池的电动势，且方向相反时，则有电流通过电解池，在 Cu 极进行氧化反应，在 Zn 极进行还原反应：

阴极： $Zn^{2+} + 2e^- \longrightarrow Zn$

阳极： $Cu \longrightarrow Cu^{2+} + 2e^-$

而电解池的电池反应为 $Cu + Zn^{2+} \longrightarrow Zn + Cu^{2+}$，即电解池中的电源是外加的，而外电路是电化学池。为简化，可将图 9.2 所示电池表示为

$$Cu | CuSO_4(1.00\ mol \cdot L^{-1}) \parallel ZnSO_4(1.00\ mol \cdot L^{-1}) | Zn$$

氧化反应	还原反应
阳极	阴极
正极	负极

按照前述定义，电池电动势为

$$E_{电池} = \varphi_{右} - \varphi_{左} = \varphi_{阴} - \varphi_{阳} = \varphi_{负} - \varphi_{正}$$
$$= -0.763\ V - 0.337\ V = -1.100\ V$$

比较原电池与电解池电动势可知，二者大小一样，但符号相反。这也说明，用电池电动势可判别是原电池还是电解池，$E_{电池}$ 为正时，为原电池，为负时，要想使电池反应进行，必须外加电压，构成电解池。

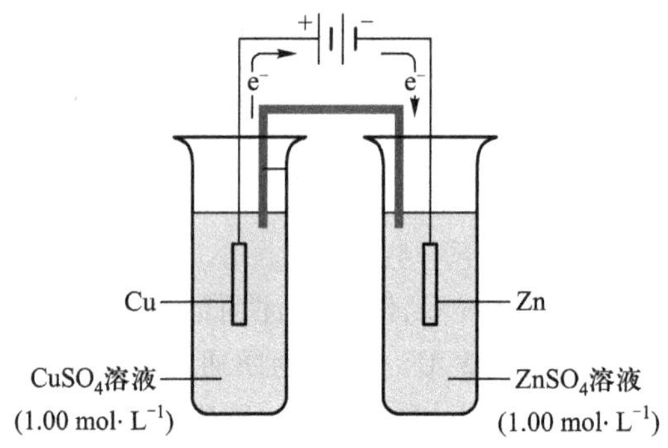

图 9.2 电解池示意图

对于图 9.2 所示的电解池，当外加电压超过 $E_{电池}$，才会使 Cu 被氧化，Zn^{2+} 被还原，此外加电压称为理论分解电压 $E_{理分}$。

$$E_{理分} = -E_{电池} = -(-1.100\ V) = 1.100\ V$$

比较电解池和原电池可知，电池中的正、负极是根据电流方向确定的，电子从负极通过外电路流向正极，即电流从正极通过外电路流向负极，正极的电极电位比负极的更正。而阳、阴极是根据电极反应的性质决定的，起氧化反应的电极为阳极，起还原反应的电极为阴极。在原电池中外电路可以是灯泡，也可将电压测量仪置于灯泡处测量电压，而在电解池中，外电路是电化学池。当电流 i 通过电化学池时，由溶液电阻 R 而导致的电压降（iR）可使

原电池的 $E_{电池}$ 降低 iR，即 $E_{电池} = \varphi_{阴} - \varphi_{阳} - iR$，对于电解池，会使外加电压（$E_{外}$）增加 iR，当电流很小时，可忽略 iR 的影响。

9.2 金属基电极

9.2.1 构成

将金属或被其难溶化合物覆盖的金属置于电解质溶液中，就构成了金属基电极。

9.2.2 电极电位

当金属置于溶液中时，由于金属离子在电极相和溶液相中的电化学势（等于化学势 μ 和静电势 $zF\varphi$ 之和）不同，金属离子会从电化学势高的相向低的相转移，即金属离子会在两相中转移，若金属离子由溶液转移到电极，则电极带有过剩的正电荷；反之亦然。转移达到动态平衡后，电极和溶液各自带上数量相等、符号相反的电荷，电极上所带电荷集中在电极表面上，而溶液中带异号电荷的离子，一方面受电极上电荷的静电吸引排列在电极附近的溶液中，另一方面由于热运动，离子又倾向于离开电极表面向溶液内部扩散，形成一个类似电容器的双电层，如图 9.3 所示。双电层由靠近电极的紧密层 d（电位为 φ_1）和在溶液中的扩散层 δ（电位为 φ_2）组成，前者的厚度为零点几纳米，后者的厚度与离子电荷和离子浓度、溶液组成、温度等有关，一般不超过 1 μm，电极电位为 $\varphi = \varphi_1 + \varphi_2$，又称绝对电极电位，其值现在还无法测量和计算。

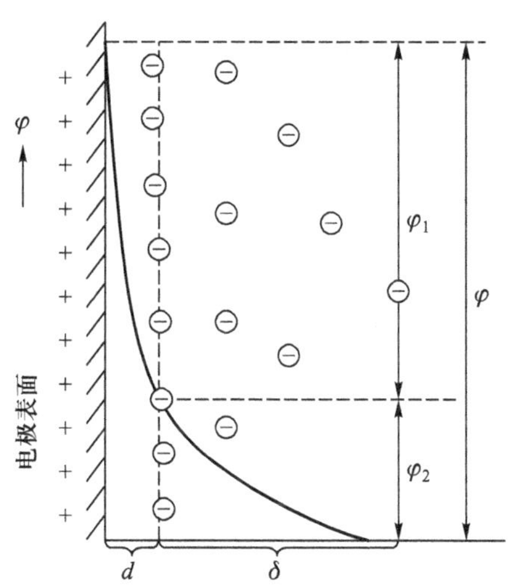

图 9.3 电极-溶液界面双电层结构

产生电极电位的反应应写成还原反应，即将氧化态（Ox）写在方程式左边，还原态（Red）写在方程式右边，$Ox + ze^- \rightleftharpoons Red$。对于上述的 Cu 和 Zn 电极，其电极反应或半电池反应可写为

$$Cu^{2+} + 2e^- \rightleftharpoons Cu$$

$$Zn^{2+} + 2e^- \rightleftharpoons Zn$$

与此电极反应相对应的电极（或半电池）可表示为

$$Cu^{2+}(x\,mol \cdot L^{-1}) \mid Cu$$

$$Zn^{2+}(x\,mol \cdot L^{-1}) \mid Zn$$

当电极反应达到动态平衡，无净电流通过电极时，电极电位与被测物活度间的关系可用能斯特（Nernst）方程来描述：

$$\varphi=\varphi^{\ominus}_{\mathrm{Ox,Red}}+\frac{RT}{zF}\ln\frac{a_{\mathrm{Ox}}}{a_{\mathrm{Red}}}=\varphi^{\ominus}_{\mathrm{Ox,Red}}+\frac{2.303RT}{zF}\lg\frac{\gamma_{\mathrm{Ox}}[\mathrm{Ox}]}{\gamma_{\mathrm{Red}}[\mathrm{Red}]} \tag{9.1}$$

式中 $\varphi^{\ominus}_{\mathrm{Ox,Red}}$是标准电极电位；$a_{\mathrm{Ox}}$，$a_{\mathrm{Red}}$ 分别是 Ox 和 Red 的活度；[Ox]，[Red]分别是 Ox 和 Red 的平衡浓度；γ_{Ox} 和 γ_{Red} 是活度系数。当氧化态或还原态是固体、水或溶剂时，所对应的 a_{Ox} 和 a_{Red} 为 1。$\dfrac{RT}{zF}$ 和 $\dfrac{2.303RT}{zF}$ 常称为能斯特因子。

若假定 $\gamma_{\mathrm{Ox}}=\gamma_{\mathrm{Red}}=1$，则 25 ℃时，方程式(9.1)可写为

$$\varphi=\varphi^{\ominus}_{\mathrm{Ox,Red}}+\frac{0.059\ \mathrm{V}}{z}\lg\frac{[\mathrm{Ox}]}{[\mathrm{Red}]} \tag{9.2}$$

式(9.2)是常用的计算电极电位的方程式。在 25 ℃且电位单位为 V 时，方程式中对数项前用 $\dfrac{0.059\ \mathrm{V}}{z}$ 表示，其中 0.059 为近似值，也可用 0.0592 或 0.05915。但当电位单位为 mV 时，用 $\dfrac{59\ \mathrm{mV}}{z}$ 表示，此方程式中对于溶液中的物质，浓度均以 $\mathrm{mol\cdot L^{-1}}$ 为单位，不能用其他单位。对于气态物质，浓度用相对分压表示，相对分压是物质的分压(p)与标准压力($p^{\ominus}$，100 kPa)的比值。

在物质的量浓度表示中，常有三种表示法，即分析浓度(或总浓度)，用 c 来表示；平衡浓度，用[ ]表示；活度用 a 表示。例如 25 ℃时，分析浓度 c 为 $0.0200\ \mathrm{mol\cdot L^{-1}}$ 的 HAc($K_a=1.840\times10^{-5}$)溶液，则溶液中的 HAc 和 Ac^-的平衡浓度[HAc]和[Ac^-]分别为 $0.0194\ \mathrm{mol\cdot L^{-1}}$ 和 $0.0006\ \mathrm{mol\cdot L^{-1}}$，而 HAc 和 Ac^-的活度则分别为 $a_{\mathrm{HAc}}=\gamma_{\mathrm{HAc}}[\mathrm{HAc}]$ 和 $a_{\mathrm{Ac^-}}=\gamma_{\mathrm{Ac^-}}[\mathrm{Ac^-}]$。在稀溶液中，离子的活度系数 γ 可用德拜-休克尔定律来求，通常 γ 小于 1。中性分子的活度系数在离子强度 0.1 以下时，接近 1，在离子强度较高时，γ 与 1 偏差也不是很大。在能斯特方程及一些热力学平衡常数的表达式中，应用活度表示，但常用平衡浓度表示，甚至为了方便，当不考虑物质的物种数时可简单地把平衡浓度用分析浓度 c 表示。

目前电极的绝对电极电位还无法直接测量，而是通过将被测电极与一标准电极组成原电池，并用补偿法或在电流等于零的情况下测定该电池的电动势。所用的标准电极为标准氢电极(SHE)。标准氢电极的条件是 H^+活度为 $1.00\ \mathrm{mol\cdot L^{-1}}$，$H_2$ 的压力为 100 kPa，氢电极的电子导体铂片应镀上铂黑，且规定在任何温度下，此电极的电极电位为 0.000 V。那么，为了测量被测电极的电极电位，应用的电池是

$$\mathrm{Pt,H_2(100\ kPa)\,|\,H^+(}a_{\mathrm{H^+}}=1.00\ \mathrm{mol\cdot L^{-1})}\ ⁞⁞\ \text{被测电极}$$

由此电池测得的电池电动势就是被测电极的电极电位。

按照 IUPAC 的规定，将被测电极与标准氢电极构成原电池，若电子由外电路流向此电极，电极电位为正值；若流出此电极，电极电位为负值。

如为了测定 Zn 电极的电极电位，应采用的电池是

$$\mathrm{Pt,H_2(100\ kPa)\,|\,H^+(}a_{\mathrm{H^+}}=1.00\ \mathrm{mol\cdot L^{-1})}\ ⁞⁞\ \mathrm{Zn^{2+}(1.00\ mol\cdot L^{-1})\,|\,Zn}$$

采用这一电池时，Zn 电极可表示为

$$\mathrm{Zn^{2+}(1.00\ mol\cdot L^{-1})\,|\,Zn}$$

电极反应为

$$\mathrm{Zn^{2+}+2e^-=\!=\!=Zn}$$

这样写，说明 Zn^{2+} 是反应物，而 Zn 是产物。这也说明用该电池测得的电池电动势即为 Zn 电极的电极电位。由实验可知，使用上述电池时，若要使此电池工作，即 Zn^{2+} 被还原，则必须外加电压，说明 Zn 电极的电极电位比标准氢电极的电极电位低，若不外加电压，则电子由 Zn 电极流出。所以电池电动势及和它相等的 Zn 电极的电极电位是负的。另外，对于电池

$$\mathrm{Pt,H_2(100\ kPa)\,|\,H^+(}a_{\mathrm{H^+}}\mathrm{=1.00\ mol\cdot L^{-1})\ \vdots\vdots\ Cu^{2+}(1.00\ mol\cdot L^{-1})\,|\,Cu}$$

若要使此电池工作，即 Cu^{2+} 被还原，则不必外加电压，电子由外电路流向 Cu 极，这也说明 Cu 电极的电极电位比标准氢电极的电极电位高，所以电池的电动势及和它相等的 Cu 电极的电极电位是正的。因为 H^+ 浓度高，无法用德拜-休克尔定律求得活度系数，现在还没有办法准确配制 H^+ 活度为 1.00 $mol\cdot L^{-1}$ 的溶液，因此，标准氢电极实际上是无法制作的。虽然标准电极电位是相对于标准氢电极电位的电位，但不是直接以标准氢电极为参比电极测得的，而是通过一些可行的实验方法或根据热力学原理计算得到的。

电极电位与温度有关，25 ℃时，以水为溶剂，当氧化态和还原态活度均等于 1.00 $mol\cdot L^{-1}$ 时的电极电位为标准电极电位，一些电极的标准电极电位列于表 9.1。标准电极电位虽然已得到了广泛的应用，它仅与电极反应的类型及温度有关，但对于实际体系，电极电位还要受溶液离子强度、酸度、共存配位离子种类、浓度等的影响，使标准电极电位的应用受到限制。因此，实际工作中常使用条件电极电位，条件电极电位是指氧化态和还原态的分析浓度 c 均为 1.00 $mol\cdot L^{-1}$ 时的电极电位。例如，当 Fe^{2+} 和 Fe^{3+} 的分析浓度均为 1.00 $mol\cdot L^{-1}$，在 1.0 $mol\cdot L^{-1}$ HCl溶液介质中的条件电极电位为下列电池的电动势：

$$\mathrm{Pt,H_2(100\ kPa)\,|\,H^+(}a_{\mathrm{H^+}}\mathrm{=1.00\ mol\cdot L^{-1})\ \vdots\vdots\ HCl(1.00\ mol\cdot L^{-1}),Fe^{3+}(1.00\ mol\cdot L^{-1}),Fe^{2+}(1.00\ mol\cdot L^{-1})\,|\,Pt}$$

条件电极电位考虑了离子浓度、配位反应、水解反应、pH 等条件的影响，在实际工作中既方便又实用。一些电极的条件电极电位 $\varphi^{\ominus'}$ 也列于表 9.1。

表 9.1 标准电极电位和条件电极电位(25 ℃)

电极反应	$\varphi^{\ominus}$/V	$\varphi^{\ominus'}$/V
$Ag^+ + e^- \rightleftharpoons Ag(s)$	0.799	0.228(1 $mol\cdot L^{-1}$ HCl)
$H_3AsO_4 + 2H^+ + 2e^- \rightleftharpoons H_3AsO_3 + H_2O$	0.559	0.577(1 $mol\cdot L^{-1}$ HCl,$HClO_4$)
$BiO^+ + 2H^+ + 3e^- \rightleftharpoons Bi(s) + H_2O$	0.320	
$Br_2(l) + 2e^- \rightleftharpoons 2Br^-$	1.065	1.05(4 $mol\cdot L^{-1}$ HCl)
$BrO_3^- + 6H^+ + 5e^- \rightleftharpoons \frac{1}{2}Br_2(l) + 3H_2O$	1.52	
$Cd^{2+} + 2e^- \rightleftharpoons Cd(s)$	-0.403	
$Ce^{4+} + e^- \rightleftharpoons Ce^{3+}$	1.44	1.28(1 $mol\cdot L^{-1}$ HCl)
$Cl_2(g) + 2e^- \rightleftharpoons 2Cl^-$	1.359	
$Cr_2O_7^{2-} + 14H^+ + 6e^- \rightleftharpoons 2Cr^{3+} + 7H_2O$	1.33	
$Cu^{2+} + 2e^- \rightleftharpoons Cu(s)$	0.337	
$Cu^{2+} + e^- \rightleftharpoons Cu^+$	0.153	

续表

电极反应	$\varphi^{\ominus}$/V	$\varphi^{\ominus'}$/V
$Fe^{2+}+2e^{-} = Fe(s)$	-0.440	
$Fe^{3+}+e^{-} = Fe^{2+}$	0.771	0.700(1 mol·L^{-1} HCl)
$Fe(CN)_6^{3-}+e^{-} = Fe(CN)_6^{4-}$	0.36	0.71(1 mol·L^{-1} HCl)
$2H^{+}+2e^{-} = H_2(g)$	0.000	-0.005(1 mol·L^{-1} HCl,$HClO_4$)
$Hg_2^{2+}+2e^{-} = 2Hg(l)$	0.789	0.274(1 mol·L^{-1} HCl)
$Hg^{2+}+2e^{-} = Hg(l)$	0.854	
$Hg_2Cl_2(s)+2e^{-} = 2Hg(l)+2Cl^{-}$	0.268	0.244(饱和 KCl)
$I_2(s)+2e^{-} = 2I^{-}$	0.5355	
$I_3^{-}+2e^{-} = 3I^{-}$	0.536	
$IO_3^{-}+6H^{+}+5e^{-} = \frac{1}{2}I_2(aq)+3H_2O$	1.178	
$MnO_2(s)+4H^{+}+2e^{-} = Mn^{2+}+2H_2O$	1.23	1.24(1 mol·L^{-1} $HClO_4$)
$MnO_4^{-}+8H^{+}+5e^{-} = Mn^{2+}+4H_2O$	1.51	
$NO_3^{-}+3H^{+}+2e^{-} = HNO_2+H_2O$	0.94	0.92(1 mol·L^{-1} HNO_3)
$Ni^{2+}+2e^{-} = Ni(s)$	-0.250	
$H_2O_2+2H^{+}+2e^{-} = 2H_2O$	1.776	
$O_2(g)+4H^{+}+4e^{-} = 2H_2O$	1.229	
$O_2(g)+2H^{+}+2e^{-} = H_2O_2$	0.682	
$Pb^{2+}+2e^{-} = Pb(s)$	-0.126	-0.29(1 mol·L^{-1} H_2SO_4)
$PbO_2(s)+4H^{+}+2e^{-} = Pb^{2+}+2H_2O$	1.455	
$PtCl_6^{2-}+2e^{-} = PtCl_4^{2-}+4Cl^{-}$	0.68	
$Pd^{2+}+2e^{-} = Pd(s)$	0.987	
$S(s)+2H^{+}+2e^{-} = H_2S(g)$	0.141	
$Sn^{2+}+2e^{-} = Sn(s)$	-0.136	-0.16(1 mol·L^{-1} $HClO_4$)
$Sn^{4+}+2e^{-} = Sn^{2+}$	0.154	0.14(1 mol·L^{-1} HCl)
$Ti^{3+}+e^{-} = Ti^{2+}$	-0.369	
$Tl^{+}+e^{-} = Tl(s)$	-0.336	-0.551(1 mol·L^{-1} HCl)
$UO_2^{2+}+4H^{+}+2e^{-} = U^{4+}+2H_2O$	0.334	
$V^{3+}+e^{-} = V^{2+}$	-0.256	-0.21(1 mol·L^{-1} $HClO_4$)
$VO^{2+}+2H^{+}+e^{-} = V^{3+}+H_2O$	0.359	
$V(OH)_4^{+}+2H^{+}+e^{-} = VO^{2+}+3H_2O$	1.00	1.02(1 mol·L^{-1} HCl,$HClO_4$)
$Zn^{2+}+2e^{-} = Zn(s)$	-0.763	

注：表中 s,l,g 和 aq 分别表示固体、液体、气体和水溶液。

9.2.3 金属基电极的分类

1. 第一类电极

第一类电极由金属与该金属离子溶液组成，如将 Ag 丝插入 $AgNO_3$ 溶液中，此电极可表示为

$$Ag^+(x\ mol \cdot L^{-1})\,|\,Ag$$

电极反应为

$$Ag^+ + e^- = Ag$$

电极电位为

$$\varphi = \varphi^{\ominus}_{Ag^+,Ag} + 0.059\ V\lg a_{Ag^+}$$

2. 第二类电极

第二类电极由金属与该金属的难溶化合物以及该难溶化合物的过量阴离子溶液组成，这类电极中，最常见的是银-氯化银电极和饱和甘汞电极（SCE），这两种电极常用作参比电极（见 10.2 节），其中 SCE 使用温度不宜太高，以免甘汞（Hg_2Cl_2）分解。

3. 第三类电极

此类电极由一种金属、含共同阴离子的两种难溶化合物或难解离的配合物和一种过量阳离子组成，如将难溶盐 $Ag_2C_2O_4$ 和 CaC_2O_4 沉积在 Ag 丝上，而后将此 Ag 丝插入 Ca^{2+} 溶液中，此电极可表示为

$$Ca^{2+}(x\ mol \cdot L^{-1})\,|\,Ag_2C_2O_4, CaC_2O_4, Ag$$

电极反应为

$$Ag_2C_2O_4 + Ca^{2+} + 2e^- = 2Ag + CaC_2O_4$$

电极电位为

$$\varphi = \varphi^{\ominus}_{Ag^+,Ag} + 0.059\ V\lg a_{Ag^+} = \varphi^{\ominus}_{Ag^+,Ag} + \frac{0.059\ V}{2}\lg \frac{K_{sp(1)}}{a_{C_2O_4^{2-}}}$$

$$= \varphi^{\ominus'}_{Ag^+,Ag} + \frac{0.059\ V}{2}\lg a_{Ca^{2+}}$$

式中 $K_{sp(1)} = a^2_{Ag^+}a_{C_2O_4^{2-}}$，$K_{sp(2)} = a_{Ca^{2+}}a_{C_2O_4^{2-}}$，　$\varphi^{\ominus'}_{Ag^+,Ag} = \varphi^{\ominus}_{Ag^+,Ag} + \frac{0.059\ V}{2}\lg \frac{K_{sp(1)}}{K_{sp(2)}}$。

4. 零类电极

由一种惰性金属（如 Pt，Au，C 等）与含有氧化态和还原态物质的溶液组成，如将 Pt 电极插入含有 Fe^{2+} 和 Fe^{3+} 的溶液中，此电极可表示为

$$Fe^{3+}(x\ mol \cdot L^{-1}), Fe^{2+}(x\ mol \cdot L^{-1})\,|\,Pt$$

电极反应为

$$Fe^{3+} + e^- = Fe^{2+}$$

电极电位为

$$\varphi = \varphi^{\ominus}_{Fe^{3+},Fe^{2+}} + 0.059\ V\lg \frac{a_{Fe^{3+}}}{a_{Fe^{2+}}}$$

9.3　离子选择性电极

9.3.1　构成

离子选择性电极(ISE)是一种电化学传感器,它主要由敏感膜(离子选择性膜)、内参比电极和内参比溶液构成,而内参比电极主要由银、铂等金属丝构成,如图 9.4 所示。

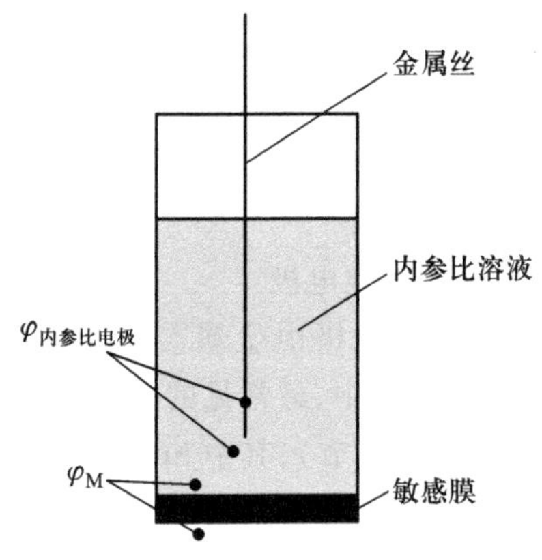

图 9.4　离子选择性电极

离子选择性电极的电位 φ_{ISE} 由内参比电极的电极电位和膜电位 φ_M 组成,即

$$\varphi_{ISE}=\varphi_{内参比}+\varphi_M$$

内参比电极常用第二类电极银-氯化银电极,由于内参比溶液中 Cl^- 浓度是恒定的,$\varphi_{内参比}$ 可视为常数,而 φ_{ISE} 随 φ_M 改变而改变,所以弄清 φ_M 的表达式是弄清 φ_{ISE} 的关键。在前述金属电极中,电极电位是由于金属溶液界面发生氧化还原反应而产生的,即涉及电子交换反应,在金属中,由电子导电,而在溶液中由离子导电。但对于敏感膜,膜电位的产生是由于离子在两相间的迁移而产生的。

9.3.2　膜电位

由图 9.4 可知,膜电位是由内参比溶液跨越敏感膜至试液间的电位差,为了从理论上推导膜电位的表达式,先讨论扩散电位和界面电位。

1. 扩散电位

在两种含有不同种类离子溶液的界面、两种含有相同离子而浓度不同的溶液界面或固体内部,由离子迁移率不同而造成的电位差称为扩散电位。如图 9.5 所示,两种活度不同的电解质 MX 溶液,其中 M^{z+} 为阳离子,X^{z-} 为阴离子,中间用隔板隔开[图 9.5(a)],分为Ⅰ区和Ⅱ区,Ⅰ区中 MX 的活度要高于Ⅱ区中 MX 的活度。当把隔板取走,由于两边活度不同,M^{z+} 和 X^{z-} 将由高浓度区Ⅰ区向低浓度区Ⅱ区扩散,即沿 x 方向扩散。假设 M^{z+} 扩散得快,X^{z-} 扩散得慢,那么在溶液Ⅱ区聚集了多余的正电荷,而溶液Ⅰ区含有多余的负电荷,即在溶液Ⅰ和溶液Ⅱ之间的界面处产生了电位差。这一电位差又会影响扩散,使 M^{z+} 扩散变慢,X^{z-} 扩散变快,在达到稳态的情况下,M^{z+} 和 X^{z-} 以相等的速率扩散,即可认为在一定时间内处于平衡状态,由此产生的电位差就叫扩散电位 φ_d。

如图 9.5(b)所示,达到稳态时,在两种溶液相接触的区域会形成 M^{z+} 和 X^{z-} 活度梯度,则Ⅱ区相对于Ⅰ区的扩散电位为

$$\varphi_d=\varphi_{Ⅱ}-\varphi_{Ⅰ}=t_+\frac{RT}{zF}\int_{a_{M^{z+}(Ⅱ)}}^{a_{M^{z+}(Ⅰ)}}\mathrm{d}\ln a_{M^{z+}}(x)-t_-\frac{RT}{zF}\int_{a_{X^{z-}(Ⅰ)}}^{a_{X^{z-}(Ⅰ)}}\mathrm{d}\ln a_{X^{z-}}(x)$$

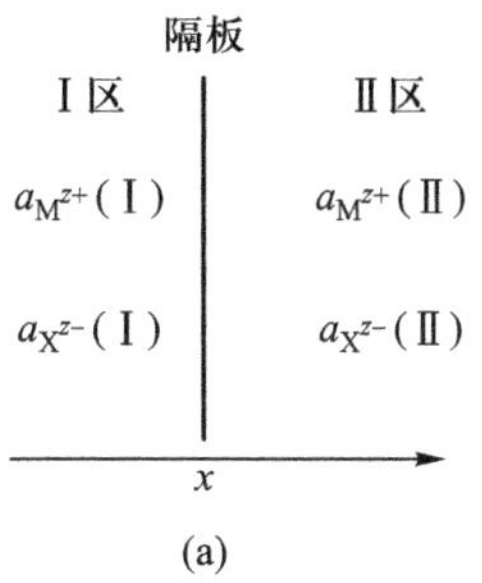

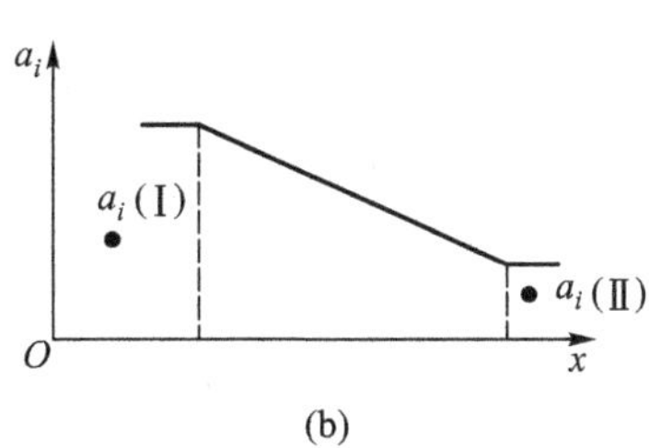

图 9.5 扩散电位

式中 t_+ 和 t_- 分别为正、负离子的迁移数,即分别为正、负离子传导电流的分数,离子的迁移数与扩散速率成正比,且 $t_+ + t_- = 1$,若假定 $a_{M^{z+}} = a_{X^{z-}} = a$,则扩散电位 φ_d 应为

$$\varphi_d = \frac{RT}{zF}(t_+ - t_-)\ln\frac{a(\text{Ⅰ})}{a(\text{Ⅱ})}$$

在 25 ℃时

$$\varphi_d = (t_+ - t_-)\frac{0.059\ \text{V}}{z}\lg\frac{a(\text{Ⅰ})}{a(\text{Ⅱ})}$$

这一结果说明 φ_d 可正可负,其正负取决于 t_+ 和 t_- 的相对大小,也说明在盐桥中应选用正、负离子迁移数相等或相近的电解质,以清除或减小扩散电位。假如仅有一种离子扩散传递电荷,而其他离子相比之下可视为不动,则扩散离子的迁移数 $t = 1$,而其他离子的 $t = 0$,扩散电位为

$$\varphi_d = \pm\frac{0.059\ \text{V}}{z}\lg\frac{a(\text{Ⅰ})}{a(\text{Ⅱ})} \tag{9.3}$$

式中右边可取正、负号,当只有阳离子扩散时,取正号,当只有阴离子扩散时,取负号,z 为离子价态,a 为离子的活度。显然,扩散电位不仅存在于液相中,也存在于固相中。

2. 界面电位

若离子可在膜相(m 相)和溶液相(s 相)间迁移,达到平衡时,m 相的内电位为 φ^m,s 相的内电位为 φ^s,则两相间的内电位差 $\varphi(\varphi = \varphi^m - \varphi^s)$ 叫作界面电位。

假设只有一种离子可在两相间进行交换,并假设此离子在 m 相的活度为 a^m,在 s 相的活度为 a^s,则

$$\varphi = \varphi^m - \varphi^s = K \pm \frac{0.059\ \text{V}}{z}\lg\frac{a^s}{a^m} \tag{9.4}$$

式中 K 为常数,若为阳离子,对数项前取正号,若为阴离子,则取负号;z 为离子价态。

电极电位和界面电位都属热力学平衡电位。电位与物质浓度间有确定的关系,即能斯特方程,可用于定量分析。而扩散电位属非热力学平衡电位,仅是稳态条件下的电位,在忽略了体系对热力学平衡偏离的情况下,可近似用热力学方程(能斯特方程)来处理,电位与离子浓度关系复杂,受很多因素影响,如动力学因素,故很难在定量分析中应用,而要设法消除。

所用的化学电池,往往需两种不同的溶液相接触,为了准确测定电极电位,必须设法消除液-液界面处的扩散电位(液接电位),通常的做法是在两种溶液之间用盐桥相连接。制

备盐桥时，通常在饱和 KCl 溶液中加入约 3% 的琼脂，加热使琼脂溶解，趁热吸入 U 形玻璃管中，冷却成凝胶，使用时，两端管口插入两种溶液中，由于 K^+ 与 Cl^- 迁移率接近，且 KCl 浓度很高，饱和 KCl 溶液中 KCl 的浓度可达 4.2 mol · L^{-1}，从而减小扩散电位。另外，盐桥可使两种溶液隔开，避免很快混合，且可使离子通过，导电，而使电池正常工作。盐桥中的盐，除 KCl 外，还可用 KNO_3，NH_4Cl 等。

3. 膜电位

图 9.6 所示一敏感膜，假定只有 M^{z+} 可通过膜传递电荷，且 M^{z+} 的活度用 a 表示。根据前边的讨论可知

$$\varphi_1 = \varphi_1^{m} - \varphi_1^{s} = K_1 + \frac{0.059\ \mathrm{V}}{z}\lg\frac{a_1^{s}}{a_1^{m}}$$

$$\varphi_2 = \varphi_2^{m} - \varphi_2^{s} = K_2 + \frac{0.059\ \mathrm{V}}{z}\lg\frac{a_2^{s}}{a_2^{m}}$$

$$\varphi_d = \frac{0.059\ \mathrm{V}}{z}\lg\frac{a_1^{m}}{a_2^{m}}$$

其中在试液及与其接触的膜中 M^{z+} 的活度分别为 a_1^s 和 a_1^m，在内参比溶液及与其接触的膜中 M^{z+} 的活度分别为 a_2^s 和 a_2^m，此时，在膜相内形成一扩散电位 φ_d，而在膜两侧与溶液相接触处形成两界面电位 φ_1 和 φ_2。膜电位 φ_M 为

$$\begin{aligned}\varphi_M &= (\varphi_2^{s} - \varphi_2^{m}) + \varphi_d + (\varphi_1^{m} - \varphi_1^{s})\\ &= -\varphi_2 + \varphi_d + \varphi_1\\ &= -K_2 - \frac{0.059\ \mathrm{V}}{z}\lg\frac{a_2^{s}}{a_2^{m}} + \frac{0.059\ \mathrm{V}}{z}\lg\frac{a_1^{m}}{a_2^{m}} + K_1 + \frac{0.059\ \mathrm{V}}{z}\lg\frac{a_1^{s}}{a_1^{m}}\\ &= -K_2 + \frac{0.059\ \mathrm{V}}{z}\lg\frac{a_2^{m}}{a_2^{s}} + \frac{0.059\ \mathrm{V}}{z}\lg\frac{a_1^{m}}{a_2^{m}} + K_1 + \frac{0.059\ \mathrm{V}}{z}\lg\frac{a_1^{s}}{a_1^{m}}\end{aligned}$$

通常敏感膜内外表面的性质可看作是相同的，故可认为 $K_1 = K_2$，$a_2^m = a_1^m$，即 $\varphi_d = 0$，则

$$\varphi_M = \frac{0.059\ \mathrm{V}}{z}\lg\frac{a_1^{s}}{a_2^{s}}$$

a_2^s 为内参比溶液中 M^{z+} 的浓度，为常数，则

$$\varphi_M = 常数 + \frac{0.059\ \mathrm{V}}{z}\lg a_1^{s} \tag{9.5}$$

对于正离子，式(9.5)对数项前取正号，若只有负离子可通过膜，则取负号。显然式(9.5)是

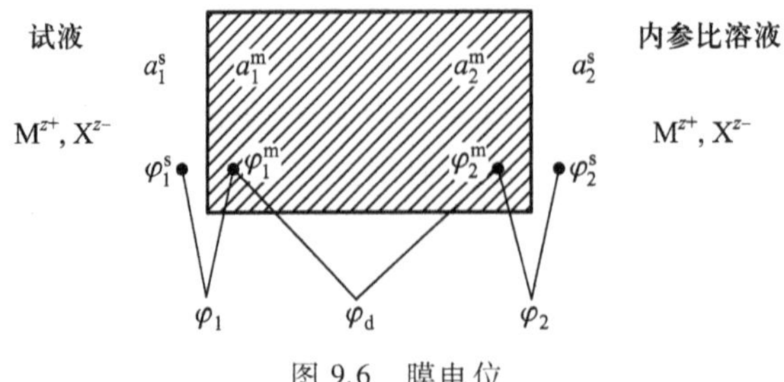

图 9.6　膜电位

用离子选择性电极测定离子活度的依据。

9.4 电极的类型

前面根据电极的构成讨论了金属基电极和离子选择性电极，并讨论了正极、负极、阳极、阴极等。但由于分析方法不同，电极的性质和用途也不同，名称也就不同。根据电极电位偏离平衡电极电位的程度，把电极分为极化电极和去极化电极，而根据电极在电化学测量中的用途，又可分为指示电极、工作电极、辅助电极和参比电极。

9.4.1 极化电极和去极化电极

当没有净电流通过电极时，氧化和还原反应的速率相等，电极反应处于热力学平衡状态，电极电位与被测物浓度之间的关系可用能斯特方程来描述。当有电流通过电极/溶液界面时，电极电位偏离平衡电极电位，这一现象称为极化。偏离平衡电位越大，极化程度越高，极化的类型及产生的原因见第 11.1.1 节，理想的去极化电极是无论电流如何变化，电极电位完全保持恒定，在电化学测量中始终不变，或电流变化很大，而电位变化很小，这种电极称为去极化电极。如常用的饱和甘汞电极、银-氯化银电极等参比电极及离子选择性电极都属于去极化电极。相反，在电化学测量中，电流保持恒定，电极电位随外加电压改变而改变，这种电极称为理想极化电极。实际上很难找到一个理想极化电极，当电极电位变化很大而电流变化很小时，这种电极称为极化电极。如伏安法中使用的滴汞电极、悬汞电极、固体电极等工作电极都属于极化电极。

9.4.2 指示电极和工作电极

指示电极是一种传感器，它指示试液中被测组分的浓度，但在测试过程中并不引起被测组分浓度的明显变化，一般指无电极反应发生的平衡体系所使用的电极，如离子选择性电极。工作电极是在测试过程中有电极反应，电极表面试液中被测组分浓度明显变化的电极，如电解和库仑分析法中的被测组分在其上面发生电极反应的铂电极，以及伏安法中的滴汞电极、悬汞电极和固体电极等都属于工作电极。

9.4.3 参比电极和辅助电极

在电化学测量中，指示电极和工作电极是电池中的主要电极，其他电极起辅助作用，称为辅助电极。而能提供标准电极电位的辅助电极也称作参比电极，如标准氢电极、饱和甘汞电极、银-氯化银电极是参比电极，参比电极的电极电位在电化学测量中保持不变，可用于测量、控制或调节工作电极和指示电极的电极电位。参比电极系统具有恒定的化学组成，电极反应具有可逆性，电极电位重现性好，稳定性高，而在电解和库仑分析法中所用的两个铂电极,一个为工作电极,另一个为辅助电极或对电极,这一对辅助电极的主要作用是为了通过电流。在电化学测量中,当通过电池的电流很小时,如在极谱法、伏安法和电位分析法中,可用由工作电极(或指示电极)和参比电极组成的二电极系统。但当通过电池的电流较大时,如在控制电位电解和库仑法中,为了控制和调节工作电极的电位,需用由工作电极、参比电极和辅助电极组成的三电极系统,使大电流通过工作电极与辅助电极组成的电路,而工作电极与参比电极组成的回路由于阻抗很高,没有明显的电流通过,通过这一回路来控制和调节工作电极的电位。

9.5 电化学分析法的类型

电化学分析法可分为溶液本体法和界面法,后者比前者的应用更加广泛。溶液本体法基于发生在整体溶液中的电化学现象,而界面法基于发生在电极表面与靠近电极表面溶液薄层的电化学现象。溶液本体法包括电导法和电导滴定法,界面法包括 8 种方法,如图 9.7 所示,所列方法后括号中为测量参数。本书主要介绍电位分析法、电解和库仑分析法以及伏安法。电位分析法中电流近乎为零,试液组成不变;电解和库仑分析法中,电流较大,试液组成变化也较大;伏安法中工作电极表面积很小,有电流,但较小,试液组成基本不变。

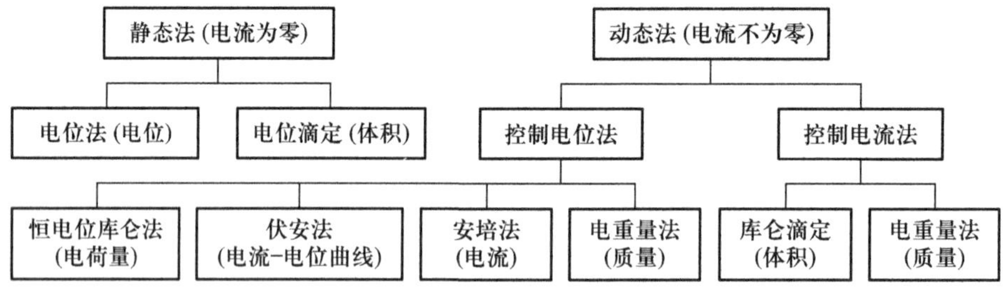

图 9.7 电化学分析法中的界面法

参考文献

[1] 俞汝勤.离子选择性电极分析法.北京:人民教育出版社,1980.

[2] 查全性. 电极过程动力学导论. 3 版. 北京:科学出版社,2002.

[3] 方惠群,于俊生,史坚.仪器分析.北京:科学出版社,2002.

[4] Skoog D A, Holler F J, Crouch S R. Principles of Instrumental Aanalysis. 7th ed. Boston: Cengage Learning, 2018.

习题

9.1　指出下列电池的电动势。

(a) $Pb|Pb^{2+}(0.100\ mol\cdot L^{-1})\ ¦¦\ Cd^{2+}(0.00100\ mol\cdot L^{-1})|Cd$

(b) $Pt|I_3^-(0.0100\ mol\cdot L^{-1}),I^-(0.100\ mol\cdot L^{-1})|AgI,Ag$

(c) $Pt|Tl^{3+}(1.00\ mol\cdot L^{-1}),Tl^+(0.0125\ mol\cdot L^{-1})\ ¦¦\ Zn^{2+}(0.0175\ mol\cdot L^{-1})|Zn$

(d) $Ag,AgCl|KCl\ (1.00\ mol\cdot L^{-1})\ ¦¦\ KCl\ (0.00100\ mol\cdot L^{-1})|AgCl,Ag$

已知 $\varphi^{\ominus}_{Pb^{2+},Pb}=-0.126\ V$，$\varphi^{\ominus}_{Cd^{2+},Cd}=-0.403\ V$，$\varphi^{\ominus}_{I_3^-,I^-}=0.536\ V$，$\varphi^{\ominus}_{Ag^+,Ag}=0.799\ V$，$\varphi^{\ominus}_{Tl^{3+},Tl^+}=1.250\ V$，$\varphi^{\ominus}_{Zn^{2+},Zn}=-0.763\ V$，$K_{sp,AgI}=9.3\times10^{-17}$，$K_{sp,AgCl}=1.8\times10^{-10}$。

9.2　已知下列两个电池的电动势：

$SCE\ ¦¦\ Ag^+(0.0100\ mol\cdot L^{-1})|Ag$　　$E_{电池}=0.439\ V$

$SCE\ ¦¦\ H_2O|AgI,Ag$　$E_{电池}=0.0824\ V$

试用这些实验数据，计算 AgI 的溶度积。

9.3　下列电池的电动势是-0.413 V：

$$SCE\ ¦¦\ HA\ (0.215\ mol\cdot L^{-1}),NaA\ (0.116\ mol\cdot L^{-1})|H_2(100\ kPa),Pt$$

若忽略液接电位，计算弱酸 HA 的解离常数。

9.4　已知阳离子 M^{2+} 与阴离子 Y^- 能形成配合物 MY_4^{2-}，且下列电池的电动势为-656 V：

$$SCE\ ¦¦\ M^{2+}(0.0500\ mol\cdot L^{-1}),Y^-(0.800\ mol\cdot L^{-1})|M$$

若已知 $\varphi^{\ominus}_{M^{2+},M}=0.0118\ V$，忽略液接电位，计算配合物 MY_4^{2-} 的稳定常数。

9.5　计算下列电池的电动势，并指出是原电池还是电解池。已知 AgI 的 K_{sp} 为 9.3×10^{-17}，AgCl 的 K_{sp} 为 1.8×10^{-10}。

(a) $Bi|BiO^+(0.080\ mol\cdot L^{-1}),H^+(1.00\times10^{-2}\ mol\cdot L^{-1})\ ¦¦\ I^-(0.100\ mol\cdot L^{-1})|AgI,Ag$

已知 $\varphi^{\ominus}_{BiO^+,Bi}=0.320\ V$，$\varphi^{\ominus}_{Ag^+,Ag}=0.799\ V$。

(b) $Zn|Zn^{2+}(5.00\times10^{-4}\ mol\cdot L^{-1})\ ¦¦\ Fe(CN)_6^{4-}(2.00\times10^{-2}\ mol\cdot L^{-1}),Fe(CN)_6^{3-}(8.00\times10^{-2}\ mol\cdot L^{-1})|Pt$

已知 $\varphi^{\ominus}_{Zn^{2+},Zn}=-0.763\ V$，$\varphi^{\ominus}_{Fe(CN)_6^{3-},Fe(CN)_6^{4-}}=0.36\ V$。

(c) $Pt,H_2(100\ kPa)|HCl\ (2.00\times10^{-3}\ mol\cdot L^{-1})|AgCl\ ,Ag$

已知 $\varphi^{\ominus}_{Ag^+,Ag}=0.799\ V$。

9.6　用下列电池：

$$SCE\ ¦¦\ HCl\ 溶液或\ NaOH\ 溶液|H_2(100\ kPa),Pt$$

检测 HCl 和 NaOH 两种溶液，25 ℃ 时，用 HCl 溶液时测得电池电动势为-0.276 V，用 NaOH 溶液时测得电池电动势为-1.036 V；将两种溶液各取一定体积混合，在 100.00 mLHCl 和 NaOH 的混合液中，测得电池电动势为-0.954 V：

(a) 计算 HCl 溶液和 NaOH 溶液的浓度；

(b) 100.00 mL 混合液中，HCl 溶液和 NaOH 溶液各为多少毫升？（不考虑活度系数。）

9.7　在 25 ℃时，测得下列电池的电池电动势为 0.100 V：

$$Hg, Hg_2Cl_2 | Cl^- \,\vdots\vdots\, M^{z+} | M$$

如将 M^{z+} 浓度稀释至 1/50，电池电动势下降为 0.050 V，求金属离子 M^{z+} 的电荷数 z。

9.8　电化学池由哪几部分组成？盐桥的作用是什么？对盐桥中的电解质溶液有什么要求？

9.9　电极电位是如何产生的？电极电位的数值是如何得到的？

9.10　正极是阳极、负极是阴极的说法对吗？阳极和阴极、正极和负极的定义是什么？

9.11　标准电极电位和条件电极电位的含义是什么？

9.12　简述产生电极、扩散和界面电位的机理。这些电位与被测物浓度的关系是否可用能斯特方程来描述？

9.13　下列电极用作原电池的正极时写出它们的电极反应和电极电位的表达式，这些电极用作电解池的阳极时，写出它们的电极反应。

(a) 铜丝置于硫酸铜溶液中；

(b) 金丝置于含有 V^{2+} 和 V^{3+} 的溶液中；

(c) 覆盖 Hg_2Cl_2 的汞置于 NaCl 溶液中。

9.14　举例说明电化学池中发生的氧化还原反应与溶液中发生的非电化学氧化反应的差别。

9.15　测得下列原电池的电动势 $E_{电池}$ 为 0.52035 V，计算 $\varphi^{\ominus}_{AgCl,Ag}$。

$$Pt, H_2(100\ kPa) | HCl(3.215\times10^{-3}\ mol\cdot L^{-1}) | AgCl, Ag$$

习题参考答案

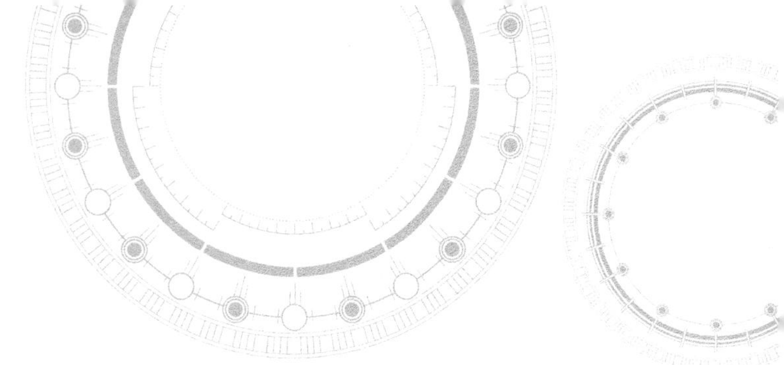

第十章

电位分析法

电位分析法包括直接电位法和电位滴定法。 直接电位法是基于电位与物质浓度的关系建立的分析方法；电位滴定法是根据电位变化确定滴定终点的分析方法。

10.1 实验装置

用于直接电位法测定的实验装置如图 10.1 所示，在通过电池电流为零的条件下用高输入阻抗的电压计测量分析溶液中指示电极和参比电极之间的电位差，其中参比电极常用饱和甘汞电极(SCE)，指示电极常用离子选择性电极(ISE)。两个电极都是去极化电极，这也是电位法的一个特点。为了保持电解池中电解质的均匀并尽快达到平衡，常用电磁搅拌器对溶液进行搅拌。

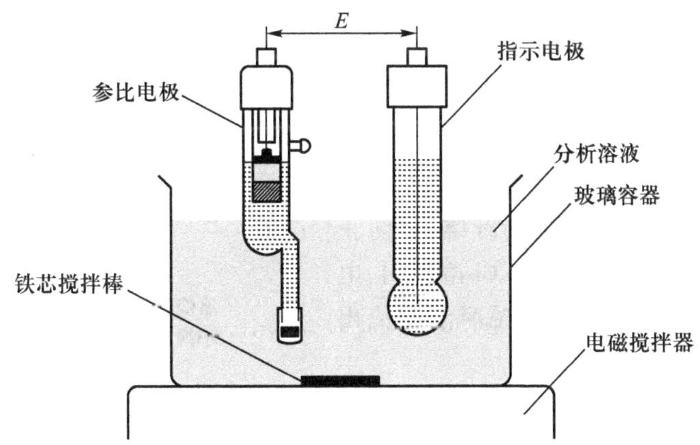

图 10.1 直接电位法实验装置

用于直接电位法的电池表达式将指示电极写在右侧，参比电极写在左侧：

参比电极(SCE)|试液(a_x)|膜|内参比电极

25 ℃时电池电动势为

$$E_{电池} = \varphi_{ISE} - \varphi_{SCE} + \varphi_d - iR = \varphi_{内参比} + 常数 \pm \frac{0.059\ V}{z}\lg a_x - \varphi_{SCE} + \varphi_d - iR$$

$$= K \pm \frac{0.059\ V}{z}\lg a_x \tag{10.1}$$

式中 $\varphi_{内参比}$，φ_{SCE} 和 φ_d 分别为内参比电极电位、饱和甘汞电极电位和扩散电位(可正可负)，在一定条件下，这些电位为常数，用 K 表示；因 i 为零或很小，iR 可不考虑；a_x 为被测离子的活度，被测离子为正离子时，对数项前取正号，负离子时取负号。

10.2 参比电极

理想的参比电极电位已知且恒定，但必须具备如下性质：① 电极表面的电极反应是可逆的，电解液中某化学物质活度必须服从能斯特平衡电位方程式(也称为能斯特效应)；② 电极电位随时间的漂移小；③ 流过微小的电流时，电极电位能迅速恢复原状(不产生滞后现象)；④ 像 Ag-AgCl 那样的电极，要求固相不溶于电解液。下面详细介绍一些实际测定中经常用到的参比电极。

10.2.1 甘汞电极

甘汞电极是实验室中最常用的参比电极，其最突出的特点是容易处理。

1. 甘汞电极的结构

氯化亚汞(Hg_2Cl_2)为白色固体，难溶于水，少量 Hg_2Cl_2 毒性较低，味略甜，俗称甘汞，常用来制作甘汞电极。甘汞电极的结构如图 10.2 所示。在电极内部有一小玻璃管，管内的上部放置汞，铂丝插在汞中。把 Hg_2Cl_2 和少量 Hg 放入研钵中研磨得到 Hg_2Cl_2-Hg 糊状物。汞的下面放 Hg_2Cl_2-Hg 糊状物，下面为纤维，以防止 Hg_2Cl_2-Hg 下落。小玻璃管浸在 KCl 溶液内，电极的下端用素烧瓷片封口，以减缓溶液的流出速度。这种电极可表示为

$$Hg, Hg_2Cl_2 | KCl(x\ mol \cdot L^{-1})$$

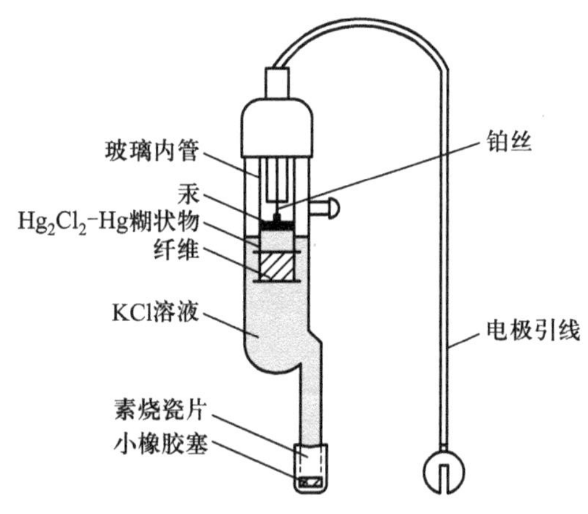

图 10.2 甘汞电极

2. 甘汞电极的电极反应

$$Hg_2Cl_2 + 2e^- = 2Hg + 2Cl^-$$

这一电极反应可看作下述两步过程：

$$Hg_2Cl_2 = Hg_2^{2+} + 2Cl^- \qquad K_{sp} = a_{Hg_2^{2+}} \cdot a_{Cl^-}^2$$

$$Hg_2^{2+} + 2e^- = 2Hg$$

3. 甘汞电极的电极电位

25 ℃时,甘汞电极的电极电位为

$$\varphi_{Hg_2^{2+},Hg} = \varphi^{\ominus}_{Hg_2^{2+},Hg} + \frac{0.059\ V}{2}\lg a_{Hg_2^{2+}}$$

$$= \varphi^{\ominus}_{Hg_2^{2+},Hg} + \frac{0.059\ V}{2}\lg K_{sp} - 0.059\ V\lg a_{Cl^-}$$

$$= \varphi^{\ominus}_{Hg_2Cl_2,Hg} - 0.059\ V\lg a_{Cl^-}$$

显然,甘汞电极的电极电位与 Cl^- 活度(或浓度)有关。所有甘汞电极中,固体 Hg_2Cl_2 是过量的,而溶液中 KCl 浓度是不同的,当 KCl 浓度达到饱和时,叫作饱和甘汞电极(SCE),甘汞电极的电极电位还与温度有关。25 ℃时,当 KCl 浓度分别为 0.1 mol · L^{-1},1.0 mol · L^{-1} 和饱和时,甘汞电极的电极电位分别是 0.3356 V,0.2830 V 和 0.2444 V。

10.2.2 银-氯化银电极

因为银-氯化银电极也具有容易处理、电位重现性好等特性,所以也是常用的参比电极。

1. 银-氯化银电极的构造

银-氯化银电极的构造如图 10.3 所示。一种简单的制备Ag-AgCl的方法是在银丝上镀上一层 AgCl,一般先把银丝用3 mol · L^{-1} HNO_3 溶液浸洗,水洗后在 0.1 mol · L^{-1} HCl 溶液中进行阳极极化,例如在 0.4 mA · cm^{-2} 的电流密度下进行 30 min 电解。一根覆盖 AgCl 的银丝浸在 KCl 溶液中,就构成了银-氯化银电极。此电极可简单地表示为

$$Ag,AgCl \mid KCl(x\ mol \cdot L^{-1})$$

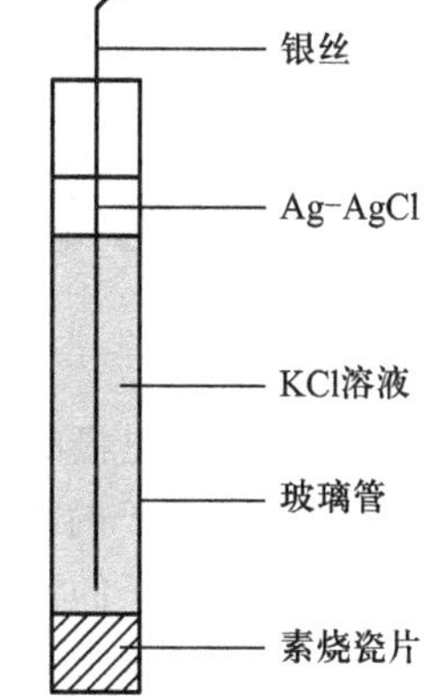

图 10.3 银-氯化银电极

2. 银-氯化银电极的电极反应

$$AgCl + e^- = Ag + Cl^-$$

此电极反应可看作下述两步过程:

$$AgCl = Ag^+ + Cl^- \qquad K_{sp} = a_{Ag^+} \cdot a_{Cl^-}$$

$$Ag^+ + e^- = Ag$$

3. 银-氯化银电极的电极电位

25 ℃时,银-氯化银电极的电极电位为

$$\varphi_{Ag^+,Ag} = \varphi^{\ominus}_{Ag^+,Ag} + 0.059\ V\lg a_{Ag^+}$$

$$= \varphi^{\ominus}_{Ag^+,Ag} + 0.059\ V\lg K_{sp} - 0.059\ V\lg a_{Cl^-}$$

$$= \varphi^{\ominus}_{AgCl,Ag} - 0.059\ V\lg a_{Cl^-}$$

电极电位与溶液中 Cl^- 的活度(或浓度)有关,Ag-AgCl 参比电极对温度也很敏感,25 ℃时,当 KCl 浓度分别为 0.1 mol · L^{-1},1.0 mol · L^{-1} 和饱和时,银-氯化银电极的电极电位分别为0.288 V,0.228 V 和 0.198 V。

10.2.3 氢电极

氢电极最常被用作电极电位的基准,电极电位几乎都是以其为基准确定的。

1. 氢电极的构造

氢电极的构造如图 10.4 所示，一块在表面镀铂黑的铂片，浸在氢离子活度等于x mol·L^{-1}的溶液中，在玻璃管中通入压力为y Pa 的氢气，让铂片表面不断有氢气通过。此电极可表示为

$$Pt, H_2(y\ Pa) | H^+(x\ mol \cdot L^{-1})$$

2. 氢电极的电极反应

$$2H^+ + 2e^- \Longrightarrow H_2$$

其反应是最基本的反应，而且几乎具备了上述所列举的作为参比电极应具有的所有条件。

3. 氢电极的电极电位

25 ℃时，氢电极的电极电位为

$$\varphi_{H^+,H_2} = \varphi^{\ominus}_{H^+,H_2} + \frac{0.059\ V}{2}\lg\frac{a^2_{H^+}}{p_{H_2}/p^{\ominus}}$$

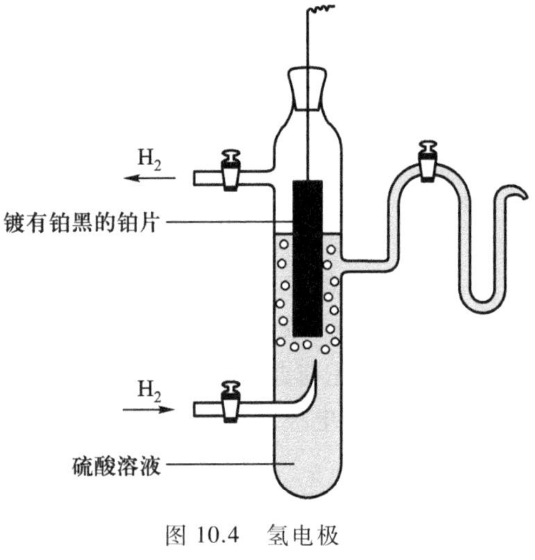

图 10.4 氢电极

当 a_{H^+}= 1.0 mol ·L^{-1}，p_{H_2}= 100 kPa 时，$\frac{p_{H_2}}{p^{\ominus}} = \frac{100\ kPa}{100\ kPa} = 1.00$，则在任何温度下 $\varphi_{H^+,H_2} = \varphi^{\ominus}_{H^+,H_2}$= 0.000 V，此时的氢电极叫作标准氢电极（SHE）。因为氢电极使用氢气，操作条件不易控制，通常不用作参比电极。

10.3 离子选择性电极

离子选择性电极响应于特定的离子，其构造的主要部分是敏感膜（离子选择性膜），因为膜电位随被测离子的浓度而变化，所以通过离子选择性膜的膜电位可以测定出离子的浓度。离子选择性电极通常由内参比电极、内参比溶液和敏感膜构成。

10.3.1 玻璃电极

1. 构造

最广泛使用的离子选择性电极就是 pH 玻璃电极，其构造如图 10.5 所示。它是由特殊玻璃制成的薄膜球，球内装有内参比溶液，常为 0.1 mol·L^{-1} HCl 溶液，并插有镀有 AgCl 的银丝。

2. 膜电位

通常由纯二氧化硅制成的石英玻璃具有如下结构：

$$\equiv Si(\text{IV})—O—Si(\text{IV})\equiv$$

它不能提供离子交换的点位，所以不能对离子产生响应，当加入碱金属氧化物后形成玻璃，可用作 pH 玻璃电极。玻璃膜主要由

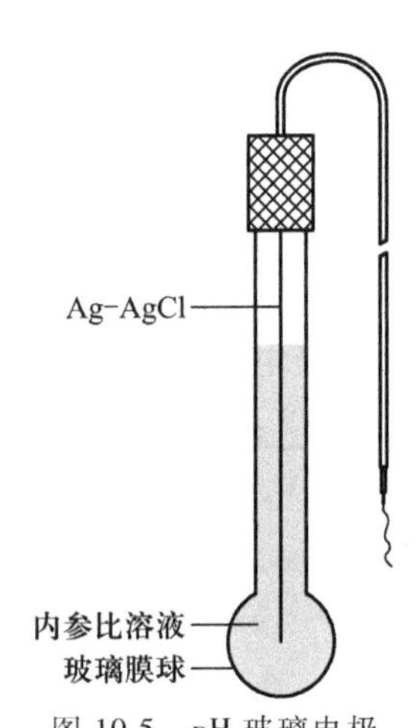

图 10.5 pH 玻璃电极

SiO_2(摩尔分数约为 72%)、CaO(摩尔分数约为 6%)、Na_2O(摩尔分数约为 22%)组成。

加入碱金属氧化物可使石英玻璃组分中的正四面体硅氧键断裂,使之在晶格中存在着体积小、活动能力强的 Na^+。当玻璃膜与水接触时,这些 Na^+ 被 H^+ 置换,在玻璃膜表面形成一层≡Si(Ⅳ)—O^-H^+,称为水化层,表面的 Na^+ 几乎全部被 H^+ 取代。玻璃膜如图 10.6 所示。

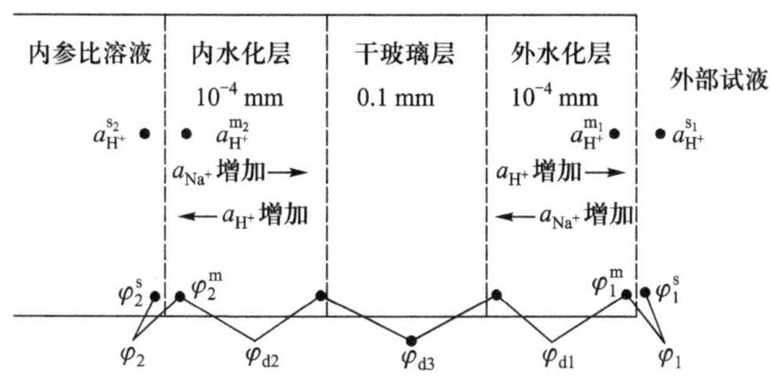

图 10.6 玻璃膜

玻璃电极在水化层-溶液界面靠 H^+ 的转移来输送电流。在水化层内部,电流由碱金属离子(Na^+)和 H^+ 传输。在干玻璃层,电荷以 Na^+ 交换的形式进行传递。扩散电位是在玻璃膜中 H^+ 和 Na^+ 浓度不同而引起的。在水化层与溶液相界面,≡Si—OH的解离平衡是决定界面电位的主要因素:

$$\equiv \text{Si—OH}(\text{表面}) + H_2O(\text{溶液}) \longrightarrow \equiv \text{Si—O}^-(\text{表面}) + H_3O^+(\text{溶液})$$

由图 10.6 可知,pH 玻璃膜电位 φ_M 由两个界面电位 φ_1,φ_2 以及三个扩散电位 φ_{d1},φ_{d2},φ_{d3}组成。25 ℃时

$$\varphi_1 = \varphi_1^m - \varphi_1^S = K_1 + 0.059\ \text{V}\lg\frac{a_{H^+}^{S_1}}{a_{H^+}^{m_1}}$$

$$\varphi_2 = \varphi_2^m - \varphi_2^S = K_2 + 0.059\ \text{V}\lg\frac{a_{H^+}^{S_2}}{a_{H^+}^{m_2}}$$

$$\varphi_M = \varphi_1 + \varphi_{d1} + \varphi_{d3} + \varphi_{d2} - \varphi_2$$

$$= K_1 + 0.059\ \text{V}\lg\frac{a_{H^+}^{S_1}}{a_{H^+}^{m_1}} + \varphi_{d1} + \varphi_{d2} + \varphi_{d3} - K_2 - 0.059\ \text{V}\lg\frac{a_{H^+}^{S_2}}{a_{H^+}^{m_2}}$$

如图 10.6 所示,假定玻璃膜两侧的水化层完全对称,其水化层内形成的两个扩散电位 φ_{d1} 和φ_{d2} 应相等且符号相反,即 $\varphi_{d1}=-\varphi_{d2}$。干玻璃层内全部是 Na^+,没有 H^+,所以干玻璃层两边的 a_{Na^+}应该相等,即 $\varphi_{d3}=0$。由于水化层表面硅氧基团对 H^+ 的结合强度远远大于它与 Na^+ 的结合强度,所以水化层表面的 Na^+ 几乎全部被 H^+ 取代,说明玻璃膜内外表面的 H^+ 活度应是相等的,即 $a_{H^+}^{m_1}=a_{H^+}^{m_2}$,$K_1=K_2$。基于这些事实,上式可简化为

$$\varphi_M = 0.059\ \text{V}\lg\frac{a_{H^+}^{S_1}}{a_{H^+}^{S_2}}$$

由于玻璃膜内部的 H^+ 活度为常数,即 $a_{H^+}^{S_2}$ 为常数,且定义 $-\lg a_{H^+}^{S_1}=-\lg a_{H^+}=\text{pH}$

$$\varphi_M = K + 0.059\ \text{V}\lg a_{H^+} = K - 0.059\ \text{VpH} \tag{10.2}$$

在电位分析法中，常用离子活度或浓度的负对数值来表示离子活度或浓度。如 $a_{H^+}=10^{-4}\ mol\cdot L^{-1}$，则可表示为 $pH=-\lg a_{H^+}=-\lg 10^{-4}=4$。$[Ca^{2+}]=2.00\times10^{-6}\ mol\cdot L^{-1}$，则可表示为 $pCa=-\lg[Ca^{2+}]=-\lg(2.00\times10^{-6})=5.699$。这样表示在演讲和书写时更方便一些。

3. 不对称电位

φ_M 的产生是在溶液与水化层界面上 H^+交换的结果。由前面的讨论可知，如果 pH 玻璃电极的内参比溶液与外部试液的 pH 相同，即 $a_{H^+}^{S_1}=a_{H^+}^{S_2}$，则测得的膜电位 φ_M 应为零。但实际上测得的 $\varphi_M\neq0$，有一个小的电位，这个电位称为不对称电位。产生这一不对称电位的原因是玻璃膜内外表面几何结构不完全相同，以及物理化学性质不同，如半径不同、内外表面化学腐蚀与沾污不同、内外膜水溶液浸泡的时间不同等。其他膜也有不对称电位。

4. 电极的使用

当 $pH<1$ 时产生酸差，测得的 pH 偏高，而产生酸差的原因还不清楚。当 $pH>10$ 时产生碱差，也称钠差，测得的 pH 偏低，这是由于表面点位被 Na^+ 占据，产生误差。由上述推导膜电位与 a_{H^+} 的关系可知，式(10.2)成立是假定膜两侧两个水化层完全建立，膜内侧水化层是始终完全建立的，但膜外侧水化层必须经过浸泡，才能完全建立，在完全建立前 φ_{d1} 和 $a_{H^+}^{m1}$ 随时间而变，所以 pH 玻璃电极在使用前需要浸泡，以活化电极，即形成水化层。

5. pH 测量

用直接电位法时，参比电极为负极，指示电极为正极，$E_{电池}=\varphi_{指示}-\varphi_{参比}$。但测 pH 时，通常指示电极为负极，参比电极为正极，$E_{电池}=\varphi_{参比}-\varphi_{指示}$。用 pH 玻璃电极作指示电极测量溶液的 pH 是实验室最常见的操作。用饱和甘汞电极作参比电极组成电池：

玻璃电极 | 标准缓冲溶液(pH_s)或被测溶液(pH_x) ¦¦ 饱和甘汞电极

测量时，首先将已知 pH 的标准缓冲溶液放入电池，25 ℃时测得的电池电动势为

$$E_s=\varphi_{SCE}-\varphi_{ISE}=\varphi_{SCE}-K_s-0.059\ \mathrm{V}\lg a_{H^+}^{s}=K_s'+0.059\ \mathrm{V}pH_s$$

然后将待测 pH 的溶液放入电池，测得的电池电动势为

$$E_x=\varphi_{SCE}-\varphi_{ISE}=\varphi_{SCE}-K_x-0.059\ \mathrm{V}\lg a_{H^+}^{x}=K_x'+0.059\ \mathrm{V}pH_x$$

由于测量条件相同 $K_x'=K_s'$，故

$$E_x-E_s=0.059\ \mathrm{V}(pH_x-pH_s)$$

$$pH_x=\frac{E_x-E_s}{0.059\ \mathrm{V}}+pH_s$$

这是 25 ℃时测量 pH 的计算式，在任何温度下可用下式：

$$pH_x=\frac{E_x-E_s}{2.303\dfrac{RT}{F}}+pH_s \tag{10.3}$$

式(10.3)也称 pH 的实用定义，也可看作测定 pH 的标准曲线。显然，在实际 pH 测量过程中，是用标准缓冲溶液定位，校正不对称电位和液接电位的影响，即调节标准曲线的截距，然后调节温度，即调节标准曲线的斜率(能斯特因子)，虽然能斯特因子仅是温度的函数，当温度固定时为一常数，但一些离子选择性电极的能斯特因子并不完全符合相应温度下的理论值。实际工作中，一些玻璃电极的电极响应斜率并非完全与能斯特因子理论值相同，且不同 pH 电极的电极响应斜率不完全相同，为了得到更准确的分析结果，一般采用两种不同 pH 的

标准缓冲溶液进行校正。如用 pH =4.00 邻苯二甲酸氢钾测得电动势为 E_1，而用 pH =6.86 的 $KH_2PO_4 - Na_2HPO_4$ 测得电动势为 E_2，则此电极的电极响应斜率为$\frac{|E_2 - E_1|}{6.86 - 4.00}$。

根据式(10.3)进行 pH 测量时，要使测定的准确度好，首先要保证标准缓冲溶液 pH 的准确度，其次被测溶液的 pH 应尽可能与标准缓冲溶液的 pH 接近，并应使用标准缓冲溶液与未知溶液测量时的实际条件相同。表 10.1 列出了一些标准缓冲溶液的 pH。

表 10.1 一些标准缓冲溶液的 pH

温度/℃	草酸氢钾 (0.05 mol·L⁻¹)	酒石酸氢钾 (25 ℃，饱和)	邻苯二甲酸氢钾 (0.05 mol·L⁻¹)	KH_2PO_4 (0.025 mol·L⁻¹) -Na_2HPO_4 (0.025 mol·L⁻¹)	硼砂 (0.01 mol·L⁻¹)	氢氧化钙 (25 ℃，饱和)
0	1.666	—	4.003	6.984	9.464	13.423
10	1.670	—	3.998	6.923	9.332	13.003
20	1.675	—	4.002	6.881	9.225	12.627
25	1.679	3.557	4.008	6.865	9.180	12.454
30	1.683	3.552	4.015	6.853	9.139	12.289
35	1.688	3.549	4.024	6.844	9.102	12.133
40	1.694	3.547	4.035	6.838	9.068	11.984

10.3.2 氟离子选择性电极

1. 结构

氟离子选择性电极是均相晶体膜电极，如图 10.7 所示，电极的敏感膜由 LaF_3 单晶片构成，为改善导电性能，晶体中掺杂少量 EuF_2(0.1%~0.5%)和 CaF_2(1%~5%)。

由于膜相晶体有缺陷空穴，而溶液中的 F^- 可进入膜相中的空穴，同样膜相中的 F^- 也可以进入溶液，因而在两相界面产生界面电位，在膜相内传导电流的机理为

$$LaF_3 + 空穴 \rightleftharpoons LaF_2^+ + F^-$$

由于空穴的大小形状和电荷分布只能容纳特定的离子，其他离子不能进入空穴，因此 LaF_3 敏感膜对 F^- 有很好的选择性。

2. 膜电位

$$\varphi_M = K - 0.059\ V\lg a_{F^-}$$

3. 电极的应用

使用氟离子选择性电极测 F^- 时适用的 pH

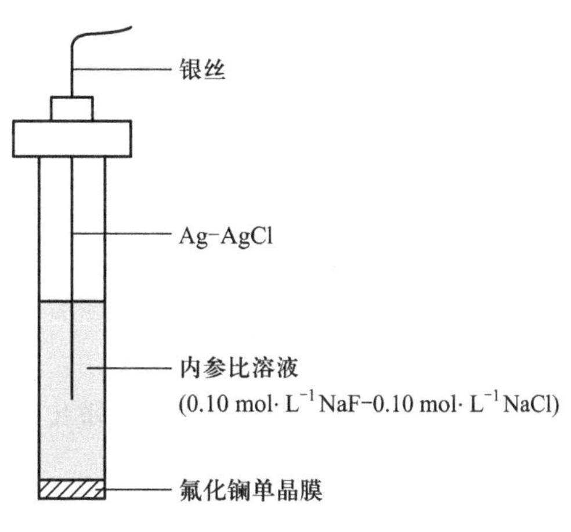

图 10.7 氟离子选择性电极

范围为 5~7。当 $pH < 5$ 时,H^+ 能与 F^- 反应,$H^+ + F^- \longrightarrow HF$,$HF + F^- \longrightarrow HF_2^-$,降低了 F^- 的活度,使测量结果偏低;当 $pH > 7$ 时,敏感膜表面可能进行如下反应:$LaF_3 + 3OH^- \longrightarrow La(OH)_3 + 3F^-$,使测定结果偏高。

一般用含有 NaCl、柠檬酸钠和 HAc-NaAc 的总离子强度调节缓冲溶液(TISAB)来控制 pH、离子强度以及消除 Fe^{3+}、Al^{3+} 等离子的干扰。氟离子选择性电极的灵敏度受 LaF_3 K_{sp} 的影响。氟离子浓度在 $10^{-6} \sim 10^{-1}$ mol · L^{-1} 范围内膜电位与 F^- 浓度间的关系符合能斯特方程,由于氟离子选择性电极不需形成水化层,所以使用前不需浸泡活化。

10.3.3 钙离子选择性电极

钙离子选择性电极属活动载体电极,也称液膜电极,这类电极的敏感膜由电活性物质(载体和被测离子)、溶剂(增塑剂)和微孔膜(作为支持体)构成。在敏感膜中起作用的是载体,因为它是液体,所以称为活动载体。微孔膜由聚四氟乙烯等制成。

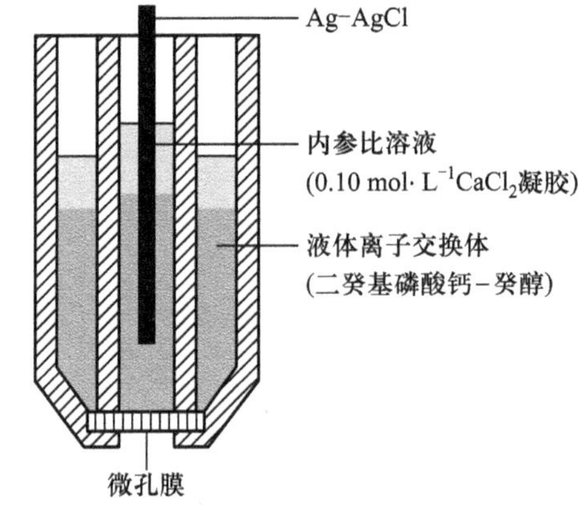

图 10.8 钙离子选择性电极

1. 结构

钙离子选择性电极如图 10.8 所示。以二癸基磷酸根 $(RO)_2PO_2^-$ 为载体,此载体可与 Ca^{2+} 作用生成 $Ca[(RO)_2PO_2]_2$ 电活性物质,将其溶于癸醇或苯基磷酸二辛酯等溶剂中,组成液体离子交换体,此离子交换体被吸附在微孔膜的微孔中,形成疏水性的液膜。Ca^{2+} 可在液膜与溶液间移动:

$$Ca[(RO)_2PO_2]_2(\text{膜}) \longrightarrow 2(RO)_2PO_2^-(\text{膜}) + Ca^{2+}(\text{溶液})$$

由此在溶液-液膜界面形成界面电位。

2. 膜电位

在钙离子敏感膜两侧形成界面电位,由于内参比溶液中 Ca^{2+} 浓度是恒定的,所以膜电位只与试液中 Ca^{2+} 的活度有关:

$$\varphi_M = K + \frac{0.059\ V}{2}\lg a_{Ca^{2+}}$$

流动载体膜也可制成类似固体的固化膜。将电活性物质和聚氯乙烯(PVC)粉末同时溶入四氢呋喃中,然后将其在平板玻璃上铺开,待四氢呋喃挥发后,形成敏感膜。这种膜比流动载体膜的稳定性好,寿命更长。

10.3.4 气敏电极

气敏电极是基于界面化学反应的敏化电极。现以 CO_2 电极为例说明这类电极的结构和响应机理。

1. 结构

CO_2 电极实际上是一个电化学池,由指示电极(pH 玻璃电极)和外参比电极(银-氯化银电极)组成,如图 10.9 所示。透气膜一般由多孔疏水性高分子聚合物制成,如聚四氟乙烯,它只允许气体通过。通过透气膜,CO_2 进入中间电解质溶液(中介液),在中介液中起反应,生成 H^+,通过内部的 pH 玻璃电极的膜电位反映出来,从而可测定 CO_2 的量。

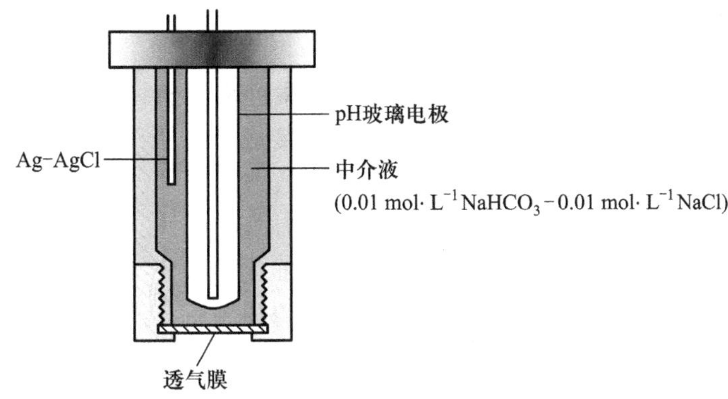

图 10.9 CO_2 电极

2. 膜电位

CO_2 通过透气膜进入中介液与 H_2O 反应:

$$CO_2 + H_2O \xrightleftharpoons{K_1} H_2CO_3$$

$$K_1 = \frac{a_{H_2CO_3}}{p_{CO_2}/p^\ominus} \qquad a_{H_2CO_3} = K_1(p_{CO_2}/p^\ominus)$$

$$H_2CO_3 \xrightleftharpoons{K_2} HCO_3^- + H^+$$

$$K_2 = \frac{a_{HCO_3^-}a_{H^+}}{a_{H_2CO_3}}$$

$$a_{H^+} = K_2\frac{a_{H_2CO_3}}{a_{HCO_3^-}} = \frac{K_1K_2(p_{CO_2}/p^\ominus)}{a_{HCO_3^-}} = K(p_{CO_2}/p^\ominus)$$

式中 p_{CO_2} 为 CO_2 的分压;$K = \dfrac{K_1K_2}{a_{HCO_3^-}}$;$K_1$,$K_2$ 均为常数。HCO_3^- 的浓度较高,即活度较高,可视为常数。pH 玻璃电极的膜电位 φ_M 为

$$\varphi_M = K + 0.059\ \text{V}\lg a_{H^+} = K' + 0.059\ \text{V}\lg(p_{CO_2}/p^\ominus)$$

NH_3 电极与 CO_2 电极类似,只是中介液为 0.01 mol · L^{-1} NH_4Cl(用 AgCl 饱和),测定溶液中的氨时,向试液中加入强碱使溶液中的 NH_4^+ 转化为 NH_3,而 NH_3 通过透气膜进入中介液,与 H^+ 反应:

$$NH_3 + H^+ \xrightleftharpoons{K} NH_4^+$$

$$K = \frac{a_{NH_4^+}}{a_{NH_3}a_{H^+}}$$

$$a_{H^+} = \frac{a_{NH_4^+}}{Ka_{NH_3}} = K\frac{1}{a_{NH_3}}$$

K_1 为常数，NH_4^+ 浓度较高，即活度较高，可视为常数，则 pH 玻璃电极的膜电位 φ_M 为

$$\varphi_M = K + 0.059\ \text{V}\lg a_{H^+} = K' - 0.059\ \text{V}\lg a_{NH_3}$$

10.3.5　酶电极

酶电极是将一种或一种以上的生物酶涂布在通常的离子选择性电极的敏感膜上，通过酶的催化作用，试液中被测物向酶膜扩散，并与酶层接触发生酶催化反应，引起被测物发生变化，被电极响应；或使被测物产生能被该电极响应的离子，间接测定该物质。其结构如图 10.10 所示。酶是具有特殊生物活性的催化剂，其催化效率高，选择性强，许多复杂的化合物在酶的催化下都能分解成简单化合物或离子，从而可用离子选择性电极来进行测定。如尿素酶电极是以 NH_3 电极（或 CO_2 电极）为指示电极，把脲酶固定在 NH_3 电极的敏感透气膜上而制成的。当试液中的尿素与脲酶接触时，发生分解反应：

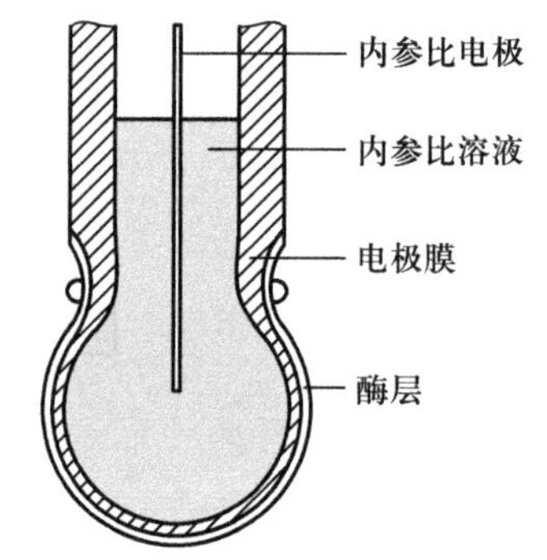

图 10.10　酶电极示意图

$$CO(NH_2)_2 + H_2O \xlongequal{\text{脲酶}} 2NH_3\uparrow + CO_2\uparrow$$

氨基酸在氨基酸脱羧酶催化下发生反应：

$$HOC_6H_4CH_2CHNH_2COOH \xlongequal{\text{氨基酸脱羧酶}} HOC_6H_4CH_2CH_2NH_2 + CO_2\uparrow$$

反应生成的 NH_3 和 CO_2 显然可以用 NH_3 电极或 CO_2 电极测定。

由于酶电极使用了生物酶，所以测定应该在不会使酶失去活性的温度和 pH 范围内进行。另外，重金属离子等也会使酶失去活性，应加以注意。

10.3.6　离子敏感场效应晶体管

离子敏感场效应晶体管（ISFET）是一种利用半导体场效应原理测量离子的敏感器件。它采用金属氧化物半导体场效应晶体管（MOSFET）作为传感器，通过特殊的灵敏膜将被分析液体中的离子浓度转换成复合的表面电荷密度变化，进而控制通过晶体管的电流，从而实现对离子的测定。下面以检测氢离子为例，简要说明 ISFET 的测量原理。ISFET 装置示意图如图 10.11 所示。MOSFET 的金属栅极用绝缘的氮化硅（Si_3N_4）栅极取代。Si_3N_4 表面类似于玻璃电极表面，溶液中的 H^+ 会吸附在 Si_3N_4 表面，被吸附在 Si_3N_4 表面的 H^+ 浓度随溶液中 H^+ 浓度增大而增大，而栅极相对于源极的电位也随之增高，P 型半导体

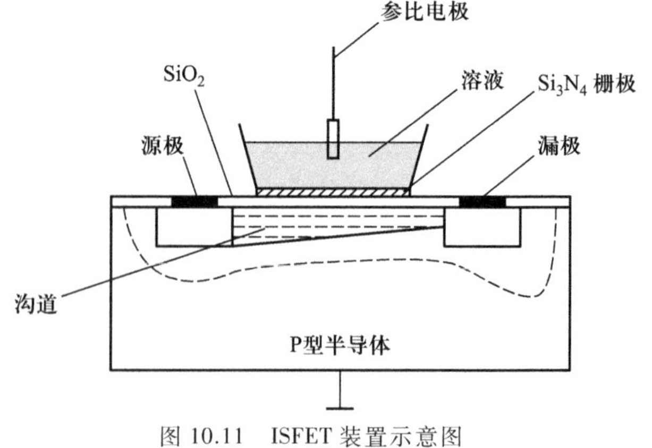

图 10.11　ISFET 装置示意图

与 SiO_2 层之间沟道的电子浓度会增大（见第 3.2.4 节），即沟道电导率会增强，漏极和源极之间的电流信号会增强，此信号与 H^+ 浓度的对数成正比。

10.4　离子选择性电极的特性参数

10.4.1　检出限和响应斜率

在实际电位分析中，测量由离子选择性电极与参比电极组成电池的电动势（E）后，由 E 对被测离子（M^{z+}）活度（$a_{M^{z+}}$）的负对数（pM）作图，所得曲线为标准曲线（图 10.12）。此曲线的直线部分（CD 段）可用能斯特方程描述：

$$E = K \pm \frac{0.059\ \mathrm{V}}{z}\lg a_{M^{z+}} = K \mp \frac{0.059\ \mathrm{V}}{z}\mathrm{pM}$$

若被测离子是阳离子，则上式最后一项前取负号；若为阴离子，则取正号。图 10.12 中的直线部分（CD 段）所对应的离子活度范围为电极响应的线性范围，直线 CD 部分的斜率为电极的响应斜率，当实验测得的斜率与理论值 $\frac{59}{z}$（$\mathrm{mV \cdot pM^{-1}}$）基本一致时，称电极具有能斯特响应。

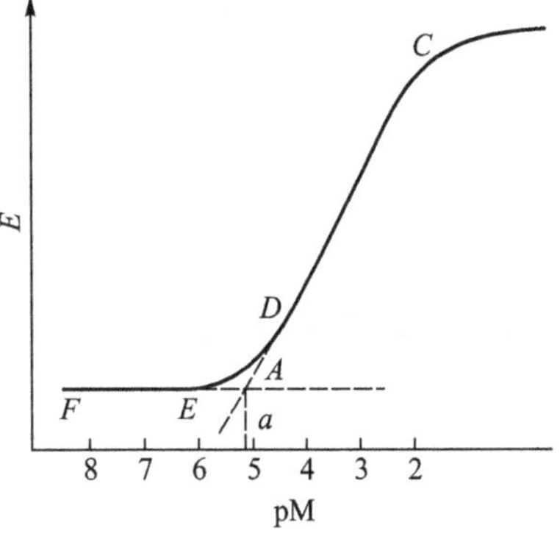

图 10.12　标准曲线

CD 与 FE 延长线的交点 A 所对应的活度 a 称为检出限。

10.4.2　电位选择性系数

同一个敏感膜可能对各种不同离子有响应，膜电极的响应没有绝对的专一性，只有相对的选择性，如被测离子为 i，干扰离子为 j，则膜电位表示为

$$\varphi_M = K \pm \frac{0.059\ \mathrm{V}}{z_i}\lg(a_i + K_{i,j}^{pot} \cdot a_j^{z_i/z_j}) \tag{10.4}$$

若 i 离子为正离子，则式中对数项前取正号；若 i 离子为负离子，则取负号。$K_{i,j}^{pot}$ 为电位选择性系数；z_i 和 z_j 分别为 i 离子和 j 离子的价态。$K_{i,j}^{pot}$ 可描述 i 离子选择性电极抗 j 离子干扰的能力，$K_{i,j}^{pot}$ 越小，i 离子选择性电极抗 j 离子干扰的能力越强，选择性越好。利用 $K_{i,j}^{pot}$ 可计算由于干扰离子引起的相对误差：

$$\text{相对误差} = \frac{K_{i,j}^{pot} \cdot a_j^{z_i/z_j}}{a_i} \times 100\%$$

10.4.3　响应时间

根据 IUPAC 的规定，响应时间为从离子选择性电极与参比电极一起接触样品溶液开

始，到电池电动势达到稳态值（波动在 1 mV 以内）时所需的时间。也可用 t_{95} 来表示。影响响应时间的因素主要有离子选择性电极敏感膜电位平衡的时间（膜性能）、共存干扰离子、参比电极的稳定性、搅拌速度和温度。

受被测离子的活度、共存离子的性质、膜的性质、温度等因素的影响，响应时间一般为 2～5 min。通常，溶液中被测组分浓度越高，响应时间越短。通过搅拌试液加快扩散速度，可缩短响应时间。

10.4.4　内阻

电位分析法中的内阻包括离子选择性电极敏感膜内阻及内参比体系内阻。膜内阻是主要的。离子选择性电极不同于经典电极，一般电阻较高。玻璃膜的电阻高达 10^7～10^9 Ω，PVC 膜的为 10^6～10^7 Ω，晶体膜的为 10^4～10^6 Ω，仪器的输入阻抗必须与之相匹配。输入阻抗越高，越接近零电流的测定条件，测量准确度越高。一般要求仪器的输入阻抗在 10^{11} Ω 以上。

10.5　直接电位法

直接电位法是一种简便而快速的分析方法，能斯特方程是该方法定量分析的依据。$E_{电池} = K \pm \dfrac{RT}{zF}\ln\alpha_x$，式中最后一项前符号，对阳离子取“+”，对阴离子取“-”，当 25 ℃时，$E_{电池} = K \pm \dfrac{0.059\ \text{V}}{z}\lg\alpha_x$，由此说明，实验测得的电池电动势在一定条件下与被测离子活度对数呈线性关系。但由于常数项 K 中包括了液接电位、不对称电位等未知数，且离子活度系数难以计算，所以一般不能由测得的电动势直接求得被测离子的活度。下列是可测定离子的几种方法。

10.5.1　直接比较法

在前述 pH 测量中，可用已知 pH 的标准缓冲溶液进行比较而直接读出被测定溶液的 pH。对于其他离子，当然也可以用此法。如测定金属离子 M^{z+} 时，将离子选择性电极置于正极，而将参比电极置于负极，将已知 pM_s 的标准溶液和被测 pM_x 的样品溶液分别置于电池中，测得的电池电动势分别为 E_s 和 E_x，则可得

$$pM_x = pM_s + \frac{E_s - E_x}{\dfrac{0.059\ \text{V}}{z}} = pM_s + \frac{z(E_s - E_x)}{0.059\ \text{V}}$$

用此法时必须有已知离子活度值的标准离子溶液或标准溶液中离子与样品中被测离子的活度系数相同。

10.5.2 标准曲线法

此方法与直接比较法相比，只是所用标准活度（或浓度）溶液的数目多一些，这样使结果更准确一些。上述从理论上已推导出测得的电池电动势与被测离子活度的关系式：

$$E = K + \frac{0.059\ \mathrm{V}}{z}\lg a = K + \frac{0.059\ \mathrm{V}}{z}\lg(\gamma c)$$

但在实际上很难找到已知活度的标准溶液，且在分析测试中，常常要知道 c 而非 a。为了用上述理论方程解决实际问题，第一种方法是使 $\gamma = 1.0$，而使 $a = c$，这实际上很难做到。第二种方法是加入总离子强度调节缓冲溶液（TISAB），所有溶液（标准溶液和样品溶液）全加入，而使 γ 保持常数，这样可使 $\frac{0.059\ \mathrm{V}}{z}\lg\gamma$ 并入常数项，方程变为 $E = K' + \frac{0.059\ \mathrm{V}}{z}\lg c$，利用这一方程，用 E 对 $\lg c$ 作图，并据此来求未知的 c，即标准曲线法。当然，还有第三种方法，是在同一个溶液中测量，自然 γ 为常数不会变，如下文所述的标准加入法即是如此。

用标准曲线法时，先配制不同浓度的标准溶液，用相应的参比电极和离子选择性电极组成化学电池测量 E，作 E-$\lg c$ 图。TISAB 的作用是调节离子强度和 pH、掩蔽干扰离子，使 γ 恒定。例如，测 F^- 时加入的 TISAB 为 1 $\mathrm{mol \cdot L^{-1}}$ NaCl-0.25 $\mathrm{mol \cdot L^{-1}}$ HAc-0.75 $\mathrm{mol \cdot L^{-1}}$ NaAc-0.001 $\mathrm{mol \cdot L^{-1}}$ 柠檬酸钠溶液，不仅使 pH 和离子强度保持恒定，使 γ 恒定，且可掩蔽溶液中的 Fe^{3+} 和 Al^{3+}，使它们不干扰测定。

10.5.3 标准加入法

1. 单点标准加入法

首先将被测物 M^{z+} 浓度为 c_x、体积为 V_x 的样品溶液放入电化学池中，并测得电池的电动势为 E_x，E_x 与 c_x 应符合如下关系：

$$E_x = K_x + S\lg(\gamma_1 c_x)$$

式中 γ_1 为试液中被测物的活度系数；S 为能斯特因子。然后向样品溶液中加入体积为 V_s（约为样品溶液体积的 1/100），浓度为 c_s（约为 c_x 的 100 倍）的被测组分标准溶液，测其电动势为 E，则 E 也符合如下关系：

$$E = K + S\lg\left(\frac{V_x\gamma_2 c_x + V_s\gamma_2 c_s}{V_x + V_s}\right) \tag{10.5}$$

γ_2 是加入标准溶液后被测物的活度系数。由于 $V_s \ll V_x$，所以可以认为样品溶液的活度系数保持恒定，也即 $\gamma_1 = \gamma_2 = \gamma$，且用同一电极，$K_x = K$。

若 $E > E_x$，则上述两次所测得的电动势差值为

$$\Delta E = E - E_x = S\lg\frac{\gamma(c_x V_x + c_s V_s)}{(V_x + V_s)\gamma c_x} = S\lg\frac{c_x V_x + c_s V_s}{(V_x + V_s)c_x}$$

$$10^{\frac{\Delta E}{S}} = \frac{c_x V_x + c_s V_s}{(V_x + V_s)c_x}$$

$$c_x = \frac{c_s V_s}{V_x + V_s}\left(10^{\frac{\Delta E}{S}} - \frac{V_x}{V_x + V_s}\right)^{-1}$$

由于 $V_x \gg V_s$，故

$$c_x = \frac{c_s V_s}{V_x}(10^{\frac{\Delta E}{S}} - 1)^{-1} \tag{10.6}$$

由实验测得 E_x 和 E，则 ΔE 可知，25 ℃时，S 为 $\frac{0.059\ \mathrm{V}}{z}$，$c_s$，$V_s$ 和 V_x 均为已知，所以根据式(10.6)，可计算出试液中被测离子浓度 c_x。与 pH 测量相同，为了得到更准确的分析结果，可对离子选择性电极的电极响应斜率进行校正。在测定 E 后的试液中加入试剂空白液，稀释一倍，测得电动势为 E_1，则电极响应斜率为 $S = \frac{|E_1 - E|}{\lg 2} = \frac{\Delta E}{0.301}$。

2. 多点标准加入法

上述式(10.5)是加一次标准溶液后得到的公式。显然，加几次标准溶液这一公式都是适用的，只不过是每加一次标准，就会测得一个 E，即 E 随 V_s 而变：

$$E = K + S\lg\frac{\gamma(V_s c_s + V_x c_x)}{V_x + V_s}$$

$$E - K = S\lg\frac{\gamma(V_s c_s + V_x c_x)}{V_x + V_s}$$

$$10^{\frac{E-K}{S}} = \frac{\gamma(V_s c_s + V_x c_x)}{V_x + V_s}$$

$$10^{\frac{E}{S}}(V_x + V_s) = 10^{\frac{K}{S}}\gamma(V_s c_s + V_x c_x)$$

因为 γ，K 和 S 均为常数，所以 $10^{\frac{K}{S}}\gamma$ 可视为一常数 K'：

$$(V_x + V_s)10^{\frac{E}{S}} = K'(V_s c_s + V_x c_x)$$

以 $(V_x + V_s)10^{\frac{E}{S}}$ 对 V_s 作图得一直线(图 10.13)。延长此直线，与横坐标交于一点，此点即为所求的 V_s，为了与上述 V_s 相区别，将求的 V_s 用 V_e 表示，V_e 为负值。此点所对应的 $(V_x + V_s)10^{\frac{E}{S}} = 0$，因为 K'不可能为 0，故

$$c_x V_x + c_s V_e = 0$$

$$c_x = -\frac{c_s V_e}{V_x}$$

V_e 很容易由根据实验数据制作的图 10.13 求得，c_s 和 V_x 均是已知的，所以，根据此式可求出试液中被测物的未知浓度 c_x。

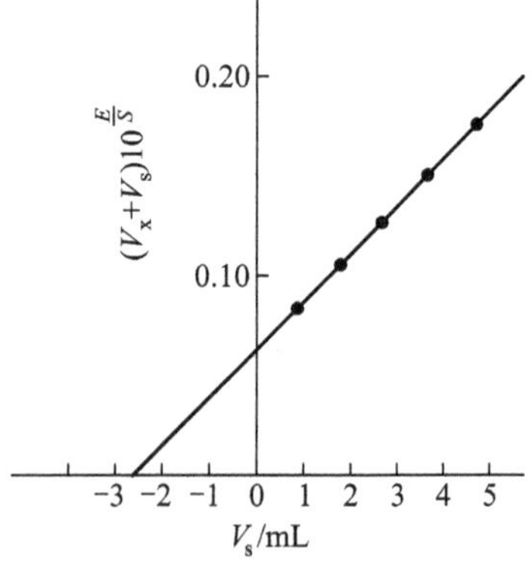

图 10.13　$(V_x+V_s)10^{\frac{E}{S}}$ 与 V_s 关系

10.5.4　方法误差

在直接电位法中，由于电池电动势测量的不确定性，会影响测定离子浓度的准确度。已

知所测电池电动势与被测物活度的关系为

$$E = K + \frac{RT}{zF}\ln a = K + \frac{RT}{zF}\ln(\gamma c)$$

假定活度系数 γ 为 1,则

$$E = K + \frac{RT}{zF}\ln c$$

$$\mathrm{d}E = \frac{RT}{zF}\mathrm{d}\ln c = \frac{RT}{zF}\frac{\mathrm{d}c}{c}$$

用 Δc 和 ΔE 分别代替 $\mathrm{d}c$ 和 $\mathrm{d}E$,则

$$\Delta E = \frac{RT}{zF}\frac{\Delta c}{c}$$

在 25 ℃时

$$\Delta E = \frac{0.02568\ \mathrm{V}}{z}\frac{\Delta c}{c}$$

$$\frac{\Delta c}{c} = \frac{39z}{\mathrm{V}}\Delta E$$

$$相对误差 = \frac{\Delta c}{c} \times 100\% = \frac{39z}{\mathrm{V}}\Delta E \times 100\%$$

若 $\Delta E = 0.001$ V,则测定一价离子的相对误差为 3.9%,测定二价离子的相对误差为 7.8%。

10.6 电位滴定法

10.6.1 实验装置

选择合适的参比电极和指示电极,组成电化学池,随着滴定剂的加入,由于发生化学反应,试液中被测离子或与之有关的离子的浓度不断变化,指示电极的电位也发生变化,而电池电动势也发生变化。终点时电位发生突变,即电池电动势发生突变,根据此电动势的变化就可确定终点。与直接电位法相比,电位滴定法是测定电位的变化,测量结果应比直接电位法更准确,与常规的滴定法相比,电位滴定法可分析混浊或有色溶液,并能实现连续和自动滴定。电位滴定法的实验装置如图 10.14 所示。

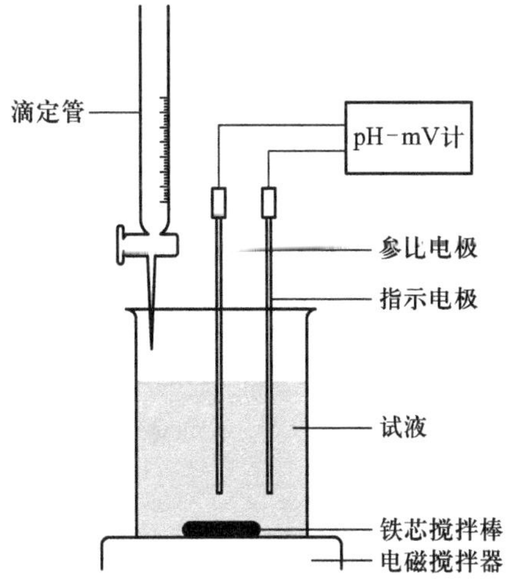

图 10.14 电位滴定装置

10.6.2 滴定类型

1. 酸碱滴定

可选用 pH 玻璃电极为指示电极，饱和甘汞电极为参比电极。

2. 沉淀滴定

根据可用的反应选用不同的指示电极，可用 Ag 电极、Hg 电极或氯、碘等离子选择性电极，但在测定 Cl^- 或用 $AgNO_3$ 作滴定剂时，参比电极应选用 KNO_3 作盐桥的饱和甘汞电极。

3. 氧化还原滴定

指示电极一般选零类电极如铂电极，参比电极可选用饱和甘汞电极。

4. 配位滴定

滴定剂常用乙二胺四乙酸二钠盐（H_2Y^{2-}），如用 H_2Y^{2-} 滴定 Zn^{2+}：

$$Zn^{2+} + H_2Y^{2-} \Longrightarrow ZnY^{2-} + 2H^+$$

用 H_2Y^{2-} 滴定金属离子，可用相应金属离子的离子选择性电极作指示电极，如滴定 Ca^{2+}，可用钙离子选择性电极，也可用可指示多种离子浓度的电极，称为 pM 电极（图 10.15）。

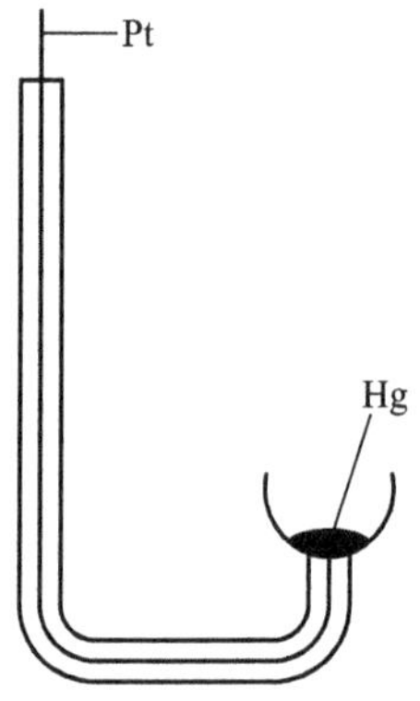

图 10.15 pM 电极

pM 电极是将汞电极插入配位滴定的试液中，再向试液中加入 3~5 滴 0.05 moL · $L^{-1}HgY^{2-}$ 溶液，此 pM 电极可指示多种金属离子的浓度变化，此电极是第三类电极，可表示为

$$M^{z+}(x\ mol \cdot L^{-1}),MY^{(z-4)},HgY^{2-}|Hg$$

电极反应为

$$HgY^{2-} + M^{z+} + 2e^- \Longrightarrow Hg + MY^{(z-4)}$$

显然，M^{z+} 可以是任何价态的阳离子，但一般仅涉及二价、三价和四价阳离子，下面仅以二价阳离子为例，来推导汞电极电位与被测离子浓度的关系。对于 M^{2+}，假设活度系数均为 1.0，温度为 25 ℃，在溶液中，Hg^{2+} 与 H_2Y^{2-} 的反应达到平衡：

$$Hg^{2+} + H_2Y^{2-} \Longrightarrow 2H^+ + HgY^{2-}$$

$$K_{HgY^{2-}} = \frac{[HgY^{2-}][H^+]^2}{[Hg^{2+}][H_2Y^{2-}]}$$

$$[Hg^{2+}] = \frac{[HgY^{2-}][H^+]^2}{K_{HgY^{2-}}[H_2Y^{2-}]} \tag{10.7}$$

在溶液中 M^{2+} 与 H_2Y^{2-} 反应也达到平衡：

$$M^{2+} + H_2Y^{2-} \Longrightarrow 2H^+ + MY^{2-}$$

$$K_{MY^{2-}} = \frac{[MY^{2-}][H^+]^2}{[H_2Y^{2-}][M^{2+}]}$$

$$\frac{[H^+]^2}{[H_2Y^{2-}]} = \frac{K_{MY^{2-}}[M^{2+}]}{[MY^{2-}]} \tag{10.8}$$

将式(10.8)代入式(10.7)可得

$$[Hg^{2+}] = \frac{[HgY^{2-}]}{K_{HgY^{2-}}} \frac{K_{MY^{2-}}[M^{2+}]}{[MY^{2-}]}$$

$$Hg^{2+} + 2e^- \xlongequal{} 2Hg$$

$$\varphi = \varphi^{\ominus}_{Hg^{2+},Hg} + \frac{0.059\ V}{2}\lg[Hg^{2+}]$$

$$\varphi = \varphi^{\ominus}_{Hg^{2+},Hg} + \frac{0.059\ V}{2}\lg\frac{[HgY^{2-}]K_{MY^{2-}}}{K_{HgY^{2-}}}\frac{[M^{2+}]}{[MY^{2-}]}$$

在温度固定的情况下,$K_{MY^{2-}}$ 和 $K_{HgY^{2-}}$ 是常数。因为 $K_{HgY^{2-}} = 6.3\times10^{21}$,解离产生的 Hg^{2+} 浓度很低,所以当 H_2Y^{2-} 浓度在一个很宽的范围内变化时,HgY^{2-} 的浓度基本不变:

$$\varphi = \varphi^{\ominus'}_{Hg^{2+},Hg} + \frac{0.059\ V}{2}\lg\frac{[M^{2+}]}{[MY^{2-}]} \tag{10.9}$$

式中 $\varphi^{\ominus'}_{Hg^{2+},Hg} = \varphi^{\ominus}_{Hg^{2+},Hg} + \frac{0.059\ V}{2}\lg\frac{[HgY^{2-}]K_{MY^{2-}}}{K_{HgY^{2-}}}$。

由式(10.9)可知,pM 电极的电极电位随 $\frac{[M^{2+}]}{[MY^{2-}]}$ 的变化而变化,但实际上,在滴定终点附近,$[MY^{2-}]$变化很小,$[MY^{2-}]$可看作常数,而 pM 电极的电极电位随 $\lg[M^{2+}]$线性变化,所以可指示 M^{2+} 滴定的终点。

应用 pM 电极时,使用的 pH 范围为 2~11。当 pH < 2 时,HgY^{2-} 不稳定;当 pH > 11 时,则有 HgO 沉淀生成。同时还应注意,只有 $K_{HgY^{2-}} \gg K_{MY^{2-}}$时,pM 电极才适用,且不管滴定几价离子,只要此离子与 HY^{2-} 的反应为 1∶1 反应,则式(10.9)中的 z 为 2。

10.6.3 滴定终点的确定

为确定滴定终点,首先将滴定过程中记录的加入滴定剂的体积及相应测得的电动势数据列成表格,表 10.2 即为以 $AgNO_3$ 溶液滴定 NaCl 溶液的数据列表,表中 V_{AgNO_3} 和 E 由实验直接得到,而根据此数据,可计算出 $\frac{\Delta E}{\Delta V}$(一阶导数)和 $\frac{\Delta^2 E}{\Delta V^2}$(二阶导数),这些数据也一并列入表 10.2。

根据表 10.2 数据确定滴定终点有两种方法,即作图法和计算法。以 E 对 V 作图得到如图 10.16(a)所示的曲线,电动势突跃的中点(即曲线的拐点)为滴定终点。以 $\frac{\Delta E}{\Delta V}$ 对 V 作图,得到图 10.16(b),曲线极大点对应的滴定体积就是滴定终点所消耗的体积。以 $\frac{\Delta^2 E}{\Delta V^2}$ 对 V 作图,得到图 10.16(c),图中 $\frac{\Delta^2 E}{\Delta V^2}$ 等于零的点,即为滴定终点。

表 10.2　以 0.1 mol · L^{-1} $AgNO_3$ 溶液滴定 NaCl 溶液

V_{AgNO_3}/mL	E(相对于 SCE)/V	$\frac{\Delta E}{\Delta V}$	$\frac{\Delta^2 E}{\Delta V^2}$
5.0	0.062	0.002	0.00027
15.0	0.085	0.004	0.0011
20.0	0.107	0.008	0.0047
22.0	0.123	0.015	0.0013
23.0	0.138	0.016	0.085
23.50	0.146	0.050	0.06
23.80	0.161	0.065	0.1667
24.00	0.174	0.090	0.2
24.10	0.183	0.110	2.8
24.20	0.194	0.390	4.4
24.30	0.233	0.830	-5.9
24.40	0.316	0.240	-1.3
24.50	0.340	0.110	-0.4
24.60	0.351	0.070	-0.1
24.70	0.358	0.050	-0.065
25.00	0.373	0.024	-0.004
25.5	0.385	0.022	-0.0056
26.0	0.396	0.015	
28.0	0.426		

除上述作图法外，还可根据$\frac{\Delta^2 E}{\Delta V^2}$的数据进行计算，因为$\frac{\Delta^2 E}{\Delta V^2}$等于零时为终点，所以由表 10.2 可知，$\frac{\Delta^2 E}{\Delta V^2}$ 的零点是在+4.4～-5.9，对应的滴定终点体积在 24.30～24.40 mL。体积的变化为

$$24.40\ \text{mL} - 24.30\ \text{mL} = 0.10\ \text{mL}$$

而$\frac{\Delta^2 E}{\Delta V^2}$的变化为

$$4.4 - (-5.9) = 10.3$$

因为滴定终点时 $\frac{\Delta^2 E}{\Delta V^2}$ 等于零，所以$\frac{\Delta^2 E}{\Delta V^2}$由 4.4 至 0.0 之差占由 4.4 至-5.9 之差的比例为$\frac{4.4}{10.3}$。假设由 24.30 mL 至终点的体积为 x mL，那么由 24.30 mL 至终点的体积之差（x mL）占由 24.30 mL至 24.40 mL 之差的比例应为$\frac{x}{0.10}$，这两个比例值应相等，即

$$\frac{4.4}{10.3} = \frac{x}{0.10}$$

解方程得 x=0.04 mL，所以终点体积为 24.30 mL+0.04 mL=24.34 mL。

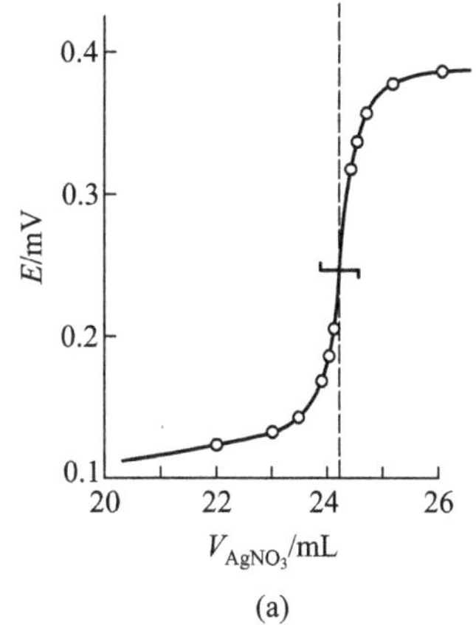

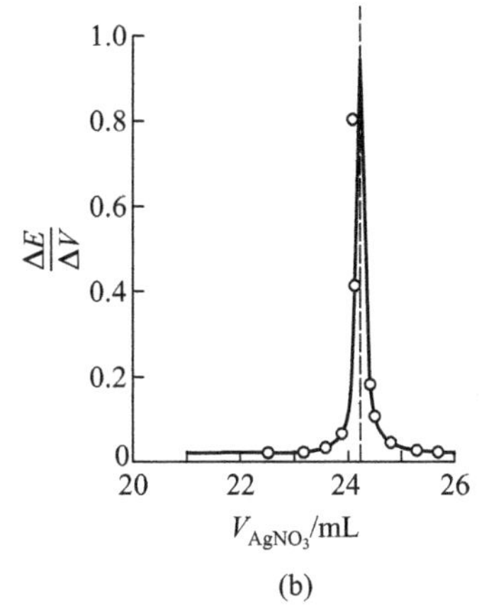

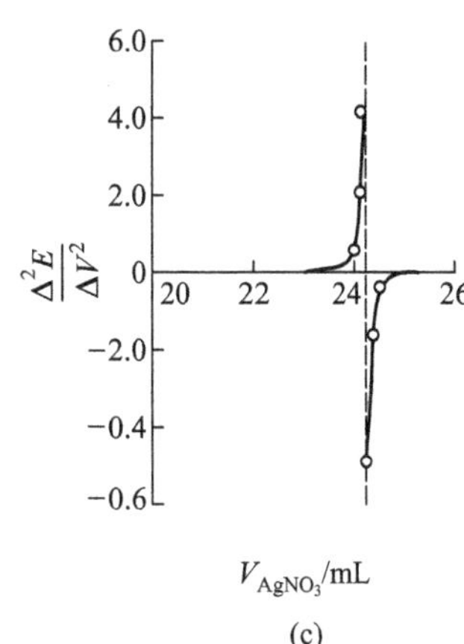

图 10.16 电位滴定曲线

参考文献

[1] 曾泳淮. 分析化学(仪器分析部分).3 版.北京:高等教育出版社,2010.

[2] 胡坪,王氢. 仪器分析.5 版.北京:高等教育出版社,2019.

[3] 俞汝勤.离子选择性电极分析法.北京:人民教育出版社,1980.

[4] 郑晓明. 电化学分析技术. 北京:中国石化出版社,2017.

习题

10.1 已知下述电池:

$$SCE \, \vdots\vdots \, CrO_4^{2-}(x \text{ mol} \cdot L^{-1}) \mid Ag_2CrO_4, Ag$$

$$\varphi_{SCE} = 0.244 \text{ V}$$

(a) 假设忽略液接电位,试推导出电池电动势与 $pCrO_4$ 的关系式。已知 Ag_2CrO_4 的 K_{sp} 为2.0×10^{-12}。

(b) 当电池电动势为 0.285 V 时,计算 $pCrO_4$。

10.2 某 pH 计的标度为改变一个 pH 单位时电位的改变为 60 mV。今欲用响应斜率为 50 mV · pH^{-1} 的玻璃电极来测定 pH 为 5.00 的溶液,采用 pH 为 2.00 的标准缓冲溶液定位。

(a) 计算测定结果的绝对误差。

(b) 若改用 pH 为 4.00 的标准缓冲溶液定位,结果又如何?

10.3 用下面电池测量溶液的 pH:

玻璃电极 | H^+(x mol·L^{-1}) ¦¦ SCE

用 pH = 4.00 的标准缓冲溶液,25 ℃时测得电动势为 0.209 V。改用两种未知溶液代替标准缓冲溶液,分别测得电动势为 0.312 V 和 0.088 V。计算这两种未知溶液的 pH。

10.4 下列电池的电动势是 0.412 V:

SCE ¦¦ Mg^{2+}(1.15×10^{-2} mol·L^{-1})Mg^{2+} 膜电极

(a) 把已知浓度的 Mg^{2+} 溶液换成未知溶液时,电池电动势为 0.275 V,问此溶液的 Mg^{2+} 浓度是多少?

(b) 假定液接电位的不确定性是±0.002 V,问测定 Mg^{2+} 的浓度在什么范围内?

10.5 将玻璃电极浸入 10.00 mL 未知溶液中时,测得的电位为-0.2331 V,而后加入 1.00 mL 2.00×10^{-2} mol·L^{-1} 的标准 Na^+ 溶液,再测其电位则为-0.1846 V,计算未知样品中 Na^+ 的浓度。

10.6 当氟离子选择性电极浸入下列标准 F^- 溶液中时(用 $NaNO_3$ 调节,以保持离子强度恒定),测得的电位如下(相对于 SCE):

$[F^-]$/(mol·L^{-1})	φ /mV
1.00×10^{-5}	100
1.00×10^{-4}	41.5
1.00×10^{-3}	-17.0

(a) F^- 浓度为 5.00×10^{-5} mol·L^{-1} 时测得的电位应为多少?

(b) 若测得的电位为 0.00 V,则 F^- 浓度应为多少?

10.7 当一个电池用 0.010 mol·L^{-1} 的氟化物溶液校正氟离子选择性电极时,所得读数是 0.104 V;用 3.2×10^{-4} mol·L^{-1} 的溶液校正所得读数为 0.194 V,如果未知浓度的氟溶液校正所得读数为 0.152 V,计算未知溶液中氟离子的浓度。(忽略离子强度的变化,氟离子选择性电极作阳极。)

10.8 用钙离子选择性电极测 1.00×10^{-4} mol·L^{-1} Ca^{2+} 时,根据下列干扰离子的电位选择性系数,计算当干扰分别为 1%和 10%时,允许干扰离子存在的最大浓度。已知 $K^{pot}_{Ca^{2+},Zn^{2+}}$ = 3.2;$K^{pot}_{Ca^{2+},Na^+}$ = 0.003。

10.9 一般海水中镁的浓度是 1300 μg·mL^{-1},而钙的浓度是 400 μg·mL^{-1},钙离子选择性电极对镁的电位选择性系数是 0.014。计算用直接电位法测海水中 Ca^{2+} 浓度时,由于 Mg^{2+} 存在所引起的相对误差。

10.10 在 NO_2^- 和 NO_3^- 共存的溶液中,若 NO_2^- 的活度为 0.010 mol·L^{-1},NO_3^- 的活度为 0.0010 mol·L^{-1},试计算用硝酸根离子选择性电极测定 NO_3^- 时,由于 NO_2^- 存在所引起的相对误差。已知 $K^{pot}_{NO_3^-,NO_2^-}$ = 0.06。

10.11 一种氟离子选择性电极对 OH^- 的电位选择性系数 $K^{pot}_{F^-,OH^-}$ = 0.10,如果样品溶液中 F^- 的浓度为 1.0×10^{-2} mol·L^{-1},允许测定相对误差为 5%。问溶液允许的最大 pH(以浓度代替活度计算)为多少?

10.12 有一含 $NaClO_3$ 的未知溶液,取 50.0 mL 以 ClO_3^- 离子选择性电极测定,当把 1.00×10^{-2} mol·L^{-1} 的 $NaClO_3$ 溶液加入被测试剂中的体积分别为 0 mL,1.00 mL,2.00 mL,3.00 mL,4.00 mL 和 5.00 mL 时,所测得的电池电动势依次为-0.167 V,-0.159 V,-0.154 V,

-0.149 V, -0.146 V 和 -0.143 V。求未知溶液中 $NaClO_3$ 的浓度。

10.13 假定指示电极为阴极，参比电极为饱和甘汞电极，且每组滴定开始时被测物和滴定剂的浓度均为 0.100 mol · L^{-1}。如用标准 $Hg_2(NO_3)_2$ 溶液滴定 Cl^-，以汞作为指示电极，已知 Hg_2Cl_2 的 $K_{sp} = 1.3 \times 10^{-18}$，试计算化学计量点时的电池电动势。

10.14 将 40.0 mL 0.0500 mol · L^{-1} UO_2^{2+} 溶液稀释至 75.00 mL 后，用 0.0800 mol · L^{-1} 的标准 Ce^{4+} 溶液在 pH = 1 时滴定，试计算分别加入 5.00 mL Ce^{4+} 和 50.10 mL Ce^{4+} 溶液后 Pt 指示电极相对于饱和甘汞电极的电极电位。已知 $\varphi^{\ominus}_{UO_2^{2+},U^{4+}} = 0.334$ V，$\varphi_{Ce^{4+},Ce^{3+}} = 1.44$ V，$\varphi_{SCE} = 0.244$ V。

10.15 用 La^{3+} 滴定 F^-，滴定反应为 $La^{3+} + 3F^- \longrightarrow LaF_3$。用 0.03318 mol · L^{-1} $La(NO_3)_3$ 溶液滴定 100.00 mL 含 NaF 为 0.03095 mol · L^{-1} 的溶液，以 SCE 为参比电极，以 LaF_3 为指示电极，得到了下表滴定数据：

$V_{La(NO_3)_3}$/mL	E/V	$V_{La(NO_3)_3}$/mL	E/V
0	−0.1046	31.20	0.0656
29.00	−0.0249	31.50	0.0769
30.00	−0.0047	32.50	0.0888
30.30	+0.0041	36.00	0.1007
30.60	0.0179	41.00	0.1069
30.90	0.0410	50.00	0.1118

用已知的 NaF 和 $La(NO_3)_3$ 浓度计算滴定至化学计量点时所需理论体积，根据实验数据确定化学计量点时所消耗的体积。

10.16 用 0.1012 mol · L^{-1} 标准 NaOH 溶液滴定 25.00 mL HAc 溶液。用玻璃电极作指示电极，饱和甘汞电极作参比电极，测得的部分数据如下：

V_{NaOH}/mL	22.55	22.60	22.70	22.80	22.90	23.00	23.10
pH	3.45	3.50	3.75	7.50	10.20	10.35	10.47

用二阶导数法计算滴定终点体积并计算原始溶液中 HAc 溶液的浓度。

10.17 电位分析法的根据是什么？它可以分成哪两类？

10.18 用离子选择性电极，以标准加入法进行定量分析时，对加入的标准溶液的体积和浓度有什么要求？为什么？

10.19 说明酶电极与氟电极在检测原理上的差异。

10.20 比较直接电位法和电位滴定法的差异。

习题参考答案

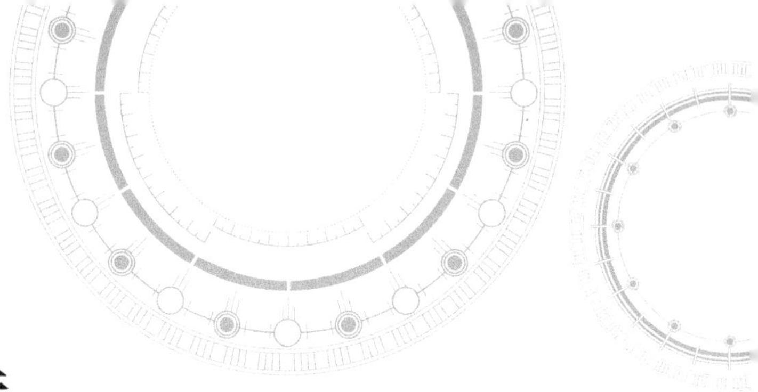

第十一章 电解和库仑分析法

电解分析法是根据电解原理建立起来的测定和分离方法，包括电重量法和电解分离法。应用外加直流电压电解，将被测元素以纯金属或难溶化合物的形式定量沉积在电极上，通过称量沉积物的质量来确定被测元素含量的方法称为电重量法；而通过电解进行物质分离就称为电解分离法。电解分析法具有无须标样标定、相对误差小、准确度高、适用于常量分析等特点，常用于一些金属纯度的鉴定、仲裁分析及常规分析，同时也是进行元素分离的重要手段之一。

库仑分析法是基于在电解过程中消耗的电荷量建立的一种电化学分析方法，又称为电量分析法。库仑分析法的基本要求是电流效率为 100%，即通过的电流全部用于被测物的电极反应，无电极副反应。库仑分析法适用于常量和微量分析，而且在分析痕量物质时，该方法仍具有很高的准确度。

电解分析法和库仑分析法的不同之处在于：① 电重量法只能用来测定高含量的物质，而库仑分析法既可测定高含量物质又可进行痕量分析，且有很高的准确度；② 电重量法要求被测物能在电极上析出，而库仑分析法根据电解过程中消耗的电荷量来求得被测物的含量，因此，并不要求被测物一定要沉积于电极表面上。电解分析法和库仑分析法的共同之处在于：① 二者均不需基准物质和标准溶液，属于绝对分析法；② 依据电解过程的不同，电解分析法和库仑分析法均分为控制电流和控制电位两类分析方法。

11.1 电解分析法

11.1.1 基本知识

1. 电解

电解是一个过程，即在外加直流电压的作用下，当电流通过电解质溶液时，电极电位发生改变，从而引起该电解质溶液中某种物质在电极/溶液界面发生氧化还原反应的过程。电极电位的大小决定电极反应能否发生，电流是电极反应的结果，其大小体现了电极反应的速率。

Pt 电极在外电压作用下电解 0.10 mol · L^{-1} $CuSO_4$ 溶液的实验装置见图 11.1。在电解池中,与电源负极相接的为阴极;与电源正极相接的为阳极。当外加电压足够大时,阴极和阳极上分别发生如下的还原反应和氧化反应。

阴极:$Cu^{2+} + 2e^- \longrightarrow Cu \qquad \varphi^\ominus = 0.337\ V$

阳极:$H_2O \longrightarrow \frac{1}{2}O_2 + 2H^+ + 2e^- \qquad \varphi^\ominus = 1.229\ V$

总反应:$Cu^{2+} + H_2O \longrightarrow 2H^+ + \frac{1}{2}O_2 + Cu$

电解池可表示为

$$Pt, O_2(100\ kPa) \mid H^+(0.20\ mol \cdot L^{-1}), Cu^{2+}(0.10\ mol \cdot L^{-1}) \mid Cu(Pt)$$

在电解过程中,阴极 Pt 片的颜色由白变红,阳极 Pt 片上有气泡产生。电解结束时,通过精确称量电解前后阴极 Pt 片的质量,可知电解过程中所得到的 Cu 的量,从而达到测定被测元素含量的目的。

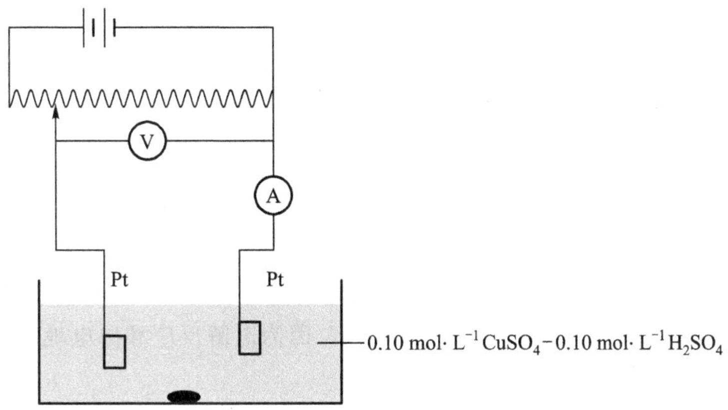

图 11.1 电解实验装置

2. 分解电压和析出电位

如前所述,当外加电压足够大时,电极表面才能发生电极反应。那么,欲进行某一电极反应所需的最小外加电压是多少呢?要弄清这个问题,先要了解分解电压和析出电位的概念。

(1) 分解电压

在电解过程中,为维持被电解物质的电极反应迅速、持续地发生所需要的最低外加电压,称为分解电压。在图 11.1 所示的电解实验中,当外加电压 E 逐渐增大时,开始没有明显的电流(仅有很小的残余电流),直到外加电压足够大时,回路中的电流 i 才显著增大,如图 11.2 所示。

电解反应为原电池反应的逆反应。对于原电池,其平衡时所能达到的电压可由能斯特方程来求得,以上述 $CuSO_4$ 溶液的电解反应为例:

$$\varphi_{阴} = \varphi^\ominus_{Cu^{2+},Cu} + \frac{0.059\ V}{2}\lg[Cu^{2+}]$$

$$= 0.337\ V + \frac{0.059\ V}{2}\lg 0.10 = 0.308\ V$$

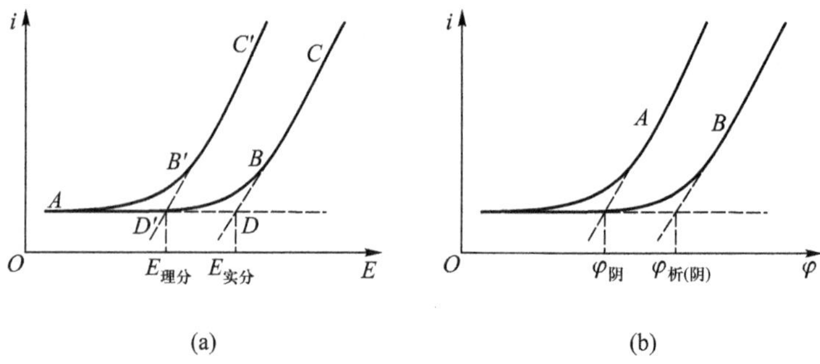

图 11.2　电解过程的 $i-E$ 曲线(a)和 $i-\varphi$ 曲线(b)

在 $\varphi_{阴}$ 的推导过程中,假定沉积在 Pt 电极上 Cu 的活度等于固体 Cu 的活度,为一个常数,定义为 1。

$$\varphi_{阳}=\varphi^{\ominus}_{O_2,H_2O}+\frac{0.059\ \text{V}}{2}\lg\{(p_{O_2}/p^{\ominus})^{\frac{1}{2}}[H^+]^2\}$$

$$=1.229\ \text{V}+\frac{0.059\ \text{V}}{2}\lg[(1.00)^{\frac{1}{2}}(0.20)^2]=1.188\ \text{V}$$

$$E_{电池}=\varphi_{阴}-\varphi_{阳}=0.308\ \text{V}-1.188\ \text{V}=-0.880\ \text{V}$$

O_2 的分压为 100 kPa,$\frac{P_{O_2}}{p^{\ominus}}=\frac{1.00\ \text{kPa}}{100\ \text{kPa}}=1.00$,在计算电位时,用相对分压表示气体的浓度。就可逆反应而言,当外加电压在数值上达到原电池的电池电动势 $E_{电池}$ 时,电解反应就能发生,此时的电压值称为理论分解电压,记做 $E_{理分}$。因为电解反应和原电池反应是两个相反的过程,所以 $E_{理分}$ 与 $E_{电池}$ 符号相反。

$$E_{理分}=-E_{电池}=-(\varphi_{阴}-\varphi_{阳})$$

$$=1.188\ \text{V}-0.308\ \text{V}=0.880\ \text{V}$$

在图 11.2(a)中,曲线 $AB'C'$ 为可逆电极反应电解过程的 $i-E$ 理论曲线,D' 点对应的 E 为理论分解电压。但是,实际的电解反应往往是不可逆的,所以实际分解电压与理论分解电压存在差异。图 11.2(a)中曲线 ABC 为实际电解过程的 $i-E$ 实验曲线,D 对应的电压为实际分解电压,记做 $E_{实分}$;$E_{实分}$ 大于 $E_{理分}$,其差值称为过电压。上例中,实验测得的 $CuSO_4$ 分解电压 $E_{实分}$ 为 1.35 V,大于理论值 0.880 V。这是因为在实际电解过程中存在着过电压(η)。也就是说,分解电压除了包含由热力学公式计算得到的理论分解电压外,还包括过电压,它们的关系如下式所示:

$$E_{实分}=E_{理分}+\eta \tag{11.1}$$

要使一定的电流通过电解池,则外加电压 $E_{外}$ 需大于 $E_{实分}$,因为 $E_{外}$ 应包括电解回路的电压降(iR):

$$E_{外}=E_{实分}+iR=\varphi_{阳}-\varphi_{阴}+iR+\eta \tag{11.2}$$

实验中,为减小电解液带来的电压降,常用高浓度的惰性支持电解质。

(2) 析出电位

前面介绍了分解电压等概念,但在实际的电解分析过程中,通常考虑的不是整个电解池的外加电压,而是某一电极的电位。某物质在阴极上还原析出时所需最正的阴极电位,或在阳极上氧化析出时所需的最负的阳极电位,称为该物质的析出电位($\varphi_{析}$)。电极析出电位测定时,一般采用由工作电极、对电极和参比电极组成的三电极电化学池,其测定实验装置如图11.3所示,测得的实验结果如图11.2(b)中曲线B所示。对于可逆电极反应,某物质的析出电位就等于该物质的平衡电位;但在实际实验过程中,测得的析出电位往往偏离其平衡电位,如图11.2(b)所示,$\varphi_{析(阴)}$比$\varphi_{阴}$更负。实际析出电位偏离平衡电位是电极的极化产生了过电位的缘故。

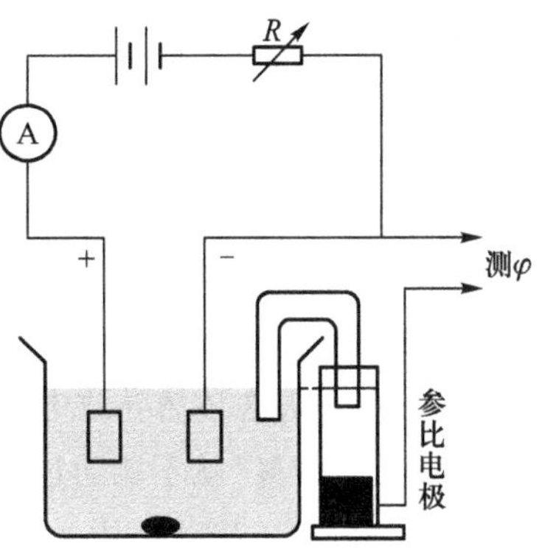

图 11.3　电极析出电位的测定装置

3. 极化和过电位

极化是电化学反应过程中常见的现象,是电流通过体系时引起的电极电位偏离平衡电位的现象。极化的结果是使阴极电位变得更负,阳极电位相应地变得更正。因此,极化使阳极氧化反应和阴极还原反应更难于进行。实际电位和平衡电位之间的差值称为过电位,用$\eta_{阳}$和$\eta_{阴}$来表示($\eta_{阳}$为正,$\eta_{阴}$为负)。于是,阳极析出电位$\varphi_{析(阳)}=\varphi_{阳}+\eta_{阳}$,阴极析出电位$\varphi_{析(阴)}=\varphi_{阴}+\eta_{阴}$。综上,极化现象同时伴随有过电位的产生,将阴、阳两极产生的过电位的和称为过电压,其关系式为

$$\eta=\eta_{阳}-\eta_{阴} \tag{11.3}$$

到这里,就不难理解式(11.1)了。在电解过程中,当外加电压逐渐增大而未达到被测物在电极表面发生电极反应时,回路中亦有电流通过,此时回路中的电流称为残余电流;当外加电压继续增大,达到被电解物质的分解电压时,电流迅速增加,电极反应开始。现在,重新考察$CuSO_4$溶液的电解过程:

$$\begin{aligned}E_{实分}&=\varphi_{析(阳)}-\varphi_{析(阴)}\\&=(\varphi_{阳}+\eta_{阳})-(\varphi_{阴}+\eta_{阴})\\&=(1.188\ \text{V}+0.40\ \text{V})-(0.308\ \text{V}-0.07\ \text{V})\\&=1.350\ \text{V}\end{aligned}$$

式中$\eta_{阳}=0.40$ V;$\eta_{阴}=-0.07$ V。

当有电流通过时,且当$i=0.100$ A,$R=0.500\ \Omega$时,有

$$E_{外}=E_{实分}+iR=1.350\ \text{V}+0.100\ \text{A}\times0.500\ \Omega=1.400\ \text{V}$$

电解过程刚开始时,阳极上并无O_2析出,阴极上也没有Cu沉积,当外加电压接近$E_{实分}$时,阳极和阴极上会分别生成少量的O_2和Cu,构成了电池,此时,方可按上述能斯特方程计算$\varphi_{阴}$和$\varphi_{阳}$。由上述讨论可知,在推导$\varphi_{阴}$时,假定Pt电极上沉积Cu的活度等于1。对于这一假定是有争议的。实际上,只有当Pt电极完全被Cu覆盖后,Cu活度才等于固体金属Cu的活度;Pt电极未被完全覆盖时,Cu的活度不是一个常数。但为方便起见,即使刚开始电解时,Pt电极表面上Cu的覆盖率并不高,仍假定Cu的活度为1。

对于任何一个电极,若存在过电位,则在平衡电位下就不能析出被测物。电极极化是一个比较复杂的过程,引起电极极化的类型也有很多,下面主要介绍两种重要的极化现象。

（1）浓差极化

由前面讨论可知，电极反应 $Ox + ze^- \rightleftharpoons Red$ 所对应的电极电位（假定所有离子的活度系数相等）为 $\varphi_{Ox,Red} = \varphi^{\ominus}_{Ox,Red} + \frac{0.059\ V}{z}\lg\frac{[Ox]}{[Red]}$，电解时，阴极表面进行还原反应，[Ox]降低，[Red]增大，所以电极电位会更负；相反，在阳极表面进行氧化反应时，[Red]降低，[Ox]增加，电极电位会更正。对于 M^{z+} 还原为 M 的电解过程中，在阴极表面发生了电极反应 $M^{z+} + ze^- \rightleftharpoons M$，这必然导致电极表面 M^{z+} 的浓度（用 c_s 表示）降低，若此时扩散速率较小，电极表面减少的 M^{z+} 就不能通过扩散过程而得到及时补充，从而导致电极表面 M^{z+} 的浓度小于本体溶液中 M^{z+} 的浓度（用 c 表示），这种电极表面和本体溶液中离子浓度的差别称为浓差。众所周知，由能斯特方程计算所得的平衡电位是由电极表面电活性物质的浓度决定的[如式(11.5)]，而不取决于溶液本体中物质的浓度。随着电极反应的进行，阴极表面被测物的浓度逐渐降低，由能斯特方程可知，此时的阴极电位要比平衡电位更负。

电解开始前
$$\varphi_1 = \varphi^{\ominus} + \frac{0.059\ V}{z}\lg c \tag{11.4}$$

电解开始后
$$\varphi_2 = \varphi^{\ominus} + \frac{0.059\ V}{z}\lg c_s \tag{11.5}$$

$$\varphi_2 - \varphi_1 = \Delta\varphi = \frac{0.059\ V}{z}\lg\frac{c_s}{c} = \eta_{阴} \tag{11.6}$$

同理，阳极表面的电极反应使阳极电位变得更正。这种由浓度差而引起的电极电位对平衡值的偏离称为浓差极化。为减小浓差极化给实验带来的影响，由式(11.6)可知，要减小 $\eta_{阴}$，就必须减小 c_s 和 c 的差别。实验中通常用减小电流密度、增大电极面积、提高溶液浓度和搅拌等方法来减小浓差极化。

（2）电化学极化

一般认为，在电极表面上进行的电极反应是分步进行的，整个电极反应的速率取决于其中反应速率最慢的一步。通常情况下，这一步反应需要较高的活化能，反应速率往往较慢。对于阴极反应，只有使电极电位比平衡电位更负一些，即增大活化能才能使电极反应以一定的速率进行。这种由电极反应迟缓所引起的阴极电位与平衡电位偏离的现象称为电化学极化，对应的过电位称为电化学过电位或活化能过电位，其数值通常比浓差极化引起的过电位大得多。电极上析出氢气和氧气所需的过电位就属于这类性质的过电位，也称为气体过电位或活化过电位。

（3）影响电化学极化的因素

① 电极材料及表面状态　在一定的电流密度下，金属电极表面的过电位与金属材料的种类有关，即金属材料不同，其对某种物质的过电位不同；而就同种电极材料而言，电极表面的状态也影响其过电位。如对于电极反应 $2H^+ + 2e^- \rightleftharpoons H_2$，当电流密度为 $0.1\ A\cdot cm^{-2}$ 时，在 Pt 电极上，酸性体系中 $\eta_{阴} = -0.048\ V$（镀铂），$\eta_{阴} = -0.676\ V$（光亮）；在 Hg 电极上，酸性体系中 $\eta_{阴} = -1.10\ V$。

从上例可以看出，同样在 Pt 电极表面，氢在光亮 Pt 电极和镀 Pt 电极表面的过电位也存在着差异。表面光亮的电极的过电位比表面粗糙的电极的过电位要大，这是因为表面粗糙的电极的电极表面积要大一些。总体来说，氢在较软的金属（如 Zn，Pb，Sn，特别是 Hg）上的过电位均较大。氢和氧在各种电极上的过电位列于表 11.1。

② 析出物形态　析出物的形态影响过电位的大小。当析出物为气体时,过电位较大,因为气体在电极表面逐渐富集成气泡,减小了电极的工作面积,阻碍表面层扩散交换;而析出物为金属时,过电位较小,通常在电流密度较小时,金属从其溶液中析出的过电位约为 0.010 V。

③ 电流密度　一般情况下,过电位随电流密度增大而增大。在同一电流密度下,过电位和电极的表面状态有关。如前所述,表面光亮的电极的过电位比表面粗糙的电极的过电位大,这是因为粗糙电极的表面积要大一些,电极表面积增大的实质是降低了电流密度,因而降低了过电位。在不同电流密度下,氢和氧在电极表面的过电位见表 11.1。

④ 电解质组成　由于电子在电极/配合物界面之间的交换速率大于(或小于)电子在电极/水合离子之间的交换速率,故金属从水溶液中和从配合物中析出的过电位不同。如水合镍离子在 Hg 表面上的过电位约为 0.60 V,而镍的硫氰或吡啶配合物的过电位则很小。

⑤ 温度　通常温度升高时,过电位随之减小。因为升温加速了离子到达电极表面的速率,减弱了浓差极化现象。多数电极的温度系数约为 $2\ mV\cdot ℃^{-1}$。

表 11.1　氢和氧在各种电极上的过电位　　单位:V

电极	电流密度 $0.001\ A\cdot cm^{-2}$		电流密度 $0.01\ A\cdot cm^{-2}$		电流密度 $0.1\ A\cdot cm^{-2}$	
	H_2	O_2	H_2	O_2	H_2	O_2
光 Pt	0.024	0.721	0.068	0.85	0.676	1.49
镀 Pt	0.015	0.348	0.030	0.521	0.048	0.76
Au	0.241	0.673	0.391	0.963	0.798	1.63
Cu	0.479	0.422	0.584	0.580	1.269	0.793
Ni	0.563	0.353	0.747	0.519	1.241	0.853
Hg	0.9*		1.1**		1.1***	
Zn	0.716		0.746		1.229	
Sn	0.856		1.077		1.231	
Pb	0.52		1.090		1.262	
Bi	0.78		1.05		1.23	

* 在 $0.000077\ A\cdot cm^{-2}$时为 0.556 V,在 $0.00154\ A\cdot cm^{-2}$时为 0.929 V。

** 在 $0.00769\ A\cdot cm^{-2}$时为 1.063 V。

*** 在 $1.153\ A\cdot cm^{-2}$时为 1.126 V。

11.1.2　控制电位电解分析法

根据电解过程中控制参数的不同,电解分析法分为控制电位电解分析法和控制电流电解分析法。

1. 原理及装置

在控制电位电解分析法中,通过调节外加电压,使工作电极的电位控制在某一范围内或某一电位值,此时,被测离子不断在工作电极上析出,而其他离子还保留在溶液中,可达到元素分离的目的。在电解过程中,溶液中被测离子的浓度不断降低,电解电流也不断下降,直到被测离子完全析出后，电解电流数值趋近于零。电极电位的控制可采用手动或自动两种方式，在溶液中放置一支参比电极来监控阴极电位的大小，且参比电极的盐桥尖端应靠近阴极而远离阳极，这样，参比电极和阴极工作电极间的电位降 iR 的影响最小。

图 11.4 是控制阴极电位电解的装置图。通过三电极系统，很容易实现对工作电极（阴极）电位的控制，从而保证电极反应仅发生在特定电位下才能反应的某种离子和电极表面之间。电解过程常常在搅拌状态下进行，搅拌的作用是降低扩散层的厚度。

$$\varphi_{析(A)} = \varphi_A^\ominus + \frac{0.059\ \text{V}}{z}\lg c_A + \eta_A$$

$$\varphi_{析(B)} = \varphi_B^\ominus + \frac{0.059\ \text{V}}{z}\lg c_B + \eta_B$$

当 A 离子的浓度降到 $1.00 \times 10^{-6}\ \text{mol} \cdot \text{L}^{-1}$时，A 的析出电位为

$$\varphi'_{析(A)} = \varphi_A^\ominus + \frac{0.059\ \text{V}}{z}\lg(1.00 \times 10^{-6}) + \eta_A$$

$$= \varphi_A^\ominus - 6 \times \frac{0.059\ \text{V}}{z} + \eta_A \qquad (11.7)$$

若此时 $\varphi'_{析(A)}$ 比 $\varphi_{析(B)}$ 还正，则将电极电位控制在 $\varphi'_{析(A)}$ 和 $\varphi_{析(B)}$ 之间，就可实现 A，B 两种金属离子的定量分离。

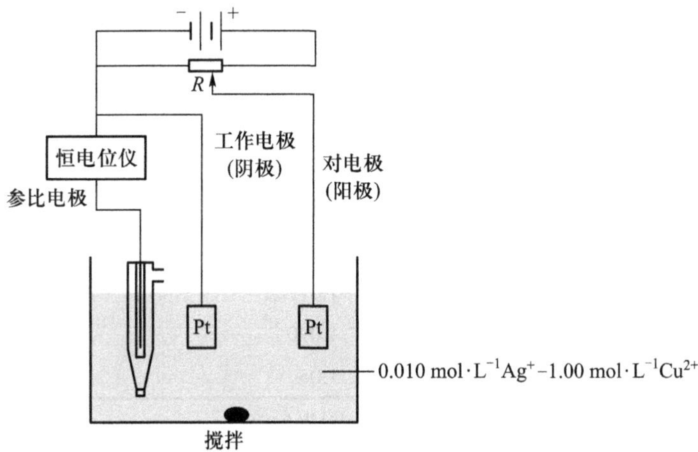

图 11.4　控制阴极电位电解的装置图

在进行控制阴极电位电解分析时，对阴极电位的选择十分关键。由于过电位无法从理论上求算，因此，在实际工作中，只能通过在相同实验条件下分别给出两种金属离子的电解电流与阴极电位的关系曲线，并以此来确定电解分离这两种离子的阴极电位。需要注意的是，这里控制的是电极电位，而不是外加电压。

2. 电解时离子的析出次序及阴极电位的选择

用电解法测定某一离子时，必须考虑其他共存离子的共沉积问题。在电化学分离中，期望一种金属（M_1）能定量地沉积在固体电极上或汞电极上，而第二种金属（M_2）不发生显著的沉积。电解分离的关键在于两（多）种物质之间的析出电位的差别。研究表明，阴极上析出电位越正者越易还原；阳极上析出电位越负者越易氧化。一般认为溶液中某种离子的浓度

为 1.00×10^{-6} mol · L^{-1}或降至原浓度的 0.010%时，即可算作电解完全；若此时还未达到另一种金属离子的析出电位，则这两种金属离子就能完全分离。

欲电解分离溶液中的 A，B 两种物质，电解电压究竟应该控制在什么范围内才能使二者完全分离呢？图 11.5 给出了 A，B 两种物质的电解曲线，可以看出，A 的阴极析出电位为 φ_A，当电极电位达到 φ_C 时，A 已经电解完全，而 B 的阴极析出电位为 φ_B，如果将电极电位 φ 控制在 φ_B 和 φ_C 之间，则当 A 完全析出时，还未达到 B 的析出电位，即 B 不析出，从而可实现 A 与 B 的分离。一般来说，若认为一种离子的浓度降至原浓度的 0.01%为电解完全，则采用电解分离法可分离测定两种析出电位相差 0.24 V 以上的一价金属离子，或析出电位相差 0.12 V 以上的二价金属离子。当然，上述结论是理论上的，能否实现分离还与具体要求有关。

3. 电解电流和电解时间的关系

在控制阴极电位电解分析中，假定只有一种金属离子电解还原，且电流效率为 100%。一般控制电位较负，电极表面的金属离子浓度 c_s 接近零。未电解时，溶液中金属离子的初始浓度为 c_0，随着电解的进行，本体溶液中的金属离子浓度 c_t 逐渐降低，电解电流也就逐渐衰减，如图 11.6 所示。

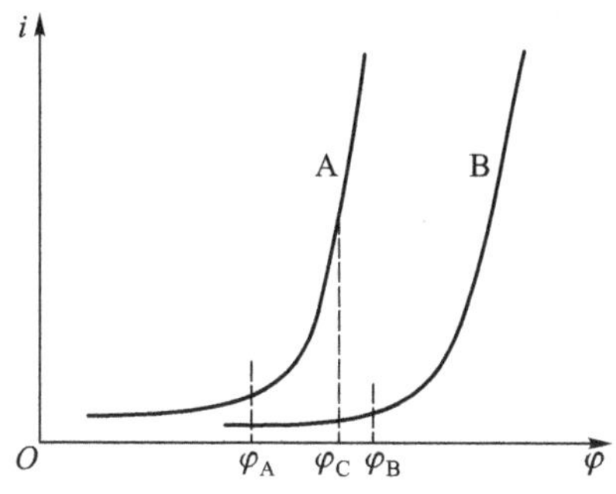

图 11.5 A，B 两种物质的电解曲线

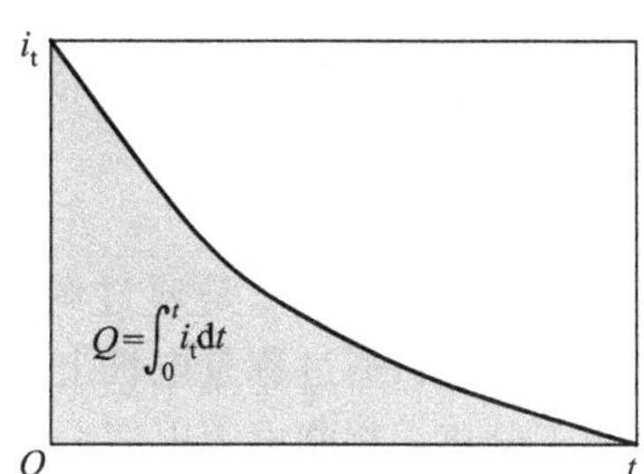

图 11.6 控制阴极电位电解分析中的 i-t 图

根据扩散理论：

$$i_t = DAzF\frac{c_t - c_s}{\delta} = DAzF\frac{c_t}{\delta} \tag{11.8}$$

式中 D 为扩散系数；A 为电极表面积；δ 为扩散层厚度。因为电流效率为 100%，所以本体溶液中减少的被测金属离子的量（$-V\mathrm{d}c_t$）所对应的电荷量应等于体系输出的电荷量（$\mathrm{d}Q_t$）：

$$\mathrm{d}Q_t = -zFV\mathrm{d}c_t \tag{11.9}$$

式中 V 为电解液的体积。将式（11.9）两边同除以 $\mathrm{d}t$，可求得电流 i_t 为

$$i_t = \mathrm{d}Q_t/\mathrm{d}t = -zFV\mathrm{d}c_t/\mathrm{d}t \tag{11.10}$$

由式（11.8）和式（11.10）得

$$DAzF\frac{c_t}{\delta} = -zFV\mathrm{d}c_t/\mathrm{d}t \tag{11.11}$$

两边积分可得

$$\int_{c_0}^{c_t}\frac{\mathrm{d}c_t}{c_t} = -\int_0^t\frac{DA}{V\delta}\mathrm{d}t \tag{11.12}$$

$$c_t = c_0\mathrm{e}^{-\frac{DA}{V\delta}t} \tag{11.13}$$

根据式(11.8)，$i_t = DAzF\frac{c_t}{\delta}$，$i_0 = DAzF\frac{c_0}{\delta}$，将 c_t 和 c_0 用 i_t 和 i_0 代替，则电解电流与电解时间的关系可用下式表示：

$$i_t = i_0 e^{-\frac{DA}{V\delta}t} = i_0\ 10^{-0.434\frac{DA}{V\delta}t} \tag{11.14}$$

$$i_t = i_0 \times 10^{-kt} \tag{11.15}$$

式中 i_0 为电解初始时的最大电流；A 为电极表面积(cm^2)；V 为溶液体积(mL)；D 为被测物的扩散系数($cm^2 \cdot s^{-1}$)；δ 为扩散层厚度(cm)；t 为电解时间(s)；$k = 0.434\frac{DA}{V\delta}$。

4. 控制电位电解分析法的特点及应用

控制电位电解分析法的优点是选择性好。由于电极电位受控制，在被测定的金属未完全析出之前，干扰的金属不会在电极上析出，因此，不必顾虑使用大的电解电流所产生的浓差极化现象会使阴极电位变负的可能。控制电位电解分析法的缺点是时间长，要使电解完全，或者说让两种离子完全分离，往往需要较长的电解时间。控制电位电解分析法是对金属离子混合液进行直接分析的一种强有力的工具。此法可使标准电位只有零点几伏之差的元素定量地分离。

11.1.3　控制电流电解分析法

1. 原理及装置

控制电流电解分析法是通过调节外加电压来控制电解过程发生在某一恒定的电流值下，在电解完成后，通过称量电极上析出物的质量来进行分析，亦称恒电流电解分析法，该方法也可用于分离。控制电流电解分析法的仪器装置比较简单，一般阴级为铂网，阳极为螺旋形铂丝，两电极插入同一电解液中，通过电磁搅拌溶液。

前面曾提到，浓差极化降低了电解电流，因此，在恒电流电解法中，最初可通过增大外加电压、增强静电引力、加快离子迁移等办法部分抵消极化影响，从而保持一个恒定的电流。然而，随着溶液中金属离子的不断消耗，原静电引力无法保持电极表面有足够的金属离子来维持所需要的电流，此时，需要通过进一步增大外加电压来维持电极反应，这将导致阴极电位的改变，同时可引起其他还原组分的共沉积或氢的析出。氢析出时，电极电位将稳定在-1.0 V。

2. 浓度与时间的关系

以 Cu^{2+} 在阴极还原为 Cu 为例，且假定溶液中不含其他可还原组分。为了维持电流恒定，随电解时间延长，外加电压逐渐增大，即阴极电位逐渐向负移动，直至基本恒定；而 Cu^{2+} 浓度逐渐降低，直至电解完全。起初，由于 Cu^{2+} 在电极表面的浓差极化，电流主要源于 Cu^{2+} 的扩散。随着电解时间的延长，Cu^{2+} 浓度逐渐降低，扩散电流在恒定电流中所占的比例逐渐降低，而通过使阴极电位向负移动，Cu^{2+} 通过迁移到达电极表面，即迁移电流在恒定电流中所占的比例逐渐增加。随电解时间的进一步延长，基于 Cu^{2+} 还原的扩散和迁移电流已不能维持稳定的电流，而通过进一步使阴极电位向负移动，使阴极电位达到使 H^+ 还原的电位，H^+ 开始还原，随着电解时间的再延长，阴极电位也基本恒定，恒定电流中基于 Cu^{2+} 还原的贡献越来越少，溶液中 Cu^{2+} 的浓度也越来越小，直至电解完全。

3. 控制电流电解分析法的特点及应用

控制电流电解分析法具有分析速度快、准确度高、相对误差小于0.1%等优点。在控制电流电解分析法中，电解电流基本上保持不变，而在控制电位电解分析法中，电解电流按$i_t = i_0 10^{-kt}$衰减。因此，在相同条件下，欲得到相同数量的金属析出时，采用控制电流电解分析法要比控制电位电解分析法更为快速。控制电流电解分析法的不足之处是选择性差。恒电流电解时，金属离子浓度的降低将使阴极电位变负，因此，在第一种金属离子还原的同时，易发生第二种金属离子的共沉积，从而降低了方法的选择性。用恒电流电解时，当溶液中还原电位在氢以下的金属离子完全析出后，继续电解时，氢气将在阴极表面持续析出，此时，电极电位将保持稳定。所以，控制电流电解分析法只能使还原电位在氢以下的金属和氢以上的金属分离开，如果两种金属的还原电位相差不大，则不能用此法分离。而且，该法仅适用于溶液中只有一种较氢易于还原的金属离子的测定。恒电流电解法可以用于金属元素锌、镉、钴、镍、锡、铅、铜、铋、锑、汞、银等的测定，金属铜及其合金中铜的测定，以及铅及其合金中铅的测定等。在实验过程中，通常采用电位缓冲或加入配位剂的方法来提高分离效果。

11.1.4 电解分析条件的选择

电解分析得到的沉积物应光滑致密、牢固地附着在电极上，而不应该具有海绵状的疏松结构。影响金属沉积物物理性质的主要因素有气体析出和电流密度。当有气体产生时，沉积的金属呈现出海绵状不规则的形貌。此外，除了控制好电位和电流外，其他实验条件的选择对完全分离与沉积及分析的准确度也起着非常重要的作用。

1. 电解液组分的影响

在溶液中存在两种分解电压相近的金属离子时，是难以用恒电流电解法进行分析的，但可通过改变电解液组分，使其中一种金属离子形成配合物来进行分析测定。如碱性溶液中，Cu^{2+}和Bi^{3+}的$\varphi^{\ominus}_{Cu^{2+},Cu} = 0.337\ V$，$\varphi^{\ominus}_{Bi^{3+},Bi} = 0.320\ V$，用恒电流电解法分析时得不到理想的结果。若向此溶液中加入CN^-，配离子$Cu(CN)_4^{2-}$的形成使铜的析出电位变为-1.15 V，而Bi^{3+}的析出电位不受影响；或在溶液中加入酒石酸，与Bi^{3+}配位，均可以达到定量分离的目的。

在控制电流电解分析测定Cu^{2+}的过程中，当电极电位降至某一值时，H^+将在电极上还原成H_2，这对Cu的沉积是不利的。所以，Cu^{2+}的测定一般在HNO_3介质中进行，因为NO_3^-在电极上先于H^+发生还原反应：

$$NO_3^- + 10H^+ + 8e^- \xlongequal{} NH_4^+ + 3H_2O$$

而且，其生成物NH_4^+不在阴极表面沉积，不影响镀层的性质。因此，铜的电解应在硝酸介质中进行。

2. 电流密度

电解电流密度过小时，析出物紧密，但电解时间长；相反，若电流密度过大，则沉积作用太快，常生成不规则的树枝状沉积物，或边析出边脱落。此外，高的电流密度将引起很大的浓差极化，可能析出的H_2将使析出物结构疏松。通常，恒电流电解的电流密度为0.01~0.10A · cm^{-2}，或使用大表面积电极(如网状Pt电极)。

3. pH及配位剂的影响

电解时，金属离子能否定量沉积常和溶液pH有关。pH过高时，金属离子易发生水解，析出物可能是被测物的氧化物；而 pH 过低时，则可能有 H_2 析出。此外，沉积物的物理特性还取决于溶液中金属离子的形式。从配离子溶液中得到的沉积物常常比只含有水合离子的溶液中得到的要光滑。在碱性条件下电解时，加入配位剂可使被测离子保留在溶液中。例如，在酸性或中性条件下，都不能使 Ni^{2+} 定量析出，而加入氨水后形成 $Ni(NH_3)_4^{2+}$，既防止 $Ni(OH)_2$沉淀的形成，又可防止 H_2 的析出。

4. 温度的影响

温度对不同类型的金属配合物的分解电压有影响，可利用此性质进行金属离子的分离测定。但温度升高时，配合物的解离度将增大，且气体析出的过电位也降低，析出气体将增多，所以，应根据具体实验情况来选择合适的温度条件。

除上述影响因素外，搅拌可以加速金属离子的扩散并防止浓差极化作用。在强烈搅拌的条件下，可允许用较大的电流密度电解，使电解时间缩短而不影响沉积物的物理性质。

11.1.5　汞阴极电解法

前面所述的电解方法都是以铂电极为阴极。以汞为阴极的电解方法称为汞阴极电解法，常用于电解分离。汞阴极电解法装置如图 11.7 所示。

1. 汞阴极电解法的特点

① 由于氢在汞阴极上的过电位特别大，因此在 H_2 析出前，除那些很难还原的金属离子（如铝、钛、碱金属及碱土金属等）外，许多金属离子都能在汞阴极上还原为金属或汞齐。一般来说，用汞阴极在弱酸性溶液中进行电解时，即使电活性顺序中位于锌之后的金属离子，也能在汞阴极上还原析出。

② 多数在 Pt 电极上不能析出的金属，因能与汞可逆地形成汞齐而降低了析出电位，故可在汞阴极上析出。

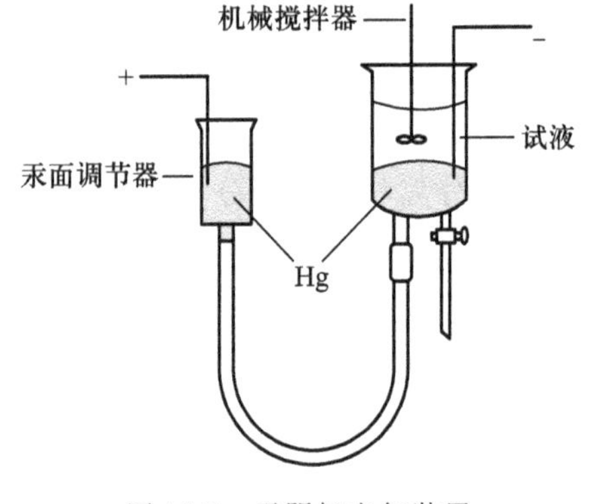

图 11.7　汞阴极电解装置

③ 由于金属的析出电位相当于其极谱扩散电流的起始电位，所以在实验中，可以参考有关金属离子的极谱资料，便于找到合适的分离条件。

④ 也可先将被测物质富集在汞中，蒸去汞后，再用其他方法进行测量。

实验中，一般用 0.10～0.50 $mol \cdot L^{-1}$ 的 H_2SO_4、$HClO_4$、磷酸、乙酸、酒石酸等作电解液。NO_3^- 的还原反应会降低电流效率，Cl^- 对阳极有腐蚀作用，因此 HNO_3 和 HCl 不用作电解液。当电流密度和汞的表面积较大时，金属析出量将增加；但电流密度过大会使溶液的温度升高，对汞的操作不利，因此，电流密度通常为 0.10～0.20 $A \cdot cm^{-2}$。溶液搅拌可不断更新汞的表面，使金属析出速度加快。

2. 汞阴极电解法的应用

汞阴极电解法可用于分析试剂的提纯。在分离方面，该法既可用于去除被测样品的主体部分，又可用于从样品主体溶液中分离出微量组分并进行微量元素的测定。例如，在锌基合金中铝和镁的测定中，既可除去样品中大量的锌后再进行测定（准确度很高），也可将微量被测物质电解沉积在汞阴极上，然后蒸去汞，再用其他方法测定。该方法的不足之处是汞易挥发、有毒,在使用过程中要特别注意。此外,汞不易洗涤和干燥,称量较困难,一般较少用于电重量法测定。

11.2 库仑分析法

库仑分析法是在电解分析法的基础上发展起来的。它是依据电极上反应的物质的质量与通过电解池电荷量成正比的关系来进行定量分析的。与电解分析法不同的是,它不要求被分析的物质一定沉积于电极表面。根据控制参数分类,库仑分析法可分为控制电位库仑分析法和控制电流库仑分析法两大类。库仑分析法的理论依据是法拉第(Faraday)电解定律。对于电解池和原电池,当电流通过电化学池时,在阳极进行氧化反应,在阴极进行还原反应,反应物和产物的量均与通过的电荷量成正比,这种电流为法拉第电流。对于电解池,当外加电压时,电流通过电化学池,但在阳极和阴极不进行氧化还原反应,即电荷不通过电极和溶液界面,这种电流为非法拉第电流,电极和溶液界面相当于一个电容器。在没有电极氧化还原反应的情况下,当电极表面积发生变化(如滴汞电极)或外加电压变化(如交流电)时,也会有充电电流,这一充电电流就是非法拉第电流。

11.2.1 法拉第电解定律

法拉第电解定律奠定了库仑分析法的理论基础。其核心内容是电流通过电解池时,物质发生氧化还原反应的量(m)与通过电解池的电荷量(Q)成正比,其数学表达式为

$$m = \frac{MQ}{zF} \tag{11.16}$$

恒电流电解时,$Q = it$,故

$$m = \frac{MQ}{zF} = \frac{Mit}{96487z} \tag{11.17}$$

式中 m 为电解时在电极上发生反应的物质的质量(g);M 为发生反应的物质的摩尔质量($g \cdot mol^{-1}$);Q 为电解时通过的电荷量(C);z 为电极反应中的电子转移数;i 为电解电流强度(A);t 为电解时间(s);F 为法拉第常数,$F = 96487\ C \cdot mol^{-1}$,表示 1 mol 电子所带电荷量的绝对值为 96487 C。从式(11.16)可以看出:

① 电极上发生反应的物质的质量与通过的电荷量成正比,即 m 与 Q 成正比;

② 通过相同电荷量时,电极上发生反应(生成或消耗)的各物质的质量与该物质的 M/z 成正比。

法拉第电解定律是自然科学中最严格的定律之一,不受温度、压力、电解质浓度、电极材料和形状、溶剂性质等因素的影响。库仑分析定量的关键在于确定电荷量 Q 和反应电子数 z。反应电子数是指一个原子、离子或分子在电极反应中生成或被消耗时参与反应的电子数。利用该方法进行定量分析时,理论上要求电极反应必须单纯(即无副反应),以确保通过电解池的电荷量全部被待测物电解反应所消耗,即电极反应的电流效率为 100%。电流效率

是用于被测物电解反应所消耗的电流 i 占通过电解池的总电解电流 i_T 的比例，用百分数表示，总电流是所有在电极上进行反应所产生电流的总和，其中包括被测物、溶剂和杂质的电极反应，可通过选择合适的工作电极电位使溶剂不发生电解反应。但在实际应用中，要求电流效率尽可能接近 100% 即可（通常，在较低的电流密度下进行库仑分析，其电流效率较高）。此外，从分析的角度看，即使在电流效率低于 100% 时，只要反应过程中电荷量的损失量已知，并且反应具有重现性，仍可采用该方法进行分析。

11.2.2　控制电位库仑分析法

1. 原理和装置

控制电位库仑分析法是先在恒电位下进行电解，然后根据被测物在电解过程中所消耗的电荷量来求其含量。其装置和控制电位电解分析法基本相似，如图 11.8 所示。在电解池中，工作电极、对电极和参比电极共同组成电位测量与控制系统，常用的工作电极有 Pt，Ag，Hg，C 电极等。与控制电位电解分析法类似，当电流趋于零时，指示电解结束，串联的库仑计用于指示电解过程中所消耗的电荷量，根据法拉第定律进行定量计算。

2. 电荷量的测量

如图 11.8 所示，在电解装置中串联一个库仑计，用来测量电解过程中消耗的电荷量。常用的库仑计主要有以下几种。

（1）重量库仑计

重量库仑计的测量原理是依据电解时在阴极上析出的金属质量计算出通过电解池的电荷量。常用的重量库仑计是银库仑计，它以铂坩埚作阴极，纯银棒作阳极，阴极和阳极之间用多孔陶瓷管隔开，铂坩埚及陶瓷管中装有 1~2 $mol \cdot L^{-1}$ $AgNO_3$ 溶液。当电解发生时，阴极和阳极分别发生如下反应：

$$\text{阳极}\quad Ag = Ag^+ + e^- \qquad \text{阴极}\quad Ag^+ + e^- = Ag$$

电解结束后，称量铂坩埚增加的质量，并由此计算出电解过程中所消耗的电荷量。采用银库仑计测量时，需要进行铂坩埚的清洗、烘干、称量等操作，方法准确度虽高，但操作烦琐，分析速度慢。

（2）气体库仑计

常用的气体库仑计是氢氧气体库仑计，它是由一支刻度管用橡胶管与电解管相接组成的。电解管中焊接两片铂电极，管外装有恒温水套，装置如图 11.9 所示。常用的电解液是 0.50 $mol \cdot L^{-1}$ 硫酸钾或硫酸钠溶液，电流通过时，阳极上析出 O_2，阴极上析出 H_2。其电极反应式为

$$\text{阴极}\quad 2H_2O + 2e^- = H_2 + 2OH^-$$

$$\text{阳极}\quad H_2O = \frac{1}{2}O_2 + 2H^+ + 2e^-$$

$$\text{总反应}\quad H_2O = \frac{1}{2}O_2 + H_2$$

电解前后刻度管中液面之差就是析出的氢氧气体的总体积。根据水的电极反应式及法拉第电解定律，可由氢氧气体总体积求出电解过程中所消耗的电荷量。

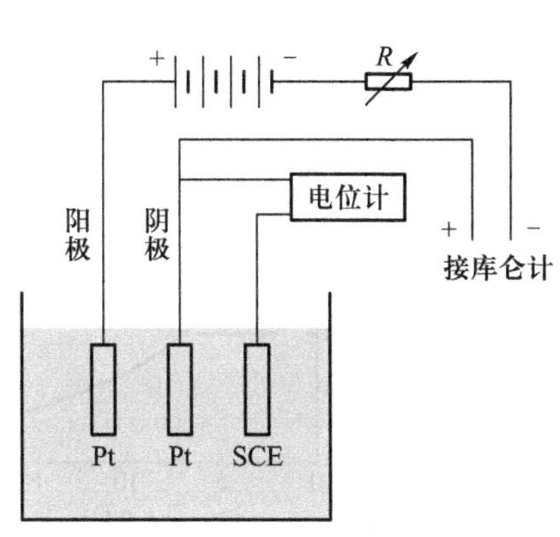

图 11.8 控制电位库仑分析法装置

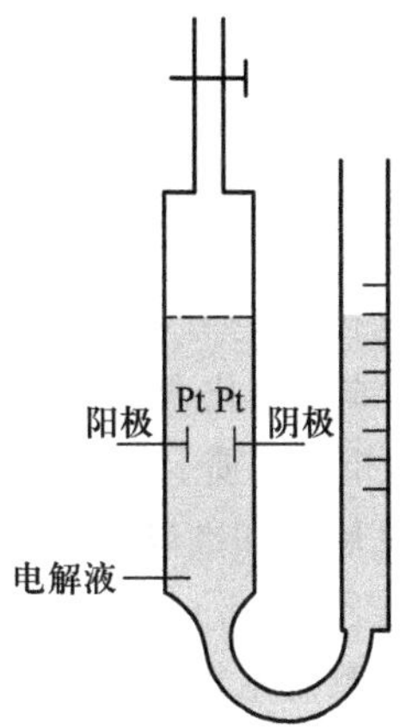

图 11.9 氢氧气体库仑计

在标准状况下,1 C 电荷量析出 0.1741 mL 氢氧混合气体。设电解最后析出气体总体积为 V(mL),则有

$$m = \frac{M}{96487z} \cdot Q = \frac{M}{96487z} \cdot \frac{V}{0.1741\ \mathrm{mL}} \tag{11.18}$$

以上两种库仑计称为化学库仑计。化学库仑计是最基本、最简单而又最准确的库仑计。化学库仑计本身就是一个电解池,将其和样品分析的电解池相串联,在 100%电流效率下,库仑计中发生的电解反应和样品池中发生的反应所消耗的电荷量相等,由此可计算出样品的质量。

(3) 电子积分仪

电子积分仪使用集成电路装置,将流经电阻-电容的电压或将发生的电流转换为频率信号。由于频率的变换速率与电压或电流大小成正比,因而计数总数与消耗的总库仑数成正比。此设备具有较高的准确度和精密度,使用方便。电子积分仪记录频率的周期数或脉冲数,便可得到i-t 积分,即得到电解过程所消耗的电荷量 Q。

(4) 作图法

在恒电位库仑分析中,电流随时间变化关系与恒电位电解法相同(图 11.10 中曲线 a),其表达式见式(11.15)。电解时消耗的电荷量 Q 可通过积分求得。

$$Q = \int_0^t i_t \mathrm{d}t = \int_0^t i_0 10^{-kt} \mathrm{d}t = \int_0^t i_0 \frac{10^{-kt}}{-k} \mathrm{d}(-kt)$$

基于数学公式 $\int a^x \mathrm{d}x = \frac{a^x}{\ln a} + C$,得

$$Q = \frac{i_0 10^{-kt}}{-k(\ln 10)}\bigg|_0^t = \frac{i_0 10^{-kt}}{2.303k} - \frac{i_0}{-2.303k} = \frac{i_0}{2.303k}(1 - 10^{-kt})$$

当 t 增大至 $kt > 3$ 时,10^{-kt}可忽略,则

$$Q = \frac{i_0}{-2.303k} \tag{11.19}$$

根据式(11.15),$\lg i_t = \lg i_0 - kt$,以 $\lg i_t$ 对 t 作图,得一直线,如图 11.10 中曲线 b 所示,直线斜率为$-k$,截距为 $\lg i_0$,将 i_0 和 k 值代入式(11.19),便可求出 Q 值。这一方法的优点是测

量几个 i_t 值,即可通过作图求出 i_0 和 k,并由此计算出 Q,不必等到电解至 $i_t \to 0$。

3. 特点及应用

控制电位库仑分析法是在控制一定的工作电极电位下进行的,具有以下特点:

① 控制电位库仑分析法不要求被测物质在电极上沉积为金属或难溶化合物,因此,可用于测定涉及均相电极反应的相关物质,特别适用于有机物的分析。

② 方法灵敏度和准确度均较高,能测定微克级物质,最低能测定至 0.01 μg,相对误差为 0.1%~0.5%。

③ 可用于测定电极反应的电子转移数。

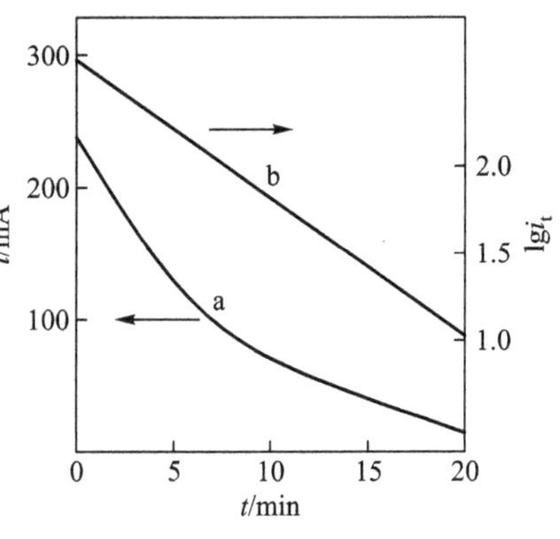

a — i_t-t 曲线; b — lgi_t-t 曲线

图 11.10　电流-时间曲线

控制电位库仑分析法可用于无机物测定及研究,包括许多金属和非金属元素,例如,以 Pt 为工作电极,基于电极反应 $Cr^{6+} + 3e^- \Longrightarrow Cr^{3+}$,$Fe^{3+} + e^- \Longrightarrow Fe^{2+}$,$2I^- \Longrightarrow I_2 + 2e^-$和 $Pu^{3+} + e^- \Longrightarrow Pu^{2+}$,分别在电位 φ(相对于 SCE)+0.50 V,+0.20 V,+0.70 V和+0.70 V 测定 1 mol·L^{-1} H_2SO_4 中的 Cr^{6+},Fe^{3+},I^-和 Pu^{3+};而以 Hg 为工作电极,基于电极反应$Zn^{2+} + 2e^- + Hg \Longrightarrow Zn(Hg)$,$Te^{2+} + 2e^- \Longrightarrow Te$ 和 $Cr^{6+} + 2e^- \Longrightarrow Cr^{4+}$,分别在电位(相对于 SCE)-1.45 V,-0.60 V 和-0.32 V 测定在 2 mol·L^{-1} NH_3 - 1 mol·L^{-1} 柠檬酸铵、1 mol·L^{-1}NaOH和 0.5 mol·L^{-1}H_2SO_4 介质中的 Zn^{2+},Te^{2+} 和 Cr^{6+}。此法也可用于有机和生化合成及分析等诸多领域。同时,作为循环伏安、极谱等方法的辅助方法可用于金属有机配合物的键合作用研究。控制电位库仑分析法的不足之处是实验仪器比电解分析法复杂,且杂质和背景电流的影响不易消除。

11.2.3　控制电流库仑分析法

1. 原理和装置

控制电流库仑分析法又称为库仑滴定法。库仑滴定法是在恒电流电解过程中,通过电极反应产生滴定剂(简称电生滴定剂),再通过电生滴定剂与被测物之间的化学计量反应,最终完成定量分析的方法。库仑滴定反应的终点可借助化学指示剂或其他方法确定,与容量分析中用标准溶液滴定被测物相似,但库仑滴定法中的滴定剂不是由滴定管加入的,而是由电解反应产生的。在库仑滴定实验过程中,电解电流是恒定的,故可通过测量电流和到达终点所需时间求出滴定过程所消耗的电荷量 Q($Q = it$),再根据法拉第电解定律计算出被测物的质量。与普通容量分析法相比,库仑滴定法操作简便,特别适用于涉及使用易挥发和不稳定滴定剂[如卤素、Ti(Ⅲ)、Cu(Ⅰ)等]的某些容量分析方法,并具有较高的准确度和精密度。库仑滴定法既可测定电解时在电极上不能全部定量反应的物质,又可测定在电极上不起反应的非电活性物质,因此,库仑滴定法的应用更为广泛。

2. 特点及应用

库仑滴定法具有以下特点:

① 在库仑滴定法中,由于一定量的被测物需要一定量的由电解产生的滴定剂与之作用,而滴定剂又是通过一定量的电解电荷量产生的,所以被测物与消耗电荷量之间的关系符

合法拉第电解定律。

② 库仑滴定法用于测定常量和痕量物质，电荷量测定方便，易于自动化。

③ 库仑滴定法所用的滴定剂是由电解产生的，即用即生，不存在容量滴定过程中滴定剂不稳定的问题，扩大了容量分析的应用范围。

④ 库仑滴定法一般不需要基准物质，属于绝对分析法。

⑤ 与控制电流电解分析法类似，100%电流效率很难保证，故库仑滴定法的选择性不高。

⑥ 库仑滴定法不适用于高含量物质的测定，因为在滴定过程中要用大电流才能缩短操作时间，这样电流效率就会降低。

在库仑滴定分析过程中，如何准确指示终点是影响库仑滴定准确度的一个重要因素。原则上，普通容量分析中的终点指示方法（如化学指示剂、电位和电流法等）均可用于库仑滴定。指示剂法是恒电流库仑滴定中最简便的终点指示方法，要求指示剂和被测物都不能发生电极反应，且被测物与电生滴定剂间的反应必须快于指示剂。对于毫克级以下的物质测定，因指示剂变色范围较宽，分析误差偏大，因此应用较少。电位法指示终点的原理与普通电位滴定法相似（图 11.11），在滴定过程中，每隔一定时间停止通电，记下电位值和电解时间，然后采用作图法确定滴定终点。电流法指示滴定终点分为单指示电极法（伏安滴定法）和双指示电极法（永停终点法）。永停终点法是根据滴定过程中双铂电极电流的变化来确定化学计量点的电流滴定法，其装置如图 11.12 所示，装置中包括一个产生滴定剂的恒电流电解系统和一个指示终点的恒电压电解系统。其基本原理是在指示终点用的两个铂电极上，施加一个很小的恒定电压（一般为 20~50 mV），当到达滴定终点时，由于试液中存在一对可逆电对，或原来的可逆电对消失，导致了终点指示回路中电流迅速发生变化，引起了检流计 G 指针的突然偏转，从而达到指示终点的目的。

在库仑酸碱滴定和库仑氧化还原滴定中，通常采用电位法和光度法指示终点；而在库仑沉淀滴定和库仑氧化还原滴定（特别是稀溶液）中，则多使用电流法指示终点。

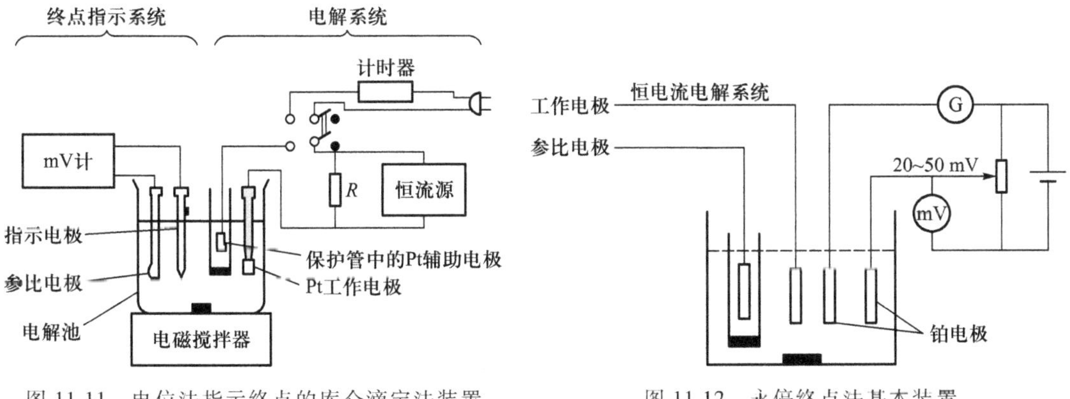

图 11.11　电位法指示终点的库仑滴定法装置　　图 11.12　永停终点法基本装置

例 11.1　通过电解 KI 溶液产生的 I_2 来滴定 As(Ⅲ)，试说明如何采用电流法指示滴定终点。

解：

$$2I^- \Longrightarrow I_2 + 2e^-$$

$$I_2 + As(Ⅲ) \Longrightarrow 2I^- + As(Ⅴ)$$

由于指示终点的两个 Pt 电极之间的电压很小，恒电流电解系统阳极上电解产生的滴定剂 I_2 立即与试液中的 As(Ⅲ)反应,将As(Ⅲ)氧化为 As(Ⅴ)。在终点之前,溶液中没有过量的 I_2,此时,终点指示回路中只有很小的残余电流通过。但当滴定至化学计量点时,As(Ⅲ)被 I_2 完全滴定,溶液中就有过量的 I_2 和 I^-。虽然此时指示终点铂电极上的外加电压很小,但由于可逆电对 I_2/I^- 的存在,铂指示电极上的电流将发生急剧变化,通过检流计指针的偏转,表示终点到达。根据电解 KI 消耗的时间和电流强度,可计算出 As 的含量。

为防止可能产生的干扰反应,可使用多孔套筒将阳极与阴极分开,保证 100% 的电流效率。库仑滴定法主要用于测定阴离子(如卤素离子,S^{2-},CN^-)和可氧化还原的某些离子,在有机化合物的测定方面用途很大。

无论使用何种终点指示方法,库仑分析的关键是要确定到达滴定终点的时间 t_e 和反应电子数 z。

例 11.2　在库仑氧化还原滴定测定 As(Ⅲ)的实验中,如何用指示剂指示终点?

解:阳极反应产生滴定剂:　$2I^- \longrightarrow I_2 + 2e^-$

电生滴定剂与 As(Ⅲ)反应:　$I_2 + As(Ⅲ) \longrightarrow 2I^- + As(Ⅴ)$

用淀粉作指示剂时,达到终点后,I_2 稍过量,指示剂即变蓝色。

在上例中,如何确定滴定终点的时间 t_e 和反应电子数 z 呢?显然,溶液出现蓝色的时间即为 t_e。由上述反应式可知,一个 As(Ⅲ)与一个 I_2 反应,而生成一个 I_2 需两个电子,所以 $z = 2$。

例 11.3　钢中含有五大元素(C,Si,Mn,S,P),而钢与铁的最大区别就在于 C 含量的不同(钢中 C 含量为 0.05%~2%,生铁中 C 含量 > 2%,熟铁中 C 含量 < 0.05%),钢中碳的测定常采用库仑酸碱滴定法,终点指示采用电位法,若不考虑阳极反应,试说明滴定中如何确定 t_e 和 z。

解:钢中 C 的测定方法是将钢加热,使其中 C 全部转变成 CO_2,再将生成的 CO_2 通入 $Ba(ClO_4)_2$ 溶液:

$$Ba(ClO_4)_2 + H_2O + CO_2 \longrightarrow BaCO_3\downarrow + 2HClO_4$$

Pt 阴极上产生滴定剂:　$2H_2O + 2e^- \longrightarrow H_2 + 2OH^-$

电生 OH^- 与 $HClO_4$ 反应:　$OH^- + HClO_4 \longrightarrow H_2O + ClO_4^-$

用电位法指示终点(玻璃电极作指示电极,SCE 作参比电极),测定 pH 随电解时间的变化,当 pH 发生突跃时,所用时间即为滴定终点时间 t_e。由前述化学反应和电化学反应的计量关系可知,1C 生成 $1CO_2$,$1CO_2$ 生成 $2H^+$,$2H^+$ 消耗 $2OH^-$,而产生 $2OH^-$ 需要 2 个电子,所以 $z = 2$。

例 11.4　简述汞电极电解库仑配位滴定法测定 Ca^{2+},Cu^{2+},Pb^{2+},Zn^{2+} 等金属离子含量的基本原理。

解:在氨性溶液中,采用汞电极恒电流电解 Hg-EDTA(EDTA 用 H_4Y 表示)产生滴定剂,其电极反应为

$$HgNH_3Y^{2-} + NH_4^+ + 2e^- \longrightarrow Hg + 2NH_3 + HY^{3-}$$

电生 HY^{3-} 作为配位滴定剂,用来测定 Ca^{2+},Cu^{2+},Pb^{2+},Zn^{2+} 等离子,终点用相应的指示剂指示,如 $Ca^{2+} + HY^{3-} + NH_3 \longrightarrow CaY^{2-} + NH_4^+$ 的反应用乙二醛缩双邻氨基酚(GBHA)作指示剂指示终点。若被测金属离子和 EDTA 直接反应太慢,可用间接滴定法,即先用电极反应生成过量的 HY^{3-},然后在镉汞齐电极上产生 Cd^{2+} 进行回滴。

库仑滴定法中可通过电极反应在酸碱中和、氧化还原、配合、沉淀滴定中产生滴定剂,上边给出了库仑法在酸碱中和、氧化还原和配合滴定中应用的几个例子。在沉淀滴定中,可利用电极反应 $Ag \longrightarrow Ag^+ + e^-$ 或 $2Hg^{2+} + 2e^- \longrightarrow Hg_2^{2+}$ 产生的 Ag^+ 或 Hg_2^{2+} 来测定 Cl^-,Br^- 和 I^-,关于测定 Zn^{2+},可通过电极反应 $Fe(CN)_6^{3-} + e^- \longrightarrow Fe(CN)_6^{4-}$ 产生滴定剂 $Fe(CN)_6^{4-}$,此滴定剂在溶液中存在 K^+ 的情况下,与 Zn^{2+} 生成沉淀 $K_2Zn_3[Fe(CN)_6]_2$。

11.2.4 微库仑分析法

微库仑分析法是20世纪60年代发展起来的一种库仑分析法。它既不同于控制电位库仑分析法，也不同于控制电流库仑分析法。与库仑滴定法相似的是，微库仑分析法也是利用电生滴定剂来滴定被测物的浓度，区别在于在微库仑分析过程中，输入电流的大小随滴定程度的变化而变化，这与传统的恒电流库仑滴定法不同。微库仑分析法又称动态库仑滴定法。该法因灵敏度高、适用于微量物质的测定，故而习惯性地称为微库仑分析法。

微库仑分析法具有灵敏度高、分析快速、操作简单、选择性好、终点自动指示和取样量少等优点，目前已在军事、科研、石油化工、环境保护等领域得到了广泛应用。其中某些方法，例如石油产品中硫、氮、水、溴等的测定已被各国列为标准分析方法。

微库仑分析法的工作原理如图11.13所示。微库仑仪的主要组成部分有滴定池、放大控制器和积分记录仪等。在滴定池中有四支电极——发生电极、辅助电极、指示电极和参比电极。测定时，在预先含有滴定剂的滴定池中加入一定量的被滴定物质后，由仪器自动完成从开始滴定到滴定完毕的整个过程。以电生 Ag^+ 滴定 Cl^- 为例，其微库仑测试过程如下：在待测物进入滴定池之前，含 Ag^+ 底液的电压为 $E_{测}$，偏压设定为 $E_{偏}$，使 $E_{测}=E_{偏}$，则 $\Delta E=0$，$i_{电解}=0$，体系处于平衡状态，发生电极上没有滴定剂生成。当含有 Cl^- 的样品进入滴定池时，由于 Cl^- 与滴定剂 Ag^+ 发生反应：$Ag^+ + Cl^- \xlongequal{} AgCl\downarrow$，浓度变化而使指示电极的电位产生偏离，则 $E_{测}\neq E_{偏}$，$\Delta E\neq 0$，平衡被破坏，放大器中就有电流输出，驱使发生电极上开始电解，生成滴定剂 Ag^+，反应为 $Ag \xlongequal{} Ag^+ + e^-$。在 Cl^- 未反应完全之前，溶液的电位始终不等于 $E_{偏}$，电解不断进行；当加入的 Cl^- 反应完全后，$[Ag^+]$ 低于初始值，电解电流将持续流过电解池直到溶液中 $[Ag^+]$ 达到初始值。此时 $E_{测}=E_{偏}$，$\Delta E=0$，使 $i_{电解}=0$，体系重新平衡，电解停止。当样品不断加入，上述过程不断重复，直到滴定完成。滴定曲线如图11.14所示。在滴定过程中，直接记录滴定所需电荷量，据此可计算出滴入滴定池中 Cl^- 的浓度。

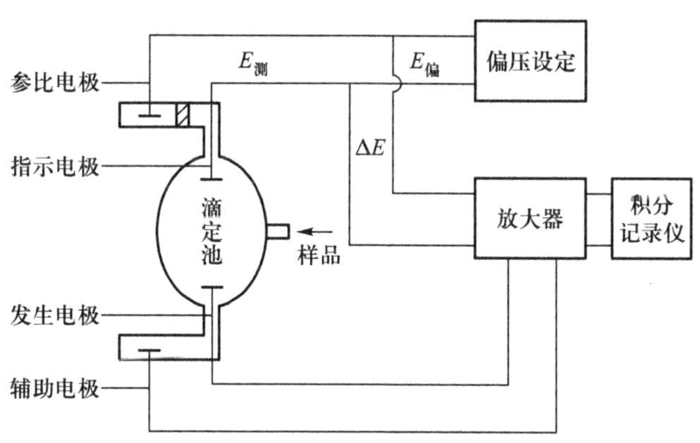

图11.13 微库仑分析法工作原理示意图

在微库仑滴定中，越临近滴定终点，ΔE 变得越小，电解产生滴定剂的速率越慢，直到滴定终点。因此，微库仑滴定终点的确定不仅相对容易，并且准确度较高。微库仑分析法已广泛应用于微量组分的测定。

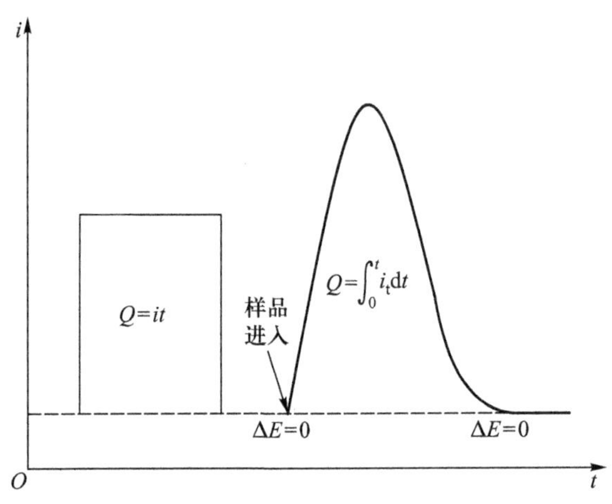

图 11.14 微库仑分析法电流-时间曲线

参考文献

[1] 方惠群，等.电化学分析.北京：原子能出版社，1984.

[2] 高小霞.电分析化学导论.北京：科学出版社，1986.

[3] Bard A J，Faulkner L R.电化学方法原理和应用.2 版.邵元华，朱果逸，董献堆，等，译.北京：化学工业出版社，2005.

[4] 张新祥，李美仙，李娜，等.仪器分析教程.3 版.北京：北京大学出版社，2022.

[5] 武汉大学.分析化学(下册).6 版.北京：高等教育出版社，2018.

[6] 胡坪，王氢.仪器分析.5 版.北京：高等教育出版社，2019.

[7] 高鸿，张祖训.极谱电流理论.北京：科学出版社，1986.

习题

11.1 在 pH 为 8.00 的缓冲溶液中含有 5.00×10^{-2} mol·L^{-1} Zn^{2+} 和 8.00×10^{-3} mol·L^{-1} Cd^{2+}，在铂阳极上有 O_2 放出，氧气的分压为 100 kPa，过电位为 0.80 V，电池的电阻为 2.40 Ω，用电解法分离这两种离子，已知 $\varphi^{\ominus}_{Zn^{2+},Zn}=-0.763$ V，$\varphi^{\ominus}_{Cd^{2+},Cd}=-0.403$ V，$\varphi^{\ominus}_{O_2,H_2O}=1.229$ V。

(a) 哪一种阳离子先析出？

（b）若电池中流过的电流为 0.50 A，计算起始要加多大的外加电压。

（c）若认为被沉积物在溶液中只剩 1.00×10^{-6} mol·L^{-1} 时，已被定量除去，那么计算适合的阴极电位范围（相对于饱和甘汞电极）。

11.2　电解硝酸铜时，溶液中其起始浓度为 0.50 mol·L^{-1}，电解结束时浓度降低到 1.00×10^{-6} mol·L^{-1}。试计算在电解过程中阴极电位的变化值。已知 $\varphi^{\ominus}_{Cu^{2+},Cu} = 0.337$ V。

11.3　在 100.00 mL 试液中，使用表面积为 10.00 cm^2 的电极进行控制电位电解。被测物质的扩散系数为 5.00×10^{-5} cm·s^{-1}，扩散层厚度为 2.00×10^{-3} cm，如以电流降至起始值的 0.10% 时视作电解完全，那么需要多长时间？

11.4　用电解法来沉积 Co，要使下述各溶液中 Co^{2+} 的分析浓度降至 1.00×10^{-6} mol·L^{-1}，需维持阴极电位（相对于 SCE）在什么数值？

（a）0.10 mol·L^{-1} $HClO_4$ 溶液。已知 $\varphi^{\ominus}_{Co^{2+},Co} = -0.277$ V。

（b）游离 $C_2O_4^{2-}$ 的浓度始终保持在 0.100 mol·L^{-1} 的溶液。已知 $Co(C_2O_4)_2^{2-} + 2e^- \longrightarrow Co + 2C_2O_4^{2-}$ 的 $\varphi^{\ominus}_{Co(C_2O_4)_2^{2-},Co} = -0.474$ V。

11.5　对于含有 0.100 mol·L^{-1} Pb^{2+} 和 0.0750 mol·L^{-1} Ni^{2+} 的溶液，已知 $\varphi^{\ominus}_{Pb^{2+},Pb} = -0.126$ V，$\varphi^{\ominus}_{Ni^{2+},Ni} = -0.250$ V。计算：

（a）当 Ni^{2+} 开始沉积时，Pb^{2+} 的浓度是多少？

（b）当 Pb^{2+} 的浓度降至 1.00×10^{-5} mol·L^{-1} 时，阴极电位是多少？

11.6　下列电池：

Pt | Fe^{2+}(0.10 mol·L^{-1})，Fe^{3+}(0.10 mol·L^{-1})，$HClO_4$(1.0 mol·L^{-1}) ¦¦

Ce^{3+}(0.050 mol·L^{-1})，Ce^{4+}(0.10 mol·L^{-1})，$HClO_4$(1.0 mol·L^{-1}) | Pt

的电阻是3.50 Ω，已知 $\varphi^{\ominus}_{Fe^{3+},Fe^{2+}} = 0.771$ V，$\varphi^{\ominus}_{Ce^{4+},Ce^{3+}} = 1.610$ V。

（a）若有 30.0 mA 电流通过此原电池，求原电池的输出电压。

（b）若将此电池外加一电压，进行相反的反应，电池也将变为电解池，当通过 30.0 mA 的电流时，外加电压是多大？

11.7　用电解沉积法分离含有 0.800 mol·L^{-1} Zn^{2+} 和 0.060 mol·L^{-1} Co^{2+} 溶液中的两种阳离子，已知 $\varphi^{\ominus}_{Zn^{2+},Zn} = -0.763$ V，$\varphi^{\ominus}_{Co^{2+},Co} = -0.277$ V。

（a）这两种离子能完全分离吗？如果能，哪种离子先析出？

（b）为实现两种金属离子完全分离，所需电压范围（相对于 SCE）为多少？（若某种离子的残余浓度为 1.00×10^{-6} mol·L^{-1}，而另一种离子未发生沉积，则认为两种金属离子能完全分离。）

11.8　一恒电流 0.17 A 通过一含有 Pb^{2+} 的电解池，Pb^{2+} 以 PbO_2 形式沉积于阳极上，电解 16.0 min 后，此阳极上沉积的 PbO_2 的质量是多少？已知 $M_{PbO_2} = 239.21$ g·mol^{-1}。

11.9　一份蛋白质样品经 H_2SO_4 消化后，将蛋白质中的氮变为 $(NH_4)_2SO_4$，将消化后的样品稀释至 100.00 mL，取 1.00 mL 调 pH 至 8.6，用电解生成次溴酸盐滴定此样品中的 NH_3：

$$Br^- + 2OH^- \longrightarrow BrO^- + H_2O + 2e^-$$

$$2NH_3 + 3BrO^- \longrightarrow N_2\uparrow + 3Br^- + 3H_2O$$

若实验电流是 10.0 mA，159.2 s 后达到终点，计算这份样品中含有多少氮。已知 $M_N = 14.01$ g·mol^{-1}。

11.10　称取 2.10 g 含有 $BaCl_2$ 和 KI 的样品，溶解，并使溶液成氨性，浸入一银阳极，保持电位在−0.0600 V（相对于 SCE），I^- 以 AgI 被定量沉积，此时和此电解池串联的库仑计中产生的氢气和氧气的体积在 25.5 ℃，98770 Pa 下为 38.1 mL，完成碘化物的分析后，将此溶液酸化，并使阳极电位保持在+0.25 V（相对于 SCE），则发生 Cl^- 形成 AgCl 的定量沉积，此时库仑计中气体的体积为 44.6 mL，计算样品中 $BaCl_2$ 和 KI 的百分含量。标准状态为273.15 K，100 kPa；M_{KI} = 169.00 g · mol^{-1}，M_{BaCl_2} = 208.24 g · mol^{-1}。

11.11　解释理论分解电压和实际分解电压，并说明它们产生差异的原因。

11.12　简要说明什么是电化学极化，讨论实验过程中消除该极化可用的方法。

11.13　什么是过电位？产生过电位的主要因素有哪些？

11.14　简要说明电解分析法和库仑分析法的异同点，它们进行分析的理论依据分别是什么？

11.15　为什么说电流效率问题是库仑分析的关键？在库仑分析中用什么方法保证电流效率达到或接近 100%？

11.16　什么是微库仑分析法？它有何优点？

11.17　与直接电位法相比，为什么说库仑分析法是绝对分析法？

11.18　通过与化学分析中的滴定法相比，说明库仑滴定法的优点和缺点。

习题参考答案

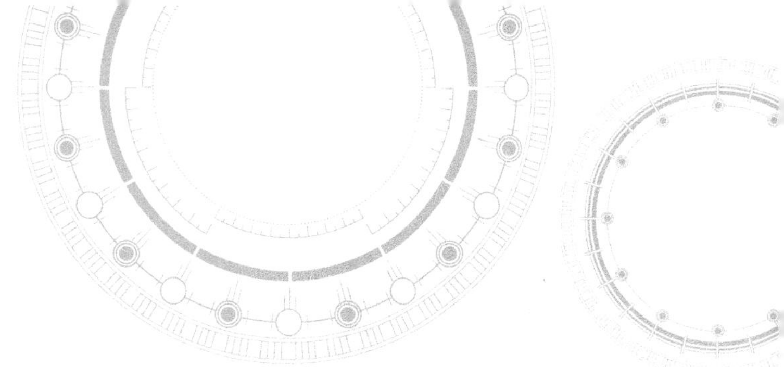

第十二章

伏安法

伏安法是以小表面积的工作电极与参比电极组成电解池，根据所得的电流-电位曲线来进行分析的。 这种根据电流-电位曲线进行分析的方法可以分为两类，一类是用液态电极如滴汞电极作工作电极，且电极表面周期性的连续更新，称为极谱法，极谱法是一种特殊类型的伏安法；另一类是用表面积固定的液态电极或固态电极作工作电极，如悬汞电极、石墨电极、铂电极、金电极等，称为伏安法。 捷克人海洛夫斯基（Heyrovsky）于 1922 年创建了极谱分析法，至今除经典的普通极谱法外，已形成了一系列的近代极谱方法和技术，成为一种常用的仪器分析方法和电化学研究手段。 它的应用相当广泛，凡能在电极上被还原或被氧化的无机物和有机物，一般都可以用极谱法测定。 在理论研究方面，极谱法常用于研究化学反应机理、电极过程动力学、生命过程以及测定配合物的组成和化学反应平衡常数等。

12.1 直流极谱分析法的基本原理

12.1.1 基本装置和电路

在直流极谱分析法中，采用滴汞电极作工作电极，其结构如图 12.1(a)所示。电极上部为储汞瓶，下接一厚壁硅橡胶管，硅橡胶管的下端接一毛细管，毛细管内径约 0.05 mm。汞自毛细管中有规律地、周期性地滴落，滴下时间为 2～6 s。参比电极常用饱和甘汞电极。

极谱分析的基本装置如图 12.1(b)所示，图中 AD 为一滑线电阻，加在电解池两极上的电压可借移动接触点 R 来调节，AR 间的电压由伏特计 V 读出，G 为检流计，可测量在电解过程中通过的电流。

在极谱分析中，外加电压与两个电极的电位有如下关系：

$$E_{外} = \varphi_{工作} - \varphi_{参比} + iR + \eta = \varphi_{de} - \varphi_{SCE} + iR + \eta$$

式中 φ_{SCE} 为饱和甘汞电极的电位，φ_{de} 为滴汞电极的电位，R 为回路中的电阻。由于极谱分析中的电流 i 很小，在 0.01～100 μA 之间，所以 iR 的值可略去不计，对于可逆电极反应，可不考虑 η 则上式可写为

$$E_{外} = \varphi_{de} - \varphi_{SCE} \tag{12.1}$$

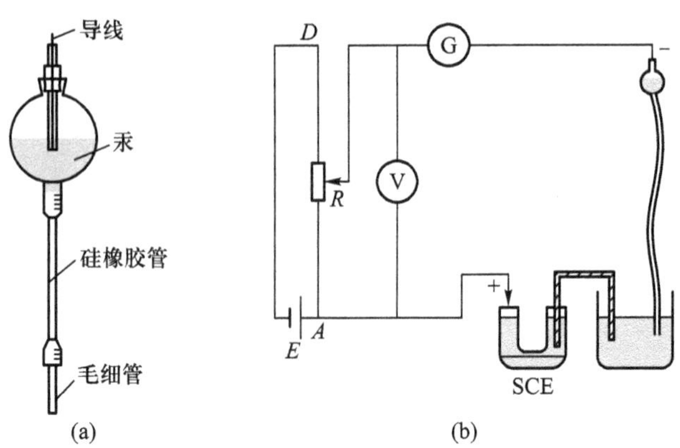

图 12.1 滴汞电极的结构及极谱分析的基本装置

由于 $E_{外}$(相对于 SCE)和 φ_{de}(相对于 SCE)在数值上相等,变化的大小也相等,而 φ_{de} 与物质的电极反应直接相关,这就使极谱法的研究和应用非常方便。极谱分析中通常使用具有大表面积的甘汞电极作参比电极,电解过程中参比电极产生的浓差极化很小,因此饱和甘汞电极的电极电位实际上保持不变,可视为常数,于是式(12.1)可写为

$$E_{外}(\text{相对于 SCE}) = \varphi_{de}(\text{相对于 SCE})$$

目前极谱仪一般都采用三电极系统,除了工作电极(滴汞电极,电位为 φ_{de})和参比电极外,另加一支辅助电极(电位为 φ_c),常用铂丝(Pt)电极作辅助电极。在三电极系统中,当回路的电阻很大或电流很大时,电解池的 iR 降便相当大,此时工作电极的电位就不能简单地用外加电压来表示了。引入辅助电极后,在极谱电解池系统中,外加电压加于工作电极与辅助电极之间,电流 i 主要通过此回路:

$$E_{外} = \varphi_{de} - \varphi_c + iR$$

同时,参比电极与工作电极又组成一个电位监测回路,此回路中的阻抗比较高,所以实际上没有明显的电流通过。这样,就可以方便地、即时地显示出电解过程中的工作电极对参比电极的电位 φ_{de}。同时,监测回路还可以通过反馈给外加电路的信息来调整 $E_{外}$,以使 φ_{de} 随时间线性地变化。

12.1.2 极谱波的形成

极谱波是电流随滴汞电极电位(φ_{de})变化的曲线,在实验测量中,滴汞电极的电位受外加电压的控制,即实际记录的曲线是电流随外加电压的变化曲线,但由于 $E_{外}$(相对于 SCE) = φ_{de}(相对于 SCE),即 $E_{外}$ 和 φ_{de} 的变化完全相同,因此 $i - \varphi_{de}$ 与 $i - E_{外}$ 曲线的形状完全相同,将 $i - \varphi_{de}$ 曲线称为极谱波。测量通过滴汞电极的电流时,如果测量仪器的响应时间比汞滴的寿命 τ 短得多,则可测出汞滴表面变化期间每一瞬间的瞬时电流 i_t,但若测量仪器的响应时间比 τ 长,则指示仪表无法跟踪电流的瞬间变化,因而只能记录下在平均电流附近起伏不大上下振荡的电流,这一起伏曲线的中心线可视为平均电流 i。在极谱分析中,一般所说电流就是指平均电流。

以电解氯化镉的稀溶液(1.00×10^{-3} mol·L^{-1} $CdCl_2$,1 mol·L^{-1} KNO_3)为例,来说明极谱波的形成过程。对镉的极谱图(图 12.2)分段剖析讨论如下。

1. 残余电流部分(*AB* 部分)

这时,外加电压还没有使 φ_{de} 达到 Cd^{2+} 的析出电位,Cd^{2+} 未被还原,电位不能用与 Cd^{2+} 浓度有关的能斯特方程计算。虽然应该没有电流通过电解池,但此时仍有微弱的电流通过电解池,称为残余电流(i_r)。残余电流由两部分组成。

① 电解电流 由电解液中微量可还原的杂质和未除净的氧在滴汞电极上还原引起。

② 充电电流(也称电容电流) 由滴汞电极表面与溶液之间所形成的双电层充放电引起。

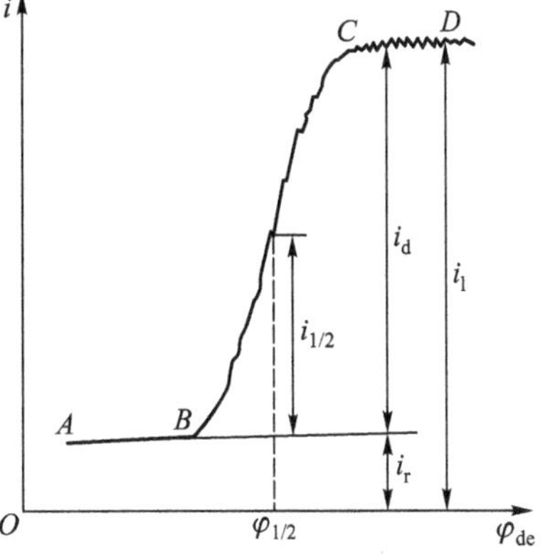

图 12.2 镉的极谱图

2. 电流上升部分(*BC* 部分)

当 φ_{de} 逐渐变负达到 Cd^{2+} 的析出电位,也即 *B* 点[*B* 点为析出电位 $\varphi_{析(阴)}$]时,从此电位开始,Cd^{2+} 在滴汞电极上被还原析出金属镉,金属镉再与汞生成镉汞齐。同时在阳极上,汞被氧化生成氯化亚汞。

阴极 $Cd^{2+} + 2e^- + Hg \Longrightarrow Cd(Hg)$

阳极 $2Hg + 2Cl^- \Longrightarrow Hg_2Cl_2 + 2e^-$

在此阶段,滴汞电极表面 Hg 的浓度$[Hg]_s$可看作常数,则滴汞电极的电位 φ_{de} 可用与滴汞电极表面 Cd(Hg)的浓度$[Cd(Hg)]_s$及滴汞电极表面附近的 Cd^{2+} 的浓度$[Cd^{2+}]_s$有关的能斯特方程来描述:

$$\varphi_{de} = \varphi^{\ominus} + \frac{0.059\ V}{2}\lg\frac{[Cd^{2+}]_s}{[Cd(Hg)]_s} \tag{12.2}$$

式中 $\varphi^{\ominus}$是对应于电极反应 $Cd^{2+} + 2e^- + Hg \Longrightarrow Cd(Hg)$的标准电极电位(-0.352 V),显然与反应 $Cd^{2+} + 2e^- \Longrightarrow Cd$ 的标准电极电位(-0.403 V)是不相同的。当继续增大外加电压时,即使 φ_{de}变得更负时,滴汞电极表面附近的 Cd^{2+} 就会迅速地被还原,$[Cd^{2+}]_s$越来越低,电解电流 i 就将越来越大,于是极谱波迅速上升。同时使滴汞电极表面附近的$[Cd^{2+}]_s$(用 c_s 表示)与本体溶液中的$[Cd^{2+}]$(用 c 表示)产生了浓差,破坏了溶液中 Cd^{2+} 浓度的均匀性,因而使 Cd^{2+} 由本体溶液中向滴汞电极表面扩散。扩散到电极表面的 Cd^{2+} 又被还原,形成连续不断的电解电流,称为扩散电流,即形成图 12.2 的 *BC* 部分。于是,在滴汞电极表面形成了一层厚度约为 0.05 mm 的扩散层,在扩散层内外沿形成了浓度梯度$\left(\frac{c-c_s}{\delta}\right)$,其中 δ 为扩散层厚度,c_s 为扩散层内沿即电极表面附近 Cd^{2+} 的浓度,c 为扩散层外沿即本体溶液中 Cd^{2+} 的浓度。

理论和实验都证明,扩散电流 i 与扩散流量 $J(mol \cdot s^{-1} \cdot cm^{-2})$成正比,而 J 与扩散层中的浓度梯度成正比,于是

$$i = KJ = K\frac{c - c_s}{\delta} \tag{12.3}$$

3. 极限扩散电流部分(*CD* 部分)

当继续增加外加电压时,滴汞电极电位负到一定值后,电流将不再继续上升而是出现一个平台,这时电极表面附近的 Cd^{2+} 绝大部分已被还原,其浓度趋近于零,这种情况称为达到

完全浓差极化。此时电流达到极限值,称为极限电流(i_l)。极限电流与残余电流之差称为极限扩散电流(i_d),也称波高。此时 c_s 趋于 0,故式(12.3)可写为

$$i_d = K\frac{c}{\delta} \tag{12.4}$$

由式(12.4)可知,极限扩散电流与本体溶液中 Cd^{2+} 的浓度成正比,这是极谱定量分析的依据。在极谱分析中,滴汞电极称为工作电极(也是极化电极),它的电位随外加电压的变化而变化。但在 *CD* 部分电位不能用与 Cd^{2+} 浓度有关的能斯特方程来计算。参比电极的表面积比较大,没有明显的浓差极化现象,电位很稳定,不随外加电压变化,称为去极化电极。极谱波的产生是由于在极化电极上出现的浓差极化现象,所以其电流-电位曲线称为极化曲线,极谱的名称也是由此而来的。由以上讨论可知,极谱电解产生扩散电流必须要产生浓差极化现象。产生浓差极化现象一般需要下列条件:

① 溶液中被测物要有较低的浓度,c_s 也就容易趋近于零;

② 滴汞电极要有较小的表面积,这样电流密度大,单位面积上发生电极反应的离子就多,c_s 也就易趋近于零;

③ 电解液要保持静止,这样可使电流完全受被测物的扩散速率控制,扩散层不受到破坏。

极谱图上另一个特征量是半波电位($\varphi_{1/2}$),$\varphi_{1/2}$ 即扩散电流为极限扩散电流一半时滴汞电极的电位。当溶液组分和温度一定时,每种物质都有固定的半波电位,因此半波电位可以作为定性分析的依据。

12.1.3　极谱分析的特殊性

在极谱分析中,要求参比电极电位是恒定的,不随外加电压的变化而改变,而滴汞电极电位则完全受外加电压控制。这就要求参比电极是去极化电极,滴汞电极是极化电极。极谱分析中使用的饱和甘汞电极和滴汞电极正好满足了这些特殊要求。极谱分析是一种电解分析法,但它还有以下一些特殊性,可以看作一种特殊的电解分析法。

1. 使用大表面积的饱和甘汞电极

在一定条件下,饱和甘汞电极电位由电极表面 Cl^- 的浓度决定。在电解过程中,如果通过电极的电流很小,且电极表面积很大,则电极表面的电流密度亦很小。根据法拉第电解定律,由于发生电极反应而引起的 Cl^- 浓度变化则可忽略。因此,饱和甘汞电极的电位是一定值,符合去极化电极的条件。

2. 使用小表面积的滴汞电极

滴汞电极之所以是极化电极,一方面因为电极表面积小,另一方面因为本体溶液中反应离子的浓度也很低,因此电极上电流密度大,能够造成明显的浓差极化。

由于电解时通过电解池的电流很小,若内阻 *R* 也很小,则可忽略 *iR*,即滴汞电极电位 φ_{de} 的变化大小等于外加电压变化的大小,随 $E_{外}$ 增加,φ_{de} 为阴极时渐变负,为阳极时渐变正。由此可见,滴汞电极的电位完全受外加电压控制。

使用滴汞电极作工作电极有以下优点:

① 汞与许多金属形成汞齐,降低了还原电位,即使金属离子析出电位变得更正,更容易析出;

② 滴汞电极表面持续更新,经常保持洁净,重现性好;

③ 氢在汞电极上过电位很高,在酸性条件下滴汞电极电位可以控制到-1.0 V(相对于SCE),此电位下氢离子不被还原,不干扰其他离子的测定。

同时也应注意,滴汞电极所使用的汞的蒸气有毒,很容易造成环境污染,这是极谱法的一大缺点。所以在实验中一定要谨防汞的滴落与蒸发,并注意保持实验室通风。

3. 保持电解溶液静止

这样可以消除对流的影响,而且也不破坏扩散层。

4. 加入大量的支持电解质

加入支持电解质后,电解液中含有大量阴、阳离子,阴极表面被加入的阳离子包围,从而大大减弱了其对被测离子的静电吸引力,从而达到消除电迁移影响的目的。

12.2 极谱定量分析

12.2.1 扩散电流方程式

1. 扩散和电极反应过程

极谱分析是在静止的溶液中进行的,被测物在电极上反应形成电流,电流大小受对流、电迁移、扩散及电极反应的控制,在消除电迁移和对流影响后,电流大小主要由电极反应速率和扩散控制。若电极反应的速率很快,而扩散速率较慢,则可认为电流完全受扩散速率控制。

2. 电流 i 随时间 t 变化的曲线

在图 12.2 中 BC 段,电流随 φ_{de} 和汞滴表面积变化而变化。而 φ_{de} 和汞滴表面积均随时间改变,在 BC 段上任意一滴汞,因其寿命很短,仅为几秒,而 φ_{de} 随时间变化很慢,所以在汞滴寿命期间可认为 φ_{de} 不随时间而变。根据式(12.2),c_s 受 φ_{de} 控制,即认为在一滴汞寿命期间,c_s 不变,$c-c_s$ 也不变,根据式(12.3),电流不变,即电流不受 φ_{de} 的影响。因为汞滴表面积随时间变化很大,所以可以研究一滴汞寿命期间内电流随汞滴表面积的变化,即电流随时间的变化。但对 BC 段上多滴汞而言,因 φ_{de} 随 t 而变,而 c_s 受 φ_{de} 影响,即 $c-c_s$ 随 φ_{de} 而变,由于电流随 $c-c_s$ 而变,故在 BC 段,电流仍随 φ_{de} 而变。

在 CD 段,电流随滴汞电极表面积变化而变化,但由于 $c_s=0$,φ_{de} 改变不会影响 c_s。因为电流随 $c-c_s$ 而变,所以不管是对一滴汞还是对多滴汞而言,电流不随 φ_{de} 改变而变。当然电流随汞滴表面积变化而变化,即电流随时间而变。

对于 CD 段,可图示多滴汞滴下时理论上的电流-时间曲线(真实电流),但由于记录仪的响应速度有限,可能得到的是实验上记录的曲线(记录电流)以及由记录电流得到的平均电流,如图 12.3 所示。

3. 电流随时间变化的方程式

基于汞滴表面积 A 随 t 的变化及实验结果,可图示出电流-时间曲线,但要真正从理论上推导电流随时间变化的函数关系,还需考虑扩散的类型(线形、球形)及汞滴大小随时间变化对扩散层厚度的影响。

由于扩散层厚度相对于汞滴的半径而言非常小，所以汞滴表面呈球形的影响可不考虑，即把球形扩散视为线形扩散。本书仅考虑汞滴长大，即汞滴表面扩张的影响。

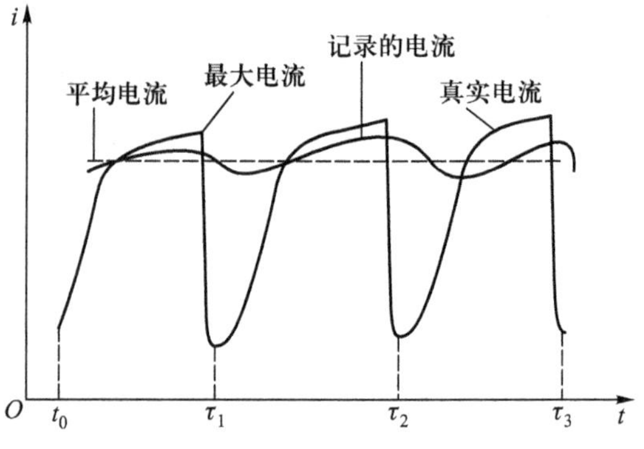

图 12.3　电流随时间的变化(多滴汞)

在 BC 段上任意一滴汞，首先不考虑汞滴长大对扩散层厚度的影响，扩散流量 J 等于 $D\dfrac{\partial c}{\partial x}(\mathrm{mol\cdot s^{-1}\cdot cm^{-2}})$，为单位时间通过单位面积物质的量，则单位时间到达电极表面物质的量为 $AD\dfrac{\partial c}{\partial x}(\mathrm{mol\cdot s^{-1}})$，因为电极表面积 A 不是恒定的，随时间而变，所以电流随时间而变。则瞬时扩散电流为

$$i_t = zFAD\frac{\partial c}{\partial x}$$

$$\frac{\partial c}{\partial x} = \frac{c - c_s}{\delta} = \frac{c - c_s}{\sqrt{\pi Dt}}$$

$$A = 8.49\times10^{-3}q^{\frac{2}{3}}t^{\frac{2}{3}}$$

$$i_t = 8.49\times10^{-3}zFDq^{\frac{2}{3}}t^{\frac{2}{3}}\frac{c - c_s}{\sqrt{\pi Dt}} \tag{12.5}$$

式中 δ 为扩散层厚度，$\delta = \sqrt{\pi Dt}$。然后考虑汞滴长大影响，即随汞滴半径增大，汞滴表面扩张，而使扩散层厚度降低，δ 为

$$\delta = \sqrt{\frac{3}{7}\pi Dt}$$

则

$$i_t = 8.49\times10^{-3}\ zFDq^{\frac{2}{3}}t^{\frac{2}{3}}\frac{c - c_s}{\sqrt{\frac{3}{7}\pi Dt}}$$

瞬时扩散电流为

$$i_t = 708zD^{\frac{1}{2}}q^{\frac{2}{3}}t^{\frac{1}{6}}(c - c_s)$$

平均扩散电流为

$$i = \frac{1}{\tau}\int_0^{\tau} i_t\,\mathrm{d}t = 607zD^{\frac{1}{2}}q^{\frac{2}{3}}\tau^{\frac{1}{6}}(c - c_s) \tag{12.6}$$

在 CD 段上任意一点，φ_{de} 不影响电流，$c_s = 0$，则有

① 瞬时极限扩散电流

$$(i_d)_t = 708zD^{\frac{1}{2}}q^{\frac{2}{3}}t^{\frac{1}{6}}c \tag{12.7}$$

② 最大极限扩散电流

$$(i_d)_{max} = 708zD^{\frac{1}{2}}q^{\frac{2}{3}}\tau^{\frac{1}{6}}c \tag{12.8}$$

③ 平均极限扩散电流

$$i_d = 607zD^{\frac{1}{2}}q^{\frac{2}{3}}\tau^{\frac{1}{6}}c \tag{12.9}$$

式中 z 为电子转移数；D 为被测物扩散系数（$cm^2 \cdot s^{-1}$）；q 为汞滴流量（$mg \cdot s^{-1}$）；τ 为汞滴寿命（s）；c 为被测物浓度（$mmol \cdot L^{-1}$）；i_d 为平均极限扩散电流（μA）。

式（12.9）即为极谱扩散电流方程式，也称为伊尔科维奇（Ilkovic）方程式。在实际分析中，测定条件不改变，即方程式右边除浓度 c 外均不变，只改变试液中被测物浓度 c 时，有 $i_d = kc$，即极限扩散电流与被测物的浓度成正比，这就是极谱定量分析的基础。在极谱分析中常说的极限扩散电流，就是指平均极限扩散电流，而不是瞬时或最大极限扩散电流。

12.2.2 影响极限扩散电流的因素

1. 毛细管常数

由式（12.9）可知，平均极限扩散电流与 $q^{\frac{2}{3}}\tau^{\frac{1}{6}}$ 成正比，因此 q 与 τ 的任何变化都会引起扩散电流的变化。因为 q 和 τ 均为毛细管特性，所以 $q^{\frac{2}{3}}\tau^{\frac{1}{6}}$ 称为毛细管常数。由于汞滴流量 q 与汞柱的有效压力成正比，汞柱的有效压力可以用汞柱的高度 h 表示，因此

$$q = k_1h$$

而汞滴寿命 τ 与滴汞电极的电位有关，且与汞柱高度成反比：

$$\tau = \frac{k_2}{h}$$

所以由以上两式可知

$$q^{\frac{2}{3}}\tau^{\frac{1}{6}} = (k_1h)^{\frac{2}{3}}\left(\frac{k_2}{h}\right)^{\frac{1}{6}} = kh^{\frac{1}{2}} \tag{12.10}$$

式（12.10）说明极限扩散电流与 $h^{\frac{1}{2}}$ 成正比，而且只有扩散波才有此性质（受扩散控制的波叫作扩散波），所以可以此来检验电极反应是否受扩散控制。

2. 扩散电流常数

由式（12.9）可知，i_d 除与毛细管常数及浓度有关外，还与扩散电流常数 I 有关：

$$I = 607zD^{\frac{1}{2}} = \frac{i_d}{q^{\frac{2}{3}}\tau^{\frac{1}{6}}c} \tag{12.11}$$

I 与扩散系数 D 有关，而 D 与溶液组成、温度等有关。I 与毛细管特性无关。

12.2.3 干扰电流及其消除方法

在极谱分析中，除了上述讨论的扩散电流外，还会有其他与被测物质浓度之间无定量关系的干扰电流，它们的存在严重影响极谱分析，必须设法消除。

1. 残余电流

前已论述，当 φ_{de} 尚未达到被测物析出电位时仍有微小电流通过，这部分电流称为残余

电流，即极谱图 12.2 的 *AB* 段。残余电流包括电解电流和充电电流。电解电流是由样品中容易在滴汞电极上发生氧化还原反应的杂质引起的，如 O_2，Fe^{3+}，Cu^{2+} 等可在电极上还原产生电流，但这一部分电流十分微小，可用纯化试剂的方法来消除。充电电流是指电流通过电池时，在电极上并不发生物质的氧化还原反应，是非法拉第电流，这部分电流是残余电流的主要部分。当参比电极与指示电极接通时，滴汞电极表面带正电荷，吸引溶液中的阴离子，在滴汞电极表面形成双电层，作用相当于电容器。当滴汞电极电位发生变化时，就会产生充电电流 i_c。

电位向负移动时，在一定电位下，滴汞电极表面不带电荷（因为负电荷弥补了 SCE 对滴汞电极产生的正电荷），无双电层，充电电流 $i_c = 0$。超过 $i_c = 0$ 点后，滴汞电极表面带负电荷，吸引溶液中的阳离子而形成双电层，于是充电电流又产生了。残余电流一般可采用作图法加以扣除。由于充电电流和10^{-5} mol·L^{-1} 被测物所产生的电流大致相同，因此充电电流的存在是限制直流极谱法分析灵敏度提高的主要因素。充电电流产生的原因是电极表面积变化和电位变化，这两种原因产生的电流均为非法拉第电流。若电极表面积固定，电位变化，则电极表面电荷密度变化，电路中必然有电流通过，以增加或降低电极表面的电荷密度，即相当于交流电可通过电容器。若电位固定，电极表面的电荷密度将保持恒定，电极表面积变化时，电流强度会增加或降低，为了使电极表面的电荷密度保持恒定，电路中必须有电流通过。人们在解决充电电流问题的过程中，促使了新的极谱技术的发展，如方波极谱、脉冲极谱等。

2. 迁移电流和对流电流

离子到达滴汞电极表面有三种方式，即扩散、电迁移和对流，除扩散可利用外，其余两者都是需消除的干扰因素。迁移电流产生的原因是电解池中的电极对电解液中的被测离子的静电吸引力，使离子迁移到电极表面产生电极反应而形成的电流。例如电解 $CdCl_2$ 溶液时，Cd^{2+} 在滴汞电极上还原，由于浓差极化，溶液中的 Cd^{2+} 受到扩散力的作用而向电极表面附近扩散，产生扩散电流。同时 Cd^{2+} 还受电场的作用，作为阴极的滴汞电极对阳离子 Cd^{2+} 的吸引力，使 Cd^{2+} 移向电极表面而被还原，产生迁移电流。迁移电流与被测物的浓度无定量关系，所以应消除。迁移电流可以通过向电解液中加入支持电解质来消除。支持电解质是指能导电但在此条件下不能起电极反应的惰性电解质，如氯化钾、盐酸、硫酸等。加入电解质后，电解液中含有大量的惰性阴、阳离子（如 Cl^-，K^+），由于负极对所有的阳离子都有静电吸引力，所以作用于被测离子的静电吸引力就大大减弱了，从而使由静电吸引力引起的迁移电流趋近于零，达到消除迁移电流的目的。支持电解质的浓度一般要比被测物的浓度大 100 倍以上。

对流是指溶液中的组分随溶液流动而运动，包括溶液各部分因浓度差等原因引发的自然对流以及因机械搅拌引起的强制对流。对流电流和被测物浓度也无定量关系，静止不搅动即可消除其干扰。

3. 极大电流（极谱极大）

在极谱分析中，常常有一种特殊的现象，即当电解开始后，电流随外加电压增大而迅速上升，达到极大值后，又下降到扩散电流的正常值。这种电流-电位曲线上出现的比扩散电流要大得多的不正常的电流峰，称为极谱极大。极谱极大的高度与被测物浓度并无简单的关系，又影响扩散电流和半波电位的准确测量，应加以消除。

极谱极大现象是滴汞电极在成长过程中表面产生切向运动所导致的。汞从毛细管流出，汞滴挂于毛细管末端，毛细管末端对汞滴颈部有屏蔽作用，使被测物不易接近汞滴颈部。而在汞滴下部，被测物可以无阻碍地接近表面，当被测物被还原时，汞滴下部的电流密度大，使得汞滴表面电荷分布不均匀，致使汞滴表面的表面张力不均匀，表面张力小的部分要向表面张力大的部分运动。这种切向运动会搅动汞滴附近的溶液，加速被测离子的扩散和还原而形成极大电流。

极谱极大可以用表面活性物质来抑制。表面活性物质能吸附在汞滴表面上，并使汞滴的表面张力降低。表面张力较大的部分吸附较多，降低也较多；表面张力较小的部分吸附较少，降低也很少。这样汞滴各部分的表面张力就均匀了，避免了切向运动，消除了极谱极大。常用来抑制极谱极大的表面活性物质有明胶、聚乙烯醇、Triton X-100及某些有机染料等。应该注意的是，表面活性物质的加入量不能太大，否则将影响被测物的扩散系数。

4. 氧波

溶液中所含溶解氧在电极上发生还原会产生两个极谱波：

第一个波 $O_2 + 2H^+ + 2e^- \longrightarrow H_2O_2$ 酸性

$O_2 + 2H_2O + 2e^- \longrightarrow H_2O_2 + 2OH^-$ 中性或碱性

第二个波 $H_2O_2 + 2H^+ + 2e^- \longrightarrow 2H_2O$ 酸性

$H_2O_2 + 2e^- \longrightarrow 2OH^-$ 中性或碱性

第一个波的半波电位约为-0.05 V(相对于 SCE)；第二个波的半波电位约为-0.9 V(相对于 SCE)。由于氧的还原电位正好落在大多数金属离子发生还原反应的电位范围内，因此氧波对于许多金属离子的测定都会产生干扰，必须设法除去。常用的除氧方法有

① 在中性和碱性溶液中，加入少量 K_2SO_3 或 Na_2SO_3，可定量地除去 O_2；

② 通常情况下，无论是酸性还是碱性溶液，均可用通纯惰性气体(如 Ar，N_2)除氧；

③ 在强酸介质中，加入 Na_2CO_3 生成 CO_2，或加入还原 Fe 粉生成 H_2 以除去 O_2。

除此以外，在实际工作中，还应设法消除其他各种干扰因素，如波的重叠、前放电物质的影响和氢放电的影响等。

在上述各种干扰电流中，除了残余电流可用作图法扣除外，其他干扰电流都要在实验中加入适当的试剂来分别消除。另外，为了改善波形、控制试液的酸度，还需要加入其他一些辅助试剂。这种加入各种适当试剂后的试液，成为极谱分析的底液。

12.2.4 定量分析

极谱定量分析的依据是伊尔科维奇方程，但在实验中，由于电流(i_d)与记录的波高(h)成正比，即 $i_d = k'h$，且波高很直观，很容易测量，所以常常用 $h = kc$ 来进行定量分析。

1. 波高的测量

波高的测量一般采用三切线法，如图 12.4 所示。在极谱波上通过残余电流、扩散电流和极限电流分别作 AB，EF，CD 三条切线，EF 与 AB 相交于 Q

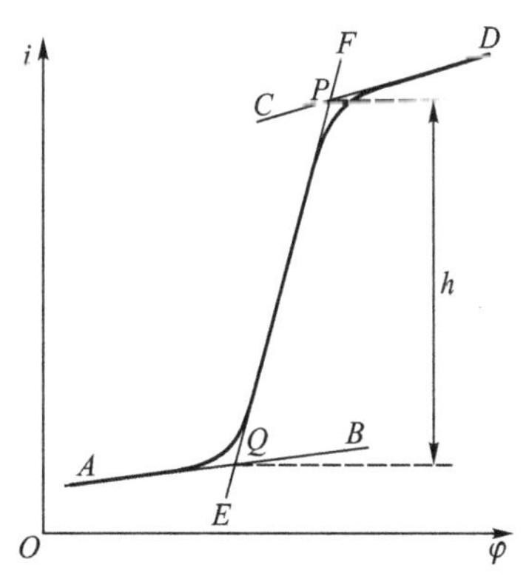

图 12.4 三切线法测量波高

点，与 CD 相交于 P 点，通过 Q，P 点作横轴平行线，两平行线间距 h 即为波高。

2. 标准曲线法

首先配制一系列不同浓度的标准溶液，然后在一定条件下测其波高 h。以所得波高为纵坐标，以浓度为横坐标作图，得一直线，此即标准曲线。分析未知样品时，可在同样条件下测其波高，再从标准曲线上找出与其对应的浓度。此法的特点是简单、方便，适用于大批量样品的分析。

3. 单点标准加入法

首先测定体积为 V_x 的未知溶液的波高 h，然后加入一定体积（V_s）的被测物的标准溶液，其浓度为 c_s，在同一条件下再测其波高 H。

根据扩散电流方程得

$$h = kc_x \quad k = \frac{h}{c_x}$$

$$H = kc = k\frac{c_sV_s + c_xV_x}{V_x + V_s} = \frac{h(c_sV_s + c_xV_x)}{c_x(V_x + V_s)}$$

$$Hc_x(V_x + V_s) - c_xV_xh = hc_sV_s$$

由上式可得未知溶液的浓度，即

$$c_x = \frac{hc_sV_s}{H(V_x + V_s) - V_xh} \tag{12.12}$$

标准加入法的优点是适合基体复杂体系，准确度高，只需配一种标准溶液。但分析一种样品需标加一次，即一种样品要分析两次。另外需要注意的是，采用标准加入法时要求标准曲线必须为直线并通过原点。

12.3　极谱波类型及其方程式

极谱波是描述极谱电流与滴汞电极电位之间关系的曲线，它可以用数学式来表达，该数学表达式称为极谱波方程式。已知能斯特方程描述了 φ_{de} 与 c_s 的关系，即 $\varphi_{de} = f(c_s)$，从而可以基于能斯特方程来求 φ_{de} 与 i 的关系，即极谱波方程式 $\varphi_{de} = f(i)$，因为 c_s 很难测得，而可测得 i，故研究 $\varphi_{de} = f(i)$ 而不研究 $\varphi_{de} = f(c_s)$。极谱波方程式可描述图 12.2 中 BC 段，但不能描述 AB 段和 CD 段。根据 $\varphi_{de} - i$ 曲线可测 $\varphi_{1/2}$，z 以及配合物的配位数和平衡常数等。

12.3.1　极谱波类型

1. 可逆波与不可逆波

被测物到达电极表面发生电极反应一般可分两步进行，一是被测物从本体溶液向电极表面扩散；二是扩散到电极表面的物质获得电子或失去电子发生电极反应。当物质完全由扩散控制时，即扩散速率远远小于电极反应速率时的电极反应为可逆电极反应，所形成的极谱波为可逆波。相反，电极反应速率远远小于扩散速率的电极反应为不可逆电极反应，所形成的极谱波为不可逆波，如图 12.5 所示，二者半波电位之差为 η。

电极反应可逆性的区分并不是绝对的。一般认为，电极反应速率常数 k 大于 $2\times10^{-2}\ \mathrm{cm\cdot s^{-1}}$ 时为可逆，小于 $3\times10^{-5}\ \mathrm{cm\cdot s^{-1}}$ 时为不可逆，而在两者之间时为准可逆电极反应，即同时受扩散速率和电极反应速率的控制。

2. 阴极波和阳极波

按电极反应类型可分为阴极波、阳极波和阴阳联波(图 12.6)。阴极波(还原波)是指溶液中的氧化态物质在电极上还原时所得到的极谱波，其反应为

$$\mathrm{Ox} + ze^- \rightleftharpoons \mathrm{Red} \qquad 如\quad \mathrm{Fe^{3+} + e^- \rightleftharpoons Fe^{2+}}$$

阳极波(氧化波)是指溶液中还原态物质在电极上氧化时所得到的极谱波，其反应为

$$\mathrm{Red} - ze^- \rightleftharpoons \mathrm{Ox} \qquad 如\quad \mathrm{Fe^{2+} - e^- \rightleftharpoons Fe^{3+}} \quad (\mathrm{Fe^{2+} \rightleftharpoons Fe^{3+} + e^-})$$

阴阳联波是指溶液中同时存在的氧化态可在电极上还原和还原态可在电极上氧化时所得到的极谱波，其反应为

$$\mathrm{Ox} + ze^- \rightleftharpoons \mathrm{Red} \qquad \mathrm{Fe^{3+} + e^- \rightleftharpoons Fe^{2+}}$$
$$\mathrm{Red} - ze^- \rightleftharpoons \mathrm{Ox} \qquad \mathrm{Fe^{2+} - e^- \rightleftharpoons Fe^{3+}}$$

1975 年，IUPAC 规定还原电流为负，氧化电流为正，但习惯上依然将还原电流记为正，氧化电流记为负。

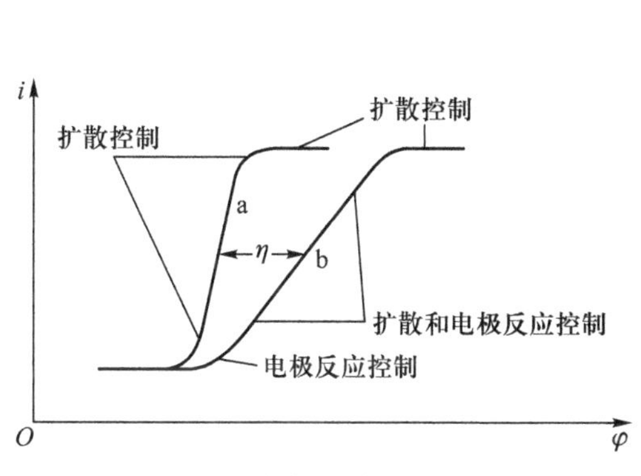

图 12.5 可逆波(a)与不可逆波(b)

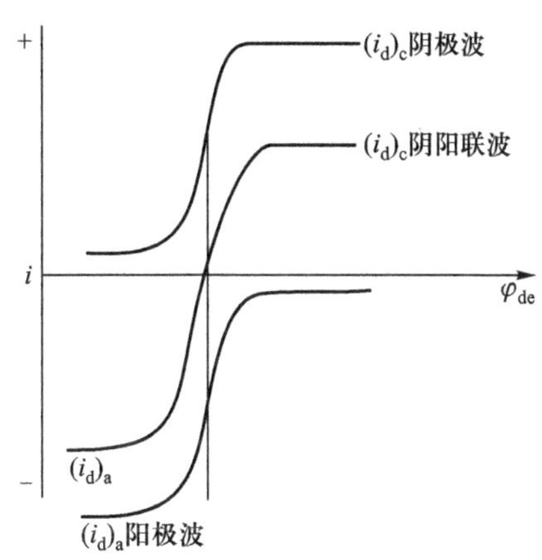

图 12.6 阴极波、阳极波和阴阳联波

3. 不同物质类型的极谱波

按被测物不同可将极谱波分为下列类型。

(1) 简单金属离子的极谱波

① $\mathrm{M^{z+}} + ze^- + \mathrm{Hg} \rightleftharpoons \mathrm{M(Hg)}$ (在滴汞电极上生成汞齐)

如 $\mathrm{Pb^{2+} + 2e^- + Hg \rightleftharpoons Pb(Hg)}$

② $\mathrm{M^{z+}} + ze^- \rightleftharpoons \mathrm{M}$ (以金属状态沉积在滴汞电极上)

如 $\mathrm{Ni^{2+} + 2e^- \rightleftharpoons Ni}$

③ $\mathrm{M^{n+}} + me^- \rightleftharpoons \mathrm{M^{(n-m)+}}$ (均相氧化还原反应)

如 $\mathrm{Fe^{3+} + e^- \rightleftharpoons Fe^{2+}}$

(2) 配离子的极谱波

$$\mathrm{MX}_p^{(z-pb)+} + ze^- + \mathrm{Hg} \rightleftharpoons \mathrm{M(Hg)} + p\mathrm{X}^{b-} \quad (生成汞齐)$$

如　$Pb(OH)_3^- + 2e^- + Hg \rightleftharpoons Pb(Hg) + 3OH^-$

(3) 有机化合物的极谱波

$R + zH^+ + ze^- \rightleftharpoons RH_z$　（多数有氢参加）

如 $O=C_6H_4=O + 2H^+ + 2e^- \rightleftharpoons HO-C_6H_4-OH$

12.3.2　简单金属离子的可逆还原极谱波方程式

如图 12.7 所示，假设在被测溶液中有待测金属离子 M^{z+}，其在滴汞电极上的可逆反应为

$$M^{z+} + ze^- + Hg \rightleftharpoons M(Hg)$$

25 ℃时，滴汞电极表面$[Hg]_s$可视为常数，则滴汞电极电位 φ_{de} 和电极表面被测物浓度间的关系可用能斯特方程表示：

$$\varphi_{de} = \varphi^\ominus + \frac{0.059\ V}{z}\lg\frac{[M^{z+}]_s}{[M(Hg)]_s}$$

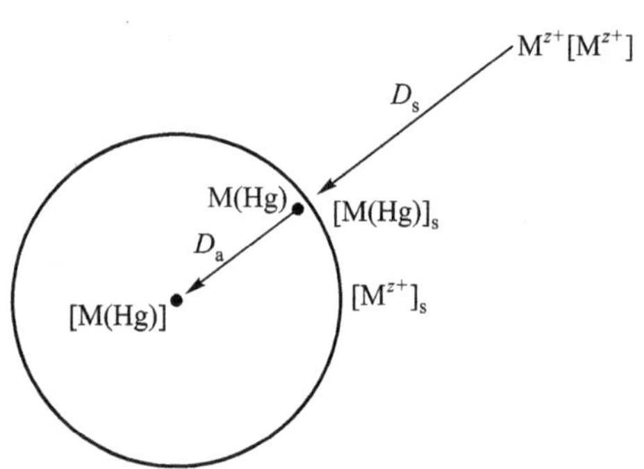

图 12.7　M^{z+} 在滴汞电极上的反应

式中 $\varphi^\ominus$ 为对应于上述反应的标准电极电位；$[M^{z+}]_s$ 和 $[M(Hg)]_s$ 分别为汞滴表面附近的金属离子的浓度和汞齐中金属的浓度。由扩散速率所控制的电流受被测离子 M^{z+} 向电极表面的扩散速率所控制，在一定电位下其电流为

$$i = K_s([M^{z+}] - [M^{z+}]_s) \tag{12.13}$$

式中$[M^{z+}]$和$[M^{z+}]_s$分别为本体溶液中和电极表面附近被测离子的浓度。

当达到极限扩散时，电极表面$[M^{z+}]_s$趋于 0，则

$$i_d = K_s[M^{z+}]$$

$$i = K_s([M^{z+}] - [M^{z+}]_s) = K_s[M^{z+}] - K_s[M^{z+}]_s$$

$$= i_d - K_s[M^{z+}]_s$$

$$[M^{z+}]_s = \frac{i_d - i}{K_s}$$

另外，在电极表面 M^{z+} 还原所形成的 M(Hg) 还要向汞滴中心扩散，以消除还原态的不断聚集，即有一个氧化态离子来，就有一个还原态原子走，这种现象称为流量平衡。若汞滴表面 M(Hg) 的浓度为$[M(Hg)]_s$，汞滴中心 M(Hg) 的浓度为$[M(Hg)]$，则电流为

$$i = K_a([M(Hg)]_s - [M(Hg)])$$

因为$[M(Hg)] = 0$，所以

$$i = K_a[M(Hg)]_s \qquad [M(Hg)]_s = \frac{i}{K_a}$$

又根据式(12.9)可知

$$K_a = 607zD_a^{\frac{1}{2}}q^{\frac{2}{3}}\tau^{\frac{1}{6}}$$

$$K_s = 607zD_s^{\frac{1}{2}}q^{\frac{2}{3}}\tau^{\frac{1}{6}}$$

$$\frac{K_a}{K_s} = \left(\frac{D_a}{D_s}\right)^{\frac{1}{2}} \tag{12.14}$$

所以

$$\varphi_{de}=\varphi^{\ominus}+\frac{0.059\text{V}}{z}\lg\frac{[\text{M}^{z+}]_s}{[\text{M(Hg)}]_s}$$

$$=\varphi^{\ominus}+\frac{0.059\ \text{V}}{z}\lg\frac{\dfrac{i_d-i}{K_s}}{\dfrac{i}{K_a}}$$

$$=\varphi^{\ominus}+\frac{0.059\ \text{V}}{z}\lg\frac{K_a}{K_s}+\frac{0.059\ \text{V}}{z}\lg\frac{i_d-i}{i}$$

$$=\varphi^{\ominus}+\frac{0.059\ \text{V}}{z}\lg\left(\frac{D_a}{D_s}\right)^{\frac{1}{2}}+\frac{0.059\ \text{V}}{z}\lg\frac{i_d-i}{i} \qquad (12.15)$$

式中 D_s 和 D_a 分别为 M^{z+} 在溶液中和 M 在汞齐中的扩散系数。

半波电位是 $i=\frac{1}{2}i_d$ 时的电位，故

$$\varphi_{\frac{1}{2}}=\varphi^{\ominus}+\frac{0.059\ \text{V}}{z}\lg\left(\frac{D_a}{D_s}\right)^{\frac{1}{2}}+\frac{0.059\ \text{V}}{z}\lg\frac{\dfrac{1}{2}}{\dfrac{1}{2}}$$

$$=\varphi^{\ominus}+\frac{0.059\ \text{V}}{z}\lg\left(\frac{D_a}{D_s}\right)^{\frac{1}{2}}=\text{常数} \qquad (12.16)$$

由上式可见，在一定的底液中，一些物质的可逆极谱波的半波电位是一个常数，不随该物质的浓度变化而变化。$\varphi_{1/2}$ 仅与物质本身特性有关，比较 $\varphi_{1/2}$ 可以进行定性分析。这是金属离子还原为汞齐［如 $Cd^{2+}+2e^-$ ══ Cd(Hg)］得到的结果，均相氧化还原反应（如 $Fe^{3+}+e^-$ ══ Fe^{2+}）也可以得到相同的结果。但对于金属离子在滴汞电极上还原为不溶于汞的金属（如 $Ni^{2+}+2e^-$ ══ Ni）的反应，其半波电位与金属离子浓度有关。由于极谱分析可利用的电极电位范围一般不超过 2 V，物质的半波电位都集中在很窄的电位范围内，所以用极谱半波电位进行定性分析的实际意义不大。

根据式（12.15）和式（12.16）可得极谱波方程式：

$$\varphi_{de}=\varphi_{1/2}+\frac{0.059\ \text{V}}{z}\lg\frac{i_d-i}{i} \qquad (12.17)$$

根据此方程，将 φ_{de} 对 $\lg\frac{i_d-i}{i}$ 作图得一直线，由斜率可求出 z，由截距可求出 $\varphi_{1/2}$，但常将上述方程变为

$$\lg\frac{i}{i_d-i}=\frac{z}{0.059\ \text{V}}\varphi_{1/2}-\frac{z}{0.059\ \text{V}}\varphi_{de} \qquad (12.18)$$

由此方程作图且当 $\lg\frac{i}{i_d-i}=0$ 时，对应的 $\varphi_{de}=\varphi_{1/2}$，见图 12.8。

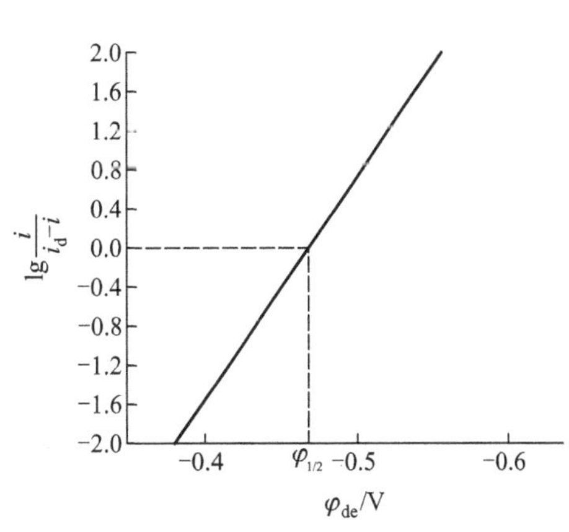

图 12.8 极谱波的对数分析曲线

12.3.3　配离子可逆还原的极谱波方程式

假设在试液中有被测金属配离子 $MX_p^{(z-pb)+}(z>pb)$，其向电极表面扩散并可在滴汞电极上还原：

$$MX_p^{(z-pb)+}+ze^-+Hg \Longrightarrow M(Hg)+pX^{b-}$$

式中 M^{z+} 为金属离子；X^{b-} 为配阴离子；p 为配位数。上式反应可看作分两步进行。假定配离子解离速率很快，即到达电极表面就可解离为 M^{z+}，并进行电极反应。

$$MX_p^{(z-pb)+} \xrightleftharpoons{K_{MX}} M^{z+}+pX^{b-}$$

$$M^{z+}+ze^-+Hg \Longrightarrow M(Hg)$$

为书写方便，在下面讨论中，$MX_p^{(z-pb)+}$ 写作 MX_p。在极谱波上任意一点所对应的滴汞电极电位为

$$\varphi_{de}=\varphi^{\ominus}+\frac{0.059\ \mathrm{V}}{z}\lg\frac{[M^{z+}]_s}{[M(Hg)]_s} \tag{12.19}$$

由于极谱电流受 MX_p 配离子向电极表面扩散所控制，所以

$$i=K_c([MX_p]-[MX_p]_s)$$

式中 $K_c=607zD_c^{\frac{1}{2}}q^{\frac{2}{3}}\tau^{\frac{1}{6}}$；$D_c$ 为配离子在溶液中的扩散系数。当 $[MX]_s=0$ 时，有

$$i_d=K_c[MX_p]$$

由上两式可得到

$$[MX_p]_s=\frac{i_d-i}{K_c}$$

$$K_{MX}=\frac{[MX_p]_s}{[M^{z+}]_s[X^{b-}]_s^p}$$

$$[M^{z+}]_s=\frac{[MX_p]_s}{K_{MX}[X^{b-}]_s^p}$$

$$[M^{z+}]_s=\frac{i_d-i}{K_{MX}K_c[X^{b-}]_s^p}$$

假设 $[X^{b-}]_s=[X^{b-}]$，则

$$[M^{z+}]_s=\frac{i_d-i}{K_{MX}K_c[X^{b-}]^p} \tag{12.20}$$

另外，扩散电流还受生成的金属向汞滴中心扩散所控制，在汞滴中心金属的浓度为零，故

$$i=K_a([M(Hg)]_s-0)=K_a[M(Hg)]_s$$

$$[M(Hg)]_s=\frac{i}{K_a} \tag{12.21}$$

将式(12.20)和式(12.21)代入式(12.19)得

$$\varphi_{de}=\varphi^{\ominus}+\frac{0.059\ \mathrm{V}}{z}\lg\left(\frac{i_d-i}{K_c[X^{b-}]^pK_{MX}}\cdot\frac{K_a}{i}\right) \tag{12.22}$$

$$\varphi_{de} = \varphi^{\ominus} + \frac{0.059\ \mathrm{V}}{z}\lg\frac{K_a}{K_c} - \frac{0.059\ \mathrm{V}p}{z}\lg[\mathrm{X}^{b-}] - \frac{0.059\ \mathrm{V}}{z}\lg K_{MX} + \frac{0.059\ \mathrm{V}}{z}\lg\frac{i_d - i}{i} \tag{12.23}$$

$\frac{K_a}{K_c} = \left(\frac{D_a}{D_c}\right)^{\frac{1}{2}}$，所以配离子极谱波的半波电位为

$$(\varphi_{1/2})_c = \varphi^{\ominus} + \frac{0.059\ \mathrm{V}}{z}\lg\left(\frac{D_a}{D_c}\right)^{\frac{1}{2}} - \frac{0.059\ \mathrm{V}p}{z}\lg[\mathrm{X}^{b-}] - \frac{0.059\ \mathrm{V}}{z}\lg K_{MX} \tag{12.24}$$

由此可得

$$\varphi_{de} = (\varphi_{1/2})_c + \frac{0.059\ \mathrm{V}}{z}\lg\frac{i_d - i}{i} \tag{12.25}$$

式(12.25)即为配离子的可逆还原极谱波方程。

由式(12.25)可知：

① $(\varphi_{1/2})_c$ 比 $\varphi_{1/2}$ 要负，且 $(\varphi_{1/2})_c$ 与配离子的稳定常数 K_{MX} 和配位剂的浓度 $[\mathrm{X}^{b-}]$ 有关。K_{MX} 越大，$[\mathrm{X}^{b-}]$ 越大，$(\varphi_{1/2})_c$ 越负。因此在极谱分析中常用加入适当配位剂的方法来改变半波电位，以消除干扰。

② 变化一次 $[\mathrm{X}^{b-}]$，可求得一个 $(\varphi_{1/2})_c$，以 $(\varphi_{1/2})_c$ 对 $\lg[\mathrm{X}^{b-}]$ 作图，斜率为 $-\frac{0.059\ \mathrm{V}p}{z}$，若 z 已知，则可求得配合物的配位数 p。

③ 先测 $\varphi_{1/2}$，再加一定浓度的 X^{b-}，再测 $(\varphi_{1/2})_c$，若 p 已知，则可求 K_{MX}，因简单金属离子的半波电位为

$$\varphi_{1/2} = \varphi^{\ominus} + \frac{0.059\ \mathrm{V}}{z}\lg\left(\frac{D_a}{D_s}\right)^{\frac{1}{2}}$$

金属配离子的半波电位为

$$(\varphi_{1/2})_c = \varphi^{\ominus} + \frac{0.059\ \mathrm{V}}{z}\lg\left(\frac{D_a}{D_c}\right)^{\frac{1}{2}} - \frac{0.059\ \mathrm{V}}{z}\lg K_{MX} - \frac{0.059\ \mathrm{V}p}{z}\lg[\mathrm{X}^{b-}]$$

所以形成配离子后半波电位的变化可表示为

$$(\varphi_{1/2})_c - \varphi_{1/2} = \frac{0.059\ \mathrm{V}}{z}\lg\left(\frac{D_s}{D_c}\right)^{\frac{1}{2}} - \frac{0.059\ \mathrm{V}}{z}\lg K_{MX} - \frac{0.059\ \mathrm{V}p}{z}\lg[\mathrm{X}^{b-}] \tag{12.26}$$

假设 $D_s = D_c$，即 M^{z+} 和 MX_p 在溶液中的扩散系数可看作相等，则上式可简化为

$$(\varphi_{1/2})_c - \varphi_{1/2} = -\frac{0.059\ \mathrm{V}}{z}\lg K_{MX} - \frac{0.059\ \mathrm{V}p}{z}\lg[\mathrm{X}^{b-}] \tag{12.27}$$

当已知 p，z，$[\mathrm{X}^{b-}]$ 后，由上式即可求出 K_{MX}。

12.4 经典直流极谱分析法的特点和局限性

经典直流极谱分析法一般具有下列一些特点：

① 定量限适中，一般为 $10^{-5}\ \mathrm{mol\cdot L^{-1}}$。

② 相对误差一般为±2%，可与分光光度法等相媲美。

③ 在选择合适底液的条件下，可同时测定 4～5 种物质（如 Cu^{2+}，Cd^{2+}，Ni^{2+}，Zn^{2+}，Mn^{2+}），不必预先分离。

④ 分析时只需很少量的样品。

⑤ 分析速度快，适宜于同一品种大量样品的分析。

⑥ 由于电解时通过的电流很小（10^{-6} A 数量级），所以分析后的溶液成分基本不变，被分析的试液可连续使用。

⑦ 应用范围广，凡在滴汞电极上可起氧化还原反应的物质，包括金属离子、金属配合物、阴离子和有机化合物，都可用极谱法测定。某些不起氧化还原反应的物质，也可设法应用间接法测定，因而极谱法的应用范围很广。

但是经典直流极谱分析法也存在一定的局限性：

① 由于充电电流的存在，灵敏度较低。

② 分辨率差，两种被测物的半波电位差 $\Delta\varphi \geqslant 100$ mV 才可进行定性、定量分析。这主要是由于极谱波呈 S 形。

12.5　极谱催化波

在电极周围有一反应层，在反应层有一相应的化学反应。除受扩散控制外，极谱电流还受电极周围反应层内进行着的化学反应的反应速率控制。此种极谱电流称为动力电流，其极谱波称为动力波。

动力波有三种类型：

① 前行动力波，即控制电流的化学反应在电极反应之前发生。例如：

$$A \underset{k_2}{\overset{k_1}{\rightleftharpoons}} B \qquad \text{化学反应}$$

$$B + ze^- = C \qquad \text{电极反应}$$

② 后行动力波，即控制电流的化学反应在电极反应之后发生。例如：

$$A + ze^- = B \qquad \text{电极反应}$$

$$B \underset{k_2}{\overset{k_1}{\rightleftharpoons}} C \qquad \text{化学反应}$$

③ 平行动力波（平行催化波），即在反应层内，电极反应与电极反应产物的化学反应平行进行。例如：

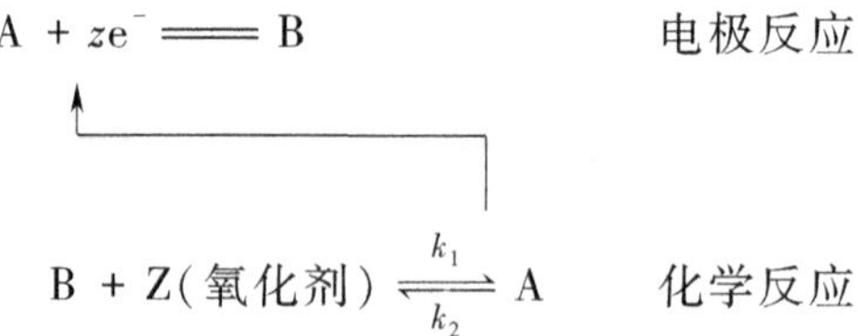

上述三种动力波，最重要的是平行催化波，只有平行催化波可提高极谱分析的灵敏度。由于催化反应，在电极上消耗的 A 及时得到补充，A 在电极上无限循环，所以增大了电流，响

应信号增强，灵敏度提高，定量限一般可达 $10^{-9}\ mol \cdot L^{-1}$，而经典极谱分析的定量限一般为 $10^{-5}\ mol \cdot L^{-1}$。

在平行催化波的进行中，可以认为 A 的浓度不变，消耗的是物质 Z，A 相当于催化剂，催化了 Z 的还原，产生了催化电流。同时 A 也常是测定对象，催化电流与催化剂 A 的浓度成正比，以此可以测定 A 的浓度。

例如，当 H_2O_2 和 Fe^{3+} 共存时，会产生催化波，其反应机理如下：

$$Fe^{3+} + e = Fe^{2+}$$

$$\left.\begin{array}{l} Fe^{2+} + H_2O_2 = OH^- + \cdot OH + Fe^{3+} \\ \cdot OH + Fe^{2+} = OH^- + Fe^{3+} \end{array}\right\} 2Fe^{2+} + H_2O_2 \underset{k_2}{\overset{k_1}{\rightleftharpoons}} 2Fe^{3+} + 2OH^-$$

此例中 Fe^{3+} 是催化剂，也是被测物。在平行催化波中，Z 要满足以下要求：

① k_1 要足够大（能瞬间把 B 氧化成 A）；

② 当 A 在电极上还原时，Z 不还原，过电位大。

在滴汞电极上，假定逆反应的速率很小，即 k_2 很小，可忽略不计，则平行催化波的催化电流可表示为

$$i_c = 0.51zFD_A^{\frac{1}{2}}q^{\frac{2}{3}}\tau^{\frac{2}{3}}k_1^{\frac{1}{2}}c_Z^{\frac{1}{2}}c_A \tag{12.28}$$

式中 i_c 为平均极限催化电流（μA）；c_Z 和 c_A 分别为氧化剂 Z 和被测物 A 的浓度（$mmol \cdot L^{-1}$）；k_1 为化学反应速率常数（$L \cdot mmol^{-1} \cdot s^{-1}$）；$D_A$ 为被测物 A 的扩散系数（$cm^2 \cdot s^{-1}$）；q 和 τ 分别为汞滴流量（$mg \cdot s^{-1}$）和汞滴寿命（s）。

式（12.28）也说明平行催化波不同于普通极谱波。由式（12.28）可知，催化电流的大小主要取决于化学反应速率常数 k_1，k_1 越大，化学反应速率越快，催化电流也越大，方法的灵敏度就越高。在这种类型的催化波中，常作为催化还原的物质 Z 有过氧化氢、氯酸盐、高氯酸及其盐、硝酸盐、亚硝酸盐、盐酸羟胺、硫酸羟胺及四价钒等。被测定的金属离子则大多数是具有变价性质的高价离子，如 Mo（Ⅵ），W（Ⅵ），V（Ⅴ），U（Ⅵ），Co^{2+}，Ni^{2+}，Ti（Ⅳ），Te（Ⅳ）等。

此外，催化电流与汞柱高度无关，其温度系数实际上取决于化学反应速率常数的温度系数，与普通极谱波的温度系数±（1%～2%）/℃相比，平行催化波的温度系数一般比较大，为±（4%～5%）/℃。测量温度系数也是鉴别平行催化波与普通极谱波的一种方法。

12.6 单扫描极谱法

单扫描极谱法是用阴极射线示波器作为电信号检测工具的极谱分析法，过去曾称为示波极谱法，它是对经典极谱法的一种改进。单扫描极谱法也是根据电流-电位曲线来进行分析的。所不同的是，单扫描极谱法的扫描速率要快得多，约为 $250\ mV \cdot s^{-1}$，而经典极谱法的扫描速率一般小于 $5\ mV \cdot s^{-1}$。经典极谱法要获得一个极谱波，需要用近百滴汞，因为所加直流电压的扫描速率非常缓慢，而单扫描极谱法则是在一滴汞的形成过程中的

一段很短的时间内进行快速线性扫描的,因此一滴汞即可获得一个极谱波。单扫描极谱法的工作原理见图 12.9。在极谱电解池两个电极(滴汞电极和对电极 Pt)上加一个随时间作线性变化的直流电压(锯齿波),电解过程中产生的电流变化,通过电阻 R 后将产生一个电压降 iR,将此电压降经放大后加到示波器的垂直偏向板上,同时将滴汞电极(DME)与参比电极(SCE)之间的电位经放大后加在示波器的水平偏向板上。于是,示波器的荧光屏(P)上就会出现完整的 $i-E$ 极化曲线,如图 12.10。由于外加电压变化很快,电极表面附近的被测物在电极上迅速发生电化学反应,因此电流急剧增加。随后当电压再继续增加时,由于扩散层厚度增加而使电流又迅速下降,因此所得曲线出现峰形。前面已经讨论过,此种三电极系统可使工作电极的电位变化速率恒定而不受电路中 iR 电压降的影响。因为单扫描极谱法产生的电流比经典极谱法的大,又因峰状曲线易于测量,所以灵敏度比较高,检出限可达10^{-7} mol · L^{-1}。

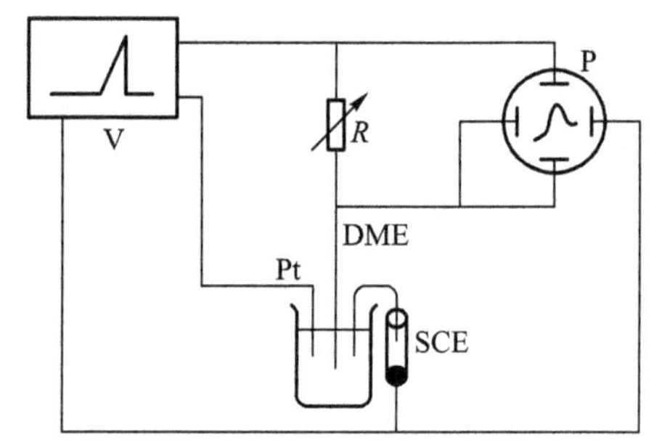

图 12.9 单扫描极谱法的工作原理

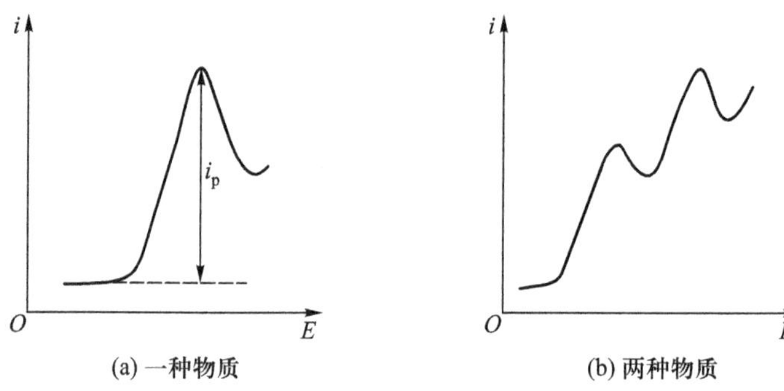

图 12.10 单扫描极谱图

在单扫描极谱法中,汞滴滴下的时间一般约为 7 s,考虑到汞滴的表面在汞滴成长的初期变化较大,故在滴下时间的最后约 2 s 内,才加上一次扫描电压,一般为 0.5 V(扫描时的起始电压可任意控制)。为了使滴下时间与电位扫描取得同步,在滴汞电极上装有敲击装置,在每次扫描结束时,启动敲击器,把汞滴敲脱。以后汞滴又开始生长,到最后 2 s 期间,又进行一次扫描。每进行一次电压扫描,荧光屏上就重复绘一次极谱图。这种极化曲线是在汞滴表面积基本不变化的情况下得到的,所以为平滑的曲线,没有经典极谱图的电流振荡现象。

单扫描极谱法中汞滴表面积 A、极化电压 E 及电流 i 随时间而变化的相互关系见图 12.11。

对于可逆电极反应,单扫描极谱波的扩散电流方程式为

$$i_p = 2.69\times10^5 z^{\frac{3}{2}} D^{\frac{1}{2}} v^{\frac{1}{2}} Ac \qquad (12.29)$$

式中 i_p 为峰电流(A);z 为电子转移数;D 为扩散系数(cm^2 · s^{-1});v 为电位扫描速率

$(V \cdot s^{-1})$；A 为电极表面积(cm^2)；c 为被测物浓度($mol \cdot L^{-1}$)。所以，在一定的底液及实验条件下峰电流与被测物质的浓度成正比，这是单扫描极谱法定量分析的基础。从式(12.29)可以看出影响峰电流的一些因素。i_p 与 $v^{\frac{1}{2}}$ 成正比，扫描速率大，有利于提高灵敏度，但充电电流也随 v 增大，故 v 不宜过大。

峰电位 φ_p 与经典极谱波半波电位的关系为

$$\varphi_p = \varphi_{1/2} - 1.1\frac{RT}{zF} = \varphi_{1/2} - \frac{0.028\ V}{z} \quad (25\ ℃) \qquad (12.30)$$

可见峰电位是与半波电位有关的常数。对于可逆波，还原波的峰电位要比氧化波的峰电位负$\frac{56}{z}$ mV，这也是与经典极谱法的不同之处。

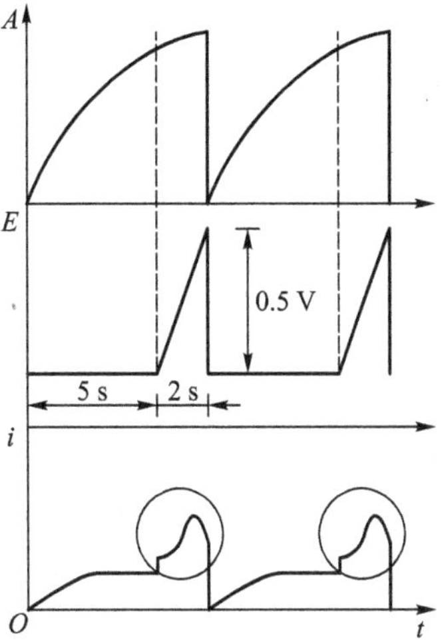

图 12.11 单扫描极谱法中汞滴表面积、极化电压、电流与时间的关系

单扫描极谱法的原理与经典极谱法的基本相同，因此一般来说其应用范围是相同的。但在单扫描极谱法中，由于电位扫描速率很快，因此电极反应的速率对电流的影响很大。对于电极反应为可逆的物质，极谱图上出现明显的尖峰状；对于可逆性差或不可逆反应，由于其电极反应较慢，跟不上所加扫描速率，所得图形的尖峰状就不明显或甚至没有尖峰，因此灵敏度低，如图 12.12 所示。

除此之外，单扫描极谱法还具有如下特点：

① 方法快速。由于扫描速率快，数秒可完成一次测量，并可直接在荧光屏上读取峰高值。

② 灵敏度较高。对可逆波来说，检出限一般可达10^{-7} $mol \cdot L^{-1}$。

③ 分辨率高。两种物质的峰电位相差 0.1 V 以上，就可以分开，采用导数单扫描极谱，分辨率更高。

④ 前放电物质的干扰小。在数百倍甚至近千倍前放电物质存在时，不影响后还原物质的测定。这是因为在扫描前有 5 s 的静止期，相当于在电极表面附近进行了电解分离。

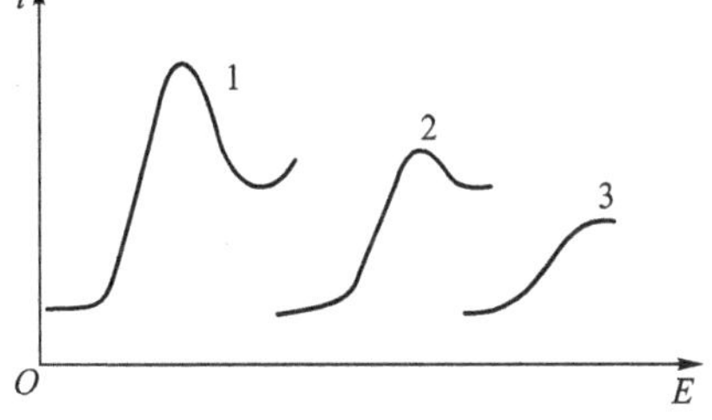

1—可逆波；2—部分可逆波；3—不可逆波

图 12.12 单扫描极谱图的比较

⑤ 由于氧波为不可逆波，其干扰作用也就大为降低，往往可以不除去溶液中的氧。

⑥ 特别适合配合物吸附波和具有吸附性的催化波的测定，从而使得单扫描极谱法成为测定许多物质的有力工具。

12.7 方波极谱法

方波极谱法是交流极谱法的一种，在这种极谱法中，在滴汞电极与参比电极间均匀而缓慢地施加直流电压的同时，再叠加一个频率为 225 Hz 的振幅很小(< 30 mV)的交流方形波

电压，如图 12.13 中曲线 1 所示，因此，通过电解池的电流，除直流成分外，还有交流成分。可通过测量不同外加直流电压时交变电流的大小，得到交变电流-直流电压曲线，以进行定量分析。

方波极谱法利用仪器中特殊的时间开关，使在每一次加入方波电压之后，等待一段时间，直到充电电流减小至很小数值时，记录电解电流，从而达到消除充电电流的目的。因为充电电流在方波升起的初级虽然较大，但衰减很快，如图 12.13 中曲线 2 所示。当它衰减到接近零时，电解电流还有相当大的数值，这时所测量的电流则几乎全为电解电流。如图 12.13 中曲线 3 所示，阴影部分代表消除充电电流后的电解电流。充电电流 i_c 随时间呈指数衰减：

$$i_c = \frac{E_s}{R} e^{-\frac{t}{RC}} \tag{12.31}$$

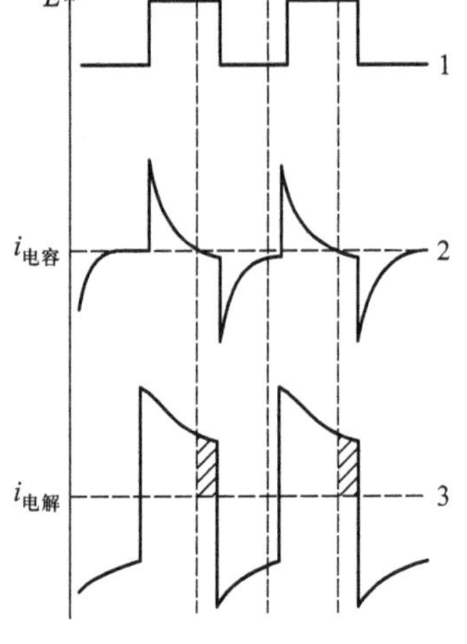

1—方波电压；2—充电电流；3—电解电流

图 12.13　方波极谱法中的充电电流消除

式中 E_s 是方波电压振幅；R 是整个回路的电阻；t 是时间；C 是双电层电容。当 $t = RC$ 时，$e^{-\frac{t}{RC}} = e^{-1} = 0.0368$，$i_c$ 为开始时的 36.8%。当 $t = 5RC$ 时，$e^{-\frac{t}{RC}} = e^{-5} = 0.0067$；即经过 $5RC$ 的时间后，i_c 只剩下开始的 0.67%，可见时间在 $5RC$ 后充电电流可以忽略不计。

进一步提高方波极谱法测定的灵敏度受到毛细管噪声的影响。当汞滴滴下时，毛细管中的汞要向上回缩，溶液便进入毛细管端部，附于内壁上，形成一薄层液膜。对于每一滴汞，液膜的厚度和汞回升的高度不规则，从而电流发生变化，形成毛细管噪声电流。为了解决这一问题，人们发展了脉冲极谱法。

12.8　脉冲极谱法

在经典极谱法中影响灵敏度的主要因素是充电电流（可引起充电电流的原因有两个，一是电压改变，二是电极表面积改变），而方波极谱法又受到毛细管噪声的限制。脉冲极谱法就是在研究消除充电电流、降低毛细管噪声的基础上发展起来的一种极谱技术。在每一滴汞生长的后期加一个矩形电压脉冲，大大降低了电极表面积改变引起的充电电流，而脉冲极谱法充电电流主要由电压改变引起，但充电电流随时间很快衰减，而脉冲极谱法施加电压的持续时间较长（60 ms），可使充电电流充分衰减而方波极谱法为几毫秒；同时又因脉冲极谱法与方波极谱法相比，施加电压的频率降低，而每次施加电压的持续时间较长，致使毛细管噪声电流得到充分衰减，所以脉冲极谱法具有灵敏度高、分辨力强等特点。在方波极谱法中，一滴汞上施加多次脉冲电压（如 11 次），而且每次脉冲电压的上升和下降阶段都测量电流，上升和下降过程分别测量得到的是氧化电流和还原电流，所以方波极谱法测量得到的电流是交流电流。而在脉冲极谱法中，在一滴汞上只施加一次脉冲电压，测量一次电流，所以脉冲极谱法测得的是直流电流。

脉冲极谱法是在汞滴生成后期即将滴下之前的很短时间间隔内，施加一个矩形的脉冲电压，然后记录直流电流与电压的关系曲线。按施加脉冲电压的形式和电流取样的方式不同，分为常规脉冲极谱法和示差脉冲极谱法。

1. 常规脉冲极谱法

常规脉冲极谱法是在每一滴汞生长到一定时间（2~4 s），汞滴表面积几乎不变时，在施加一个振幅随时间线性增大的矩形脉冲电压，见图 12.14 中的 $E-t$ 曲线。在汞滴生长到一定时间，对汞滴双电层的充电所产生的充电电流已经衰减至可忽略不计。当加入脉冲电压后，使电压突然跃至 E，并持续一个短暂时间（一般为 60 ms），这时电压已能使被测物发生电极反应，产生电解电流 i_f，同时也有充电电流 i_c 和毛细管噪声等背景电流的存在。在脉冲末期某一时刻，各种背景电流都已衰减趋于零，见图 12.15 中内插图。这时开始测量电解电流，于是可以尽量减少或消除充电容电流的干扰，借以提高极谱分析的灵敏度。

脉冲结束与汞滴下落保持同步。每个周期外加电压保持在 E 的时间、加脉冲电压的时间以及测量电流的时间都完全相同，仅脉冲电压的振幅随时间有线性的增大。采用这种形式的脉冲电压，每一个脉冲提供的电解电流都是受扩散过程所控制的，所记录的电流为扩散电流。因此，脉冲极谱波与直流极谱波类似，极限电流为一平台图形，见图 12.14 中的 $i-t$ 曲线。通过测量平台的波高可进行定量分析。

2. 示差脉冲极谱法

示差脉冲极谱法是在滴汞电极每一滴汞生长到一定时刻（1 s 或 2 s），在线性变化的直流电压上叠加一个恒定振幅的脉冲电压，脉冲电压持续时间与常规脉冲极谱法相似（60 ms），见图 12.15。

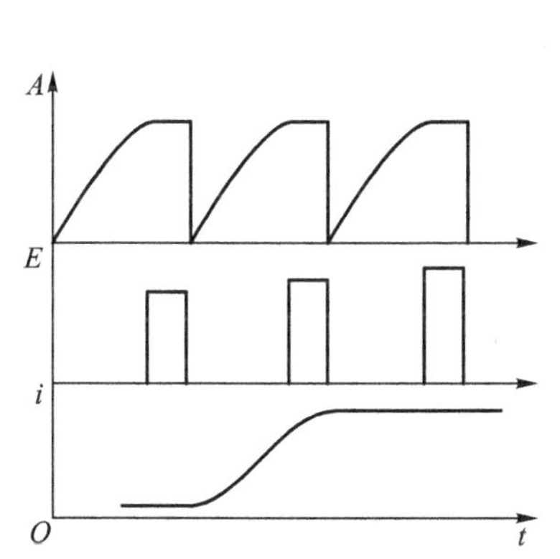

图 12.14 常规脉冲极谱法中汞滴表面积、电压、电流与时间的关系

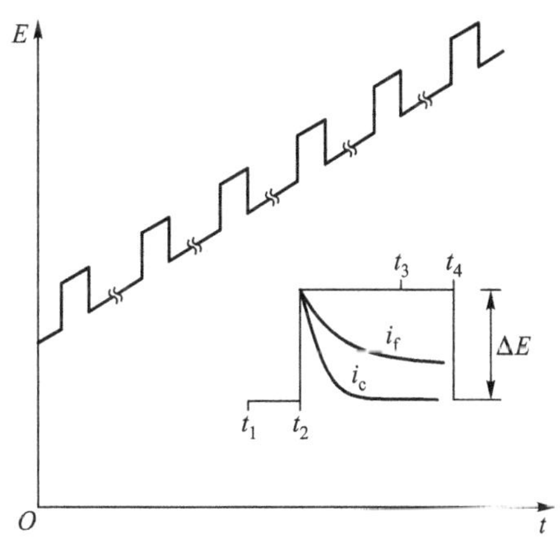

图 12.15 示差脉冲极谱法中电压与时间的关系

示差脉冲极谱法记录电流的方法是在每滴汞生长期间记录两次电流，一次是在叠加脉冲前的 20 ms，如图 12.15 中的 t_1 至 t_2，另一次是在脉冲结束前 20 ms，如图 12.15 中的 t_3 至

t_4。第一次记录的是直流电压的背景电流，第二次记录的是叠加脉冲电压后的电解电流。取第二次记录的电流值与第一次记录的电流值的差作为所得的电流数据。因此，所得的电流数据能很好地扣除直流电压所引起的背景电流。脉冲电压叠加在直流极谱波的残余电流或极限电流部分，都不会使电解电流发生显著变化，故两次记录取样的差值都很小。脉冲电压叠加在半波电位附近，将使电解电流发生很大的变化，故两次电流取样值就比较大。于是，示差脉冲极谱法所得到的直流电流与直流电压的关系曲线呈峰状，其峰所对应的电位是半波电位，如图 12.16 所示。通过测量峰高可以进行定量分析。

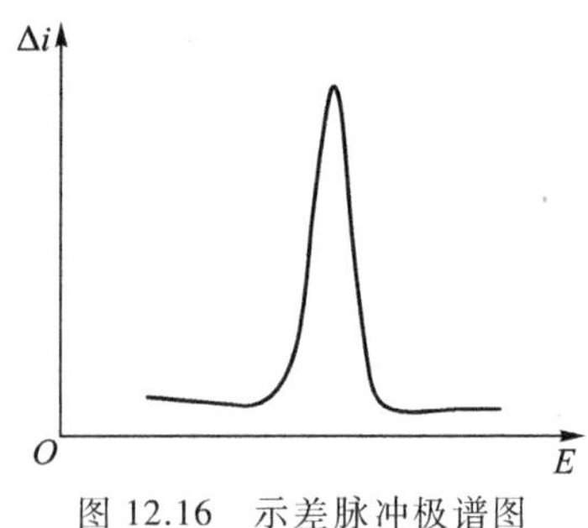

图 12.16 示差脉冲极谱图

脉冲极谱法具有如下特点：

① 灵敏度高。对于电极反应为可逆反应的物质，检出限约为 10^{-8} mol · L^{-1}，对于不可逆反应的物质，也可以达到 10^{-7}mol · L^{-1}。若与溶出技术相结合，检出限可以低至 10^{-11} mol · L^{-1}。

② 分辨率高。两个峰电位相差约 25 mV，即可分开。

③ 允许前放电物质的量大。前放电物质浓度比被测物质浓度高 50000 倍，亦不干扰。

④ 如果采用单滴汞示差脉冲极谱法，则分析速度可和单扫描极谱法的一样快。

⑤ 由于它对不可逆波的灵敏度很高，分辨力又好，所以很适于有机物的测定。

⑥ 脉冲极谱法也是研究电极动力学的有力工具。

12.9 循环伏安法

1. 基本原理

循环伏安法与单扫描极谱法相似，都是以快速线性扫描的方法施加电压，单扫描极谱法施加的是锯齿波电压，而循环伏安法施加的是三角波电压，如图 12.17 所示。线性扫描由起始电压开始，随时间按一定方向变化，达到一定电压后又反向回到起始电压。如果在扫描电压范围内，开始扫描的方向使工作电极电位不断变负，当电解液中存在 Ox 时，它将会在电极上被还原：

$$\mathrm{Ox} + ze^- \rightleftharpoons \mathrm{Red}$$

当电位方向逆转时，在电极表面上生成的 Red 又被可逆地氧化成 Ox：

$$\mathrm{Red} \rightleftharpoons \mathrm{Ox} + ze^-$$

于是一次三角波扫描，完成了一个氧化还原过程的循环。由于所使用的工作电极是表面积固定的固体电极或悬汞，所以所得到极化曲线称为循环伏安图，见图 12.18。当溶液中仅存在氧化态物质时，因为电压扫描速率快，经典极谱法为 0.2 V · min^{-1}，而循环伏安法为 0.2 V · s^{-1} 或更快，所以生成的还原态物质来不及扩散进入本体溶液而在电极表面继续被氧化。

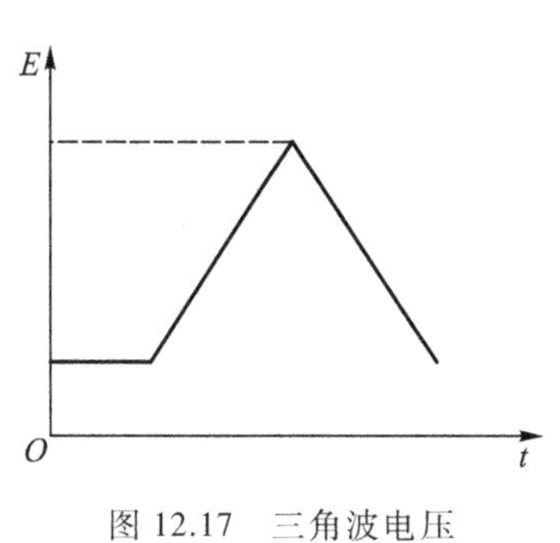

图 12.17　三角波电压

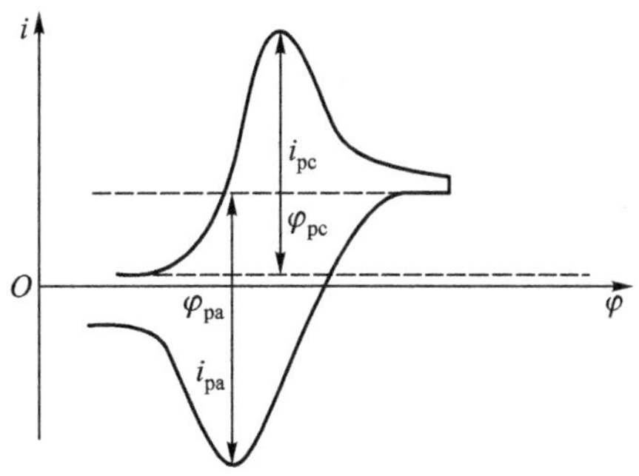

i_{pc}—阴极峰电流；i_{pa}—阳极峰电流；
φ_{pc}—阴极峰电位；φ_{pa}—阳极峰电位

图 12.18　循环伏安图

对于可逆电极反应，其循环伏安图（图 12.18）的阴极峰、阳极峰基本上是对称的，25 ℃时，其阴极峰电流（i_{pc}）和峰电位（φ_{pc}）以及阳极峰电流（i_{pa}）和峰电位（φ_{pa}）有如下特征：

$$\frac{i_{pa}}{i_{pc}} = 1$$

$$\varphi_{pc} = \varphi_{1/2} - 1.1\frac{RT}{zF} = \varphi_{1/2} - \frac{0.028\ \text{V}}{z}$$

$$\varphi_{pa} = \varphi_{1/2} + 1.1\frac{RT}{zF} = \varphi_{1/2} + \frac{0.028\ \text{V}}{z}$$

$$\Delta\varphi_{p} = \varphi_{pa} - \varphi_{pc} = 2.2\frac{RT}{zF} = \frac{56}{z}\ \text{mV}$$

2. 循环伏安法的应用

循环伏安法常用于研究电极反应的性质、机理和电极过程动力学参数等，是一种很有用的电化学研究方法。

（1）判断电极反应可逆性

一般来说，由于 $\Delta\varphi_p$ 与实验条件有关，所以当其数值为$\frac{55}{z}\sim\frac{65}{z}$ mV 时，即可判断该电极为可逆过程。同时应注意，阴极峰、阳极峰电流相等，且与电压扫速的平方根成正比，因为峰电流是由扩散速率控制的。但对于不可逆过程，反扫时不会出现阳极峰，但阴极峰电流仍与电压扫速的平方根成正比。

（2）电极反应机理的判断

循环伏安法可用来研究电极反应机理。例如，对氨基苯酚的循环伏安图示于图 12.19。循环伏安扫描的起始电位在图中 S 处，电位较负，沿箭头方向进行阳极化扫描，产生一阳极峰 1。然后做反向阴极化扫描，出现两个阴极峰 2 和 3。再换向作阳极化扫描，此时阳极分支出现峰 4 和峰 5，其中峰 5 与峰 1 的峰电位

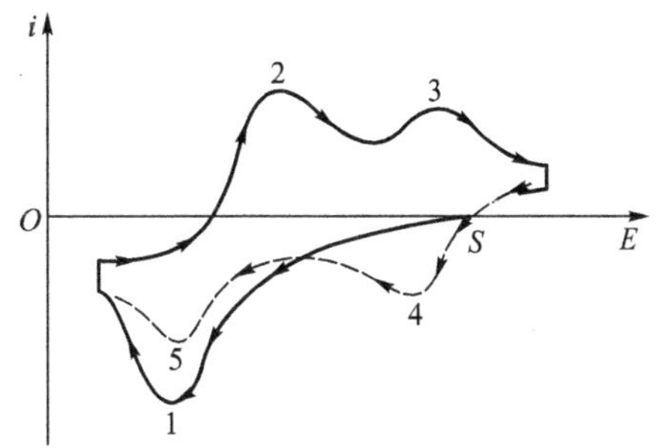

图 12.19　对氨基苯酚的循环伏安图

很接近。由此推断对氨基苯酚的电极反应机理如下。

在第一次阳极化扫描时溶液中仅对氨基苯酚是电活性物质，它在电极上发生氧化反应，生成对亚氨基苯醌：

OH　　　　O
NH_2 ⟶ NH $+ 2H^+ + 2e^-$

出现阳极峰 1。产物对亚氨基苯醌有一部分在电极附近溶液中与水和氢离子发生化学反应，生成对苯醌：

O　　　　O
NH $+ H_3O^+$ ⟶ O $+ NH_4^+$

阴极化扫描时，对亚氨基苯醌还原为对氨基苯酚，形成阴极峰 2；化学反应产物对苯醌还原为对苯二酚，形成峰 3。

O　　　　OH
O $+ 2H^+ + 2e^-$ ⟶ OH

再一次进行阳极扫描时，对苯二酚又氧化为苯醌，形成峰 4。峰 5 与峰 1 电极反应相同。

总之，循环伏安法仪器设备简单，操作简便，很容易获得有关电极反应中的各种信息。这种方法对研究有机物、金属有机化合物及生物物质等的氧化还原反应机理特别有用。

12.10　溶出伏安法

溶出伏安法是最灵敏的电化学分析方法，它首先使被测物在一定电位下电解或吸附富集一段时间，然后进行电位扫描，使富集在电极上的物质电解，并记录电流-电位曲线，进行定量分析。它包括富集和溶出两个过程。为了对低浓度的物质更有效地富集，在富集时常常需要搅拌，而测量时保持溶液静止。电解富集时工作电极作为阴极，溶出时作为阳极，称为阳极溶出伏安法；电解富集时工作电极作为阳极，溶出时作为阴极，称为阴极溶出伏安法；富集过程不通过电解来完成，而是通过被测物吸附在工作电极表面，但溶出时通过电位扫描，使吸附在电极表面的物质进行氧化或还原反应，称为吸附溶出伏安法。本章仅简单介绍阳极溶出伏安法。

例如，在盐酸介质中测定痕量的铜、铅、镉时，首先将悬汞电极的电位固定在-0.8 V，电解一定的时间，此时溶液中的一部分 Cu^{2+}，Pb^{2+}，Cd^{2+} 在电极上还原，并生成汞齐，富集在悬汞滴上。电解完毕后，使悬汞电极的电位均匀地由负向正变化，首先达到可以使镉汞齐氧化的电位，这时，由于镉的氧化，产生氧化电流。当电位继续变正时，由于电极表面层中的镉已基本全被氧化，所以电流迅速减小，这样就形成了峰状的溶出伏安曲线。同样，当悬汞电极的电位继续变正，达到铅汞齐的氧化电位时，也得到相应的溶出峰。如图 12.20 所示。

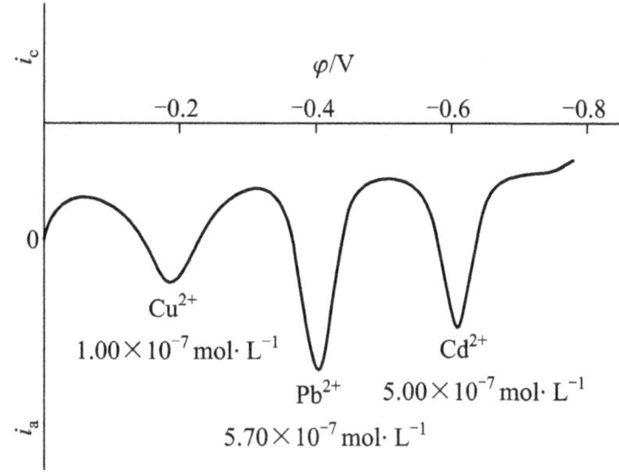

图 12.20 盐酸介质中铜、铅、镉的溶出伏安曲线

溶出伏安法使用的工作电极有悬汞电极、汞膜电极、玻璃电极等固体电极。汞膜电极用银、铂等作电极基体材料，在其表面镀汞，形成厚度数十纳米至数百纳米的汞膜。这种电极表面积大，电解富集效率高，因此常作伏安法的工作电极。对于阳极溶出，在悬汞电极上，溶出峰电流与被测物的浓度有下列关系：

$$i_p = -k_1 K_L z^{\frac{3}{2}} D_R^{\frac{1}{2}} rvtc \tag{12.32}$$

在汞膜电极上为

$$i_p = -k_2 K_L z^2 Avtc \tag{12.33}$$

上两式中 k_1, k_2 均为常数；K_L 为传质系数：

$$K_L = D_o^{\frac{2}{3}} \omega^{\frac{1}{2}} \eta^{-\frac{1}{6}} \tag{12.34}$$

z 为溶出时的电极反应的电子转移数；D_o，D_R 分别为金属离子在溶液中和金属在汞齐中的扩散系数；r 为悬汞滴的半径；A 为汞膜电极的表面积；v 为溶出时的电位扫描速率；t 为电解富集时间；ω 为富集时搅拌的角频率；η 为溶液的黏度；c 为溶液中被测离子的原始浓度。在适宜的条件下，溶出伏安曲线的峰高与被测物浓度成正比：

$$i_p = Kc \tag{12.35}$$

这就是溶出伏安法定量分析的基础。溶出伏安法广泛用于金属离子及有机化合物的测定，吸附溶出伏安法测定药物的报道很多。

参考文献

[1] 高小霞.电分析化学导论.北京：科学出版社，1986.

[2] Bard A J，Faulkner L R.电化学方法原理和应用.2 版.邵元华，朱果逸，董献堆，等，译.北京：化学工业出版社，2005.

[3] 张新祥，李美仙，李娜，等.仪器分析教程.3 版.北京：北京大学出版社，2022.

[4] 武汉大学.分析化学(下册).6版.北京:高等教育出版社,2018.

习题

12.1　某二价阳离子在滴汞电极上还原为金属并生成汞齐,产生可逆极谱波。汞滴流量为 1.54 $mg \cdot s^{-1}$,滴下时间为 3.87 s,该离子的扩散系数为 8.00×10^{-6} $cm^2 \cdot s^{-1}$,其浓度为 4.00×10^{-3} $mol \cdot L^{-1}$。试计算极限扩散电流及扩散电流常数。

12.2　同上题。如试液体积为 25.00 mL,在达到极限扩散电流时的外加电压下电解试液 1 h,试计算被测离子浓度降低的摩尔分数。

12.3　在 0.10 $mol \cdot L^{-1}$ 硝酸钾底液中,含有浓度为 1.00×10^{-3} $mol \cdot L^{-1}$ 的 $PbCl_2$,测得极限扩散电流为 8.76 μA。从滴汞电极滴下 10 滴汞需时 43.2 s,称得其质量为 84.7 mg。计算 Pb^{2+} 的扩散系数。

12.4　某物质产生可逆极谱波。当汞柱高度为 50 cm 时,测得扩散电流为 1.85 μA。如果将汞柱高度升至 70 cm,扩散电流有多大?

12.5　在同一试液中,用三个不同的滴汞电极得到如下数据。试估算电极 A 和 C 的 $\frac{i_d}{c}$ 值。

	A	B	C
汞滴流量/($mg \cdot s^{-1}$)	0.982	3.92	6.96
滴下时间/s	6.53	2.36	1.37
$\frac{i_d}{c}$/($\mu A \cdot mmol^{-1} \cdot L$)		4.86	

12.6　在 3 $mol \cdot L^{-1}$ 盐酸介质中,Pb^{2+} 和 In^{3+} 还原成金属产生极谱波。它们的扩散系数相同,半波电位分别为 -0.46 V 和 -0.66 V。当 1.00×10^{-3} $mol \cdot L^{-1}$ 的 Pb^{2+} 与未知浓度的 In^{3+} 共存时,测得它们的极谱波高分别为 30 mm 和 45 mm。计算 In^{3+} 的浓度。

12.7　采用标准加入法测定某样品中的微量锌。取样品 1.000 g 溶解后,加入 NH_3-NH_4Cl底液,稀释至 50.00 mL。取试液 10.00 mL,测得极谱波高为 10 格。加入锌标准溶液(含锌 1.00 $mg \cdot mL^{-1}$)0.50 mL 后,波高为 20 格。计算样品中锌的百分含量。

12.8　用极谱法测定某氯化钙溶液中的微量铅。取试液 5.00 mL,加 0.1%明胶 5 mL,用水稀释至 50.00 mL。取出部分溶液于电解杯中,通氮气 10 min,然后在 -0.2~0.6 V 间记录极谱图,得波高 50 格。另取 5.00 mL 试液,加标准铅溶液(0.50 $mg \cdot mL^{-1}$)1.00 mL,然后按上述分析步骤同样处理,得波高 80 格。

(a) 解释操作规程中各步骤的作用;

(b) 计算样品溶液中 Pb^{2+} 的含量(以 $g \cdot L^{-1}$ 计);

(c) 能不能用铁粉、亚硫酸钠或通二氧化碳除氧?

12.9　25 ℃时,测得某可逆还原波在不同电位时的扩散电流值如下,极限扩散电流为

3.24 μA。试计算电极反应中的电子转移数及半波电位。

E(相对于 SCE)/V	−0.395	−0.406	−0.415	−0.422	−0.431	−0.445
i_d/μA	0.48	0.97	1.46	1.94	2.43	2.92

12.10 推导苯醌(Q)在滴汞电极上还原为对苯二酚(HQ)的可逆极谱波方程式,其电极反应如下:

$$\text{Q (O=C}_6\text{H}_4\text{=O)} + 2H^+ + 2e^- \longrightarrow \text{HQ (HO–C}_6\text{H}_4\text{–OH)} \qquad \varphi^{\ominus}_{Q,HQ} = 0.699\ \text{V(相对于 SCE)}$$

若假定苯醌及对苯二酚的扩散电流常数及活度系数均相等,则半波电位与 $\varphi^{\ominus}$ 及 pH 有何关系?并计算 pH = 7 时极谱波的半波电位(相对于 SCE)。

12.11 在 1.0 mol·L^{-1} 硝酸钾溶液中,铅离子还原为铅汞齐的半波电位为−0.405 V。在1.0 mol·L^{-1} 硝酸钾介质中,当 1.00 × 10^{-4} mol·L^{-1} Pb^{2+} 与 1.00 × 10^{-2} mol·L^{-1} EDTA 发生配位反应时,配合物还原波的半波电位为多少?已知 PbY^{2-} 的 $K_{稳}$ = 1.1 × 10^{18}。

12.12 In^{3+} 在 0.10 mol·L^{-1} 高氯酸钠溶液中还原为 In (Hg)的可逆波半波电位为−0.55 V。当有 0.10 mol·L^{-1} 乙二胺 (en)同时存在时,形成的配离子 $In(en)_3^{3+}$ 的半波电位向负方向位移 0.52 V。计算此配合物的稳定常数。

12.13 在 0.1 mol·L^{-1} 硝酸钾介质中,1.00 × 10^{-4} mol·L^{-1} Cd^{2+} 与不同浓度的 X^- 所形成的配离子的可逆极谱波的半波电位值如下,电极反应为二价镉还原为镉汞齐,试求该配合物的化学式及稳定常数。

X^-浓度/(mol·L^{-1})	0.00	1.00 × 10^{-3}	3.00 × 10^{-3}	1.00 × 10^{-2}	3.00 × 10^{-2}
$\varphi_{1/2}$(相对于 SCE)/V	−0.586	−0.719	−0.743	−0.778	−0.805

12.14 某可逆极谱波的电极反应为

$$Ox + 4H^+ + 4e^- = Red$$

在 pH = 2.5 的缓冲介质中,测得其半波电位为−0.349 V。分别计算该极谱波在 pH 为 1.0, 3.5和 7.0 时的半波电位。

12.15 对苯二酚在滴汞电极上产生可逆极谱波。当 pH = 7 时,其半波电位为+0.041 V (相对于 SCE)。计算对苯二酚的单扫描极谱波的峰电位。

12.16 Pb^{2+} 在 3.0 mol·L^{-1} 盐酸溶液中还原时,所产生的极谱波的半波电位为−0.46 V。今在滴汞电极电位为−0.70 V 时(已达完全浓差极化),测得下列各溶液的电流值:

溶液	i/μA
(a) 6.0 mol·L^{-1} HCl 溶液 25.00 mL,稀释至 50.00 mL	0.15
(b) 6.0 mol·L^{-1} HCl 溶液 25.00 mL,加样品溶液 10.00 mL,稀释至 50.00 mL	1.23
(c) 6.0 mol·L^{-1} HCl 溶液 25.00 mL,加 1.00 × 10^{-3} mol·L^{-1} Pb^{2+} 标准溶液 5.00 mL,稀释至 50.00 mL	0.94

计算样品溶液中铅的含量（以 $mg \cdot L^{-1}$ 计）。

12.17　在 pH = 5 的乙酸－乙酸盐缓冲溶液中，IO_3^- 还原为 I^- 的极谱波的半波电位为 −0.50 V（相对于 SCE），试根据能斯特方程判断极谱波的可逆性。

12.18　在酸性介质中，Cu^{2+} 的半波电位约为 0.0 V，Pb^{2+} 的半波电位约为 −0.4 V，Al^{3+} 的半波电位在氢波之后。试问用极谱法测定铜中微量的铅和铝中微量的铅时，何者较易？为什么？

12.19　在 0.1 $mol \cdot L^{-1}$ KCl 溶液中，$Co(NH_3)_6^{3+}$ 在滴汞电极上进行下列电极反应而产生极谱波：

$$Co(NH_3)_6^{3+} + e^- \rightleftharpoons Co(NH_3)_6^{2+} \qquad \varphi_{1/2} = -0.25\ V$$

$$Co(NH_3)_6^{2+} + 2e^- \rightleftharpoons Co + 6NH_3 \qquad \varphi_{1/2} = -1.2\ V$$

两个波中哪个波较高，为什么？

12.20　在强酸性溶液中，Sb^{3+} 在滴汞电极上进行下列电极反应而产生极谱波：

$$Sb^{3+} + 3e^- + Hg \rightleftharpoons Sb(Hg) \qquad \varphi_{1/2} = -0.30\ V$$

在强碱性溶液中，Sb^{3+} 在滴汞电极上进行下列电极反应而产生极谱波：

$$Sb(OH)_4^- + 2OH^- \rightleftharpoons Sb(OH)_6^- + 2e^- \qquad \varphi_{1/2} = 0.40\ V$$

（a）滴汞电极在这里是正极还是负极？是阳极还是阴极？

（b）电化学池在这里是原电池还是电解池？

（c）酸度变化时，极谱波的半波电位有没有变化？如有变化，指明变化方向。

12.21　当达到极限扩散电流区域后，继续增加外加电压，是否还引起滴汞电极电位的改变及参加电极反应的物质在电极表面浓度的变化？

12.22　试证明化学反应平行于电极反应的催化电流与汞柱高度无关。

12.23　在 0.1 $mol \cdot L^{-1}$ 氢氧化钠溶液介质中，用阴极溶出伏安法测定 S^{2-}。以悬汞电极作为工作电极，在 −0.40 V 时电解富集，然后溶出。分别写出富集和溶出时的电极反应式。

12.24　在极谱分析中，影响扩散电流的主要因素有哪些？测定时，如何控制这些因素的影响？

12.25　与经典极谱法和方波极谱法相比，脉冲极谱法为什么能提高灵敏度？

12.26　试述溶出伏安法的基本原理及分析过程，解释溶出伏安法灵敏度比较高的原因。

习题参考答案

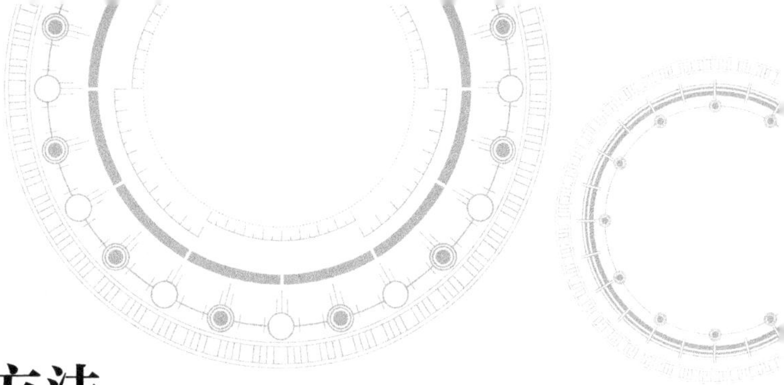

第十三章
电化学分析中的新方法

13.1 化学修饰电极

在常规电化学分析中，所用的电极一般只有电子授受的单一作用，在电极上大多数物质电子转移速率较慢。如何改善电极的表面性能，使电极能够提供更快的电子转移速率，是希望解决的问题。化学修饰电极（CME）为该问题的解决带来了可能。CME 问世于 1975 年，以其独特的化学性能引起了广泛关注，研究范围涉及有机合成、催化反应、电化学分析等诸多方面。

13.1.1 制备

由于 CME 是通过化学或物理的方法对电极表面进行修饰的，因此修饰电极的制备是在 CME 领域开展研究较为关键的步骤。在采取修饰步骤之前，所用固体电极必须首先经过表面的清洁处理，目的是获得一种新鲜的、活性的和重现性好的电极表面状态，以利于后续的修饰过程。另一个重要的目的是取得溶液中氧化还原体在裸电极上反应的电化学参数，以便与在 CME 上的行为进行比较。

1. 固体电极表面的清洁处理

（1）机械研磨和抛光

固体电极表面的第一步处理是进行机械研磨、抛光至镜面程度。特别是当电极表面存在惰化层和很强的吸附层时，必须用机械或加热的办法处理。通常用的抛光材料有金刚砂，CeO_2，ZrO_2，MgO 和 $\alpha-Al_2O_3$ 粉及其抛光液。抛光时按抛光剂粒径降低的顺序依次进行研磨，如对新的电极表面先经金刚砂纸粗研和细研后，再用 $\alpha-Al_2O_3$ 粉在平板玻璃或抛光布上分别进行抛光。每次抛光后先洗去表面污物，再移入超声水浴中清洗，每次 2～3 min，重复数次，直至清洗干净。最后用乙醇、稀酸和水彻底洗涤，得到平滑光洁、新鲜的电极表面。等离子体和激光技术也被用于电极表面的清洁处理。

（2）化学法和电化学法处理

固体电极经抛光后，接着进行化学的，特别是电化学的处理。电化学法常用强的无机酸或中性电解质溶液，有时也用缓冲溶液在恒电位、恒电流或循环电位扫描下极化。根据扫描终止电位的不同，可获得氧化的、还原的或干净的电极表面。电化学法还能在试液中直接进行电极处理，方法简单易行。

2. 制备方法

CME 的制备方法一般分为共价键合法、吸附法和聚合物膜法三大类，但它们之间没有严格的界限。例如，聚合物可以制成吸附型修饰电极，共价键合聚合物在电极表面也可以制成聚合物型修饰电极。

(1) 共价键合法

共价键合法是最早用来对电极表面进行修饰的方法，它直接导致了 CME 的命名和问世。所谓共价键合型修饰电极，是通过共价键合的方法，将某些具有特定功能的化合物共价连接在电极表面，从而改变或改善电极原有的性质，实现电极的功能设计。共价键合法一般分两步，第一步是电极表面的预处理，即将电极表面进行电的、化学的和物理的预处理，以便引入键合基团，一般可以引入氧基、氨基、卤基等功能基团。第二步是进行表面有机合成，把预定的功能基团接在电极表面。在第一步电极表面预处理的基础上，电极表面已经有了可供键合的基团，通过胺、酰胺、酯、酮、醚等键合反应将预定的功能基团接在电极表面上。常用的基体电极有碳（石墨、玻璃碳）电极、金属（Pt，Au，Ti 等）电极和金属氧化物（SnO_2，TiO_2 等）电极。图 13.1 为金属和金属氧化物电极的共价键合修饰过程，图中 R* 为功能基团。

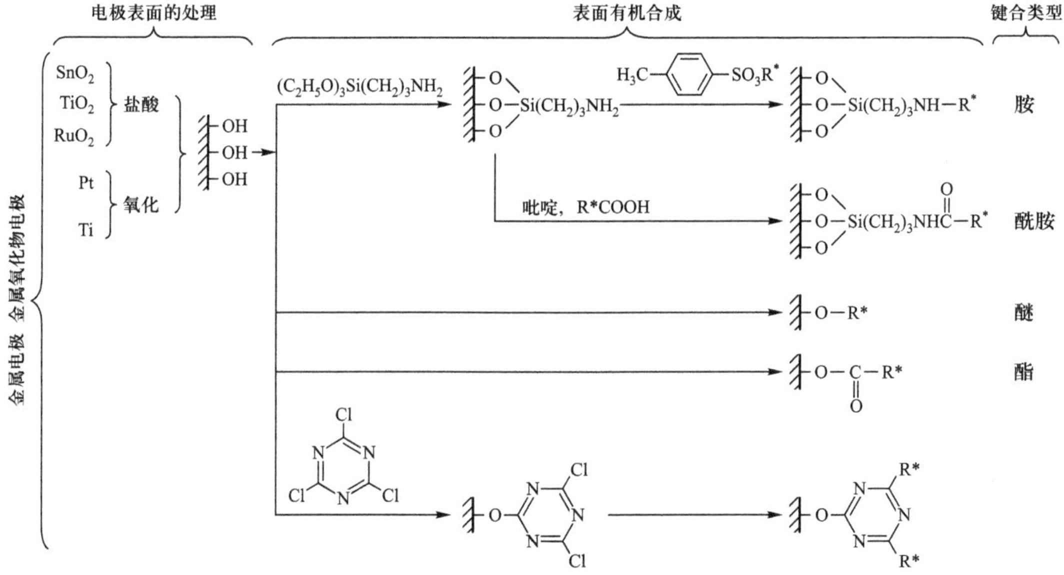

图 13.1　金属和金属氧化物电极的共价键合修饰过程

共价键合型修饰电极的特点是修饰物共价连接较牢固，而且具有分子识别功能和选择性响应。但是由于受制作过程中有机合成和在预处理过程中引进共价键合基团的数量的制约，步骤烦琐、费时，连接在电极表面的预定功能基团覆盖量低。

(2) 吸附法

吸附法是一种制备单分子或多分子层修饰电极的简便方法，是将特定功能基团分子通过吸附作用修饰到电极表面，以改变电极表面的微结构。吸附型 CME 由于制作简便，同时修饰剂体系较为广泛，引起了人们的兴趣。常见的吸附法有化学吸附法、静电吸附法、LB 膜法和分子自组装膜法。

① 化学吸附法　在电解液中加入修饰物质,就会在电极表面形成热力学吸附平衡。强吸附性物质,如高级醇类、硫醇类、生物碱等都可以吸附在电极表面,但一般形成的是不完全的单分子层。

② 静电吸附法　在低浓度或高浓度的条件下,可以通过静电引力使溶液中的离子聚集在电极表面,形成多分子层。静电吸附在热力学上是不可逆的。

③ LB 膜法　将不溶于水的表面活性物质在水面上铺展成单分子 LB 膜后,其亲水基伸向水相,而疏水基伸向气相。当膜与电极接触时,若电极表面是亲水性的,则表面活性物质的亲水基向电极表面排列,若电极表面是疏水性的,则逆向排列。施加一定的表面压,并依靠成膜分子本身的自组织能力,得到高密度的分子有序排列,把它转移到电极表面即得到 LB 膜吸附型修饰电极。LB 膜法可在分子水平上制备出按设计次序排列的分子组合体,排列的高度有序性与紧密性使其具有活性中心密度大、电化学响应信号高等特点。

④ 分子自组装(SA)膜法　基于分子的自组装作用,成膜分子通过分子间及其与基体材料间的物理化学作用自发形成一种热力学稳定、排列规则的单层或多层分子膜。由于利用了分子的自组装作用,可以形成单分子层自组装膜,也可以形成多分子层自组装膜。SA 膜法具有易操作、膜稳定性好的特点,电极上的 SA 膜可具有离子(或分子)识别和呈现选择性响应的功能。

吸附法制备的修饰电极与共价键合法制备的单分子层修饰电极相比,吸附法简单、直接,且修饰剂体系较为广泛。存在的主要问题是吸附层不重现,而吸附的修饰剂会逐渐失掉。

(3) 聚合物膜法

聚合物膜法是导电或非导电聚合物靠某种化学吸附作用或由于在所接触溶液中溶解度低而接在电极表面的电极修饰方法。聚合物膜电极的制备根据所选用初始试剂的不同而分为从聚合物出发和从单体出发两种制备方法。前者是将聚合物溶于低沸点的溶剂中,然后将基底电极浸入溶液表面上,使溶剂挥发成膜;或者将聚合物的稀溶液滴加到旋转圆盘电极表面上,旋转圆盘抛出多余的溶液,余下溶液在电极表面上自然干燥成膜。由单体制备薄膜修饰电极通常采用电化学聚合、等离子体聚合或辐射聚合法。其中,电化学聚合是很重要的薄膜合成方法之一,制备的聚合物薄膜具有膜厚均一、稳定且厚度可控、重现性好等特征。

聚合物膜电极有以下特点:① 修饰方法简单;② 对基体电极表面的状态要求不苛刻;③ 具有很强的机械强度和催化能力,稳定性好;④ 对某些分析底物有特定的选择性预富集作用;⑤ 可方便地改变薄膜的厚度;⑥ 大量电活性功能基团键合或结合到聚合物膜上,电化学响应信号大;⑦ 能制成多分子层修饰电极,具有三维空间结构特征,可提供丰富的能利用的势场;⑧ 聚合物膜原材料丰富,可方便实现电极的功能设计,提供各种新型电极。

13.1.2 应用

CME 能把测定方法(如脉冲伏安法、溶出伏安法等)的灵敏度和化学反应的选择性相结合,在提高选择性和灵敏度方面具有独特的优越性,是把分离、富集和测定三者合而为一的理想体系。同时,CME 具有无试剂、污染少、可活体测定等优点,因此在分析化学中得到了广泛的应用。

CME 由于表面有某些特定性质的功能基团,可使被测物通过与电极表面修饰的化学功能基团发生配位、离子交换、共价键合等反应而被富集分离。此法除由于富集而具有较高的灵敏度外,还由于修饰剂与被测物间的相互作用提高了选择性。被测物通过下述一些化学反应进行分离富集。

1. 配位反应

大多数化学分析中应用的螯合剂可成功地用作电极表面修饰剂。可以通过调节测试溶液的组成来提高方法的选择性。例如,由碳糊与修饰剂分子制得的混合碳糊修饰电极为伏安法所普遍采用。因为很多有机试剂可很快地掺入碳糊中,不需要对每一种修饰剂设计出分别的修饰方法。

2. 离子交换

离子型被测物同样可通过与键合在电极表面或分散于复合电极(如碳糊电极)中离子交换剂间的静电作用而富集。例如,树脂、带电聚合物、沸石和黏土均可起到离子交换剂的作用。

3. 共价键合

此富集过程基于被测物与修饰剂间通过共价键合并形成电化学活性的产物。例如,羧基化合物与固定在铂电极表面的伯胺基团发生缩合反应,其反应可表示为

$$R_1NH_2 + R_2—CO—R_3 \longrightarrow R_2—C(=NR_1)—R_3 + H_2O$$

13.2 光谱电化学

光谱电化学是将光谱学和电化学方法结合起来的一种方法,是将光谱技术用于研究电极/溶液界面的一种电化学方法,可以在电解池内同时测量电极反应过程中的电信息和光信息。由于光谱电化学以电化学为激发信号,应用光谱技术进行监测,两者密切结合能更好地发挥各自的优点,如电化学方法易控制调节物质的状态,能定量地产生试剂,而光谱法灵敏度高,能精确地测定物质所含基团,有利于识别物质,因而可同时获得多种信息,解决了许多纯电化学方法难以解决的问题。

13.2.1 分类

光谱电化学按不同的标准可有不同的分类方法。为适应不同体系研究的特点,相应地设计了各种不同结构的光谱电化学池和不同类型的工作电极。

按测试方式,光谱电化学分为非现场型和现场型两种。非现场型光谱电化学通常用于研究电解前后电解池的工作电极的表面和电解溶液状况,是在电化学反应发生之前和发生之后对反应物和产物的结构信息和界面信息进行检测。由于电极产物尤其是中间体的不稳定性,在终止电化学反应或将电极从电解池中取出的状态下,电生物质的结构和电极/溶液界面性质都难免发生某些变化,因此,非现场型方法并不利于电化学反应机理的研究。现场

型光谱电化学的优点是能在电极反应的同时,采用光谱技术在电化学反应过程中检测电解池内部特别是电极/溶液界面的状态和各种物质的变化,获得分子水平的实时信息,从而快速得到准确的结果,故目前应用中以现场型光谱电化学为多。

按照电极附近溶液层的相对厚度,光谱电化学可分为薄层光谱电化学法(TL-SEC)和半无限扩散光谱电化学法(SD-SEC)。TL-SEC采用一个薄层池(薄层厚度小于0.2 mm),最大的优点是能集薄层电化学、循环伏安、控制电位库仑和光谱等各种技术于一个统一的实验中,并且所需样品量少,实验时间短(20~120 s)。TL-SEC的特点是电解池内电活性物质属于耗竭性的电解,因而可通过薄层池来控制电极反应进行的程度。SD-SEC使用与常规电化学池相似的普通池,电解液的厚度远大于邻近电极表面的扩散层的厚度。

根据入射光入射电极方式的不同,光谱电化学可分为透射式和反射式两种。透射式光谱电化学包括光透式光谱电化学(OT-SEC)和平行入射式光谱电化学(PL-SEC)。OT-SEC是光束直接透过透明工作电极和试液(图13.2),是最常用的光谱电化学技术。OT-SEC使用的电极为光透电极,分为薄膜电极和微栅电极。其中,薄膜电极是将导电材料涂或镀到玻璃或石英上,微栅电极是由金属丝编制成网状而成的。PL-SEC是入射光束平行于工作电极表面并透过试液,其最大的优点是对于工作电极没有限制,透明或不透明的电极都能使用。反射式光谱电化学是入射光束透过光透电极的背面,渗入电极溶液界面,若入射角大于邻界角,则光线全内反射。

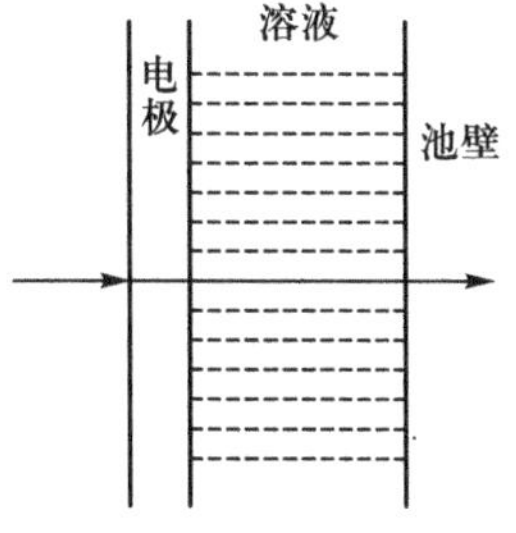

图13.2 光透式光谱电化学电解池

按照光谱检测手段的不同,光谱电化学可分为紫外-可见吸收光谱电化学、红外吸收光谱电化学、拉曼光谱电化学、电子自旋共振波谱电化学等。

采用光透电极的紫外-可见光谱电化学是最先发展起来的光谱电化学技术,凡在紫外-可见光区有吸收的电活性物质大多可采用此种方法进行研究,对于某些有电活性无光学活性或有光学活性无电活性的物质,也可采用间接法进行研究。它通过观察电化学反应过程中吸收光谱的变化来检测不稳定的中间体和产物,可用于研究一些生物分子的电化学反应动力学过程。紫外-可见吸收光谱电化学的基本要求是参与电化学反应的物质及其产物或其中之一在紫外-可见光区产生吸收,其优点是仪器比较简单、操作方便。

13.2.2 特点

1. 优点

① 光谱电化学能提供电极反应产物和中间体的实时信息,可以通过施加不同的激发电位改变物质的存在形式,同时用光谱记录变化过程。

② 具有较高的选择性。光谱电化学利用电化学上各种物质具有不同的氧化还原电位,同时利用各种物质具有不同的分子光谱特性,使得很多电化学上难以区分的电极过程可以通过光谱电化学来分辨。

③ 不受充电电流和残余电流的影响。光谱电化学检测的是电活性物质的光谱变化,只要共存的其他物质不产生光谱的干扰,则对测定的光谱信号不产生影响,这对于需加入媒介

体的生物分子的间接电化学研究是有利的。

④ 可以研究非常缓慢的异相电子转移和均相化学反应。

⑤ 可以研究非电活性物质在电极表面的吸附定向。

2. 不足

① 光谱电化学应用范围有局限性。如紫外-可见吸收光谱电化学要求在所研究的体系中,其紫外-可见光区要有光谱变化,使该方法局限于含有共轭体系的有机物质和在紫外-可见光区具有光吸收的无机化合物的研究。

② 电化学反应的中间体和产物可能会产生光谱重叠现象,这一现象以及共存的光吸收物质的干扰影响了电化学机理的阐明。

③ 某些有机化合物尽管也有光的吸收峰,但发生电子转移的部位远离分子中的共轭体系,没有产生光吸收峰的变化,这种体系也不适于进行研究。

13.2.3　应用

光谱电化学发展至今,在理论研究、电解池的设计与改进及应用领域的拓宽等方面都取得了显著的成绩,也越来越显示出它的优越性。光谱电化学已经在无机、有机、生物分子的氧化还原等方面得到了广泛的应用;对于电极本身,包括修饰电极的表面特性的研究也是非常有利的。光谱电化学主要用于研究电化学反应历程、反应动力学及研究表面电化学,它推动了电化学研究由宏观进入微观、由统计水平进入分子水平,是研究电化学过程的质的飞跃。

电化学反应是在电极/溶液界面上进行的,电子传递、交换都在电极/溶液界面上进行,因而要深入了解电化学过程,就必须研究电极表面性质及电极上吸附层及附近扩散层中的变化过程,光谱电化学为这种研究提供了强有力的手段。

(1) 测量条件电位($\varphi^{\ominus'}$)和电子转移数(z)

光谱电化学提供了一种简单的方法,通过控制电位而快速准确地调节小体积溶液中氧化还原态,同时进行原位光谱测量,得到每一电位下的吸收或发射光谱的变化,再根据能斯特方程作图,就可以测出物质的条件电位($\varphi^{\ominus'}$)和电子转移数(z)。

(2) 电极过程反应机理的研究

光谱电化学能直接检测电极过程中光谱的变化,通过对所获得光学信息和化学信息的综合分析和推断,能获得电极反应机理。例如,将傅里叶变换红外(FTIR)光谱法与电化学方法相结合,可在电化学反应过程中同时得到红外信号,以揭示电极/溶液界面反应物种的实时动态信息,对深入研究反应过程和机理具有重要意义。目前,红外吸收光谱电化学技术已广泛应用于生物、环境、能源转化与存储等领域。

13.3　微电极

电极的微型化使其具有比常规电极更多的优点和更广泛的应用前景。早在 20 世纪 60 年代,人们开始发现微电极具有高稳态电流密度、高传质速率、高信噪比、极小时间常数和极低电阻降等优良的电化学特性，使其在 20 世纪 70 年代末期逐步发展为电化学的前沿领域。

13.3.1 特点

在物质传输原理上，微电极和常规电极类似。

在常规电极体系中，通常情况下电化学反应中的物质扩散接近半无限的平面扩散。随着电极尺寸的减小，物质的扩散变得与电极的大小和几何形状有关。在电流电位图中体现为常规电极上呈现经典的循环伏安图；而微电极上则呈现稳态的电流-电位曲线，类似于经典的极谱图和旋转电极的电流-电位曲线。这种改变是由于物质的扩散由在常规电极上的一维扩散转变为在微电极上的多维扩散。在微电极体系中，除了存在常规的轴向扩散外，平行于电极表面的径向扩散也起着重要的作用。微电极上的扩散传质速率与其几何尺寸成反比，尺寸越小，扩散传质速率越大。微电极比常规电极有着更大的扩散传质速率，使得微电极可获得比常规电极更大的电流密度。

13.3.2 分类

根据电极的尺寸，可将电极分为常规电极、微电极和超微电极。随着纳米技术、微系统及机械加工技术、微电子技术的发展，微小电极的制造成为可能。目前研制的微电极已由微米级向纳米级发展。然而，电极尺寸由微米级降低至纳米级不仅会显著增大电极制备的难度，而且会使弱信号的检测问题更加突出，因此微电极的研究主要集中于微米级电极。各种尺寸电极的定义见图 13.3。

按照微电极的几何形状和组成差异可分为圆盘电极、圆环电极、圆柱电极、球形电极、半扁球电极、带状电极、条形电极、阵列电极和叉指形电极，其电极制作材料有铂、金、钨、碳纤维和碳纳米管等。圆盘微电极因为构造和制备相对简单，是实验中最常用的电极。碳纤维圆盘微电极的结构如图 13.4 所示。

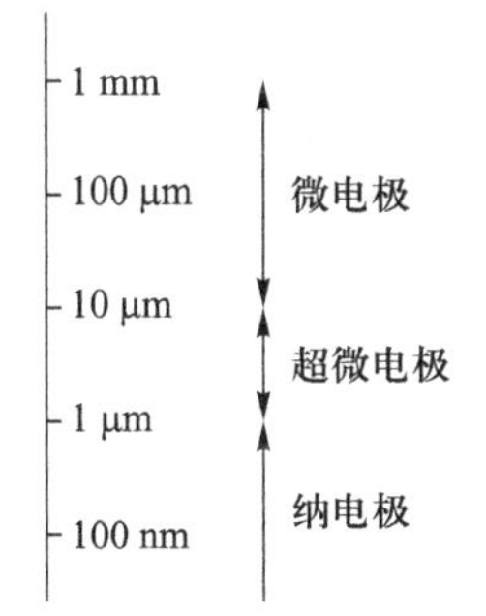

图 13.3 各种尺寸电极的定义

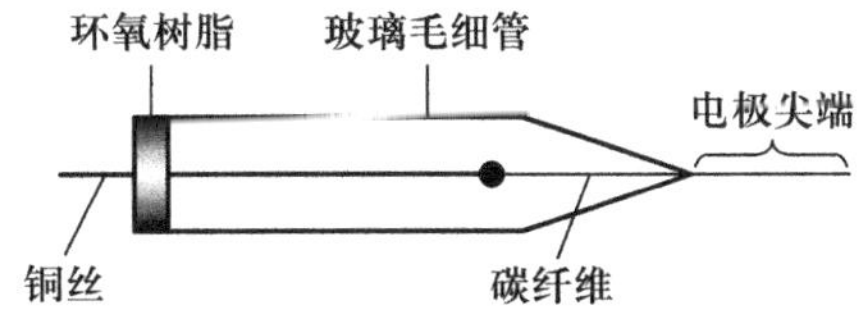

图 13.4 碳纤维圆盘微电极结构示意图

13.3.3 应用

利用微电极技术可解决一些常规电极方法所不能解决的问题，同时也开辟了一些新的研究领域,如生物体内物质的电化学研究、快速电化学反应及毛细管电泳反应中快速均相反应的动力学研究、高阻体系中电化学性质的研究、固相中电化学性质的研究以及在分子水平上研究一些过程等。

利用微电极分析被测物的浓度,特别适合测定微小区域中的物质,在分析化学领域被广泛应用。微电极上物质传输速率的加快、充电电流的减小都有助于提高法拉第电流和光电电流的比值,增大了信噪比,可显著提高分析的灵敏度。

近年来,微电极作为生物传感器得到了极大关注,其中应用最为广泛的是酶传感器。1956 年,Clark 制备出第一只基于安培法的生物传感器,建立了测定血液中氧浓度的电化学分析法。安培法属于电位阶跃技术,它将一个恒定的电位施加在工作电极上(恒定电位的选择通常是被测物质发生氧化或还原反应的电位),测量随时间变化的电流值,记录 i-t 曲线。

一氧化氮在烟酰胺化学修饰微电极上发生氧化反应:

$$NO = NO^+ + e^-$$

当工作电极电位恒定于 0.65V(相对于 Ag-AgCl 电极),向电解池中在时间 t_1 和 t_2,t_3 和 t_4 以及 t_5 和 t_6 分别注入不同浓度的 NO,但在时间 t_1 和 t_2,t_3 和 t_4 以及 t_5 和 t_6 所加 NO 浓度相同,得到安培响应的 i-t 曲线如图 13.5 所示。加入 NO 后,能迅速产生氧化电流,且很快出现电流平台,这是由于电极反应受扩散控制,电极表面 NO 浓度趋于零,电流与 NO 本体浓度成正比,电极面积很小,电流很小,试液中 NO 浓度恒定,定量分析的依据是伊尔科维奇方程[式(12.9)]。

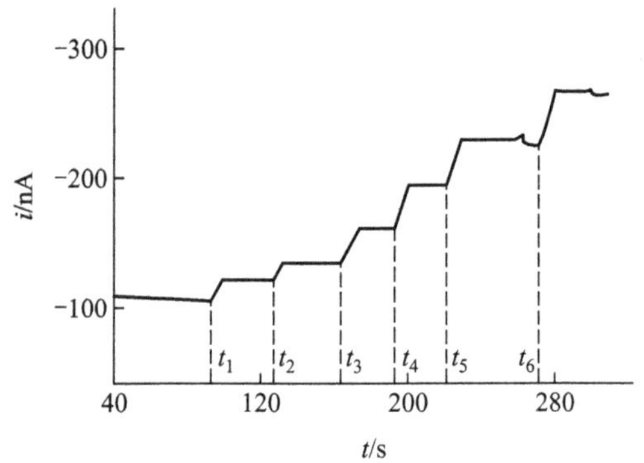

图 13.5　一氧化氮在化学修饰电极上的电流响应图

用透气膜将酶包裹固定在 Clark 氧电极表面,即可制备得到相应的酶传感器。例如,葡萄糖传感器通常使用葡萄糖氧化酶,对葡萄糖具有选择性响应。当含有氧饱和的葡萄糖被测溶液与酶电极接触时,将发生以下酶反应:

$$\text{葡萄糖} + O_2 + H_2O \xrightarrow{\text{葡萄糖氧化酶}} \text{葡萄糖酸} + H_2O_2$$

氧被催化还原为过氧化氢,葡萄糖被转化为葡萄糖酸。由于酶附近的氧被消耗,到达氧电极上的氧的量减少了,最后导致氧还原电流降低。氧还原电流降低的值与被测溶液中葡萄糖的浓度成正比,从而实现了葡萄糖的测定。

13.4　石英晶体微天平

石英晶体微天平(QCM)是一种非常灵敏的质量检测器,可以进行纳克级的质量测定。石英晶体微天平与电化学技术联用,构成电化学石英晶体微天平。它在获得电化学信息的同时还可以得到质量的信息,具有其他方法无法比拟的优越性。QCM 既可以检测电极表面纳克级的质量变化,还能同时测量电极表面质量、电流和电荷量随电位的变化情况,为判断电极反应机理提供丰富的信息,是一种新的、非常有效的电极表面分析工具。

13.4.1 工作原理

1880 年,Currie 兄弟发现,在某些晶体的某个方向上,施以机械应力时,在其两端的表面上会感应出数量相等、符号相反的束缚电荷;作用力反向时,表面电荷亦反号,并且在一定范围内电荷密度与作用力成正比。他们称此现象为正压电效应。如果把此晶体置于一定方向的电场中,晶体会产生外形尺寸的变化,并且在一定范围内形变与电场强度成正比,这种现象称为逆压电效应。二者统称为压电效应。压电效应与晶体结构的关系极为密切。凡是具有对称中心的晶体,都不具有压电效应。压电晶体的共同特点是具有极轴。

石英晶体属于三方晶系,有三个极轴,在外力作用下沿这三个极轴方向都会出现压电效应。若将石英晶体置于交变电场中,且频率与所用石英晶体的固有频率相近,则会在石英晶体内部产生共振驻波。QCM 中一般使用工作在厚度剪切振动模式的 AT-CUT 型石英晶体,其内部产生驻波的条件为

$$f_0 = \frac{v_{\text{tr}}}{2l_{\text{q}}} = \frac{\sqrt{\mu_{\text{q}}/\rho_{\text{q}}}}{2l_{\text{q}}} \tag{13.1}$$

式中 f_0 为石英晶体的固有频率(基频);v_{tr}为声波在石英晶体内的传播速度;μ_{q},ρ_{q} 分别为石英的剪切模量和密度;l_{q} 为石英晶体的厚度。如果有一层异质材料均匀且刚性地附着在石英晶体表面,则上述驻波会穿过两种材料的界面并在外附着层内传播。假定外附着层与石英晶体有相同的剪切模量和密度,则外沉积层(厚度为 Δl)引起的谐振器频率变化 Δf 满足如下关系式:

$$\frac{\Delta f}{f_0} = -\frac{\Delta l}{l_{\text{q}}} \tag{13.2}$$

由式(13.1)和式(13.2)可得到 Sauerbrey 方程:

$$\Delta f = -\frac{2f_0^2\Delta m}{\sqrt{\mu_{\text{q}}\rho_{\text{q}}}} = -C_{\text{f}}\Delta m \tag{13.3}$$

式中 Δm 为单位面积上的质量变化;$C_{\text{f}} = \dfrac{2f_0^2}{\sqrt{\mu_{\text{q}}\rho_{\text{q}}}}$,$C_{\text{f}}$ 为石英晶体微天平的质量灵敏度。可以看出,Δf 与 Δm 之间呈简单的线性关系,这就是 QCM 的基本原理。

13.4.2 仪器构造

QCM 主要由石英晶体谐振器、振荡器、信号检测(频率计数器)和数据处理(计算机系统)等部分组成(图 13.6),基本部件是一个具有压电效应的石英晶体谐振器(图 13.7)。它由一很薄的石英晶体片和喷镀于石英片两面的金属电极(Au,Ag,Pt 等)组成,其核心是沿着与石英晶体主光轴成 35°15′切割(AT-CUT)而成的石英晶体振荡片。QCM 在电化学池中一面浸于溶液中,另一面由于测量线路的需要暴露于空气中,即两个电极之一作为工作电极使用,是电化学反应的场所;另一个电极与谐振线路连接。因此,QCM 在获得电化学信息的同

时又通过频率的测定获得了质量的信息。利用 QCM 灵敏的质量传感性能与电化学技术紧密结合，可以现场获取电极上质量随电位变化的信息，跟踪电极/溶液界面的各种传质和传荷过程。

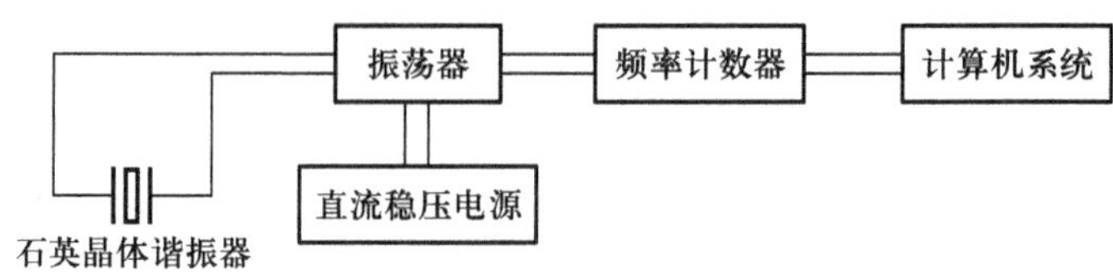

图 13.6　QCM 基本组成示意图

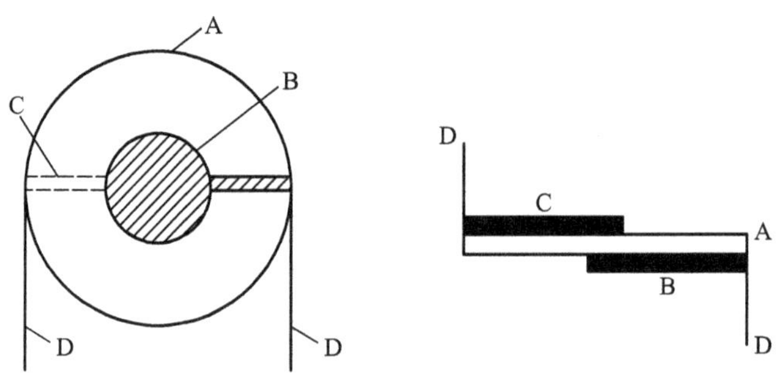

A—石英晶体片；B—正面电极；C—背面电极；D—引线

图 13.7　石英晶体谐振器的基本结构

13.4.3　应用

石英晶体微天平可应用于生物学、化学、材料学、医学等各个领域。目前它在诸如金属电沉积、CME、生物医学、药物分析、气味检测等方面都有应用，并且已经不仅仅局限于简单的浓度测定，已深入到反应机理、化学反应动力学等方面的研究。

1. 在分析化学中的应用

由于 Sauerbrey 方程是在真空和气相条件下导出的，QCM 最早应用于气相组分的检测。目前，CM 已被广泛用于气相组分、有毒易爆气体的检测，如 SO_2，NH_3，NO_2，H_2S，HCl，CO，H_2，CH_4，氰化物，有机磷化物等。QCM 在溶液中的应用起步较晚，主要用于溶液中无机离子的测定。当 QCM 用于气态物质检测时，在谐振器表面制备一层对某种气体分子有选择性吸附性能的敏感膜，当谐振器与被测气体接触时，由于敏感膜的特异性吸附，被测气体分子被吸附到谐振器的表面，导致谐振器产生表面质量改变，通过检测频率的方式得到气体分子在谐振器表面的吸附量。由于该吸附量与气体的浓度有关，因此通过对信号的处理，可得到被测气体的浓度。

2. 在生物医学中的应用

利用 QCM 的高质量敏感性，在其探头电极上修饰具有生物活性的特异选择功能膜即可做成压电晶体生物传感器。其中应用最广的一类是基于抗体对抗原的特异性识别和结合功能的免疫传感器,如牛血清白蛋白、免疫球蛋白 IgG 的检测等。另一类是多核苷酸的杂交反应的监测,在医学诊断、细菌学、病理学、生物化学和分子生物学方面有特殊用途。

① 细菌检测　近年来,QCM 已被用于白色念珠菌、大肠杆菌 O157:H7、沙门氏菌及霍乱弧菌等的检测。将目标细菌的抗体固定在压电石英电极表面,与被测溶液中目标菌抗原发生免疫结合反应,传感器因表面负载增大而振荡频率下降。例如,通过测量不同细菌菌株被束缚于 QCM 表面金电极时产生的频率变化,可研究对多种不同细菌识别过程的稳定性和重复性。

② 蛋白质检测　根据抗原抗体特异性结合原理,通过化学手段将单克隆抗体结合到 QCM 的晶片上,制成可检测蛋白质的 QCM 传感器。目前 QCM 技术已应用于免疫球蛋白、白蛋白、纤维蛋白(原)及降解产物、补体、酶蛋白、甲状腺素、人绒毛膜促性腺激素及皮质醇等的检测。例如,用 QCM 可对损伤的人脐静脉内皮细胞释放的可溶性血栓调节蛋白进行检测,将被测样品缓慢通入 QCM 传感器中,若样品中含有被测的抗原,就会与石英晶体微天平晶片上的单克隆抗体结合,导致晶片表面质量发生变化,从而引起频率的变化。

③ 酶学检测　基于酶和底物之间的亲和作用可将 QCM 应用于检测酶活性、底物或产物。在酶促反应过程中,QCM 电极表面的负载变化与酶活性或产物量有关。例如,可将由已糖激酶构成的 QCM 用于葡萄糖的检测。

参考文献

[1] Bard A J,Faulkner L R.电化学方法原理和应用.2 版.邵元华,朱果逸,董献堆,等,译.北京:化学工业出版社,2005.

[2] 董绍俊,车广礼,谢远武. 化学修饰电极. 北京:科学出版社,2003.

[3] 金利通,仝威,徐金瑞,等.化学修饰电极.上海:华东师范大学出版社,1992.

[4] 谢远武,董绍俊.光谱电化学方法——理论与应用.长春:吉林科学技术出版社,1993.

[5] 张祖训.超微电极电化学.北京:科学出版社,1998.

[6] 曾泳淮.分析化学(仪器分析部分).3 版.北京:高等教育出版社,2010.

习题

13.1　什么是共价键合型修饰电极?如何制备?

13.2　简述光谱电化学的优点。

13.3　微电极有哪几种分类方法？

13.4　常规电极与微电极有什么区别？

13.5　说明石英晶体微天平的基本组成及部件。

13.6　简述紫外-可见吸收光谱电化学法与红外光谱电化学法的主要应用。

13.7　指出安培法和伏安法的主要差别。

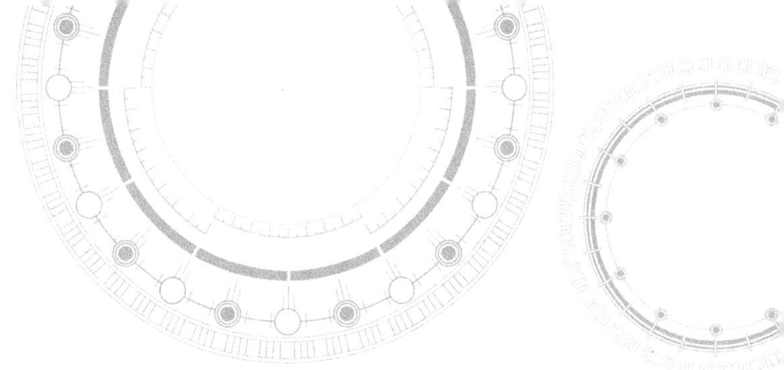

第十四章

色谱法的基本原理

色谱法是基于样品中不同组分在互不相溶的两相（固定相和流动相）的吸附能力、分配常数或其他亲和力的差异而建立的分析方法。1903年，俄国植物学家茨维特（Tswett）在学术会议上提出用吸附原理分离植物色素的新方法。他把植物色素的石油醚提取液倒入一根装有固体碳酸钙颗粒（固定相）的竖直玻璃管（色谱柱）中，再从管的上部加入纯的石油醚（流动相），任其自由流下。这时，植物色素的提取液沿玻璃管流动，在管内形成具有不同颜色的色带，每个色带代表不同的组分。1906年，他在发表的论文中将这种方法命名为色谱法。关于色谱法的创立时间，有的说1903年，有的说1906年，由以上简述可知，各有道理。

1941年，马丁（Martin）和辛格（Synge）发明了液液色谱，为此马丁和辛格于1952年获得诺贝尔化学奖。1952年，詹姆斯（James）和马丁发明了气相色谱。1956年，范第姆特（van Deemter）等提出了速率理论。1957年，戈雷（Golay）开创了开管柱气相色谱法，习惯上称为毛细管气相色谱法。20世纪60年代出现了高效液相色谱法。

14.1 色谱法分类

1. 按流动相的状态分类

(1) 气相色谱法

用气体作流动相的色谱法，包括气固吸附色谱法和气液分配色谱法。

(2) 液相色谱法

用液体作流动相的色谱法，包括液固吸附色谱法、液液分配色谱法、化学键合相（液固）色谱法、离子（液固）色谱法、离子交换（液固）色谱法、体积排阻（液固）色谱法和亲和（液固）色谱法。

(3) 超临界流体色谱法

用超临界流体作流动相的色谱法。

2. 按固定相形状分类

(1) 柱色谱

固定相在柱内的称为柱色谱，它又可分为填充柱色谱和毛细管柱色谱。固定相填充玻璃管或金属管的称为填充柱色谱，而固定相固定在毛细管内壁的称为毛细管柱色谱。

（2）纸色谱

用滤纸作固定相的色谱称为纸色谱。

（3）薄层色谱

将固定相研磨成粉末，而后涂敷在玻璃、铝或其他板上成薄膜固定相，用此种薄膜固定相的色谱法称为薄层色谱法。

纸色谱和薄层色谱统称为平板色谱。

3. 按分离过程的物理化学原理分类

（1）吸附色谱

利用吸附剂表面对不同组分吸附性能的差异，即利用吸附系数的差异进行分离。

（2）分配色谱

利用不同组分在两相中分配常数的不同进行分离。

（3）离子交换和离子色谱

利用不同组分与离子交换剂交换能力的差异，即利用选择性系数的差异进行分离。

（4）排阻色谱

利用多孔物质对不同大小分子阻碍作用的差异，即利用渗透系数的差异进行分离。

14.2　色谱分离原理

14.2.1　分配常数和保留因子

1. 分配常数

色谱分离过程涉及被测物在固定相(s)和流动相(m)中的分配平衡。平衡常数 K 称为分配常数，也称分配系数，是被测组分在两相中的浓度比，即

$$K = \frac{c_s}{c_m} \tag{14.1}$$

式中 c_s 是被测物在固定相中的浓度；c_m 是被测物在流动相中的浓度；K 是热力学常数，K 值除了与温度、压力有关外，还与被测物、固定相和流动相的性质有关。K 值大说明组分在固定相中的浓度大，即组分在柱中停留时间长，移动速率慢。不同组分有不同的分配常数，这是不同组分分离的根本原因。采用分配色谱分离两个组分时，若两组分的 K 值相等，无论怎样选择色谱条件，也不可能将这两个组分分离。

2. 保留因子

保留因子 k 是指在一定的温度和压力下，组分在固定相与流动相两相间达到平衡时，分配在固定相中的质量(m_s)与分配在流动相中的质量(m_m)之比，即

$$k = \frac{m_s}{m_m} = \frac{n_s}{n_m} = \frac{c_s V_s}{c_m V_m} = K\frac{V_s}{V_m} = \frac{K}{\beta} \tag{14.2}$$

式中 $\beta = \frac{V_m}{V_s}$，称为相比；V_m 为柱中流动相的体积，近似等于实验上测得的死体积(V_M)；V_s 是

柱中固定相的体积，在分配色谱中 V_s 表示固定液的体积；k 随 K 和 β 变化。k 值越大，说明被测组分在固定相中的量越多，相当于柱的容量大，所以 k 又称作分配比和容量因子，这是表征色谱柱对被测组分保留能力的热力学参数。更重要的是，由后边的讨论可知，k 可由实验所得的色谱图直接求出，即可由实验数据求出热力学数据，也可由已知的热力学数据来预测实验结果。在 k 和 K 的表达式中，c_s 和 V_s 在不同类型的色谱中有不同的含义。当固定相为液体时，c_s 是组分在固定液中的浓度，而 V_s 是固定液的体积；当固定相为固体时，对于排阻色谱，c_s 是组分在单位孔体积中的量，而 V_s 是孔体积，对于其他色谱法，c_s 是组分在单位表面积或单位质量中的量，而 V_s 是固定相的表面积或质量。

14.2.2 分离原理

以气相色谱法为例，气相色谱法是采用气体作流动相的一种色谱法。在这种方法中，载气（即流动相，它通常是一种不与待测物作用，用来载送样品的惰性气体，如氢气、氮气等）载着待分析的样品通过色谱柱中的固定相，使样品中各组分在两相中发生反复多次的分配，最后使各组分分离，然后分别检测，记录各自的响应信号。图 14.1 为 A，B 两组分的分离过程示意图及记录的色谱图。

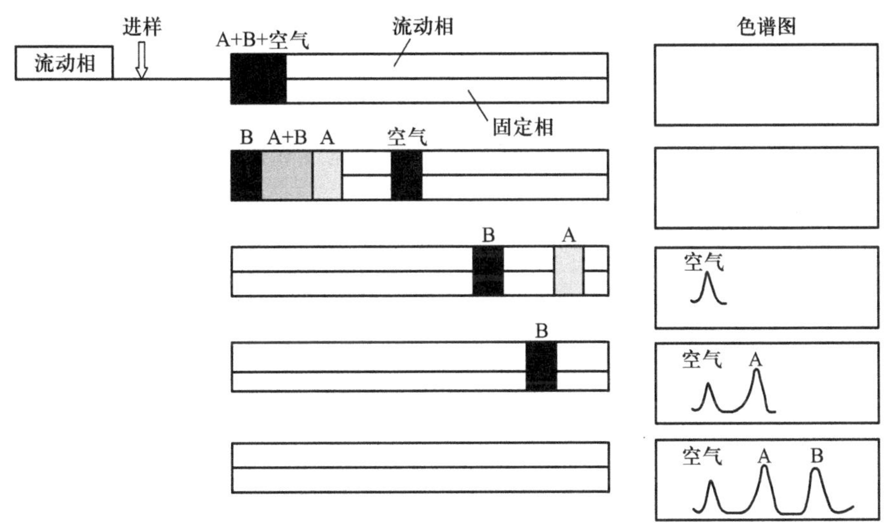

图 14.1 A，B 两组分的分离过程示意图及记录的色谱图

14.3 色谱流出曲线

色谱图是检测器的响应信号随流出时间（或流出体积）变化的曲线，这种曲线也称为色谱流出曲线。色谱流出曲线由基线和色谱峰组成（图 14.2），基线是指流动相中没有使检测器产生响应信号的组分时，检测器响应信号随流出时间的变化，稳定的基线应是一条水平直线。但各种实验因素的影响会引起基线漂移，即基线随时间定向缓慢变化，也会引起基线噪

声，即基线起伏。色谱峰是在基线上突起的部分，它是由引入流动相的样品中可产生响应信号的组分引起的。

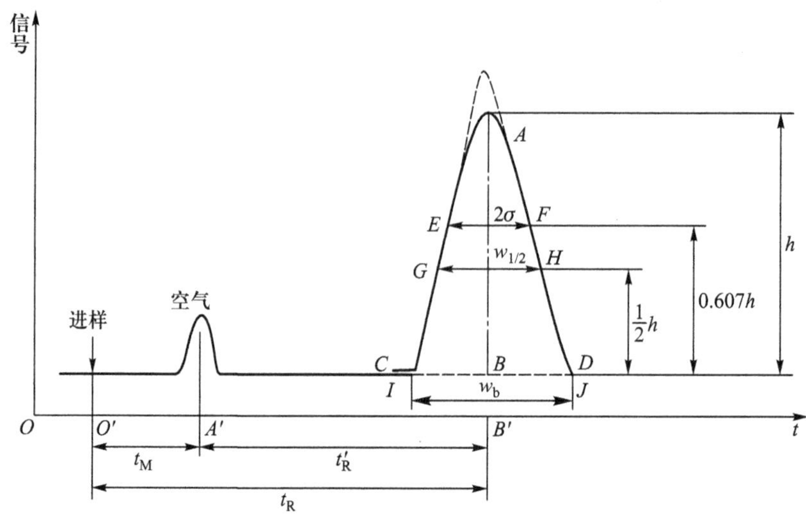

图 14.2　色谱流出曲线

14.3.1　色谱峰

描述色谱峰有三个参数，即峰高（或峰面积）、区域宽度和保留值（时间或体积）。

1. 峰高 h

从色谱峰顶点到基线的距离，以 h 表示，见图 14.2 中的 AB。

2. 标准偏差 σ

从下文 14.4 节中的讨论可知，色谱峰呈正态分布，而描述正态分布的一个常数是标准偏差，色谱峰中的标准偏差的真正含义将在 14.4 节解释。σ 等于峰高 0.607 处峰宽的一半，即图 14.2 中 EF 的一半。E，F 两点为峰两边的拐点，即曲线二阶导数等于零的两个点。

3. 半峰宽 $w_{1/2}$

峰高一半处峰的宽度，即图 14.2 中的 GH，半峰宽可用下式计算，$w_{1/2}=2.354\sigma$。

4. 峰底宽 w_b

由色谱峰两边的拐点作切线与基线相交，相交两点，两点间距离为峰底宽，即图 14.2 中的 IJ，$w_b=4\sigma$。

σ，$w_{1/2}$和 w_b 统称为色谱峰的区域宽度。

5. 峰面积 A

峰轮廓线与基线所包围的面积，即图 14.2 中 ACD 内的面积。通常用 $A=1.065\,hw_{1/2}$来计算峰面积。

14.3.2　保留值

保留值是用于描述分析样品中各组分在色谱柱中滞留情况的物理量，通常用将各组分带出色谱柱所需的载气体积或时间表示。在一定的固定相和操作条件下,任何一种物质都有一个固定的保留值,故组分的保留值可用于该组分的定性鉴定。由实验获得的色谱图可直接给出保留时间,而保留体积则需再进行计算才可得到。所以,为了方便人们习惯用保留时间,但是保留时间受流动相流速的影响,保留体积却与流动相流速无关。

1. 死时间 t_M

t_M 是指从进样开始到柱后,不被固定相吸附或溶解的组分出现响应信号极大值时所需的时间,见图 14.2 中的 $O'A'$。死时间实际上就是流动相通过色谱柱所需的时间。死时间由色谱柱中流动相体积 V_m 与流动相流速决定,与被测组分和固定相无关。直接测定死时间要选用合适的物质,如气相色谱分析中常用空气(热导检测器)和甲烷(火焰离子化检测器)来测定死时间。

2. 保留时间 t_R

t_R 是指从进样开始到柱后,组分出现响应信号极大值时所需的时间,见图 14.2 中的 $O'B'$。组分的保留时间就是组分通过色谱柱所需的时间。显然,保留时间与流动相的性质、在色谱柱中的体积 V_m 和流速有关,并与固定相的性质和在色谱柱中的体积 V_s 及被测组分的性质有关。

3. 调整保留时间 t_R'

t_R'是指扣除死时间后的保留时间,即图 14.2 中的 $A'B'$:

$$t_R' = t_R - t_M$$

4. 流动相流速

流动相流速的大小可用单位时间流动相通过的距离(线流速,u)或体积(体积流量,q_V)或量(质量流量,q_m 和摩尔流量,q_n)表示。通常因为流动相在流路中是连续流动的,不能在某一横截面聚集,所以在流路中流过各处的物质的量是恒定的,也就是说各处的质量流量和摩尔流量是恒定的,即各处相等。但由于气体可压缩,所以线流速和体积流量可能各处不同。而液体难以压缩,线流速可能不一样,但体积流量可视为各处相同。所以在液相色谱中实验上测得的柱出口流动相流量即为柱内的平均体积流量 $\bar{q}_{V,c}$。在气相色谱中常在柱出口测体积流量。

用皂膜流量计时,测得的是气体在色谱柱出口处的体积流量 $q_{V,o}$,但要知道柱内的平均体积流量 $\bar{q}_{V,c}$,由 $q_{V,o}$求 $\bar{q}_{V,c}$,要进行温度、湿度和压力校正。首先进行温度和压力校正,根据流路中各处摩尔流量 q_n 相等,很容易得到

$$\bar{q}_{V,c} = \frac{T_c}{T_o}\frac{p_r}{\bar{p}_c}q_{V,o} \tag{14.3}$$

根据式(14.3),就可由 $q_{V,o}$求得 $\bar{q}_{V,c}$,但必须知道 T_c,T_o,$\bar{p}_c$ 和 p_r。其中 T_c 和 T_o 分别为柱内和柱出口处的温度,即柱温和室温,容易得到。p_r 是柱出口处载气的压力,$\bar{p}_c$ 是柱内的平均压力,在实验上很难测得,而色谱柱入口处和出口处的压力 p_i 和 p_o 是很容易知道的,p_o 实际上是大气压,所以 $\bar{p}_c$ 和 p_r 需用 p_i 和 p_o 代替,即利用下式将 $\bar{p}_c$ 算出:

$$\bar{p}_c = \frac{2}{3}\frac{\left(\frac{p_i}{p_o}\right)^3 - 1}{\left(\frac{p_i}{p_o}\right)^2 - 1}p_o = \frac{1}{j}p_o$$

式中

$$j=\frac{3}{2}\frac{\left(\frac{p_i}{p_o}\right)^2-1}{\left(\frac{p_i}{p_o}\right)^3-1}$$

因为用皂膜流量计测量流量时柱内载气中没有水，而在柱出口处，载气中含有饱和的水蒸气，假如饱和水蒸气的压力为 p_w，则出口处载气的压力 p_r 应该为 $p_r=p_o-p_w$，p_w 是室温下的饱和水蒸气压，很容易查到。将式(14.3)中的 p_r 和 $\bar{p}_c$ 用实验上容易得到的参数代替，则式(14.3)就可以写成

$$\bar{q}_{V,c}=j\frac{T_c}{T_o}\frac{p_o-p_w}{p_o}q_{V,o} \tag{14.4}$$

利用式(14.4)，就可校正温度、湿度和压力的影响，而将用皂膜流量计测得的流量 $q_{V,o}$ 转换成柱内载气的平均流量 $\bar{q}_{V,c}$。知道了 $\bar{q}_{V,c}$，就很容易由色谱图上的保留时间计算出保留体积。

5. 死体积 V_M

不被固定相保留的组分，即分配色谱中 $K=0$ 的组分，通过色谱柱时所需流动相的体积，可由死时间来确定：

$$V_M=t_M\bar{q}_{V,c}$$

显然，在色谱法中，死体积由实验结果来确定，它包括色谱柱内未被固定相占据的空隙体积，即色谱柱内流动相体积(V_m)，也包括柱外死体积，即包括色谱仪中从进样系统到检测器之间色谱柱以外流路部分中的流动相所占的体积，所以 $V_M>V_m$，但当柱外死体积很小时，可以认为 $V_M=V_m$。

6. 保留体积 V_R

从进样开始到柱后出现被测组分响应信号极大值时所通过的载气体积称为保留体积：

$$V_R=t_R\bar{q}_{V,c}$$

7. 调整保留体积 V'_R

由保留体积扣除死体积后的体积称为调整保留体积：

$$V'_R=t'_R\bar{q}_{V,c}=V_R-V_M$$

8. 分离因子 α

分离因子 α 是指组分 2 的调整保留值与组分 1 的调整保留值之比，即相对保留值 $r_{2,1}$，它只与柱温、组分性质、流动相性质和固定相性质有关，是一个热力学参数，故可作为一个定性指标。

$$\alpha=r_{2,1}=\frac{t'_{R_2}}{t'_{R_1}}=\frac{V'_{R_2}}{V'_{R_1}}\neq\frac{t_{R_2}}{t_{R_1}}\neq\frac{V_{R_2}}{V_{R_1}}$$

α 也称作选择性因子。习惯上，$t'_{R_1}<t'_{R_2}$，所以 α 值大于 1。α 越大，两组分越容易分离；$\alpha=1$ 时，两组分不能分开。

9. 保留值与保留因子间的关系

将实验数据保留值与热力学常数 k 或 K 联系起来无疑对色谱法的发展和应用是重要的。若色谱柱柱长为 L，则被测物 x 在色谱柱内的平均线流速 $\bar{u}_x$ 为

$$\bar{u}_x = \frac{L}{t_{R_x}}$$

而流动相分子不被固定相保留，所以流动相的平均线流速 $\bar{u}$ 为

$$\bar{u} = \frac{L}{t_M}$$

当被测物在固定相中时，其不流动，线流速为零，而当其在流动相中时，其线流速与流动相的流速相同，即为 $\bar{u}$。所以被测物的 $\bar{u}_x$ 不仅与 $\bar{u}$ 有关，而且与被测物出现在流动相中的概率$\left(\frac{n_m}{n_s + n_m}\right)$有关，因此，$\bar{u}_x$ 可表示成 $\bar{u}$ 的分数，这一分数应为某一时刻被测物在流动相中的物质的量(n_m)与在色谱柱中的总物质的量($n_s + n_m$)之比，即

$$\bar{u}_x = \bar{u}\frac{n_m}{n_s + n_m} = \bar{u}\frac{1}{R + 1}$$

因为色谱柱柱长是一定的，所以

$$\bar{u}_x t_R = \bar{u} t_M$$

$$\bar{u}\frac{n_m}{n_s + n_m} t_R = \bar{u} t_M$$

$$\frac{t_M}{t_R} = \frac{n_m}{n_s + n_m} = \frac{\frac{n_m}{n_m}}{\frac{n_s}{n_m} + \frac{n_m}{n_m}} = \frac{1}{k + 1}$$

$$k = \frac{t_R - t_M}{t_M} = \frac{t'_R}{t_M} \tag{14.5}$$

此式说明，组分的调整保留时间与 k 有关，即实验上所得数据受热力学参数的控制。同时，热力学参数也可直接由实验数据求得，所以这是一个重要的关系式，根据这一关系式，不难推导出：

$$\alpha = \frac{t'_{R_2}}{t'_{R_1}} = \frac{\frac{t'_{R_2}}{t_M}}{\frac{t'_{R_1}}{t_M}} = \frac{k_2}{k_1} = \frac{K_2\frac{V_s}{V_m}}{K_1\frac{V_s}{V_m}} = \frac{K_2}{K_1}$$

由此式可知，α 是两个组分分配常数或保留因子之比，是一个热力学常数，受组分的性质、流动相的性质、固定相的性质及温度的影响，而与柱径、柱长、填充情况及流动相流速等实验条件无关。

从色谱流出曲线可以得到以下一些信息：

① 根据色谱峰的个数，可以推断样品所含的最少组分数；

② 根据色谱峰的保留值可以进行定性分析；

③ 根据色谱峰的面积或峰高可以进行定量分析；

④ 根据色谱峰的位置和区域宽度可对色谱柱效能进行评价。

14.3.3　色谱柱峰容量和样品容量

色谱柱峰容量是在给定的色谱体系和操作条件下,并在相邻组分的分离度为 1.0 的条件下,在色谱流出曲线中最多能容纳的色谱峰的个数,峰容量取决于理论塔板数和最后一个峰的保留时间与死时间之比。色谱柱样品容量(柱容量)是指在色谱峰没有明显变形,且为对称峰的情况下,样品能够进入色谱柱最大的允许量,如果样品量过载,会导致色谱峰拖尾等畸变。

14.4　塔板理论

14.4.1　塔板理论的假设

塔板理论由马丁等人提出,建立这一理论的思路源于化学工业中的精馏塔,精馏塔用于不同组分的分离,而色谱柱也是,但精馏塔是由许多塔板构成的,而色谱柱是连续的,中间没有塔板,但可假设,设想色谱柱有许多小段组成。实际上,在自然科学上,科学理论的提出和建立常常首先要有一些假设。在这些假设的基础上提出一种理论模型,理论模型有时是一种数学表达式,而后用实验来验证理论模型,并根据实验结果修正和完善模型,最后得到与实验结果比较符合并能指导实验的理论模型。塔板理论的提出和建立正是这样,首先提出了一些假设:

① 色谱柱分成 n 段,n 为理论塔板数,每段高为 H,H 为塔板高度,柱长为 L,则 $n = L/H$;

② 所有组分开始都加在零号塔板上;

③ 在每块塔板上被测物在两相间的平衡是瞬间建立的;

④ 流动相是以脉冲式(塞子式)进入色谱柱进行冲洗的,每次恰好为一个塔板体积 ΔV;

⑤ 在所有塔板上,同一组分的分配常数为常数,即和组分的量无关;

⑥ 沿色谱柱方向不存在塔板与塔板间被测物的纵向扩散。

14.4.2　塔板理论的建立

为了说明根据上述假设,如何建立塔板理论,先看一个简单的例子。若将 1 ng 被测物引入色谱柱,假设此柱有 5 块塔板,且 $k = 1$。样品加在 0 号板上,分配平衡后,在固定相和流动相中被测组分均为 0.5 ng,而后又引入一个塔板体积(ΔV)的流动相,在 0 号板上固定相中的被测物不移动,而流动相中 0.5 ng 被测组分移动到 1 号板上,分配平衡后,在 0 号板上固定相与流动相中组分均为 0.25 ng,而 1 号板上固定相和流动相中组分也均为 0.25 ng。以此类推,组分逐渐向柱出口移动,最后又逐渐移出色谱柱,在柱出口被检测后排出。组分流出曲线就是色谱柱出口流动相中组分量随塔板体积的变化(表 14.1 和图 14.3)。

表 14.1　1 ng 组分在 $n=5,k=1$ 柱内塔板上固定相和流动相中的量以及柱出口处流动相中的量

塔板体积数(ΔV)	塔板编号					
	0	1	2	3	4	柱出口
0	0.5					
	0.5					
1	0.25	0.25				
	0.25	0.25				
2	0.125	0.25	0.125			
	0.125	0.25	0.125			
3	0.063	0.188	0.188	0.063		
	0.063	0.188	0.188	0.063		
4	0.031	0.125	0.188	0.125	0.031	
	0.031	0.125	0.188	0.125	0.031	
5	0.016	0.078	0.157	0.157	0.078	0.031
	0.016	0.078	0.157	0.157	0.078	
6	0.008	0.047	0.118	0.157	0.118	0.078
	0.008	0.047	0.118	0.157	0.118	
7	0.004	0.028	0.083	0.138	0.138	0.118
	0.004	0.028	0.083	0.138	0.138	
8	0.002	0.016	0.056	0.111	0.138	0.138
	0.002	0.016	0.056	0.111	0.138	
9	0.001	0.009	0.036	0.084	0.125	0.138
	0.001	0.009	0.036	0.084	0.125	
10	0	0.005	0.023	0.060	0.105	0.125
	0	0.005	0.023	0.060	0.105	
11	0	0.003	0.014	0.042	0.083	0.105
	0	0.003	0.014	0.042	0.083	
12	0	0.002	0.009	0.028	0.063	0.083
	0	0.002	0.009	0.028	0.063	
13	0	0.001	0.005	0.019	0.046	0.063
	0	0.001	0.005	0.019	0.046	

由图 14.3 可知，组分流出曲线呈峰形但不对称。这是由于假设的塔板数(5)太小，实际上，在气相和液相色谱中，n 一般大于 10^3，所以可以得到对称的峰形。由这一简单例子所得结果可以直观地看出，组分流出曲线的形状类似数学上的正态分布曲线。图 14.3 中纵坐标

为组分的质量，此质量用塔板体积除，即可得到组分在流动相中的浓度（c），横坐标为塔板体积数，但当塔板数目很大，而塔板体积很小时，横坐标可看成体积（V）的连续变化。图14.3也可以看成c随V的变化曲线。当n很大时，组分流出曲线可用正态分布（高斯分布）描述，数学上正态分布的方程为

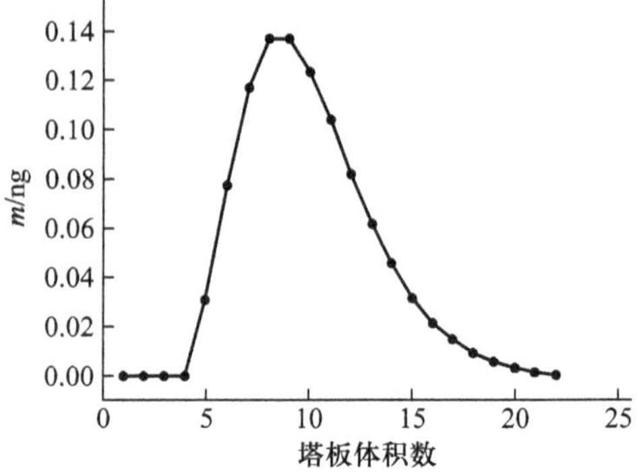

图 14.3　组分流出曲线

$$y = \frac{1}{\sqrt{2\pi}\sigma}e^{-\frac{(x-\mu)^2}{2\sigma^2}} \tag{14.6}$$

式（14.6）说明y与x的关系，式中σ为标准偏差，μ为平均值。在色谱法中，根据上述假定以及一些理论推导，可将正态分布方程用于色谱流出曲线，把某些参数做相应的改变而得到

$$c = \frac{\sqrt{n}m}{\sqrt{2\pi}V_R}e^{-\frac{n(V-V_R)^2}{2V_R^2}} \tag{14.7}$$

这就是流出曲线方程的数学表达式，也称塔板理论方程。式（14.7）中c为不同流出体积时的组分浓度；m为进样量；V_R为保留体积；n为塔板数；V为流出体积。若令式（14.7）中的$m=1$，$\frac{V_R}{\sqrt{n}}$用标准偏差σ来代替，即

$$\sigma = \frac{V_R}{\sqrt{n}} \tag{14.8}$$

则式（14.7）就变成

$$c = \frac{1}{\sqrt{2\pi}\sigma}e^{-\frac{(V-V_R)^2}{2\sigma^2}} \tag{14.9}$$

由于色谱流出曲线为正态分布曲线，所以色谱峰用标准偏差来描述，而式（14.8）也说明了σ的真正含义。式（14.7）和式（14.9）中c代表柱出口处组分的浓度，浓度是不能被直接给出的，而实际上是色谱出口放置一检测器，将被测物浓度或量以信号（R）大小（峰高或面积）形式记录下来，此信号因检测器而异，但它必须可被记录或读出。此记录的信号R与浓度（c）成正比，$R=kc$，即式（14.9）中c可用信号R来代替，而由于体积$V=t\bar{q}_{V,c}$，所以式（14.9）中V可用t来代替，即图14.3也可看成R随t（或V）的变化曲线。也就是说，理论上预测的组分流出曲线（图14.3）与实际上得到的色谱流出曲线（色谱图）（定义为色谱检测器响应信号相对于流动相流出时间（或体积）变化的曲线，见图14.2）的形状是一致的。在式（14.7）和式（14.9）中，当$V=V_R$时，c达到最高浓度（c_{max}），则

$$c = c_{max} = \frac{\sqrt{n}m}{\sqrt{2\pi}V_R} = \frac{1}{\sqrt{2\pi}\sigma}$$

由此式可知，c_{max}与m和$\sqrt{n}$成正比，m和n越大，色谱峰越高；c_{max}与V_R成反比，V_R越大，色谱峰越低。

则式（14.9）可写成

$$c = c_{max} e^{-\frac{(V-V_R)^2}{2\sigma^2}}$$

根据半峰宽的定义,当 $c = \frac{1}{2}c_{max}$时,$V - V_R = \frac{1}{2}w_{1/2}$,式中 c_{max} 为色谱峰值处所对应的浓度:

$$\frac{1}{2}c_{max} = c_{max} e^{-\frac{\left(\frac{w_{1/2}}{2}\right)^2}{2\sigma^2}}$$

$$\ln\frac{1}{2} = -\frac{\left(\frac{w_{1/2}}{2}\right)^2}{2\sigma^2} = -\frac{w_{1/2}^2}{8\sigma^2}$$

$$-0.693 = -\frac{w_{1/2}^2}{8\sigma^2}$$

$$w_{1/2} = 2.354\sigma \tag{14.10}$$

同理可得

$$w_{0.607} = 2\sigma$$

将式(14.8)代入式(14.10)则得到

$$w_{1/2} = 2.354\frac{V_R}{\sqrt{n}}$$

$$n = 5.54\left(\frac{V_R}{w_{1/2}}\right)^2 \tag{14.11}$$

由 $w_{1/2} = 2.354\sigma$ 和 $w_b = 4\sigma$ 可证明:

$$w_{1/2} = 0.5885w_b$$

$$n = \frac{5.54}{(0.5885)^2}\left(\frac{V_R}{w_b}\right)^2 = 16\left(\frac{V_R}{w_b}\right)^2 \tag{14.12}$$

由上述讨论可知,保留值及区域宽度还可用 t 表示,即式(14.11)和式(14.12)中采用时间单位时,可得到同样的结果。保留值与区域宽度的单位必须保持一致。

理论塔板高度 H 为

$$H = \frac{L}{n}$$

式中 L 为色谱柱的长度。理论塔板数 n 越大,理论塔板高度 H 越小,色谱柱的分离效能越高。在评价柱效率时,n 和 H 是等效的。

由于死时间 t_M(或 V_M)的存在,它又包括在 t_R(或 V_R)中,而 t_M(或 V_M)并不参加组分在色谱柱内的分配,故理论塔板数 n 和理论塔板高度 H 并不能真实反映色谱柱分离效果的好坏。为了准确评价色谱柱效能,宜采用有效塔板数 n_{eff} 和有效塔板高度 H_{eff}。有效塔板数 n_{eff} 和有效塔板高度 H_{eff} 消除了死时间(或死体积)的影响,较为真实地反映了色谱柱的效能:

$$n_{eff} = 5.54\left(\frac{t'_R}{w_{1/2}}\right)^2 = 16\left(\frac{t'_R}{w_b}\right)^2 \tag{14.13}$$

$$H_{eff} = \frac{L}{n_{eff}}$$

$$n_{eff} = 16\left(\frac{t'_R}{w_b}\right)^2 = 16\left(\frac{t_R}{w_b}\right)^2\left(\frac{t'_R}{t_R}\right)^2 = n\left(\frac{t'_R}{t'_R + t_M}\right)^2$$

将上式右边括号内分子和分母同时除以 t_M,则得

$$n_{eff} = n\left(\frac{k}{k+1}\right)^2 \tag{14.14}$$

对于 n 和 n_{eff} 以及 H 和 H_{eff},用同一色谱柱时对不同物质是不一样的;同一物质对不同色谱柱也是不一样的。

塔板理论成功之处是导出了色谱流出曲线的数学表达式,说明了色谱峰的形状呈正态分布,并解释了浓度极大点,提出了评价柱效的指标(n)及其计算式。但由于这一理论所基于的假设有些是不当的,且仅考虑了热力学因素,没有考虑动力学因素,因此不能说明影响柱效的因素及谱带扩张的原因,也不能说明流动相流速对柱效的影响[实验事实是流速不同时测得的 n (或 H)不同]。

14.5 速率理论

速率理论主要论述引起色谱峰展宽的原因。引起色谱峰展宽的根本原因是组分移动的差别。除热运动引起的移动外,组分定向移动主要包括在流动相驱动下的移动、由浓差极化引起的移动和相间由分配平衡引起的相间移动。这些移动导致的色谱峰柱内展宽因素主要有涡流扩散、分子扩散、流动相传质、固定相传质和滞流流动相传质,如图 14.4 所示。色谱峰的柱外展宽是指组分进入色谱柱之前和流出色谱柱之后一些因素导致的色谱峰展宽。柱外展宽的程度与进样速率、样品引入系统体积、检测器体积及一些连接管体积有关。先以填充柱气相色谱法为例,讨论色谱峰柱内展宽的速率理论,而关于毛细管柱色谱和液相色谱法的这一理论与此类似,在后面再简单介绍。

14.5.1 气相色谱法

1. 填充柱色谱的速率理论

1956 年,荷兰学者范第姆特(van Deemter)提出了色谱过程的动力学理论,导出的塔板高度 H 与流动相平均线流速 $\bar{u}$ 的关系式(范第姆特方程式)为

$$H = A + \frac{B}{\bar{u}} + C\bar{u} \tag{14.15}$$

式中 A 为涡流扩散项;B 为分子扩散系数;C 为传质系数;$\bar{u}$ 为流动相平均线流速。由式(14.15)可知,影响 H 的因素有涡流扩散项(A)、分子扩散项$\left(\frac{B}{\bar{u}}\right)$和传质项($C\bar{u}$)。当 $\bar{u}$ 一定时,只有 A,B,C 较小时,H 才能较低,柱效才能较高。反之则柱效较低,色谱峰变宽。

(1) 涡流扩散项

在填充柱中,由于填充物颗粒的影响,流动相的流动不断改变方向,其中的组分分子也

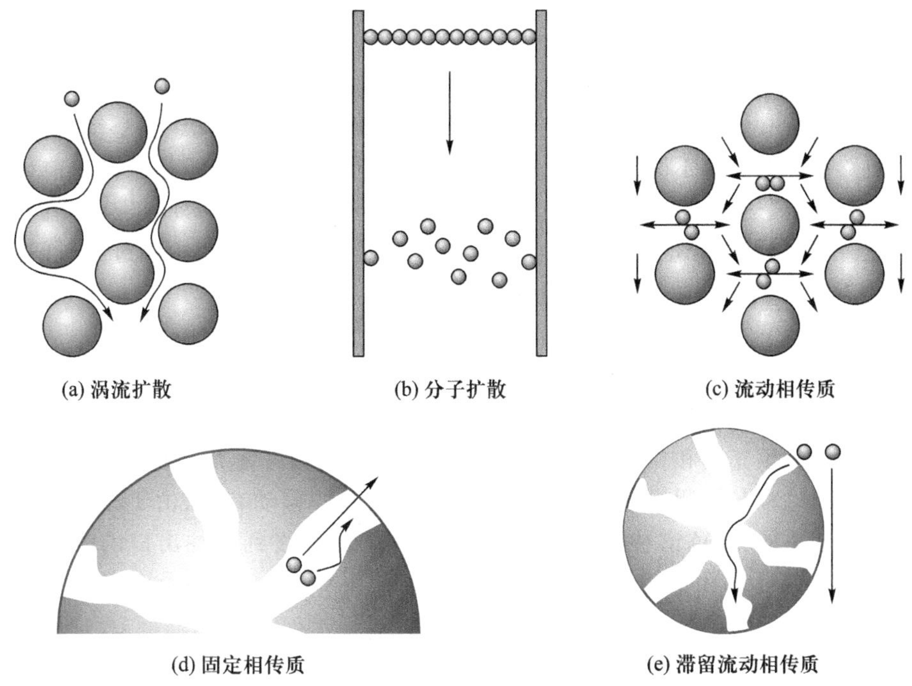

图 14.4 色谱峰柱内展宽的因素

随之改变方向，形成类似涡流的流动，而不同分子的流路不同，涡流的情况也不同，因此，同组分不同分子所走的路径长短不一样，即到达柱出口的时间就会有差别，如图 14.4(a)所示。涡流扩散项 A 可用下式表示：

$$A = 2\lambda d_{\rm P}$$

式中 λ 为填充不规则因子；$d_{\rm P}$ 为填充物颗粒的平均直径。由此式可知，影响 A 的因素是 $d_{\rm P}$ 和 λ，$d_{\rm P}$ 与填充物颗粒大小有关，而 λ 与填充物颗粒的大小分布及填充均匀的程度有关，与流动相性质、流速和组分无关。减小涡流扩散提高柱效的有效途径是使用适当小的、颗粒均匀的填充物，并尽量填充均匀。对于空心毛细管柱，$A = 0$。

(2) 分子扩散项

色谱法中，样品以脉冲式引入，样品组分被流动相带入柱后，以“塞子”形式存在于柱内很小的一段空间中，塞子内外组分的浓度差别很大，实际上一开始，塞子外组分的浓度为零，由于浓度梯度，所以必然引起组分分子纵向扩散，如图 14.4(b)所示。分子扩散项的系数 B 为

$$B = 2\gamma D_{\rm m}$$

式中 γ 为弯曲因子；$D_{\rm m}$ 为组分在流动相中的扩散系数。$D_{\rm m}$ 与组分的性质、流动相的性质、柱温和柱压等因素有关，$D_{\rm m}$ 反比于流动相相对分子质量的平方根，相对分子质量大的组分 $D_{\rm m}$ 小，故采用相对分子质量较大的流动相可使 B 项降低。$D_{\rm m}$ 随柱温升高而增大，随柱压增大而减小。弯曲因子 γ 与填充物有关。由于填充物中分子的自由扩散受到限制，扩散程度降低，所以对于填充柱，$\gamma = 0.5 \sim 0.7$，而在空心柱中，扩散不受限制，所以对于毛细管柱，$\gamma = 1.0$。

(3) 传质项

物质因浓度不均匀或相间分配不平衡而发生的迁移过程称为传质。传质包括流动相传

质和固定相传质，而传质系数也包括流动相传质系数 C_m 和固定相传质系数 C_s：

$$C = C_m + C_s$$

流动相传质过程是待测组分在色谱柱横截面沿柱半径方向横向移动的过程，如图 14.4(c)所示。这一过程并非瞬时完成，而是需要一定的时间，且相同组分移动的速率不同，致使到达流路所需时间也不同，这必然使最初处于相同位置的组分沿柱半径向前移动的距离不一样，而最终到达柱出口的时间不同，引起了色谱峰的展宽。另外，组分由流动相移动进入固定相，由于相同组分也会有不同的固定相传质速率，在流动相中经过的时间会不同。对于填充柱，其传质系数为

$$C_m = \frac{0.01k^2}{(1+k)^2} \cdot \frac{d_p^2}{D_m}$$

流动相传质系数与填充物粒径 d_p 的平方成正比，与组分在流动相中的扩散系数 D_m 成反比，因此采用粒径小的填充物和相对分子质量小的气体作流动相可使 C_m 减小，从而提高柱效。

固定相传质过程与待测组分在流动相和固定相之间的移动有关，由于相同组分在固定相中度过的时间不同，在色谱柱停留的时间就会不同，而最终到达柱出口的时间也就会不同，如图 14.4(d)所示。固定相传质系数为

$$C_s = \frac{2}{3} \frac{k}{(1+k)^2} \frac{d_f^2}{D_s}$$

式中 d_f 为固定相液膜厚度；D_s 为组分在固定相中的扩散系数。降低液膜厚度 d_f，增大组分在固定相中的扩散系数 D_s，均可提高柱效。将系数 A，B 和 C 代入式(14.15)，就可得到

$$H = 2\lambda d_p + \frac{2\gamma D_m}{\bar{u}} + \left[\frac{0.01\,k^2}{(1+k)^2} \frac{d_p^2}{D_m} + \frac{2}{3} \frac{k}{(1+k)^2} \frac{d_f^2}{D_s}\right]\bar{u} \qquad (14.16)$$

式(14.16)说明了填料均匀程度、填料颗粒大小、流动相种类和流速、固定相液膜厚度等对塔板高度 H 的影响，即对理论塔板数 n 的影响。

此处仅讨论了固定相为液体时的 C_s，当固定相是固体时，则 C_s 应依赖于组分在固定相的吸附和脱附过程。

2. 毛细管柱色谱的速率理论

基于涂壁毛细管柱，1958 年戈雷提出了毛细管柱色谱的速率理论方程：

$$H = \frac{B}{\bar{u}} + (C_m + C_s)\bar{u} \qquad (14.17)$$

式中 H 为理论塔板高度；B 为分子扩散项；C_m 和 C_s 分别为流动相和固定相传质系数；$\bar{u}$ 为流动相平均线流速，其中

$$B = 2D_m$$

$$C_m = \frac{1+6k+11k^2}{24(1+k)^2} \cdot \frac{r^2}{D_m}$$

$$C_s = \frac{k}{6(1+k)^2} \cdot \frac{d_f^2}{D_s\beta^2}$$

式中 D_m 和 D_s 分别为组分在流动相和固定相中的扩散系数；r 为毛细管半径；d_f 为固定相液膜厚度；k 为分配比；β 为相比。将系数 B，C_m 和 C_s 代入式(14.17)

$$H = \frac{2D_m}{\bar{u}} + \left[\frac{1+6k+11k^2}{24(1+k)^2} \cdot \frac{r^2}{D_m} + \frac{k}{6(1+k)^2} \cdot \frac{d_f^2}{D_s\beta^2}\right]\bar{u} \qquad (14.18)$$

比较式(14.16)与式(14.18),可以看出：

① 在毛细管柱色谱速率理论方程中,因流动相流路相同,故无涡流扩散项 A,即 $A = 0$;

② 因毛细管柱中无填料,组分的纵向扩散无障碍,故分子扩散系数 B 中的弯曲因子 $\gamma = 1$,而在填充柱中 $\gamma < 1$;

③ 在毛细管柱色谱中要考虑毛细管半径 r 的影响,而在填充柱色谱中要考虑填充物颗粒平均直径的影响。

14.5.2 液相色谱法

为讨论方便,对于液相色谱法,与气相色谱法相同,也可将塔板高度 H 与流动相平均线流速 $\bar{u}$ 之间的关系写为

$$H = A + \frac{B}{\bar{u}} + C\bar{u} \tag{14.19}$$

式中各项的意义与气相色谱法相同。

1. 涡流扩散项

$$A = 2\lambda d_{\mathrm{p}}$$

式中 λ 为填充不规则因子;d_{p} 为填充物颗粒的平均直径。

2. 分子扩散项

$$B = C_{\mathrm{d}} D_{\mathrm{m}}$$

式中 C_{d} 为常数;D_{m} 为分子在流动相中的扩散系数。分子在气相中的 D_{m} 较大,如水和苯在空气中的 D_{m} 分别为 0.277 $\mathrm{cm^2 \cdot s^{-1}}$(30 ℃)和 0.096 $\mathrm{cm^2 \cdot s^{-1}}$(25 ℃);而分子在液相中的 D_{m} 较小,如氨和蔗糖在水中的 D_{m} 分别为 $1.76 \times 10^{-5}\ \mathrm{cm^2 \cdot s^{-1}}$(20 ℃)和 $4.59 \times 10^{-6}\ \mathrm{cm^2 \cdot s^{-1}}$(20 ℃)。所以对于液相色谱,这一项一般可忽略。

3. 传质项

$$C = \frac{C_{\mathrm{s}} d_{\mathrm{f}}^2}{D_{\mathrm{s}}} + \frac{C_{\mathrm{m}} d_{\mathrm{p}}^2}{D_{\mathrm{m}}} + \frac{C_{\mathrm{sm}} d_{\mathrm{p}}^2}{D_{\mathrm{m}}}$$

(1) 固定相传质系数

固定相传质系数为$\frac{C_{\mathrm{s}} d_{\mathrm{f}}^2}{D_{\mathrm{s}}}$,这一系数与气相色谱法中固定相传质系数的含义是一样的,系数中 C_{s} 与保留因子 k 有关,d_{f} 为固定相液膜厚度,D_{s} 为组分在固定相中的扩散系数。

(2) 流动相传质系数

使用多孔性填充物固定相时,在填充物间隙流动的流动相称为畅流流动相,而在填充物孔隙中和在填充物表面流动的流动相称为滞流流动相。畅流流动相的流速大于滞流流动相的流速,所以处于滞流流动相中的组分比处于畅流流动相的组分流出色谱柱需要更长的时间,如图 14.4(e)所示。流动相传质系数包括畅流流动相传质系数$\frac{C_{\mathrm{m}} d_{\mathrm{p}}^2}{D_{\mathrm{m}}}$和滞流流动相传质系数$\frac{C_{\mathrm{sm}} d_{\mathrm{p}}^2}{D_{\mathrm{m}}}$。两个系数表达式中 C_{m} 和 C_{sm} 均是常数,与保留因子及柱填充情况有关;D_{m} 是组分在流动相中的扩散系数。综上所述,将系数 A,B 和 C 代入式(14.19)得

$$H = 2\lambda d_p + \frac{C_d D_m}{\bar{u}} + \left(\frac{C_s d_f^2}{D_s} + \frac{C_m d_p^2}{D_m} + \frac{C_{sm} d_p^2}{D_m}\right)\bar{u} \tag{14.20}$$

色谱中流动相在柱外流路中心处的流速比流路边缘处的快，而使处于流路中心的组分的流速比流路边缘组分的流速要快。气相色谱中，组分的 D_m 较大，使柱外效应很小，可忽略。液相色谱中，组分的 D_m 较小，使柱外色谱峰展宽不可忽略。由这一柱外展宽因素导致的液相色谱中附加塔板高度 H_{ex} 与流路半径(r)，$\bar{u}$ 及 D_m 有关。

14.6 分离度

色谱法最重要的作用是分离，两组分可否分离开，当然与两峰之间的距离及各个峰的宽度有关，所以引入一个综合性能指标——分离度。

14.6.1 定义

分离度 R_s 是相邻两组分色谱峰保留值 t_{R_1}，t_{R_2} 之差与两个组分色谱峰峰底宽 w_{b1}，w_{b2} 之和的一半的比值：

$$R_s = \frac{t_{R_2} - t_{R_1}}{\frac{1}{2}(w_{b1} + w_{b2})} = \frac{2(t_{R_2} - t_{R_1})}{w_{b1} + w_{b2}} \tag{14.21}$$

若峰形对称且满足正态分布条件，当 $R_s < 1$ 时，两峰有部分重叠；当 $R_s = 1$ 时，假定峰 1 和峰 2 的 w_b 相等，即 $w_{b1} = w_{b2} = 4\sigma$，则 $t_{R_1} - t_{R_2} = 4\sigma$，如图 14.5 所示。若相邻两峰(峰 1 和峰 2)外侧无其他组分的峰干扰，且此两峰峰高和峰面积相等，分离后各峰露出(与其他峰不重叠)的面积为各自峰全部面积的 95.4%，峰内侧重叠约为 4.6%，即分离后，峰 1 有 2.3% 的面积与峰 2 重叠，而峰 2 有 2.3% 的面积与峰 1 重叠，且这两个重叠区域是分开的，所以峰 1 和峰 2 以各有 4.6% 的面积相互重叠(图 14.5)；$R_s = 1.5$ 时，各峰露出的面积可达到各自峰全部面积的 99.7%，达到完全分离。通常用 $R_s = 1.5$ 作为相邻两色谱峰完全分开的指标。

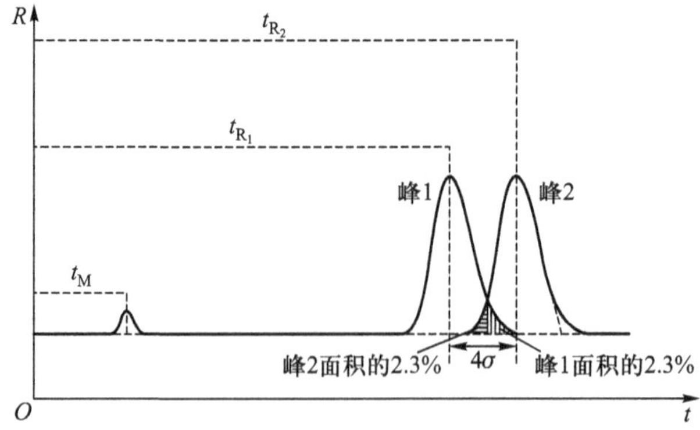

图 14.5　色谱分离度 R_s 的定义

14.6.2 色谱分离基本方程式

在色谱分析中，一般选一对难分离的组分来确定分离度。对于难分离组分对，可近似地把两组分的峰底宽看作一样，即假定 $w_{b1}=w_{b2}$，则

$$R_s=\frac{2(t_{R_2}-t_{R_1})}{w_{b1}+w_{b2}}=\frac{2(t_{R_2}-t_{R_1})}{w_{b2}+w_{b2}}=\frac{t_{R_2}-t_{R_1}}{w_{b2}} \tag{14.22}$$

采用时间单位时，根据式(14.12)，可知

$$n_2=16\left(\frac{t_{R_2}}{w_{b2}}\right)^2 \qquad w_{b2}=\frac{4}{\sqrt{n_2}}t_{R_2}$$

将上式代入式(14.22)，并根据式(14.5)，可得到

$$R_s=\frac{t_{R_2}-t_{R_1}}{t_{R_2}}\frac{\sqrt{n_2}}{4}=\frac{\sqrt{n_2}}{4}\frac{t'_{R_2}-t'_{R_1}}{t'_{R_2}+t_M}=\frac{\sqrt{n_2}}{4}\frac{k_2-k_1}{k_2+1}$$

将 $\alpha=\frac{k_2}{k_1}$ 代入上式得

$$R_s=\frac{\sqrt{n_2}}{4}\frac{k_2-\frac{k_2}{\alpha}}{k_2+1}=\frac{\sqrt{n_2}}{4}\frac{\frac{k_2(\alpha-1)}{\alpha}}{k_2+1}$$

$$R_s=\frac{\sqrt{n_2}}{4}\frac{\alpha-1}{\alpha}\frac{k_2}{k_2+1} \tag{14.23}$$

$$n_2=16R_s^2\left(\frac{\alpha}{a-1}\right)^2\left(\frac{k_2+1}{k_2}\right)^2 \tag{14.24}$$

由前文讨论可知

$$\bar{u}_2=\frac{L}{t_{R_2}}\bar{u}\frac{1}{k_2+1}$$

$$t_{R_2}=\frac{L}{\bar{u}}(k_2+1)=\frac{n_2H}{\bar{u}}(k_2+1)$$

将式(14.24)代入上式得到达到分离度 R_s 时所需的时间，即

$$t_{R_2}=\frac{16R_s^2H}{u}\left(\frac{\alpha}{\alpha-1}\right)^2\frac{(k_2+1)^3}{k_2^2} \tag{14.25}$$

式(14.23)右边由三部分组成，第一部分是理论塔板数 n_2，n_2 与色谱峰宽有关，即与色谱峰展宽的动力学因素有关，这一项可以认为是动力学因素项。第二部分是分离因子 α，它与被测物的性质有关。第三部分是保留因子 k_2，它取决于被测物和色谱柱的性质，后两部分都与被测物、流动相和色谱柱的热力学性质有关，可称为热力学因素项。大多数书中都采用上述方法推导分离度方程式(14.23)，但也有的书不用 w_{b2}，而将 $w_{b1}=\frac{4}{\sqrt{n_1}}t_{R_1}$ 代入式(14.22)，则得到的分离度方程式与式(14.23)有一定差别。也有的书中假定 $n_1=n_2$ 而不是假定 $w_{b1}=w_{b2}$，推导出的方程式当然与式(14.23)也有一定的差别。在假定 $n_1=n_2=n$，$k_1=k_2=k$ 的情况

下，分离度方程式(14.23)可简单地表示为

$$R_s = \frac{\sqrt{n}}{4} \frac{\alpha - 1}{\alpha} \frac{k}{k + 1} \tag{14.26}$$

根据式(14.26)可得

$$n = 16R_s^2 \left(\frac{\alpha}{\alpha - 1}\right)^2 \left(\frac{k + 1}{k}\right)^2 \tag{14.27}$$

将式(14.27)代入式(14.14)，则

$$n_{\mathrm{eff}} = n \left(\frac{k}{k + 1}\right)^2 = 16R_s^2 \left(\frac{\alpha}{\alpha - 1}\right)^2 \left(\frac{k + 1}{k}\right)^2 \left(\frac{k}{k + 1}\right)^2$$

$$n_{\mathrm{eff}} = 16R_s^2 \left(\frac{\alpha}{\alpha - 1}\right)^2 \tag{14.28}$$

14.6.3 影响分离度的因素

由式(14.26)可知，n 为 0，k 为 0 或 α 为 1 时，分离度为 0，增加 n，k 或 α 对分离有利。

1. 柱效指标的影响

R_s 与$\sqrt{n}$成正比，因为 n 与柱长成正比，所以增加柱长可以改进分离度，但增加柱长会使保留时间增加，延长分析时间。另外，若保持流动相流速恒定，保留体积 V_R(或保留时间)与柱长成正比，且 n 与柱长成正比，根据式(14.11)和式(14.12)，不难推导出半峰宽和峰底宽与柱长的平方根成正比，所以增加柱长又会使峰展宽。增加 n 的另一种方法是降低 H，根据速率理论，要使 H 降低，除选用合适的固定相和流动相外，还要控制合适的操作条件。

2. 保留因子的影响

$\frac{k}{k + 1}$随 k 的增大而增大，R_s 也随之增大，但当 $k > 10$ 时，对 R_s 的改进已不明显，且 k 值太大时，会大大延长分析时间，峰展宽。k 的最佳范围一般控制在 1~10。

3. 分离因子的影响

α 越大，$\frac{\alpha - 1}{\alpha}$越大，$R_s$ 也随之增大。α 的很小变化，就可使 R_s 显著增大，如 α 从 1.01 增加至 1.10，可使 R_s 增大 9 倍。增大 α 值是提高分离度最有效的方法。在气相色谱中，往往通过改变固定相来改变 α 值，因为气相色谱法中，流动相是惰性的。而在液相色谱中，通常是通过改变流动相来改变 α 值，因为流动相的种类很多，且更换方便，也较便宜。

由上述讨论可知，在 n，k 和 α 系数中，增大 α 对提高 R_s 最有效，但也不是越大越好，当 $\alpha>1.50$ 时，α 的改变对 R_s 影响较小。

参考文献

[1] 曾泳淮.分析化学(仪器分析部分).3 版.北京：高等教育出版社，2010.

[2] 张新祥,李美仙,李娜,等.仪器分析教程.3版.北京:北京大学出版社,2022.

[3] 孙毓庆,等.现代色谱法及其在药物分析中的应用.北京:科学出版社,2005.

[4] 傅若农.色谱分析概论.2版.北京:化学工业出版社,2005.

[5] Hage D S,Carr J D.分析化学和定量分析(英文版).北京:机械工业出版社,2012.

习题

14.1 用高效液相色谱法分离两个组分,已知在实验条件下,死时间 $t_M = 1.50$ min,两组分的保留时间 $t_{R_1} = 4.15$ min,$t_{R_2} = 4.55$ min。计算:

(a) 两个组分的保留因子 k_1 和 k_2;

(b) 分离因子 α。

14.2 有一气相色谱柱,用氮气作载气,柱进口压力(p_i)为 166.7 kPa,出口压力(p_o)为 100 kPa;柱温(T_c)为 60 ℃,室温(T_r)为 22 ℃,柱后用皂膜流量计测得流量($q_{V,o}$)为 42.00 mL · min^{-1}。计算载气平均体积流量 $\bar{q}_{V,c}$。

14.3 某色谱柱柱长为 0.50 m,测得某组分的保留时间为 4.59 min,峰底宽为 53 s,空气的保留时间为 30 s,假设色谱峰呈正态分布,计算该色谱柱的有效塔板数和有效塔板高度。

14.4 某色谱柱的柱效率相当于 10^5 个理论塔板,假设色谱峰呈正态分布,计算当所得到的色谱峰的保留时间为 1000 s 时的峰底宽。

14.5 在一根 2.00 m 的色谱柱上分析一个混合物,测得苯、甲苯及乙苯的保留时间分别为 80.0 s,122.0 s 及 190.0 s;半峰宽分别为 6.4 s,8.8 s 及 12.4 s,计算每种组分的理论塔板数及塔板高度。

14.6 在某一色谱柱上,用氮气作载气,在某一操作条件下测得范第姆特方程式各项系数为 $A = 0.10$ cm,$B = 0.35$ cm^2 · s^{-1},$C = 0.002$ s,$\bar{u} = 20.00$ cm · s^{-1},计算 H。

14.7 在一根 2.0 m 的色谱柱上,以 He 为载气,三种线流速下测得结果如下:

流速	甲烷	正十八烷	
	t_M/s	t_R/s	w_b/s
$\bar{u}_1$	18.2	2020.0	223.0
$\bar{u}_2$	8.0	888.0	99.0
$\bar{u}_3$	5.0	558.0	68.0

计算:

(a) 三种线流速 $\bar{u}_1$,$\bar{u}_2$,$\bar{u}_3$;

(b) 三种不同线流速下的 n 及 H;

(c) 范第姆特方程式中 A,B,C 三个参数;

(d) 在此柱上分离一物质对,需要理论塔板数为 1150,则需控制载气流速为多少?

14.8 假设有一物质对,其 $\alpha = 1.15$,要在填充柱上得到完全分离($R = 1.5$),所需的有效塔板数是多少?若设有效塔板高度为 0.1 cm,应使用多长的色谱柱?

14.9　在塔板数为 4600 的色谱柱上，十八烷和 α-甲基十七烷的保留时间分别为 15.55 min和 15.32 min，甲烷的保留时间是 0.50 min。

(a) 计算两组分在此柱上的分离度。

(b) 若使两组分的分离度达到 1.0，则需要多少塔板数？

14.10　在气相色谱分析中采用 40 cm 长的色谱柱，流动相的流速为 35.00 mL · min^{-1}，色谱柱内的固定相体积为 19.60 mL，流动相体积为 62.60 mL。测得不保留组分（空气）和样品中 3 个组分的保留时间和半峰宽如下所示：

组分	t_R/min	$w_{1/2}$/min
空气	1.90	—
甲基环己烷	10.00	0.76
甲基环己烯	10.90	0.82
甲苯	13.40	1.06

计算：

(a) 3 个组分的平均理论塔板数；

(b) 3 个组分相邻两峰的分离度；

(c) 3 个组分的保留因子；

(d) 3 个组分相邻两峰的分离因子。

14.11　高效液相色谱法分析甲、乙两个组分，测得死时间为 0.50 min，甲组分的保留时间为 4.50 min，半峰宽为 0.20 min；乙组分的保留时间为 5.50 min，半峰宽为 0.30 min。计算色谱柱对甲、乙两组分的分离因子、有效塔板数及分离度。

14.12　在液相色谱分析中，含 A，B 和 C 三个组分的混合物在 30.0 cm 长的色谱柱上分离，测得不保留组分 A 的出峰时间是 1.30 min，组分 B 和 C 的保留时间分别是 16.40 min 和 17.36 min，峰底宽分别为 1.11 min 和 1.21 min。

(a) 计算组分 B 和 C 的分离度；

(b) 计算色谱柱的平均理论塔板数和理论塔板高度；

(c) 若使组分 B 和 C 的分离度达到 1.5，假设理论塔板高度不变，需要多长的色谱柱？

(d) 使用较长色谱柱后，组分 B 的保留时间为多少（流动相线流速不变）？

(e) 如果仍使用 30.0 cm 长的色谱柱，要使分离度达到 1.5，理论塔板高度为多少？

14.13　一个组分的色谱峰可用哪些参数描述？这些参数各有何意义？受哪些因素影响？

14.14　塔板理论的基本假设和主要结论是什么？

14.15　说明气相色谱中填充柱和毛细管柱速率理论方程的差别。

14.16　影响分离度的因素是什么？其中哪个因素影响最大？

14.17　影响分离度的因素有 n，α 和 k，这些因素的值如何通过实验数据来确定？

14.18　固定相种类改变、流动相流速增加、柱温升高可否引起分配常数和保留因子的改变？

14.19　与光谱和电化学分析法相比，色谱法独特的优点是什么？

习题参考答案

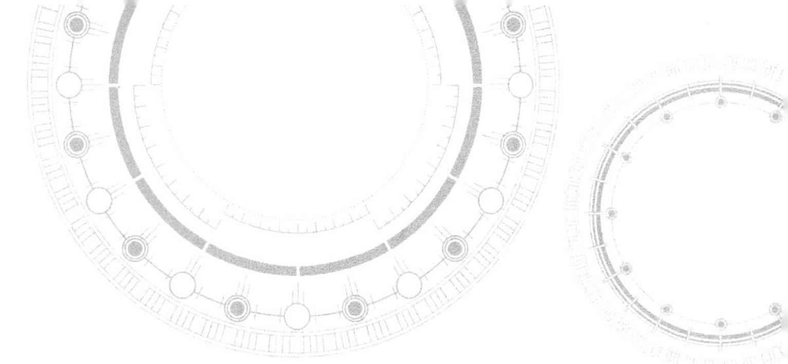

第十五章

气相色谱法

气相色谱法是用气体作流动相的色谱法。作为流动相的气体称为载气，它对样品和固定相呈惰性，专门用来载送样品。气相色谱分析的过程可以简单地概括为载气载送样品经过色谱柱中的固定相，使样品中的各组分分离，然后再分别检测。

15.1 气相色谱仪

气相色谱仪包括气路系统、进样系统、分离系统、检测系统、记录系统和温度控制系统(图 15.1)。高压钢瓶内的载气经总阀和减压阀后进入净化管中,除去杂质和水。调节稳压阀和稳流阀大小,气体自下而上通过流量计,压力表显示载气的柱前压力。样品通过进样器快速进入汽化室,并由载气带入色谱柱中,样品中的各组分在柱内分开,然后随载气逐一流出色谱柱,进入检测器,经检测后放空。检测器的检测信号放大后,由记录仪记录下来,反映样品组分及其分离状况的色谱图就被记录下来。

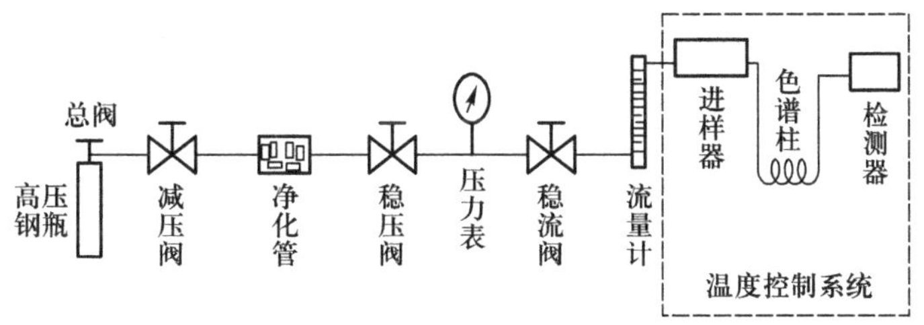

图 15.1 气相色谱仪(单柱单气路)示意图

15.2 气路系统和进样系统

15.2.1 气路系统

气路系统包括载气源、减压阀、净化管、稳压阀、压力表、稳流阀、流量计、各种管线等。

整个气路系统要求载气纯净、密闭性好、流速稳定、流量测量准确。常见的气路分为单柱单气路(图 15.1)和双柱双气路(图 15.2)。前者适用于恒温分析,比较简单,后者一般由气源流出的载气经减压阀、净化管、稳压阀后,分为两路,样品由其中一个气路的进样器引入汽化室,另一未进样的气路作参比,这样就可以补偿载气流速波动和固定液流失等原因所引起的检测器的噪声。这种气路结构的色谱仪既能用于恒温分析,也适用于程序升温分析。

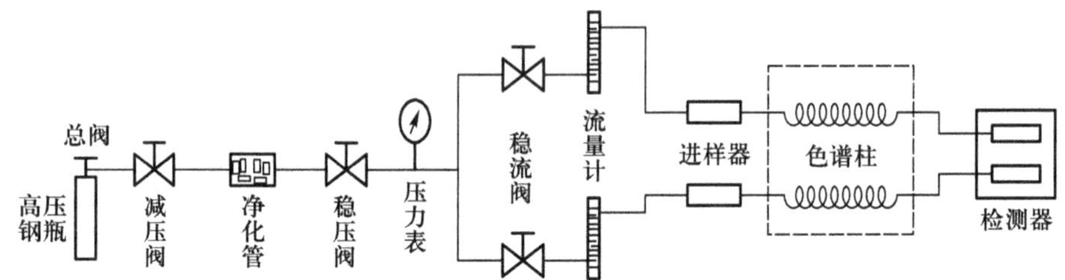

图 15.2　气相色谱仪双柱双气路系统示意图

毛细管柱气相色谱仪和填充柱气相色谱仪十分相似。现在实验室用气相色谱仪大都既可进行填充柱气相色谱分析,又可进行毛细管柱气相色谱分析。毛细管柱气相色谱仪比填充柱气相色谱仪在柱前多了一个分流进样装置,在柱后增加了一个尾吹气路,同时所用的检测器通常是灵敏度高、响应速度快和死体积小的检测器。常用的毛细管柱气相色谱仪大都采用单气路。毛细管柱气相色谱仪与填充柱气相色谱仪的比较如图 15.3 所示。

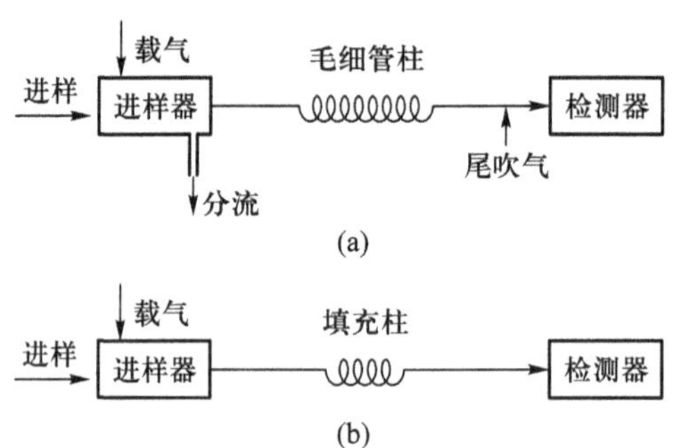

图 15.3　毛细管柱（a）和填充柱（b）气相色谱仪示意图

可用的载气有 N_2,H_2,He,Ar,CO_2 和空气等,常用的是 N_2,H_2,He 和 Ar。载气的纯度会直接影响仪器的灵敏度和稳定性,故需在柱前的气路中串联净化管。净化管在使用前应清洗烘干。净化管内可以装填分子筛和硅胶,以吸附气源中的水和较低相对分子质量的有机杂质,有时还可以装入一些活性炭,以吸附相对分子质量较大的有机杂质。H_2 中的 O_2 可以用钯催化剂除去;N_2 中的 O_2 可用 Cu 除去。

载气体积流量一般采用转子流量计和皂膜流量计测量。当气体自下端进入转子流量计又从上端流出时,转子随气体流动方向上升,转子上浮高度和气体流量有关,因此根据转子的位置就可以确定气体流量的大小。转子流量计一般放置在色谱柱前,标示的是色谱柱入口处气体的流量,多用于标示小流量气体。不同种类的气体要用不同类型的转子流量计来测量。皂膜流量计测量法是目前用于测量气体流量的标准方法。它由一根带有气体进口的量气管和橡胶滴头组成,使用时先向橡胶滴头中注入肥皂水,挤动橡胶滴头就有皂膜进入量气管。当气体自流量计底部进入时,就推动皂膜沿着管壁自下而上移动。用秒表测量皂膜移动一定体积时所需的时间就可以计算出气体体积流量($mL\cdot min^{-1}$),测量精度达1%。根据流量的大小,皂膜流量计可以分为1 mL,10 mL和100 mL等规格;也有把它做成直径不同的几个部分的流量计,以适合不同的流量测定。皂膜流量计测出的流量为当地温度和大气压下色谱柱出口的流量,该流量需要经过湿度、压力及温度校正才可得出柱内载气的平均体积流量(见第十四章)。

15.2.2 进样系统

进样系统由进样器和汽化室组成。对于气体样品,可以用医用注射器进样。医用注射器的规格有多种,一般为100 μL~5 mL,可任选量程。但因气体样品反冲和渗漏,误差大。医用注射器注射进样只适合于对分析结果精密度要求不高的情况下使用,现在已较少使用。也可以用平面转动阀(以六通阀为例,如图15.4所示)进样,其外部接有样品环(或称定量环),容积一般为0.1~0.5 mL。对于液体样品,通常用微量注射器进样,进样量为微升级。对于固体样品应选择适当溶剂溶解,然后用微量注射器进样。汽化室的作用是将液体样品瞬间汽化,其结构见图15.5。

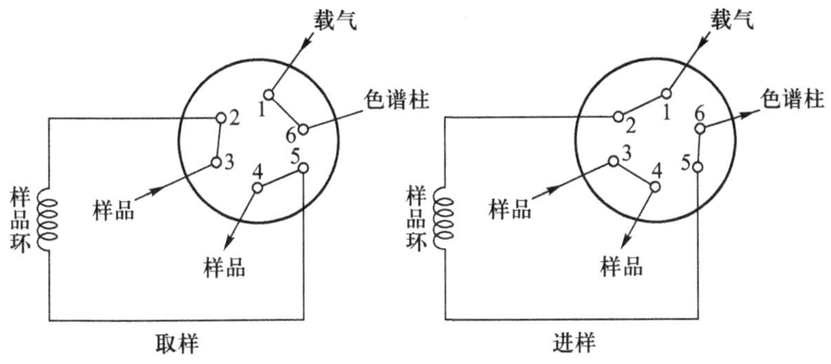

图15.4 六通阀进样示意图

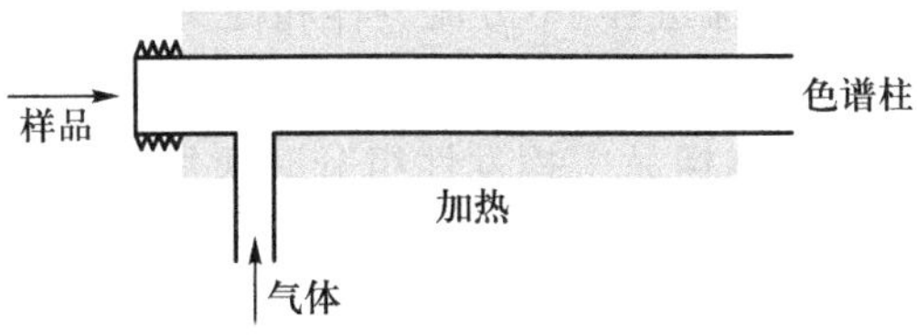

图15.5 汽化室结构示意图

汽化室温度必须严格控制。进样时用注射器针头刺穿密封垫,然后将样品迅速注入汽化室,形成浓度集中的“样品塞”,汽化后的样品立即被载气带入色谱柱内。汽化室温度一般比柱温高10~50 ℃。

毛细管柱内径小,固定液液膜很薄,柱容量很小,对进样技术要求更为严格。第一,要求瞬间注入极少量的样品,只需10^{-3}~10^{-2} μL;第二,要求通过进样系统引入色谱柱中的样品的组成必须与实际样品的组成一致,即无“歧视”现象;第三,要尽量减小由进样系统带来的谱带展宽。色谱峰谱带展宽主要有色谱柱本身引起的峰展宽、进样系统引起的峰展宽和柱外效应引起的峰展宽。进样方式有分流和不分流两种。

分流进样是指样品在加热的汽化室内汽化，蒸气大部分经分流管道放空，只有极小一部分被载气带入色谱柱。典型的分流进样器如图 15.6 所示，经预热的载气进入进样系统，载气分为两路，一路气向上冲洗注射隔垫，另一路气以较高的流速进入汽化室，一般气相色谱仪的汽化室体积为 0.5～2.0 mL。在汽化室内装有一个玻璃或石英衬管，在此处样品与载气混合，混合以后的气流在毛细管入口处以一定的“分流比”进行分流。对于常规填充色谱柱一般不分流，而对于毛细管色谱柱一般要配有分流装置。分流程度的大小以分流比表示。分流比是指进入色谱柱的混合气体体积与放空载气体积之比。对于常规毛细管柱（内径 0.22～0.32 mm），分流比一般为 1∶50～1∶500，对于大内径厚液膜毛细管柱，其分流比较低，一般为 1∶5～1∶50。对于小内径毛细管柱，其分流比超过1∶1000。分流会产生歧视现象，所谓分流歧视是指在一定实验条件下，样品中不同组分分流比是不同的，这就会使进入色谱柱样品的组成与原始样品组成不同。不分流进样是指样品进入进样器后，全部迁移进入毛细管柱进行分离，不分流进样可在分流进样器上实施（在进样时分流气出口关闭）。其优点是把全部样品注入色谱柱中，灵敏度大大提高，特别适用于痕量分析。但易产生因样品引起的峰展宽，包括由进样时间拖长引起的时间性谱带展宽和由样品占据色谱柱头较长长度所引起的空间性谱带展宽。

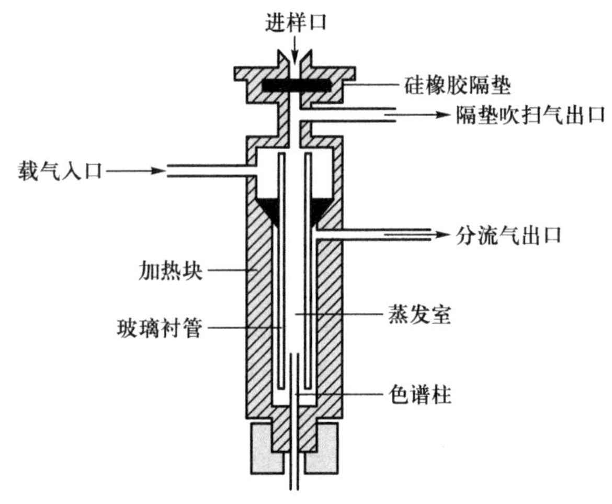

图 15.6　分流进样器示意图

柱头进样是指液体样品由注射器针头直接转移到毛细管柱，样品不需蒸发，可消除“歧视”现象，也称冷柱头进样，其进样装置较复杂，但定量分析准确。

程序升温蒸发进样综合了分流进样、不分流进样和柱头进样的优点，结构与分流进样器相似，关键是进样器可以快速程序升温和冷却，现已作为商品仪器的通用进样方式。

顶空进样法是分析液体、固体样品中挥发性组分时所用的一种进样方法。顶空进样法包括静态法和动态法。静态法将具有挥发性的样品置于恒温的密闭系统中，当气相中的组分与样品中的组分达到热力学平衡时，取上部的气体进行色谱分析。动态法是在容器中连续通入惰性气体，让样品中的挥发性组分随惰性气体一起逸出，然后用捕集器将惰性气体中的被测组分浓缩富集，再解吸进样分析，因此又称吹扫-捕集分析法。动态法可将挥发性被测组分全部吹出，浓缩富集，因此灵敏度比静态法高。顶空进样法省略和简化了样品预处理的步骤，大大减少了复杂样品的基体成分对分析的干扰，也避免了样品基体对色谱柱的污染，还能提高检测灵敏度。

裂解气相色谱法主要用于高聚物、生物大分子和难挥发有机物的测定。将样品在严格控制的实验条件下迅速加热，使被测物分解成可挥发的小分子，将这些小分子裂解产物引入气相色谱仪中进行分离测定，并根据测定结果对原被测物进行表征。衍生气相色谱法是利用化学衍生反应将难挥发的被测物转变成具有挥发性和稳定性的化合物，然后进行气相色谱分析，衍生法有硅烷化法、卤化法等。

15.3 分离系统

色谱柱是气相色谱仪的“心脏”。最常用的气液色谱柱由柱管和其中的固定相组成(图 15.7)。

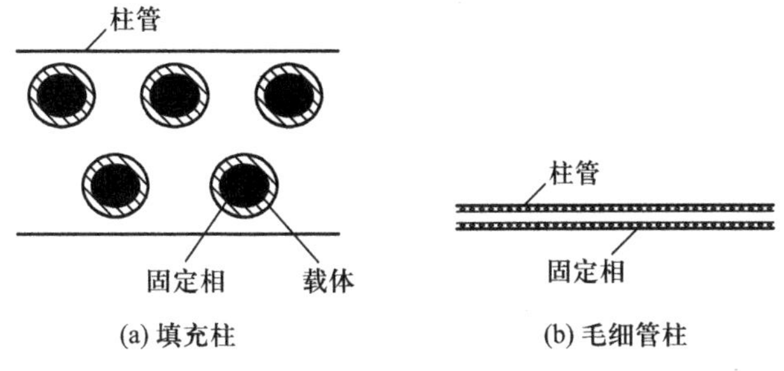

图 15.7 气液色谱柱示意图

固定相分为气固色谱固定相和气液色谱固定相两种。气固色谱固定相一般采用固体吸附剂。其特点是吸附容量大、热稳定性好、价格便宜，但是柱效低、吸附活性中心易中毒，因此使用前要进行活化处理，方可装柱。主要用于惰性气体，H_2，O_2，N_2，CO，CO_2 和 CH_4 等一般气体及低沸点有机物的分析。常用的固体吸附剂见表 15.1。气液色谱固定相是将固定液均匀地涂渍或化学键合在载体或毛细管壁上制成的，本章重点介绍这一方面的内容。

表 15.1 气固色谱常用的固体吸附剂

吸附剂	使用温度/℃	测定对象	使用前活化处理
活性炭	< 300	惰性气体，N_2，CO_2 和低沸点碳氢化合物	装柱，在 N_2 保护下加热到 140~180 ℃，活化 2~4 h
硅胶	< 400	C_1~C_4 烃类，N_2O，SO_2，H_2S，SF_6，CF_2Cl_2 等气体	装柱，在 200 ℃下通载气活化 2~4 h
氧化铝	< 400	C_1~C_4 烃类异构体	粉碎过筛，600 ℃下烘烤 4 h。装柱，高于柱温 20 ℃下活化
分子筛	< 400	惰性气体，H_2，O_2，N_2，CO，CH_4，NO，N_2O 等	粉碎过筛，50~600 ℃下烘烤 4 h

15.3.1 填充柱

填充柱的材料一般为不锈钢、铜、玻璃、聚四氟乙烯，内径为 2~6 mm，长为 1~6 m，形状为 U 形或螺旋形。

1. 载体

载体又称担体，它是用于承担固定液的化学惰性的多孔性固体颗粒，固定液薄而均匀地涂渍在它的表面，构成固定相。常用的载体分为硅藻土型和非硅藻土型两类。常用的气相色谱载体见表 15.2。为了保证气液色谱固定相的质量，对载体有如下要求：

① 多孔、比表面积大，孔径分布均匀；

② 化学惰性，表面没有吸附性或吸附性很弱，不允许与被分离物质起化学反应；

③ 热稳定性好；

④ 有一定的机械强度；

⑤ 粒径小，均匀。

表 15.2　常用的气相色谱载体

载体名称		特点	用途
硅藻土型红色载体	6201 载体	孔径较小(0.4~1 μm)，机械强度较高，比表面积较大(约 4 $m^2\cdot g^{-1}$)，有较多的活性吸附中心	分析非极性、弱极性组分
	201 载体	同上	同上
	202 载体	同上	同上
	301 载体	经釉化处理，性能介于红色载体与白色载体之间	分析中等极性组分
硅藻土型白色载体	101 载体	孔径较大(约 9 μm)，机械强度较差，比表面积较小(1 $m^2\cdot g^{-1}$)，表面活性吸附中心较少	分析极性组分，高沸点组分
	102 载体	同上	同上
	101/102 硅烷化	氢键作用减弱，比表面积减小，使用温度降低	分析水、醇、酚、胺、酸等极性化合物
	405 载体	具有白色载体共性，吸附性低，催化活性小	分析高沸点、极性和易分解组分
非硅藻土型载体	氟载体	耐腐蚀，热稳定性好，形状规则，大小均一，比表面积大的达 12 $m^2\cdot g^{-1}$，小的仅 0.2 $m^2\cdot g^{-1}$	分析强极性组分、腐蚀性气体以及具有化学活性的组分
	玻璃微球载体	热稳定性好，形状规则，大小均一，机械强度高，比表面积小(约 0.02 $m^2\cdot g^{-1}$)，固定液涂量低	分析高沸点、易分解组分
	高分子多孔微球载体	比表面积大，耐腐蚀，热稳定性好	分析强极性组分

(1) 硅藻土型载体

硅藻土是一种天然矿物，由大量单细胞海藻(植物)的骨架构成，主要成分是无定形 SiO_2 与少量无机盐，在结构上有许多微孔。硅藻土型载体就是由硅藻土煅烧制成的。根据制法的不同，可以得到红色载体或白色载体。

① 红色载体　由硅藻土与黏合剂在 900 ℃ 左右煅烧而成，因其中含有少量的氧化铁，故略带红色。红色载体的机械强度高，比表面积大(约 4 $m^2\cdot g^{-1}$)，孔径较小(约 2 μm)，能涂较多的固定液，色谱分离效率高。但红色载体表面存在吸附中心，同时催化活性也强，故

分析极性物质时常有拖尾现象,因此适合于涂渍非极性固定液,分析非极性和弱极性组分,不宜用于高温分析。

② 白色载体　由硅藻土和少量助熔剂 Na_2CO_3 在大于 900 ℃的高温下煅烧而成,其中的氧化铁在助熔剂的作用下生成无色铁硅酸钠,故由红色转变成白色的多孔性颗粒。白色载体与红色载体相比,表面孔较粗(8~9 μm),比表面积较小(约 $1\ m^2 \cdot g^{-1}$),机械强度差,柱效低。但白色载体表面活性中心较少,对极性物质的吸附性小,催化活性也小,故一般用于分析极性组分和较高温度下的分析。

普通硅藻土型载体的表面呈现一定的 pH,因此载体表面既有吸附活性,又有催化活性。若与极性固定液配合使用,当分析极性组分时,由于与活性中心的相互作用,会导致色谱峰的拖尾。为此,载体使用前必须进行处理,以改进其孔隙结构,屏蔽活性中心,提高柱效。

a. 酸洗　用 $3\ mol \cdot L^{-1}$ 或 $6\ mol \cdot L^{-1}$ HCl 溶液浸煮载体 2 h,过滤后用去离子水洗至中性,于 110 ℃烘干 16 h。载体经酸洗后能除去 Fe_2O_3 等金属氧化物,减少一些活性中心。

b. 碱洗　在酸洗之后,用 10% NaOH 的甲醇溶液回流或浸泡载体,然后用甲醇和水洗至中性,干燥。碱洗的目的是除去表面的 Al_2O_3 等酸性作用点。

c. 硅烷化　用硅烷化试剂和载体表面的硅醇、硅醚基团反应(图 15.8),以消除载体表面的氢键结合能力,从而改进载体的性能。常用的硅烷化试剂是二甲基二氯硅烷。

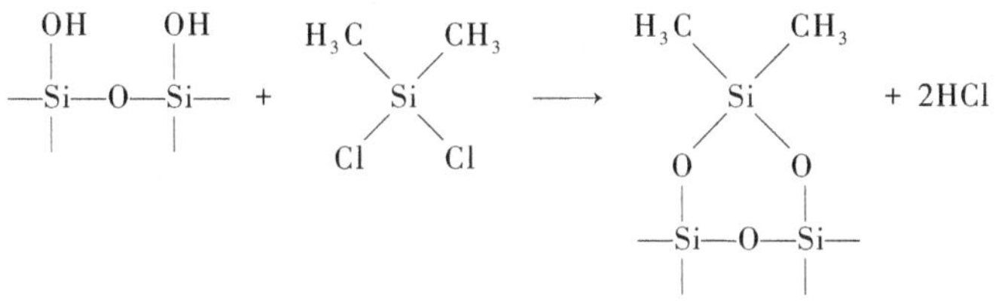

```
  OH      OH          H3C     CH3                H3C     CH3
  |       |              \   /                      \   /
—Si—O—Si—    +         Si         ——→             Si           + 2HCl
  |       |              /   \                      /   \
                       Cl     Cl                   O     O
                                                   |     |
                                                 —Si—O—Si—
                                                   |     |
```

图 15.8　硅烷化反应

(2) 非硅藻土型载体

① 氟载体　用聚四氟乙烯制成的多孔性载体,其特点是吸附性小,耐腐蚀性强,用于分析极性物质和强腐蚀性气体。缺点是湿润性差,比表面积较小,强度低,柱效不高。

② 玻璃微球载体　一种规则的颗粒小球,其主要优点是能在低柱温下分析高沸点组分,分析速度快。但其比表面积小,只能涂上少量固定液,且表面也有吸附性,柱效不高。

③ 高分子多孔微球载体　苯乙烯与二乙烯苯的共聚物,既能直接作为气相色谱的固定相,又可作为载体涂上固定液后再使用。

(3) 选择载体的大致原则

在选择载体时,通常要考虑被分离组分极性的大小和固定液含量(或液载比)的高低。固定液载体比是指在固定相中固定液与载体的质量比,一般为 5%~30%。

① 当固定液的含量大于 5%时,可选用硅藻土型载体;

② 当固定液含量小于 5%时,应选用处理过的载体,若仍拖尾可加减尾剂;

③ 对于高沸点组分,可选用玻璃微球载体;

④ 对于强腐蚀性组分,可选用氟载体。

2. 固定液

气相色谱固定液主要由高沸点有机物组成,在操作温度下呈液态,有特定的最高使用温度。对固定液有以下几点要求：

① 蒸气压低，不流失；

② 热稳定性好，在操作柱温下呈液态，不分解，不聚合，通常固定液的最高适用温度决定了色谱柱的最高使用温度；

③ 化学稳定性好，不与被测组分起化学反应；

④ 黏度低，对载体有好的浸渍能力，能形成均匀的膜，且有利于降低被测组分在其中的传质阻力；

⑤ 选择性好，对两个沸点相同或相近但属于不同类型的组分有尽可能高的分离能力。

（1）组分与固定液分子间的作用力

在气相色谱中，载气为惰性分子，组分因浓度低，与载气作用很小，组分间作用可忽略。主要作用力源于组分与固定液分子间的相互作用。

① 静电力　由于极性分子具有永久偶极矩，所以极性分子间可产生静电作用力。在极性固定液上分离极性组分时，静电力起主要作用。

② 诱导力　由于极性分子的偶极作用，使非极性分子被极化而产生诱导偶极矩，所以极性分子和非极性分子之间相互吸引，产生诱导力。通常诱导力是很小的，但在分离非极性和可极化物质的混合物时，极性固定液的诱导力就突出地表现出来。如苯（沸点 80.1 ℃）与环己烷（沸点 80.8 ℃）沸点非常接近，它们的偶极矩都等于零，但苯比环己烷易极化，采用极性固定液，使苯产生诱导偶极矩，使其在环己烷后流出，从而使二者分离。

③ 色散力　非极性分子之间，由于电子的运动，分子中正、负电荷中心瞬间相对位置变化，产生瞬间偶极矩，这些瞬间偶极矩相互作用，产生色散力。当用非极性固定液分离非极性组分时，色散力起主要作用。

④ 氢键力　当氢原子和一个电负性很强的原子构成共价键时，它又能和另一个电负性很强的原子形成一种强的、有方向性的力，这就是氢键力。用含有—OH，—COOH，—COOR，$—NH_2$，$>$NH 等官能团的分子作固定液，分析含氟、含氧、含氮化合物时，氢键力起主要作用。

（2）固定液的分类

① 按固定液相对极性分类　1959 年 Rohrschneider 提出了固定液相对极性的分类方法，规定非极性固定液角鲨烷的相对极性为 0，强极性固定液 β,β'-氧二丙腈的相对极性为 100。以苯和环己烷为被测组分，以角鲨烷、β,β'-氧二丙腈及被测固定液为色谱柱的固定相，分别测定用这三种固定相时这两种组分的调整保留体积（或时间），则被测固定液的相对极性 P_x 可用下式进行计算：

$$P_x = 100 - 100\frac{q_1 - q_x}{q_1 - q_2}$$

式中 $q = \lg\dfrac{V'_{R(苯)}}{V'_{R(环己烷)}}$；$q_1$ 为苯与环己烷在 β,β'-氧二丙腈上的调整保留体积比的对数；q_2 为苯与环己烷在角鲨烷上的调整保留体积比的对数；q_x 为苯与环己烷在被测固定液上的调整保留体积比的对数。相对极性从 0 到 100 分为五级，每 20 为一级。P_x 为 0～20 时，为+1；P_x 为 21～40 时，为+2，P_x 为 41～60 时，为+3；P_x 为 61～80 时，为+4；P_x 为 81～100 时，为+5。

相对极性等级为+1 的为非极性固定液，随相对极性等级增加极性增强，相对极性等级为+5 的为强极性固定液。一些常用固定液的相对极性列于表 15.3 中。

表 15.3 一些常用固定液的相对极性

固定液	型号	极性等级	最高使用温度/℃
角鲨烷	SQ	+1	150
二甲基聚硅氧烷	OV-1,SE-3	+1	350
苯基(10%)甲基聚硅氧烷	OV-3	+1	350
苯基(20%)甲基聚硅氧烷	OV-7	+2	350
苯基(50%)甲基聚硅氧烷	DC-710,OV-17,SP-2250	+2	375
三氟丙基(50%)甲基聚硅氧烷	QF-1,OV-201	+3	250
聚乙二醇-20000	Carbowax-2308	+4	250
聚丁二酸二乙二醇酯	DEGS	+4	200
β,β'-氧二丙腈	ODPN	+5	100

② 按固定液的特征常数分类 固定液的极性大小不仅取决于固定液本身，还与所测组分有关，1970 年 McReynolds 提出了固定液的特征常数(麦氏常数)。该常数选用五种不同性质的化合物作为评价、表征固定液选择性的标准物质：苯、丁醇、2-戊酮、硝基丙烷和吡啶。用保留指数差值 ΔI 表示相对极性的大小，即在柱温 120℃下检测五种标准物质，求被测固定液保留指数(I_p)与参比固定液角鲨烷上保留指数(I_s)的差，即 $\Delta I = I_p - I_s$，如苯：$\Delta I_1 = I_p - I_s = aX$，其他四种物质同样可分别写出四个类似方程。于是，丁醇：$\Delta I_2 = bY$；2-戊酮：$\Delta I_3 = cZ$；硝基丙烷：$\Delta I_4 = dU$；吡啶：$\Delta I_5 = eS$。式中 a,b,c,d,e 均为组分的作用常数(通常为 100)。任一固定液的总极性就可用上述五种物质的保留指数差的总和来表示：

$$\Delta I = aX + bY + cZ + dU + eS$$

固定液的总极性越大，表示该固定液的极性越强，表 15.4 给出了常见固定液的麦氏常数。

表 15.4 常见固定液的麦氏常数

固定液	型号	苯 X	丁醇 Y	2-戊酮 Z	硝基丙烷 U	吡啶 S	总极性	最高使用温度/℃
角鲨烷	SQ	0	0	0	0	0	0	100
甲基硅橡胶	SE-30	15	53	44	64	41	217	300
	OV-1	19	55	44	64	41	217	300
苯基(10%)甲基聚硅氧烷	OV-3	44	86	81	124	88	423	350
苯基(20%)甲基聚硅氧烷	OV-7	69	113	111	171	128	592	350

续表

固定液	型号	苯 X	丁醇 Y	2-戊酮 Z	硝基丙烷 U	吡啶 S	总极性	最高使用温度/℃
苯基(50%)甲基聚硅氧烷	DC-710	107	149	153	228	190	827	225
苯基(60%)甲基聚硅氧烷	OV-22	190	188	191	283	253	1075	350
三氟丙基(50%)甲基聚硅氧烷	OF-1	144	233	355	463	305	1500	250
氰乙基(25%)甲基聚硅氧烷	XE-60	204	381	340	493	367	1785	250
聚乙二醇-20000	PEG-20M	322	536	368	572	510	2308	225
聚己二酸二乙醇酯	DEGA	378	603	460	665	658	2764	200
聚丁二酸二乙醇酯	DEGS	492	733	581	833	791	3504	200
三(2-氰乙氧基)丙烷	CEP	593	857	752	1028	915	4145	175

(3) 固定液选择

固定液选择一般是先根据样品沸点范围,选择合适温度适用范围的固定液,再根据结构相似和相似相溶的原则。通常固定液的选择原则见表 15.5。

表 15.5　固定液的选择原则

被测物	固定液	先流出色谱柱	后流出色谱柱
非极性	非极性	沸点低	沸点高
极性	极性	极性小	极性大
极性+非极性	弱极性	非极性	极性
氢键	极性或氢键	不易形成氢键	易形成氢键

3. 色谱柱的制备和老化

一般以固定液载体比表示。低沸点样品,固定液用量一般在 20%~30%;高沸点样品,固定液用量一般在 1%~10%;固定液用量高,采用红色载体;固定液用量低,采用白色载体;强极性、热不稳定的高沸点化合物如有机磷农药采用玻璃微球载体,用量小于 1%。

涂渍方法有蒸发法和过滤法。蒸发法是将称量好的固定液放在一个烧杯中,加入适量的溶剂(略大于载体体积)溶解。将称量好的载体,倾入溶解好固定液的烧杯中,在适当的温度下,轻轻摇动烧杯,让溶剂均匀挥发。如果溶剂沸点高,可在红外灯下烘干。过滤法是把载体与已知浓度的固定液溶液混合,然后过滤掉过量溶液。测定过滤前后的溶液体积,可计算出载体中固定液的含量,然后让溶剂慢慢挥发,使固定液涂渍在载体表面。

色谱柱在填充前要进行预处理，处理的方法是依次用自来水、5% NaOH 溶液、蒸馏水、丙酮、蒸馏水洗，然后烘干。

色谱柱老化的目的是除去固定液相中的残余溶剂和挥发性杂质，并促进固定液在载体表面分布均匀。在高温和载气流作用下也可使柱内填料分布更趋均匀，有助于提高柱效。老化的步骤如下：

① 载气流速为 5~10 mL · min^{-1}，不接检测器，放空以免污染检测器；

② 高于操作温度 10~20 ℃；

③ 低于固定液最高使用温度 20~30 ℃；

④ 老化 2~24 h；

15.3.2 毛细管柱

与填充柱相比，现在最广泛应用的是更高效的毛细管气相色谱柱，毛细管气相色谱柱可分为填充型和开管型两大类。

1. 填充型毛细管柱

填充型毛细管柱是将多孔性填料疏松地装入玻璃管中，然后拉制成内径为 0.25~0.5 mm的毛细管柱，其中常用的填料有硅藻土载体、分子筛、活性氧化铝等。载体涂渍固定液后形成气-液填充毛细管柱；装入吸附剂形成气-固填充毛细管柱。这种毛细管柱近年来很少使用。

2. 常规开管型毛细管柱

这类毛细管柱多为弹性石英毛细管柱，也有玻璃毛细管柱。最常用的开管型毛细管柱内径为 0.25 mm 和 0.32 mm，涂渍液膜的厚度一般为 0.25 μm。

① 壁涂开管型毛细管柱（WCOT） 这种毛细管柱是把固定液直接涂在毛细管壁上，现在多数的毛细管柱属于这种类型。

② 孔层开管型毛细管柱（PLOT） 毛细管内壁上附着一层多孔固体（多为吸附剂），不在其上涂渍固定液，是一种开管型气固色谱柱。

③ 载体涂渍开管型毛细管柱（SCOT） 先在毛细管内壁上涂上一层厚约 30 μm 的多孔载体，如硅藻土，然后在载体上涂以固定液。这种毛细管柱的液膜厚，固定液量较大，因此柱容量比 WCOT 的大，但柱效较低，处于填充型毛细管柱和 WCOT 的柱效之间。

④ 化学键合相毛细管柱 将固定相用化学键合的方法键合到硅胶涂敷的柱表面或经过表面处理的毛细管内壁上。经过化学键合，大大提高了柱的热稳定性。

⑤ 交联毛细管柱 由交联引发剂将固定相交联到毛细管内壁上。这种柱具有耐高温，抗溶剂抽提，液膜稳定，柱效高，寿命长等特点，因此得到迅速发展。

⑥ 熔融石英壁涂开管型毛细管柱（FSWC） 这种毛细管柱是一种特殊类型的壁涂开管型毛细管柱，由经过特别纯化的石英拉制而成，毛细管内壁经预处理后将固定液直接涂渍在内壁上，这种开管型毛细管柱的管壁比玻璃柱的更薄。外壁涂敷聚酰亚胺以增加其物理强度及柔软度以易于弯曲。商品化石英管柱多为熔融石英壁涂开管型毛细管柱，其具有很好的物理强度、不易同分析物发生反应、良好的分离效果和很好的柔软度等特点。熔融石英壁涂开管型毛细管柱目前在大多数应用领域已经取代了老式的玻璃开管型毛细管柱，是应用最广泛的开管型毛细管柱。

3. 特种开管型毛细管柱

① 小内径毛细管柱 这种毛细管柱是内径小于 100 μm 的弹性石英毛细管柱，多用于进行快速分析。

② 大内径毛细管柱 这种毛细管柱的内径为 320 μm 或 530 μm，为了用这种毛细管柱代替填充柱，常做成厚液膜柱，液膜厚度 5~8 μm。

③ 集束毛细管柱 这种毛细管柱是由许多很小内径的毛细管柱组成的毛细管束，具有容量高和分析速度快的特点，适用于工业分析。

15.3.3 毛细管柱与填充柱的比较

毛细管柱与一般填充柱在柱长、柱内径、固定液液膜厚度及柱容量等方面均有较大的差异，毛细管柱与填充柱的主要参数对比见表 15.6。

表 15.6 毛细管柱与填充柱的主要参数对比

参数	WCOT	SCOT	FSWC	填充柱
柱长/m	10~100	10~100	10~100	1~6
柱内径/mm	0.1~0.75	0.5~0.8	0.1~0.3	2~6
液膜厚度/μm	0.1~1	0.5~2	0.1~1	10
柱效/($n \cdot m^{-1}$)	1000~4000	600~1200	2000~4000	500~1000
进样量/ng	10~1000	10~1000	10~75	$10 \sim 10^6$
相对压力	低	低	低	高
分离能力	高	中	高	低

与填充柱相比，毛细管柱具有以下特点：

① 具有良好的渗透性，有利于使用长柱子解决复杂样品的分析。开管型毛细管柱对载气阻力很小，在相同的柱压条件下，可使用的毛细管柱比填充柱长得多。例如用 2.4 m 长的填充柱，柱压降约为 2.5×10^6 Pa，在相同的柱压降下，若用 WCOT，柱长可达 192 m（内径 0.27 mm）；若用 SCOT，柱长可达 250 m（内径 0.5 mm）。

② 相比 β 值大，有利于提高柱效并实现快速分析。根据式（14.2）和式（14.27），可得到

$$n = 16R_s^2\left(\frac{\alpha}{\alpha - 1}\right)^2\left(\frac{k + 1}{k}\right)^2 = 16R_s^2\left(\frac{\alpha}{\alpha - 1}\right)^2\left(1 + \frac{\beta}{K}\right)^2 \tag{15.1}$$

β 值大（固定液液膜厚度小）有利于提高柱效。一般毛细管柱 β 值（50~150）比填充柱 β 值（6~35）大得多。根据式（14.2）可知，在相同分配常数 K 下，开管型毛细管柱的保留因子比填充柱的保留因子小得多，加之渗透性好，故可使用很高的载气流速，从而可以缩短分析时间，实现快速分析。

③ 柱容量小，容许进样量少。进样量取决于柱内固定液的多少，毛细管柱涂敷的固定液仅几十毫克，液膜厚 0.35~1.50 μm，柱容量小。对于液体样品，一般进样量为 10^{-3} ~ 10^{-2} μL，故需采用分流进样技术。

④ 总柱效高，分离复杂混合物的能力大为提高。从表 15.6 可见，从单位柱长的柱效看，毛细管柱的柱效优于填充柱，但二者仍处于同一数量级，由于毛细管柱的长度比填充柱大 1~2 个数量级，所以总的柱效远高于填充柱。所以用填充柱难以实现的样品分析，可以用毛细管柱完成。例如，用填充柱只能分离 $\alpha = 1.10$ 的两种化合物，而毛细管柱可分离 $\alpha = 1.03$的两种化合物。

15.4 气相色谱检测器

气相色谱仪检测系统的作用是将被色谱柱分开的各个组分的浓度或质量信号转变成易于检测的电信号，并输送给放大记录系统。检测系统的核心部件是检测器。

15.4.1 检测器分类

1. 按响应值与时间关系分类

① 累积式（积分型） 连续检测柱后流出物总量，色谱图为一台阶形曲线。

② 差分式（微分型） 检测柱后流出组分及其浓度的瞬间变化，色谱图为峰形。

2. 按不同类型化合物响应大小分类

① 通用型 各类化合物的灵敏度比小于 10，为通用型检测器，如热导池检测器。

② 选择型 对一类化合物的灵敏度比另一类的大 10 倍以上，为选择型检测器，如电子捕获检测器和火焰光度检测器。

3. 按响应值与浓度或与质量有关分类

① 浓度型检测器 测量的是载气中某组分浓度的瞬间变化，即检测器的响应值和组分的浓度成正比，如热导池检测器和电子捕获检测器等。根据被测组分在检测器中是否被破坏，检测器可分为破坏型检测器和非破坏型检测器。非破坏型检测器均为浓度型检测器。它的响应值与载气流速的关系是当进样量一定时，峰面积随流速增大而减小，峰高基本不变而半峰宽随流速增大而减小。这是因为改变载气流速时，只是改变了组分通过检测器的速度，并未改变其浓度。

② 质量型检测器 测量的是载气中某组分进入检测器的速度变化，即检测器的响应值和单位时间进入检测器的某组分的量成正比，如火焰离子化检测器和火焰光度检测器等。破坏型检测器均为质量型检测器，它的响应值与载气流速的关系是当进样量一定时，峰高随流速增大而增大，峰面积基本不变。这是因为改变载气流速时，只是改变了单位时间进入检测器的组分质量，但组分总质量未变。

15.4.2 检测器的性能指标

1. 灵敏度

检测器的灵敏度又称响应值或应答值，是评价一个检测器好坏及与其他类型检测器相比较的重要指标之一。所谓检测器灵敏度，是指一定浓度或一定质量的物质通过检测器时所给出信号的大小，用符号 S 表示，即检测器的灵敏度是响应信号 R 对通过检测器物质量 Q 的变化率，$S = \Delta R/\Delta Q$。

(1) 浓度型检测器

浓度型检测器响应信号与载气中组分的浓度 c 成正比，即

$$R = S_c c$$

式中 S_c 为比例常数，即检测器的灵敏度，下标 c 表示浓度型检测器。要想通过实验来测定 S_c，必须将 R 和 c 变成实验上容易测得的量。实验已知和可测得的量有进样量、信号（峰面积 A 和峰高 h）、时间 t、体积 V、载气流速等。进入检测器的载气体积 V 和载气中组分浓度 c 的关系曲线如图 15.9 所示。显然，载气中组分浓度 c 在实验中是一个未知量，但进样量，即引入色谱仪被测物的量是已知的，为 m（单位为 mg），则

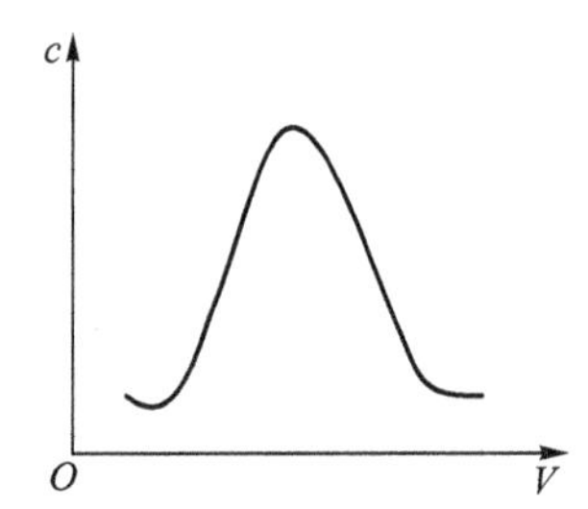

图 15.9　浓度型检测器中组分浓度 c 与载气体积 V 的关系曲线

$$m = \int_0^\infty c\mathrm{d}V \tag{15.2}$$

由前面讨论可知，$V = q_V t$，q_V 为检测器中载气的体积流量（单位为 $\mathrm{mL \cdot min^{-1}}$），可通过将色谱柱出口、检测器入口处气体的体积流量校正到检测器内的温度而得到。t 为载气流过体积 V 时所需的时间（单位为 min），将此式代入式（15.2），因为 q_V 为常数，所以

$$m = \int_0^\infty c\mathrm{d}(q_V t) = \int_0^\infty c q_V \mathrm{d}t \tag{15.3}$$

鉴于目前色谱仪数据显示和记录系统多采用色谱工作站，可显示检测器响应信号 R 随时间的变化曲线，根据 S_c 的定义，$R = S_c c$，得 $c = \dfrac{R}{S_c}$，代入式（15.3），得

$$m = \int_0^\infty \frac{R q_V}{S_c}\mathrm{d}t \tag{15.4}$$

实验上记录的色谱流出曲线如图 14.2 所示。实验上可容易测得曲线所包围的面积，即 A（单位为 $\mathrm{mV \cdot min}$），则

$$A = \int_0^\infty R\mathrm{d}t \tag{15.5}$$

式中 R 为响应信号（单位为 mV）。将式（15.5）代入式（15.4），得

$$m = \int_0^\infty \frac{R q_V}{S_c}\mathrm{d}t = \frac{q_V}{S_c}\int_0^\infty R\mathrm{d}t = \frac{q_V A}{S_c}$$

由此式可求出浓度型检测器的灵敏度：

$$S_c = \frac{q_V}{m}A \tag{15.6}$$

由式（15.6）可知，虽然看起来 S_c 随 q_V 增加而增大，但 A 随 q_V 增加而减小，而峰高基本不变，当进样量一定时，改变载气流速，只是改变了组分通过检测器的速率，即改变了色谱峰

的半宽度，载气中被测物浓度可视为不变，所以 S_c 基本不随 q_V 变化而变化。

进样为液体时，被测物的量以 mg 表示，灵敏度单位为 $mV \cdot mL \cdot mg^{-1}$，表示每毫升载气中有 1 mg 被测物通过检测器时所能产生的信号值(mV)。进样为气体时，被测物的量用 mL 表示，灵敏度单位为 $mV \cdot mL \cdot mL^{-1}$，表示每毫升载气中有 1 mL 被测物通过检测器时所能产生的信号值(mV)。

(2) 质量型检测器

对于质量型检测器，其灵敏度与单位时间内进入检测器的某组分的量有关，即

$$R = S_m \frac{dm}{dt}$$

式中 S_m 为比例常数，即检测器的灵敏度，下标 m 表示质量型检测器。检测器响应信号为 R(mV)，根据 S_m 的定义，可知 $\frac{dm}{dt} = \frac{R}{S_m}$，单位时间进入检测器的组分的量 dm/dt 对时间 t 的关系曲线如图 15.10 所示。

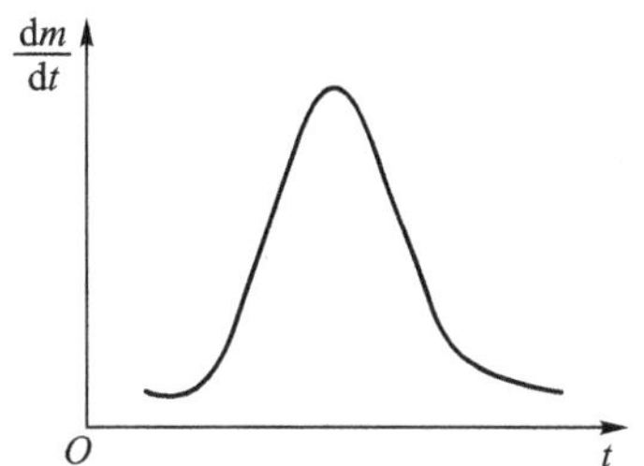

图 15.10 质量型检测器中单位时间进入检测器的组分的量 dm/dt 对时间 t 的关系曲线

若进样量为 m，则

$$m = \int_0^{\infty} \frac{dm}{dt} dt = \int_0^{\infty} \frac{R}{S_m} dt = \frac{1}{S_m} \int_0^{\infty} R dt = \frac{A}{S_m}$$

式中 t 为时间，单位为 s；A(单位 $mV \cdot s$)为曲线所包围的面积。由此可得到质量型检测器的灵敏度计算公式：

$$S_m = \frac{A}{m} \tag{15.7}$$

由式(15.7)可知，S_m 随 A 增加而增大。对于质量型检测器，A 不随 q_V 变化，所以 S_m 不随 q_V 变化而变化。S_m 的单位为 $mV \cdot s \cdot g^{-1}$，表示每秒有 1 g 物质进入检测器时所能产生的信号值(mV)。

2. 检出限

检测器的灵敏度只能表示检测器对某种物质产生信号的大小，由于响应值放大时基线波动也会随之成比例增大，所以只用灵敏度不能很好地评价一个检测器的性能。为此，引入检出限 D，它是指检测器恰能产生与噪声相区别的响应信号时，在单位体积载气中被测物的量(D_c，$mg \cdot mL^{-1}$)或单位时间进入检测器的量(D_m，$g \cdot s^{-1}$)。由前文讨论色谱峰可知，检测器响应信号 R 是随时间变化的，而此处所指的检测器响应信号是指最大响应信号，即色谱峰的峰高(h)。噪声在本质上也是信号，但不是有用的信号且一般具有随机性。通常认为与噪声恰能鉴别的响应信号 R(色谱峰高 h，单位为 mV)等于检测器噪声值 R_N 的 3 倍(图 15.11)，即

$$D_c = 3\frac{R_N}{S_c} \quad 或 \quad D_m = 3\frac{R_N}{S_m}$$

式中噪声值 R_N 为基线噪声的峰-峰值，即基线噪声在短时间内极大值与极小值的差值。S 为检测器的灵敏度。当 S 为 S_c 时，$D_c = 3R_N/S_c$，单位为 $mg \cdot mL^{-1}$(或 $mL \cdot mL^{-1}$)；当 S 为 S_m 时，$D_m = 3R_N/S_m$，单位为 $g \cdot s^{-1}$。一般来说，D 值越小，仪器越灵敏。

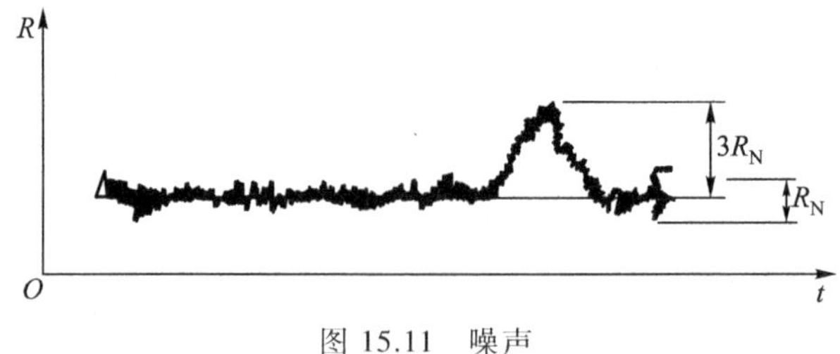

图 15.11　噪声

3. 最小检测量

最小检测量 m^0 是指产生 3 倍噪声值的信号（色谱峰高 h，单位为 mV）时所需进入色谱柱的该物质的质量。根据这一定义可知，$m^0=\frac{m}{h}3R_N$，也可根据上述推导出的检出限，计算最小检测量。根据 $A=1.065\ w_{1/2}h$，则对于浓度型检测器，根据式（15.6）有

$$m=\frac{q_V A}{S_c}=\frac{1.065w_{1/2}q_V h}{S_c}$$

当 $h=3R_N$ 时，则 $\frac{h}{S_c}=D_c$，$m=m_c^0$，则最小检测量 m_c^0 为

$$m_c^0=1.065w_{1/2}q_V D_c \tag{15.8}$$

对于质量型检测器，根据式（15.7）有

$$m=\frac{A}{S_m}=\frac{1.065hw_{1/2}}{S_m}$$

当 $h=3R_N$ 时，$\frac{h}{S_m}=D_m$，$m=m_m^0$，则最小检测量 m_m^0 为

$$m_m^0=1.065w_{1/2}D_m \tag{15.9}$$

检出限 D 和最小检测量 m^0 是不同的。检出限 D 只是用来表征检测器性能的指标，与检测器的性能有关。最小检测量 m^0 是产生色谱峰高等于 3 倍噪声值时引入色谱仪的被测物的量，m^0 不仅与检测器的性能有关，而且还与柱效率和操作条件有关。检出限 D 与峰高 h 有关，而最小检测量 m^0 不仅与峰高有关，还与色谱峰的半峰宽有关，色谱峰的半宽度越窄，m^0 就越小。D 的单位为 $mg\cdot mL^{-1}$，$mL\cdot mL^{-1}$ 或 $g\cdot s^{-1}$，而 m^0 的单位为 mg，mL 或 g。

4. 线性范围

检测器的线性范围是指信号与所进样品中被测物浓度或质量的关系成线性的范围，通常以线性范围内样品中被测物最大浓度 c_{max}（或最大质量 m_{max}）与最小浓度 c_{min}（或最小质量 m_{min}）的比值来表示。它表示检测器对样品中不同浓度的适应性，此范围越宽越好。

严格地讲，最小检测量和线性范围不仅仅与检测器有关，还常把它们看作检测器的性能指标。

5. 响应时间

以一个恒定被测物浓度（或质量）的样品连续通过检测器，可得到一个信号强度，当样品中被测物浓度（或质量）突然变到另一值时，信号达到新平衡条件下信号强度的 63%时所需的时间，就是响应时间。对于一个性能良好的检测器，要求它能迅速、真实地反映通过它的物质浓度（或质量）的变化情况，即需响应速度快。为此，检测器的死体积要小，电路系统的

滞后现象应尽可能地小(一般应小于 1 s)。快速色谱分析和毛细管柱色谱分析均要求响应时间值为毫秒级。因此,要用响应时间小的火焰离子化检测器或电子捕获检测器,而热导池检测器的响应时间比较长(约 0.5 s),故在此不宜采用。

15.4.3 典型的气相色谱检测器

1. 热导池检测器(TCD)

早在 1921 年,热导池就被用于检测气体的热导系数。1954 年,瑞依(Ray)将热导池应用于气相色谱,使色谱法发生了质的飞跃,成为既能分离混合物,又能定性、定量分析的现代分析法。热导池检测器由热导池和检测电路组成。

热导池检测器结构简单(惠斯通电桥,图 15.12),是一种通用浓度型检测器,对无机化合物和有机化合物都有响应,但灵敏度较低。因为热敏元件的电阻 R 随温度而变,没有样品时,$T_1 = T_4$,$R_1 = R_4$,$T_2 = T_3$,$R_2 = R_3$;$\frac{R_1}{R_2} = \frac{R_4}{R_3}$,$A$,$B$ 点电位相同,$\Delta E_{AB} = 0$。当样品通过 R_1 时,R_1,R_4 导热系数不同,由于散热能力不同,导致电阻的温度不同,从而导致 R_1 和 R_4 不相等。当电阻不同时,A,B 点电位不同,此时 $\Delta E_{AB} \neq 0$,A,B 两点间有电流通过,电流信号经放大处理后被记录下来。在一定条件下,信号与载气中被测物的浓度成正比。

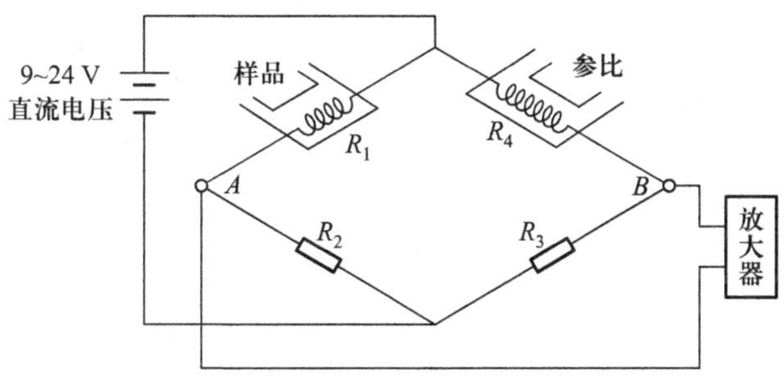

图 15.12 热导池检测器结构示意图

(1) 桥路电流

桥路电流增加,使热敏元件温度升高,热敏元件和热导池池体的温差加大,气体就容易将热量传递出去,灵敏度也就提高。但桥路电流过大,将使热敏元件处于灼烧状态,使噪声增大,检测器稳定性下降,缩短热敏元件的寿命甚至烧坏热敏元件。热丝电阻的桥路电流控制在 150~500 mA,热敏电阻的桥路电流控制在 10~20 mA 为宜。

(2) 载气

载气与组分的导热系数相差越大,则灵敏度越高。由于气体的导热系数都比较小(表 15.7),故选择导热系数大的气体,如 H_2 或 He 作载气,灵敏度就比较高。另外,由于载气的导热系数大,在相同的桥路电流下,热敏元件温度较低,故桥路电流可升高,从而使热导池的灵敏度大为提高,因此通常用氢气作载气。

表 15.7 不同气体的导热系数

气体	空气	H_2	He	O_2	N_2	CO_2	CH_4	C_2H_6
相对导热系数(100 ℃)	1.00	7.00	5.87	1.01	1.00	0.68	1.39	0.75

(3) 热敏元件

选择阻值高、电阻温度系数较大的热敏元件,温度变化能引起电阻的明显变化,这样灵敏度就高。一般选铼钨丝或热敏电阻。

(4) 热导池池体温度

当桥路电流一定时,热敏元件温度一定。如果池体温度低,池体和热丝的温差就大,能使灵敏度提高。但池体温度不能太低,否则被测组分将在检测器内冷凝。一般池体温度应不低于柱温。

2. 火焰离子化检测器(FID)

FID 简称氢焰检测器,是目前应用最广泛的检测器之一。对于有机化合物,氢焰检测器有很高的灵敏度,故适宜于痕量有机物的分析,属于通用型(有机物)、质量型检测器。缺点是对载气要求高,检测时要破坏样品,不能检测永久性气体,如 H_2,N_2,CS_2,CO_2,NO_2,H_2O,H_2S,SiF_4,HCOOH 等。

火焰离子化检测器由离子室和离子头组成,如图 15.13 所示。离子室为一不锈钢圆筒,它包括空气入口、载气入口和氢气入口、气体出口等,筒顶有不锈钢罩,可以防止外界气流扰动火焰,避免灰尘进入离子头内,并可屏蔽外部电磁场的干扰。离子头是 FID 的核心部件,它由用石英玻璃或不锈钢制成的喷嘴、用铂丝制成的圆环状的发射极(极化极)、用不锈钢制成圆筒状的收集极以及点火器组成。收集极位于发射极之上,在喷嘴附近有点火器,有时也用发射极兼作点火器。

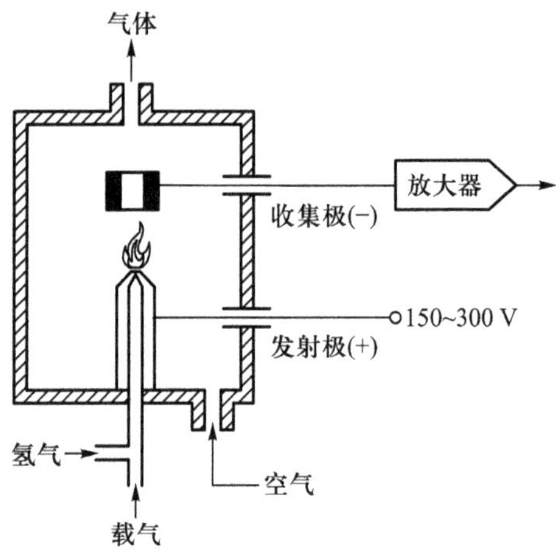

图 15.13 火焰离子化检测器结构示意图

有机物 C_nH_m 在氢火焰中进行化学电离而不是热电离,其电离机理为

① 有机物 C_nH_m 在火焰中发生裂解产生自由基 ·CH:

$$C_nH_m \longrightarrow \cdot CH\text{(自由基)}$$

② 然后 ·CH 与外面扩散进来的氧分子发生反应,生成 CHO^+ 及 e^-:

$$2\cdot CH + O_2 = 2CHO^+ + 2e^-$$

③ 形成的 CHO^+ 与火焰中大量水蒸气碰撞发生离子反应,产生 H_3O^+:

$$CHO^+ + H_2O = H_3O^+ + CO$$

④ 电离产生的正离子(CHO^+,H_3O^+)和电子(e^-)在外加恒定直流电场作用下向两极移动而产生微电流,经放大后,记录下信号。信号与单位时间进入离子室的被测物的质量成正比。

一般用 N_2 作载气。H_2 流量低,温度低,易熄灭,灵敏度低。H_2 流量太高,噪声大。一般 $H_2:N_2 = 1:1\sim1:1.5$;空气为助燃气,且提供 O_2。空气流量太低,灵敏度低,高于一定量后,对测定无影响。一般 H_2:空气 $= 1:10\sim1:20$;信号随极化电压增大而增加,到一定值后,达到稳定。检测器温度不是主要因素,80 ~ 200 ℃时,灵敏度几乎相等,但在 80 ℃以下,灵敏度降低。

3. 热离子检测器(TID)

TID 是一种对含氮、磷化合物有高灵敏度和高选择性的质量型检测器。其结构与 FID

的相似，只是增加了一个基于硅酸铷珠的热离子源，此珠悬在铂丝上，置于 FID 火焰喷嘴与收集极之间，与收集极之间施加约 180 V 电压，可使硅酸铷珠加热到 600～800 ℃，使含氮、磷化合物的离子化程度大大提高。与 FID 相比，用 TID 时，使测含磷化合物的灵敏度提高约 500 倍，使测含氮化合物的灵敏度提高约 50 倍。

4. 电子捕获检测器（ECD）

电子捕获检测器是一种有选择性的浓度型检测器。它只对电负性大的物质，如含有卤素、硫、磷、氮和氧的物质有响应，且电负性越强，灵敏度越高。电子捕获检测器结构见图15.14。其中电压在 50 V 以内，电压太高，电子不易被捕获。正极和负极用不锈钢制成。

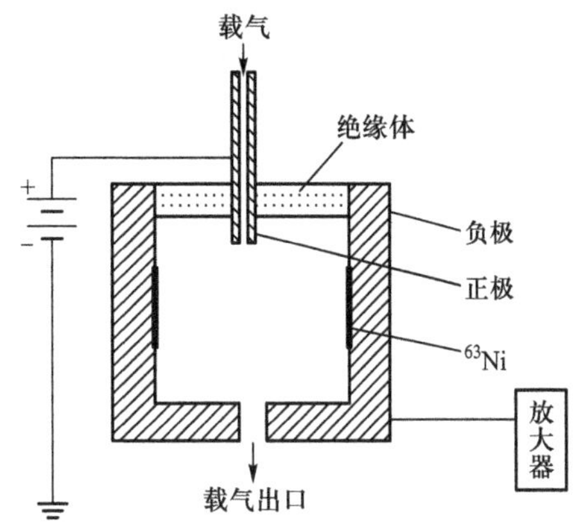

图 15.14　电子捕获检测器结构示意图

在检测器池体内有一圆筒状 β 放射源（^{63}Ni）作为负极，一个不锈钢棒作正极。在正、负极间施加一直流或脉冲电压。当载气（通常采用高纯氮气）进入检测器时，在放射源的 β 射线作用下气体发生电离：

$$N_2 = N_2^+ + e^-$$

生成的正离子和慢速低能量的电子在恒定电场作用下向极性相反的电极运动，形成恒定的基流。当具有高电负性的组分进入检测器时，它捕获了检测器中的电子而产生带负电荷的分子离子并放出能量：

$$AB + e^- = AB^- \qquad AB + e^- = A + B^-(A^- + B)$$

因负离子的质量比电子的质量大几个数量级，在电场作用下其运动速率比电子运动速率慢得多，它与正离子的复合速率是电子与正离子复合速率的 10^5～10^8 倍，因此，带负电荷的分子离子和载气电离产生的正离子很容易复合形成中性化合物：

$$AB^- + N_2^+ = N_2 + AB$$

由于被测组分捕获电子，其结果使基流降低，产生负信号而形成倒峰。组分浓度越大，倒峰越高。由于电子捕获检测器的灵敏度高，选择性好，故其应用范围日益扩大。它常被用于痕量具有特殊官能团组分的测定，如食品、农副产品中农药残留量的测定，大气、水中痕量污染物的测定等。

5. 火焰光度检测器（FPD）

火焰光度检测器是一种对含磷、含硫化合物有高度选择性的质量型检测器。它适用丁含磷、含硫的农药及含微量磷、硫的其他有机物的测定。火焰光度检测器结构示意图见图15.15。火焰光度检测器主要由火焰喷嘴、滤光片、光电倍增管三部分组成。火焰光度检测器实际上是一台简单的发射光谱仪。

含硫（或磷）的样品进入氢焰离子室，在富氢-空气焰中燃烧时，有下述反应：

$$H_2 = H + H$$

$$RS + O_2 \longrightarrow SO_2 + CO_2$$

$$SO_2 + 4H = S + 2H_2O$$

即有机硫化物先被氧化成 SO_2，然后 SO_2 被氢还原成硫原子。硫原子在适当温度下生成激

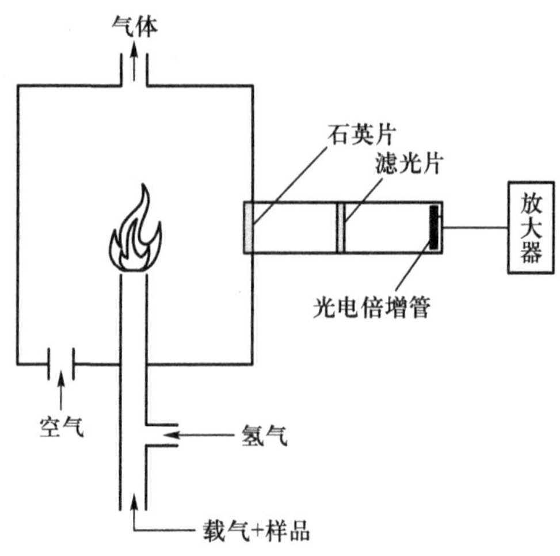

图 15.15 火焰光度检测器结构示意图

发态的 S_2^*。当其跃迁回基态时，发射出 350～430 nm 的特征分子光谱，最强发射的波长为 394 nm。

$$S + S \longrightarrow S_2^* \qquad S_2^* \longrightarrow S_2 + h\nu$$

含磷的样品主要以 HPO 碎片的形式发射出 460～600 nm 的特征分子光谱，最强发射的波长为 526 nm。

$$PO + H \longrightarrow HPO^* \qquad HPO^* \longrightarrow HPO + h\nu$$

这些发射光通过滤光片而照射到光电倍增管上，转变为光电流，经放大器放大并在记录仪上记录下硫、磷化合物的信号。

气相色谱常用检测器性能指标和适用范围见表 15.8。

表 15.8 气相色谱常用检测器性能指标和适用范围

检测器	类型	检出限	线性范围	最高温度/℃	适用范围
热导池	浓度、通用	2×10^{-9} g · mL^{-1}	10^4	400	几乎所有物质
火焰离子化	质量、通用	10^{-12} g · s^{-1}	10^7	450	含碳有机物
电子捕获	浓度、选择	10^{-14} g · mL^{-1}	10^2～10^4	400	含大电负性元素的化合物
火焰光度	质量、选择	10^{-11} g · s^{-1}(S) 10^{-12} g · s^{-1}(P)	10^2(S) 10^2～10^4(P)	250	含硫、磷化合物
热离子	质量、选择	10^{-11} g · s^{-1}(P) 10^{-12} g · s^{-1}(N)	10^5	400	含氮、磷化合物

在毛细管柱气相色谱中，载气流速一般很低，且进样量小，色谱峰流出很快，很窄。因此要求高灵敏度、快速响应时间的检测器与之匹配。最常用的检测器是火焰离子化检测器，也可以是微分型热导池检测器、电子捕获检测器等。由于毛细管柱内径小，如果毛细管柱两端的连接管路部分的死体积大，会造成扩散而影响柱效（柱外效应）。所以毛细管柱气相色谱仪要求严格限制死体积。为了减少由于死体积而引起的柱后扩散，可以在柱后增加一个尾吹气路，以增加柱出口到检测器的载气流速，减少这段死体积的影响。又由于毛细管柱系统

载气 N_2 流速低(15 mL · min^{-1}),使火焰离子化检测器所需 N_2/H_2 过低而影响灵敏度,因此尾吹 N_2 还能增加 N_2/H_2 而提高检测器的灵敏度。

15.5 数据处理系统

色谱仪中数据处理系统能将检测器输出的模拟信号随时间变化的色谱流出曲线(色谱图)显示出来。最简单的方法是将检测器输出端用电缆线与记录仪输入端连接,记录仪可将色谱图输出来,但现在基本不用简单的记录仪。现在色谱数据处理系统基本是计算机加软件的色谱工作站。色谱工作站的首要任务是用电子积分仪处理由检测器输入的模拟信号,积分仪与计算机一样,不能识别模拟信号,只能处理数字信号。因此需要在检测器与积分仪之间加一个模数(A/D)转换器,将检测器输出的连续信号转换成不连续的数字信号(见第8.2.3节)。这些数字信号经积分仪处理后,显示出色谱图,并可以给出色谱峰的保留时间、峰高和峰面积等信息。色谱工作站除了完成积分仪的工作外,还可用不同的格式输出分析报告、永久保留色谱的原始数据(包括检测器输出信号和分析条件等一些分析参数,如流动相流量、柱温等)。

15.6 温度控制系统

温度是气相色谱分析中最重要、最敏感的工作条件之一,要求对进样系统的汽化室、检测器和色谱柱分别进行严格的温度控制,控温精度均在±0.1 ℃。仪器上有三套独立的自动温度控制电路及辅助设备,分别使汽化室、检测器恒定在适当温度,使柱温恒定或按程序升温。温度控制系统的主要元件有铂电阻或热电偶等热敏元件、电子放大器、可控硅、电热器等,柱箱中还有排风扇。通常用温度计或测温毫伏计来显示温度的高低。

15.7 色谱操作条件的选择

通常以塔板高度 H(相应的 n)或有效塔板高度 H_{eff}(相应的 n_{eff})来评价色谱操作条件的好坏。

15.7.1 载气的种类及其流速的选择

载气的流速与塔板高度之间的关系见图 15.16。在曲线的最低点,塔板高度为最低塔板高度 $H_{最低}$,此时柱效最高。与 $H_{最低}$ 所对应的流速为最佳流速 $\bar{u}_{最佳}$,由上章所述速率理论可知：

$$H = A + \frac{B}{\bar{u}} + C\bar{u}$$

$$\frac{\mathrm{d}H}{\mathrm{d}u} = 0 - \frac{B}{\bar{u}^2} + C = 0$$

$$\bar{u}_{最佳} = \sqrt{\frac{B}{C}} \tag{15.10}$$

$$H_{最低} = A + \frac{B}{\sqrt{\frac{B}{C}}} + C\sqrt{\frac{B}{C}} = A + 2\sqrt{BC} \tag{15.11}$$

由图 15.16 可以看出：

① 涡流扩散项 A 与流速无关。

② 流速较小时，分子扩散项$\left(\frac{B}{\bar{u}}\right)$成为色谱峰扩张的主要因素，宜采用相对分子质量较大的载气 N_2，Ar，以使组分在载气中有较小的扩散系数 D_m。

③ 流速较大时，传质阻力项（$C\bar{u}$）成为色谱峰扩张的主要因素，宜采用相对分子质量较小的载气 H_2，He，以增大组分在载气中的扩散系数 D_m。

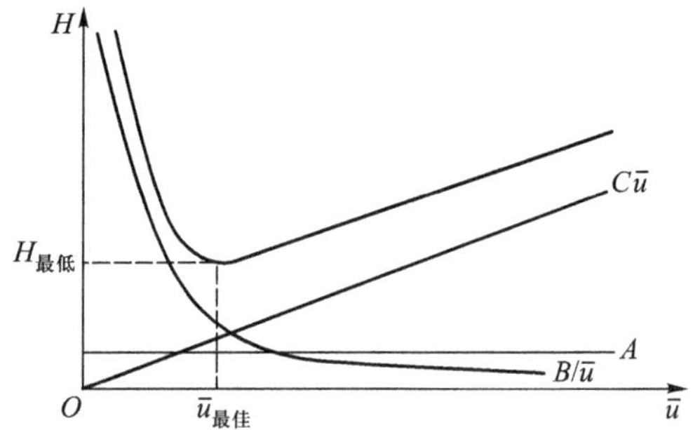

图 15.16　载气的流速与塔板高度之间的关系曲线

15.7.2　柱温的选择

提高柱温可使气相、液相传质速率加快，有利于降低理论塔板高度，改善柱效，但增加柱温又使纵向扩散加剧从而加大理论塔板高度，导致柱效下降。另外，为了改善分离效果，提高选择性，希望柱温较低，这又使分析时间加长。因此，选择柱温要兼顾这几方面的因素。一般多采用较低的柱温，同时减少固定液的含量并适当增大流速。每种固定液都有一最高允许使用温度，超过此温度，固定液将挥发流失，甚至分解。因此，柱温不能超过固定液最高允许使用温度，同时要求组分在柱内不冷凝、也不分解。一般柱温选在样品各组分的平均沸点附近，柱温过高不利于分离。表 15.9 给出了分离各类组分的参考柱温。

表 15.9　分离各类组分的参考柱温

不同类别组分	参考柱温/℃
沸点 300~400 ℃组分	200~250
沸点 200~300 ℃组分	150~200
沸点 100~200 ℃组分	150
气体	室温~100

对于宽沸程的多组分混合物，如果色谱柱恒定在一定温度，则会出现低沸点组分出峰拥挤以致不易辨认，高沸点组分拖延时间很长甚至停在柱中不能出峰的缺陷。为此，可采用程序升温法，即使柱温按预定的升温速度，随时间做线性或非线性的增加。采用程序升温的方法能兼顾高、低沸点组分的分离效果和分析时间，使不同沸点组分基本上都在其较合适的平均柱温下进行分离。程序升温的条件要反复实验加以选择。程序升温可以改善分离度，缩短分析时间，得到的峰形也好。以分离沸程较宽的烷烃和卤代烃为例（图 15.17），来说明程序升温的优越性。

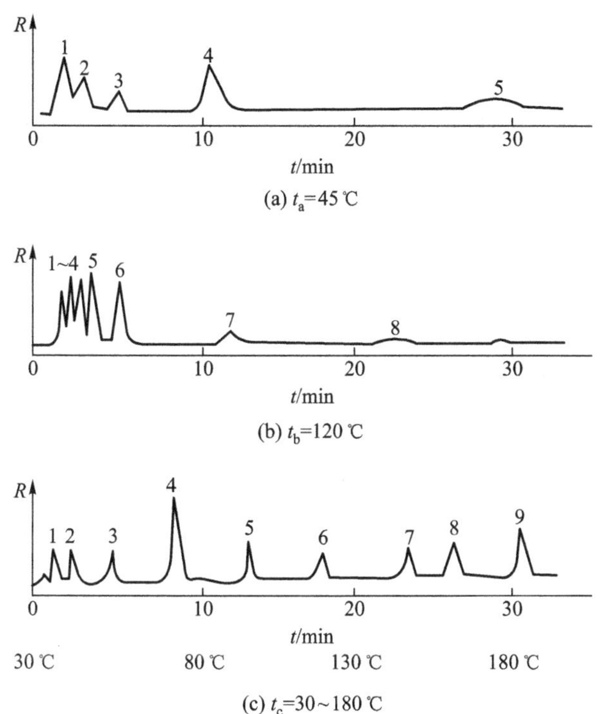

图 15.17　宽沸程各组分混合物在恒定柱温及程序升温时的分离结果比较

图 15.17（a）为恒定柱温 45 ℃，记录 30 min 的分析结果，此时只有五个组分流出色谱柱，低沸点组分分离度较好。图 15.17（b）为柱温恒定于 120 ℃时的分离情况，因柱温升高，保留时间缩短，低沸点组分峰密集，分离度不好。图 15.17（c）所示为程序升温情况。由 30 ℃起，升温速率为 5 ℃ · min^{-1}。结果低沸点和高沸点组分都能在各自适宜的温度下分离，峰形及分离度较好。

15.7.3　柱长和内径的选择

柱长增加，分离度增大，对分离有利。但柱长增加，也使传质阻力增大，色谱峰扩展加剧，分析时间延长。因此，在确保一定分辨率的条件下应尽可能使用短色谱柱。通常，对于填充柱，柱长以 1~6 m 为宜，柱径为 2~6 mm。对于毛细管柱，柱长一般为 20~200 m，柱径为 0.1~0.5 mm。弯曲的柱子不易填充均匀，气流路径更复杂、曲折，线速度变化大，导致柱效降低，分离效果变差。一般而言，柱子的曲率半径越小，分离效果越差，一般填充柱柱圈径应比柱内径大 15 倍。

15.8　定性分析

色谱定性分析主要依据每种组分的保留值，所以一般需要标准物质。如果没有已知纯物质，单靠色谱法本身对每一种分离后的组分进行定性鉴定是比较困难的，这是气相色谱分析的不足之处。但近年来，气相色谱与质谱、光谱等联用，这样既充分利用了色谱柱的高效分离能力，又利用了质谱、光谱的高鉴别能力，再加上计算机对数据的快速处理及检索能力，为未知物的定性分析开辟了广阔的前景。

15.8.1　利用色谱保留值进行定性分析

在一定的色谱条件（固定相、操作条件等）下，各种物质均有确定的保留值，故保留值可作为一种定性指标，对它的测定是最常用的色谱定性方法。

1. 单柱

用已知物直接与未知样品对照定性，是气相色谱定性分析中最简便、最可靠的定性方法。在一定的固定相和操作条件下，各组分保留值是一定的，因此可以用已知物的保留值（时间、体积、距离）和未知物的保留值对照进行定性。

2. 双柱

将两根装有不同极性固定相柱子串联起来，由保留值进行定性，比单柱所得结果更加可靠。

3. 峰高增加法

如果样品比较复杂，色谱峰间距小，操作条件又不易控制稳定，准确测定保留值会有困难，这种情况下可采用在未知混合物中加入已知物的方法，这时若待定性组分的峰比原来增强，则表示样品中可能含有该组分。

15.8.2　利用保留值的经验规律定性

同系物为只相差 $\text{+}CH_2\text{+}_m$ 的化合物。在一定温度下，同系物的 $\lg V'_R$ 值和分子中的碳数呈线性关系（$n=1$ 或 $n=2$ 时可能有偏差），即

$$\lg V'_R = A_1 n + C_1 \tag{15.12}$$

式中 A_1 和 C_1 分别是与固定相和被测物分子结构有关的常数；n 为分子中的碳原子数；V'_R 为调整保留体积（也可用其他调整保留值）。碳数规律只适用于同系物，而不适用于同族化合物。

15.8.3 利用保留指数定性

保留指数又称科瓦茨指数(Kovats index),是一种重现性较其他保留数据都好的定性参数。利用它可根据所用固定相和柱温直接与文献值作对照,而不需用标准物质。保留指数是把物质的保留行为用两个紧靠近它的标准物(一般是两个正构烷烃)来标定的。若两种正构烷烃中碳原子数分别为 n 和 $n+1$,则保留指数计算式为

$$I_x = 100\left[\frac{\lg t'_{R(x)} - \lg t'_{R(n)}}{\lg t'_{R(n+1)} - \lg t'_{R(n)}} + n\right] \tag{15.13}$$

式中 t'_R 为调整保留值;n 和 $n+1$ 代表具有 n 个和 $n+1$ 个碳原子数的正构烷烃。显然,也可用 V'_R 计算。被测物的 $t'_{R(x)}$ 值应恰在这两种正构烷烃的 t'_R 值之间,即

$$t'_{R(n)} < t'_{R(x)} < t'_{R(n+1)}$$

正构烷烃的保留指数被人为地定义为其碳数乘以 100。同系物不同组分的保留指数之差一般应为 100 的整数倍,但除正构烷烃外,其他化合物保留指数的 $\frac{1}{100}$ 并不等于该化合物的含碳数。欲求某物质的保留指数,只要将其与相邻的正构烷烃混合在一起或分别地在给定条件下进行色谱分析,然后按上式计算其保留指数。以求乙酸正丁酯的保留指数为例加以说明。选正庚烷、正辛烷两个正构烷烃,未知化合物的峰在此两正构烷烃峰的中间。

正庚烷($n = 7$) $t'_{R(n)} = 174.0$ s

未知化合物 $t'_{R(x)} = 310.0$ s

正辛烷($n + 1 = 8$) $t'_{R(n+1)} = 373.4$ s

将上述数据代入式(15.13)得未知化合物的 I_x:

$$I_x = 100 \times \left(\frac{\lg 310.0 - \lg 174.0}{\lg 373.4 - \lg 174.0} + 7\right) = 100 \times \left(\frac{2.4914 - 2.2405}{2.5722 - 2.2405} + 7\right) = 775.6$$

查表可知,此未知化合物为乙酸正丁酯。两种正构烷烃的碳原子数也可以分别是 n 和 $n + m$,而不是 n 和 $n + 1$,此时,I_x 可用下式计算:

$$I_x = 100\left[m\frac{\lg t'_{R(x)} - \lg t'_{R(n)}}{\lg t'_{R(n+m)} - \lg t'_{R(n)}} + n\right] \tag{15.14}$$

$$t'_{R(n)} < t'_{R(x)} < t'_{R(n+m)}$$

式中 $t'_{R(x)}$ 为被测物的调整保留时间;$t'_{R(n)}$ 为含 n 个碳原子正构烷烃的调整保留时间;$t'_{R(n+m)}$ 为含 $n + m$ 个碳原子正构烷烃的调整保留时间。

同一物质在同一色谱柱上,其保留值与柱温呈线性关系,这就便于用内插法或外推法求出不同柱温下的值。保留指数的有效数字为四位,准确度和重现性都很好,误差小于 1%,因此只要柱温和固定相相同,就可用文献发表的保留指数进行定性鉴定,不必使用标准物质。

15.8.4 利用相对保留值进行定性

相对保留值 $r_{2,1}$ 是两种物质的调整保留值之比,它仅与柱温和固定相的性质有关,许多物质的相对保留值已被测出并记载在文献资料上。在作定性分析时,可在样品中加入文献

规定的标准物质,然后在文献规定的柱温下通过规定的固定相,测得组分对标准物质的相对保留值,再与文献上的数据相对照,若两者相同或非常接近,便可初步确定该组分即是文献上所对应的物质。

15.8.5　与其他仪器分析方法结合定性

气相色谱法是分离复杂混合物的有效方法,但不能对未知物直接进行定性鉴定。某些仪器,如质谱仪和红外光谱仪,是鉴定未知物结构的有效工具,但要求所分析的样品尽可能纯,却无法分析复杂的混合物。因此,色谱与质谱、红外吸收光谱联用,就有可能把复杂混合物中的未知物结构解析出来。

15.9　定量分析

色谱定量分析的目的是确定样品中某组分的含量。定量的依据是当操作条件一定时,某组分的质量或浓度与检测器的响应信号(峰面积或峰高)成正比,即

$$m_i = f_i A_i$$

式中 m_i 为 i 组分的质量;f_i 为 i 组分的绝对校正因子,在一定条件下 f_i 为一常数;A_i 为 i 组分的峰面积。

可见,在进行色谱定量分析时需要解决三个问题,即准确测量被测组分的峰面积(或峰高),求出被测组分的校正因子,选择适当的定量方法。

15.9.1　色谱峰面积的测量方法

1. 峰高乘半峰宽法

此法适用于色谱峰为对称峰形的情况。根据等腰三角形面积的计算方法,可以近似认为峰面积等于峰高乘以半峰宽:

$$A = hw_{1/2}$$

这样测得的峰面积为实际峰面积的 0.94 倍,实际的峰面积应为

$$A = 1.065hw_{1/2}$$

在作绝对测量时(如测灵敏度),应乘以 1.065,但在相对计算时,1.065 可省去。

2. 峰高乘平均峰宽法

在峰高的 0.15 和 0.85 处分别测峰宽,取平均值即为平均峰宽,则峰面积为

$$A = h\frac{w_{0.15} + w_{0.85}}{2}$$

此法可用于不对称峰(前伸或拖尾)面积的测量。

3. 电子积分仪法

电子积分仪是最方便的面积测量工具,速度快,线性范围宽,精密度可达 0.2%～2%,对

小峰或不对称峰也能得出准确结果。

4. 用峰高代替峰面积定量

近年来，气相色谱倾向于采用低固定液载体比、高载气流速的快速分析法，所得色谱峰很窄，难以准确测定峰面积。由于在固定的操作条件下，在一定的进样量的范围内，很窄的对称峰的半峰宽可以认为是不变的，组分的大小只与峰高有关，因此，完全可以用峰高代替峰面积定量，特别是痕量组分的测定，峰高法能达到较高的准确度。

15.9.2 定量校正因子

色谱定量分析的依据是在一定条件下，组分的峰面积与其进样量成正比。由于相同质量的不同物质在同一检测器中往往会产生不同的信号，因此不能直接用信号来计算样品中各组分的含量，只能将测得的信号经校正因子校正后再用于定量。

1. 绝对校正因子

绝对校正因子表示单位信号（峰面积 A 或峰高 h）所代表组分的量，也称绝对质量校正因子。如果以物质的质量（m）、物质的量（n）、体积（V）计算，则校正因子分别称为绝对质量校正因子、绝对摩尔校正因子和绝对体积校正因子：

$$f_{\mathrm{i}(m)}^{A}=\frac{m_{\mathrm{i}}}{A_{\mathrm{i}}}\qquad f_{\mathrm{i}(m)}^{h}=\frac{m_{\mathrm{i}}}{h_{\mathrm{i}}}$$

$$f_{\mathrm{i}(n)}^{A}=\frac{n_{\mathrm{i}}}{A_{\mathrm{i}}}\qquad f_{\mathrm{i}(n)}^{h}=\frac{n_{\mathrm{i}}}{h_{\mathrm{i}}}$$

$$f_{\mathrm{i}(V)}^{A}=\frac{V_{\mathrm{i}}}{A_{\mathrm{i}}}\qquad f_{\mathrm{i}(V)}^{h}=\frac{V_{\mathrm{i}}}{h_{\mathrm{i}}}$$

f_{i} 为绝对校正因子，m_{i}为 i 组分的质量；n_{i} 为 i 组分的物质的量；V_{i} 为 i 组分的体积。

2. 相对校正因子

被测组分与标准物质的绝对校正因子之比，称为被测组分的相对校正因子。下面仅讲述测量信号为面积的质量相对校正因子 f_{is}，且为了简化，上标 A 和下标 m 均略去。

$$f_{\mathrm{is}}=\frac{f_{\mathrm{i}}}{f_{\mathrm{s}}}=\frac{\dfrac{m_{\mathrm{i}}}{A_{\mathrm{i}}}}{\dfrac{m_{\mathrm{s}}}{A_{\mathrm{s}}}}=\frac{m_{\mathrm{i}}A_{\mathrm{s}}}{m_{\mathrm{s}}A_{\mathrm{i}}}\tag{15.15}$$

$$m_{\mathrm{i}}=f_{\mathrm{is}}A_{\mathrm{i}}\frac{m_{\mathrm{s}}}{A_{\mathrm{s}}}\tag{15.16}$$

f_{is}为相对校正因子，即物质 i 和标准物质 s 的绝对校正因子之比。常用的标准物质，对于热导池检测器是苯，对于火焰离子化检测器是正庚烷。f_{is}可从文献上查到，若自己测量，因为f_{is}的测量是否准确直接影响定量分析的准确度，故要求使用色谱纯试剂或纯度在99%以上的试剂，并且要称量准确。即分别准确称取一定量被测组分和纯标准物质，将两者混合均匀，进样后得到相应色谱峰面积为 A_{i} 和 A_{s}，然后代入式（15.15）计算出被测组分的 f_{is}。由于两者混合均匀，所以无论进样量大或是小，它们的质量比$\dfrac{m_{\mathrm{i}}}{m_{\mathrm{s}}}$始终为一常数，因此就不必准确知道进样量是多少。$f_{is}$与被测组分、标准物质和检测器类型有关，而与检测器的具体结构、色谱操作条件（柱温、载气流速、固定液性质）无关。火焰离子化检测器与载气类型无关，热导池检测器用 H_2，He 作载气时可通用，但用 N_2 作载气时，其f_{is} 相差很大，不能通用。

15.9.3　定量方法

1. 外标法

外标法又称标准曲线法。分析时首先将被测组分的纯物质配成不同浓度的标准溶液（液体样品用溶剂稀释，气体样品用载气稀释），然后取固定量的标准溶液进行测定，从所得色谱图上测出峰面积或峰高，然后绘制响应信号（纵坐标）对浓度（横坐标）的标准曲线。分析样品时，取与制作标准曲线相同量的样品（定量进样），测得该样品的响应信号，由标准曲线即可查出其浓度。外标法的优点是操作简单、计算方便，不需要知道校正因子，一条曲线可用于多个样品，但一定要保证进样的重现性和操作条件的稳定性，两者对分析结果的准确度有着十分重要的影响。由于气体进样量大，重复进样误差小，因此常用外标法对气样进行定量分析，例如天然气分析。若符合峰高定量的条件，可将外标法中的峰面积改为峰高。

2. 内标法

当只需测定样品中某几个组分的含量时，可采用内标法定量。将一定量样品中原来不存在的纯物质作为内标物，加入准确称取的样品中，根据被测物和内标物的质量及其在色谱图上相应的峰面积比，求出某组分的含量。例如，要测定样品中组分 i（质量为 m_i）的百分含量时，可于样品中加入质量为 m_r 的内标物 r，样品质量为 m，则

$$m_i = f_{is}A_i\frac{m_s}{A_s} \qquad m_r = f_{rs}A_r\frac{m_s}{A_s}$$

$$\frac{m_i}{m_r} = \frac{f_{is}A_i}{f_{rs}A_r} \qquad m_i = \frac{f_{is}A_i}{f_{rs}A_r}m_r$$

$$w_i = \frac{f_{is}A_im_r}{f_{rs}A_rm} \times 100\% \tag{15.17}$$

应用内标法时，内标物的选择很重要，一般它应具备如下几个条件：

① 内标物和样品应互溶；

② 内标物与样品组分的峰能分开，且内标物和被测组分峰靠近；

③ 加入内标物的量应接近于被测组分的量；

④ 内标物与被测组分的物理化学性质相近。

内标法的优点是定量准确，可消除操作条件不稳定的影响。缺点是每次分析都要称取样品和内标物的质量，还必须知道相对校正因子，不适于做快速分析。

3. 归一化法

当样品中各组分都能流出色谱柱，并在色谱图上显示色谱峰时，可用归一化法进行定量。设样品中有 n 个组分，各组分的质量分别为 $m_1, m_2, \cdots, m_n$，各组分百分含量的总和为 100%，其中组分 i 的百分含量 w_i 可按下式计算：

$$w_i = \frac{m_i}{m} \times 100\% = \frac{m_i}{m_1 + m_2 + \cdots + m_i + \cdots + m_n} \times 100\%$$

将式(15.16)代入得

$$w_i = \frac{A_i f_{is} \dfrac{m_s}{A_s}}{(A_1 f_{1s} + A_2 f_{2s} + \cdots + A_i f_{is} + \cdots + A_n f_{ns}) \dfrac{m_s}{A_s}} \times 100\%$$

$$w_i = \frac{A_i f_{is}}{\sum A_i f_{is}} \times 100\% \tag{15.18}$$

若各组分的f_{is}值相近或相同,例如同系物中沸点接近的各组分,则式(15.18)可化简为

$$w_i = \frac{A_i}{A_1 + A_2 + \cdots + A_i + \cdots + A_n} \times 100\%$$

对于狭窄的色谱峰,当各种操作条件保持严格不变时,在一定的进样量范围内,半峰宽不变,可用峰高代替峰面积进行定量,即

$$w_i = \frac{h_i f_{is}}{h_1 f_{1s} + h_2 f_{2s} + \cdots + h_i f_{is} + \cdots + h_n f_{ns}} \tag{15.19}$$

归一化法的优点是简单、准确,当操作条件(进样量、载气流速等)变化时,对结果影响小。不用标准物质,只进一次样。但样品的组分必须全部流出且出峰,某些不需要定量的组分也必须测出峰面积及知道f_{is}值。

4. 三种定量方法的对比

可在是否需要称量样品、进样量、操作条件、出峰情况、是否需要校正因子、适用范围等方面对三种定量方法进行对比(表15.10)。

表 15.10 三种定量方法的对比

项目	归一化法	内标法	外标法
样品称量	不需要	需要	需要
进样量	不需准确	不需准确	需准确
操作条件	一次分析需稳定	一次分析需稳定	全部分析需稳定
峰要求	全出峰	内标及被测组分	被测组分
校正因子	需要	需要	不需要
适用范围	常量分析	微量组分精确测定	工厂常规分析

15.10 气相色谱法的优点和局限性

气相色谱法是先分离后检测,故对多组分混合物(如同系物、异构体等)可同时得到每一

组分的定性、定量结果，且由于组分在气相中传质速率快，与固定相相互作用次数多，加上可供选择的固定液种类很多，可供使用的检测器灵敏度高、选择性好，因此气相色谱法概括起来有高分离效能、高选择性、高灵敏度、分析速度快、应用范围广等特点。

15.10.1　优点

1. 高分离效能

对于气相色谱中分配常数很接近的组分，即便是一些极为复杂或难以分离的物质，也能得到分离。对性质极为相近的物质（如同位素和同分异构体）也可用固定相和样品组分间的不同作用力使其分配常数有较大差别。例如，氢原子有三种同位素，即氢（H）、氘（D）和氚（T），可有六种氢分子，且核自旋不同，氢分子又有正氢和仲氢之分。有机化合物也有结构异构和空间异构之别，如顺式和反式异构体，旋光异构体，芳香烃中的邻、间、对异构体等。所有这些同位素和异构体原则上都可以用气相色谱法进行分离和测定。

2. 高灵敏度

色谱法的样品用量极少，仅为微克或纳克级；一般能检测出质量分数在 10^{-9} ~ 10^{-6} 数量级的被测组分，若使用高灵敏度的检测器，气相色谱法可测定 10^{-11} ~ 10^{-14} g 的物质，因此非常适于微量和痕量分析。

3. 分析速度快

气相色谱法的分析速度很快，一般只需几分钟即可完成一个分析周期，如采用自动化操作则更为快速。例如，用毛细管柱色谱数十分钟就能确定轻油中的 150 多个组分。

4. 应用范围广

气相色谱法不仅可以测定气体，也可以测定液体、某些固体及包含在固体中的气体物质。能测定大量有机化合物和部分无机化合物，甚至能测定具有生物活性的物质。在操作温度下热稳定性良好的气体、固体、液体物质，沸点在 500 ℃以下、相对分子质量在 400 以下的物质原则上均可用气相色谱法进行测定。

15.10.2　局限性

① 在缺乏标准物质的情况下定性比较困难。如果没有已知纯物质的色谱图对照，或者没有有关物质的色谱数据，就难以判断某一色谱峰代表什么物质。发展色谱-质谱、色谱-红外吸收光谱、色谱-核磁共振等联用仪器，将色谱的高分离效能与其他定性、定结构性能强的仪器相结合，能有效克服这一缺点。但是联用仪器一般比较昂贵，使用成本相对较高，难以普及应用。

② 沸点太高、相对分子质量太大或热不稳定的物质都难以用气相色谱法进行测定。气相色谱法测定的有机物约占全部有机物的 20%。

因此，必须全面地认识气相色谱法，掌握它的特点，充分发挥它的长处，正视它的局限性，这样才能使它发挥更大的作用。

参考文献

[1] 黄一石,吴朝华.仪器分析.北京:化学工业出版社,2020.

[2] 胡坪,王氢.仪器分析.5 版.北京:高等教育出版社,2019.

[3] 张新祥,李美仙,李娜,等.仪器分析教程.3 版.北京:北京大学出版社,2022.

[4] 刘宇.仪器分析.天津:天津大学出版社,2010.

[5] 邹红海,伊冬梅.仪器分析.银川:宁夏人民出版社,2007.

[6] 詹益兴.实用色谱法.北京:科学技术文献出版社,2008.

习题

15.1 应用新的热导池检测器后,发现噪声水平是旧的检测器的 1/3,而灵敏度增加 10 倍,与旧的检测器相比,应用新的检测器后使某物质的检出限减少为原来的多少倍?

15.2 测定某农药,载气体积流量为 30 $mL\cdot min^{-1}$,进 2.0 μL 浓度为 1.00 $\mu g\cdot mL^{-1}$ 的标样,色谱峰高为 3.00 mV,半峰宽为 0.60 min,求最小检测量($3R_N$ = 0.02 mV)。

15.3 气相色谱固定相为聚乙二醇-20 M,当柱温为 100 ℃时,把含有 A 和 B 的样品以及相隔两个碳的两种正构烷烃的混合物注入色谱仪,A 在两种正构烷烃之间流出,它们的保留时间分别为 10.62 min,12.62 min 和 14.82 min,测得甲烷的保留时间为 0.62 min,最先流出的正构烷烃的保留指数为 900,而组分 B 的保留指数为 958.2,求组分 A 的保留指数。试问 A 和 B 有可能是同系物吗?

15.4 气相色谱法测定某样品中乙酸乙酯、丙酸甲酯和正丁酸甲酯的色谱数据如下,死时间为 0.60 min。求:

(a) 每种组分的含量;

(b) 根据碳数规律,预测正戊酸甲酯的保留时间。

	乙酸乙酯	丙酸甲酯	正丁酸甲酯
保留时间 t_R/min	2.72	4.92	9.23
峰面积 A/(mV · min)	18.1	43.6	29.9
相对校正因子 f_{is}	0.60	0.78	0.88

15.5 进样 1.0 μL 含 0.05%(体积分数)苯的 CS_2 溶液,苯的色谱峰高为 2.40 mV,半峰宽为 30 s,仪器噪声为 0.01 mV,求火焰离子化检测器检测苯的灵敏度和检出限。

15.6 采用内标法测定燕麦敌 1 号样品中燕麦敌含量时,称取燕麦敌样品 18.20 g,加入正十八烷 1.88 g,测得峰面积 $A_{燕麦敌}$ = 68.0 mV · min,$A_{正十八烷}$ = 87.0 mV · min,已知燕麦敌以正十八烷为标准的相对校正因子为2.40，计算样品中燕麦敌的含量。

15.7　测定相对校正因子时，如果标准物质的注入量 m_s 为0.435 μg，所得峰面积 A_s 为40.0 mV · min，组分 i 注入量为0.864 μg时的峰面积为81.0 mV · min，则组分 i 的相对校正因子为多少？

15.8　用内标法测定乙醛中水分的含量时，用甲醇做内标。称取0.0213 g甲醇加到4.586 g乙醛样品中进行色谱分析，测得水分和甲醇的峰面积分别为150 mV · min和174 mV · min。已知水和甲醇的相对校正因子分别为0.55和0.58，计算乙醛中水分的含量。

15.9　在一气相色谱仪上测得的保留值：甲烷 t_R = 0.60 min，正己烷 t_R = 9.00 min，正庚烷 t_R = 16.3 min，正辛烷 t_R = 31.4 min，环己烷 t_R = 15.2 min，甲苯 t_R = 18.9 min。计算环己烷和甲苯的保留指数。

15.10　用气相色谱法测定废水中的二甲苯，以苯为内标物，检测器为火焰离子化检测器。取1.00 L废水（不含苯），加入0.50 mg苯，经二氯甲烷溶剂萃取和浓缩后，得到1.00 mL样品。取1.0 μL进样分析，测定四个组分的峰面积如下：

组分	苯	对二甲苯	间二甲苯	邻二甲苯
峰面积 A/(mV · min)	35.6	40.2	32.5	29.9
相对校正因子 f_{is}	1.00	0.89	0.93	0.91

用内标法计算此废水样品中三种二甲苯异构体的物质的量浓度。

15.11　在气相色谱分析中，测定下列组分宜选用哪种检测器？为什么？

(a) 蔬菜中含氯农药残留物；

(b) 有机溶剂中微量水；

(c) 痕量苯和二甲苯的异构体；

(d) 啤酒中微量硫化物。

15.12　试述气相色谱法的特点。

15.13　气相色谱固定液选择的基本原则是什么？

15.14　简述气相色谱中归一化法和内标法定量的优缺点，它们各适用于什么情况？

15.15　分离因子和保留指数都是用来表示某一组分的相对保留能力的大小，二者有什么不同？

15.16　什么叫程序升温气相色谱？哪些样品适宜于用程序升温分析？

15.17　简述火焰离子化检测器和热离子检测器的原理，并说明它们的主要差别。

15.18　用保留指数定性时，恒温和程序升温气相色谱法有什么不同？

15.19　简要说明毛细管柱色谱法与填充柱色谱法的应用范围。

习题参考答案

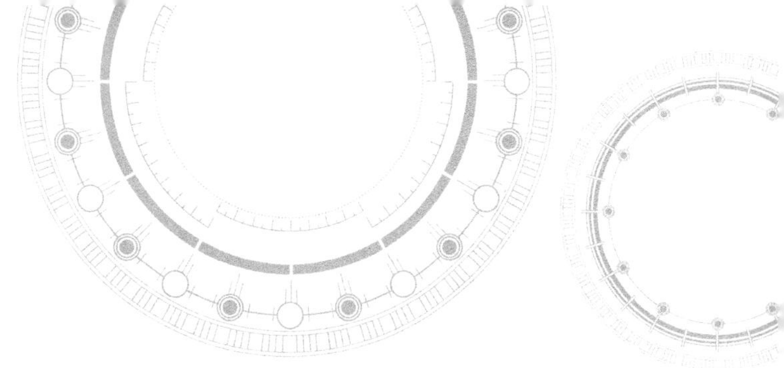

第十六章
高效液相色谱法

16.1 概述

高效液相色谱法(HPLC)是在经典液相色谱法的基础上,引入气相色谱理论,并在技术上采用了高压泵、高效固定相和高灵敏度检测器而实现分离测定的分析方法。该方法具有分离速度快、分离效率高、选择性好、灵敏度高、操作自动化程度高和应用范围广等特点,因此称为高效液相色谱法。

16.1.1 高效液相色谱法与经典液相色谱法比较

与经典液相色谱法相比,高效液相色谱法有以下优点。

1. 柱寿命长

经典色谱法的色谱柱通常只能进行一次分离,进行第二次分离时,必须更换固定相,而高效液相色谱法的色谱柱可重复使用,柱寿命一般可达一年以上。

2. 分离效率高

经典液相色谱法在常压或略高于常压条件下使用,填料颗粒大、柱效低,而高效液相色谱法是在高压输液泵的条件下操作,其压力可达几兆帕至几十兆帕,因此填料的粒径往往小于10 μm,柱效高,分离能力强,其理论塔板数可达数千。

3. 分析时间短

经典液相色谱法进行一次分离往往需几小时至几十小时,而高效液相色谱法分离效率高,速度快,一次分析几分钟至几十分钟即可完成。

4. 进样量小

经典液相色谱法进样量大,一般在几毫升至几百毫升,而高效液相色谱进样量一般仅为几微升至几十微升。

5. 在线检测

经典液相色谱法需要在离线条件下检测,而高效液相色谱法可实现在线检测,采用高灵敏度的检测器,大大提高了灵敏度。如荧光检测器的检出限可达 10^{-12} g。

16.1.2 高效液相色谱法与气相色谱法比较

气相色谱的许多理论与技术同样适用于高效液相色谱,但两者有一定的差别。

1. 应用范围

气相色谱适用于沸点低、热稳定性好、相对分子质量中小的化合物，难以分离高沸点、非挥发性、热不稳定、离子型物质以及相对分子质量大的高聚物，因此应用范围受到一定限制，据统计约有 20%的有机物适合于气相色谱测定；高效液相色谱不受此种限制，相对分子质量大、难汽化、挥发性差、热敏感性成分以及离子型化合物、高聚物均可用高效液相色谱法测定，其应用范围很广。

2. 流动相

气相色谱流动相不参与分配平衡，仅起运载样品的作用，样品分子只与固定相作用；高效液相色谱的流动相除起运载样品作用外，还参与分离过程，与固定相竞争被测分子。由于流动相种类多，因此改变流动相组成，可提高分离的选择性，能使样品组分得到有效的分离。

3. 色谱柱

气相色谱柱很长，特别是毛细管柱可长至几十米甚至上百米，柱效也很高，理论塔板数可达 $10^4 \sim 10^6$。高效液相色谱柱较短，一般为 15 ~ 25 cm，柱效低于气相色谱柱，理论塔板数一般仅为数千。

4. 检测器

气相色谱检测器种类较少，但已有发展成熟的通用型检测器，如火焰离子化检测器和热导池检测器，特别是火焰离子化检测器，灵敏度较高。高效液相色谱检测器的种类多，但通用型的不多，如示差折光检测器和蒸发光散射检测器属于通用型检测器，但灵敏度均较低。

5. 柱外效应

柱外效应也称柱外展宽，是指色谱柱外的各种因素引起的柱效降低、色谱峰展宽。引起柱外效应的主要因素是柱前和柱后的连接管、流通池等柱外体积。对于气相色谱，色谱柱体积很大，柱外体积远比柱体积小，所以柱外效应的影响可忽略。但对于高效液相色谱，色谱柱体积较小，柱外体积占色谱系统总体积比例较大，柱外效应就不可忽略。另外，由于液体黏度高且扩散性仅为气体的 $1/10^5$，液相色谱中流动相在空柱管中流动速度分布的纵断面呈抛物线形，且被测物分子在液相中径向扩散很慢，因此引起峰展宽。而气相色谱色谱中气体的黏度低且具有扩散性，使这种柱外效应可忽略。

6. 纯化合物的制备

气相色谱一般难以用于制备纯化合物，因为其进样量小、样品随载气流出色谱柱后难以收集以及样品组分常被检测器破坏等。高效液相色谱进样量大，可将样品中的组分分离后，随流动相进入检测器，往往不被破坏，易于收集，因此可用于制备高纯化合物。

16.2 高效液相色谱仪

高效液相色谱仪一般由高压输液系统、进样系统、分离系统、检测系统和计算机控制与数据处理系统组成。其中高压输液系统主要部件为高压泵，可根据分离需要配备梯度洗脱装置。进样系统主要为专用进样器，一般为手动进样阀，根据需要可配备自动进样器。分离系统主要部件为色谱柱。检测系统主要部件为检测器，可根据分析要求的不同选择适合类型的检测器。计算机控制与数据处理系统一般由普通计算机配上专用的色谱工作站软件来完成。高效液相色谱仪结构见图 16.1。

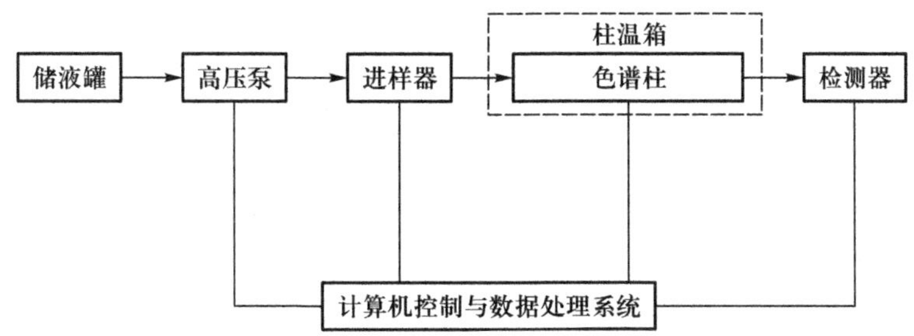

图 16.1 高效液相色谱仪结构示意图

16.3 高压输液系统

高压输液系统由储液罐、脱气装置、高压泵、过滤器、压力脉动阻尼器及梯度洗脱装置等部件组成,其中核心部件为高压泵。

16.3.1 储液罐及脱气装置

储液罐一般由惰性材料制成,应具有坚固、易脱气、易清洗并有足够的容积(一般为0.5~2 L)。由于流动相中有气体进入会影响色谱柱的分离效能且有气体进入检测器时,压力降低,产生气泡,会增加基线噪声,因此需要对流动相脱气。常用超声脱气、氦气脱气、真空脱气或电磁搅拌脱气等方法,其中真空脱气效果较好,且易于制成在线真空脱气装置,给分析过程带来很大的便利,其结构见图 16.2。在线真空脱气装置将脱气系统与输液系统串联,流动相流经脱气单元内的塑料膜管线(容积一般为 12 mL),由于塑料膜管线的膜可让气体透过,而液体无法透过,因此通过微型真空泵将脱气单元降压而实现在线脱气。

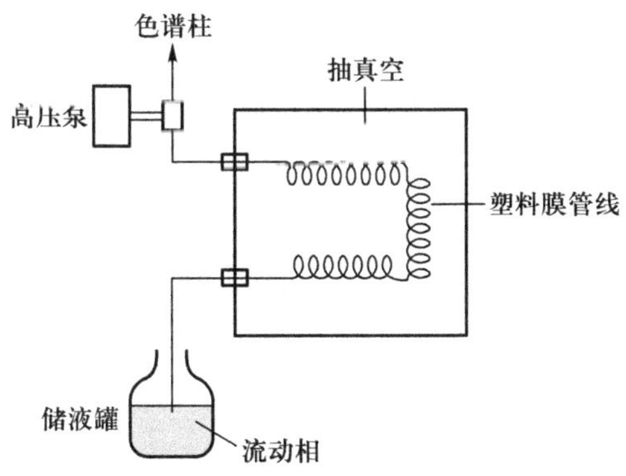

图 16.2 在线真空脱气装置结构示意图

16.3.2　高压泵

高压泵是高效液相色谱仪的重要部件，其作用是将流动相输入色谱柱，使样品中各组分在色谱柱内得到分离，因此高效液相色谱仪的高压泵应具备以下性能：

① 流量要恒定，无脉动并具有较大的调节范围。一般流量要稳定，其相对标准偏差应小于 0.5%。分析型高效液相色谱仪的流量范围为 0.1～10 mL · min^{-1}，制备型高效液相色谱仪的流量可达 100 mL · min^{-1}。

② 应有足够的输送压力，并能在高压下连续工作。一般压力应达到 25～50 MPa。

③ 能抗溶剂、酸、碱的腐蚀，因为流动相常用有机溶剂，有时还要加入缓冲盐、少量酸或碱等成分。

④ 泵的死体积要小，以便于更换溶剂和进行梯度洗脱。

按照输液性能的不同，通常将高压泵分为两种类型，即恒压泵和恒流泵；按机械结构不同，通常将高压泵分为四种类型，即液压隔膜泵、气动放大泵、螺旋注射泵和往复柱塞泵，其中前两种为恒压泵，后两种属于恒流泵。恒压泵保持泵压力不变，而流量随阻力变化，当阻力恒定时，可以达到流量恒定。恒流泵则保持流量不变，压力随阻力变化，当阻力恒定时，可以达到恒压。由于稳定的流量更有利于提高色谱柱的分离效能，因此现代高效液相色谱仪一般均用恒流泵，最常用的是往复柱塞恒流泵。往复柱塞恒流泵通常分为单柱塞泵、双柱塞泵，其中双柱塞泵又分为双柱塞并联泵和双柱塞串联泵（双柱塞补偿泵），由于并联泵需要更多的单向阀，增加了污染的机会，因此目前应用最多的是双柱塞串联泵。

1. 单柱塞泵

单柱塞泵结构见图 16.3，通常由电机带动偏心轮运动，驱动柱塞在液缸中往复运动。共有两个单向阀，当柱塞被推入液缸时，出口单向阀打开而入口单向阀关闭，流动相被推出缸体，流入色谱柱。当柱塞自缸内外移时，入口单向阀打开而出口单向阀关闭，流动相自储液罐吸入缸体。如此往复运动即可使流动相源源不断地从储液罐进入色谱柱中，输出的流量可由控制冲程及往复运动的频率改变来完成。柱塞往复泵优点是泵容积小（小至 0.1 mL），易于清洗及更换流动相，泵压较高；缺点是脉动较大，需要有阻尼器或采用双泵来克服脉动，以达到恒定的流量。

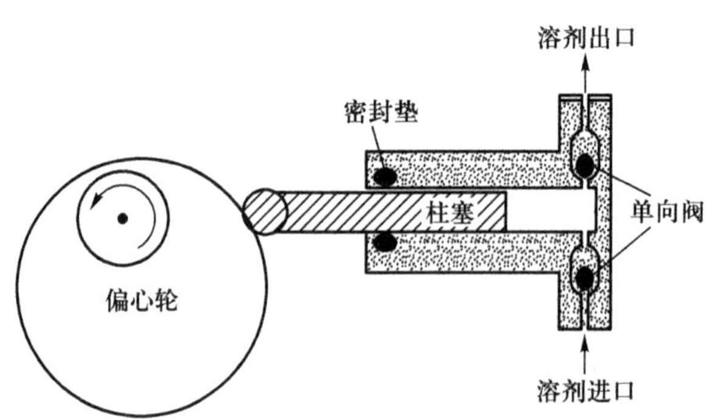

图 16.3　单柱塞泵结构示意图

2. 双柱塞串联泵

双柱塞串联泵由两个往复柱塞恒流泵组成，泵 1 紧靠储液罐，泵 1 的容积是泵 2 容积的 2 倍，泵 1 有一对单向阀，而泵 2 没有单向阀，且两个柱塞杆运动方向正好相反，即泵 1 由储液罐吸液时，泵 2 向色谱柱输液；而泵 1 输液时，泵 2 将泵 1 输出的流动相的一半吸入其液缸，另一半直接输到色谱柱中。可见，由于泵 2 中没有单向阀，不管其处于吸液还是输液位置，流动相都可通过此泵进入色谱柱。所以往复运动泵 2 可补偿泵 1 吸液时的压力下降，大大减轻了输液脉动，使流量更加稳定。

3. 气动放大泵

气动放大泵为常用的恒压泵，能保持输出液体压力恒定。这种恒压泵有两个活塞，大小不一，见图 16.4。气缸活塞的面积 A_1 大于液缸活塞面积 A_2。设气缸压力为 p_1，液缸压力为 p_2，则 $p_2=p_1A_1/A_2$。因为 $A_1>A_2$，故液体输出压力 p_2 大于气体输入压力 p_1，因此能在气源压力较低的情况下，得到较高的液体压力输出。液缸容积约为 70 mL。气动放大泵的优点是压力稳定、无脉动、结构简单、操作和换液清洗较方便，缺点是流量随溶剂黏度不同而改变。

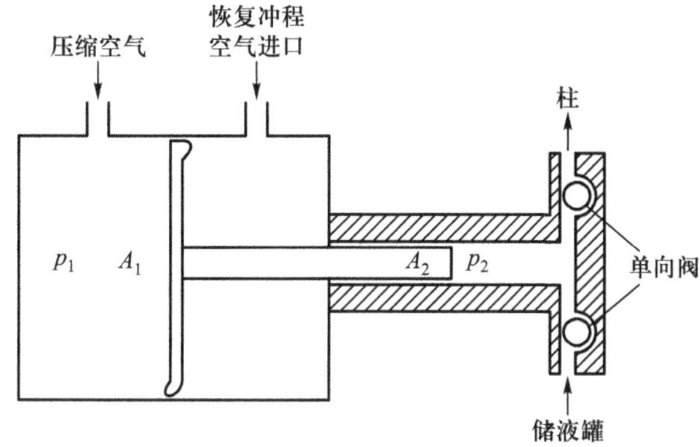

图 16.4　气动放大泵结构示意图

16.3.3　梯度洗脱装置

液相色谱法洗脱方式分为等强度和梯度两种，前者是指在同一分析过程中流动相组成不变，适合分离性质差别小、组分数量不多的样品。而对于样品中各组分性质相差较大，组分数多的样品，则需按一定的程序来连续改变流动相的组成，即梯度洗脱，使各组分在各自适宜的条件下分别流出色谱柱，可以提高分离效率并加快分析速度。梯度洗脱装置通常有两种类型，分别为低压梯度和高压梯度装置。低压梯度是指在常压下预先按一定的程序将溶剂混合后再用泵输入色谱柱，见图 16.5(a)。高压梯度是指将溶剂用高压泵增压后输入色谱系统梯度混合器，溶剂混合后送入色谱柱，见图 16.5(b)。

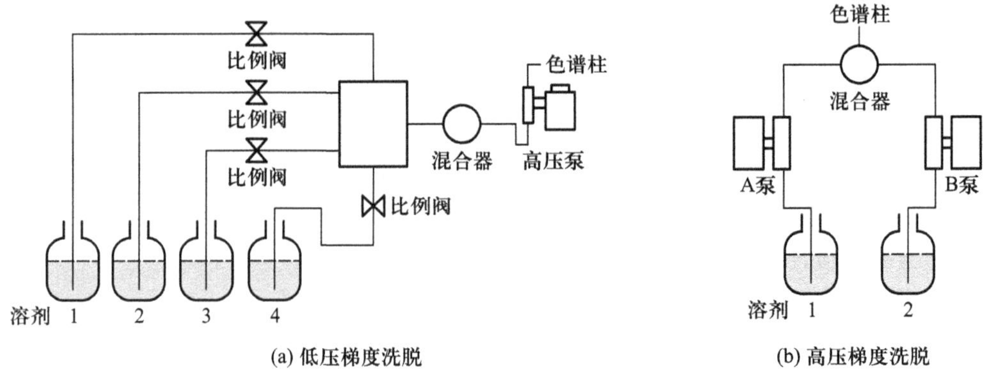

图 16.5　梯度洗脱装置

16.4　进样系统

通常液相色谱法使用专用进样器将样品送入色谱柱中。对进样器的一般要求是具有良好的密封性、最小的死体积和最好的稳定性，且进样时对色谱系统压力、流量影响均很小。目前高效液相色谱仪进样器主要分为手动进样阀和自动进样器两种。其中手动进样阀常用的是六通阀，其进样过程见图 16.6。先将六通阀置取样位置，此时流动相不经过样品环，样品环与进样器相通，用微量注射器将样品注入样品环后，再转动六通阀至进样位置，此时流动相与样品环相连，并将样品带入色谱柱，完成进样。利用此方法进样时，可以使进样体积小于样品环体积，由进样针定量注入；也可以使用样品环定量进样，但注射样品量应大于样品环体积，以便使样品环内完全注满样品溶液，保证定量准确。采用六通阀进样的优点是能用于高压、大体积进样，重现性好，不足是当进样体积小于样品环体积时，进样误差相对较大。

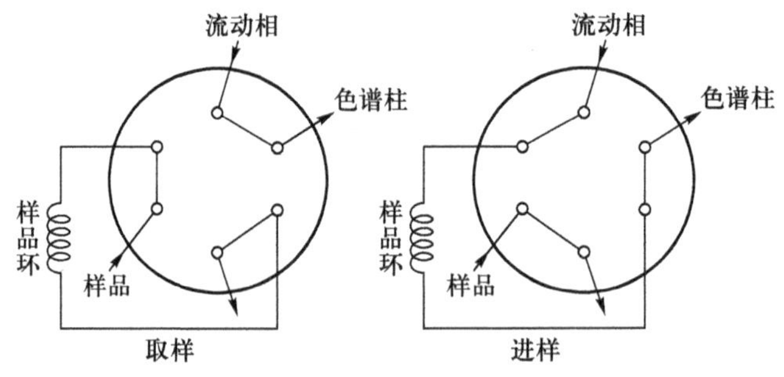

图 16.6　六通阀进样过程示意图

自动进样器是由计算机自动控制，按预先设定的程序自动完成进样的装置。自动进样器可按取样、复位、清洗、转盘等几个过程完成一次进样，能自动依次完成几十个甚至上百个样品的分析，其进样量可以调节，进样的重复性高，适合大量样品的分析，可实现自动化操作。

16.5 分离系统

分离系统包括色谱柱、柱温箱和连接管等部件，其中色谱柱是色谱仪分离系统的重要部件，由柱管和固定相组成。柱管常用内壁抛光的不锈钢管制成，内壁常用氯仿、甲醇、水依次清洗，再用50%的 HNO_3 溶液对内壁进行钝化处理形成一层氧化物涂层后填装固定相。

根据色谱柱用途的不同，可将其分为分析型和制备型两种。通常分析型色谱柱的内径为1~6 mm，常用 4.6 mm，柱长一般为 15~30 cm，形状为直形柱，填料颗粒直径一般为 5~10 μm。这种类型色谱柱的塔板数为40000~70000 m^{-1}。最近几年随着高通量液相色谱技术的不断进步，色谱柱的直径与长度在向更小规模发展，分别为 1~4.6 mm 和 3~7.5 cm。填料颗粒直径也逐渐减小，由原来的 5 μm 向 3 μm 以下发展，塔板数达到 100000 m^{-1}，提高了分离的效率和分析的速度。为了延长分析型色谱柱的寿命，可在柱前加保护柱，保护柱的固定相与分析型色谱柱类似，可以除去颗粒物，与柱中固定相结合的不可逆吸附组分，保护分析型色谱柱。

按分离机制的不同，可将 HPLC 分为液固色谱、液液色谱、化学键合相色谱、离子交换色谱、离子色谱、亲和色谱和排阻色谱等类型。

作为高效液相色谱法的固定相，一般要求：① 粒径较小且分布均匀；② 机械强度高，耐压；③ 传质速度快；④ 化学性质稳定，不与流动相发生反应。

16.5.1 液固吸附色谱

液固色谱的固定相为固体吸附剂，属于一种固体多孔性物质，表面具有活性吸附中心，利用活性中心对样品中各组分吸附能力的差异实现分离，因此也称该方法为液固吸附色谱。

1. 分离原理

吸附过程是竞争吸附过程，即被分离组分（溶质）分子与流动相（溶剂）分子竞争吸附于吸附剂表面，流动相中溶质分子 X_m 与吸附剂表面的 n 个溶剂分子 Y_s 竞争吸附后，置换了溶剂分子，被吸附到吸附剂表面成为 X_s，而溶剂分子回到流动相中，成为 Y_m。吸附过程可表示为

$$X_m + nY_s \rightleftharpoons X_s + nY_m$$

下标 m 和 s 分别表示流动相和固定相。当吸附过程达到平衡后，吸附平衡常数 K 可以表达为

$$K = \frac{[X_s][Y_m]^n}{[X_m][Y_s]^n} \tag{16.1}$$

溶质分子在吸附剂表面的吸附能力越强，K 越大，则保留值越大；反之，溶剂分子的吸附能力越强，K 越小，则保留值越小。一定温度下吸附剂吸附被测组分的能力主要取决于吸附剂的性质与比表面积、被测组分的结构及流动相的性质。吸附的一般规律符合相似相溶原理，即当组分与吸附剂性质相近时易于吸附。

2. 固定相

液固色谱的固定相多为固体吸附剂，一般按其性质可分为非极性与极性两种。非极性吸附剂最常见的就是活性炭，其次为高分子多孔微球，极性吸附剂主要包括硅胶、氧化铝、氧化镁、硅酸镁、分子筛、聚酰胺等。硅胶作为最常用的吸附剂属于酸性吸附剂，适于分离多种类型的有机化合物。常用的硅胶有表孔硅胶、无定形全多孔硅胶、球形全多孔硅胶及堆积硅珠等，见图 16.7。

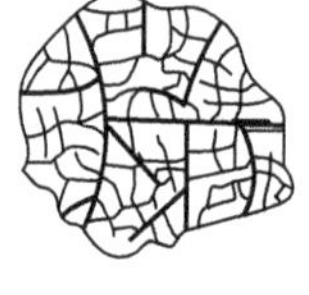

表孔硅胶　无定形全多孔硅胶　球形全多孔硅胶　堆积硅珠

图 16.7　常用的硅胶类型

表孔硅胶也称薄壳玻珠，是在实心玻璃微球上用有机胶粘上数层硅溶胶，再经烧结而成的，一般硅胶厚度在 1 μm 左右，比表面积仅为 10 $m^2 \cdot g^{-1}$。无定形全多孔硅胶粒径一般为 5~10 μm，比表面积约为 300 $m^2 \cdot g^{-1}$，但柱渗透性差，涡流扩散项也较大。球形全多孔硅胶为近似球形颗粒，粒径一般为 5~10 μm，比表面积较大，可达 500 $m^2 \cdot g^{-1}$，具有载样量大、涡流扩散项小、柱渗透性好等优点。堆积硅珠由二氧化硅溶胶加凝结剂聚结而成，又称堆积硅球硅胶，粒径一般为 3~5 μm，具有球形全多孔硅胶的全部优点，且传质阻抗更小，样品容量更大，是比较理想的高效填料。

3. 流动相

高效液相色谱法的流动相应具备以下特点：① 纯度高，化学性质稳定；② 对固定相无溶解能力；③ 不妨碍检测器对样品组分的检测；④ 对样品具有足够的溶解能力；⑤ 对待分离各组分具有合适的极性和良好的选择性；⑥ 具有较低的黏度和适当低的沸点；⑦ 尽量安全且毒性低。

液固色谱中使用最多的吸附剂为硅胶，属于正相色谱，常以有机溶剂作为流动相，选择流动相的基本原则是极性大的组分用极性大的溶剂洗脱，极性小的组分用极性小的溶剂作为流动相。通常为了获得好的分离效果，常采用两种或两种以上的不同极性的混合溶剂作流动相。

在液固色谱中，常用溶剂强度参数 ε^0 来表示流动相中所用溶剂的洗脱能力，ε^0 定义为溶剂分子在单位吸附剂表面上的吸附自由能，并规定正戊烷在硅胶吸附剂上的 ε^0 为 0，ε^0 值越大，溶剂的极性越强，在液固色谱中的洗脱能力越强。常用溶剂（以硅胶为吸附剂）的强度参数 ε^0 见表 16.1。

表 16.1　常用溶剂（以硅胶为吸附剂）的强度参数

溶剂	正戊烷	异辛烷	四氯化碳	乙酸乙酯	乙腈	四氯丙烷
ε^0	0.0	0.01	0.11	0.38	0.50	0.22
溶剂	异丙醇	氯仿	甲醇	四氢呋喃	乙醚	水
ε^0	0.63	0.26	0.73	0.35	0.38	20.73

16.5.2 液液分配色谱

流动相与固定相均为液体的色谱法称为液液色谱，又称液液分配色谱。

1. 分离原理

以 c_m 表示流动相中被测物的浓度，c_s 表示固定相中被测物的浓度，被分析样品进入色谱柱后，组分分子 X 在两种互不相溶的液态固定相和流动相之间进行分配，并达到分配平衡：

$$X_m \rightleftharpoons X_s$$

$$K = \frac{c_s}{c_m} \tag{16.2}$$

不同组分因分配常数 K 不同，在色谱柱内的保留时间不同，因而可被分离。K 与组分性质、固定相性质和流动相性质有关，其中 K 小的组分，其保留值小，先流出色谱柱。

2. 固定相

液液分配色谱固定相由两部分组成，一部分是惰性载体，另一部分是涂渍在惰性载体上的固定液。惰性载体通常与液固色谱的吸附剂相同，可以是表面多孔型材料（如多孔硅胶）、全多孔型材料（如硅胶、硅藻土、氧化铝）和全多孔粒子型材料（如堆积硅珠），其中堆积硅珠的粒径为 5~10 μm，颗粒小，柱效高，是应用最广的载体。由于液液分配色谱流动相参与了分离过程而且其选择范围宽，因此仅需不同极性的几种固定液即可完成样品中各组分的分离，常用的固定液有 β,β-氧二丙腈、聚乙二醇、甲基硅酮、角鲨烷等。一般通过两种方法在惰性载体表面涂渍固定液，一种方法是将惰性载体浸渍于含有固定液的溶液中，在缓慢蒸发溶液中溶剂后，固定液就固定在载体上，此法涂渍在载体表面的固定液比较均匀。另一种方法是先将载体填装在色谱柱中，再用含固定液的流动相通过色谱柱，使固定液吸附在载体上，该法时间长且固定液分布不容易均匀。固定液涂渍量一般为每克载体 0.1~1 g。在使用液液色谱柱过程中，为避免固定液的流失，常选用与固定液不相溶的流动相或流动相使用前已被固定液饱和，流速不能太大，进样量要适当。但流动相大量的冲洗必然会使固定液逐渐流失，致使保留值减小、选择性下降。因此，为弥补上述缺陷，20 世纪 70 年代人们研制了一种新型固定相，即化学键合固定相，液液色谱法也逐渐被化学键合相色谱法所取代。

3. 流动相

在液液色谱中，除了一般要求外，还要求流动相对固定液的溶解度尽可能小。因此，固定相和流动相的性质往往是处于两个极端，例如当选择固定相极性大时，选择极性小或非极性溶剂作流动相，属于正相色谱，适于分离极性组分；反之，如固定相的极性小或为非极性时，选择极性溶剂作流动相，属于反相色谱，适合于分离非极性化合物。在多数情况下，组分在化学键合相色谱的保留行为可以用液液分配色谱的原理来解释，所以液液分配色谱和化学键合相色谱流动相常用溶剂的性能与选择规律一并在下节讨论。

16.5.3 化学键合相色谱

化学键合相色谱是由液液色谱发展而来的。为克服固定液流失问题，人们将各种不同的有机官能团通过化学反应键合到载体(常用硅胶)表面的游离羟基上,而生成化学键合固定相,进而发展成为化学键合相色谱法。

1. 固定相

化学键合固定相可分为基体(即载体)和表面化学键合的有机物两部分,其中基体部分常用硅胶(图16.7)。

化学键合固定相中化学键的类型和键合途径为

① 硅-氧-碳键型($\equiv Si-O-C\equiv$),即硅酸酯型:

$$\equiv Si-OH + ROH \longrightarrow \equiv Si-O-R + H_2O$$

② 硅-氧-硅-碳键型($\equiv Si-O-Si-C\equiv$),即硅氧烷型:

$$\equiv Si-OH + R_3SiCl \longrightarrow \equiv Si-O-SiR_3 + HCl$$

③ 硅-碳键型($\equiv Si-C\equiv$):

$$\equiv Si-OH + SOCl_2 \longrightarrow \equiv Si-Cl + (SO_2 + HCl) + RMgCl \longrightarrow \equiv Si-R + MgCl_2$$

④ 硅-氮键型($\equiv Si-N\equiv$):

$$\equiv Si-OH + SOCl_2 \longrightarrow \equiv Si-Cl + (SO_2 + HCl) + H_2NR \longrightarrow \equiv Si-NHR + HCl$$

化学键合相色谱可分为非极性、弱极性、极性和离子型四种类型。极性键合相色谱中流动相极性小于固定相极性,因此属于正相色谱。非极性键合相色谱中流动相极性大于固定相极性,因此属于反相色谱。弱极性键合相色谱中流动相极性可小于或大于固定相极性,因而可作为正相色谱或反相色谱。通常所说的反相色谱主要是非极性键合色谱。

(1) 非极性键合相

一般这类键合相的表面基团为非极性烃基,如十八烷基(C_{18})、辛烷基(C_8)、甲基(C_1)和苯基等,由于流动相的极性常大于固定相的极性,因此采用非极性键合相的色谱属于反相色谱。其中十八烷基硅烷(ODS 或 C_{18})是最常用的非极性键合相,由十八烷基氯硅烷试剂与硅胶表面的硅醇基反应脱 HCl 而成,基本的键合反应为

$$\equiv Si-OH + Cl-\underset{R_2}{\overset{R_1}{Si}}-C_{18}H_{37} \longrightarrow \equiv Si-O-\underset{R_2}{\overset{R_1}{Si}}-C_{18}H_{37} + HCl$$

根据含碳量的不同，十八烷基硅烷分为高碳、中碳和低碳三种。高碳十八烷基硅烷的 R_1 和 R_2 均为甲基；中碳十八烷基硅烷中 R_1 是甲基，R_2 是氯；低碳十八烷基硅烷的 R_1 和 R_2 均为氯。除 R_1 和 R_2 不同导致的含碳量不同外，含碳量还与载体的性质和表面覆盖度有关。载体的性质包括载体的形状、粒径、平均孔径和比表面积等，通常球形、小粒径的载体含碳量高，载样量大。表面覆盖度是指参加反应的硅醇基数目占硅胶表面硅醇基总数的比例，由于存在空间位阻，键合反应进行后，不可能将硅胶表面的硅醇基全部反应掉，这些未反应掉的硅醇基在色谱分离过程中具有正相色谱过程的吸附作用，会使十八烷基硅烷不稳定，疏水性降低，不利于反相色谱分离，因此常用三甲基氯硅烷或六甲基二硅胺处理，以减少剩余的硅醇基，此过程称为封尾或封端。

$$\equiv Si—OH + H_3C—Si(CH_3)_2—Cl \longrightarrow \equiv Si—O—Si(CH_3)_3 + HCl$$

反相色谱应用非常广泛，不仅可以分离不同类型的化合物，还可以分离同系物、弱解离化合物等，约有 80%的分离任务可用反相化学键合相色谱来完成。

（2）弱极性键合相

常见的弱极性键合相有醚基键合相和二羟基键合相，此类键合相既可作为正相色谱又可作为反相色谱，具体应视流动相极性而定，一般应用较少。

（3）极性键合相

常用氨基、腈基键合相，是分别将氨丙硅烷基（$\equiv SiC_3H_6NH_2$）、氰乙硅烷基（$\equiv SiC_2H_4CN$）键合到硅胶上制得的，一般作为正相色谱固定相使用。

氨基键合相具有质子接受体和质子给予体的双重性能，极性强，对于易形成分子间氢键的组分有很好的分离作用，如氨基键合相作为正相色谱固定相可与糖类分子中的羟基作用，因此被广泛用于分离糖类化合物。此外由于氨基具有一定的碱性，可在酸性水溶液中作为一种弱离子交换剂，用于分离酚、羧酸、核苷酸。使用氨基键合相色谱值得注意的是，一级胺可与醛、酮的羰基反应生成 Schiff 碱，因此不能用氨基柱分离含羰基的化合物，如还原糖、甾酮等，流动相中也不能含有带羰基的溶剂，如丙酮等。

腈基键合相为质子接受体，具有中等极性，分离选择性与硅胶类似，但比硅胶的保留值低，对酸性、碱性样品可获得对称的色谱峰，对含双键的异构体或双键环状化合物具有良好的分离能力。

（4）离子型键合相

当硅胶基质键合上各种离子交换基团，如$—SO_3H$，—COOH，$—CH_2N(CH_3)_3Cl$ 等，即可形成离子型键合固定相，适于分离样品中离子型组分。

化学键合相的优点是使用过程中不流失、化学性能稳定、热稳定性好、载样量大、适宜作梯度洗脱、适用范围宽。

2. 流动相

在液液分配和化学键合相色谱中，溶剂的洗脱能力即溶剂强度与其极性有关。在正相色谱中，固定相是极性的，溶剂极性越强洗脱能力越强；在反相色谱中，固定相是非极性的，所以溶剂的极性越小洗脱能力越强，即弱极性溶剂的洗脱强度更大。例如，在使用十八烷基硅烷为固定相时，甲醇、乙腈、四氢呋喃等溶剂的洗脱强度均大于水，就是因为它们的极性小于水。

（1）强度因子

在反相色谱中常用强度因子（S）来表示溶剂的洗脱强度，表 16.2 中列出几种常用溶剂的 S 值，该值越大，洗脱能力越强。在最常用的四种溶剂中，溶剂强度因子的大小顺序为四氢呋喃 > 乙腈 > 甲醇 > 水。混合溶剂的强度因子用下式进行计算：

$$S_{混} = \sum_{i=1}^{n} S_i \varphi_i \tag{16.3}$$

式中 S_i 和 φ_i 分别为每种纯溶剂的强度因子及体积分数。例如，计算甲醇－乙腈－水（体积比 40 : 10 : 50）溶剂的强度因子：$S_{混} = 40\% \times 3.0 + 10\% \times 3.2 + 50\% \times 0.0 = 1.5$。

表 16.2　反相色谱常用溶剂的强度因子

溶剂	水	甲醇	乙腈	丙酮	乙醇	异丙醇	四氢呋喃
S	0.0	3.0	3.2	3.4	3.6	4.2	4.5

（2）极性参数

在液相色谱中常用极性来表示溶剂的洗脱强度，而极性有多种描述方法，其中最适实用的是斯奈德（Snyder）提出的溶剂极性参数（P'）。

常用溶剂的极性参数见表 16.3。P'值越大，溶剂的极性越强，在正相色谱中的洗脱能力越强，而在反相色谱中的洗脱能力越弱。混合溶剂的极性参数（$P'_{混}$）用下式进行计算：

$$P'_{混} = \sum_{i=1}^{n} P'_i \varphi_i \tag{16.4}$$

式中 P'_i 和 φ_i 分别为每种纯溶剂的极性参数及体积分数。

表 16.3　常用溶剂的极性参数

溶剂	正戊烷	正己烷	苯	乙醚	二氯甲烷	正丙醇	四氢呋喃	氯仿
P'	0.0	0.1	2.7	2.8	3.1	4.0	4.0	4.1
溶剂	乙醇	乙酸乙酯	丙酮	甲醇	乙腈	乙酸	水	
P'	4.3	4.4	5.1	5.1	5.8	6.0	10.2	

用 P'表征流动相的洗脱能力，不仅可用于化学键合相色谱流动相的表征，也可用于液固和液液色谱流动相的表征。由式（14.26）可知，通过适当提高分配比 k，可提高分离度 R_s，而 k 与 P'有关，调节 P'很容易，只要改变流动相的组成即可。通常 P'改变 2 个单位，就会引起 k 10 倍的变化，对于正相色谱，当 P'变大时，进入流动相组分的量会增加，所以 k 会变小，即 $P'_2 > P'_1$时，$k_2 < k_1$，$\frac{k_2}{k_1} = 10^{(P'_1 - P'_2)/2}$；对于反相色谱，当 P'变大时，进入流动相组分的量将降低，所以 k 会变大，即 $P'_2 > P'_1$时，$k_2 > k_1$，$\frac{k_2}{k_1} = 10^{(P'_2 - P'_1)/2}$。调节流动相组成前后 P'值分别为 P'_1 和 P'_2，则对应的 k 值分别为 k_1 和 k_2。例如，用反相色谱，以甲醇－水（体积比 30 : 70）为流动相，

测得一组分的 k_1 为 64，这一组分很难用这一方法分离测定，因为分析时间太长。为了降低 k_1，使 k_1 变为较为合适的范围(1~10)，如变为 5，则可改变流动相的组成，使 P'_1变为 P'_2。根据表 16.3 所列 P'值和式(16.4)，$P'_1 = 5.1 \times 0.30 + 10.2 \times 0.70 = 8.7$，$\frac{5}{64} = 10^{(P'_2-8.7)/2}$，$P'_2 = 6.5$，$6.5 = 5.1 \times \varphi_{甲醇} + 10.2 \times (1 - \varphi_{甲醇})$，$\varphi_{甲醇} = 0.73 = 73\%$，即将流动相甲醇-水中甲醇的比例由 30%调节为 73%，就可以使这一组分的 k 由 64 变为 5。

在正相色谱选择流动相时，常以极性比较小的己烷或戊烷作底剂，配以一定比例的乙醚、氯仿或二氯甲烷作流动相。在反相色谱中，常以极性最大的水作底剂，配以甲醇、乙腈、四氢呋喃为流动相。

(3) 溶解度参数

在液液色谱中常用溶解度参数(δ)来表征溶剂的极性，溶解度参数是溶剂与溶质分子间各种作用力的总和，包括色散力、偶极作用力、静电作用力、氢键作用力。在正相色谱中，溶剂 δ 越大，洗脱被测组分的能力越强，在反相色谱中，溶剂 δ 越小，洗脱被测组分的能力越强，常用溶剂的溶解度参数见表 16.4。

表 16.4 常用溶剂的溶解度参数

溶剂	正戊烷	正己烷	乙醚	二氯甲烷	2-丙醇	乙醇
δ	7.0	7.24	7.62	9.93	11.6	12.92

混合溶剂溶解度参数可由下式计算得到：

$$\delta = \sum_{i=1}^{n} \delta_i \varphi_i$$

式中 δ_i 和 φ_i 分别为每种溶剂的溶解度参数和体积分数。

3. 分离原理

一般认为极性键合相色谱(正相色谱)的分离原理属于分配色谱，组分的保留因子随键合相极性的增大而增大(保留值增加)，但随流动相极性的增大而降低(保留值减小)。

离子型键合相色谱的分离原理与离子交换色谱的一样，具体见 16.5.4 节。

非极性键合相色谱(反相色谱)的分离原理目前尚无一致的观点，一种观点认为属于分配色谱，分配色谱作用机理认为流动相中极性弱的有机溶剂吸附于化学键合固定相上形成液液色谱固定相，而组分分子可在固定相和流动相间进行液液分配。另一种观点认为属于吸附色谱，吸附色谱作用机理是组分分子在固定相上的保留是疏溶剂作用的结果(即疏溶剂理论)。疏溶剂理论认为，当组分分子进入极性流动相后，即占据流动相中相应的空间，而排挤一部分溶剂分子；组分分子再与固定相接触时，其分子的非极性部分或非极性分子会排挤开非极性固定相上附着的溶剂膜，直接与非极性固定相上的烷基官能团结合(即吸附)而成缔合物。以上这种缔合作用是可逆的，极性流动相也会对吸附层组分分子的极性部分产生作用，使其离开固定相，即发生解缔作用。显然这两种作用的相对大小决定了组分在反相色谱中的保留行为。一般情况下，化学键合相烷基部分或被分离组分非极性部分的表面积越大，或流动相表面张力与介电常数越大，上述缔合作用就越强，组分的保留因子也越大，保留值越大。由此可知，反相色谱中，极性大的组分先流出色谱柱，而极性小的组分后流出色谱柱。

16.5.4 离子交换和离子色谱

离子交换色谱是以能交换离子的材料作固定相,利用离子交换原理和液相色谱技术,对离子型化合物进行分离的色谱方法,属于液相色谱的重要分支。

1. 分离原理

常用离子交换树脂作固定相,树脂上具有固定离子基团和可交换的离子基团。样品进入色谱柱后,流动相将携带组分解离生成的离子通过固定相,使组分离子与树脂上可交换的离子基团进行可逆交换。由于样品中不同离子对固定相的亲和力不同,因而产生了差速迁移,进而实现分离。在离子交换过程中,流动相中的组分离子与可交换离子进行竞争吸附,阳离子交换平衡可表示为

$$R—M_s + X_m^+ \rightleftharpoons R—X_s + M_m^+$$

$$K_c = \frac{[R—X_s][M_m^+]}{[R—M_s][X_m^+]} \tag{16.5}$$

阴离子交换平衡可表示为

$$R—A_s + Y_m^- \rightleftharpoons R—Y_s + A_m^-$$

$$K_a = \frac{[R—Y_s][A_m^-]}{[R—A_s][Y_m^-]} \tag{16.6}$$

s 和 m 分别表示固定相和流动相;K_c 和 K_a 分别是阳离子和阴离子交换反应的平衡常数;X^+ 和 Y^- 表示被分离组分离子;M^+ 和 A^- 表示树脂上的可交换离子。

由此可见,平衡常数 K_c 和 K_a 值越大,组分离子与树脂的作用越强,在色谱柱中的停留时间越长,保留值也越大。

2. 固定相

在离子交换色谱中,固定相离子交换剂主要有合成树脂、硅胶和纤维素,其中常用的是合成树脂,即苯乙烯和二乙烯苯的交联聚合物,以此作为基体,在其网状结构上引入各种不同的酸碱基团作为可交换的离子基团便形成了离子交换树脂。常用的离子交换树脂一般分为多孔型、薄膜型和薄壳型(表面多孔型)三种。多孔型离子交换树脂又分为微孔型和大孔型两种,微孔型交联度高,骨架密集,孔穴小,适于分离小的无机离子;大孔型交联度低,除微孔外,有刚性大孔。多孔型离子交换树脂粒径一般为 5~20 μm,由于交换基团多,具有交换容量高、对温度稳定性好等优点。但在水或有机溶剂中容易溶胀,导致传质速率慢、柱效低,难以实现快速分离。薄膜型离子交换树脂是在直径约为 30 μm 的惰性核上凝聚 1~2 μm 厚的离子交换树脂层。薄壳型离子交换树脂是在惰性核上覆盖一层固体吸附剂(如硅胶),然后用机械方法或化学键合方法再凝聚一层 1~2 μm 厚的离子交换树脂层。薄膜型和薄壳型离子交换树脂很少发生溶胀,具有传质速率快、柱效高等特点,能实现快速分离。但表层上离子交换树脂量有限,交换容量低,色谱柱容易超负荷。

一般按可交换离子的种类将离子交换树脂分为阳离子型和阴离子型。常用的强酸型阳离子交换树脂所带的基团为磺酸基(—SO_3H),组成树脂的有机聚合物与 SO_3^- 牢固地结合形成固定部分,带负电荷,而带相反电荷的 H^+ 是可流动离子,可被其他阳离子所交换。常用的

弱酸型阳离子交换树脂所带的基团为羧基(—COOH)。常用的强碱型阴离子交换树脂所带的基团为季铵碱基团($—N^+R_3$),$—N^+R_3$ 与有机聚合物牢固结合,OH^- 为可流动离子,可被其他阴离子所交换。弱碱型阴离子交换树脂所带的基团为氨基($—NH_2$)。

3. 流动相

离子交换色谱所用的流动相大都是具有一定 pH 的水缓冲溶液,有时还可加入适量能与水互溶的甲醇、乙醇、乙腈等有机溶剂,以提高选择性并改善样品溶解度。离子交换色谱过程是在含水介质中进行的,色谱峰的保留值主要由流动相的 pH 和缓冲溶液的类型控制,流动相的选择需考虑如下三个方面的因素。

(1) pH

pH 对离子交换树脂的交换基团和样品的解离度有很大的影响。一般增加 pH,会降低阳离子交换树脂的保留值,而增加阴离子交换树脂的保留值。如分离有机酸时,pH 增加,会增加酸的解离度,分离有机碱时,pH 减小,会增加碱的解离度。使用强酸型和弱酸型阳离子交换树脂最适宜的 pH 范围分别为 2~14 和 8~14。而使用强碱型和弱碱型阴离子交换树脂最适宜的 pH 范围分别为 2~10 和 2~6。

(2) 选择性

离子交换的选择性与离子所带电荷数和离子半径等因素有关。一般在稀溶液中,电荷数高的离子与离子交换树脂的亲和能力强,选择性大于电荷数低的离子;在所带电荷数相同时,即等价离子中,原子序数大、水合离子半径小的离子与离子交换树脂的亲和能力强,选择性高。

(3) 缓冲溶液

由于流动相通常用缓冲溶液,因此改变流动相中盐的种类和浓度,即可控制保留因子,改变保留值。如增加盐的浓度,可降低组分离子的亲和力,从而降低其保留值;也可以通过改变盐的种类,显著地改变被测离子的保留值。离子交换色谱常用缓冲溶液种类较多,最常用的有磷酸盐、甲酸盐、硼酸盐、乙酸盐、柠檬酸盐、三羟甲基氨基甲烷缓冲溶液等。

离子色谱是在离子交换色谱基础上发展出来的一种液相色谱,电导检测器是一种通用而灵敏的检测器,但是离子交换色谱的流动相一般为强电解质,其电导一般比被测离子电导高很多,往往掩蔽离子被测的信号。1975 年,Small 等人在离子交换分离柱与检测器之间增加一个抑制柱,利用抑制柱上的化学反应,将流动相中的强电解质变成低电导组分,降低背景电导,并将被测组分转变成相应的酸或碱,提高了电导。采用了抑制柱后,可以用电导检测器,因此可以认为离子色谱是以低交换容量离子树脂柱为固定相,用电导检测器连续检测色谱流出物电导的一种液相色谱法。

在分离阴离子(X^-)时,最简单的流动相是 NaOH,抑制柱为强酸性高交换容量阳离子交换树脂,洗脱液将被测阴离子从分析柱上洗脱下来,在抑制柱中发生的反应为

$$R\text{-}H^+ + Na^+OH^- = R\text{-}Na^+ + H_2O$$

被测阴离子发生的反应为

$$R\text{-}H^+ + Na^+X^- = R\text{-}Na^+ + H^+X^-$$

同样在阳离子(X^+)分离中,用无机酸(HCl)为流动相,抑制柱为强碱性高容量阴离子交换树脂,洗脱液将被测阳离子从分析柱上洗脱下来,在抑制柱中发生的反应为

$$R\text{-}OH^- + H^+Cl^- = R\text{-}Cl^- + H_2O$$

被测阳离子发生的反应为

$$R-OH^{-}+M^{+}Cl^{-} = R-Cl^{-}+M^{+}OH^{-}$$

显然，流出液的背景电导降低了，被测离子的电导不变或增加。离子色谱主要用于离子测定，特别是无机阴离子测定，是目前唯一可快速、灵敏和准确对多种无机阴离子测定的方法。

16.5.5　排阻色谱

排阻色谱又称空间排阻色谱、尺寸排阻色谱、体积排阻色谱、分子排阻色谱或凝胶渗透色谱等，是利用多孔凝胶固定相，按照分子空间尺寸大小或形状差异进行分离的一种液相色谱方法。

1. 分离原理

排阻色谱的分离原理与液固色谱、液液色谱、化学键合相色谱和离子交换色谱的分离原理不同，是通过立体排阻方式实现分离的，样品组分与固定相之间无相互作用。排阻色谱常用的固定相是凝胶，凝胶属于表面惰性材料，含有许多不同尺寸的孔穴或立体网状物质。凝胶的孔穴大小与被分离的样品中组分分子大小相近。当流动相载着样品进入色谱柱时，体积大的分子不能渗透到凝胶孔穴中而被排阻，较早地流出色谱柱；中等体积的分子可部分渗透到孔穴中，较晚流出色谱柱；小分子可完全渗透到孔穴中，最后流出色谱柱。因此，在排阻色谱过程中，样品中各组分将按分子尺寸由大到小的顺序流出而得到分离。流动相在排阻色谱中只起到运载作用，对分离的选择性无影响。

一般分子的空间尺寸大小随相对分子质量增加而增大，所以根据相对分子质量表达分子尺寸比较方便，于是将分子尺寸过大而不能进入固定相孔内的最小尺寸的组分具有的相对分子质量，定义为该固定相的排阻极限。图 16.8 中 A 点即为排阻极限，所对应的相对分子质量为 10^5，凡是相对分子质量大于 10^5 的分子，均被排斥在所有凝胶孔穴之外，因而它将以单一的谱带 C 出现，保留体积为 V_0，可见 V_0 即色谱柱中凝胶颗粒之间的体积。能够完全进入固定相最小孔穴中的最大尺寸的组分具有的相对分子质量，定义为该固定相的渗透极限。图 16.15 中 B 点即为渗透极限，所对应的相对分子质量为 10^3，凡是相对分子质量小于 10^3 的分子，均可以完全渗入凝胶孔穴中，同时这些离子将以单一的谱带 F 出现，保留体积为 V_t。由此可知，那些相对分子质量在10^3~10^5，即在渗透极限和排阻极限之间的组分分子，将根据它们分子尺寸的大小，可进入一部分孔穴，而不能进入另一部分孔穴，结果使这些组分按相对分子质量由大到小的顺序依次流出色谱柱，分别在图 16.8 中谱带 D，E 处流出色谱柱。因此，排阻色谱固定相选择的原则是使预分离的样品中被分离组分的相对分子质量落在固定相的渗透极限和排阻极限之间。

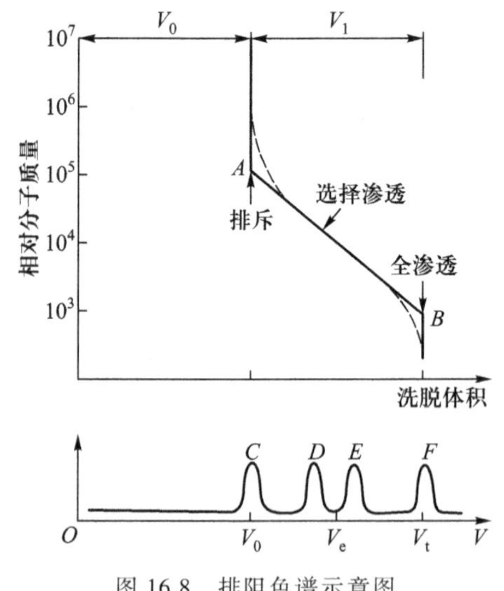

图 16.8　排阻色谱示意图

2. 固定相

排阻色谱常用凝胶作为固定相,根据化学组成的不同,通常将凝胶分为有机物凝胶和无机物凝胶两大类。有机物凝胶常用交联苯乙烯类凝胶,无机物凝胶常用多孔硅胶和多孔玻璃等。一般来说,有机凝胶具有渗透性好、柱效高等优点,但热稳定性、机械强度和化学惰性均较差;无机凝胶耐高温、机械性能稳定,但柱效略低,因羟基等表面活性中心的存在,易于产生表面吸附性,干扰排阻色谱的分离过程,一般可通过表面硅烷化处理,消除其干扰。

按物理性质的不同,凝胶又可分为软性凝胶、半刚性凝胶和刚性凝胶三种类型。

① 软性凝胶　软性凝胶是一种低交联度的有机聚合物,如葡聚糖凝胶、羟丙基化葡聚糖凝胶、琼脂糖凝胶、聚苯乙烯凝胶、聚丙烯酰胺凝胶和聚乙酸乙酯凝胶等,该类凝胶因高压下易于被压缩,不适用于高效液相色谱,仅适用于中、低压色谱。

② 半刚性凝胶　半刚性凝胶是由高聚物材料制成的多孔性微球,如聚苯乙烯凝胶和聚乙酸乙烯酯凝胶,此类硅胶溶胀系数小,耐压性强于软性硅胶,但在高效液相色谱中使用时,压力不可过高,一般应低于 15 MPa,且流速不能过大。半刚性凝胶孔径不大于 10 nm 时,可用于分离相对分子质量为 $50\sim10^3$ 的组分,孔径为 10 ~200 nm 时,可分离相对分子质量为 $50\sim10^7$ 的组分。

③ 刚性凝胶　刚性凝胶按基质材料分为三种类型,分别为无机多孔微球、苯乙烯-二乙烯苯共聚物微球和羟基化聚醚多孔微球。无机多孔微球由硅材料制成,如多孔硅胶、多孔玻璃等。无机多孔微球粒径一般为 10 μm,孔径为 10~200 nm,耐压可达50 MPa,60 ℃以下性质稳定。苯乙烯-二乙烯苯共聚物微球是一种交联度大于 40%的共聚物。此类凝胶粒径一般为 10 μm,孔径为 10~100 nm,耐压可达 40 MPa,150 ℃以下性质稳定。羟基化聚醚多孔微球的粒径一般为 10 μm,孔径为 5~200 nm,耐压可达 30 MPa,使用温度为 10~40 ℃。

3. 流动相

根据排阻色谱的分离机理可知,流动相在排阻色谱中不参与分离过程,对分离的选择性不产生影响。排阻色谱的流动相分为水溶液和有机溶剂两大类,选择时应考虑以下因素。

① 溶解能力　流动相应能溶解样品,并与固定相有相似性,能浸润凝胶,但不与凝胶或样品有相互作用,如聚苯乙烯类凝胶不能使用丙酮或乙醇作为流动相。

② 样品种类　水溶性样品一般采用具有一定 pH 的缓冲溶液作为流动相,非水溶液样品采用有机溶剂作为流动相。

③ 凝胶种类　亲水性凝胶,如葡聚糖等为固定相时,多以水溶液为流动相;疏水性凝胶,如聚苯乙烯等为固定相时,多以有机溶剂为流动相。

④ 溶剂黏度　黏度小利于分子扩散,减小色谱柱阻力,提高分离效能。

⑤ 溶剂沸点　一般要求流动相沸点比柱温高 20~50 ℃。

⑥ 检测器匹配　所选择的流动相必须与检测器匹配,以提高检测灵敏度。

排阻色谱常用的流动相有四氢呋喃、氯仿、甲苯、水和二甲基甲酰胺等。

排阻色谱因其具有特殊的分离机理,主要应用于分离大分子物质,其分离的组分相对分子质量的范围为 2000~2000000,这些组分往往是蛋白质、多糖、多肽、核糖核酸等生物大分子以及聚合物。此外,排阻色谱应用较多的是通过测定相对分子质量分布来鉴定高聚物,并研究高聚物的聚合机理、合成工艺等。

16.5.6　亲和色谱

亲和色谱是一种利用生物分子的亲和作用来实现分离的色谱方法。生物分子能够区分结构和性质非常接近的目标分子，选择性地与其中某一种分子结合，生物分子间的这种特异性相互作用称为亲和作用，如酶与底物的结合、抗原与抗体的结合或者荷尔蒙与受体蛋白的结合。亲和色谱在基质上连接与目标分子具有亲和能力的配体分子，目标分子与配体分子的结合是可逆的，在改变流动相条件时二者还能相互分离。亲和色谱可以用来从混合物中纯化或浓缩某一分子，也可以用来去除或减少混合物中某一分子的含量。

亲和色谱柱固定相上的亲和配体决定了该色谱柱可以分离何种物质。亲和配体分为高特异性配体和一般特异性配体。高特异性配体只能和一种或很少的相似分子结合，如酶与底物、抗原与抗体、荷尔蒙与受体蛋白等；一般特异性配体可以和一类相关分子结合，如免疫球蛋白与 A 蛋白或 G 蛋白、酶与辅酶、酶与过渡金属离子等。通常高特异性配体比一般特异性配体具有更高的平衡常数。

亲和色谱的基质一般采用有机凝胶，如纤维素或者琼脂糖等。配体相对分子质量较小时，为了排除空间位阻作用，需要在配体和基质之间连接一个“间隔臂”。间隔臂的长度有一定限制，超过一定长度后，配体与目标分子的亲和力会减弱。

亲和色谱通常使用弱流动相完成目标分子与配体的强结合。弱流动相的组成模拟配体在自然环境下的 pH、离子强度和极性，用于亲和色谱的分离、淋洗和再生等过程。强流动相用于将目标分子从固定相上洗脱，可以通过改变 pH、离子强度或极性来降低目标分子与配体之间的平衡常数，也可以将竞争配体加入流动相中与目标分子结合，使目标分子从固定相上洗脱出来。

16.5.7　保留因子和死时间的测定

在高效液相色谱中，保留因子 k 是一个非常重要的参数，它对如何选择流动相的组成、改善多组分分离的选择性发挥着重要作用。保留因子可按下式计算：

$$k = \frac{t'_R}{t_M} \tag{16.7}$$

从上式可知，如果测得死时间 t_M，即可求得保留因子 k。在高效液相色谱中可以通过计算法或实验测定法得到 t_M。在实验测定法中，当检测器为示差折光检测器时，可用重水、重氢甲醇作探针测定 t_M。当检测器为紫外-可见光检测器时，反相色谱可用 NaCl，$NaNO_3$ 水溶液作探针测定 t_M，正相色谱可用四氯乙烯、四氟乙烯作探针测定 t_M。计算法常利用 $t_M = \frac{L}{\bar{u}}$计算，其中 L 为柱长；$\bar{u}$ 为流动相的平均线流速。对于非全多孔固定相：

$$\bar{u} = \frac{3\,q_V}{d^2} \tag{16.8}$$

对于全多孔固定相：

$$\bar{u} = \frac{1.5q_V}{d^2} \tag{16.9}$$

式中 d 为柱内径；q_V 为流动相体积流量。

16.5.8 洗脱方式

对于组成简单的样品，采用流动相组成恒定的等强度洗脱可实现样品中各组分的分离。对于组成复杂的样品，由于采用恒定组成流动相洗脱时，各组分的保留因子 k 分布范围宽，因此无法在所希望的分析时间内将组分都洗脱出来或各组分的峰不能完全分开，此时采用流动相组成随时间变化的梯度洗脱，可使样品中每个组分都在其最佳的分离状态下洗脱出来。例如采用硅胶柱（Partisil 柱，300 mm×1.8 mm，5 μm）对苯、苯乙醛、苯甲酸乙酯、咔唑、硝基苯、二苯甲酮和二苯基甲醇进行分离时，利用等强度洗脱方式，流动相为二氯甲烷-正己烷（40∶60），结果前 6 个组分保留时间比较集中，难以实现基线分离，见图 16.9（a）。而采用梯度洗脱方式，二氯甲烷-正己烷体积比从 10∶90 变化为 90∶10 后，可使前 6 个组分保留时间分散开，并实现了所有组分的基线分离，见图 16.9（b）。

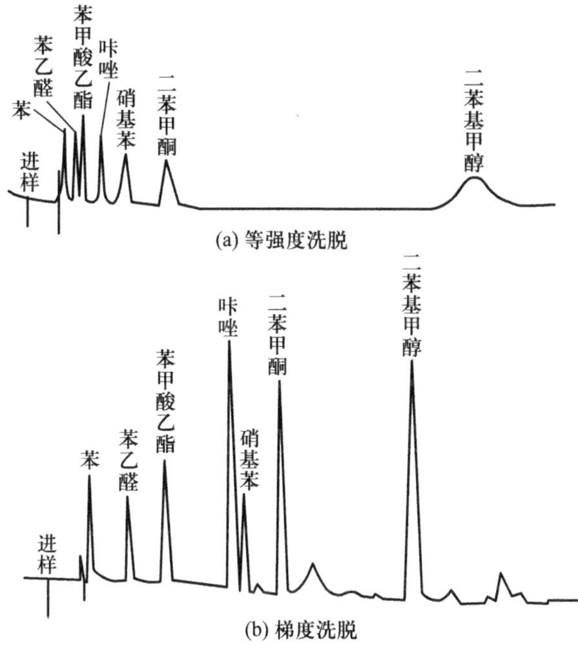

图 16.9 等强度洗脱与梯度洗脱的区别

在反相色谱中，通常在流动相中增加洗脱强度大的溶剂如甲醇或乙腈的比例，从而达到梯度洗脱的目的。一般使用梯度洗脱可将组分的 k 值减小至等强度洗脱时的 $\frac{1}{100}\sim\frac{1}{10}$，因此大大缩短了分析时间。但是梯度洗脱方式易引起紫外-可见光、荧光检测器基线的漂移，而使用示差折光检测器时，则无法使用梯度洗脱，这些是梯度洗脱方式的不足之处。

16.6 检测系统

检测器是高效液相色谱仪的三大关键部件之一，其作用是将色谱洗脱液中被测组分的量或浓度转变为实际可测量的电信号，用于定性与定量分析。一台理想的高效液相色谱仪检测器应具备灵敏度高、噪声低（指对温度、流量变化不敏感）、响应速度快、线性范围宽、重复性好、适用范围广等特点。但到目前为止，还没有研制出完全符合上述性能要求的检测器。已有的检测器按照适用范围通常可分为通用型与选择型两种。通用型检测器是指对一般物质均具有检测能力的检测器，示差折光、质谱和蒸发光散射检测器就属于此类。选择型检测器是对不同物质响应差别较大，因此只能选择性地检测某些物质，紫外-可见光检测器、荧光检测器和电导检测器等就属于此类。高效液相色谱仪常用检测器的主要性能指标见表16.5。

表 16.5 高效液相色谱仪常用检测器的主要性能指标

	紫外-可见光	荧光	示差折光	蒸发光散射	电导	质谱
检测信号	吸光度	荧光强度	折射率	散射光强度	电导率	离子流强度
类型	选择型	选择型	通用型	通用型	选择性	通用型
梯度洗脱	可以	可以	不可以	可以	不可以	可以
检出限/($g \cdot mL^{-1}$)（进样 10 μL）	$10^{-8} \sim 10^{-7}$	$10^{-10} \sim 10^{-9}$	$10^{-5} \sim 10^{-4}$	$10^{-8} \sim 10^{-6}$	10^{-9}	$< 10^{-10}$
对流速敏感度	不敏感	不敏感	不敏感	不敏感	敏感	不敏感
对温度敏感度	不敏感	不敏感	敏感	不敏感	敏感	不敏感
对样品破坏	无	无	无	无	无	有

16.6.1 紫外-可见光检测器

紫外-可见光检测器是高效液相色谱仪中最常用的检测器，其工作原理是基于被测物对特征波长紫外-可见光有选择性吸收，且被测物浓度与吸光度之间服从比尔定律（见第五章）。其优点是灵敏度高（检出限可达 $10^{-8}\ g \cdot mL^{-1}$），且对温度和流动相流速不敏感，可用于梯度洗脱。不足之处是只能用于对紫外-可见光有吸收的组分的测定，同时流动相选择也受一定的限制，一般要求流动相的截止波长小于检测波长。

紫外-可见光检测器主要分为固定波长检测器、可变波长检测器和二极管阵列检测器三种类型，其中固定波长检测器一般将波长固定为 254 nm，不能调节波长，除有些制备型色谱外，固定波长型检测器现今已基本不用。

1. 可变波长检测器

可变波长检测器实际上是一台紫外-可见分光光度计，其波长可通过转动光栅按需要任意选择,一般选择被测物的最大吸收波长,这种检测器与紫外-可见分光光度计的区别是用流通池代替了样品池,光源一般采用氘灯,其发出的光通过单色器分光后照射到流通池上,因此单色光强度相对较弱,对光电转换元件及放大器都有较高的要求。

紫外-可见光检测器的流通池设计中要求尽量减少紊流、光散射、死体积、流速变化、温度变化等因素的影响,一般有 H 型和 Z 型两种(图 16.10),其中 H 型流通池有利于补偿因流速变化引起的噪声和漂移,是一种较好的结构类型。H 型流通池体积一般只有 8 μL,光程为 10 mm,直径为 1 mm,由于体积小,流通池引起的色谱峰扩展基本可以忽略。

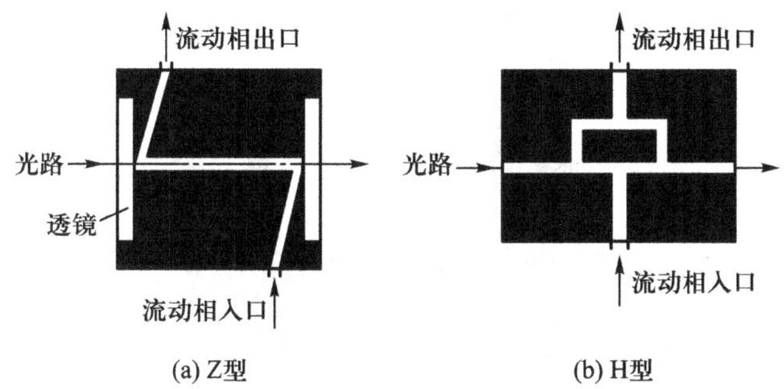

图 16.10 可变波长紫外-可见光检测器流通池示意图

2. 光电二极管阵列检测器

光电二极管阵列检测器是 20 世纪 80 年代研发出的一种多通道检测器。在晶体硅上紧密排列一系列光电二极管,当光照射时,二极管将光信号转变成电信号且信号强度与光强度成正比,每一个二极管相当于一个单色仪的输出狭缝,这样二极管的数量越多,分辨率越高。一般高效液相色谱仪光电二极管阵列检测器上共有 1024 个光电二极管,因此在190~950 nm 波长范围内,相当于每 0.74 nm 就对应一个光电二极管。

光电二极管阵列检测器光路示意图见图 16.11。光源发出的光经透镜和光闸后进入流通池,透过流通池的光进入分光系统,通过分光后照射到光电二极管阵列检测器上。

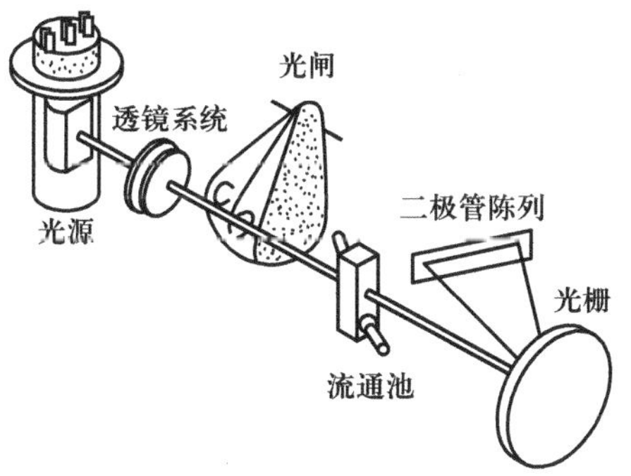

图 16.11 光电二极管阵列检测器光路示意图

近 30 年来,光电二极管阵列检测器已成为高效液相色谱紫外-可见光检测器中的最好选择。由于二极管阵列可在很短时间内(最短可达 0.1 s)获得 190~950 nm 范围内的全部光谱信息，因此可及时地对流出色谱柱的各组分作光谱分析，除保留值外，还可获得更详细的定性信息。将每个组分的吸收光谱(包括波长 λ 和吸光度 A)与保留时间 t 结合，可得到三维光谱-色谱图，见图 16.12。

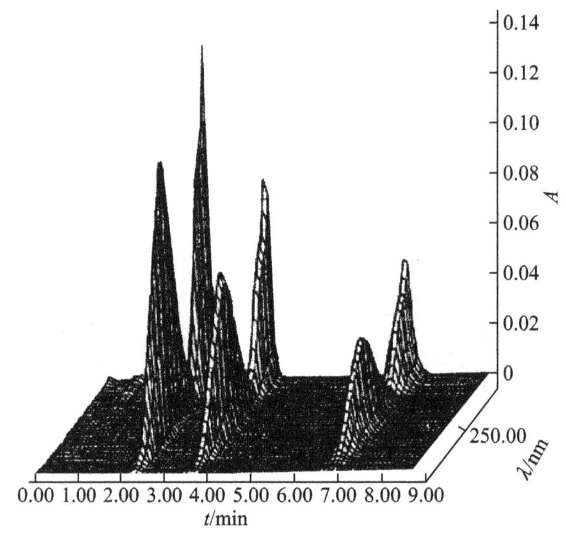

图 16.12　三维光谱-色谱图

16.6.2　荧光检测器

荧光检测器实际上是带有流通池的荧光光谱仪，是利用某组分在溶液中受光激发后能发射荧光的性质来进行检测的(见第六章)，其检出限可达 10^{-10} g · mL^{-1}，适于分析可产生荧光的物质(如多环芳烃、维生素、甾体类化合物)或衍生后可产生荧光的物质(如氨基酸)，因此属于高灵敏度、高选择性的检测器。

荧光检测器的光路示意图见图 16.13，其光源常用氙灯，发射波长为 250～600 nm，属于连续波长的激发光源，光源发出的光经透镜、激发光单色器后产生激发单色光，聚焦在流通

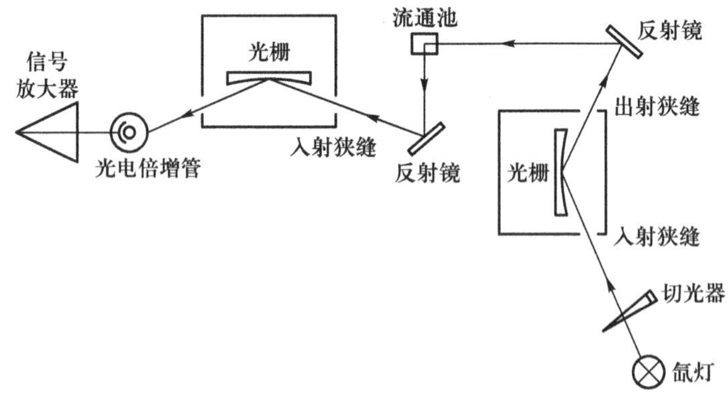

图 16.13　荧光检测器光路示意图

池上，使流通池内样品组分受激发后产生荧光，光电倍增管在与激发光相垂直的位置检测荧光强度。荧光强度（I_f）与激发光强度（I_0）及被测物浓度（c）之间的关系［见式（6.4）］为

$$I_f = aI_0c \tag{16.10}$$

式中 a 为常数。由此可见，荧光强度 I_f 与 I_0 和 c 成正比，当 I_0 一定时，I_f 与 c 呈线性关系。

16.6.3 示差折光检测器

示差折光检测器又称折光指数检测器，是利用物质折射率的差异来对物质进行检测的装置，在稀溶液中，溶液的折射率等于组成溶液各组分折射率乘以各自的摩尔分数的和，若溶液中只有一种溶剂和一种溶质（被测物），则

$$n = x_0n_0 + x_in_i \tag{16.11}$$

式中 n，n_0 和 n_i 分别为溶液、溶剂和被测物的折射率；x_0 和 x_i 分别为溶剂和被测物的摩尔分数。由于 $x_0+x_i=1$，所以

$$n = (1-x_i)n_0 + x_in_i = n_0 + (n_i - n_0)\ x_i \tag{16.12}$$

$$n - n_0 = (n_i - n_0)\ x_i \tag{16.13}$$

式（16.13）说明，（$n-n_0$）相当于示差折光检测器的响应信号 R，而 n_i 和 n_0 为常数，所以

$$R = kx_i \tag{16.14}$$

式（16.14）是示差折光检测器进行定量分析的基础。通过连续检测参比池和样品池中溶液对光的折射率之差来测定样品中被测物的浓度。因为每种物质都具有自身的折射率，因此示差折光检测器属于通用型检测器，但其灵敏度低于紫外-可见光检测器和荧光检测器，一般检出限达 10^{-5} g · mL^{-1}。由于这种检测器对温度变化敏感，流动相成分变化会导致折射率变化，所以不能用于梯度洗脱，这使其应用范围受到限制。示差折光检测器按其工作原理不同可分为反射式、偏转式及干涉式三种。干涉式价格昂贵，反射式应用较麻烦，均不如偏转式应用广泛。偏转式示差折光检测器的光路示意图见图 16.14。

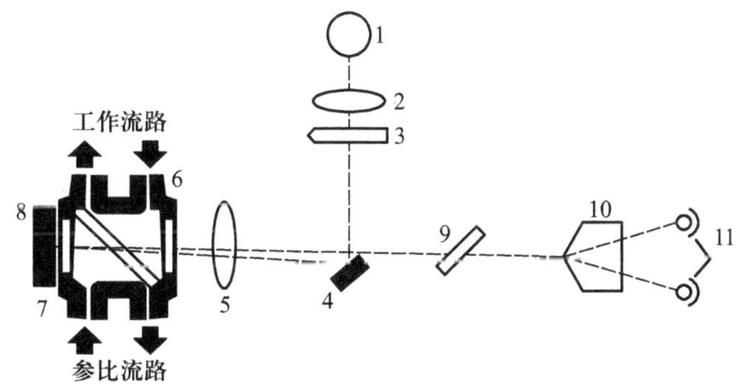

1—钨灯；2—透镜；3—滤光片；4—反射镜；5—透镜；6—样品池；
7—参比池；8—平面反射镜；9—平面细调透镜；10—棱镜；11—光电倍增管

图 16.14 偏转式示差折光检测器的光路示意图

光源发出的光经聚焦、滤光、反射等过程，再通过透镜聚焦后分别进入参比池与样品池，经参比池及样品池折射后，由平面镜反射，最后再通过平面细调透镜 9 成像于棱镜 10 的棱口上，光束分成均匀的两束，分别照射到两个对称的光电倍增管 11 上。如果样品池 6 和参比池 7 均通过纯流动相，照在两个光电倍增管上的光强度相等，由两个光电管输出的电流大小相等，方向相反，即输出信号为零。如果有样品通过样品池，由于折射率的变化，光路发生偏转，使在棱镜 10 上的成像偏离棱口，照在两个光电倍增管上的光谱不相等，即有信号输出。信号的大小与成像偏离程度有关，偏离越大，信号越大。

16.6.4　蒸发光散射检测器

蒸发光散射检测器是 20 世纪 90 年代研制出的新型通用型检测器。这种检测器适用于挥发性低于流动相的任何样品组分，但要求流动相中不能含有缓冲盐。通常认为蒸发光散射检测器是示差折光检测器的新型替代品，主要用于测定既不产生荧光又无紫外-可见光吸收的有机物，如糖类、高级脂肪酸、磷脂、维生素、甘油三酯、甾体皂苷等。

蒸发光散射检测器原理是色谱柱流出物引入雾化器中，与通入的气体（高纯氮或空气）混合形成均匀的液滴，经过加热的漂移管挥发除去流动相后使组分形成干气溶胶进入检测室内。用强光或激光照射气溶胶，产生散射，用光电二极管检测散射光强度而获得组分的浓度信号。

被测组分的质量（m）与所产生的散射光强度（I）之间的关系为

$$I = Km^b \tag{16.15}$$

式中 K 和 b 均为与蒸发室温度、雾化体积、压力及流动相性质等有关的常数。将式（16.15）取对数，得

$$\lg I = b\lg m + \lg K \tag{16.16}$$

这说明散射光的对数响应值与被测物质量的对数呈线性关系，斜率为 b，截距为 $\lg K$。散射光强度常用峰面积表示，即散射光强度随时间变化曲线的积分值。

16.6.5　电化学检测器

安培和电导检测器是应用较多的电化学检测器，这类检测器具有结构简单、死体积小、灵敏度高等优点，但流动相必须能导电，一般用极性溶剂和水作流动相。电化学池体积通常为 1～5 μL。安培检测器在工作电极与辅助电极间施加恒定电压，色谱流动相经过电极表面时，被测组分在电极表面发生氧化或还原反应，测定扩散电流，扩散电流与被测物浓度成正比。电导检测器的探头是一对平行的铂电极，两电极间可施加直流电压，但通常施加交流电压，当色谱流出物经过两电极间时，可以测得电导值，对于稀溶液，在一定条件下电导率与离子浓度成正比。

16.6.6　微机控制与数据处理系统

老式高效液相色谱仪分析结果常用记录仪绘制色谱图，利用积分仪计算峰面积并由人

工计算分析结果。现在已广泛使用计算机及色谱工作站来记录和分析数据。用于控制仪器各部件及对分析结果进行处理的专用计算机可以与仪器直接相连,构成一个比较完整的色谱分析系统。高效液相色谱仪的重要工作参数,如多元溶剂系统中溶剂的比例、梯度变化、流动相流速、柱温、检测器的相关指标等输入计算机后均由计算机自动完成控制,提高了仪器的精密度、准确度和分析速度。色谱工作站是高效液相色谱仪研制人员设计的用于控制仪器并对实验数据进行分析处理的专用软件,一般安装于外接计算机上。色谱工作站除控制仪器外,还可自动完成色谱数据的处理并给出所需要的信息。通常可给出标准的色谱图,给出各组分的峰高、峰面积、峰宽、峰形、对称因子、保留因子、分离因子、分离度、理论塔板数等色谱参数,也可给出标准曲线、回归方程并计算出分析样品中相关组分的含量。此外,利用色谱工作站还能在使用二极管阵列检测器时绘制出三维谱图、峰纯度谱图等其他复杂的谱图,便于分析者了解全面的分析信息。一些色谱工作站设有自我诊断、自动开关机、联网可接受远方控制等功能,这些都给使用者带来很大的便利。随着计算机技术的迅速发展,色谱工作站的功能也日益完善。

16.7 高效制备液相色谱

高效制备液相色谱是在分析型高效液相色谱基础上发展起来的,用于样品中组分的分离与纯化。高效液相色谱由分析型向制备型转变的过程中,先后经历了分析型、半制备型和全制备型,它们分离样品的质量也依次增加,所分离样品质量分别由分析型的微克级发展为半制备型的毫克级,再进一步发展为全制备型的克级乃至千克级。

除在检测器后增加馏分接收器外,高效制备液相色谱仪的基本结构与分析型高效液相色谱仪均相同,但根据制备样品的需求,仪器的各关键部件有相应放大。

1. 高压泵

分析型高效液相色谱仪的输液泵最大流量一般为 10 $mL\cdot min^{-1}$,而一般实验室使用的制备型高效液相色谱仪输液泵的流量为 30 $mL\cdot min^{-1}$ 以上,最高可达 100 $mL\cdot min^{-1}$,对于生产型的色谱仪,其输液泵流量常为 100~1000 $mL\cdot min^{-1}$。根据具体流量需要,可通过更换泵的泵头来调节其最大流量。由于制备型高效液相色谱仪的目的是分离制备,不需要获得好的色谱图,因此对流量的精度要求也略低。高压输液泵的压力常低于分析型高效液相色谱仪,一般最高达 20 MPa 即可,这是因为制备型高效液相色谱仪色谱柱的固定相粒径大,对流动相的阻力低。此外,制备型高效液相色谱仪输液泵所连接的不锈钢管直径远大于分析型(一般为 0.20~0.25 mm),一般在 0.5 mm 以上,以便减小阻力,增大流量。制备型高效液相色谱仪输液泵大多采用往复式柱塞泵,其次使用气动放大泵,当流量很大时,可采用隔膜泵。

2. 进样器

为适应大量样品注入色谱柱,一般最常使用的是大样品环的六通阀,分析型高效液相色谱仪样品环容量常为 20 μL,而制备型常为 2~10 mL。样品溶液的注入方式一般采用与分析型一样的方式,流动相连续流动情况下在线注入。当样品量较大时,可采用“停流技术”注入,即在输液泵不工作的情况下,将样品注入进样阀,或单独使用一台小型压力泵,将样品溶液压入色谱柱,然后再由输液泵将流动相输入。

3. 色谱柱

(1) 色谱柱的尺寸

① 半制备色谱柱 柱内径一般为 1~10 mm,长度一般为 250~300 mm,固定相粒径为 5~10 μm,一般柱效按理论塔板数计可达 15000 左右,分离效果较好且分离速度较快,但一般样品进样质量为 5~50 mg,仅适合于毫克级样品的制备。

② 制备色谱柱 柱内径一般为 20~22 mm,长度一般为 250~300 mm,固定相粒径为 5~20 μm,柱效低于半制备柱,但一般样品进样质量为 200~1500 mg,适合于克级样品的制备。

③ 大制备色谱柱 柱内径一般大于 25 mm,可达 50 mm,长度可达 500 mm,固定相粒径为 10 μm 以上,柱效低于前两种,但进样量可达 10 g 以上,适于大量样品的制备。

(2) 色谱柱的类型

原则上能用于分析型高效液相色谱仪的色谱柱都可用于高效制备液相色谱仪。由于实验室难以自行填装制备色谱柱,因此通常都是购买商品制备柱,但价格较高。商品制备色谱柱中,常用三种,分别为硅胶色谱柱、化学键合相色谱柱和手性色谱柱。前两种已在 16.5 节中介绍过,分别属于液固色谱和化学键合相色谱。手性色谱柱填料一般常用三种类型,分别为多糖类手性固定相、环糊精类手性固定相和 Pirkle 型手性固定相,分别以不同的分离模式用于拆分手性异构体。

4. 检测器

分析型高效液相色谱仪的流通池内径一般为 1 mm,长度一般为 10 mm,池容积仅有 8 μL,制备型高效液相色谱仪因流量大、浓度高,不需要高灵敏的检测器,否则信号太高,超出检测器的测量范围。制备型高效液相色谱仪的检测器应该适应高流速流动相的通过,需专门设计检测器,使其光程较短,如 2 mm,有大内径的管路和流通池,如最大流量达到 1000 $mL \cdot min^{-1}$。但通常在柱后设计一个分流装置,以总流量的十分之一流过分析型检测器,另一部分流向收集瓶。此外,还需考虑检测器的延迟体积,即检测器出口到收集口的体积,否则收集的样品会不纯。

高效制备液相色谱仪要求使用对样品无破坏作用的检测器,最常用的检测器为示差折光检测器,它属于通用型检测器,使用范围宽,虽然灵敏度低,但能够满足制备型液相色谱的需求。其次常用的检测器为紫外-可见光检测器。实际应用中,若将示差折光检测器和紫外-可见光检测器串联使用,会收到理想的效果,因为二者的记录信号可以相互弥补,为实际分离情况提供更多的信息。

高效制备液相色谱目前已是实验室和工业化生产中不可缺少的纯物质制备手段,被广泛应用于有机合成、石油化工、环境工程、植物化学、药物化学、生物工程、生命科学等领域。

16.8 定性分析

高效液相色谱的定性分析方法与气相色谱的定性分析方法有很多相似之处，通常分为色谱定性法与非色谱定性法，非色谱定性法又分为化学定性法和两谱联用定性法。

16.8.1 色谱定性法

与气相色谱相比，液相色谱中组分的保留行为不仅与固定相有关，还与流动相种类与组成有关，而气相色谱中组分的保留行为与流动相无关，仅与固定相种类和柱温有关。因此，高效液相色谱中组分保留值的影响因素远多于气相色谱，在气相色谱中一些保留值的规律在高效液相色谱中就不适用了，也不能直接采用保留指数进行定性分析。此外，由于液相色谱柱填装技术复杂，即使同一型号同一批次的色谱柱，也存在小的差异，致使重现性下降，进而造成保留值的波动，难以用文献保留值数据定性分析未知物。

高效液相色谱定性分析方法主要是直接利用纯物质（标准物质）与样品中未知物的保留值对照，此法与气相色谱相似，根据同一物质在相同的色谱条件下保留值相同，尤其是改变色谱柱或改变流动相组成的情况下，保留值仍然相同，基本上可以认定未知物质与标准物质是同一物质。通常可采用更为有效的方法，即直接将标准物质加入样品中，如果未知物质的色谱峰增高，且在改变色谱柱或改变流动相组成后，仍能使该色谱峰增高，则可基本认定二者为同一物质。但没有标准物质时，此法并不适用。

16.8.2 化学定性法

由于高效液相色谱比气相色谱容易收集组分，尤其是制备色谱，因此可将组分利用专属性化学反应进行定性分析，此法常用于官能团的鉴别。

16.8.3 两谱联用定性法

两谱联用定性法一般分为离线联用定性法和在线联用定性法两种。

① 离线联用定性法　通常将样品中某组分用制备液相色谱仪分离制备后，通过紫外-可见、红外、核磁共振、质谱等光谱分析进行定性和结构分析。

② 在线联用定性法　联用仪一般是将高效液相色谱仪与光谱仪或质谱仪联机而形成的整体仪器。使用联用仪能给出样品的色谱图，同时又能快速给出每个组分的光谱图或质谱图，并给出定性和定量的分析信息，是目前发展最快、应用也越来越广泛的分析方法。目前比较重要的联用仪器主要有液相色谱-质谱、液相色谱-质谱-质谱、液相色谱-光电二极管阵列检测器、液相色谱-傅里叶变换红外吸收光谱和液相色谱-核磁共振等联用仪。

16.9 定量分析

液相色谱的定量分析方法与气相色谱的定量分析方法基本相同,常用外标法、内标法和标准加入法,其中标准加入法应用相对较少。由于很难在相同条件下找到各组分的定量校正因子,因此归一化法在液相色谱中应用相对较少,仅在粗略考察某纯度较高的样品中主成分之外杂质含量时采用不用校正因子的峰面积归一化法,用下式计算含量:

$$w_i = \frac{A_i}{A_1 + A_2 + A_3 + \cdots + A_n} \times 100\% \qquad (16.17)$$

16.9.1 外标法

外标法可分为外标标准曲线法、外标一点法和外标两点法等,前两种方法最为常用。外标法的优点是不需要知道校正因子,可通过与标准物质的量作对比求样品中某组分的含量,只要被测组分出峰、无干扰峰、保留时间适宜,即可进行定量分析。外标法的不足是要求进样量准确。由于高效液相色谱进样量相对较大,进样量的误差相对较小,因此外标法也是高效液相色谱常用的定量分析方法之一。

1. 标准曲线法

标准曲线法是用标准物质配制一系列浓度不同的标准溶液,准确进样,测量峰面积,在峰形正态分布时也可采用峰高,绘制信号对浓度或质量的标准曲线或得到回归方程,根据这一标准曲线或回归方程,由分析样品得到的信号求未知样品中被测物的浓度。

2. 外标一点法

外标一点法用一种浓度的标准溶液进行对比,求未知样品中某组分含量的方法。外标一点法原则上要求标准曲线通过原点。计算公式如下:

$$c_i = c_s \frac{A_i}{A_s} \qquad (16.18)$$

式中 c_i 和 A_i 分别为样品中被测组分的浓度和峰面积;c_s 和 A_s 分别为标准溶液中被测物的浓度和峰面积。峰形正态分布时,可以用峰高代替峰面积。实际样品分析中,常用随行外标一点法,即每次都同时分析样品与标准溶液,以减小因仪器不稳定带来的误差。

16.9.2 内标法

内标法是以样品中被测组分和内标物的峰面积比(或峰高比)求样品中组分含量的方法,使用内标法可以消除仪器不稳定、进样量不准确所产生的误差。如果样品在处理之前加入内标物则可以消除方法全过程带来的误差。内标法可分为内标标准曲线法和内标校正因子法两种。

1. 多点内标法

与外标标准曲线法相似，只是向各种浓度的标准溶液中加入相同量的内标物，以被测物与内标物的峰面积之比对被测物浓度绘图得到标准曲线。

2. 单点内标法

高效液相色谱的校正因子难以在手册中查到，要通过测定得到。一般是通过配制含有一定量内标物的标准溶液，在一定的色谱条件下，连续进样 5～10 次，测量被测物和内标物的峰面积，利用被测物平均峰面积（A_i）与内标物平均峰面积（A_r），分别计算内标物绝对校正因子（f_r）、被测物绝对校正因子（f_i）和相对校正因子（f_{ir}），然后在相同的色谱条件下分析未知样品测得被测组分的平均峰面积（A_i）与内标物平均峰面积（A_r），按式（16.19）计算样品中被测组分的质量 m_i，按式（16.20）计算样品中被测组分的含量，式中 m 为样品总质量，m_r 为样品中加入内标物的质量，w_i 为样品中被测组分的含量。

$$m_i = \frac{f_{ir}A_i}{A_r}m_r \tag{16.19}$$

$$w_i = \frac{f_{ir}A_i m_r}{A_r m} \times 100\% \tag{16.20}$$

16.9.3 标准加入法

当样品基体复杂时，为了降低或消除基体对测定的影响，可用标准加入法，对于体积为 V_x 的分析样品测得其峰面积为 A_x，将被测组分的标准溶液加入分析样品中，加入标准溶液的体积为 V_s，浓度为 c_s，高效液相色谱仪测定得到峰面积为 A_{s+x}，则

$$A_x = kc_x \tag{16.21}$$

$$A_{s+x} = k\frac{c_x V_x + c_s V_s}{V_x + V_s} \tag{16.22}$$

由以上两式很容易求出样品中被测物的浓度 c_x。

参考文献

[1] 于世林.高效液相色谱法及其应用.3 版.北京：化学工业出版社，2019.
[2] 孙毓庆，王延琮.现代色谱法及其在药物分析中的应用.北京：科学出版社，2005.
[3] 武汉大学.分析化学（下册）.6 版.北京：高等教育出版社，2018.
[4] 曾泳淮.分析化学（仪器分析部分）.3 版.北京：高等教育出版社，2010.
[5] 杜斌，郑鹏武.实用现代色谱技术.郑州：郑州大学出版社，2009.
[6] 詹益兴.实用色谱法.北京：科学技术文献出版社，2008.
[7] 袁黎明.制备色谱技术与应用.北京：化学工业出版社，2012.

习题

16.1 利用 HPLC 内标校正因子法测定生物碱样品中黄连碱和小檗碱的含量,称取内标物、黄连碱和小檗碱对照品各 0.0250 g 配制成混合溶液,连续 5 次进样测得平均峰面积分别为 450.0 mV·s,430.0 mV·s 和 512.5 mV·s。称取 0.0300 g 内标物和 0.0512 g 样品,同法制成混合溶液后,在相同的色谱条件下,测得内标物、黄连碱和小檗碱的平均峰面积分别为 520.0 mV·s,295.6 mV·s 和 493.2 mV·s。计算样品中黄连碱和小檗碱的质量分数。

16.2 当使用 C_{18} 色谱柱时,如果采用甲醇-乙腈-水(体积比 50∶15∶35)作为流动相,求该流动相的强度因子。如果改用甲醇-四氢呋喃-水作为流动相,当水比例不变且保持相同的强度因子的前提下,三种溶剂的体积比应为多少?

16.3 用高效液相色谱分离两个组分,色谱柱长为 15 cm,已知在实验条件下,色谱柱对组分 2 的理论塔板数为 28000 m^{-1},死时间为 1.30 min,两个组分的保留时间分别为4.15 min 和 4.50 min。求两个组分的保留因子(k)及分离度(R_s)。若色谱柱长度增加到30 cm,分离度 R_s 应为多少?两组分能否完全分开?

16.4 已知某样品中化合物 A 的标准溶液在某一 HPLC 条件下(进样量为 10 μL),于 0.02~5.00 $\mu g \cdot mL^{-1}$ 范围内呈良好的线性关系,现采用外标一点法测定样品中组分 A 的含量。已知标准溶液浓度为 0.20 $\mu g \cdot mL^{-1}$,三次测量相对峰面积分别为 130.33,131.28,132.56,样品溶液三次测量相对峰面积分别为 128.22,128.13,127.82。求样品中化合物 A 的含量。

16.5 利用 HPLC 测定某样品中组分 A 与组分 B,在流动相为甲醇-水(体积比 80∶20)时,色谱图给出了甲醇、组分 A 和组分 B 的保留时间分别为 2.2 min,7.2 min 和12.2 min,计算:

(a) 组分 A,B 的调整保留时间是多少?

(b) 组分 B 在固定相中的时间是组分 A 的多少倍?

(c) 组分 B 在流动相中的时间是组分 A 的多少倍?

16.6 利用 HPLC 分析某样品,样品中组分 A,B,C 流出色谱柱需要的时间分别为 2.00 min,8.54 min,13.90 min,经测定可知溶剂甲醇于 2.00 min 流出色谱柱。求:

(a) 组分 C 相对于组分 B 的分离因子;

(b) 组分 C 在固定相中的停留时间;

(c) 组分 B 通过流动相的时间占其流出总时间的百分数。

16.7 在某正相色谱分析中,当采用三氯甲烷-正己烷(体积比 20∶80)为流动相时组分分离较理想,若想通过改变流动相的组成来提高选择性,而不改变流动相的极性参数,则选用乙醚-正己烷为流动相时乙醚体积比应为多少?

16.8 某样品基体复杂,为了降低基体对其中组分 A 测定的影响,在一定的 HPLC 条件下,采用了标准加入法。准确称取样品 0.1000 g,用甲醇溶解并定容至 50.00 mL,得样品溶液。另取质量浓度为 0.0500 $\mu g \cdot mL^{-1}$ 的 A 标准溶液 1.00 mL,加入 4.00 mL 上述样品溶液中，得到加标样品溶液。经测量得到样品溶液和加标样品溶液中组分 A 的色谱峰面积平均值分别为273 mA · s和 405 mA · s。求样品中组分 A 的含量。

16.9 简述高效液相色谱法和气相色谱法的主要区别。

16.10 比较正相色谱、反相色谱的固定相与流动相极性的区别，并分别指出何种极性组分分子先流出色谱柱。

16.11 什么是化学键合固定相？有何优点？

16.12 什么是等强度洗脱和梯度洗脱？梯度洗脱的应用范围与优点体现在哪些方面？

16.13 何谓排阻色谱的排阻极限和渗透极限？排阻色谱固定相选择的原则是什么？

16.14 简述蒸发光散射检测器的工作原理，并说明其应用范围。

16.15 高效液相色谱中常使用十八烷基硅烷作为固定相，使用该类色谱柱时，常用哪几种洗脱溶剂？它们的洗脱强度因子大小顺序怎样？其中哪一种溶剂为底剂？

16.16 简述离子交换色谱和离子色谱原理，并说明这二者的主要区别。

16.17 说明液相制备色谱与分析色谱在色谱柱、流动相、检测器方面的异同。

16.18 与经典色谱法相比，高效液相色谱法有哪些优点？

习题参考答案

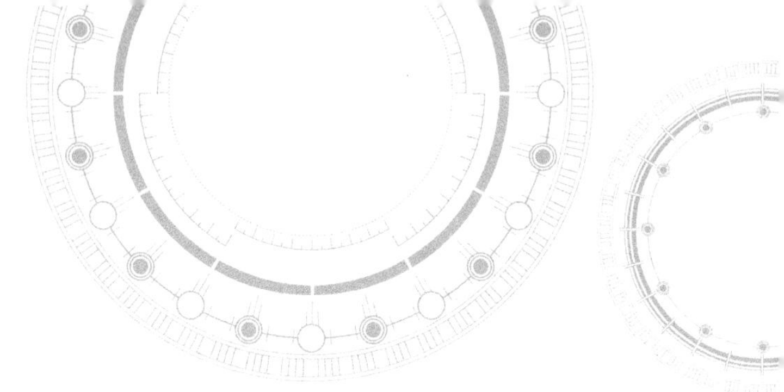

第十七章 毛细管电泳法

1967 年，瑞典科学家 Hjertén 发现在一狭窄管路中进行电泳可减小因加热而产生的副作用，并推测在内径更小的毛细管中进行电泳的可能性，宣告了毛细管电泳法的诞生。 1974 年，芬兰科学家 Virtanen 利用小内径的管路作为分离通道，通过自由区带电泳法定量测定了碱性阳离子，证明了毛细管电泳法作为一种新的分离检测方法，具有更快速、节约等优点。 1981 年，美国科学家 Jorgenson 和 Lukacs 解决了在使用 75 μm 内径的毛细管时存在的进样和检测问题，这一进步标志了毛细管电泳法时代的正式到来。 随着毛细管电泳法的发展，凝胶电泳、等电聚焦等方法也成功地与毛细管电泳法进行了结合。 1984 年，日本科学家 Terabe 等人发明了胶束电动毛细管色谱，解决了毛细管电泳法无法分离中性粒子的问题。

毛细管电泳法自诞生以来，随着现代微加工技术的迅猛发展，以及现代分析科学对分离效率要求的不断提高，已迅速发展成为一种新的高效分离检测技术。 为了满足对不同类型研究对象的分离检测，产生了一系列毛细管电泳法的分离模式，本章仅介绍毛细管区带电泳、毛细管等速电泳、毛细管等电聚焦、毛细管电色谱、胶束电动毛细管色谱和毛细管凝胶电泳。

17.1 基本概念和原理

17.1.1 电泳

电泳也称作电迁移，是指溶液中带电粒子在电场中发生的迁移运动，利用这些带电粒子在电场中迁移速率的不同而达到分离的技术称为电泳技术。在确定的条件下，带电粒子在单位电场强度作用下，单位时间内迁移的距离（迁移率）为常数。在同一电场中，溶液中不同带电粒子因为所带电荷或质荷比的不同将发生向不同方向或同方向不同速率的电泳，在一定时间后，粒子由于移动方向或距离的不同即可相互分离。粒子间分开的距离与外加电压和电泳时间成正比。

17.1.2 毛细管电泳法

毛细管电泳法又称高效毛细管电泳法或毛细管电分离法，毛细管电泳法是指以毛细管为分离通道，以高强度电场为驱动力的条件下，基于不同组分电泳速率的差异所建立的分析方法。其对样品中各种组分的分离是根据组分间的不同特性而进行的，这些特性包括组分所带电荷、大小、极性、亲和能力、等电点、分配常数等。

17.1.3 淌度

电泳淌度(μ)是用来描述单位电场强度(E)下带电粒子的电泳速率(v_{em})，也称为迁移率。$v_{em}=\mu E$，在溶液中，带电荷量为 $Q(=ze)$ 的离子受到电场力(QE)和摩擦力($6\pi\eta r v_{em}$)的作用，当达到平衡时，$QE = 6\pi\eta r v_{em}$，由此可知，

$$\mu=\frac{Q}{6\pi\eta r}=\frac{ze}{6\pi\eta r}$$

式中 Q 为带电粒子所带的电荷量；η 为溶液的黏度；r 为粒子的有效半径。μ_{em}^{0} 为每种粒子的特征量，为无限稀释的溶液中的电泳淌度，称为绝对电泳淌度，可在相关手册上查到。而在实际溶液中，带电粒子由于受溶液黏度、粒子间相互作用等方面的影响，粒子的实际淌度小于绝对淌度，这时可用有效淌度(μ_{em})表示。下述的电泳淌度用 μ_{em} 表示，就是指有效淌度。电泳速率是指被测粒子从进样端运动到检测窗口的迁移速率，可用式 $v_{em}=\dfrac{L_d}{t_m}$ 表示，其中 L_d 为电泳分离的有效长度，t_m 为粒子从进样端运动到检测窗口所需的时间，即从进样开始到电泳图中被测组分峰顶点所对应的时间。那么电泳淌度 μ_{em} 可表示为

$$\mu_{em}=\frac{v_{em}}{E}=\frac{\dfrac{L_d}{t_m}}{\dfrac{U}{L_t}} \tag{17.1}$$

式中 E 为电场强度；L_t 为毛细管总长度；U 为毛细管两端施加的电压。L_t-L_d 越小越好，有利于提高电压的利用率。

17.1.4 电渗

毛细管通常是以石英为材料制成的，其主要成分是 SiO_2。当毛细管中充满 pH > 3 的水溶液时，毛细管内壁的—Si—OH 会解离出 H^+ 而变成带负电荷的硅氧基(Si—O^-)，由于结合在管壁上的硅氧基在电场作用下不会发生迁移，故该电荷被称为定域电荷。与此同时，解离出的 H^+ 会与 H_2O 形成 H_3O^+，使溶液带正电荷。在这种情况下，由于静电引力作用，溶液中的部分 H_3O^+ 被吸附于毛细管壁附近，即形成了双电层结构(图 17.1)。管壁表面是带负电荷的硅氧基层，其在电场作用下不会发生定向运动；在负电荷层的外面，H_3O^+ 由于排列的密度不同可分为紧密层和扩散层。在轴向直流电场作用下，扩散层中的 H_3O^+ 可沿电场方向发生

定向运动，带动溶液形成轴向流动。

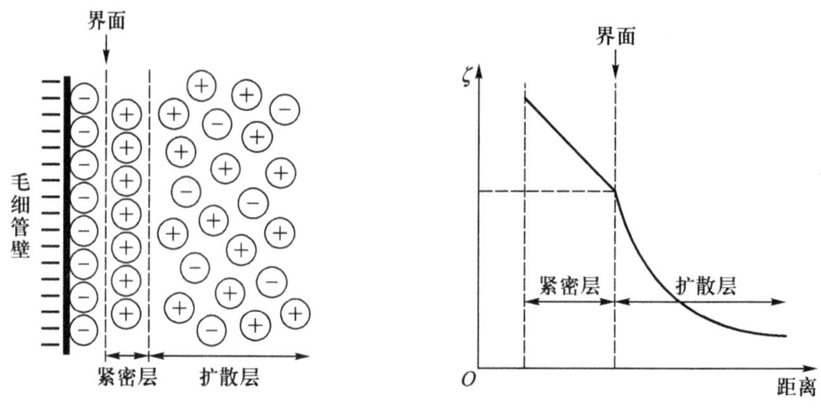

图 17.1　毛细管表面的双电层结构

在毛细管中，这种溶液因轴向直流电场作用所形成的定向流动现象称为电渗。电渗的方向与管壁表面定域电荷所具有的电泳方向相反。电渗效应是毛细管电泳法的驱动力。电渗时紧密层与扩散层间形成了滑动面（界面），从滑动面沿管路截面方向至管路中心可产生电位差，称为双电层的 Zeta（ζ）电位（$\zeta=0\sim100$ mV）。在毛细管中，电渗是在管壁附近的电荷定向运动的带动下通过碰撞等作用给溶液中的分子施加单向的推力，使其同向运动，并通过黏滞阻力带动溶液整体流动。电渗的流速轮廓为平头塞状，不存在径向流速梯度；而在液相色谱中，由泵推动的压差引起的流速轮廓则是抛物面状，管路中心流速最快，靠近管壁处流速最慢（图 17.2）。

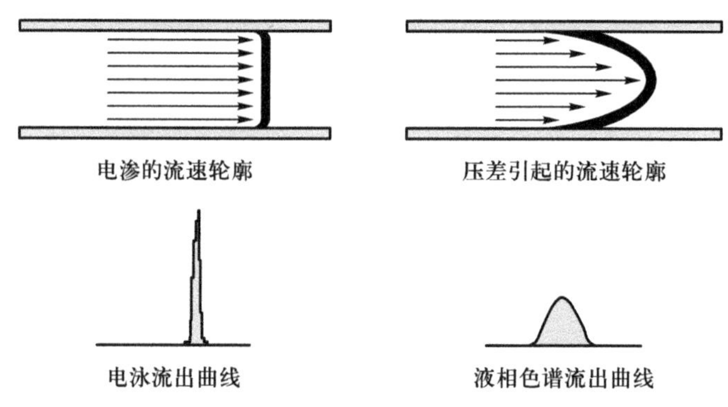

图 17.2　不同驱动力下液流的流速轮廓和流出曲线

17.1.5　电渗率

电渗流速通常用 v_{eo} 表示，$v_{eo}=\dfrac{\varepsilon\xi}{\eta}E$，其中 ε 为溶液的介电常数，η 为溶液的黏度，ξ 为双电层的Zeta 电位。电渗率 μ_{eo} 也称电渗淌度：

$$\mu_{eo}=\frac{v_{eo}}{E}=\frac{\varepsilon\xi}{\eta} \tag{17.2}$$

17.1.6 合淌度

在毛细管电泳法中,溶液中粒子除了随电渗流动外,还会因所带电荷的不同而发生向不同方向的电泳运动,为了描述粒子在两种作用下的合运动,可用合淌度 μ_{ep} 来表示粒子的实际运动情况。对于带正电荷粒子,电泳方向与电渗方向相同,$\mu_{ep}=\mu_{eo}+\mu_{em}$;对于带负电荷粒子,电泳方向与电渗方向相反,$\mu_{ep}=\mu_{eo}-\mu_{em}$;对于中性粒子,不发生电泳运动,$\mu_{ep}=\mu_{eo}$。在以石英为材质的毛细管电泳中,电渗淌度通常比电泳淌度大一个数量级,因此样品中所有组分均沿着电渗方向同向运动,在电泳运动的作用下,带不同电荷的粒子的出峰顺序依次是带正电荷粒子、中性粒子和带负电荷粒子。对于含有多种中性粒子的被测样品,由于中性粒子的运动速率均等于电渗速率,故彼此不能分离。由此可见,不管是正离子、负离子,还是中性组分,电渗淌度对于所有组分都是相同的。所以,不同组分的分离不是电渗的作用,而是电泳的作用。

17.1.7 柱效和分离度

与色谱柱效的表征相同,毛细管电泳的柱效可用理论塔板数 n 和塔板高度 H 表征。

毛细管电泳的理论塔板数 n 可表示为

$$n=5.54\left(\frac{t_m}{w_{1/2}}\right)^2=16\left(\frac{t_m}{w_b}\right)^2$$

式中 $w_{1/2}$ 和 w_b 分别为电泳峰半峰宽和峰底宽。在色谱速率理论中,讨论了实验条件对色谱塔板高度 H 的影响,在毛细管电泳中,引起电泳峰展宽的原因主要是被测物浓度在不同区域的差别而引起的分子纵向扩散,以及电流通过产生焦耳热而引起的对流,但对于后者,由于毛细管很细,且表面积与体积之比很大,散热快,所以由焦耳热引起的电泳峰变宽并不严重。n 和 H 与实验条件的关系如下:

$$n=\frac{L_d}{H}=\frac{\mu_{ep}UL_d}{2DL_t} \tag{17.3}$$

式中 D 为被测组分的扩散系数,扩散系数与组分相对分子质量有关,组分相对分子质量越大,扩散系数越小,柱效越高。n 随外加电压 U 增大而增大,加大外加电压可提高柱效,由于 L_d 与 L_t 很接近,可以认为 $\frac{L_d}{L_t}=1$,即 $n=\frac{\mu_{ep}U}{2D}$,由此可见 n 与毛细管长度无关,而在色谱中,n 随色谱柱长度增加而增大。

毛细管电泳的分离度 R_s 可表示为

$$R_s=\frac{2(t_{m_2}-t_{m_1})}{w_{b1}+w_{b2}} \tag{17.4}$$

17.2 毛细管电泳装置

毛细管电泳系统的基本结构一般包括毛细管、进样装置、高压电源、Pt 电极、填灌与清洗装置、温控系统、检测器、数据记录分析系统等，如图 17.3 所示。

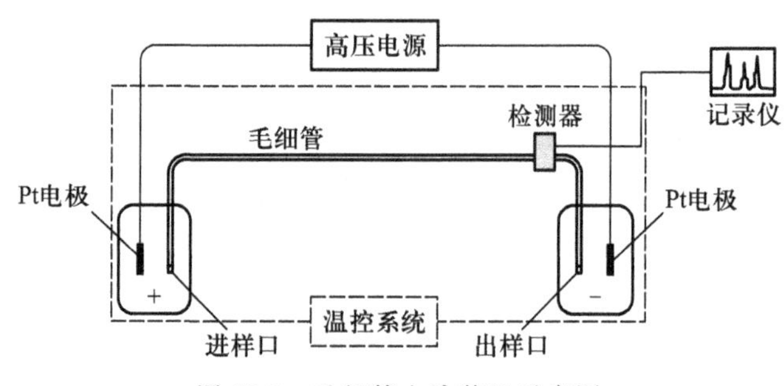

图 17.3 毛细管电泳装置示意图

17.2.1 毛细管

毛细管电泳中的分离通道为熔融石英毛细管柱，为使其具有弹性，在毛细管柱的外表面涂有聚酰亚胺，以防毛细管柱弯曲时断裂。标准的毛细管柱的外径为 375 μm（某些特殊的毛细管柱的外径为 360 μm 或 160 μm），内径范围是 10～100 μm，其中比较常用的毛细管柱的内径为50 μm，75 μm 和 100 μm。

为达到不同的分离效率，毛细管柱的总长度通常为 40～100 cm，其相应的容积则在 0.8～7.8 μL。因此，使用毛细管柱为分离通道具有容积小、侧面积与截面积比大、散热快、可产生平头状流速等优点。

17.2.2 进样装置

由于毛细管电泳系统中的分离通道十分细小，所以样品的进样量也就很小，通常为纳升级，最大不超过 5 μL，这就要求在进样装置中尽可能地避免产生死体积，以不影响分离效率。目前，毛细管电泳中采用的进样方法基本都是将毛细管进样端浸入样品池内，然后利用压力、电场力或其他动力驱动样品进入毛细管中以达到进样的目的。进样量可通过改变驱动力的大小或进样时间的长短得以控制。常用的毛细管电泳进样方式包括电动进样、压力进样和扩散进样。

1. 电动进样

当将毛细管的进样端浸入样品池中后，在毛细管两端外加直流电压，利用样品中组分的电泳和电渗作用，使其由样品池进入毛细管中，以达到进样的目的。电动进样的外加直流电压通常选择在 1~10 kV,进样时间通常在 1~10 s。电动进样具有进样量准确易控的优点,但对于带不同电荷的离子组分存在进样偏向,带正电荷者电泳与电渗方向相同,故进样量略多;带负电荷者电泳方向与电渗方向相反,故进样量略少。这种现象可使进样具有选择性,对某些样品的分离分析将产生积极作用,但也会对某些样品的定量分析的准确性和可靠性产生一定的影响,不具有通用性。

2. 压力进样

当将毛细管的进样端和出样端置于不同压力环境中时,管中的溶液即在压力差的作用下发生流动,从而达到将样品引入的目的。压力差可通过在进样端加压、出样端减压或高度差导致的虹吸作用产生,其值一般选择在 3500 Pa 以下,进样时间在 1~5 s。压力进样的进样量除了受压力差和进样时间影响外,还受毛细管长度的影响。相同压力差和进样时间下,毛细管越长,进样量越小。因此,压力进样相比电动进样,进样量的准确性略差。但是,压力进样时不存在进样偏向的问题,样品中所有组分及背景溶液都将以同样的流速进入毛细管中,保证了分析的准确性和可靠性,属于通用性方法。

3. 扩散进样

当毛细管进样端浸入样品池中时,利用样品组分的浓度差扩散作用将样品引入毛细管中,达到进样的目的。扩散进样的时间通常在 10~60 s。在电动进样和压力进样中都存在一定程度的扩散进样,因此前两种方法为避免扩散作用的影响,进样时间都小于扩散进样。扩散进样具有双向性,样品中组分扩散进入毛细管的同时,毛细管中的背景物质也会向管外扩散。这种双向性可在一定程度上减少背景物质对样品组分的干扰,提高分离效率。但由于扩散作用受温度、溶液黏度、静电作用等多因素的影响,导致扩散进样的进样量较难准确控制。扩散进样不存在进样偏向,具有通用性。

17.2.3 高压电源和 Pt 电极

毛细管电泳中一般采用 0~60 kV 的连续可调直流高压电源。随着现代化仪器的不断发展和改进,毛细管电泳装置将可实现电压、电流或电功率的梯度控制,其输出电压的偏差应小于 1%。毛细管电泳中的电极通常用直径 0.5~1 mm 的铂丝制成,在某些情况下,也可用注射器针头代替。

17.2.4 填灌与清洗装置

为了对毛细管进行清洗及填充缓冲溶液,填灌与清洗装置在毛细管电泳仪中有着重要的作用,其一般均采用正、负压助推流动的方法,结构与压力进样装置相同,包括位置控制、压力控制和计时控制等部分。为保证助推流动的压力,需要仪器具有较好的密封性。正、负压力通常可采用钢瓶气、空气压缩机、注射器、水泵、蠕动泵等方法产生。

17.2.5 温控系统

由于在电泳过程中会因电流的存在而产生焦耳热效应,因此毛细管内的流动相会在截面方向产生温度梯度，从而导致分离效率降低、重现性较差等问题。目前，商品仪器为避免这种影响，均采用温度控制系统，使用最为广泛的是风冷和液冷两种方式，其中液冷系统控温效果最好，而风冷系统控温效果较差，但装置简单且价格低廉。

17.2.6　检测器

在毛细管电泳中，可根据实际需要选择不同的检测方法，如紫外吸收光谱法、激光诱导荧光光谱法、安培法、电导法、质谱法、化学发光法等。紫外吸收光谱法是目前应用最广泛、发展最成熟的检测方法，绝大多数商品仪器均以其为首选检测方法，其具有价格低廉、适用范围广等优点。用于毛细管电泳的紫外检测器有可变波长型和二极管阵列检测器两种，波长范围通常是 190～480 nm。由于毛细管柱内的光程长度一般只有 75 μm，且毛细管的曲面只能使一部分光直接通过管中心，所以，通常在毛细管柱检测部位放置由两个微聚焦镜片组成的聚焦透镜单元，从而增加检测灵敏度（图 17.4）。

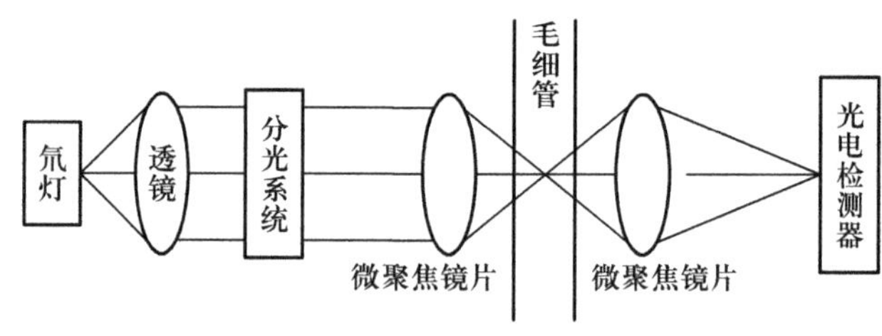

图 17.4　聚焦透镜单元

17.3　毛细管电泳分离模式

在毛细管电泳法中，一台仪器可实现多种分离模式，由于每种模式的分离原理和分离过程各不相同，这就使得在针对不同类型的被测物时，可根据需要采取更加适合的分离模式，达到更加理想的分离效果。目前，常见的毛细管电泳分离模式大致有毛细管区带电泳、毛细管等速电泳、毛细管等电聚焦、毛细管电色谱、胶束电动毛细管色谱、毛细管凝胶电泳等。

17.3.1　毛细管区带电泳

在毛细管区带电泳（CZE）中，整个系统使用同一种缓冲溶液（背景电解质），被分离组分由于质荷比不同，在毛细管内的背景电解质溶液中以不同的淌度迁移，从而形成了各自独立的、分开的区带，故命名为毛细管区带电泳（图 17.5）。在 CZE 中，背景电解质仅起传导电流的作用。CZE 分离模式比其他模式更为简

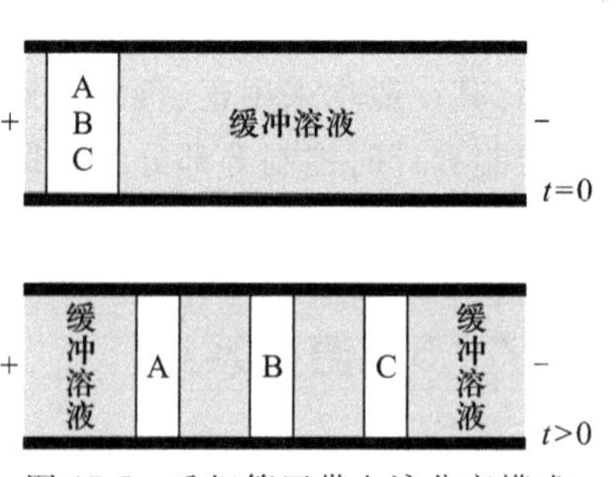

图 17.5　毛细管区带电泳分离模式

单,但是由于电中性组分的 μ_{em} 为零,迁移速率等于 v_{eo},所以电中性组分间彼此不能分离。CZE 是毛细管电泳中最基本、最简单的分离模式,是其他分离模式的基础,在实际应用中使用非常广泛。

17.3.2 毛细管等速电泳

毛细管等速电泳(CITP)是 20 世纪 70 年代提出并迅速发展起来的一种电泳技术。在 CITP 中,毛细管中充满两种淌度差别较大的电解质,构成了不连续的缓冲体系。一种为含迁移率较高前导离子 L^- 的电解质,一种为含迁移率较低尾随离子 T^- 的电解质,被分离组分则夹在 L^- 与 T^- 之间(图 17.6)。在电泳过程中,不同的组分在前导离子 L^- 的带动下均以同一速率运动,但由于各自淌度的不同从而达到分离的目的。

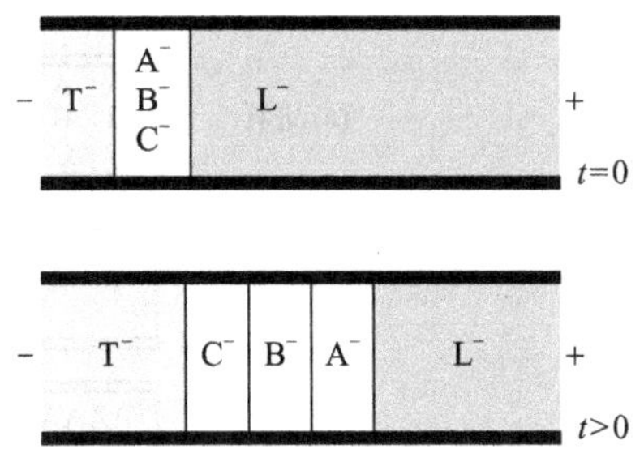

图 17.6 毛细管等速电泳分离模式

因为电渗作用并不能使不同离子分离,所以为了简化,不考虑电渗作用。以被分离组分均为负离子为例,前导离子 L^- 的淌度要大于所有被分离负离子的淌度,尾随离子 T^- 的淌度则要小于所有被分离负离子的淌度,所有溶质都按照前导离子 L^- 的速率等速运动。当施加电压后,所有负离子都向阳极迁移,因为前导离子 L^- 的淌度最大,所以迁移最快,走在最前面,其他淌度次之的负离子依淌度由大至小的顺序依次走在后面。如图 17.6 所示,当施加电压一段时间后,系统达到恒稳态,在前导离子 L^- 的带动下,所有负离子均以相同速率向阳极迁移,并形成了各自独立的区带。由于毛细管内某一段的电压降与这一段的电阻成正比,而电压降与电场强度成正比,电阻与离子淌度成反比,所以电场强度与离子淌度成反比,即离子淌度越大,其所在区带的电场强度越低;反之亦然。当然离子含量低的区域,也会因电阻增加而使电场强度增高。如果前导离子 L^- 与 A^- 区带脱离开了,就会出现一段没有离子的地带,这个区带的电场强度将无限增高,因为离子电泳速率是与电场强度成正比的,所以 A^- 就会加速赶上去,直到 A^- 区带与 L^- 区带衔接为止。反之,A^- 也不会进入 L^- 区带,因为 L^- 淌度比 A^- 淌度大,所以 L^- 区带中的场强比在 A^- 区的低,如果 A^- 因为热运动等原因进入 L^- 区,因为与 L^- 相比,A^- 的淌度较小,其速率将减慢,A^- 逐渐落后,仍落入 A^- 区带中。同理,其他各区带的离子也以同样方式运动。这样,在不同区带中形成了不同强度的电场,各区带将紧紧相连,不会脱离,并以同一速率前进,形成了等速状态,即达到平衡状态。同时,各区带间也不会交错或混合,始终保持着鲜明的界限。CITP 可同时分离正离子或负离子,相比 CZE 具有溶质带界限更加明显的优点,有利于提高待分离组分的分离度。

17.3.3 毛细管等电聚焦

等电聚焦是利用待分离组分间等电点的差别进行分离的一种高分辨电泳技术,常应用于生物大分子的分离。将等电聚焦电泳模式应用于毛细管通道中,就形成了毛细管等电聚焦(CIEF)。对于两性物质,其存在的状态(正离子、中性状态或负离子)取决于所处环境的酸碱度。当两性物质以电中性状态存在时，其所处环境的 pH 就是其等电点，可用 pI 表示。对于处在等电点的物质，由于其显电中性，故在电场作用下电泳淌度为零。当具有不同等电点的两性物质分散在具有 pH 梯度的缓冲溶液中时，不同等电点的物质在外加电场作用下，分别向各自等电点所对应的 pH 区域迁移，形成聚焦现象。当两性物质迁移到各自等电点所对应的 pH 区域后，就不再移动，并形成一个很窄的区带。毛细管等电聚焦正是利用两性物质向等电点聚焦的性质而实现电泳分离的。毛细管等电聚焦包括三个基本操作步骤，即进样、聚焦和迁移（图 17.7）。

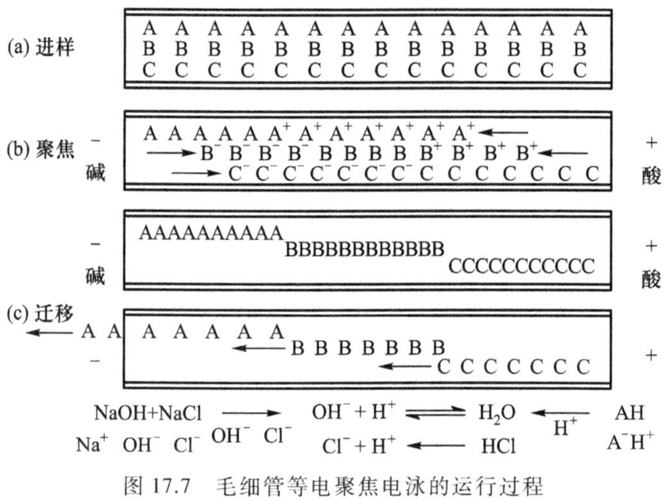

图 17.7　毛细管等电聚焦电泳的运行过程

1. 进样

以蛋白质的分离为例。预先将脱过盐的样品以 1%～2%的浓度与两性电介质混合，样品浓度越高，分离效果越好，但耗时越长。将阳极槽装满稀释的磷酸，阴极槽装满稀释的氢氧化钠，用压力把样品和两性电介质的混合物压入毛细管。毛细管内溶液的 pH 等于样品与混合电解质等电点的平均值。由于样品和两性电介质一起引入毛细管柱，因此等电聚焦的进样量要远远大于毛细管电泳的其他操作模式。当然也可以使样品充满整个毛细管柱，但样品消耗量更大。通常使用的办法是部分充满。

2. 聚焦

先加高压 3～5 min，电场强度通常为 500～700 $V \cdot cm^{-1}$，直到电流降到很低的值。在这一过程中，在毛细管的整个长度范围内建立了一个 pH 梯度。pI 最小的蛋白质比其他蛋白质带更多的负电荷，其向阳极迁移的速率就最快。当迁移到阳极附近的磷酸界面时，溶液 pH 突然下降至等于其等电点，蛋白质即停止迁移。这样不同等电点的蛋白质在毛细管中向它们各自的等电点处聚焦，并形成各自的非常明显的区带。

3. 迁移

迁移大体有三种方法，一是加盐，二是用流体力学方法，加大气压或减小气压，三是和聚焦同时进行，需要加入两性电介质和少量添加剂。

如采用第一种方法，典型的做法是把 NaCl 加入阴极槽（也可以用其他盐类），再加高压（6～8 kV）时，氯离子进入毛细管，在近检测器端引起 pH 梯度降低。实际上在阴极加入除

OH^-以外的任何阴离子时,都会对体系中的 OH^-起稀释作用,从而引起阴极端 pH 的降低,使原来在等电点聚焦的蛋白质带了正电荷,聚焦的蛋白质则向阴极迁移并通过检测器,在这一过程中电流上升。典型的 CIEF 过程可在 10 min 内完成,在把盐加入阴极槽的情况下,碱性最强(pI 最高)的蛋白质先通过检测器。

在 CIEF 中需要注意的是,应尽量消除或减小电渗流,因为较大的电渗流会使两性物质及其溶质在完成聚焦前就流出分离柱,影响分离的进行。

17.3.4 毛细管电色谱

毛细管电色谱(CEC)是一种将毛细管电泳技术和高效液相色谱技术相结合的分离模式,可将其描述成一种溶质和固定相之间的相互作用占主导地位的电泳过程。其实质上是用电渗流或电渗流结合压力流来推动流动相的微柱液相色谱,这样不但克服了毛细管电泳法选择性不高、对中性化合物分离困难的问题,还克服了由于高效液相色谱法中压力流导致的峰展宽,提高分离度和柱效。在 CEC 分离模式中,按流动相驱动力的种类可分为电渗流型(非加压)和电渗流结合压力流型(加压)。在非加压 CEC 中,流动相驱动力是电迁移;而在加压 CEC 中,驱动力是电迁移和液压两种力。由于 CEC 分离模式的分离原理是基于被分离组分间电泳淌度和分配常数的不同,所以其不但可分离离子和中性分子,还可分离手性分子。

在 CEC 分离模式中,按照固定相的材质及制备方法的不同,毛细管电色谱可分为开管柱毛细管电色谱、填充柱毛细管电色谱和整体柱毛细管电色谱。

1. 开管柱毛细管电色谱(OTCEC)

开管柱是将色谱固定相用化学或物理方法涂渍在毛细管内壁上,即主要是通过涂布、键合和溶胶-凝胶等方法在柱内壁制备薄层固定相从而加工制成的一类毛细管柱。其除了可使溶质在依靠电泳淌度的差异进行分离外,还可利用色谱分离机理中溶质与固定相之间吸附与解吸附能力的差异进行分离,从而使得其柱效大大提高。但是,固定相的引入也使得毛细管开管柱存在相比低、柱容量小的缺点,所以毛细管开管柱制备的关键是如何通过增大表面积来增大柱容量。由于毛细管开管柱可以承受巨大的柱压,除了可利用电渗流推动流动相前进,还可利用电渗流结合压力流的方式来推动流动相前进。由于毛细管开管柱表面的硅羟基被屏蔽了一部分,其电渗流相比 CZE 明显减小,所以 OTCEC 相比 CZE 分离度更高,分离重复性也比较好。

2. 填充柱毛细管电色谱(PCCEC)

填充柱是将液相色谱中使用的颗粒填料用适当的方法填入毛细管空柱制作成的一类毛细管柱,该柱除了具有传统液相色谱柱选择性高的优点,还解决了毛细管开管柱相比低、柱容量小的问题,相比 OTCEC,PCCEC 的重现性也更加理想。但是,由于毛细管柱的填充及柱塞的制备工艺要求较高,并且柱塞的存在增大了气泡产生和毛细管柱折断的可能性,所以毛细管填充柱的制备难度较大。此外,使用键合硅胶作为固定相使 PCCEC 中使用的流动相的 pH 只能在 2~8,这使 PCCEC 的应用受到了限制。PCCEC 也可利用电渗流或电渗流结合压力流来推动流动相。在填料颗粒的影响下,其电渗流大小为开管柱的 40%~60%。由于电渗流的流型为塞流式,使得 PCCEC 的区带展宽小于高效液相色谱,理论塔板数也较高。

3. 整体柱毛细管电色谱(MCEC)

整体柱是通过让聚合液在毛细管内壁发生原位聚合或固化进而形成具有多孔结构的整体式固定相的一类毛细管柱,其加工过程中无须制备柱塞,柱长可灵活控制。根据制备整体柱所使用的材料的不同,整体柱可分为有机聚合物、无机聚合物和颗粒固定化整体柱。整体柱的最大特点是可根据基体及表面官能团的需要选用不同的有机单体进行聚合反应,并可通过对参加反应的单体或不参与反应的致孔剂比例加以调控进而灵活控制聚合物的孔隙率等参数,而且这种柱还具有制备方法简单、内部结构均匀、通透性和重现性好、柱容量大、柱效高、固定相表面易于改性等优点。虽然整体柱比开管柱和填充柱更有优势,但是由于整体柱的内部具有多孔结构,当有流动相通过时,如果压力过大,会导致柱子内部出现塌陷,从而影响其继续使用。所以,整体柱在使用过程中要特别注意柱内压力的控制。

17.3.5　胶束电动毛细管色谱

将电泳技术与色谱技术相结合的分离模式即为胶束电动毛细管色谱(MECC)。其突出的特点是不仅能够分离带电粒子,而且还能够分离中性粒子,使毛细管电泳的应用领域得到进一步的拓宽。在 MECC 系统中存在两相,即流动的水相和起固定相作用的胶束相(准固定相)。其中,胶束相是由加入缓冲溶液中的表面活性剂形成的,当表面活性剂的浓度达到其临界胶束浓度时,疏水性的一端避开缓冲溶液,聚集起来朝向里侧;而亲水性的一端则聚集起来朝向缓冲溶液,从而形成了胶束。在电泳过程中,各种溶质按照其亲水性的不同,在缓冲溶液(水相)和胶束相之间分配。疏水性弱的分配到缓冲溶液中的多,分到胶束相的少;反之,疏水性强的分配到缓冲溶液中的少,分到胶束相的多。这样,分配到胶束相的组分以胶束的迁移速率前进,分配到水相的以电渗速率迁移。由于在中性或碱性条件下,电渗速率要大于胶束迁移速率,所以胶束相会随着电渗方向一同运动。这样所有被分离组分按照各自在胶束相的分配常数的差异而达到分离,分配常数大的,迁移时间长,后流出;分配常数小的,迁移时间短,先流出。在 MECC 中常用的表面活性剂可分为阴离子表面活性剂(十二烷基硫酸钠,十二烷基苯磺酸钠、胆汁盐等)、阳离子表面活性剂(十六烷基三甲基溴化铵)、两性离子表面活性剂和非离子型表面活性剂。

17.3.6　毛细管凝胶电泳

在毛细管通道中进行凝胶电泳的方法就是毛细管凝胶电泳(CGE),与高效液相色谱法相同,在 CGE 管中填充凝胶。对于某些生物大分子,由于它们的质荷比与分子大小无关,在自由溶液中有着相同的淌度,所以用 CZE 分离模式很难分离,而用 CGE 则能够达到较好的分离效果。在 CGE 中,先将毛细管内充满凝胶或其他具有孔道的筛分介质。当不同大小的分子在电场作用下发生电泳迁移时,分子将受到网状凝胶的阻碍作用。大分子受到较大的阻碍作用,迁移速率较慢;小分子受到的阻碍作用较小,迁移速率较快。这样,具有不同大小的分子即达到分离的目的。常用的凝胶介质或筛分介质有聚丙烯酰胺凝胶、琼脂糖凝胶、HydroLink 胶、高聚物筛分溶液、葡甘露聚糖、聚乙二醇等。CGE 模式相比其他分离模式具有更高的分离度,在 DNA 排序等领域发挥着较大的作用。

参考文献

[1] Weinberger R.Practical Capillary Electrophoresis.2nd ed.San Diego:Academic Press,2000.

[2] 陈义.毛细管电泳技术及应用.3版.北京:化学工业出版社,2019.

[3] 傅若农.色谱分析概论.北京:化学工业出版社,2005.

[4] 张维冰.毛细管电色谱理论基础.北京:科学出版社,2006.

[5] 孙毓庆,王延琮.现代色谱法及其在药物分析中的应用.北京:科学出版社,2005.

[6] 王应玮,梁树权.分析化学中的分离方法.北京:科学出版社,1991.

习题

17.1 在毛细管区带电泳中,毛细管总长度为70 cm,有效长度为60 cm。当分离电压为10 kV时,缓冲溶液的电渗率为$6.8\times10^{-3}\ cm^2\cdot V^{-1}\cdot s^{-1}$,此时若某组分的保留时间为10 min,试计算该组分的电泳淌度。

17.2 以毛细管区带电泳分离A,B,C三种组分,假设三种组分的电泳淌度依次为$4\times10^{-4}\ cm^2\cdot V^{-1}\cdot s^{-1}$,$0\ cm^2\cdot V^{-1}\cdot s^{-1}$和$-0.1\ cm^2\cdot V^{-1}\cdot s^{-1}$,试分析三种组分所带电荷的种类。当电渗率为$6\times10^{-4}\ cm^2\cdot V^{-1}\cdot s^{-1}$时,若毛细管总长度为70 cm,有效长度为60 cm,分离电压为14 kV,试计算三种组分的保留时间。

17.3 什么是电泳?什么是毛细管电泳?

17.4 解释淌度、电渗率、合淌度的定义。

17.5 毛细管电泳的进样方式有哪几种?各有什么优缺点?

17.6 毛细管电泳仪中为什么需要温度控制系统?

17.7 简述毛细管等电聚焦分离的基本过程。

17.8 简述毛细管等速电泳的分离过程。

17.9 论述液液分配高效液相色谱法与毛细管区带电泳法在分离原理、流动相驱动力和检测方式方面的差异。

17.10 在药物分析中,经常含有脂溶性组分和电中性组分,若利用毛细管电泳进行分离测定,选用哪种毛细管电泳分离模式最适合?

17.11 色谱技术用于手性化合物分离通常有两种模式,即手性流动相-非手性固定相模式和手性固定相-非手性流动相模式。若利用毛细管电泳技术进行手性化合物的分离检测,哪种毛细管电泳分离模式可能实现?

习题参考答案

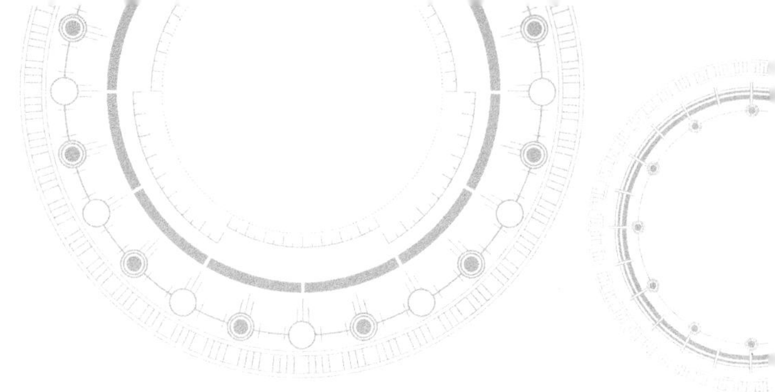

第十八章
质谱分析法

18.1 概述

质谱分析法(MS)是根据不同气态离子在电场或磁场中运动情况(运动轨迹)的不同而建立的用于定性、定量及结构分析的分析方法。离子的离子流强度相对于离子质荷比(m/z)变化的函数关系称为质谱,这一函数关系可用图表示,也可用表表示,但通常用图表示。进行这一分析的仪器即为质谱仪,可以记录离子相对强度相对于 m/z 的变化。在结构分析中,质谱分析法不仅给出了被测物的相对分子质量,还能给出其碎片离子的质量信息及分子式(使用高分辨质谱仪),它可与核磁共振波谱法一起共同确定分子的结构。

无论是有机物还是无机物,也无论是带正电荷离子还是带负电荷离子,均可形成质谱。分析对象为有机物的质谱分析法称为有机质谱分析法;分析对象为无机物的质谱分析法称为无机质谱分析法。本章主要讨论有机质谱分析法,并简要介绍无机质谱分析法。

现代质谱学之父汤姆孙(Thomson,1906 年诺贝尔物理学奖获得者)在其 1913 年出版的著作《正电荷射线及其在化学分析中的应用》中,曾经预言质谱分析法将为化学家所应用。

20 世纪 40 年代之前质谱分析法主要用于同位素的分离测定,即同位素质谱分析法。50 年代至 70 年代是有机质谱分析法发展最为快速的时期,其广泛地用于测定有机化合物的相对分子质量和结构,所能检测的有机物相对分子质量一般小于 1000。80 年代随着一批软电离技术的出现,如快原子轰击电离、电喷雾电离及基质辅助激光解吸电离的出现,有机质谱分析法开始被用于研究热不稳定及生物大分子化合物,从而进入了生命科学领域,生物质谱分析法也因此迅速发展起来。

现代质谱分析法有如下特点:

① 灵敏度高,一般可以测定 10^{-8} mol 以下物质的量。

② 分析速度快,几分钟之内即可完成测试。

③ 分析范围广,可用于气体、液体及固体样品分析,也可用于热稳定和热不稳定化合物分析。

④ 提供信息量大,即可提供被测物的相对分子质量和结构信息。

⑤ 可用于定性分析,也可用于定量分析。

⑥ 可与各种色谱仪联用,实现复杂体系分析,如气相色谱-质谱联用。

质谱分析法的主要用途首先是测定相对分子质量,推测分子式;其次是根据碎片离子推测化合物的结构并确证结构;另外根据同位素峰强比及分布特征,可以推算同位素含量较多的元素(如 Cl,Br 等)的存在和个数。

18.1.1 质谱分析中质量的概念

相对分子质量通常是指分子的平均相对分子质量,即物质分子的平均质量与^{12}C原子质量的 1/12 之比。但对质谱分析而言,除大分子外,平均相对分子质量是没有实际意义的。尽管某一原子中的质子、中子和电子数目是另一个原子中质子、中子和电子数目的整数倍,但它们的质量比却不是整数。由相同数目的质子、中子和电子组成的不同分子也有不同的质量,这是因为质子与中子结合时,释放一部分能量,根据质能联系定律($E=mc^2$),产生静质量亏损。

原子和分子的质量分为实际(绝对)质量和相对质量。相对质量是以原子质量单位(u)作为标准,原子或分子实际质量与其相比得到的比值。1 u 等于基态^{12}C原子质量的$\frac{1}{12}$,一个^{12}C的质量为1.992696×10^{-26} kg,则 $1\ u=1.66054\times10^{-27}$ kg。相对质量为一比值,量纲为 1,而实际质量的单位为 kg 或 u。如^{35}Cl的相对质量为 34.9689,实际质量为 $5.8067\times10^{-26}\ kg = 34.9689\times1.66054\times10^{-27}\ kg = 34.9689\ u$。显然,引入 u 后,相对质量和实际质量数值相同,书写、记忆和应用更方便。相对质量和实际质量又分别包括标称质量、精确质量和平均质量。对于原子,标称质量是相对原子质量(A_r)的近似整数值,精确质量是相对原子质量精确值,常精确到小数点后四位。平均质量是元素的平均相对原子质量($\overline{A_r}$),$\overline{A_r}=A_{r1}P_1+A_{r2}P_2+\cdots+A_{rn}P_n$,$A_{r1}, A_{r2}, \cdots, A_{rn}$分别为 n 个同位素的相对原子精确质量,$P_1, P_2, \cdots, P_n$ 分别为相应同位素的天然丰度。对于分子,则有分子标称质量(由最大天然丰度同位素标称相对原子质量计算而得)、分子精确质量(由最大天然丰度同位素精确相对原子质量计算而得)和分子平均质量(由平均相对原子质量计算而得),见表 18.1。在质谱分析中,通常在解释质谱过程中涉及分子离子和碎片离子的质量时,使用标称质量,即按最大天然丰度同位素原子标称质量计算得到的分子离子和碎片离子质量。有别于其他分析方法,在质谱分析中,元素平均质量是没有用的,必须考虑同位素及其丰度。天然丰度是天然存在的同位素的原子百分比,而相对丰度是将最大天然丰度的同位素的原子百分比定义为 100%,相对于此同位素,其他同位素的相对原子百分比。

表 18.1 一些元素及分子的相对标称质量、精确质量和平均质量

元素	标称质量	天然丰度/%	相对丰度/%	精确质量	平均质量
H	1	99.985	100	1.0078	1.008
	2	0.015	0.015	2.0141	
C	12	98.892	100	12.0000	12.011
	13	1.108	1.12	13.0034	
N	14	99.635	100	14.0031	14.007
	15	0.365	0.38	15.0001	

续表

元素	标称质量	天然丰度/%	相对丰度/%	精确质量	平均质量
O	16	99.759	100	15.9949	15.999
	17	0.037	0.04	16.9991	
	18	0.204	0.2	17.9992	
F	19	100	100	18.9984	18.998
P	31	100	100	30.9738	30.974
S	32	95.0	100	31.9721	32.060
	33	0.76	0.78	32.9715	
	34	4.22	4.4	33.9679	
Cl	35	75.53	100	34.9689	35.453
	37	24.47	32.5	36.9659	
Br	79	50.52	100	78.9183	79.904
	81	49.48	98	80.9163	
I	127	100	100	126.9045	126.905
$C_{10}H_{22}$	142			142.172	142.3

18.1.2　质谱表达方式

1. 质谱图

质谱图可分为棒状图和轮廓图,通常以棒状图表示,如图 18.1 所示。质谱图的横坐标标度为离子的质量与其所带电荷数之比,即质荷比 m/z;纵坐标标度为其相对强度。把最强的离子峰定为基峰,并规定其相对强度为 100%,其他离子峰的相对强度以相对于此基峰的相对百分数来表示。根据棒状图无法求得分辨率,而从轮廓图(图 18.2)可看到质谱峰形状,并可求得分辨率。利用质谱图很容易得到分子及其碎片的质量。质谱图具有简单明了、易于比较的特点。

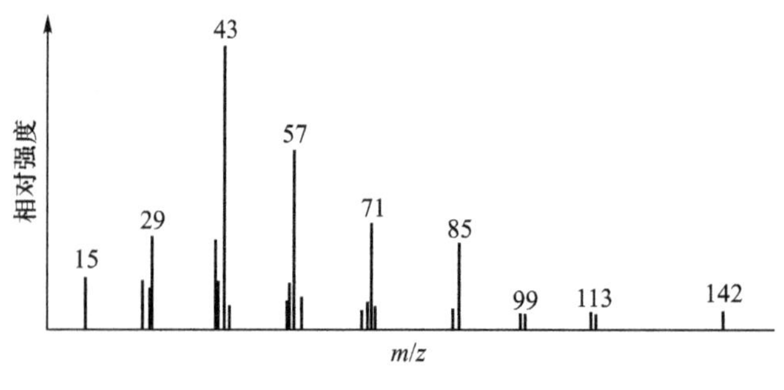

图 18.1　正癸烷的质谱图

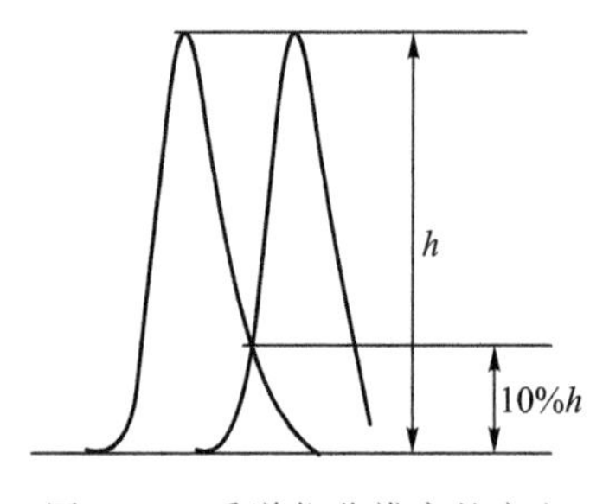

图 18.2　质谱仪分辨率的定义

2. 质谱表

质谱表一般由 m/z 及其相对强度组成,表 18.2 为正戊烷的电子轰击电离质谱表。利用质谱表,可以清楚地给出相对强度的准确值。

表 18.2 正戊烷的电子轰击电离质谱表

m/z	相对强度/%	m/z	相对强度/%
15	3.2	41	50
26	2.8	42	68
27	35	43	100
28	4.3	44	3.5
29	30	57	15
30	1.7	58	1.1
39	12	72	9
40	1.3	73	0.5

18.1.3 质谱仪的性能指标

1. 分辨率

质谱仪的分辨率是指分开相邻两个质谱峰的能力,一般认为当两个质谱峰的峰高相等,而其谷高相当于峰高的 10%时(图 18.2),这两个质谱峰可以分辨,此时仪器的分辨率 R 为

$$R = \frac{m_1}{m_2 - m_1} = \frac{m_1}{\Delta m}$$

式中 m_1,m_2 分别为质谱峰 1 和峰 2 所对应离子的质量,$m_2 > m_1$;Δm 为离子质量之差。其中分子中 m_1 可以是标称质量,也可以是精确质量或用 m_1 和 m_2 精确质量的平均值代替,而分母中 m_1 和 m_2 都必须用精确质量。

在实际测量中,很难找到两峰峰高相等且重叠后的谷高正好为峰高 10%的情况。另一方法是可选一单峰。这一质荷比为 m/z 的峰所对应离子的质量为 m,该峰峰高 50%处的半峰宽为 $\Delta m_{0.50}$,分辨率为$\frac{m}{\Delta m_{0.50}}$。

若要能辨别 N_2^+(28.006)和 CO^+(27.995)两个峰,R 应为

$$R = \frac{27.995}{28.006 - 27.995} = 2545$$

当 m/z 为 1000 时,磁双聚焦质谱仪的分辨率较高,达 10^5;离子阱和四极杆质谱仪的分辨率相对较低,达 $10^3 \sim 10^4$;飞行时间质谱仪的分辨率为 $10^4 \sim 10^5$,而傅里叶变换离子回旋共振质谱仪的分辨率很高,达 10^6。

2. 质量范围

质量范围是指质谱仪可检测到的最低 m/z 到最高 m/z,但常常指其最高 m/z。离子通常为单电荷离子,m/z 常被简写为 m,严格地讲,这虽然不正确,但已被广泛采用。所以质量范围通常也是指可以测定的相对原子或分子质量范围,且常常仅给出可测定的质量上限,如磁双聚焦质谱仪可测的上限达 20000,离子阱质谱仪可测的上限达 6000,四极杆质谱仪可测的上限达 4000,飞行时间质谱仪理论上无上限限制,一般可达 500000,傅里叶变换离子回旋共

振质谱仪可测的上限达 10000。

18.2　质谱仪

质谱仪通常由四部分构成，即进样系统、离子源、质量分析器和检测器。根据所用质量分析器不同，质谱仪可分为磁质谱仪、四极杆质谱仪、离子阱质谱仪、飞行时间质谱仪和傅里叶变换离子回旋共振质谱仪。

18.2.1　进样系统

进样系统是把被分析样品导入离子源的装置。根据分析样品的不同，质谱仪的进样系统主要有直接进样、加热进样、气相色谱（GC）和液相色谱（LC）进样等。直接进样适合于高沸点液体和固体的进样。将样品置于进样杆顶端的石英管或坩埚样品池，进样杆顶端装有样品加热线圈。进样时，将进样杆顶端样品池靠近离子源，加热使样品汽化，并引入离子源。样品杆一直处于高真空环境条件下，以便样品引入时不破坏离子源的真空状态。加热进样是将气体或液体样品引入处于真空（$10^{-2}\sim10^{-1}$ Pa）和高温的储样器中汽化，而后以恒定的流量通过针孔进入离子源。色谱进样在第十九章讨论。

18.2.2　离子源

在质谱仪中，离子源的作用是提供能量，使被测原子或分子离子化，同时还兼有聚焦及给离子提供初始动能的作用。离子源与质谱仪器的灵敏度、分辨本领等主要性能指标有很大关系。因此，有人把离子源称为质谱仪的“心脏”。

1. 电子轰击电离

电子轰击电离（EI）主要用于气体样品的分析，GC-MS 中普遍使用此种离子源，这一离子源主要由离子化区和离子加速区组成，如图 18.3 所示。

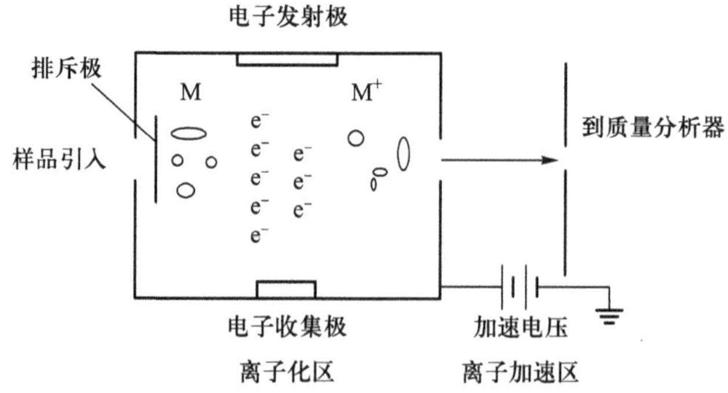

图 18.3　电子轰击电离离子源

(1) 离子化区

离子化区主要由电子发射极(阴极)和电子收集极(阳极)组成。电子发射极由钨丝或铼丝制成,被电加热至 2000 ℃ 时发射电子流。样品蒸气分子进入离子化区后,受到 8~100 eV(通常70 eV左右)电子流的轰击,可使有机分子失去电子生成正离子。分子离子在电子流的轰击下,化学键进一步断裂,形成各种质荷比的碎片离子,随后带电荷的离子受到排斥极的排斥进入离子加速区。进入离子化区的气体分子也可能获得一个电子而成为负离子,但此概率只有形成正离子的 1/100 左右,且负离子、电中性分子不被排斥极排斥,所以它们不能进入离子加速区,被维持低压的抽真空系统抽出,故只有正离子才能进入离子加速区,而电子流在收集电压的作用下到达电子收集极。

对于绝大多数化合物,由 EI 产生离子所得到的质谱图重现性好,一般情况下,电子发射极与收集极之间的电压为 70 V,此时电子的能量为 70 eV。目前,所有的标准质谱图都是在 70 eV 下作出的,便于计算机检索和对比。同时该电离源产生较多的碎片离子信息,便于推测未知物结构。有机化合物分子的电离能一般为 7~15 eV,相当多的分子离子(甚至全部)会发生碎裂,产生广义的碎片离子。通常称这一电离源为硬电离源。EI 使用面广,峰重现性好,碎片离子多。缺点是不适合极性大、热不稳定的化合物的分析,且可测定相对分子质量有限,一般小于 1000。

(2) 离子加速区

由离子化区产生的各种 m/z 离子,在离子加速区被加速。离子所获得的动能与加速电压有关。若假设离子初始动能 E_0 可忽略,则离子动能为

$$\frac{1}{2}mv^2 = zeU \tag{18.1}$$

式中 v 为离子运动速率;U 为加速电压;ze 为离子电荷量;m 为离子质量。

2. 化学电离

化学电离(CI)离子源与电子轰击电离离子源结构相似,但在电子轰击电离离子源中,样品分子与电子直接作用,因为电子能量高,使分子离子容易碎裂。化学电离是将反应气引入离子源,在离子源中,反应气的压力约为 100Pa。最常用的反应气是甲烷、异丁烷及氨气,反应气浓度比样品浓度大很多(约 $10^4:1$)。以 CH_4 为例,首先 CH_4 被电子轰击电离形成 CH_4^+ 和 CH_3^+,这些离子进一步与未被电离的 CH_4 反应生成更活泼的 CH_5^+ 和 $C_2H_5^+$,这些离子再与样品分子 M 反应,使样品分子电离,而样品分子与电子直接作用的概率极小。

3. 电喷雾电离

电喷雾电离(ESI)是一种很软的电离方法,通常不产生碎片离子或很少产生碎片离子。

被分析的样品溶液从内层为石英管的不锈钢毛细管(与高压电源相连)流出时,在电场作用下形成带高密度电荷的雾状液滴(图 18.4)。这些带电液滴在向取样孔移动的过程中,液滴因溶剂的挥发体积逐渐缩小,其表面电荷密度不断增大。当电荷之间的排斥力足以克服溶液的表面张力时,液滴发生分裂,经过反复溶剂挥发-液滴分裂过程,最后产生单电荷或多电荷离子。基于 ESI 所得质谱图中,很少或没有碎片离子,主要是复合离子,如 $[M+H]^+$,$[M+Na]^+$,$[M+NH_4]^+$,以及多电荷离子。

电喷雾电离源主要用于液体样品电离,适合极性、热不稳定化合物的电离,尤其适合多肽、蛋白质、糖蛋白、核酸、配合物及其他大分子化合物的分析。ESI 最大的特点是容易生成

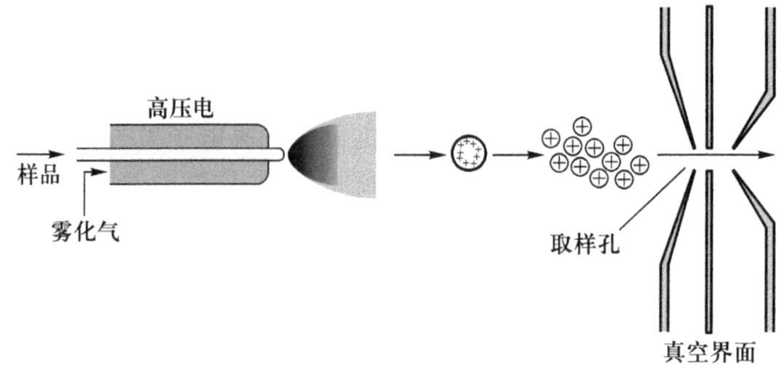

图 18.4　电喷雾电离原理

多电荷离子,对于生物大分子化合物易生成带多个电荷的离子,大大增加了质谱仪的质量分析范围。同时该电离源非常适合作为液相色谱和质谱仪联用的接口。

4. 大气压化学电离

大气压化学电离(APCI)离子源与 ESI 离子源基本相同,不同之处是在 APCI 离子源中载带样品毛细管出口的下方放置了一个针状放电电极,通过此电极高压放电,使空气中的中性分子电离,产生 H_3O^+,N_2^+,O_2^+ 和 O^+ 等,溶剂分子也会电离产生离子,这些离子与被测物分子发生离子-分子反应,使被测物离子化。APCI 主要适用于中等极性到弱极性化合物的离子化,主要产生单电荷离子,所以被测物的相对分子质量一般较低。APCI 主要产生准分子离子,很少有碎片离子。

5. 基质辅助激光解吸电离

基质辅助激光解吸电离(MALDI)中使用的基质是在一定波长范围内吸收激光并能提供质子(一般常用小分子液体或结晶化合物)的物质。样品与基质以一定比例(样品∶基质 < 1∶100)均匀混合溶解并形成混合体,在空气中自然干燥后送入离子源内通过激光照射得以离子化。基质辅助激光解吸电离通常包含三个过程:① 能量转移过程。基质分子吸收激光能量后转变成激发态,处于激发态的基质包围了样品分子并隔离开它们,因此限制了被测物的聚合,以帮助它们离子化。② 相转变过程。处于激发态的基质分子回到基态时,将激发能转变成热能,使凝聚相迅速升温并瞬间由固相转变成气相,形成基质离子,同时将被测物也带入气相,即生成烟云,烟云会迅速冷却,大分子不会裂解。③ 离子化过程。被测物在与基质离子、质子及其他阳离子的碰撞过程中实现离子化,即形成复合离子,产生单电荷离子、多电荷离子或多聚体离子(图 18.5)。

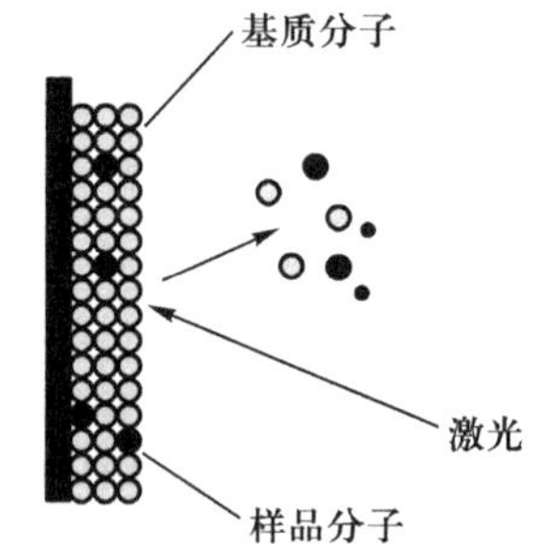

图 18.5　基质辅助激光解吸电离原理

MALDI 是一种用于大分子离子化的方法,MALDI 的特点是所得质谱图中准分子离子峰很强。通常将 MALDI 用作飞行时间质谱仪的电离源,特别适合分析蛋白质、多肽等大分子。采用 MALDI 时,被测分子无明显裂解,特别是大分子,如蛋白质、DNA 等,主要为复合离子和样品分子聚集的多电荷离子。质子化和其他复合离子的形成是主要离子形成机制。由 MALDI 所得质谱图中,碎片离子少,谱图中主要是质子化的或与碱金属离子加合的复合离子及样品分子聚集的多电荷离子。表 18.3 列出了 MALDI 离子源常用的基质。

表 18.3 MALDI 离子源常用的基质

基质	结构	吸收激光波长	相对分子质量
芥子酸	H_3CO, HO—(苯环)—CH═CH—COOH, H_3CO	266 nm 337 nm 355 nm 2.94 μm 10.6 μm	224
2,5-二羟基苯甲酸	HO, (苯环)—C(═O)—OH, OH	337 nm 355 nm 2.94 μm 10.6 μm	154
烟酸	(吡啶环, N)—C(═O)—OH	266 nm 2.94 μm 10.6 μm	123
甘油	$CH_2OHCHOHCH_2OH$	2.94 μm 10.6 μm	92

讨论了 5 种离子源,其中 EI 为硬离子源,其他 4 种为软离子源。硬离子源可供给分子充分高的能量,使分子裂解成许多碎片离子。由硬离子源得到的质谱中,分子离子峰较弱,但有许多碎片离子峰,可得到分子官能团的信息,即分子结构的信息。软离子源几乎不能引起分子的碎片化,因此由软离子源得到的质谱中,分子离子峰很强,仅有少量其他峰,但可得到被测分子相对分子质量的准确值。

18.2.3 质量分析器

质量分析器是利用电磁学原理将离子按质荷比分开的装置。所谓分开是指离子在空间或时间上分开,即在同一位置(空间)、同一时间引入的不同 m/z 离子,当离开质量分析器时,不同 m/z 的离子在空间位置或时间上分开。离子通过质量分析器后,按不同质荷比(m/z)分开,将相同的 m/z 离子聚焦在一起,组成质谱图。离子进入质量分析器时,可用三个参数,即 m/z、能量和初始运动方向来描述,其中能量包括离子的初始动能和在离子加速器中得到的能量。质量分析器的作用就是设法消除离子初始动能和运动方向的影响,使不同 m/z 的离子有不同的运动轨迹或速度,即不能同时到达质量分析器的出口;而相同 m/z、初始动能不同和初始运动方向不同的离子可同时到达质量分析器出口。不同种类的质量分析器构成不同类型的质谱仪。这里主要介绍磁单聚焦质量分析器、磁双聚焦质量分析器、四极杆质量分析器、离子阱质量分析器、飞行时间质量分析器和傅里叶离子回旋共振质量分析器。

1. 磁单聚焦质量分析器

磁单聚焦质量分析器是具有扇形磁场的分析器,所用磁场的开角可以是 180°,90°和 60°等。离子源产生的离子进入扇形磁场(磁感应强度为 B)时可用三个参数来描述这个离子,即质荷比(m/z)、能量(zeU)和运动方向。图 18.6 所示为典型的 180°扇形磁场。若离子在离子源中的初始动能为 0,在加速区被加速而具有一定动能的离子(速度为 v)进入质量分析器后,在外磁场 B(方向垂直于图中纸面,并指向读者)的作用下,受到磁场作用力 F_1 和离心力 F_2 的作用,将在磁场中作匀速圆周运动(半径为 r)。离子所受到的磁场作用力(向心力) $F_1=zevB$,离心力 $F_2=\frac{mv^2}{r}$。平衡时 $F_1=F_2$,即

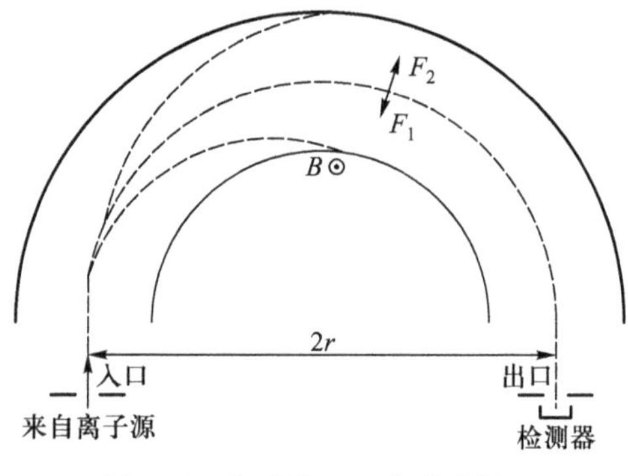

图 18.6　典型的 180°扇形磁场

$$zevB=\frac{mv^2}{r} \tag{18.2}$$

由式(18.1)可知 $v=\sqrt{\frac{2zeU}{m}}$,将其代入式(18.2),可得

$$zeB=\sqrt{\frac{2zeU}{m}}\frac{m}{r}$$

$$r=\sqrt{\frac{2zeU}{m}}\frac{m}{zeB}=\frac{1}{B}\sqrt{\frac{2mU}{ze}}$$

式中离子质量 m 的单位是 kg;z 是离子电荷数;e 为电子电荷量;磁感应强度 B 的单位为 T;r 的单位为 m;电压 U 的单位为 V;将相关常数代入上式,并将 m 采用原子质量单位 u(1.6605×10^{-27} kg),即用相对离子质量,r 用 cm 为单位,则

$$r=\frac{1.44\times10^{-2}}{B}\sqrt{\frac{m}{z}U} \tag{18.3}$$

$$\frac{m}{z}=\frac{r^2B^2e}{2U} \tag{18.4}$$

由式(18.3)和式(18.4)可以得出:

① 离子运动半径 r 与 B,U 和 m 有关,不同质量或能量的离子有不同的运动半径,即扇形磁场具有质量和能量色散能力,以及方向聚焦能力,即能量和质量均相同而以不同方向进入质量分析器的离子会聚焦在一点。

② 固定 r 和 B(或 U),扫描 U(或 B),不同离子会顺序具有相同的运动半径,会顺序通过狭缝到达检测器,一般扫描 B。

③ B 和 U 一定时,m/z 大的离子,r 大;反之亦然。当 B,U 和 r 都固定时,只有一种适宜的离子到达检测器。

当磁感应强度 B 和电压 U 为某一固定值时,离子 M^{n+} 由入口进入质量分析器,由出口飞出。一般情况下,出口与入口间距离是固定的,即可飞出出口并被检测的离子运动的半径 r 是固定的,而以其他半径运动的离子不会飞出出口,也就不会被检测,即只有一定质荷比的离子可以到达检测器。但若连续改变 B 或 U 时,就可使不同质荷比的离子被顺序检测。上述以开角 180°的扇形磁场讨论了离子分离的原理,对于开角 90°和 60°的扇形磁场,原理是一样的。

2. 磁双聚焦质量分析器

由上述讨论可知，磁场具有质量和能量色散能力，在讨论磁单聚焦质量分析器时，假定离子源中离子的初始动能为零，所以相同 m/z 的离子可聚焦，但实际上离子的初始动能不可能为零。动能不同的离子，由于其能量的差别，会有不同的运动半径，即不会聚焦在一点，使磁单聚焦仪器的分辨率降低。为了提高分辨率，质量分析器可由一扇形静电场（图 18.7）和一扇形磁场组成磁双聚焦质量分析器。扇形静电场由一对同轴扇形柱电极组成，两个电极的半径分别为 r_1，r_2，各加以数值相等、极性相反的电压，外电极电压为 $+E$，内电极电压为 $-E$。

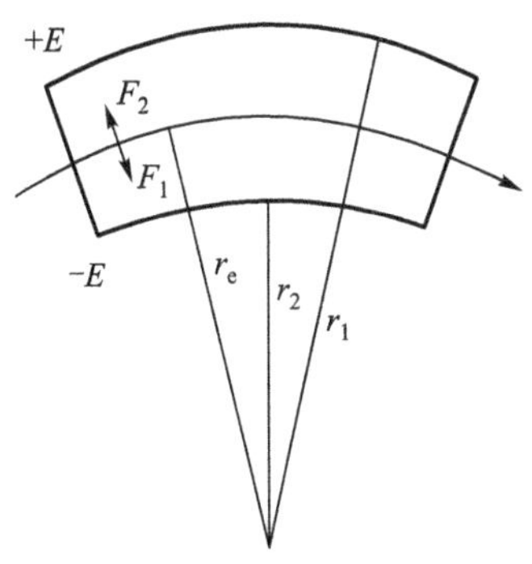

图 18.7 扇形静电场

设离子沿半径 r_e 运动，外加的静电场电压为 $2E$。两个电极间将产生一个径向静电场，电力线从正到负通过轴心，此时半径为 r_e 的圆弧上的电场强度 E_r 为

$$E_r = \frac{1}{r_e}\frac{2E}{\ln\dfrac{r_1}{r_2}} \tag{18.5}$$

对于电荷量为 ze、质量为 m、速度为 v 的正离子，在扇形静电场中受到的电场作用力（向心力）为 $F_1 = zeE_r$，受到的离心力为 $F_2 = \dfrac{mv^2}{r_e}$。平衡时 $F_1 = F_2$，即

$$zeE_r = \frac{mv^2}{r_e}$$

将 $v = \sqrt{\dfrac{2zeU}{m}}$ 代入上式，可得

$$r_e = \frac{2U}{E_r} \tag{18.6}$$

由此可知，离子运动的半径 r_e 随 U 而变，即离子的运动半径与离子的动能有关，可见扇形静电场是一个能量分析器。U 不同（动能不同），r_e 会不同，能量色散，但方向聚焦，与质量无关。

将式（18.6）代入式（18.5），可得

$$E = U\ln\frac{r_1}{r_2} \tag{18.7}$$

此式说明静电场电压与加速电压应保持一定的比例关系，因 r_1 和 r_2 不变。

由前文论述可知，用扇形磁场时，具有相同 m/z 而以不同方向进入质量分析器的离子在质量分析器出口会被聚焦。但由于扇形磁场具有能量色散能力，因此不同能量的离子会分离，不能聚焦。前文讨论的是假定离子初始动能为零，进入质量分析器的离子均具有相同的动能（zeU）。但实际上，对于同一质荷比的离子，由于初始动能略有差别，加速后的速度也略有差别。因此，经扇形磁场偏转后不能准确地聚焦在一点，即离子峰会加宽，使分辨率下降。为提高仪器分辨率，根据扇形静电场具有能量色散的特点，将扇形磁场与静电场串联，由于二者均具有能量色散能力，如果使二者的能量色散数值相等，方向相反，当离子经过扇形磁

场和静电场后，总效果达到能量聚焦，这样，可使离子在方向和能量上都聚焦，达到高分辨率。磁双聚焦质谱仪中静电场与磁场的放置顺序有两种形式：① 静电场在前面（靠近离子源），磁场在后面的为顺置形式；② 磁场在前面，静电场在后面的称反置形式，常用反置形式，见图 18.8。

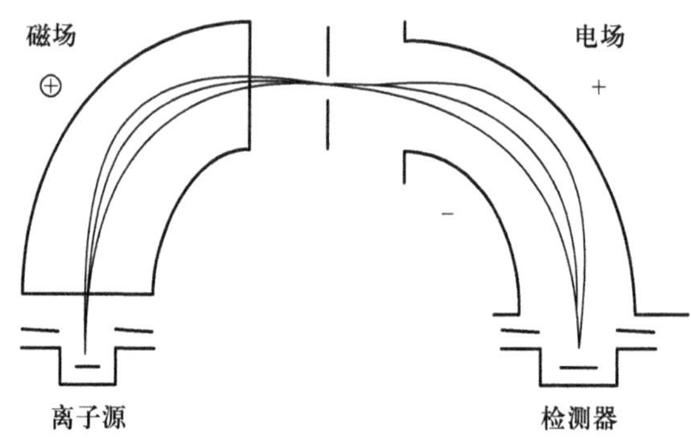

图 18.8　反置磁双聚焦质量分析器

3. 四极杆质量分析器

四极杆质量分析器由两组对称的四根平行杆状电极组成，见图 18.9。电极上加有直流电压和射频电压{±[$U_{dc}+U_{rf}\cos(\omega t)$]}。相对的两个电极电压相同，相邻的两个电极上电压大小相等，极性相反。离子进入电场后，沿 z 轴向出口方向运动，但由于受射频电场的作用，这些离子会在四极杆的横截面（$x-y$ 平面）振动。一些离子在沿 z 轴方向运动时，以振幅不变的方式通过四极杆进入检测器；而另一些离子，它们也沿 z 轴方向运动，但振幅随时间逐渐增大，最后碰撞在四极杆上而无法进入检测器，如图 18.10 所示。在进行测量时，可让 U_{dc} 和 U_{rf} 同时改变，但保持 U_{dc}/U_{rf} 为一常数。但一开始可选定 U_{dc}/U_{rf}，此时只有一种质荷比离子能通过四极杆，其他质荷比离子则不能通过。保持该 U_{dc}/U_{rf} 不变，然后扫描 U_{dc} 和 U_{rf} 可使不同质荷比离子从低质量到高质量依次进入检测器，由此获得一张质谱图。

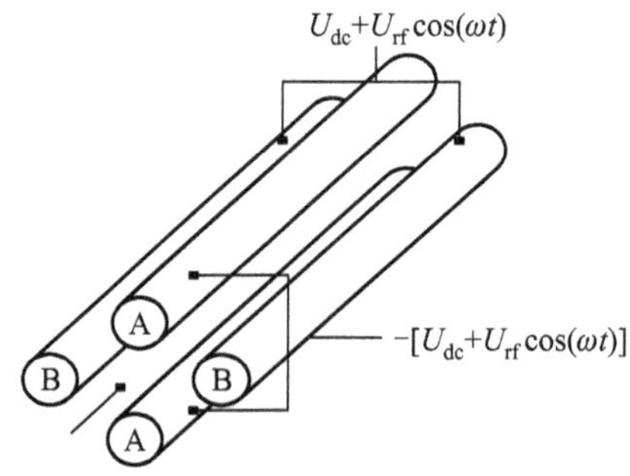

U_{dc}—直流电压；$U_{rf}\cos(\omega t)$—射频电压

图 18.9　四极杆质量分析器结构图

图 18.10 为四极杆质量分析器中 m/z 为 90，100 和 110 离子运动轨迹示意图。带电粒子进入射频电场中，在场半径限定的空间内振荡。在一定的电压和频率下，只有质荷比为 100

的离子可以通过四极杆到达检测器,质荷比大于100和小于100的离子则因振幅不断增大,撞在电极上或离开四极杆区域被“过滤”掉。利用电压或频率扫描,可以检测不同质荷比的离子。四极杆质量分析器的优点是扫描速度快,比磁式质谱仪价格便宜,体积小,常作为台式质谱仪的质量分析器而进入普通实验室;缺点是质量范围及分辨率有限。

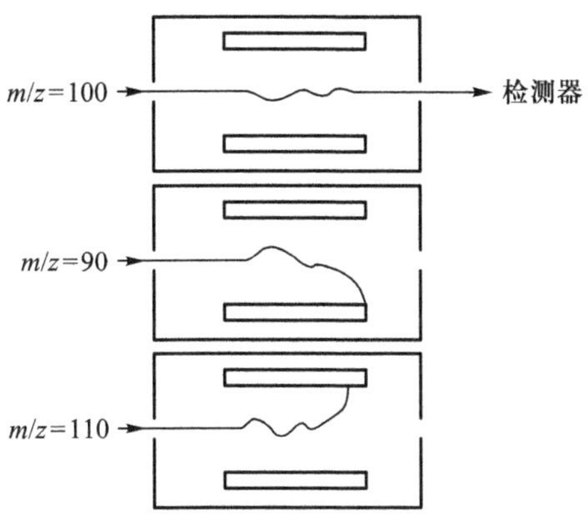

图 18.10 四极杆质量分析器中离子运动轨迹示意图

4. 离子阱质量分析器

离子阱质量分析器由一个中心环形电极和两个呈双曲面形的端盖电极组成。三电极构成的空腔称为阱。环形电极和端盖电极间绝缘,如图 18.11 所示。

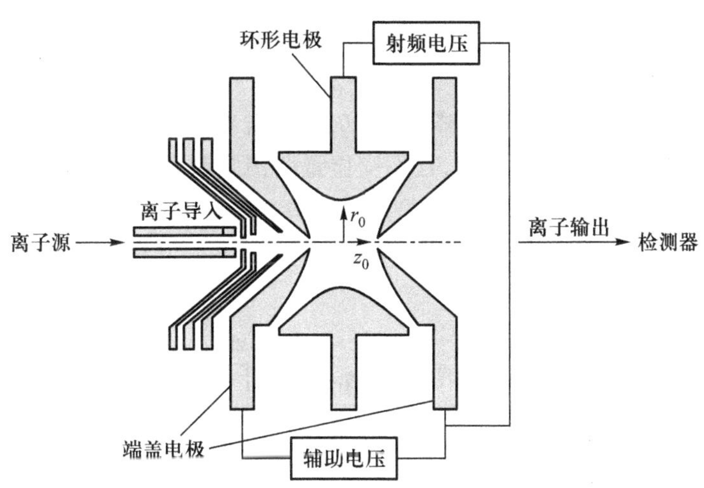

图 18.11 离子阱质谱仪示意图

设环形电极的内径为 r_0,端盖电极间距为 $2z_0$,此处 $r_0^2=2z_0^2$。在环形电极与端盖电极间加一电压 $U_{dc}+U_{rf}\cos(\omega t)$,此处 U_{dc} 为直流电压,U_{rf} 为射频电压的振幅,ω 为角频率,上下端盖电极加辅助射频电压。

离子阱中心空腔形成射频电场,被捕获在阱中的离子可集中在中央稳定区域运动,可以计算出它们的振荡半径与阱相比只占很少的空间,故离子在阱内运动不会碰撞到阱壁上,可长期储存于阱内。离子阱进行质量扫描时，不加直流电压（$U_{dc}=0$），固定 ω（通常为 1.1 MHz），逐渐增加 U_{rf}，m/z 从小到大的离子会随 U_{rf} 的增加依次从端盖电极出口孔排出进入检测器而被检测，得到信号。通过调节 U_{rf}，可以储存单个离子或者一系列质量的离子于阱中，故称为质量选择储存。若储存某一个 m/z 离子，则可以利用该储存的离子作为选择离子监测，也可以将该离子与离子阱内的缓冲气体（通常为载气 He）进行碰撞，进而发生该离子的诱导碰撞解离（CID），产生的子离子通过 U_{rf} 扫描来获得子离子谱，这是典型的子离子扫描的质谱-质谱分析。

5. 飞行时间质量分析器

飞行时间（TOF）质量分析器是利用具有相同能量的带电粒子，由于质量的差异而具有不同的运动速度，通过相同的漂移距离所用的时间不同而被分离。在 TOF 质量分析器中，离子分离依靠的是时间。TOF 质量分析器有质量和能量色散能力，即离子随质量或能量不同，而有不同的飞行时间。为了消除能量色散的影响，应设法消除初始动能的影响。

设离子的运动速度为 v，加速电压为 U，L 为飞行距离即漂移管的长度，t 为飞行时间，由于离子运动的动能完全来自加速电压，即 $v=\sqrt{\dfrac{2zeU}{m}}$，因而有

$$t=\frac{L}{v}=L\sqrt{\frac{m}{2zeU}} \tag{18.8}$$

由式（18.8）可知，在飞行时间质谱仪中，离子的分离是根据不同 m/z 的离子到达检测器时所用时间 t 不同。

质量为 m_1 和 m_2 的两个离子，它们的电荷数相等，则它们的飞行时间之差为

$$\Delta t=\frac{L(\sqrt{m_1}-\sqrt{m_2})}{\sqrt{2zeU}}$$

由上式可知，增加 U，使分辨率下降；增加 L，使分辨率增加。飞行时间质量分析器的优点是扫描速度快、灵敏度高、分辨率高，且不受质量范围限制及结构简单等。其缺点是定量准确度较差，价格高。

6. 傅里叶变换离子回旋共振质量分析器

傅里叶变换离子回旋共振（FT-ICR）质量分析器是一个置于均匀磁场中的立方空腔，如图 18.12 所示。离子沿平行于磁场的方向进入质量分析器，加在垂直于磁场的捕集极上的低直流电压形成一个静电场将离子固定于腔中。在磁场的作用下，离子在垂直于磁场的圆形轨道上做回旋运动；回旋频率（ω）仅与磁感应强度（B）和离子的质荷比（m/z）有关：

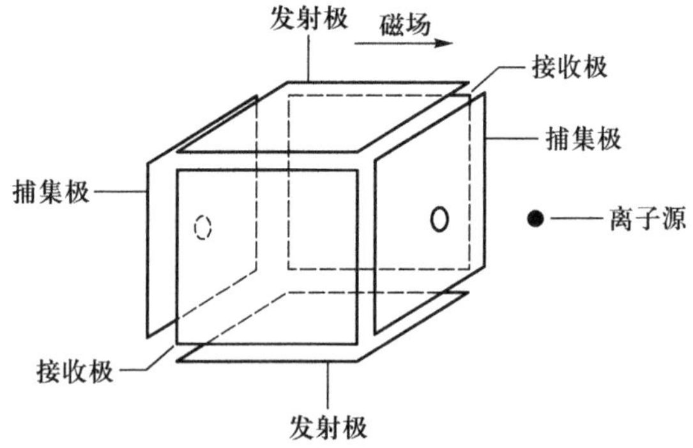

图 18.12　傅里叶变换离子回旋共振质量分析器

$$\omega=1.537\times10^{7}\times\frac{zB}{m}$$

可见,不同离子有不同的回旋频率。由于离子的回旋频率与其速度无关,一组在不同空间位置上 m/z 值相同而速度不同的离子将以同一频率运动,离子的速度只影响其轨道半径。

通过发射极向离子加一个射频电压,若射频电压的频率正好与离子的回旋频率相同,离子将共振吸收能量,使其运动轨道半径和运动速度逐渐增大,但频率仍然不变。当一组离子达到同步回旋以后,在接收极上将产生镜像电流,即当回旋的离子离开第一个接收极而接近第二个接收极时,第一个接收极上的电子受正离子的电场吸引而向第二个接收极运动。在离子回旋的另半周,外电路的电子向反方向运动,在这两个接收极间有一个电阻,这样在电阻的两端形成了很小的交变电流,这就是镜像电流,电流大小与离子数目有关,其频率与离子的回旋频率相同。因此,根据镜像电流的频率最终可以求出离子的 m/z。

在傅里叶变换质谱中,离子产生后,随即加一个频率范围覆盖了所有被测离子回旋频率的脉冲射频,使所用离子被激发,即共振。脉冲结束后,由于共振离子在回旋时不断碰撞而失去能量,并趋于热平衡状态,镜像电流也逐渐衰减,这与傅里叶变换 NMR 中的自由感应衰减信号(FID)一样。所有受激离子诱导的镜像电流在接收电路上形成各自的时域衰减信号,这个复合的时域衰减信号经傅里叶变换转变为频域信号,并由频域信号转变为与 m/z 相关的信号,即质谱图。对镜像电流取样的时间越长,质量分辨率越高。但碰撞阻尼会破坏离子的同步回旋运动,从而使镜像电流衰减加快。因此,高真空有利于提高分辨率,还能同时改变信噪比。所以,傅里叶变换质谱通常在更高的真空状态下工作。

18.2.4 检测器

质谱仪中的检测器为接收离子束并将其转换为可读出信号的装置。最常用的有电子倍增管、法拉第筒及微通道板等。这里主要介绍电子倍增管和法拉第杯,电子倍增管与光电倍增管类似,电子倍增管由阴极、倍增极和阳极组成,如图 18.13 所示。

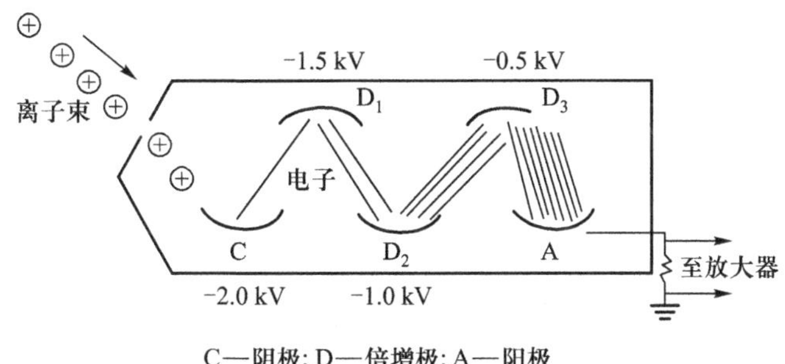

C—阴极;D—倍增极;A—阳极

图 18.13 电子倍增管工作原理

当离子轰击电子倍增管的阴极时,发射出二次电子,此二次电子被后续的一系列倍增极放大,与光电倍增管类似,最后到达阳极。法拉第杯如图 18.14 所示。法拉第杯与质量分析器保持一定的电位差以便捕获离子。来自质量分析器的离子束轰击离子收集极,此收集极置于法拉第筒中,以确保反射的离子不能逃出法拉第筒。法拉第筒和收集极通过一电阻(R)与大地相连。通过电阻的电流与法拉第筒中及收集极上收集的电荷量成正比,此电流在电阻上产生的电压降经过放大后输出信号,信号只与引入法拉第杯的离子量有关,而与离子的质量、能量及结构无关。

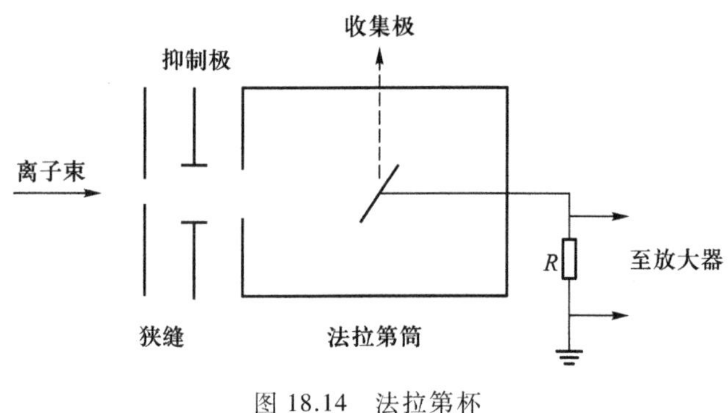

图 18.14　法拉第杯

18.2.5　真空系统

与光学仪器不同，质谱仪要求在高真空条件下工作（真空度需要达到 $10^{-7}\sim10^{-2}$ Pa），尤其是质量分析器通常需要更高的真空条件，当然离子源和接口的真空度要求比质量分析器要低一些。真空系统一般由机械真空泵和扩散泵（或涡轮分子泵）组成。机械真空泵能达到的真空度最高为 10^{-1} Pa。扩散泵性能可靠，但启动慢，尽管涡轮分子泵使用寿命不如扩散泵，但启动快，所以现在得到了更广的应用。涡轮分子泵直接与离子源（或接口）和质量分析器相连，抽出的气体再由机械真空泵排出质谱仪。

18.3　有机质谱中的裂解反应

由质谱数据推导有机物分子结构的过程，形象地说，好像打碎一个花瓶，再由这一堆碎片来拼凑复原花瓶的过程，同时为了使拼凑顺利完成，首先要知道花瓶碎裂的规律。类似地，由质谱数据来确定有机分子的结构，首先使分子离子裂解成碎片离子，而后根据质谱确定这些碎片离子，并根据离子裂解机理和规律确定分子结构。

18.3.1　离子表示法

① 离子含奇数个电子，用“+·”表示；含偶数个电子用“+”表示。

② 应尽量把正电荷的位置标明，正电荷的符号一般标在杂原子或 π 键上。从能量上看，分子中电子失去的顺序为：杂原子的 n 电子 > 共轭 π 电子 > 非共轭 π 电子 > σ 电子。

$$R-\underset{\underset{O}{\|}}{C}-R' \xrightarrow{-e^-} R-\underset{\underset{\overset{..}{O}^{+\cdot}}{\|}}{C}-R'$$

$$CH_3-OH \xrightarrow{-e^-} CH_3-\overset{+\cdot}{O}H$$

$$C_6H_6 \xrightarrow{-e^-} [C_6H_6]^{+\cdot}$$

③ 电荷位置不清楚时,可用$]^{+\cdot}$,$]^{+}$,$[\ ]^{+\cdot}$,$[\ ]^{+}$表示。

$$RCH_3]^{+\cdot} \xrightarrow{-CH_3^{\cdot}} R]^{+}$$

$$C_6H_5C_2H_5]^{+\cdot} \xrightarrow{-C_2H_5^{\cdot}} C_6H_5]^{+}$$

18.3.2 裂解方式

1. 电子转移表示法

离子裂解伴随着电子转移,研究裂解过程,自然要研究电子转移过程。为了说明电子转移方向和电子转移数,常将一个电子转移用"⌒⇀"表示;两个电子转移用"⌒→"表示。

2. 裂解方式

裂解方式可分为单纯裂解和重排裂解两大类。断一个键而形成离子的过程称为单纯裂解或简单裂解。对于单纯裂解,根据键断裂以后电子的分配方式,可分为均裂、异裂及半异裂三种。根据键断裂的部位,又可分为 α,β,γ 裂解等种类。在质谱法中,以官能团为基点,与官能团相邻的碳原子称为 α-碳原子,与 α-碳原子相连的碳原子为 β-碳原子,以此类推。官能团与 α-碳原子之间化学键的断裂称为 α 裂解。α-碳原子与 β-碳原子之间化学键的断裂称为 β 裂解。以此类推,还有 γ 裂解等。

$$R\overset{\delta}{\vdots}CH_2\overset{\gamma}{\vdots}CH_2\overset{\beta}{\vdots}CH_2\overset{\alpha}{\vdots}\underset{}{\overset{O}{\overset{\|}{C}}}\overset{\alpha'}{\vdots}R$$

若按键断裂的机制来分,可分为 α,i,σ 裂解三种。

(1) α 裂解是由自由基中心引发的裂解,其动力源于自由基中孤电子强烈的成对倾向,即一个不成对的电子与相连的原子形成一个新键,并伴随着另一个键的断裂。

(2) i 裂解是由电荷中心引发的裂解,又称诱导裂解,其动力源于正电荷对相邻化学键电子对的强烈吸引作用。当发生 i 裂解时,有两个电子转移,一个单键断裂并导致正电荷位置转移。

(3) σ 裂解是指当化合物中不含 O,N 等杂原子,也不含 π 键时,即没有 n 和 π 电子时,只能使 σ 键断裂,即称为 σ 裂解。

断裂两个或两个以上键,结构重新排列的裂解称为重排裂解。根据裂解过程是否由氢转移而引起,重排裂解可分为氢重排裂解及非氢重排裂解两大类。

18.3.3　单纯裂解

1. 均裂

均裂是指键断裂后，两个成键电子分别保留在各自的碎片上的裂解过程。

$$R_1R_2C{=}O \xrightarrow{-e^-} R_1R_2C{=}\dot{O}^{+} \longrightarrow R_2{-}C{\equiv}\overset{+}{O} + R_1^{\cdot}$$

$$R{-}CH_2{-}OH \xrightarrow{-e^-} R{-}CH_2{-}\dot{O}^{+}H \longrightarrow R^{\cdot} + CH_2{=}\overset{+}{O}H$$

$$R{-}CH_2{-}CH{=}CH_2 \xrightarrow{-e^-} R{-}CH_2{-}CH\overset{+\cdot}{-}CH_2 \longrightarrow R^{\cdot} + \overset{+}{C}H_2{-}CH{=}CH_2$$

$$C_6H_5{-}CO{-}CH_3 \xrightarrow{-e^-} C_6H_5{-}C(=\dot{O}^{+}){-}CH_3 \longrightarrow C_6H_5{-}C{=}\overset{+}{O} + \dot{C}H_3$$

2. 异裂

异裂又称非均裂，指键断裂后，两个成键电子都转移到一个碎片上的裂解过程。

$$R_1R_2C{=}O \xrightarrow{-e^-} R_1R_2C{=}\dot{O}^{+} \longrightarrow R_2{-}C{\equiv}\dot{O} + R_1^{+}$$

3. 半异裂

半异裂一般为离子化键的断裂过程，指饱和烷烃的 σ_{C-C} 键失电子时，形成离子化键。

$$CH_3CH_2CH_2CH_3 \xrightarrow{-e^-} CH_3CH_2 + \cdot CH_2CH_3 \longrightarrow CH_3\overset{+}{C}H_2 + CH_3\dot{C}H_2$$

18.3.4　重排裂解

重排裂解是指引起两个或两个以上键断裂的过程。

1. 麦氏重排

含 γ-氢原子的离子可以经过六元环过渡态，向具有 π 键缺电子官能团转移，由此引起的重排裂解反应称为麦氏重排。一般裂解掉含有偶数个电子的中性分子。麦氏重排前后，离子电荷数的偶、奇数与离子质量数的偶、奇数不变。通常醛、酮、烯、酰胺及腈易发生麦氏重排。

电荷保留

电荷转移

对于同一种化合物，是电荷保留的产物丰度大，还是电荷转移的产物丰度大，是由裂解前后化合物的结构及产物离子结构稳定性决定的，有时可同时观察到两个丰度不同的产物，有时只能观察到其中一种产物。

2. 逆 Diels-Alder 重排

在有机反应中,Diels-Alder 反应为 1,3-丁二烯与乙烯缩合生成六元环烯化合物的反应。在质谱中出现逆 Diels-Alder(RDA)反应,即六元环烯裂解为一个双烯和一个单烯。这一裂解普遍存在于具有环烯结构单元的化合物中。

电荷保留

电荷转移

18.3.5 碰撞诱导裂解

以上通过硬电离电子轰击电离(EI)讨论了有机质谱中的裂解反应,但随着质谱技术的发展,软电离质谱发展很快,特别是 HPLC 与电喷雾电离(ESI)的联用得到了广泛的应用。虽然在硬电离质谱中讨论的有机物裂解反应的特点和规律也基本适用于软电离质谱,但因这二者操作条件,特别是离子化条件不同,产物离子自然也会有差异,如硬电离质谱中,生成奇电子分子离子 $M^{+\cdot}$。而在软电离质谱中,生成偶电子离子的准分子离子,如$[M+H]^+$,$[M-H]^-$等。在 EI 中,常由于电子轰击而使化合物成为奇电子离子,并在离子源中以 α 裂解反应为主,而在 ESI 中,裂解反应不在离子源内发生,且多采用碰撞诱导裂解(CID),以 i 裂解为主。

在软电离质谱中,以 ESI 为例,离子首先在离子源中形成,在正离子操作模式下,常通过化合物质子化生成离子,而质子化发生的位置对于质谱解析中推测键的断裂和重排的发生很有帮助。质子化位置取决于化合物所含基团的种类及其在分子中所处的环境。例如,当选用 ESI 正离子操作模式时,化合物容易被质子化的顺序为

$$RNH_2 > RNHR' > R_2PH, R_2PH_3 > ROH$$

$$RSH > ROR, RHC{=}O > RCOOH > RSO_3H$$

1. 单键开裂

单键开裂包括一对电子向质子化基团的转移,质子化的乙醇是一个典型的单键开裂:

$$CH_3CH_2OH + H^+ \longrightarrow CH_3CH_2{-}\overset{+}{O}H_2 \longrightarrow CH_3\overset{+}{C}H_2 + H_2O$$

2. 环化

环化是偶电子离子常见的解离方式,包括中性小分子的脱去和结构上更为稳定的环化离子的形成:

$$CH_3OC(=O)CH_2CH_2CH_2CH_2-N{=}CH-CH_3 + H^+ \longrightarrow CH_3OC(=\ddot{O})CH_2CH_2CH{=}CH-\overset{+}{N}H{=}CH-CH_3$$

$$\longrightarrow \text{(环状 }CH_3O-C{=}\overset{+}{O}\text{ 六元环)} + NH{=}CHCH_3$$

3. 多重开裂

多重开裂伴随着两个键的开裂，电荷可能转移，也可能保留在原有位置上，大多数情况下伴有中性小分子的脱去：

$$CH_3-CH(H)-O-H + H^+ \longrightarrow CH_3-CH(H)-\overset{+}{O}(H)-H \longrightarrow CH_3CH{=}\overset{+}{O}H + H_2$$

4. 环开裂

环开裂需要多个键的开裂并可能有氢重排发生，偶电子离子的电荷会保留在原有位置上：

$$\text{1,4-二氧六环} + H^+ \longrightarrow \text{质子化二氧六环}(\overset{+}{O}H) \longrightarrow CH_2{=}\overset{+}{O}H + CH_2{=}O + CH_2{=}CH_2$$

5. 氢重排

氢重排属异构化反应，对偶电子离子而言极为常见，是重要的开裂途径。氢重排包括多个键的断裂，电荷可能转移，也可能保留在原有位置上：

$$CH_3-CH(H)-CH{=}O + H^+ \longrightarrow CH_3-CH(H)-CH{=}\overset{+}{O}H \longrightarrow$$

$$CH_2(H)-\overset{+}{C}H-CH_2-OH \longrightarrow CH_2{=}\overset{+}{C}H + CH_3-OH$$

6. 常见的中性小分子的丢失

中性小分子的丢失在液相质谱分析中与操作条件(如温度、流动相组成等)有密切关系。丢失的中性小分子种类与EI质谱中归纳出的相类似，详见表18.4。

表18.4 常见的中性小分子丢失

分子	H_2	NH_3	H_2O	HF	HCN	CO	C_2H_4	CH_2O	H_2S	HCl	CO_2	$C_3H_6O_2$	HBr
m	2	17	18	20	27	28	28	30	34	36	44	74	80

18.4 质谱图中常见的离子类型

1. 分子离子

分子失去一个电子所形成的离子称为分子离子：

$$M \longrightarrow M^{+} + e^{-}$$

分子离子含奇数个电子，一般出现在质谱图的最右侧。分子离子峰的 m/z 是确定相对分子质量及分子式的依据。

2. 碎片离子

当分子在电离室中获得的能量超过分子离子化所需的能量时，过剩的能量切断分子中的某些化学键而产生碎片离子，而碎片离子再受电子流的轰击，又会进一步裂解产生更小的碎片离子。狭义碎片离子一般是指由简单断裂而产生的离子。

3. 重排离子

麦氏重排和 RDA 重排等反应所产生的离子。

4. 同位素离子

天然元素由同位素组成，习惯上把含有重同位素的离子称为同位素离子，其产生的质谱峰为同位素峰。不同同位素离子产生的峰称为同位素峰簇。有机化合物一般由 C，H，O，N，S，Cl，Br 等元素组成。重同位素峰与丰度最大的轻同位素峰的峰强比用$\frac{I_{M+1}}{I_M}$，$\frac{I_{M+2}}{I_M}$等表示。其数值由同位素丰度比及分子中所含该原子的数目决定。

5. 奇电子离子和偶电子离子

奇电子离子指具有未配对电子，是自由基，具有较高的反应活性，而偶电子离子较稳定。一般来说，不饱和度为整数，则为奇电子离子，不饱和度为半整数，则为偶电子离子。

6. 多电荷离子

具有一个以上电荷的离子称为多电荷离子。测定大分子时一般用多电荷离子的峰簇来求大分子相对分子质量。

7. 复合离子

某些分子在离子源中与离子或碎片离子相撞生成复合离子。在 ESI，MALDI 等软电离离子化源中，主要产生复合离子，如 $M-X]^{-}$，$M+X]^{+}$，$M-Y]^{+}$，$M+Y]^{-}$，其中 X 是阳离子（H^{+}，Na^{+}）；Y 是阴离子（Cl^{-}），这些复合离子也称为准分子离子。由于不含未配对电子，较稳定。

8. 母离子和子离子

任何离子进一步产生离子，前者为母离子，后者为子离子。

9. 亚稳离子

离子源中质量为 m_1 的离子，依据其内能从小到大的顺序，可分为寿命在 100 μs 内的稳定离子、寿命为 1～10 μs 的亚稳离子和寿命短于 0.1 μs 的不稳定离子。质量为 m_1 的稳定离子进入质量分析器，会产生 m_1 的离子峰，而不稳定离子会在离子源中裂解，产生质量为 m_2

的离子。通常离子从离开离子源到进入质量分析器之前需 1~2 μs,因此质量为 m_1 的亚稳离子会在此期间裂解,产生 m_2^* 亚稳离子,虽然 m_1 离子和 m_2^* 离子都可称为亚稳离子,但通常所说的亚稳离子是指 m_2^* 离子。由于在裂解过程中一部分能量被中性碎片带走,失去了一些能量,所以 m_2^* 离子的能量要低于 m_2 离子的能量,在磁场中,m_2^* 离子的偏转半径比 m_2 的小。与 m_2 离子峰相比,m_2^* 离子峰处于更低的质量区。m_2^* 离子的表观质量为 $m_2^*=\frac{(m_2)^2}{m_1}$,通常不是整数。$m_2^*$ 离子峰弱而宽,强度仅为基峰的 1%~3%,宽度可跨 2~5 个质量单位。

18.5　几类有机化合物的质谱

18.5.1　烷烃类

1. 直链烷烃

直链烷烃质谱(图 18.1)有以下特征:

① 分子离子峰较弱,随碳链增长,该峰强度降低以至消失。

② 具有一系列 m/z 相差 14 的 C_nH_{2n+1} 碎片离子(m/z=29,43,57,71,…)峰,该系列峰峰顶点连线为一条平滑曲线。

③ 基峰为 $C_3H_7^+$(m/z=43)或 $C_4H_9^+$(m/z=57)。

④ 在各个 C_nH_{2n+1} 峰的两侧,伴随着质量数大一个质量单位的同位素峰及质量数小一个或两个质量单位的峰(C_nH_{2n} 或 C_nH_{2n-1}),组成各峰簇。

⑤ M-15 峰一般不出现。

2. 支链烷烃

支链烷烃质谱有以下特征:

① 在分支处优先裂解,形成稳定的仲碳或叔碳阳离子峰。

② 一系列 C_nH_{2n+1} 峰簇顶点连线不再是一条平滑曲线。

③ 分子离子峰比相同碳数的直链烷烃的弱,分支多时,分子离子峰消失。

④ 分支处断裂伴随着失去单个氢原子,产生较强的 C_nH_{2n} 离子峰,有时可能较 C_nH_{2n+1} 强。

质谱图中碳离子稳定性的排序如下:

$$\overset{+}{C}RR'R'' > \overset{+}{C}HRR' > \overset{+}{C}H_2R > \overset{+}{C}H_3$$

碳离子的断裂是优先失去最大的烷基。

18.5.2　烯烃

烯烃质谱有以下特征:

① 分子离子峰比同碳数烷烃的峰强。

② 有一系列 C_nH_{2n-1} 的碎片离子峰,通常为 $41+14n(n=0,1,2,\cdots)$。

③ $m/z=41$ 峰一般都较强,是链烯的特征峰之一。

$$CH_2=CH-CH_2-R \xrightarrow{-e^-} \dot{C}H_2^{+}-CH-CH_2-R \longrightarrow \overset{+}{C}H_2-CH=CH_2 + R^{\cdot} \longleftrightarrow CH_2=CH-\overset{+}{C}H_2 \quad (m/z=41)$$

④ 具有重排离子峰,生成通式为 $C_nH_{2n}^{+}$ 的离子。

$$H_2C=CH-CH_2-CH_2-CH(H)-R \xrightarrow{-e^-} H_2\dot{C}-HC^{+}-CH_2-CH_2-CH(H)-R \longrightarrow H_3C-HC^{+}-CH_2-CH_2-\dot{C}H-R \longrightarrow H_3C-HC^{+}-\dot{C}H_2 + CH_2=CH-R$$

18.5.3 芳烃

芳烃质谱有以下特征:

① 分子离子峰很强。

② 烷基取代的苯易发生 β 位置裂解(苄基位置),产生 $m/z=91$ 的鎓离子峰,此为烷基取代苯的重要特征,鎓离子非常稳定。

$$C_6H_5-CH_2-R \xrightarrow{-e^-} [C_6H_5-CH_2-R]^{+\cdot} \xrightarrow{-R^{\cdot}} C_6H_5=CH_2^{+} \longrightarrow C_6H_5-\overset{+}{C}H_2 \rightleftharpoons C_7H_7^{+} \rightleftharpoons C_7H_7^{+} \quad m/z=91$$

③ 鎓离子可进一步裂解生成环戊二烯及环丙烯离子。

$$\underset{m/z=39}{C_3H_3^{+}} \xleftarrow{-2CH\equiv CH} \underset{m/z=91}{C_7H_7^{+}} \xrightarrow{-CH\equiv CH} \underset{m/z=65}{C_5H_5^{+}}$$

④ 具有 γ-氢原子的烷基取代苯,能发生麦氏重排裂解,产生 $m/z=92(C_7H_8^{+})$ 的重排离

子峰。

$$C_6H_5^{+\cdot}\text{—}CH_2\text{—}CH_2\text{—}CHR\text{—}H \longrightarrow [C_6H_6(\dot{C}H_2)]^{+} + CH_2\text{=}CHR$$

18.5.4 脂肪醇

醇类分子质谱有以下特征：

① 分子离子峰很弱，且随碳链的增长而减弱以至消失（大于 5 个碳时）。以正构醇的分子离子峰的相对强度为例：正丙醇为 6%，正丁醇为 1%，正戊醇为 0.08%。

② 易发生 α 裂解。

$$R\text{—}C(R')(R'')\text{—}OH \xrightarrow{-e^-} R\text{—}C(R')(R'')\text{—}\overset{+\cdot}{O}H \longrightarrow R'R''C\text{=}\overset{+}{O}H + R^{\cdot}$$

伯醇　$R'=R''=H$，产生 $CH_2=\overset{+}{O}H$（$m/z=31$）离子峰，是伯醇的特征离子峰，很强，在一些伯醇中为基峰，如正丙醇，正丁醇等。

仲醇　$R'=H$，若 $R''=CH_3$，产生 $CH_3CH=\overset{+}{O}H$（$m/z=45$）离子。若 R''不是 CH_3，则产生 $m/z=45+14n$ 的离子，该离子是仲醇的特征离子，峰强度很大，常为基峰。

叔醇　若 $R'=R''=CH_3$，产生 $(CH_3)_2C=\overset{+}{O}H$（$m/z=59$）离子。若 R'及 R''其中一个或两个都不是甲基，则产生 $m/z=59+14n$ 的离子，是叔醇的特征离子。

③ 易发生脱水消去反应，产生 M−18 离子。

$$R\text{—}CH_2\text{—}CH_2\text{—}CH_2\text{—}CH_2\text{—}OH \xrightarrow{-e^-} R\text{—}CH(H)\text{—}CH_2\text{—}CH_2\text{—}CH_2\text{—}\overset{+\cdot}{O}H \longrightarrow$$

$$R\text{—}\dot{C}H\text{—}CH_2\text{—}CH_2\text{—}CH_2\text{—}H\overset{+\cdot}{O}H \xrightarrow{-H_2O} R\text{—}\dot{C}H\text{—}CH_2\text{—}CH_2\text{—}\overset{+}{C}H_2 \text{ 或 } [R\text{—}CH\text{—}CH_2\text{—}CH_2\text{—}CH_2]^{\rceil +\cdot}$$

直链伯醇会出现含羟基的碎片离子（$m/z=31,45,59,\cdots$）、烷基离子（$m/z=29,43,57,\cdots$）及链烯离子（$m/z=27,41,55,\cdots$）三种系列的碎片离子，因此质谱峰较多。

18.6 相对分子质量的测定与分子式的确定

18.6.1 相对分子质量的测定

利用分子离子峰进行相对分子质量的测定,分子离子峰要符合以下条件:

① 分子离子峰含奇数个电子。含偶数个电子的不是分子离子峰。

② 它必须是谱图中除同位素以外的最高质量的离子峰,也有可能是复合离子,如 $[M+H]^+$,$[M-H]^-$,$[M+NH_4]^+$,$[M+Na]^+$,或聚合离子,特别是使用 ESI,MALDI 离子源时。

③ 质量数服从氮规律,即化合物中含奇数个 N 原子时,分子离子峰的质量数是奇数;化合物不含 N 或含偶数个 N 原子时,分子离子峰的质量数是偶数。

④ 分子离子峰与相邻质谱峰的质量数之差应有意义,即若该峰差在 4~14 和 21~25 质量数间,则该峰不是分子离子峰。

具备了上述条件的离子峰,可能是分子离子峰,也可能不是。但如果与这四条中的一条不符合,则它一定不是分子离子峰。

18.6.2 分子式的确定

1. 用高分辨率质谱仪确定分子式

高分辨率质谱仪至少可给出原子质量单位四位小数的精确度值,通过这一精确相对分子质量及相关光谱信息可以确定化合物的分子式。

例 18.1 用高分辨率质谱仪测得一种化合物的相对分子质量为 150.1045,红外吸收光谱测得在 1730 cm^{-1} 处有峰,求该化合物的分子式。

解:如果测量误差为±0.006,则相对分子质量应在 150.0985~150.1105。

可查出有四种化合物符合这一质量数:

分子式	相对分子质量
(1) $C_3H_{12}N_5O_2$	150.099093
(2) $C_5H_{14}N_2O_3$	150.100435
(3) $C_8H_{12}N_3$	150.103117
(4) $C_{10}H_{14}O$	150.104459

(1),(3)式中含奇数个 N 原子,与相对分子质量 150 不相符,(2)式的不饱和度为 0,为饱和化合物,但由红外吸收光谱 1730 cm^{-1} 处有峰可知有 C═O,故为第(4)式。

2. 用低分辨率质谱仪确定分子式

用同位素强度比值法,根据所得同位素峰簇中各同位素峰的强度,可确定分子式。元素的同位素丰度有两种表示方法,一种是天然丰度,简称丰度,是指地壳中天然存在的一同位素的原子百分比;另一种是相对丰度,是将最大丰度同位素的原子百分比定为 100%,其他同位素的相对丰度是相对此同位素的相对原子百分比。表 18.1 列有常见元素的同位素及其丰度。由表 18.1 可知组成有机化合物常见同位素丰度最大的元素，又恰好都是它们同位素中元素质量最小的元素。由最大丰度同位素元素构成的分子所产生的离子称为分子离子，相应的峰称为分子离子峰，而由含有非最大丰度同位素的分子产生的离子称为同位素离子，其所对应的质谱峰称为同位素离子峰。例如，氯原子在自然界中主要以两种天然同位素存在，分别为^{35}Cl和^{37}Cl，它们的相对原子质量分别是 35 和 37，它们在自然界的相对丰度分别是 100% 和 32.5%，我们常说氯分子的相对分子质量是 71，氯原子的相对原子质量是 35.5，都是指它们的平均相对分子质量和平均相对原子质量，在质谱中不能再使用平均相对分子质量。氯分子的分子离子峰出现在 $m/z=70$，不是在 $m/z=72$ 和 $m/z=74$，更不是在$m/z=71$。

（1）化合物中仅含 C，H，O 和 N 元素

同位素离子峰 M +1 和 M +2 相对于分子离子峰 M 的相对强度$\frac{I_{M+1}}{I_M}$和$\frac{I_{M+2}}{I_M}$分别为

$$\frac{I_{M+1}}{I_M}=(1.12n_C+0.015n_H+0.04n_O+0.37n_N)\% \tag{18.9}$$

$$\frac{I_{M+2}}{I_M}=\left[\frac{(1.12n_C+0.015n_H)^2}{200}+0.20n_O\right]\% \tag{18.10}$$

式中 n_C，n_H，n_O 和 n_N 分别为化合物中所含 C，H，O 和 N 原子的数目。显然当化合物中仅含 C，H 和 O 元素时：

$$\frac{I_{M+1}}{I_M}=(1.12n_C+0.015n_H+0.04n_O)\%$$

$$\frac{I_{M+2}}{I_M}=\left[\frac{(1.12n_C+0.015n_H)^2}{200}+0.20n_O\right]\%$$

只含 C，H 和 O 元素的未知物可用下列简化计算法计算 C，H 和 O 原子数：

$$\frac{I_{M+1}}{I_M}=(1.12n_C)\%$$

$$\frac{I_{M+2}}{I_M}=(0.006n_C^2+0.20n_O)\%$$

$$n_H=m-12n_C-16n_O$$

式中 m 为测得的相对分子质量。计算时，$\frac{I_{M+1}}{I_M}$和$\frac{I_{M+2}}{I_M}$分别表示 M +1 和 M +2 的相对强度，而 M 的强度 I_M 在实验中一般人为地定为 100，所以常将方程右边的%消去，而将$\frac{I_{M+1}}{I_M}$，$\frac{I_{M+2}}{I_M}$用 I_{M+1}，I_{M+2}表示，则上述表达式可简单地写作

$$I_{M+1}=1.12n_C$$

$$I_{M+2}=0.006n_C^2+0.20n_O$$

$$n_H=m-12n_C-16n_O$$

例 18.2　某未知有机物，由质谱给出的同位素峰强度比如下，求分子式。

$m/z(z=1)$	相对峰强/%
150(M)	$I_M=100$
151(M+1)	$I_{M+1}=9.9$
152(M+2)	$I_{M+2}=0.9$

解:$I_{M+2}=0.9\%$,说明未知有机物中不含 S,Cl,Br。m 为偶数,说明不含 N 或含偶数个 N。先以不含 N,只含 C,H,O 计算分子式,结果不合理再修正。

含碳数: $n_C=\dfrac{I_{M+1}}{1.12}=\dfrac{9.9}{1.12}=9$

含氧数: $n_O=\dfrac{I_{M+2}-0.006n_C^2}{0.2}=\dfrac{0.9-0.006\times9^2}{0.20}=2$

含氢数: $n_H=m-(12n_C+16n_O)=150-12\times9-16\times2=10$

可能的分子式为 $C_9H_{10}O_2$。

(2) 化合物中含卤素

氟和碘为单一同位素,而氯和溴同位素天然丰度比分别为$^{35}Cl:^{37}Cl\approx3:1$ 和 $^{79}Br:^{81}Br\approx1:1$。

对于含有 Cl 和 Br 的化合物,同位素峰丰度比可按二次式的展开式计算,即$(a+b)^n$ 展开式,a 和 b 分别为轻同位素与重同位素的相对丰度,n 为所含该元素个数。

$$(a+b)^2=a^2+2ab+b^2$$

$$(a+b)^3=a^3+3a^2b+3ab^2+b^3$$

例如,对于 $CHCl_3^{]+\cdot}$,有

$$a=3,b=1,n=3$$

$$(3+1)^3=3^3+3\times3^2\times1+3\times3\times1^2+1^3=27+27+9+1$$

所以 $CHCl_3^{]+\cdot}$ 分子离子峰 M 和各同位素离子峰的相对强度为 $I_M:I_{M+2}:I_{M+4}:I_{M+6}=27:27:9:1$。

18.7 结构解析

结构解析顺序如下:

① 确定分子离子峰,确定相对分子质量;

② 确定分子式;

③ 计算不饱和度;

④ 解析某些主要质谱峰的归属及各碎片离子峰之间的关系;

⑤ 推断结构;

⑥ 利用标准质谱图验证。

例 18.3 某未知物的质谱图如图 18.15 所示,试确定其分子结构。

解:(1) 统观质谱图

分子离子峰的质量数为偶数,说明未知物不含 N 或含偶数个 N。

由同位素峰强比说明不含 Cl,Br,S。具有很强的 $m/z=91$ 峰,说明未知物可能含有烷基取代苯官能团。

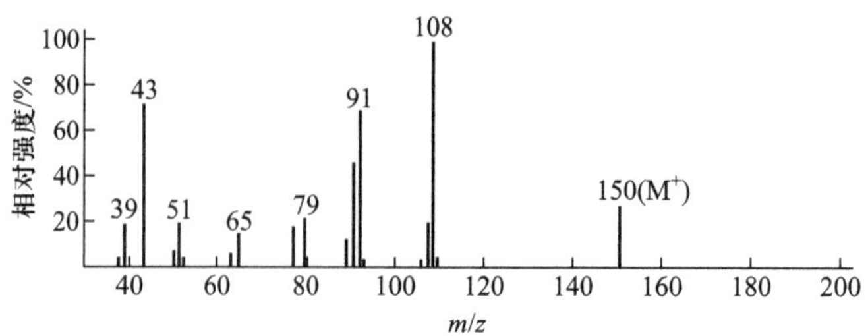

图 18.15　未知物的质谱图

（2）求分子式

查贝农（Beynon）表质量数为 150 大组，符合的结果为 $C_9H_{10}O_2$。贝农等根据式（18.9）和式（18.10）计算出质量数小于 500，且含有 C，H，O 和 N 同一质量数的各种组合的$\frac{I_{M+1}}{I_M}$和$\frac{I_{M+2}}{I_M}$值，列值成表，此表称为贝农表。根据实验中测得的 I_M，I_{M+1} 和 I_{M+2}，计算出$\frac{I_{M+1}}{I_M}$和$\frac{I_{M+2}}{I_M}$，查贝农表就可推测出所求的分子式。

（3）求不饱和度

$$\Omega=1+9+\frac{0-10}{2}=5$$

$\Omega>4$，说明化合物中可能含有苯环。

（4）谱图解析

$m/z=108$ 峰为重排离子峰。

$$C_6H_5-CH_2-\overset{+\bullet}{O}-C(=O)-CH_2-H \longrightarrow C_6H_5-CH_2\overset{+\bullet}{O}H + CH_2=C=O$$

$m/z=108$

$m/z=91$ 峰是苯环上 β 键断裂后形成的鎓离子峰，且根据

$$C_7H_7^+ \xrightarrow{-CH\equiv CH} C_5H_5^+$$

$m/z=91$　　　$m/z=65$

也说明了 $m/z=65$ 峰的来源。$m/z=43$ 峰很强，且分子式中共 9 个碳，7 个碳已有归属，只余 2 个碳，还余一个氧，因此该峰只能是 $CH_3C\equiv O^+$，即应为

$$C_6H_5-CH_2-O-C(=\overset{+\bullet}{O})-CH_3 \longrightarrow C_6H_5-\dot{O} + CH_3CO^+$$

根据上述对各主要质谱峰的解析可知未知物的结构可能为

$$C_6H_5-CH_2-O-\underset{\underset{O}{\|}}{C}-CH_3$$

例 18.4　某未知物的质谱图如图 18.16 所示，分子离子峰（$m/z=87$）很弱，仅为基峰的 2.81%，M +1 峰（$m/z=88$）为 0.14%，M +2 峰未测出，试确定未知物的结构式。

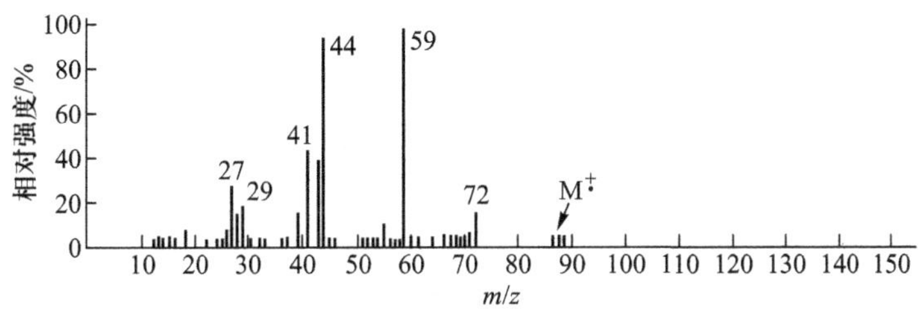

图 18.16 未知物的质谱图

解:(1) 求分子式

m 为奇数,说明未知物含奇数个氮,因分子离子峰的 m/z 仅为 87,含 1 个氮的可能性大,含 3 个氮的可能性很小,先以含 1 个氮计算,根据实际数据 I_{M+1} 相对于 I_M 的相对强度为

$$\frac{I_{M+1}}{I_M} \times 100\% = \frac{0.14}{2.81} \times 100\% = 4.98\%$$

根据式(18.9),并不考虑 H 和 O,则用简化式 $I_{M+1} = 1.12n_C + 0.37n_N$ 得

$$n_C = \frac{I_{M+1} - 0.37n_N}{1.12} = \frac{4.98 - 0.37 \times 1}{1.12} = 4$$

根据饱和烷基中氢数为 $2n_C + 1$ 及在有机物中氮最多连接两个氢的原则,因此未知物中最多含有 11 个氢,则质量数剩余:

$$87 - (12 \times 4 + 14 + 11) = 14$$

因为分子离子峰质量数为奇数,根据氮律,不可能再含一个氮,说明氢数为 11 的假设不成立。可减少氢数,假定含一个双键,则减少 2 个氢,若含 9 个氢,质量数剩余为 16,因而分子式可能是 C_4H_9NO。

除计算外,还可直接查贝农表。

未知物虽无 I_{M+2} 数据,但查 I_{M+1} 也可提供线索。查 m/z=87 大组,共 17 个离子,下面仅列其中5 个。

元素组成	I_{M+1}/%	I_{M+2}/%	精确质量
$C_3H_9N_3$	4.53	0.08	87.0798
$C_4H_7O_2$	4.51	0.48	87.0446
C_4H_9NO	4.89	0.30	87.0684
$C_4H_{11}N_2$	5.26	0.11	87.0923
$C_5H_{11}O$	5.62	0.33	87.0810

87 为奇数,$C_4H_7O_2$,$C_4H_{11}N_2$,$C_5H_{11}O$ 不服从氮律,说明它们是碎片离子不是分子离子。余下 2 个分子式,根据前边计算的 I_{M+1} 可知 C_4H_9NO 的可能性大。先假定是此式。

(2) 求不饱和度

$$\Omega = 1 + 4 + \frac{(1-9)}{2} = 1$$

(3) 谱图分析

基峰 m/z=59,奇数,为重排离子峰。

m/z=59 的峰可能是 $CH_2{=}C(OH)NH_2^{+\cdot}$,因为 $CH_2{=}C(OH)NH_2^{+\cdot}$ 是酰胺的特征离子,经麦氏重排而形成。

$$\mathrm{H_2N{-}C(=\overset{+\cdot}{O})CH_2CH_2CH_2R \longrightarrow H_2N{-}C(\overset{+\cdot}{O}H){=}CH_2 + CH_2{=}CHR}$$

$$m/z=59$$

因为相对分子质量为 87,若未知物是酰胺,$CH_2=CHR$ 只可能是 $CH_2=CH_2$。

$m/z=44$ 峰应是酰胺发生 α 裂解得到的离子峰:

$$\mathrm{C_3H_7{-}\underset{}{C}(=\overset{+\cdot}{O}){-}NH_2 \xrightarrow{-C_3H_7^{\cdot}} \overset{+}{O}{\equiv}C{-}NH_2}$$

$$m/z=44$$

根据上述推测,化合物的结构可能为 $\mathrm{CH_3CH_2CH_2\overset{O}{\overset{\|}{C}}{-}NH_2}$。

18.8 无机质谱法

无机质谱法主要用于测定无机元素。测定无机元素时,被测物首先需要蒸发、原子化和电离。无机质谱法所使用的质谱仪与有机质谱法类似,都由进样系统、离子源、质量分析器和检测器组成。它们的主要区别在于所用的离子源不同。用于无机质谱法的离子源有高频火花、辉光放电、激光和离子轰击离子源等,但最常用的离子源是电感耦合等离子体(ICP)。

在第三章已对发射光谱法中所用的 ICP 光源进行了介绍。ICP 作为发射光谱法的光源已得到了广泛的应用。ICP 适合用作无机质谱法中的离子源,因为在这种等离子体中,样品在离子源中的滞留时间高达几毫秒,可与等离子体气达到平衡,因而能量传输给样品是非常有效的,气体温度可达 5000 K 或更高。大部分元素在 ICP 中都可达到高度的电离,这适合于质谱分析。

18.8.1 ICP 质谱仪

图 18.17 是 ICP 质谱仪示意图。ICP 质谱仪除了 ICP 作为离子源外,还包括接口、真空系统、离子透镜系统、碰撞反应池、质量分析器和检测系统。接口主要包括取样锥和截取锥。为了方便样品进入质谱系统,等离子体炬管在 ICP-AES 仪中竖直安装,而在 ICP-MS 仪中水平安装,除此之外它们没有什么区别。ICP 离子源与质量分析器通过两个金属锥相连接,第一个锥为取样锥,中央锥孔在良导体锥体的尖部,直径一般小于 1.0 mm。所使用的金属材料一般有铝、铜、镍和铂,它们都能得到较好的结果,但镍在成本和耐久性上相对更好,锥体是可以更换的。第二个锥为截取锥,由不锈钢制成,置于取样锥后 2~10 mm 的地方,截取锥小孔的直径与取样锥的相近,但锥的角度更锐

些,这两个锥体间的压力一般为 130 Pa 左右。

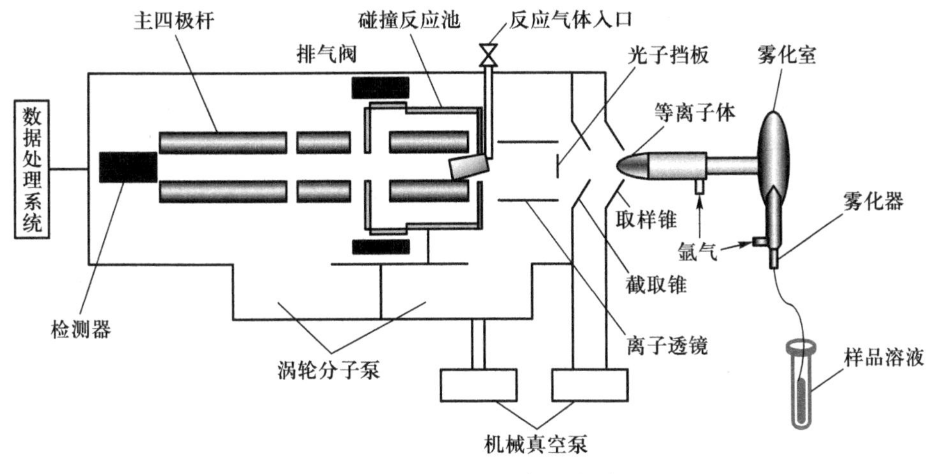

图 18.17 ICP-MS 仪示意图

ICP-MS 仪通常用三级真空系统来实现高真空度:第一级在两锥之间用一个机械真空泵抽走大部分气体,压力为 133 Pa;第二级主要承担几个离子透镜的真空要求,经截取锥将进来的离子聚焦成一个方向引入分离检测系统,这里真空度约为 10^{-2} Pa;第三级真空用于离子分离和检测系统,要求真空度为 10^{-4} Pa。第二、三级真空通常用扩散泵或涡轮分子泵来实现。

离子通过接口系统,在进入质量分析器之前必须进行聚焦。这部分称为离子聚焦或离子透镜系统。离子透镜系统放置在截取锥和质量分析器之间,由一个或多个静电控制的透镜元件组成,通过一个涡轮分子泵保持操作真空约为 0.1 Pa。这种透镜是由一系列施加一定电压的金属板、金属桶或金属圆桶组成的组件。离子透镜系统的作用是从截取锥后的气流中提取离子,引入高真空的质量分析器中。离子透镜系统不仅需要提取离子引入质量分析器,而且还必须防止非离子物质如颗粒、中性物质和光子进入质量分析器和检测器。可以采用某种物理屏蔽方法,或者将质量分析器放置在脱离离子束轴心的位置,或者通过静电作用将离子以 90°的偏角垂直等方式。设计优良的离子透镜系统在整个质量范围内产生恒定的信号响应,分析真实样品时能够获得低水平的背景、低的检出限和稳定的信号。

Ar、溶剂或样品基体离子会产生多原子谱线干扰,这会使得传统的四极杆质量分析器对一些元素的检测能力大大降低。近年来开发的一种新方法称为碰撞反应池技术,在进入质量分析器之前能够真正消除这些干扰物质的形成。碰撞/反应池基本上由一个内置四极杆或多极杆的池体构成,目前商业 ICP-MS 仪包括有四极杆、六极杆、八极杆的多极杆系统,但 ICP-MS 仪中主要用四极杆。池内充入一定量反应气,借助气相离子-分子反应来达到消除多原子离子干扰的目的。当碰撞能量足够大时,多原子离子会在碰撞中分解成质量小的中性粒子和离子;由于干扰离子(多原子)比被测离子(单原子)与其他粒子有更高的碰撞概率,干扰离子动能会降低,四极杆的能量选择效应使能量不足的干扰离子不能进入质量分析器;干扰离子在反应气作用下,转变为中性粒子,不能进入质量分析器。

目前大多数用于超痕量元素分析的 ICP-MS 仪使用的检测器是电子倍增管。

18.8.2 ICP-MS 的主要特点

与 ICP-AES 相比，ICP-MS 的主要优点是灵敏度高，元素周期表中 90%以上的元素可用 ICP-MS 测定；线性范围可达 6 个数量级，对于大多数元素，检出限可达 $0.1\sim10\ ng\cdot mL^{-1}$，优于 ICP-AES。一般来说，元素的质谱要比发射光谱简单得多，可容易获得相关元素的同位素信息。所以，ICP-MS 是比 ICP-AES 更理想的定性、定量分析方法，与 ICP-AES 相同，在 ICP-MS 中定量方法有校准曲线法、内标法和标准加入法。但 ICP-MS 的一个优势是用内标法时可用另一同位素作测定目标同位素的内标。由于目标和内标同位素是一种元素，其物理和化学性质相同，可更好地消除干扰，使分析结果精密度和准确度更理想。ICP-MS 另一个优势就是可测定同位素比。但由于 ICP 质谱仪常在高真空下工作，其购置费和运行费较高，限制了它的普及。

18.8.3 质谱干扰

1. 同量异位素干扰

同量异位素是两种具有相同质量的不同元素同位素，如 $^{58}Ni^+$ 与 $^{58}Fe^+$ 的峰重叠，$^{40}Ar^+$ 与 $^{40}Ca^+$ 的峰重叠，为了消除这些干扰，可选择其他同位素，也可通过利用干扰同量异位素的其他同位素来校正干扰。自然界几乎所有元素的同位素丰度都是固定的，不因样品处理和测定方法而改变。如 ^{114}Cd 受同量异位素 ^{114}Sn 干扰，^{114}Sn 与 ^{117}Sn 的丰度比为 $\frac{0.66}{7.68}$，用 ^{117}Sn 的强度乘以此比值，即为 ^{114}Sn 的贡献。^{114}Cd 总强度减去这一 ^{114}Sn 贡献，即可得到 ^{114}Cd 的实际强度。

2. 多原子离子干扰

多原子离子是在等离子体组分（Ar）与样品基体及大气组分相互作用过程中形成的，如 $^{40}Ar_2^+$，$^{40}Ar^1H^+$，$^{16}O_2^+$，$^{16}O^1H^+$，$^{16}O^1H_2^+$，$^{14}N_2^+$，$^{40}Ar^{16}O^+$，$^{14}N^{16}O^1H^+$，这些多原子离子会产生干扰，如 $^{14}N_2^+$ 对 $^{28}Si^+$，$^{16}O_2^+$ 对 $^{32}S^+$，$^{40}Ar^{16}O^+$ 对 $^{56}Fe^+$，$^{14}N^{16}O^1H^+$ 对 $^{31}P^+$ 会产生干扰，与同量异位素干扰相比，多原子离子干扰更严重。消除这一干扰的方法有碰撞反应池技术、利用空白校正、样品分析前使用一些分离方法、使用高分辨率的磁双聚焦 ICP 质谱仪及选用其他同位素测定等。

3. 双电荷离子干扰

双电荷离子如 $^{138}Ba^{2+}$ 会对 $^{69}Ga^+$ 产生干扰，而 $^{208}Pb^{2+}$ 会对 $^{104}Ru^+$ 产生干扰。这类干扰是比较少见的。

4. 氧化物离子和氢氧化物离子干扰

氧化物离子（MO^+）和氢氧化物离子（MOH^+）是在 ICP 中由被测组分、基体组分、溶剂和 ICP 气体组分形成的，如 Ca 的氧化物离子 $^{40}Ca^{16}O^+$，$^{42}Ca^{16}O^+$，$^{43}Ca^{16}O^+$，$^{44}Ca^{16}O^+$，$^{46}Ca^{16}O^+$，$^{48}Ca^{16}O^+$ 分别干扰 $^{56}Fe^+$，$^{58}Ni^+$，$^{59}Co^+$，$^{60}Ni^+$，$^{62}Ni^+$ 和 $^{64}Zn^+$ 的测定，而 Ca 的氢氧化物离子 $^{40}Ca^{16}O^1H^+$，$^{42}Ca^{16}O^1H^+$，$^{43}Ca^{16}O^1H^+$，$^{44}Ca^{16}O^1H^+$，$^{46}Ca^{16}O^1H^+$，$^{48}Ca^{16}O^1H^+$ 分别干扰 $^{57}Fe^+$，

$^{59}Co^+$, $^{60}Ni^+$, $^{61}Ni^+$, $^{63}Cu^+$和 $^{65}Cu^+$的测定。MO^+和 MOH^+的形成与 ICP 气体组分、ICP 功率、载气流量、取样锥孔大小、截取锥位置、溶剂除去效率及是否除氧等实验条件有关。因此,降低或消除 MO^+和 MOH^+干扰的影响主要是通过调节实验参数来完成的。

18.8.4 基体效应

当被测物浓度较高,如高于 500 mg · mL^{-1}时,一般会有明显的基体效应,通常这一效应使被测物信号降低或增加。试液与标准溶液黏度的差别会改变各溶液产生气溶胶的效率,当样品中存在低电离能元素如碱金属和碱土金属时,会使 ICP 中的电子密度增加,抑制被测物的电离,干扰测定。采用基体匹配、稀释样品和分离等措施,或通过采用内标法、同位素稀释法及改变样品引入方法等来消除基体效应。

参考文献

[1] 薛松.有机结构分析(修订版).合肥:中国科学技术大学出版社,2012.
[2] 何美玉.现代有机生物质谱.北京:北京大学出版社,2002.
[3] 刘密新,罗国安,张新荣,等.仪器分析.2 版.北京:清华大学出版社,2002.
[4] 汪聪慧.有机质谱技术与方法.北京:中国轻工业出版社,2011.

习题

18.1 只含有 C,H,O 的化合物,其分子离子峰的 m/z 值是奇数还是偶数?

18.2 若使某质谱仪能够分开 $C_2H_4^+$ 和 N_2^+ 两离子峰,该仪器分辨率至少是多少?

18.3 质谱仪有哪些主要性能指标? 各有什么意义?

18.4 质谱仪由哪几部分组成? 各部分的作用是什么?

18.5 质谱仪离子源有哪几种?

18.6 质谱仪质量分析器有哪几种? 各自特点是什么?

18.7 磁双聚焦质谱仪为什么能提高仪器的分辨率?

18.8 有机化合物在电子轰击电离离子源中有可能产生哪些类型的离子? 从这些离子的质谱峰中可以得到一些什么信息?

18.9 某未知物的分子式为 $C_8H_{16}O$,质谱如下图所示,试给出其分子结构与峰的归属。

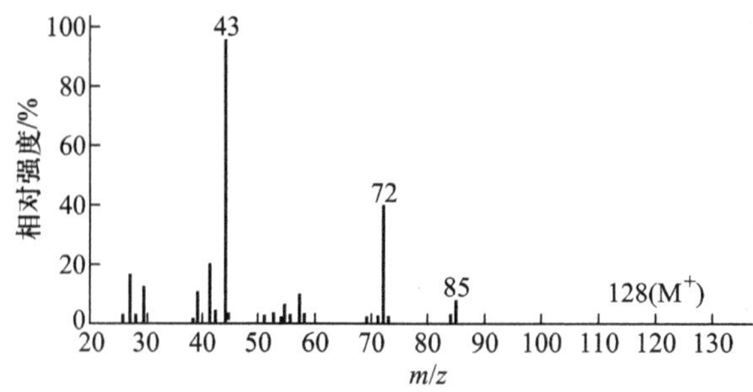

18.10　某化合物的质谱如下图所示，试推测此化合物的结构。

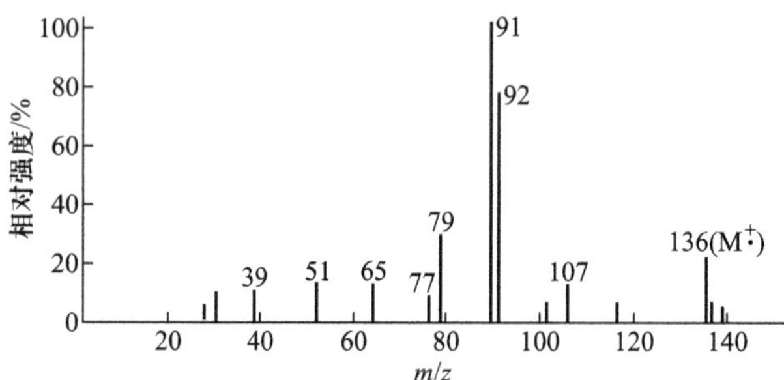

18.11　某未知物的分子式为 $C_6H_{12}O$，质谱如下图所示，试给出其分子结构与峰的归属。

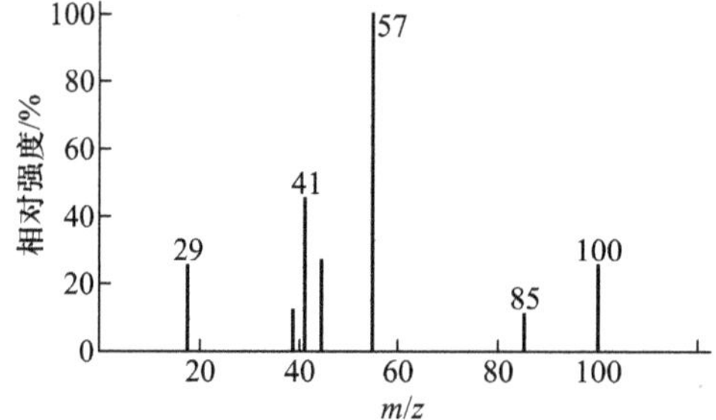

18.12　化合物白氨酸（$CH_3—CH(CH_3)—CH_2—CH(NH_2)—COOH$）的质谱如下图所示，给出主要峰的归属及裂解过程。

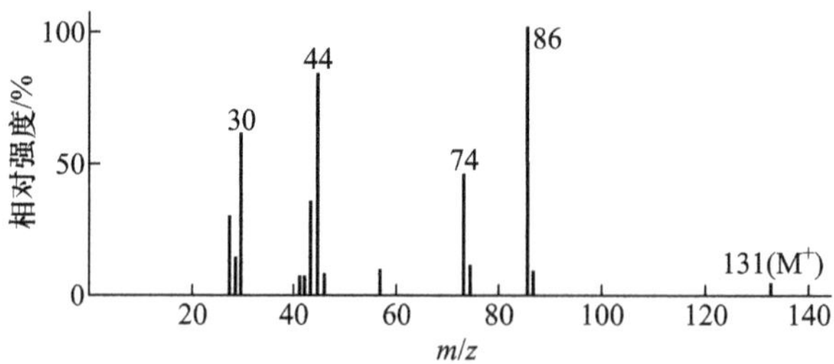

18.13　比较电子轰击电离（EI）和电喷雾电离（ESI）的电离方式、类型和产物。

18.14　评述原子发射光谱仪和质谱仪分辨率的差别及决定这二者分辨率大小的主要因素。

18.15 某化合物只含有 C、H 和 O，其元素分析结果：C：66.7%、H：11.1%、O：22.2%；红外(IR)吸收光谱、核磁共振 ^{1}H(^{1}H NMR)谱和质谱(MS)分别如下图(a)、(b)和(c)所示。紫外-可见(UV-Vis)吸收光谱中在 280~300 nm 有一弱吸收峰。试推断此化合物的结构。

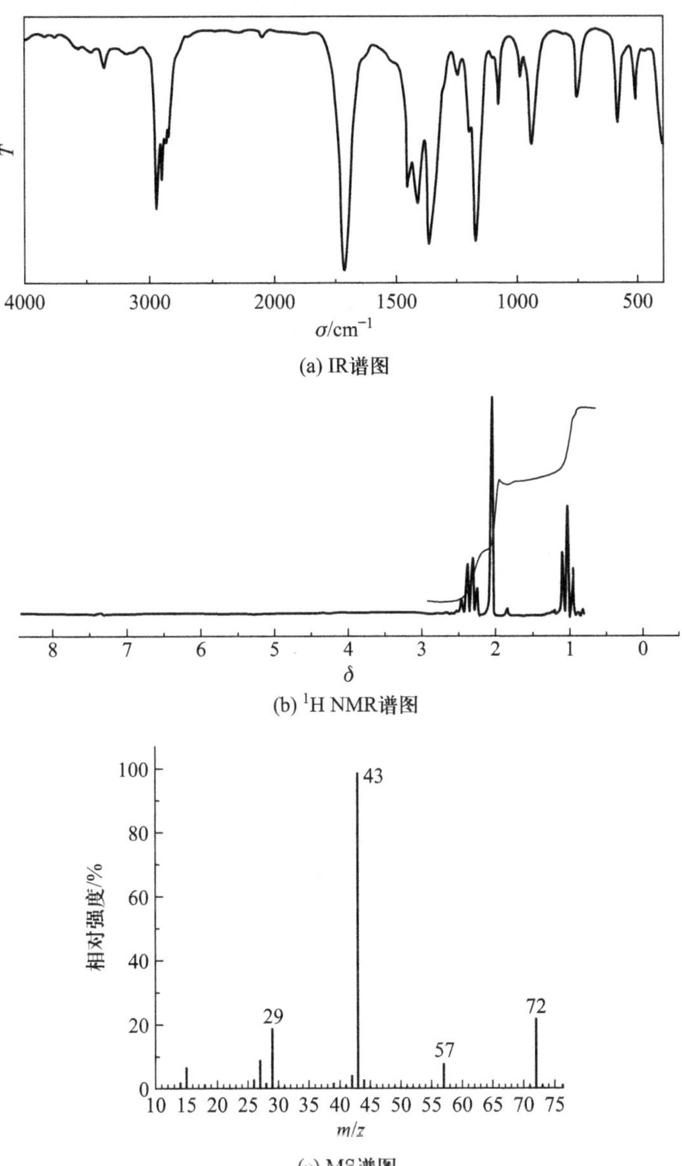

(a) IR谱图

(b) ^{1}H NMR谱图

(c) MS谱图

18.16 某化合物的紫外-可见吸收光谱中，有强的末端吸收，并且在 254 nm($\lg\varepsilon_{max}=2.4$)附近有弱的吸收峰，280 nm($\lg\varepsilon_{max}=2.2$)有一吸收峰。其 IR 谱图、^{1}H NMR 谱图及 MS 谱图分别如下图(a)、(b)和(c)所示，推导此化合物的分子结构式。

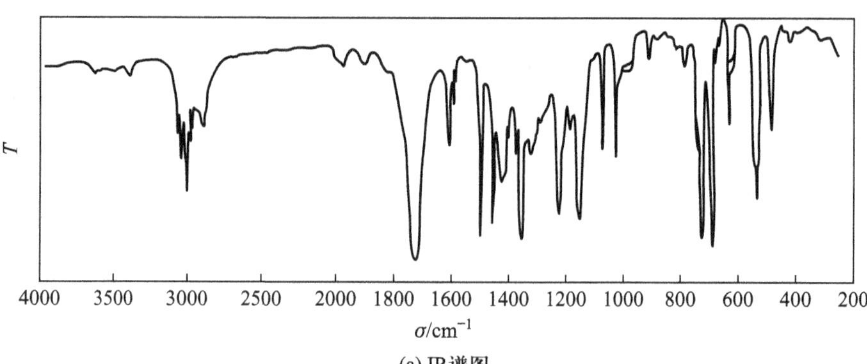

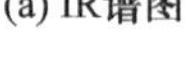
(a) IR谱图

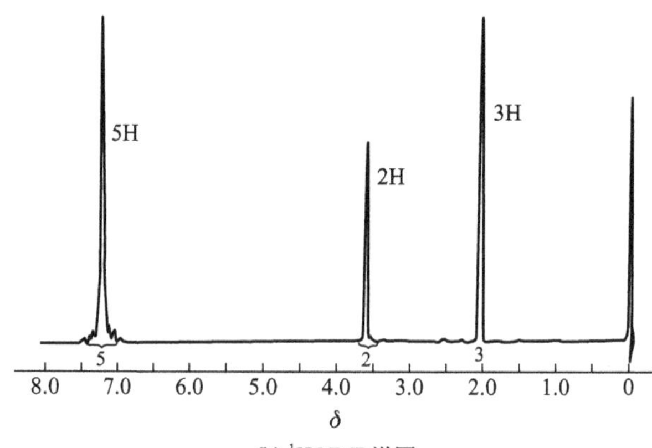

(b) ^{1}H NMR谱图

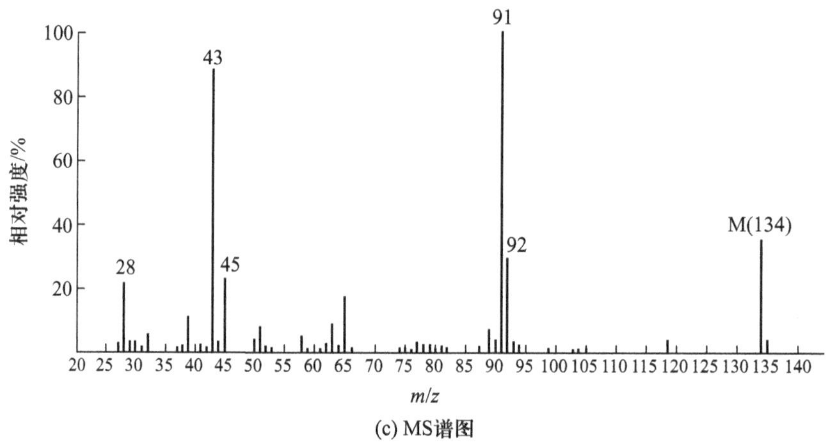

(c) MS谱图

习题参考答案

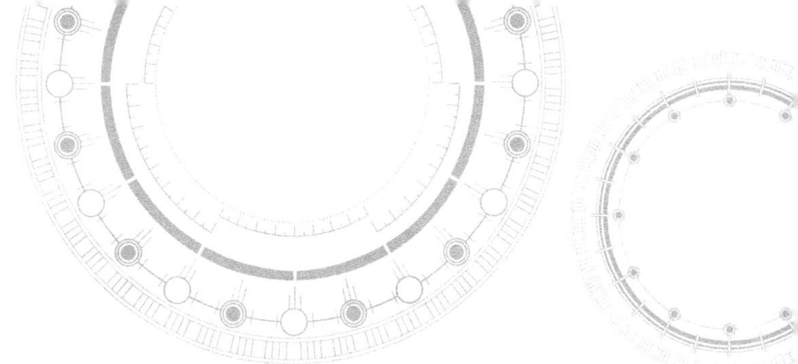

第十九章

质谱联用技术

质谱法具有高的灵敏度和分子结构鉴定能力，串联质谱以及质谱与其他方法的联用目前已经被广泛应用，如气相色谱-质谱（GC-MS）、液相色谱-质谱（LC-MS）、毛细管电泳-质谱（CE-MS）联用等。

19.1　质谱-质谱联用

典型的串联质谱仪主要由三大部分构成，即一级质量分析器、碰撞室、二级质量分析器。一级质量分析器用于选择母离子，将母离子送入碰撞室，与惰性气体分子碰撞而通过碰撞诱导解离(CID)产生碎片离子，即子离子，然后子离子进入二级质量分析器被分离后检测并记录，得到与母离子相关的结构信息。质谱-质谱联用可以按质谱仪质量分析器的类型进行分类，相同质量分析器组合的质谱-质谱仪称为单一型 MS-MS 联用仪，不同质量分析器组合的质谱-质谱仪称为混合型 MS-MS 联用仪。下面主要介绍单一型 MS-MS 联用仪中的四极质谱仪和离子阱质谱仪。

19.1.1　四极质谱仪

1978 年诞生了第一台三级四极质谱仪，三级四极质谱仪因具有价格低廉、易进行低能碰撞操作、高的传输率和高的活化碰撞效率等特点而受到广泛的重视。尤其是快速扫描和高的灵敏度特别适合于 GC-MS-MS；低的工作电压又适合于 HPLC-MS-MS。三级四极质谱仪的缺点是质量范围和分辨率有限，且高质量组分的传输率低于扇形场质谱仪。但实际上三级四极质谱仪能够满足大部分领域的分析要求，尤其是大批量检测工作的需要。可以说，目前 MS-MS 分析绝大部分是用三级四极质谱仪完成的。三级四极质谱仪所固有的优势又促使人们进行持续地开发和革新，并推出了一些新型结构的仪器。这些新型仪器不仅在分辨率上得到极大提高，也使质量测定的准确度得到了提高。

1. 三级四极串联质谱仪

图 19.1 为三级四极串联质谱仪简图，中间的四极杆（简称 q_2）为碰撞室，室中充入惰性气体，加上射频电压用于进行活化碰撞。Q_1 和 Q_3 用作质量分析器，实际上这两个质量分析

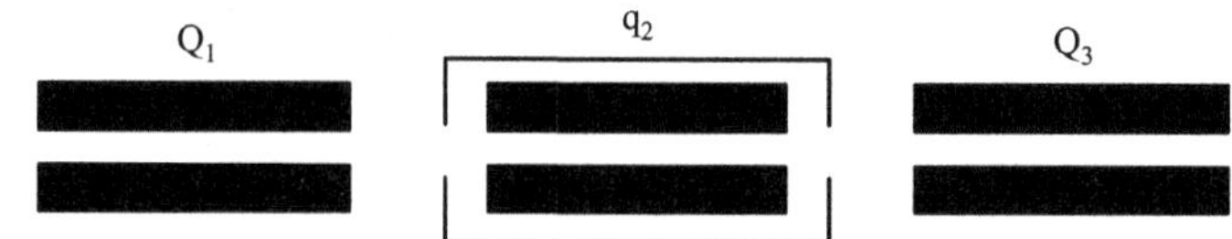

图 19.1　三级四极串联质谱仪简图

器都可以构成独立的质谱仪，这就是常称为串联质谱仪的原因。

2. MS-MS 仪的工作模式

MS-MS 仪的工作模式有子离子扫描、母离子扫描和中性丢失扫描和选择反应监测，相应地可以获得子离子谱、母离子谱、中性丢失谱和选择反应监测谱。

（1）子离子谱

图 19.2(a)表示离子源产生的离子进入 MS_1 时有很多，但 MS_1 固定，即只允许一种离子通过。一个母离子通过 MS_1 质量分析器后，通过碰撞室时被碰撞活化形成多个子离子，而这些子离子都进入 MS_3，通过扫描 MS_3 就得到了子离子谱，也可以把 MS_1 看作 MS_3 的离子源，通过解析子离子谱，可推测母离子的结构。

（2）母离子谱

图 19.2(b)表示通过扫描 MS_1，所有母离子会随时间变化，逐个进入碰撞室，经碰撞后每个母离子能形成多个子离子。MS_3 固定，即只允许一种子离子通过 MS_3，这样，由所有母离子得到的子离子，若符合通过 MS_3 的 m/z，则会逐个通过 MS_3 被检测，就得到了母离子谱。利用此谱可追溯碎片离子的来源，也可以对复杂混合物体系中能产生某种特征碎片离子的一类化合物进行快速筛选。

（3）中性丢失谱

如图 19.2(c)所示，MS_1 和 MS_3 同时扫描，但 MS_1 与 MS_3 始终保持一固定质量差（中性丢失质量），只有满足与母离子质量相差等于此固定质量的子离子才可被检测。最终的谱图显示来自一级谱图中通过碎裂丢失该中性碎片的那些子离子。中性丢失谱最能反映该化合物的特定功能基团。

上述三种检测模式，主要用于定性和结构分析，特别是子离子谱被广泛用于定性和结构分析中。

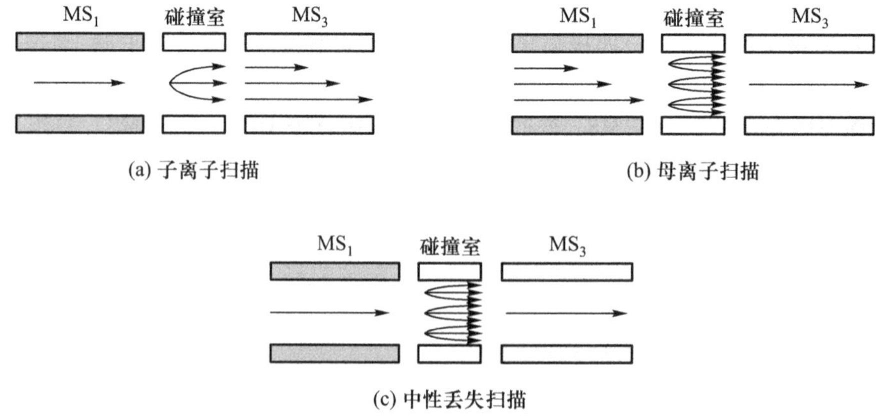

图 19.2　定性和结构分析用的三种 MS-MS 仪的工作模式

（4）选择反应监测

选择反应监测（SRM）并不产生谱图，只是用于检测由预选的母离子形成的预选的子离子，如图 19.3 所示，MS_1 只让一种母离子（如 $m/z=184$）通过，通过碰撞室后，产生的子离子中 MS_3 只让一种子离子（如 $m/z=102$）通过。早先的设置仅限于一对离子，现代的装置可以实现多元反应监测，可以同时对高达数十对乃至数百对离子进行检测，所以又称为多反应监测（MRM）。显然，其选择性远远高于单级质谱的选择离子检测。当然，选择的离子对越多，灵敏度越低。由于这种检测方法有很高的选择性，所以广泛用于定量分析，特别是色谱-质谱联用中的定量分析。

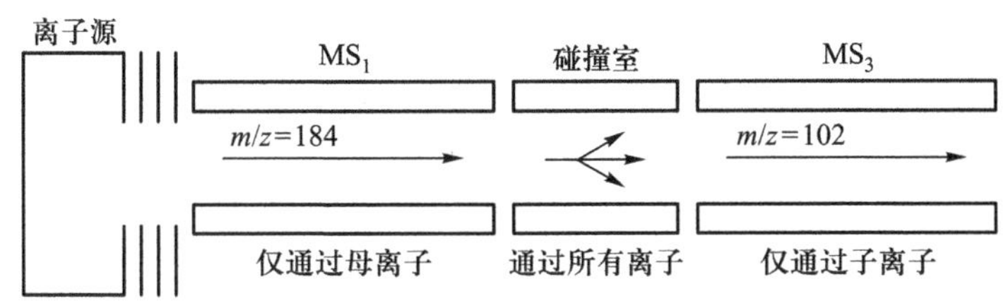

图 19.3 定量分析用的一对离子的选择反应监测模式

19.1.2 离子阱质谱仪

离子阱质谱仪属于时间串联的质谱仪器，它的碰撞室和质量分析器是在同一个阱内，而不是像前面所讲的空间串联的四极质谱仪。它的主要特点是在较高真空度下的低能碰撞，可产生多级质谱（MS^n）（$n\geqslant 2$）。理论上讲，只要有足够强度的前体离子，就能进行 n 次 MS-MS 分析。但实际上在大多数情况下也只进行 $n=3\sim4$ 的 MS-MS 分析。

使环形电极射频电压值置于低质量的截止值，使所有离子被储存在阱内，然后利用端盖电极的辅助射频电压抛射掉所有高于被测母离子质荷比的离子，再增加环形电极射频电压，抛射掉所有低于被测母离子质荷比的离子，降低环形电极射频电压到低质量的截止值，以便活化碰撞产生的子离子，利用加在端盖电极上的辅助射频电压激发母离子，使其与阱中气体相碰撞，扫描环形电极射频电压，检测所有 CID 过程中形成的子离子信号，由此获得一级子离子谱（或称二级谱）。依此原理可以实现多级 MS 分析。

19.2 色谱-质谱联用

色谱具有很强的分离能力，可将复杂样品中各组分分离开，但当用一些常用的检测器（第十六章）定性时，结构鉴定的能力较差，通常利用被测组分的保留特性来定性。虽然可将色谱流出物收集起来，利用现有的光谱和质谱法进行脱机、非在线的定性和结构分析，但操作较烦琐，而且在色谱流出物收集和处理过程中，也容易发生沾污和损失。而色谱-质谱联用技术可克服这些缺点。质谱有很强的定性和结构分析能力，所以将色谱与质谱联用，应当是比较理想的。

当质谱与色谱联用时，有各种质谱仪的操作模式。利用单级质谱仪时，MS 的操作基本模式可分为全扫描模式和选择离子检测（SIM）[或称多离子检测（MIM）]模式，由此两种操作模式得到的谱图分别为总离子流（TIC）色谱图和 SIM 色谱图。在色谱仪运行期间，质谱在设定的质量范围内（如 $m/z = 200 \sim 800$）反复扫描，当色谱仪完成一次运行后，得到一张总离子强度随时间变化的色谱图。显然，经色谱仪分离的保留时间相同的物质的离子不能被质谱仪分离，它们都可通过质谱仪被检测，它们的信号是加合的，所以称为总离子流，其色谱图也称为 TIC 色谱图；而将质谱仪设置成只能检测一些固定 m/z 的离子，由色谱-质谱得到的谱图为 SIM 色谱图，显然，经色谱分离后，保留时间相同的物质的离子不能全通过质谱仪，而只有那些符合设定的离子，才能通过质谱仪被检测，得到信号。SIM 模式的选择性要远远高于全扫描模式的选择性，当然，选择的离子越多，灵敏度越低。

利用串联（多级）质谱仪时，基本工作模式有子离子扫描、母离子扫描、中性丢失扫描和选择反应监测，所得到的谱图已在前一节进行了讨论。

19.3　气相色谱-质谱联用

气相色谱-质谱联用是发展最早、应用最广泛的质谱联用技术。

19.3.1　气相色谱-质谱联用仪的组成

目前市售的有机质谱仪均能与气相色谱仪联用。典型的 GC-MS 仪如图 19.4 所示。GC-MS仪中气相色谱仪分离样品中各组分，起着样品制备的作用；接口将气相色谱仪流出的各组分送入质谱仪中进行检测，起着气相色谱和质谱之间适配器的作用；质谱仪对接口依次引入的各组分进行检测；计算机系统控制气相色谱仪、接口和质谱仪，进行数据采集和处理，是 GC-MS 仪的中央控制单元。气相色谱仪（第十五章）和质谱仪（第十八章）已有详细介绍，这里仅对 GC-MS 仪的接口进行介绍。

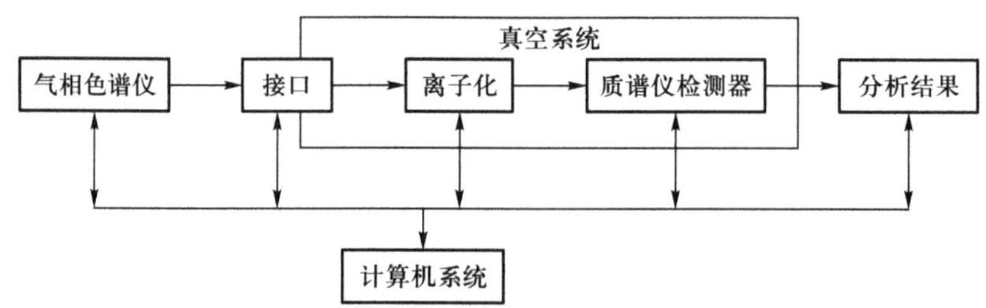

图 19.4　GC-MS 仪示意图

19.3.2　GC-MS 仪的接口

GC-MS 仪中最关键的部分是接口，由于气相色谱柱出口端压力为大气压力，而质谱仪中样品是在 0.01~10 Pa 真空条件下实现离子化的，所以接口就是解决气相色谱仪的大气压工作条件和质谱仪的真空工作条件的匹配问题。接口应该将色谱柱流出物中的载气尽可能除去，保留和浓缩样品。理想的接口应当能够除去全部载气，却不损失被测样品组分。目前 GC-MS 仪常用的接口可以分为以下三种。

1. 直接导入型接口

随着毛细管制作技术的进步，尤其是 1979 年熔融石英毛细管的问世，使毛细管柱广泛应用于 GC-MS 分析中。通常，内径在 0.25~0.32 mm 的毛细管色谱柱的载气流速为 1~2 mL · min^{-1}。这种柱可通过一根金属毛细管直接与质谱仪的离子源相连。这种接口方式是迄今为止最常用的一种。当载气和被测物一起从气相色谱柱流出后立即进入离子源中，由于载气氦气是惰性气体，很难发生电离，而被测物却容易形成带电粒子。带电粒子在电场作用下加速向质量分析器运动，而载气却由于不受电场影响，被真空泵抽走。使用直接导入型接口时，要控制 GC 出口到 MS 入口这段空间的温度，以使毛细管柱的流出物不冷凝而进入离子化室。直接导入型接口组件结构简单，容易维护，传输率达 100%，缺点是所用载气仅限氦气或氢气，且当气相色谱仪出口的载气流速高于 2.0 mL · min^{-1} 时，检测灵敏度会下降。使用这一接口时，气相色谱仪的适宜流速为 0.7~1.0 mL · min^{-1}。但使用这一接口时没有富集浓缩作用，对超痕量组分的检测不利。

2. 开口分流型接口

图 19.5 所示为开口分流型接口，GC 毛细管出口对着 MS 的限流毛细管入口，外面用内套管使两个毛细管的出口和入口对准，内套管外面充满氦气，这样保证了 GC 的出口毛细管基本处于大气压环境。这种接口与直接导入型相比，样品利用率稍低一些，这一利用率与两个毛细管的准直性、间隔的距离及 GC 的载气流速有关。

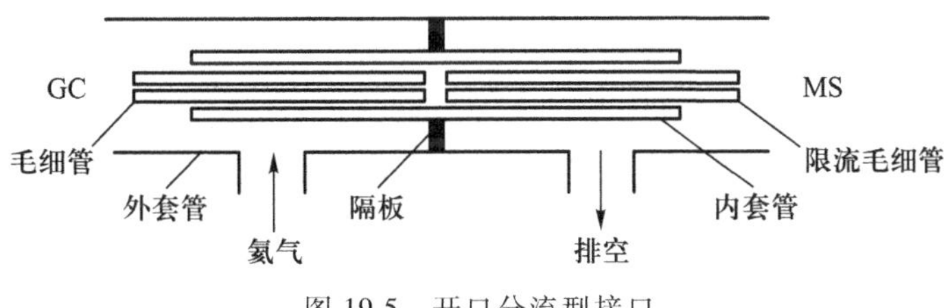

图 19.5 开口分流型接口

3. 分子分离器接口

为了使填充柱与质谱仪连接，需要除去人量的载气，同时又要减少样品的损失，于是出现了分子分离器接口。分子分离器接口的工作原理是不同质量的分子在以同样线速度运动时，质量大的分子易保持原来的运动方向，而质量小的分子易偏离原来的运动方向。

图 19.6 所示为 Ryhage 型喷射式分子分离器接口，GC 的气流从细孔喷出后在真空中膨胀，由于载气相对分子质量小，有较大的扩散速率，会偏离中心，而样品中组分的分子相对分子质量大，会沿原来方向运动，导致气流的中心集聚较高浓度的样品，并进入 MS 的离子源区，从而达到富集样品的目的。

表 19.1 列出了这三种接口的性能比较，三种接口中以分子分离器最为常用。

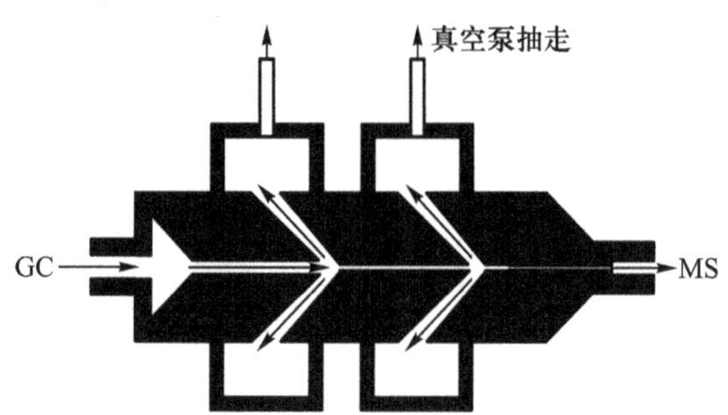

图 19.6　Ryhage 型喷射式分子分离器接口

表 19.1　GC-MS 仪的接口

项目	分子分离器	开口分流型	直接导入型
样品利用率/%	30～70	取决于分流比	100
富集因子	6～14	≥1	1
典型流速/($mL \cdot min^{-1}$)	15～25	1	1
温度/℃	300～350	300～350	300～350

19.3.3　定性分析

利用 GC-MS 鉴定有机化合物通常有三种基本方法:利用标准谱库检索、使用标准化合物以及利用文献资料的数据。

1. 利用标准谱库检索

供计算机检索的商用标准质谱谱库主要有两种:NIST 库和 Wiley 库。NIST 库(2023 版)中,以电子轰击电离(EI)为电离源的数据库收录了 394054 张谱图。该谱库的每张谱图均经过严格的质量控制,先进行正确性检验,再由两位评估人员审核,因此 NIST 库具有较高的可靠性。而 Wiley 库(2023 版)则包含了 NIST 库的全部数据。目前,Wiley Registry/NIST 2023 质谱库是市面上最全面的综合质谱库,拥有超过 300 万张谱图(包括 EI 和串联质谱数据),为未知化合物的鉴定提供了极大的便利。需要注意的是,标准谱图通常由静态磁质谱仪获得,而在使用其他类型的质谱仪时,由于实验参数的差异,可能会影响谱库检索的匹配率。一般来说,一个未知物在谱库检索中的匹配率不低于 80%,且其与标准谱图在全谱离子丰度上的差值小于 20%,才能认为鉴定结果具有较高的可靠性。

2. 使用标准化合物

利用标准谱库检索是常用的方法,但它的缺点是对异构体往往很难认定。因为异构体的质谱图极为相似,仅在某些峰的相对强度上有些差异,对于脂肪族和脂环族化合物这一缺点更为突出。由于实际条件的差异,获得的质谱图也会有差异,这种差异有时会掩盖异构体之间的差异,使得检索的结果往往很难区分匹配率相差很小的几种化合物。例如,甲基取代环己烷不仅有三种几何异构体,而且还有立体异构体,它们之间的匹配率仅相差 1%～2%。

所以在这种情况下,可以认为谱图检索的结果仅是初步的,如果要确定是哪一种化合物,最好的方法是使用标准化合物,在同一实验条件下测量标准品和被鉴定的化合物保留值,以决定哪一种化合物是正确的结果。

3. 利用文献资料的数据

保留值受许多因素的影响,利用保留时间进行化合物的定性,必须使被测物与标准品同时进行分析。此时,文献资料上的保留时间能否被用作参考要考虑色谱柱、色谱条件、实验参数等的影响。也可利用保留指数进行定性(第十五章)。用文献中的保留指数(或者分离因子)进行定性,也便于交流和比较。

对于 GC-MS 定性分析的可靠性,就 GC 而言,被测物和标准品之间的保留时间相对误差绝对值应小于 2%,绝对误差绝对值应小于 0.3 min;就 MS 而言,全扫描的谱图与标准谱图(或标准品)的匹配率,若以 100%定义为完全匹配时应高于 80%以上,而用选择离子检测模式时,至少要选用三个或三个以上的特征离子,且与标准品的相应离子强度值的相对误差应低于 20%。

19.3.4 定量分析

MS 用作 GC 的检测器时,在定性分析中有很大的优势,但也可用于定量分析。用于定量分析时,不仅灵敏度高,具有通用性,而且在色谱峰不完全分离时,也可得到准确结果。这是因为质谱仪本身就是一个质量分离器,且用选择反应监测模式时,有很高的选择性。

GC-MS 联用技术常用的定量分析方法与 GC 一样,可采用归一化法、内标法和外标法。GC-MS 定量分析前应先进行定性分析,而后利用 SIM 得到的选择离子流色谱图,而一般不选择总离子流色谱图,因为选择离子流色谱图给出的色谱峰相对稳定,不受干扰,定量结果较可靠。当然,为了有更好的选择性,使结果更准确,可用 MRM 模式,但这需要串联质谱仪来实现。

19.4 液相色谱-质谱联用

19.4.1 液相色谱-质谱联用仪的接口

LC-MS 仪的研究开始于 20 世纪 70 年代,与 GC-MS 仪不同的是,LC-MS 仪似乎经历了一个更长的实践、研究过程,直到 20 世纪 90 年代才出现被广泛接受的商品接口及成套仪器。LC-MS 仪的使用首先要解决的问题是真空的匹配。质谱仪要与一般在常压下工作的液相色谱仪相接并维持足够的真空,其方法只能是增大真空泵的抽速,维持高真空。所以现有商品的 LC-MS 仪中均增加了真空泵的抽速并采用了分段、多级抽真空的方法,形成真空梯度来满足接口和质谱仪正常工作的要求。除真空匹配外,LC-MS 技术的发展可以说就是接口技术的发展。LC-MS 技术在发展过程中曾有多种接口提出,这些接口都有各自的长处和缺点，有的最终形成了被广泛接受的商品接口，有的则仅在某些领域，或有限的范围内被使用。本章仅对三种常用的接口做简要介绍。

1. 热喷雾接口

于 20 世纪 80 年代中期出现的热喷雾（TS）接口是一个能够作为液相色谱使用的"软"离子化接口，得到了比较广泛的应用。热喷雾接口的主要部件由能够加热的不锈钢毛细管组成，流动相经过不锈钢毛细管被加热时，体积膨胀，以超声速喷出毛细管形成由微小的液滴、粒子和蒸气组成的雾状混合物。被测物分子在此条件下可以生成离子并进入质谱系统。热喷雾接口的主要特点是可以适应较大的液相色谱流动相流速（约 1.0 $mL \cdot min^{-1}$），且较强的加热蒸发作用可以适应含水较多的流动相。热喷雾接口的使用局限于相对分子质量为 200～1000 的化合物，同时对热稳定性较差的化合物仍有比较明显的分解作用。

2. 电喷雾电离接口

1984 年，Fenn 等人发表了他们在电喷雾技术方面的研究工作，这一开创性的工作引起了质谱界极大的重视。在其后的十几年中开发出的电喷雾电离（ESI）及大气压化学电离（APCI）商品接口是一项非常实用、高效的"软"离子化技术，被人们称为 LC-MS 技术乃至质谱技术的革命性突破。ESI 接口具有如下一些特点：① 高的离子化效率，对蛋白质而言接近 100%；② 可用正、负离子化模式；③ 可使蛋白质生成稳定的多电荷离子，所以可使蛋白质相对分子质量测定值高达几十万甚至上百万；④ 热不稳定化合物可被测定，并具有高丰度的准分子离子峰；⑤ 气动辅助电喷雾技术在接口中的采用使得接口可与大流速（约 1.0 $mL \cdot min^{-1}$）的 HPLC 联机；⑥ 仪器专用化学站的开发使得仪器在调试、操作、联机控制、故障自诊断等各方面都变得简单可靠。

电喷雾电离接口如图 19.7 所示，接口主要由大气压离子化室和离子聚焦组件构成。喷口一般由双层不锈钢同心管组成，外层通入氮气作为雾化气，内层输送流动相及样品溶液。除雾化气外，还有另一路加热的干燥氮气，有时也称氮气帘，引入离子化室，其作用是使液滴进一步细化，加速溶剂蒸发；形成气帘，阻挡中性分子进入毛细管；降低分子-离子的聚合作用。

离子化室和聚焦单元之间为一根内径为 0.5 mm 的金或铂包头的玻璃毛细管，也可采用金属毛细管。这一毛细管可使离子化室和聚焦单元之间形成真空差，造成聚焦单元对离子

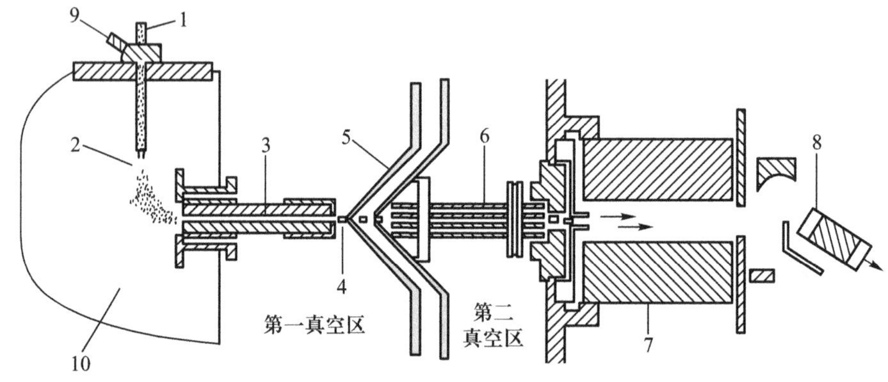

1—液相色谱流出物入口；2—喷口；3—毛细管；4—CID区；5—锥形分离器；
6—八极杆；7—四极杆；8—离子检测器；9—雾化气；10—雾化室

图 19.7　电喷雾电离接口

化室的负压,而使由离子化室形成的离子进入聚焦单元。在毛细管入口处加 3~8 kV 的电压,此电压的极性可通过化学工作站方便地切换以造成不同的离子化模式。离子聚焦单元一般由两个锥形分离器和八极杆(或六极杆)组成。八极杆或六极杆被供给约 5 MHz 的射频电压以有效提高离子传输效率(> 90%),灵敏度也有了较大幅度的提高。ESI 接口一般都有 2~3 个不同的真空区,由附加的机械真空泵抽气形成。第一真空区真空度为 200~400 Pa,第二真空区真空度为 20~40 Pa,这两个区域与喷雾室的常压区及质量分析器的真空区(前级 10^{-4} Pa,后级 10^{-6} Pa)形成真空梯度并保证稳定的离子传输。

由喷口流出的样品溶液及液相色谱流动相,经雾化作用被分散成直径为 1~3 μm 的细小液滴。在喷口和毛细管入口之间设置的几千伏特的高电压的作用下,这些液滴由于表面电荷的不均匀分布和静电引力而被进一步细化。加热的干燥氮气使液滴中的溶剂快速蒸发,并使液滴缩小,表面电荷密度增大,当库仑排斥力大于表面张力时液滴爆裂,产生更小的液滴,液滴中的溶剂继续蒸发引起再次爆裂。此过程循环往复直至液滴表面形成很强的电场,将离子由液滴表面排入气相中。进入气相的离子在高电场和真空梯度的作用下进入毛细管,经聚焦单元聚焦,被送入质量分析器进行质谱分析。

碰撞诱导解离(CID)区是指毛细管出口与锥形分离器之间的真空区,它的气压与机械真空泵的抽速及通过毛细管的气体流速有关。该区的气压一般为 200~400 Pa,且比较稳定,是一个理想的分子离子 CID 区。通过控制毛细管出口和锥形分离器之间的电压来控制碰撞能量,从而得到不同丰度的碎片离子。CID 电压通常在 50~400 V,在此电压下大多数化合物产生的碎片丰度较高。

3. 大气压化学电离接口

大气压化学电离(APCI)接口如图 19.8 所示。液相色谱的流出物引入雾化器,在雾化器中心毛细管出口处被雾化气 N_2 碰撞变成气溶胶,气溶胶被辅助气吹入蒸发器汽化后进入电离反应区,在此区,电晕放电针在高压下放电,使空气中一些中性分子电离,产生 H_3O^+,N_2^+,O_2^+ 和 O^+ 等,溶剂分子也分解电离,这些离子与被测物分子进行分子-离子反应,使被测物离子化。

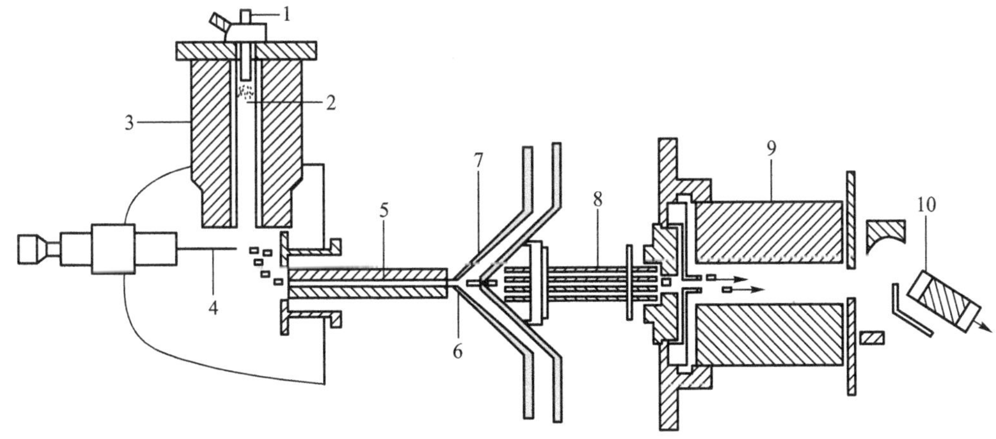

1—液相色谱流出物入口; 2—喷口; 3—APCI蒸发器; 4—电晕放电针; 5—毛细管; 6—CID 区; 7—锥形分离器; 8—八极杆; 9—四极杆; 10—离子检测器

图 19.8 大气压化学电离接口

APCI 接口的构成与 ESI 接口类似，但也有一些区别。与 ESI 接口相比，APCI 接口的主要特点为：① 增加了一根电晕放电针，施加±(1200~2000) V 的电压，可发射自由电子，从而使化合物离子化；② 对喷雾气体加热，同时也加大了干燥气体的加热温度范围。由于对喷雾气体的加热及离子化过程中流动相的组成对离子化影响较小，故可采用组成较为简单的含水较多的流动相。

19.4.2　定性和结构分析

MS 用作 HPLC 的检测器，与第十六章所述的检测器相比，突出的优点是定性更加准确，并可进行结构分析。

合成药物中的有关物质通常来源于合成原料、中间体和副反应产物。此外，药物中还存在由于受热、光照等产生的降解产物，也需分析鉴定。图 19.9(a)和图 19.9(b)分别为枸橼酸莫沙必利热降解样品和原始样品的 LC-MS 总离子流色谱图，测定的是正离子信号。由图 19.9(a)可知，枸橼酸莫沙必利受热后热降解主要产物的 t_R 为 10.39 min，此保留时间所对应色谱流出物的质谱如图 19.10 所示，$m/z=596.7$ 和 $m/z=618.7$ 应为该降解物的准分子离子$[M+H]^+$和$[M+Na]^+$，故主要降解产物的相对分子质量应为 595，因为 596−1 和 618−23 均为 595。

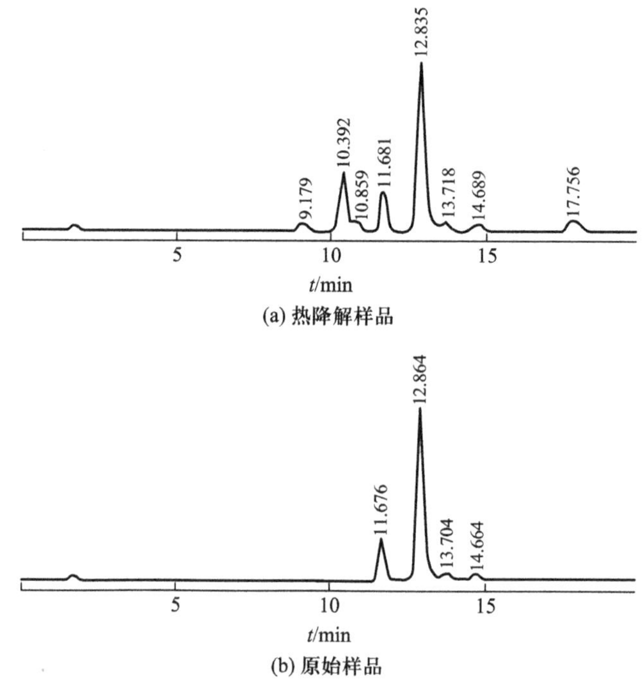

图 19.9　枸橼酸莫沙必利的 LC-MS 总离子流色谱图

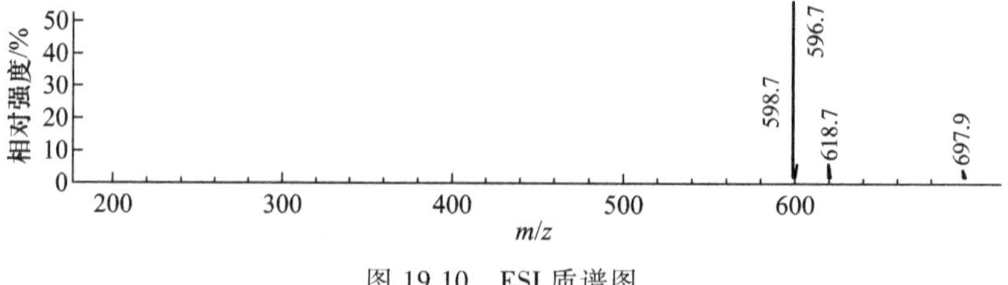

图 19.10　ESI 质谱图

根据此谱图,可推断在热降解过程中有如下反应,生成的热降解产物应为化合物(B):

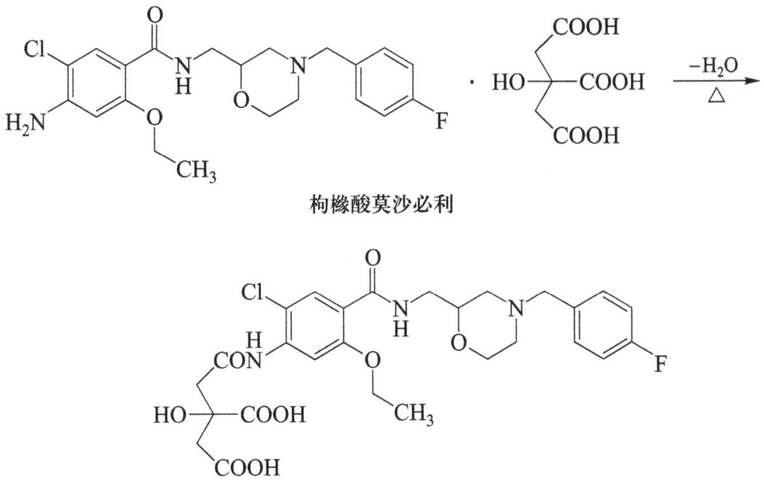

$-H_2O$, △

枸橼酸莫沙必利

(B)

由这一例子说明,应用 LC-MS 不仅可进行定性分析,还可测定未知化合物的相对分子质量,而且测相对分子质量非常直观。对于生物分子,如蛋白质,用 LC-MS 测相对分子质量是容易的。CMY-2β 内酰胺酶的胰蛋白酶消解产物的 LC-MS 总离子流色谱图如图 19.11 所示。这一图中保留时间为 41.81 min 所对应色谱流出物的质谱如图 19.12 所示,根据图中各峰的 m/z 及由质子化离子峰簇计算相对分子质量的方法(本书未涉及)可计算出这一消解产物的 41.81 min 流出物中含有三个肽段,这三个肽段的相对分子质量分别为 1825.45±2.66,2370.51±2.79 和 2578.00±3.34。

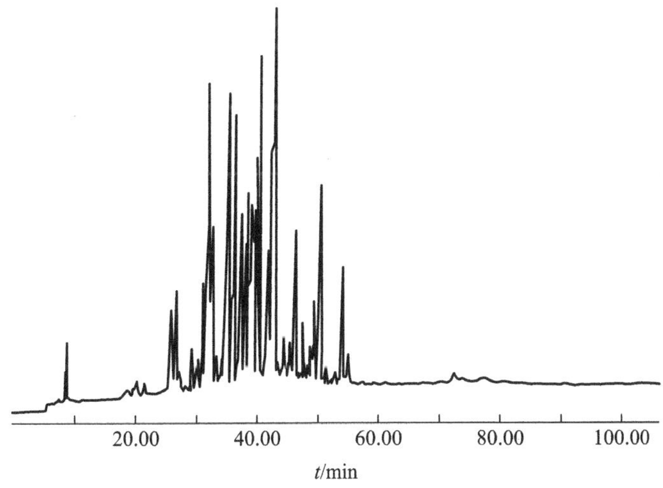

图 19.11 CMY-2β 内酰胺酶消解产物的 LC-MS 总离子流色谱图

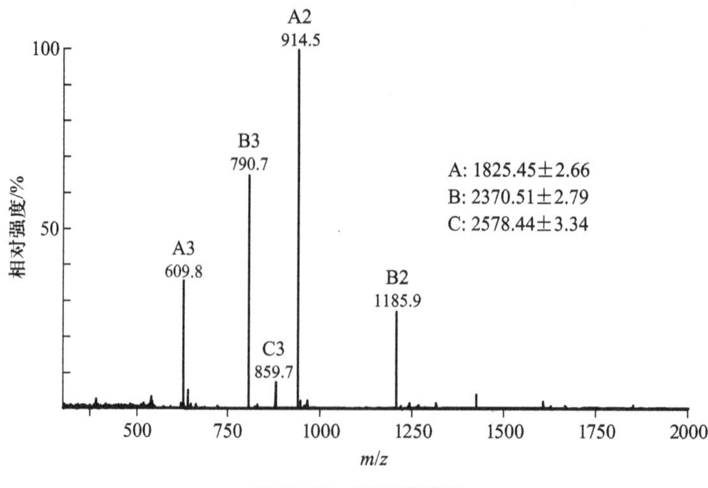

图 19.12　ESI 质谱图

19.4.3　定量分析

在第十六章已叙述了液相色谱的紫外-可见光、荧光、示差折光和蒸发光散射检测器，与这些检测器相比，质谱检测器具有通用性和选择性，而最突出的优点是灵敏度和选择性都很高。定量方法与用其他检测器时类似，在分析信号选择方面，主要采用选择离子检测（SIM）和多反应监测（MRM）模式，一般不选用全扫描模式，且在 MRM 模式中，选择的反应越多，灵敏度越低。人血浆样品经处理后，样品中的扎来普隆以非那西丁为内标，用 HPLC-MS 进行定量测定，采用正离子 SIM 模式，图 19.13 是样品的选择离子流色谱图。由图 19.13 可知，无

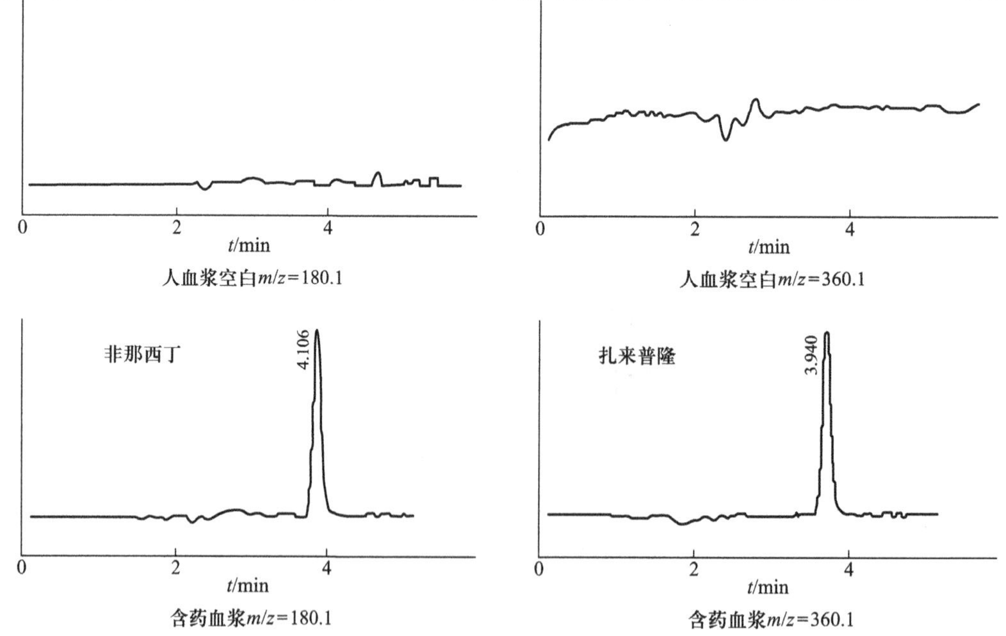

图 19.13　样品的 LC-MS 选择离子流色谱图

干扰,故可选择 SIM 模式,扎来普隆的$[M+H]^+$为 306.1,而非那西丁的$[M+H]^+$为 180.1。根据测得的被测物与内标物峰面积之比,可制作标准曲线,并测定样品中扎来普隆的浓度。

以 ESI 为离子化源,用高效液相色谱三级四极串联质谱仪测定人血浆中的一种抗肿瘤药艾多昔芬,以 d_5-艾多昔芬为内标,这两种化合物的结构如图 19.14 所示,用 HPLC-MS-MS 得到的样品的 MRM 离子流色谱图如图 19.15 所示,用于测定艾多昔芬选择的母离子-子离子对为 $m/z=524.2 \rightarrow m/z=97.9$,测定内标物的母离子-子离子对为 $m/z=529.2 \rightarrow m/z=97.9$。由被测物与内标物峰面积比对被测物浓度作图得到标准曲线。多次分析加标样品,当加标质量浓度分别为 1.5 ng · mL^{-1},500 ng · mL^{-1} 和 800 ng · mL^{-1} 时,每个标加样品分析 6 次得到的精密度(相对标准偏差,RSD)分别为 1.9%,1.8%和 2.2%;准确度(相对误差,E_r)分别为 2.3%,2.4%和-2.9%,这些分析结果是满意的。这一实验结果也说明,用同位素标记物作内标,可以得到更理想的结果,但切记用同位素标记物作内标,只有色谱-质谱联用技术可用,而用其他色谱检测器时不适用,这也是色谱-质谱联用技术的独到之处。

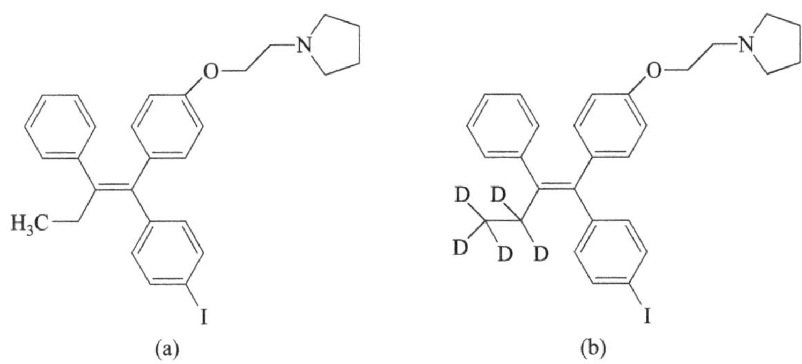

图 19.14 艾多昔芬(a)和 d_5-艾多昔芬(b)的分子结构

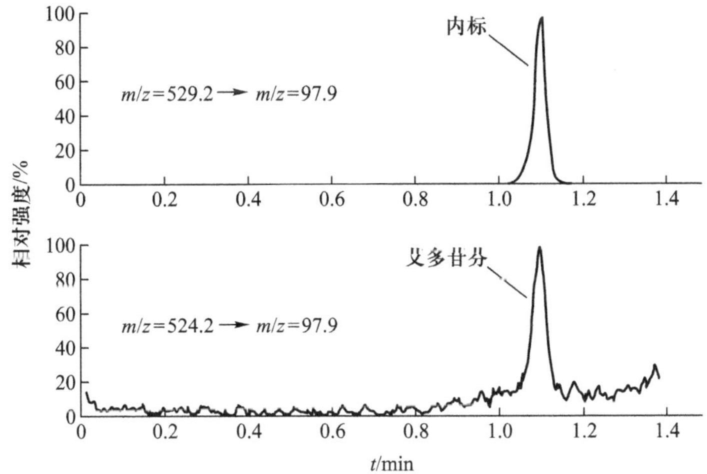

图 19.15 样品的 MRM 离子流色谱图

参考文献

[1] 汪聪慧.有机质谱技术与方法.北京:中国轻工业出版社,2011.

[2] Ardrey R E. Liquid Chromatography-mass Spectrometry: An Introduction. Chichester: John Wiley & Sons Ltd.,2003.

[3] 陈耀祖,涂亚平.有机质谱原理及应用.北京:科学出版社,2001.

[4] 汪正范,杨树民,吴侔天,等.色谱联用技术.2 版.北京:化学工业出版社,2007.

[5] 张正行.有机光谱分析.北京:人民卫生出版社,2009.

[6] 盛龙生,苏焕华,郭丹滨.色谱质谱联用技术.北京:化学工业出版社,2006.

习题

19.1 串联质谱仪由哪几部分组成?串联质谱仪的类型有几种?举例说明。

19.2 串联质谱仪的基本分析模式有几种?

19.3 GC-MS 仪常用的接口有哪些?

19.4 说明 GC-MS 中常用的定性分析方法。

19.5 说明 LC-MS 仪常用的接口。

19.6 LC-MS 中是如何进行定性、结构和定量分析的?

19.7 与 HPLC 中常用的紫外-可见光和荧光检测器相比,质谱检测器有哪些优势?

19.8 与 GC-MS 相比,LC-MS 具有的突出特点是什么?

19.9 与 GC 常用的火焰离子化检测器相比,质谱检测器有哪些优势?

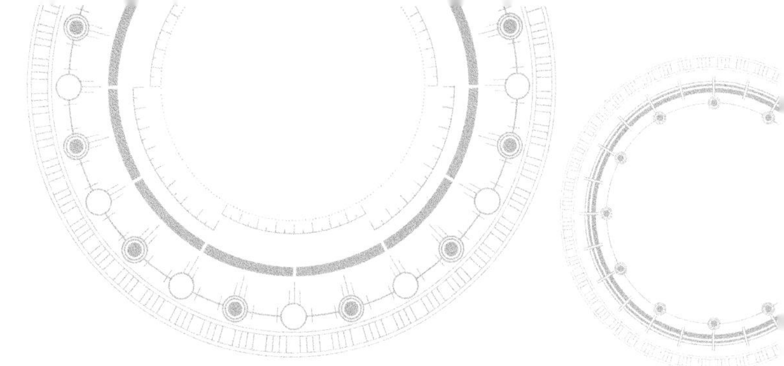

第二十章 X 射线光谱法

20.1 X 射线简介

1895 年，德国物理学家伦琴（Röntgen）在进行阴极射线实验时发现了一种不可见的射线。这种射线可以轻易穿透许多对可见光不透明的材料，而且具有使某些物质发出可见的荧（磷）光和使照相底片感光等能力。由于当时对于这种射线的本质和属性还了解得很少，伦琴就将其命名为 X 射线，其含义是未知的射线。X 射线的发现是物理学史上一次具有划时代意义的重大事件，它为物质结构和医学等方面的研究带来了新的希望，并直接导致了一系列新发现和新技术的产生。为了纪念发现者，人们将 X 射线也称为伦琴射线，而伦琴也因为 X 射线的发现于 1901 年获得了第一届诺贝尔物理学奖。

X 射线是一种波长很短的电磁辐射，其波长范围为 0.001～10 nm，介于紫外线和 γ 射线之间。以 0.1 nm 波长为界，通常将 X 射线分为软 X 射线（波长大于 0.1 nm，能量较低）和硬 X 射线（波长小于 0.1 nm，能量较高）。X 射线与物质相互作用时可发生吸收、衍射和荧光等现象，以此为基础的各种 X 射线光谱方法可用于对物质的定性和定量分析。

20.2 X 射线的吸收、衍射和荧光

20.2.1 X 射线吸收

当一束 X 射线穿过某种物质时，物质原子会对 X 射线产生吸收，形成相应的 X 射线吸收光谱（图 20.1）。与其他类型的电磁辐射相似，在不考虑散射影响的情况下，比尔定律同样适用于 X 射线吸收，即

$$\ln \frac{I_0}{I} = \mu \rho l \tag{20.1}$$

式中 I_0 与 I 分别为穿过样品前后特定波长的 X 射线强度；μ 为质量吸收系数（单位为 $cm^2 \cdot g^{-1}$），它只与产生 X 射线吸收的元素类型有关，与元素的物理形态和化学状态无关；ρ 为样品密度（单位为 $g \cdot cm^{-3}$）；l 为样品厚度（单位为 cm）。

原子对特定能量 X 射线光子的吸收可导致其内层轨道的某个电子被激发，使该电子跃迁至未被电子填满的高能级轨道或离开原子，从而在原子内层电子轨道上产生一个空穴（空轨道）。根据量子理论，当入射 X 射线的光子能量恰好能激发原子内层电子时，原子对入射 X 射线光子的吸收概率较大。

图 20.1 是铅的 X 射线吸收光谱。在第一个吸收峰 K 处（波长为 0.014 nm），X 射线光子能量恰好能将铅原子的 K 电子激发，低于该波长的 X 射线光子与铅原子 K 电子间的相互作用概率减少，表现为吸收系数缓慢下降。超过该波长的 X 射线光子能量不足以激发铅原子的 K 电子，表现为吸收系数突然下降，具有明显的不连续性。通常 X 射线吸收光谱中波长略长于最高吸收波长处的吸收系数突然阶跃式的改变形成吸收限或吸收边，吸收限对应的波长是 0.014 nm。由于铅原子的 L 能级具有 3 个支能级，因此在该能级处有 L_{I}，L_{II} 和 L_{III} 共 3 个吸收限。电子被激发前的轨道能级越低，激发所需 X 射线光子的能量越高，吸收限的波长越短。

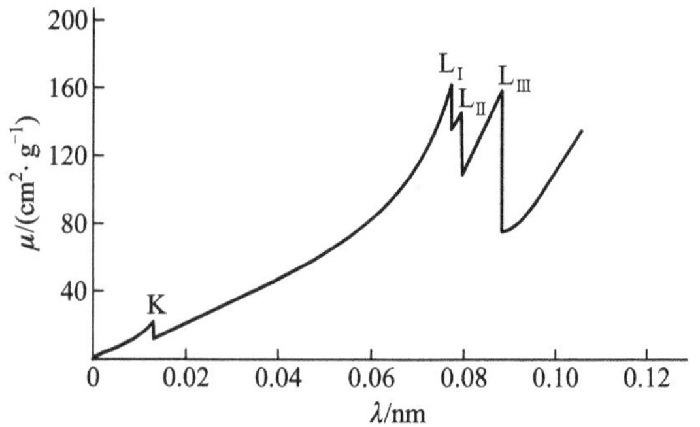

图 20.1　铅的 X 射线吸收光谱

20.2.2　X 射线衍射

X 射线的电矢量可与物质原子中被原子核束缚的电子发生相互作用，产生 X 射线散射。物质原子的序数越大，电子越多，对 X 射线的散射能力就越强。由于相互作用前后的 X 射线光子能量不变，故所发生的散射过程被称为弹性散射或瑞利（Rayleigh）散射。当 X 射线以一定的角度照射到晶格间距与 X 射线波长数量级相同或相近的晶体表面时，晶体所具有的有序点阵结构可使其散射的 X 射线产生干涉现象，包括相长干涉和相消干涉。晶体对 X 射线的散射和干涉叠加后即形成了对 X 射线的衍射。如图 20.2 所示，X 射线以掠射角 θ（入射角的余角）照射晶格间距为 d 的晶体，照射到原子 O，E 和 F 的 X 射线光程依次相差 $d\sin\theta$，同样，被原子 O，E 和 F 散射后的 X 射线光程也依次相差 $d\sin\theta$。如果被相邻晶格中原子散射前后的 X 射线光程差之和为 X 射线波长 λ 的整数倍，即

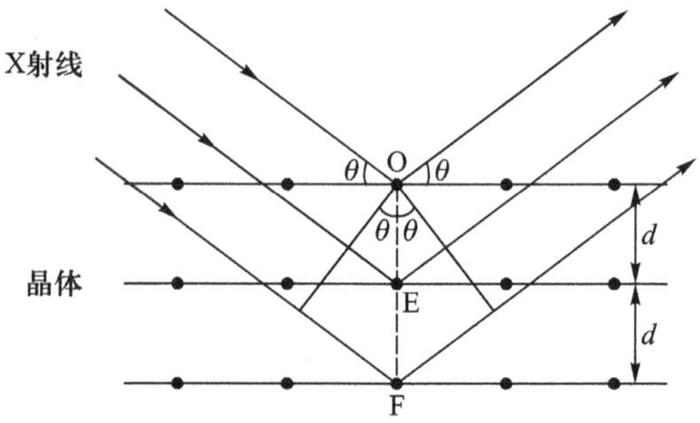

图 20.2　晶体对 X 射线的衍射

$$2d\sin\theta = n\lambda \tag{20.2}$$

散射后的 X 射线将发生相长干涉，而以其他掠射角入射的相同波长 X 射线将发生相消干涉。式（20.2）称为布拉格（Bragg）定律，式中 n 为衍射级数，取值范围为零及正整数（0，1，2，3，…）。由布拉格定律可知，晶体能对波长小于或等于 2 倍晶格间距的 X 射线产生衍射。在 X 射线光谱法中，布拉格定律主要应用在以下两个方面：

① 对 X 射线的色散。通过采用不同晶格间距的晶体和不同的掠射角可对连续波长 X 射线进行色散。

② 对晶体结构的推测。用已知波长的 X 射线照射晶体,通过测量产生相干衍射时的掠射角可计算晶格间距,进而推测晶体结构。

20.2.3 X 射线荧光

如 20.2.1 节所述,物质原子在吸收 X 射线光子后,其能级较低的内层电子轨道上会产生空穴,使原子处于不稳定的激发态;此时原子的较外层电子将跃迁到该内层电子轨道上填补空穴,使体系能量降低。电子在上述能级间的能量差会以 X 射线光子的形式辐射出来,此现象称为 X 射线荧光。X 射线荧光光谱具有特征性,不同元素的 X 射线荧光特征谱线波长 λ 与其原子序数之间遵循莫塞莱(Moseley)定律:

$$\left(\frac{1}{\lambda}\right)^{\frac{1}{2}} = K(Z - S) \tag{20.3}$$

式中 K 和 S 均为常数,随不同的谱线系列(K,L)而定;Z 为原子序数。由莫塞莱定律可知,X 射线荧光特征谱线波长随原子序数的增加而变短。原子的 X 射线荧光特征谱线波长略长于其吸收限波长,其原因是在吸收过程中,吸收限波长处的 X 射线光子能量恰好能将原子内层电子激发,而荧光发射过程则对应着体系内某个较高能级的电子向较低能级的跃迁,即吸收过程的能量略大于发射过程的能量。在实际应用中,元素的 X 射线荧光特征谱线的波长和强度可用于对该元素的定性和定量分析。另外,由于 X 射线荧光特征谱线具有良好的单色性和很高的相对强度(与连续波长部分相比),有时也用作次级 X 射线光源。

20.3 仪器装置

X 射线光谱仪器包括 X 射线吸收光谱仪、X 射线衍射光谱仪和 X 射线荧光光谱仪等多种。与其他光谱法仪器类似,X 射线光谱仪器也主要包含光源、检测和色散三个系统。

20.3.1 X 射线光源

常见的 X 射线光源按其产生 X 射线方式的不同一般可分为三种:① 能发出连续和特征 X 射线辐射的 X 射线管;② 在 X 射线管发出的初级 X 射线照射下,能产生次级(荧光)X 射线的荧光物质;③ 放射性元素。

1. X 射线管

X 射线管的结构如图 20.3 所示。在 X 射线管内部的真空环境中,热阴极(钨丝)产生的电子被极间高压(也称加速电压)加速后轰击到阳极靶(由 Cu,Fe,Cr,Mo 等金属或其化合物材料制成)上,电子动能的绝大部分转换为热能,只有不到 1% 的部分转换为 X 射线通过透射窗（由云母、聚酯、铍或铝等材料制成）辐射到管外。阴极加热电流的大小决定了 X 射线的强度，而极间高压则决定了 X 射线的波长（光子能量）。X 射线管发出的光谱由连续 X 射线谱（韧致辐射）和特征 X 射线（特征辐射）组成（图 20.4）。

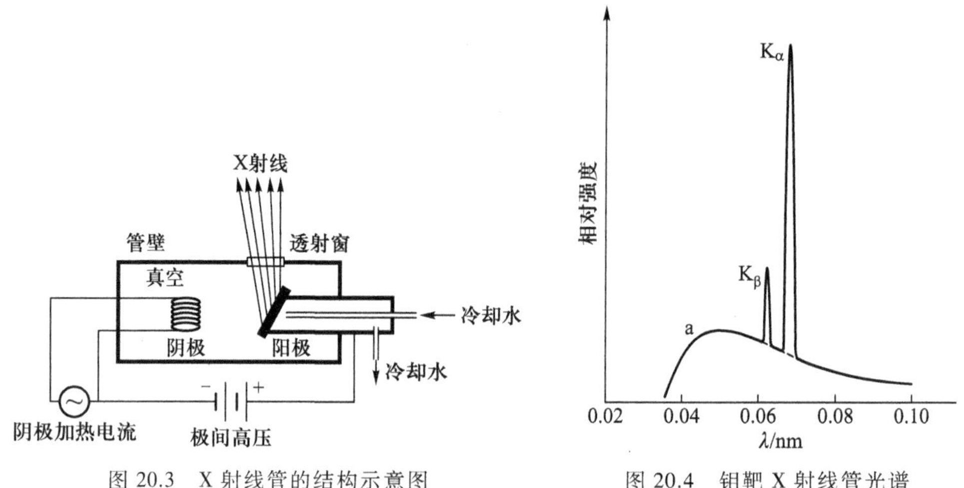

图 20.3　X 射线管的结构示意图　　图 20.4　钼靶 X 射线管光谱

（1）韧致辐射

电子由高能级跃迁至低能级时，可产生电磁辐射。当电子由原子或分子内部的高能级跃迁至低能级（束缚–束缚跃迁）时，可产生线状或带状光谱辐射；当自由电子与离子复合（自由–束缚跃迁）时，可产生连续光谱辐射；当高速运动的自由电子与其他粒子发生相互碰撞，即电子在外力作用下减速，使电子跃迁至能量较低的自由态（自由–自由跃迁）时，亦可产生连续光谱辐射，此种辐射称为韧致辐射或制动辐射。在 X 射线管中，被极间高压加速后的电子轰击到阳极靶时会与靶材原子发生随机的碰撞并被减速，碰撞前后电子的动能损失因碰撞而异，故所产生的 X 射线光子能量值是一个很宽的范围，表现为 X 射线光谱是在一定波长范围内连续的韧致辐射光谱（图 20.4 中标示为 a 的隆起部分）。在韧致辐射中光子的最大能量，亦即光谱中波长最短的光子的能量，是与电子在一次碰撞中被减速到零动能的过程相对应的，其表达式为

$$h\nu_0 = \frac{hc}{\lambda_0} = Ue \tag{20.4}$$

式中 U 为极间高压值；e 为电子电荷量；h 为普朗克常量；ν_0 为 X 射线的最大辐射频率；c 为光速；λ_0 为 X 射线的最短波长（也称为短波限）。

（2）特征辐射

当施加在 X 射线管上的极间电压超过某一临界值时，加速后的电子动能足以激发靶材原子内层轨道上的电子，使其跃迁至未被电子填满的能级较高的外层轨道或离开原子而使原子电离，从而导致原子核–电子体系的能量升高并处于不稳定的激发态。随后，外层轨道上的电子会向内层空轨道跃迁以使体系的能量下降至稳定态，而多余的能量则以 X 射线光子的形式向外辐射，形成相应元素的特征 X 射线光谱（图 20.4 中标示为 K_α 和 K_β 的尖峰部分），此现象称为特征辐射。各元素的特征 X 射线波长与其原子序数之间的关系也遵循莫塞

莱定律[式(20.3)]。

通常用 K,L,M,N,…表示主量子数 $n=1,2,3,4,\cdots$的电子轨道的能级,根据电子跃迁的起始能级和终止能级可将特征 X 射线光谱分为多个系列(图 20.5)。

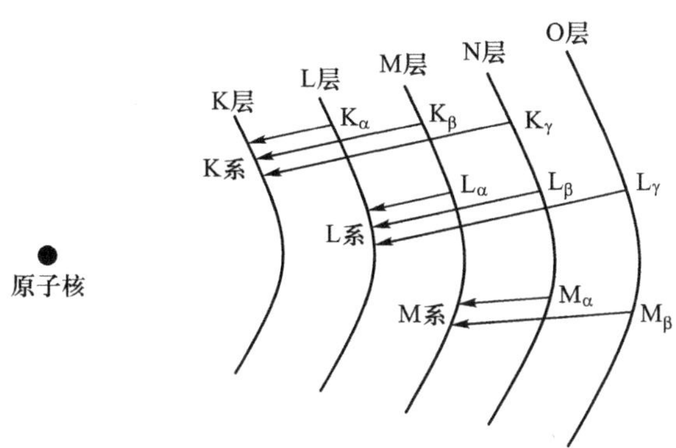

图 20.5 特征 X 射线光谱系列示意简图

由于引起特征 X 射线发射的内层轨道电子通常不参与成键,因此大多数元素的特征 X 射线光谱都与其化学结合状态无关。例如,不论钼靶 X 射线管的靶材料是单质钼还是钼的硫化物或氧化物,钼的各 K_α 谱线波长都相同。

如同在可见光区使用有色玻璃滤光片一样,使用薄金属片可以将 X 射线光谱中不需要的部分滤掉。例如用锆金属滤光片可将钼靶 X 射线管光谱中的大部分连续光谱和 K_β 谱线滤掉,从而得到强度损失较大但单色性很好的钼 K_α 谱线。但是由于可用的靶-滤光片组合很少,这种波长选择方法具有很大的局限性。

2. 次级 X 射线

用 X 射线管产生的连续 X 射线照射某种元素的单质或化合物,可引起被照射元素原子发射特征 X 射线荧光。例如,采用钨靶 X 射线管发出的连续光谱激发钼元素时所产生的 K_α 和 K_β 光谱与图 20.4 所示的光谱类似,但连续光谱部分的相对强度很低。

3. 放射性元素

放射性元素原子在衰变过程中发生的电子俘获(主要是 K 俘获)现象会导致 X 射线的产生。在衰变过程中,原子核可俘获 K 电子并将自身原子序数降低一个单位,外层轨道电子会向 K 层空轨道跃迁并产生一个新形成元素的特征 X 射线光子。如人工制备的放射性同位素 ^{55}Fe 可发生半衰期为 2.6 年的 K 反应:

$$^{55}\text{Fe} \longrightarrow {}^{54}\text{Mn} + h\nu \tag{20.5}$$

所得到的锰 K_α 光谱(波长为 0.21 nm)是 X 射线吸收光谱法和 X 射线荧光光谱法的一种有用光源。

20.3.2 X 射线检测

与早期的原子发射光谱仪器相同,早期的 X 射线光谱仪器也采用涂有卤化银照相乳剂的光谱干板作为检测器。现代 X 射线光谱仪器所采用的检测器主要为基于光子计数技术的充气型检测器、半导体计数器、闪烁计数器,以及电荷耦合器件。

1. 光子计数检测器

光子计数技术适用于对各波段极弱光强度的检测，其基本原理是检测器可产生与入射光子数目和能量相应的电脉冲，通过对电脉冲进行计数（电脉冲产生率）可得到入射光的强度信息（光子数目），通过对电脉冲高度（每个脉冲的电子数目）的测量可得到入射光的波长或频率信息（光子能量）。

当入射光强度增加时，检测器所产生的电脉冲频率也随之增加，当电脉冲频率超出检测器的响应范围后，光子计数技术就不适用了，取而代之的是常用的光-电流转换技术，即通过测量检测器产生的稳态电流的大小来测量光强。但光-电流转换技术无法得到入射光的波长或频率信息，必须通过色散系统来弥补。

（1）充气型检测器

如图 20.6 所示，充气型检测器主要由圆柱形金属外壁（阴极）和中心阳极组成，内部充有惰性气体（Ar，Xe 或 Kr）和低浓度的有机气体（甲烷、乙醇等）。

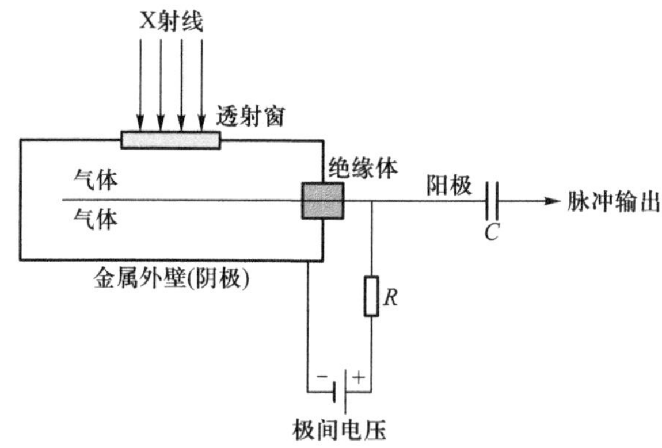

图 20.6　充气型检测器结构示意图

X 射线通过透射窗进入检测器内部后使惰性气体原子电离，产生电子-离子对。单个 X 射线光子产生的电子-离子对数目与光子能量成正比，与气体原子的电离能成反比。在极间电压的影响下，移动较快的电子向中心阳极移动，而移动较慢的阳离子则向外壁阴极移动。当极间电压较高（> 800 V）时，电子在移动过程中可被极间电压加速，动能显著增加，从而使更多的惰性气体原子发生电离，产生多级电离现象，导致电子数目在 X 射线光子被吸收后的瞬间（0.1～0.2 μs）迅速增加并最终打到中心阳极上。大量的电子到达阳极可产生很大的瞬时电流，并导致阳极高压突然降低，从而产生一个脉冲输出。

当检测器的极间电压在一个合适的范围（800～1100 V）时，阳极脉冲的输出高度与入射 X 射线的光子能量成正比，此类型的检测器称为正比计数器，是 X 射线光谱仪器中常用的检测器之一；当检测器的极间电压低于上述范围时，多级电离现象不显著，导致检测器的灵敏度很低而用途不大；当检测器的极间电压超过上述范围时，多级电离作用增大，但由于移动较快的电子与移动较慢的正离子分离时所产生的正空间电荷将限制到达中心阳极的电子数目，导致检测器的阳极脉冲输出高度与入射 X 射线的光子能量逐渐偏离正比关系。

在电子到达中心阳极并产生电脉冲后，检测器内部的正空间电荷会阻止新电子-离子对的产生，直至正离子全部移动到外壁阴极为止。检测器在这段时间内对入射的 X 射线光子无响应，因此这段时间也被称为“死时间”。正比计数器的死时间一般为 1 μs。

(2) 半导体计数器

半导体计数器(图 20.7)通常由掺有 Li 的 Si 制成,夹在 P 型 Si 和 N 型 Si 之间的 Li 漂移 Si 起到与充气型检测器中的惰性气体相同的作用。Li 的原子半径很小,在高温条件下(400~500 ℃)很容易扩散进入 Si 晶体形成 Li 漂移 Si。Li 的电离能比较低,当 X 射线光子进入 Li 漂移 Si 区域后,沿其运动轨迹会产生大量的电子-空穴对,在极间电压的作用下,电子和空穴分别向 N 型层与 P 型层移动,移动到 N 型层金属电极的电子会产生瞬时电流并形成一个电脉冲,脉冲高度与入射 X 射线的光子能量成正比。

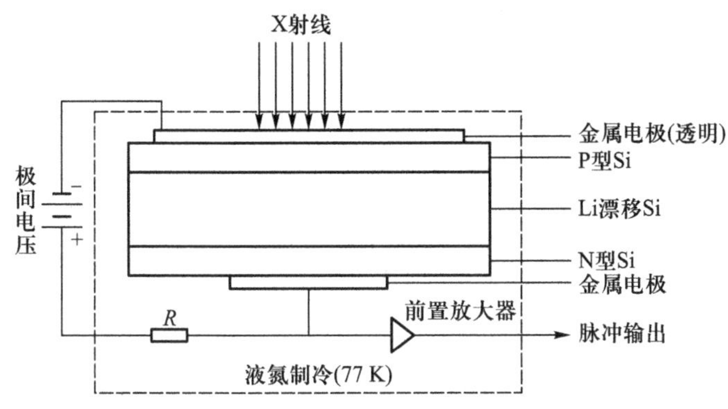

图 20.7 Li 漂移 Si 半导体计数器结构示意图

半导体计数器只能在液氮制冷(77 K)的低温环境下存放和工作。环境温度的升高将导致 Li 漂移 Si 中的 Li 扩散到其他类型的 Si 晶体中,使检测器的响应性能下降。此外,低温环境也能显著降低检测器工作时的电子噪声。

与充气型检测器相比,半导体计数器在吸收能量相同的 X 射线光子后所产生的电脉冲带宽很窄,因此具有更好的脉冲分辨能力。

(3) 闪烁计数器

X 射线照射到闪烁体(磷光体)上会引起可见光区光信号的产生,通过对可见光区光信号强度的测量可间接得到 X 射线的强度信息,这就是闪烁计数器的工作原理。

常用的 X 射线闪烁计数器一般采用铊活化的碘化钠晶体,即 NaI(Tl)作为闪烁体,通过采用计数(脉冲)工作模式的光电倍增管检测闪烁体光信号(光电倍增管的基本结构和工作原理参见本书第三章)。由于闪烁体产生的光信号很弱,无法在光电倍增管的阳极产生连续的光电流,而只能产生电脉冲,故此时的光电倍增管只能工作在与充气型检测器和半导体计数器类似的计数模式下。

2. 电荷耦合器件

电荷耦合器件(CCD)的基本结构和工作原理参见本书第三章。与紫外光、可见光类似,X 射线也可使 CCD 的 Si 衬底产生电子-空穴对,由于 X 射线的光子能量比紫外光、可见光的能量要高出几个数量级,故其产生的光生电荷数目也高出几个数量级。为避免 X 射线在照射到 Si 衬底之前损失过多,通常采用薄背无窗型 CCD 检测 X 射线,同时需要对检测器制冷并抽真空。

CCD 在检测 X 射线时有光子计数和光电流两种工作模式。如果 CCD 的势阱深度只够用来存放单个 X 射线光子产生的光电荷，那么只能采取光子计数模式进行测量；而如果 CCD 的势阱深度足够大，可以存放多个 X 射线光子产生的光电荷，那么也可以采用增加曝光时间并检测光电流的模式进行测量。

20.3.3　X 射线色散

在 X 射线光谱仪器中通常采用两种方法对 X 射线进行色散：① 根据布拉格定律，利用晶体对 X 射线的衍射作用进行波长色散；② 采用光子计数技术，利用不同波长 X 射线光子在检测器上产生的电脉冲高度差异进行能量色散。

1. 波长色散

波长色散型 X 射线单色器的工作原理如图 20.8 所示。经准直后的平行复色 X 射线以掠射角 θ 照射到晶格间距为 d 的晶体（可用的晶体有 Ge、LiF、磷酸二氢铵等）上，根据布拉格定律，只有波长 λ 满足 $2d\sin\theta=n\lambda$ 的 X 射线会在与入射方向呈 2θ 夹角的方向上发生相长干涉，其他波长的 X 射线在此条件下都会发生相消干涉。通常第一级光谱（$n=1$）的强度远高于其他级，故色散后的 X 射线波长可记为

$$\lambda=2d\sin\theta \tag{20.6}$$

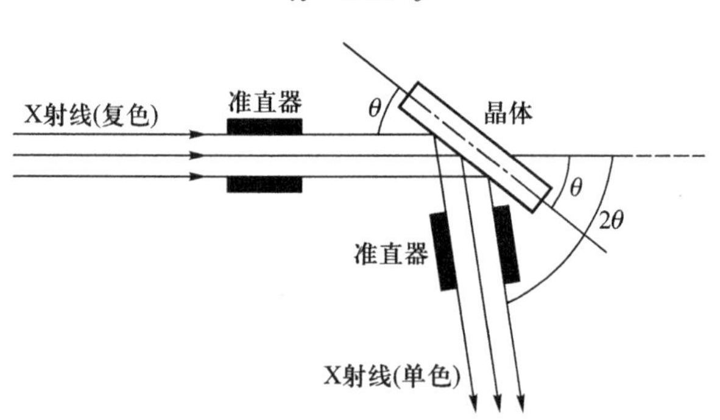

图 20.8　波长色散型 X 射线单色器的工作原理示意图

在保证掠射角和检测角度为 θ 和 2θ 比例关系的条件下，同步转动晶体（或光源）和检测器即可以实现对 X 射线的色散和检测。在实际应用中，2θ 角的取值范围通常限定在 10°~160°，这是因为当 2θ 角小于 10°时，晶体表面散射所导致的多色辐射现象会很严重，而 X 射线光源与检测器的体积因素又会导致大于 160°的 2θ 角无法用于实际测量。

对式（20.6）进行微分可得到晶体的 X 射线衍射角色散率：

$$\frac{d\theta}{d\lambda}=\frac{1}{2d\cos\theta} \tag{20.7}$$

由式（20.7）可看出，角色散率与晶体的晶格间距呈反比关系，因此，与晶格间距较小的晶体相比，晶格间距较大的晶体在 2θ 角范围相同的情况下所得到的波长范围较大，但较低的角色散率也使其不适用于短波长区域。

在 X 射线光谱仪器中，波长色散型单色器既可用于光源部分（对 X 射线管发出的复色 X 射线进行色散），也可用于检测部分（对经过样品的或由样品产生的复色 X 射线进行色散）。

2. 能量色散

根据光子计数型检测器阳极脉冲的输出高度与入射 X 射线光子的能量成正比这一原理,在检测器后采用脉冲高度选择器可实现对 X 射线的能量色散。单通道脉冲高度选择器的工作原理如图 20.9 所示:上、下鉴别器的脉冲选择高度分别被设定为 U 和 $U+\Delta U$,上鉴别器只让高度高于 U 的脉冲 2 和 3 通过,而下鉴别器只让高度高于 $U+\Delta U$ 的脉冲 3 通过并将其反转,通过上、下鉴别器的脉冲经过反符合电路的处理后,只有高度在上、下鉴别器脉冲设定高度之间的脉冲 2 最终能进入计数器。X 射线光谱仪器中常用的多道脉冲分析器一般都具有几百至上千个脉冲高度选择通道,可将光子能量不同(亦即波长不同)的 X 射线分开,从而实现对 X 射线光谱的色散和测量。

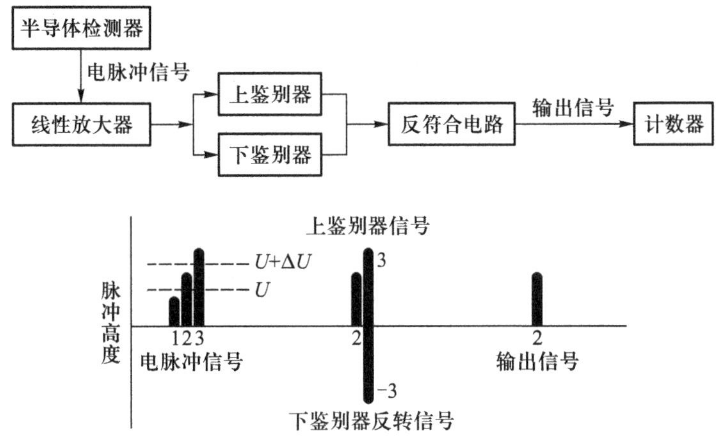

图 20.9 单通道脉冲高度选择器的工作原理示意图

与波长色散型单色器相比,能量色散系统具有体积小、无可动部件、响应速度快和不存在高级光谱衍射干扰等优点,有利于仪器结构的小型化和现场化;缺点是光谱分辨率略差,而且检测器必须在液氮制冷的环境下存放和工作。

在 X 射线光谱仪器中,能量色散系统只用于对经过样品或由样品产生的复色 X 射线进行色散,并且通常是与检测器系统不可分的。

20.4 X 射线光谱法的应用

在所有 X 射线光谱方法中,应用最为广泛的是用于晶体分析的 X 射线衍射光谱法和用于元素测定的 X 射线荧光光谱法。X 射线吸收光谱法虽然也可以用于元素测定,但在可测元素范围和灵敏度等方面与 X 射线荧光光谱法相比均有很大差距,因此在实际应用中很少被采用(采用同步辐射光源的 X 射线吸收精细结构光谱法不在本章的讨论范围内)。

20.4.1 X 射线衍射光谱法

如 20.2.2 节中所述，各种晶体的组成原子其原子序数的差异导致了晶体对 X 射线散射能力的差异，晶格间距的差异导致了晶体对 X 射线衍射角度的差异，因此，每种晶体化合物都有其独一无二的衍射图谱，而衍射图谱也可作为晶体化合物的“指纹”图谱，用于对晶体化合物成分的定性判别和对晶体中原子排列方式及间距的定量测定。按仪器结构和样品形式的不同，X 射线衍射光谱法可分为多晶粉末法和单晶衍射法。

1. 多晶粉末法

多晶粉末法中常用的 X 射线衍射仪结构如图 20.10 所示。采用 X 射线管和滤光片组合得到的靶材特征 X 射线经准直后照射到压成片状的粉末样品上，将光源（或样品）和检测器以 θ 与 2θ 角的比例关系进行同步转动即可对样品进行扫描。

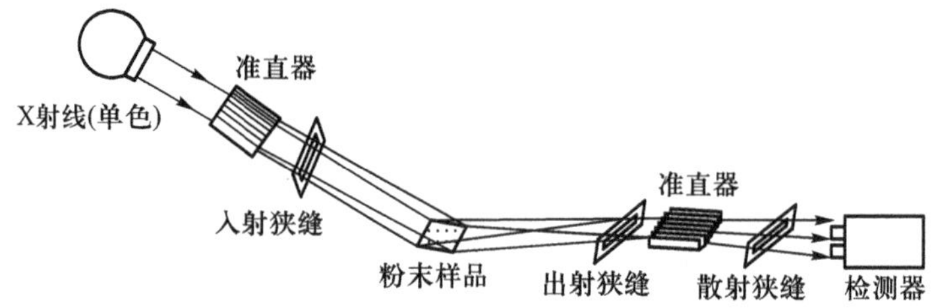

图 20.10 多晶粉末法常用的 X 射线衍射仪结构示意图

在测量前，晶体样品需要被研磨成均匀的细粉并压成片状（可能需要借助一些非晶体的黏合剂）。在片状的粉末样品中，无数的小晶体颗粒将沿各种可能的方向取向，因此能保证有显著数量的小晶体颗粒满足布拉格定律。

分别以衍射角 2θ 和衍射强度为横、纵坐标作图，可得到所测样品的 X 射线衍射图谱。NaCl 与 KCl 晶体的多晶粉末法衍射图谱如图 20.11 所示。

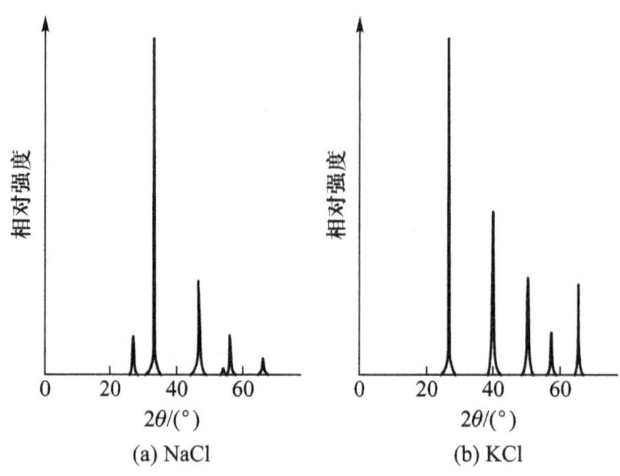

图 20.11 NaCl 与 KCl 晶体的多晶粉末法衍射图谱

多晶粉末法常用于对样品进行物相分析和对简单晶体进行结构测定。国际粉末衍射标准联合会(JCPDS)收集并出版了一整套X射线多晶粉末衍射卡片(PDF),将所测晶体的X射线衍射数据与PDF数据进行比对可得到其结晶物相种类和百分比、晶格常数、结晶程度、粒度分布及有序度等信息。

2. 单晶衍射法

单晶衍射法是以单晶体为测量对象,通过对样品台和检测器的联动得到单晶体各个晶面的衍射数据。与多晶粉末法相比,单晶衍射法仪器更方便、可靠,所得到的衍射数据信息量也更大。

在实际测量时,需要从单晶体的形状、颜色和解理等方面保证样品能够代表所要鉴定的物相,尽可能选择呈球形或圆柱形、直径在0.1~0.7 mm且无解理和裂纹的单晶体或晶体碎片作为样品。

单晶衍射法采用特征X射线光源(一般由X射线管和滤光片组合得到),测量装置则通常为四圆衍射仪(图20.12)。四圆衍射仪的作用是,通过使固定于测角台上的晶体在三个圆形轨道上的运动及检测器在一个圆形轨道上的联动,使单晶体依次转到每个晶面所要求的衍射位置上,并通过检测器得到单晶体各个晶面的衍射信息。四个圆的轴线交于一点(偏差小于25 μm),该点为四圆衍射仪的机械中心,测量时单晶体即通过玻璃丝支架被安置于此点。四个圆分别称为φ圆、χ圆、ω圆和2θ圆,与之对应的轴线分别为φ轴、χ轴、ω轴和2θ轴,其中ω轴和2θ轴重合,所以实际上共有三个轴。在这三个轴中,ω轴(2θ轴)垂直于水平面,故与之相对应的ω圆和2θ圆也称为水平圆,而χ轴与水平面平行,故与之相对应的χ圆也称为垂直圆。

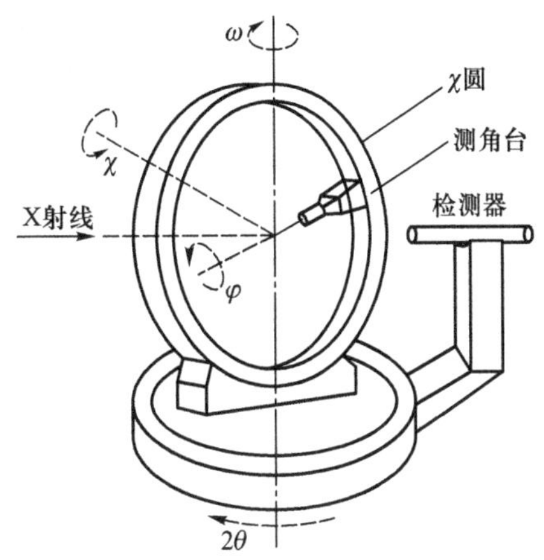

图20.12 四圆衍射仪结构示意图

四个圆周的作用分别如下:

φ圆:测角台围绕其自转轴φ的自转圆。安置于测角台顶端的晶体可随测角台的自转在此圆上绕φ轴旋转。

χ圆:安装测角台的垂直圆。晶体可随测角台在此圆周上的公转绕χ轴旋转。

ω圆:使垂直圆(χ圆)绕垂直轴(ω轴)转动的水平圆,即晶体绕垂直轴转动的圆。

2θ圆:检测器绕2θ轴的转动圆,与ω圆同轴,也为水平圆。

四圆衍射仪在工作时,位置固定的光源所发出的X射线经准直后沿水平方向照射到单晶体上;φ圆和χ圆共同调节晶体取向,使晶体中某一平面点阵组与水平面垂直(即其法线处于水平面上);ω圆使晶体旋转到能使上述平面点阵组产生衍射的位置;2θ圆调节检测器的检测角度,使晶体产生的衍射X射线能进入检测器。

单晶衍射法能提供晶体内部三维空间的电子云密度分布、分子的立体构型和构象、化学键的类型以及键长和键角、分子间距离、配合物的配位数等信息,是晶体结构分析中最有效的方法之一。

20.4.2 X 射线荧光光谱法

按色散系统的差异,X 射线荧光光谱仪主要分为波长色散型[图 20.13(a)]和能量色散型[图 20.13(b)]两类,其色散原理见 20.3.3 节。

X 射线荧光光谱仪通常采用 X 射线管作为连续光源,常用的 X 射线管靶材及其测定元素范围见表 20.1。

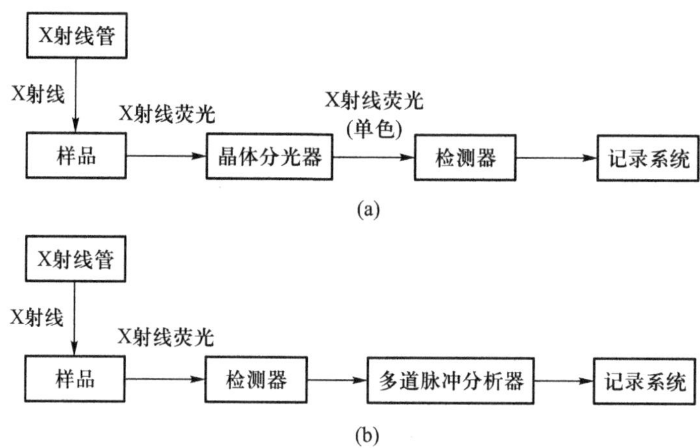

图 20.13 波长(a)和能量(b)色散型 X 射线荧光光谱仪基本结构示意图

表 20.1 常用的 X 射线管靶材及其测定元素范围

靶材	测定元素范围	所用谱线系
W	$<{}^{32}\mathrm{Ge}$	K
	$<{}^{77}\mathrm{Ir}$	L
Mo	${}^{32}\mathrm{Ge}\sim{}^{41}\mathrm{Nb}$	K
	${}^{76}\mathrm{Os}\sim{}^{92}\mathrm{U}$	L
Pt	同 W 靶	
Au	${}^{72}\mathrm{Hf}\sim{}^{77}\mathrm{Zr}$	L
Cr	$<{}^{23}\mathrm{V}$ 或 ${}^{22}\mathrm{Ti}$	K
	$<{}^{58}\mathrm{Ce}$	L
Rh,Ag	$<{}^{17}\mathrm{Cl}$ 或 ${}^{16}\mathrm{S}$	K

图 20.14(a)和图 20.14(b)分别为采用波长色散型和能量色散型 X 射线荧光光谱仪得到的典型 X 射线荧光光谱。

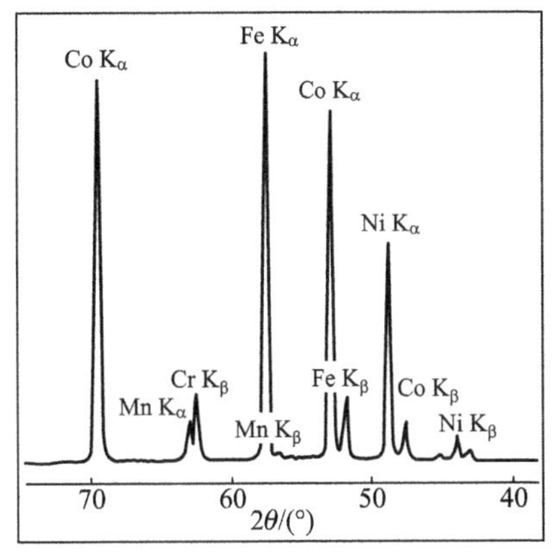

(a) X射线荧光波长色散光谱图

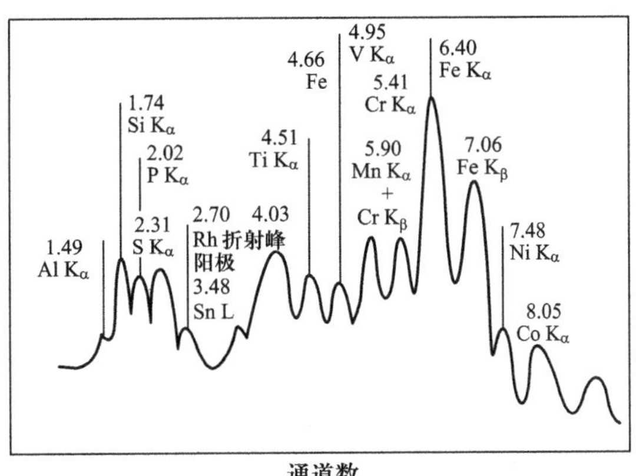

(b) X射线荧光能量色散光谱图(峰质数值单位为keV)

图 20.14　X 射线荧光光谱图

通过查谱线-2θ 表(X 射线荧光波长色散光谱图)或能量表(X 射线荧光能量色散光谱图)可得到所测元素的种类信息。采用与其他光谱法类似的标准曲线法、内标法和标准加入法等定量方法可测定目标元素的含量。

与原子发射和原子吸收光谱法相比,X 射线荧光光谱法虽然灵敏度稍低,但是却具有分析迅速、可进行无损分析、测定元素范围广(原子序数 5~92 的元素)、谱线简单、光谱干扰少和线性范围宽等诸多优点,不仅可分析块状样品,还可对多层镀膜样品的各层镀膜分别进行成分和膜厚分析,因此在冶金、制造和珠宝等行业中的应用较为广泛。

参考文献

[1] Skoog D A, Holler F J, Crooch S R. Principles of Instrumental Analysis Boston: Cengage Learnig, 2018.

[2] Kellner R, Mermet J M, Otto M, 等. 分析化学. 李克安, 金钦汉, 等, 译. 北京: 北京大学出版社, 2001.

[3] 马礼敦. 高等结构分析. 上海: 复旦大学出版社, 2002.

[4] 刘粤惠, 刘平安. X 射线衍射分析原理与应用. 北京: 化学工业出版社, 2003.

[5] 祁景玉. X 射线结构分析. 上海: 同济大学出版社, 2003.

[6] 曾泳淮. 分析化学(仪器分析部分). 3 版. 北京: 高等教育出版社, 2010.

[7] 丘利, 胡玉和. X 射线衍射技术及设备. 北京: 冶金工业出版社, 1998.

[8] 苗春省. X 射线定量相分析方法及应用. 北京: 地质出版社, 1988.

[9] 曹利国. 能量色散 X 射线荧光方法. 成都: 成都科技大学出版社, 1998.

[10] 梁栋材. X 射线晶体学基础. 北京: 科学出版社, 1991.

[11] Sher wood D. 晶体、X 射线和蛋白质. 范世藩, 译. 北京: 科学出版社, 1985.

[12] 吉昂, 陶光仪, 卓尚军. X 射线荧光光谱分析. 北京: 科学出版社, 2003.

习题

20.1　列举常用的产生X射线的几种光源。

20.2　解释并区别下列名词：连续X射线、特征X射线、X射线荧光。

20.3　简述布拉格定律与莫塞莱定律的内容和应用。

20.4　区别吸收限与短波限。

20.5　简述X射线的K系与L系的区别以及K_α谱线与K_β谱线的区别。

20.6　简述光子计数技术与光-电流转换技术的区别和适用范围。

20.7　简述正比计数器、半导体计数器和闪烁计数器的工作原理。

20.8　从仪器结构和工作原理两个方面对波长色散型和能量色散型X射线荧光光谱仪进行比较。

20.9　为下列情况选择合适的X射线光谱分析方法：

(a) 区别KCl和NaCl晶体；

(b) 矿石中主要元素成分的定性和半定量分析；

(c) 首饰中贵金属含量的测定；

(d) 有机物晶体内部三维空间的电子云分布。

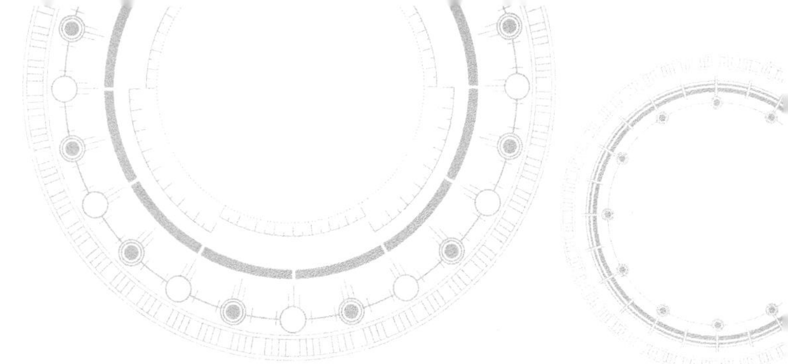

第二十一章 表面分析法

固体材料的物理化学性质不仅与其体相的组成和结构有关，而且在很多方面与固体表面的成分和结构有关。 在研究表面成分方面，目前采用最多的有 X 射线光电子能谱（XPS）、俄歇电子能谱（AES）、出现电势谱（APS）及二次离子质谱（SIMS）。 AES 和 APS 给出的是存留在固体表面上的元素的信息，而 SIMS 可给出有关溅射-脱附的二次离子信息。 它们互为补充，可以得出表面成分更加完整的结果。 在研究固体表面的晶体结构方面，目前主要利用低能电子衍射（LEED）。

对原子在固体表面吸附的研究是表面分析的重要课题，通过 AES，APS 和 SIMS 等方法可以分析吸附在固体表面上原子的种类和位置。 但是对表面分析来说还希望进一步了解吸附原子和基底原子之间的电子相互作用机理，找出这种相互作用对吸附原子和基底原子电子能级的影响，以及电子能级与表面结构和成分的联系。 目前应用最广泛的有 XPS、紫外光电子能谱（UPS）、离子中和谱（INS）和能量损失谱（ELS）。

本章所涉及的分析方法属于固体表面分析方法。 表面分析法的基本原理都看作由一次束（电子、X 射线、光）辐照固体样品产生二次束（电子、离子、X 射线），分析带有样品信息的二次束，可以实现对样品的分析。 因为样品本身的吸收作用，在样品深处产生的二次粒子不能射出固体表面。 只有在“表层”样品中产生的粒子才有可能被检测，因此，这种分析方法都称为表面分析法。 本章主要介绍电子能谱法，并对二次离子质谱法、扫描隧道显微镜、原子力显微镜、扫描近场光学显微镜和激光共焦扫描显微镜进行简单的介绍。

21.1 电子能谱法

21.1.1 基本原理

1. XPS 基本原理

X 射线与被测物相互作用时，被测物吸收了 X 射线的能量并使其原子中的电子脱离原子成为自由电子，即 X 射线光电子。在 X 射线光电子的产生过程中，X 射线的能量（$h\nu$）一部分用于克服电子的结合能(E_b'),使其激发为自由的光电子;一部分转移至光电子使其具有一定的动能(E_k');还有一部分是原子的反冲动能(E_r),可用下式表示:

$$h\nu = E_k' + E_b' + E_r \tag{21.1}$$

其中 E_r 很小,可以忽略。E_b'就是一个原子在光电离前后的能量差,即可把真空电子能级 E_L(电子不受原子核吸引)选为参比能级,电子的结合能就是真空电子能级和内壳层电子能级的能量之差。

但对于固体样品,由于真空电子能级 E_L 与表面状况有关,容易改变,计算结合能的参考点不是选真空中的静止电子,而是选用费米能级 E_F,即相当于热力学 0 K 时固体能带中充满电子的最高能级。在计算结合能的参比能级为费米能级 E_F,并忽略 E_r 的情况下,式(21.1)应写为

$$h\nu = E_k' + E_b + \varphi_{sa} \tag{21.2}$$

显然 $E_b' = E_b + \varphi_{sa}$,式中 E_b 为费米能级 E_F 与原子内壳层电子能级的能量差(即电子的结合能),而 φ_{sa} 为功函数,即电子由 E_F 移到 E_L 所需的能量。由于在实验中样品与能谱仪相连并一同接地,且两者都是导体,因此样品和能谱仪之间就产生一个接触电位差(ΔU),其值等于样品功函数与能谱仪功函数 φ_{sp} 之差,若 $\varphi_{sa} > \varphi_{sp}$,即 $\Delta U = \varphi_{sa} - \varphi_{sp}$。当样品与能谱仪连接时,在相同的温度下,当两者达到动态平衡时,两种材料的费米能级是相同的,电子由样品进入能谱仪时,该接触电位将加速电子运动,使自由电子的动能从 E_k' 增加到 E_k。图 21.1 是光电子激发过程的能量关系示意图,如略去 E_r,从该图可以看出

$$E_k' + \varphi_{sa} = E_k + \varphi_{sp}$$

即

$$E_k' = E_k + \varphi_{sp} - \varphi_{sa} \tag{21.3}$$

将式(21.3)代入式(21.2)得

$$E_b = h\nu - E_k - \varphi_{sp} \tag{21.4}$$

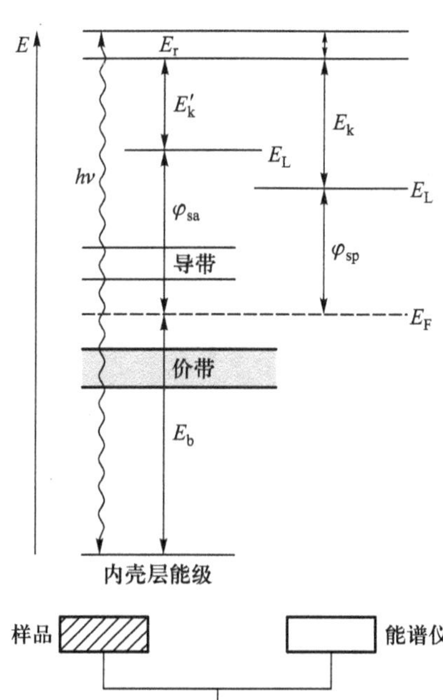

图 21.1　光电子激发过程的能量关系示意图

比较式(21.4)与式(21.1)可知,φ_{sp}取代了 φ_{sa},式(21.4)是计算固体样品中原子内层电子结合能的基本公式,样品的 φ_{sa} 随试样而异,但对同一台仪器来说,仪器材料的功函数 φ_{sp} 是一个定值,约为 4 eV,入射 X 射线光电子能量已知,这样,如果测出电子的动能 E_k,便可得到固体样品中电子的结合能。各种原子、分子的电子结合能是一定的。因此,通过对样品产生的 X 射线光电子动能的测定,就可以了解样品中元素的组成。

元素所处的化学环境不同,其结合能会有微小的差别。任何外层价电子分布的变化都会影响内层电子的屏蔽作用:当外层电子云密度减少时,屏蔽作用减弱,内层电子的结合能增加;反之结合能减少。在光电子谱图上可以看到谱峰的位移,称为电子结合能位移 ΔE_b。这种由化学环境不同引起的结合能的微小差别叫化学位移,由化学位移的大小可以确定元素所处的状态。例如,某元素失去电子成为离子后,其结合能会增加,如果得到电子成为负离子,则结合能会降低。因此,利用化学位移值可以分析元素的化合价和存在形式。

XPS 是一种表面分析方法,提供的是样品表面的元素含量与形态,而不是样品整体的信息,其信息深度为 3~5 nm。固体样品中除氢、氦之外的所有元素都可以进行 XPS 分析。

2. AES 基本原理

入射电子束和物质作用,可以激发出原子的内层电子。外层电子向内层跃迁过程所释放的能量,可能以 X 光的形式放出,即产生特征 X 射线,也可能又使核外另一个电子激发成为自由电子,这种自由电子就是俄歇电子。对于一个离子来说,激发态离子在释放能量时只能进行一种发射,即特征 X 射线或俄歇电子。原子序数大的元素,特征 X 射线的发射概率较大,原子序数小的元素,俄歇电子的发射概率较大,当原子序数为 33 时,两种发射概率大致相等。因此,AES 适用于轻元素的分析。

(1) 俄歇过程

激发态离子由于趋向稳定,自发地通过弛豫而达到较低能级,有两种相互竞争的去激发过程:

$$M^{+*} \longrightarrow M^{+} + h\nu \qquad \text{(发射荧光 X 射线)}$$

$$M^{+*} \longrightarrow M^{2+} + e^{-} \qquad \text{(发射俄歇电子)}$$

第一种过程产生荧光 X 射线,原子的终态呈单电离状态;第二种过程即俄歇过程。当形成激发态离子后,外层电子向空穴跃迁并释放能量,这种能量又使同一层或更高层的另一电子电离,最后原子呈双电离态。由于俄歇电子的产生涉及始态和终态两个空穴,故俄歇电子峰可用 3 个电子轨道符号表示。例如,电子束将某原子 K 层电子激发为自由电子,L 层电子跃迁到 K 层,释放的能量又将 L 层的另一个电子激发为俄歇电子,这个俄歇电子就称为 KLL 俄歇电子。同样,LMM 俄歇电子是 L 层电子被激发,M 层电子填充到 L 层,释放的能量又使另一个 M 层电子激发形成俄歇电子。

(2) 俄歇电子的能量

俄歇电子的动能只与电子在物质中所处的能级及仪器的功函数 φ 有关,与激发源的能量无关。因此,要在 X 射线光电子能谱中识别俄歇电子峰,可变换 X 射线源的能量。X 射线光电子峰会发生移动,而俄歇电子峰的位置不发生变化。

对于原子序数为 Z 的原子,俄歇电子的能量可以用下面经验公式计算:

$$E_{WXY}(Z) = E_W(Z) - E_X(Z) - E_Y(Z+\Delta) - \varphi_{sp} \tag{21.5}$$

式中 $E_{WXY}(Z)$ 为原子序数为 Z 的原子 W 空穴被 X 轨道电子填充得到的俄歇电子 Y 的能量;

$E_W(Z)-E_X(Z)$为 X 轨道电子填充 W 空穴时释放的能量；$E_Y(Z+\Delta)$为 Y 轨道电子电离所需的能量。因为俄歇电子 Y 是在已有一个空穴的情况下电离的，因此，该电离能介于原子序数为 Z 和 $Z+1$ 原子 Y 轨道电子单重电离能之间。其中 $\Delta=\frac{1}{2}\sim\frac{1}{3}$。根据式(21.5)和各元素的电子电离能可以计算出各俄歇电子的能量，制成谱图手册。因此，只要测定出俄歇电子的能量，对照现有的俄歇电子能量图表，即可确定样品表面的成分。

AES 是一种灵敏度很高的表面分析方法，可以进行除氢、氦之外的多元素一次定性分析。同时，还可以利用俄歇电子的强度和样品中原子浓度的线性关系进行元素的半定量分析，其信息深度为 1.0~3.0 nm。

(3) UPS 基本原理

UPS 是以紫外光作激发光源，紫外光只能使结合能不大于紫外光电子能量的第 n 个分子轨道中某个电离能为 I_n 的电子电离。当气体样品在紫外光作用下由分子中激发出一个光电子后，便相应地产生一个分子离子。因此，入射紫外光的能量($h\nu$)将用于电子的电离能 I_n、光电子的动能 E_k、分子的振动能 E_v 和分子的转动能 E_r，可用下式表示：

$$h\nu=E_k+E_v+E_r+I_n \tag{21.6}$$

式中 E_v 为 0.05~0.5 eV，E_r 更小，显然 E_v 和 E_r 比 I_n 小得多。因此，式(21.6)可简化为 $E_k=h\nu-I_n$，$n=1$ 为最高占据轨道，$n=2$ 为第一个内轨道，等等。被激发电子的电离能 I_n 越大，则测出的光电子动能 E_k 越小，如图 21.2 所示。

目前在各种电子能谱法中，只有 UPS 是研究振动结构的有效方法，可以观察到振动的精细结构。这是 XPS 无法得到的。其原因是 X 射线光电子是由原子内层电子激发出来的，其结合能比离子的振动能和转动能要大得多，而且 X 射线的自然宽度也比紫外线宽得多，所以它不能分辨出振动的精细结构。

图 21.3 是用高分辨紫外光电子能谱仪得到的谱图，从该谱图可以分辨出振动结构。图中第一谱带 I_1 是由分子中与第一电离能相关的能级上的电子被逐出后产生的，第二谱带 I_2 则是与第二电离能相关的能级上的电子被逐出后产生的。第一谱带 I_1 中又包括几个峰，这些峰对应于振动基态的分子到不同振动能级的离子跃迁。其中，第一个峰对应于分子由振动基态至分子离子振动基态的跃迁，也对应于绝热电离能 I_A。最强的峰对应于垂直电离能 I_V。谱带中每一个峰的面积代表产生每种振动态离子的概率，谱带宽度表示从分子变成离子

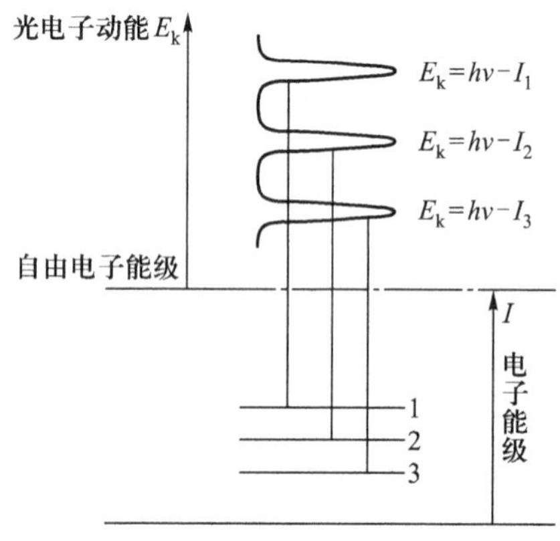

图 21.2　电子能级和光电子能谱

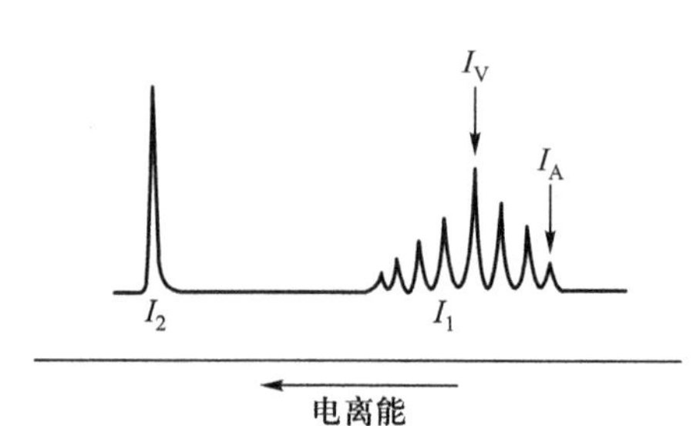

图 21.3　高分辨紫外光电子能谱图

经过的几个构型变更。根据各个振动能级峰之间的能量差 ΔE_V，可计算分子离子的振动频率 ν。分子对应的振动频率 ν_0 可以从红外吸收光谱测得，把 ν 和 ν_0 加以比较，可以反映出发射光电子的分子轨道和键合性质。如果是成键电子被发射出来，则 $\nu < \nu_0$。若发射的是反键电子，则 $\nu > \nu_0$。

谱带的形状往往反映了分子轨道的键合性质。图 21.4(a) ~ (f) 所示为 6 种典型的谱带形状。如果光电子是从非键或弱键轨道上发射出来的，分子离子的核间距离与中性分子的几乎相同，绝热电离能和垂直电离能一致，这时谱图上出现一个尖锐的对称峰，如图21.4(a)所示。如果光电子从成键或反键轨道发射出来，分子离子的核间距比母体分子的大或小，绝热电离能和垂直电离能不一致，垂直电离能具有最大的跃迁概率，因此谱带中相应的峰最强，其他的峰较弱，如图 21.4(b) 和 (c) 所示。从非常强的成键或反键轨道发生的电离作用往往呈现缺乏精细结构的宽谱带，如图 21.4(d) 所示，其原因可能是振动峰的能量间距过小，谱仪的分辨率不够或者有其他使振动峰加宽的因素。有时振动精细结构叠加在离子解离的连续谱上面就形成了图 21.4(e) 所示的谱带形状。如果分子被电离后，离子的振动类型不止一种，则谱带呈现一种复杂的组合带，如图 21.4(f) 所示。

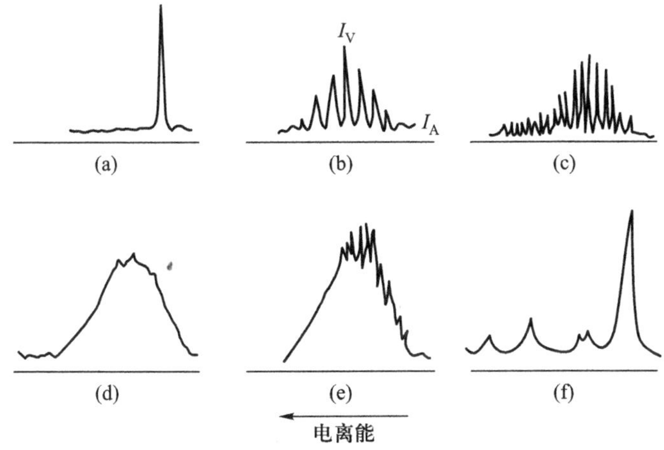

图 21.4 紫外光电子能谱中典型的谱带形状

通过紫外光电子能谱可分析振动的精细结构，求得绝热电离能和垂直电离能。峰面积代表产生每种振动态离子的概率。根据各振动能级的峰之间的能量差，可计算分子离子的振动频率。此外，还可以把分子离子的频率和母体分子的频率相比较来探知被电离的是反键、成键或非键电子，由此推得分子轨道的成键特性。

在紫外光电子能谱中，由于价电子的谱峰很宽，所以在实验上测定其化学位移很困难。而一些由非键或弱键轨道中电离出来的电子的谱峰很窄，其化学位移很容易被测量，而它们又与元素所处的化学环境有关，所以能够提供一些结构信息。一般说来，根据谱带的形状和位置，可以知道分子轨道的一些信息。某些典型的轨道的电离能范围，即谱带出现的位置，可以帮助人们估计有关谱峰所对应的轨道性质。

在实际工作中，常采用谱的“指纹”来进行鉴定，即将未知化合物的谱图与已知化合物的谱图进行比较。很明显，这种方法并不需要对谱图进行严格的解释，容易掌握。

21.1.2　电子能谱仪

电子能谱仪通常由激发源、样品室、电子能量分析器、检测器和超高真空系统组成。X射线光电子能谱仪的激发源为X射线枪，俄歇电子能谱仪的激发源为电子枪，紫外光电子能谱仪的激发光源是真空紫外线光源，除此之外其他部分相同。图21.5是电子能谱仪的结构示意图。

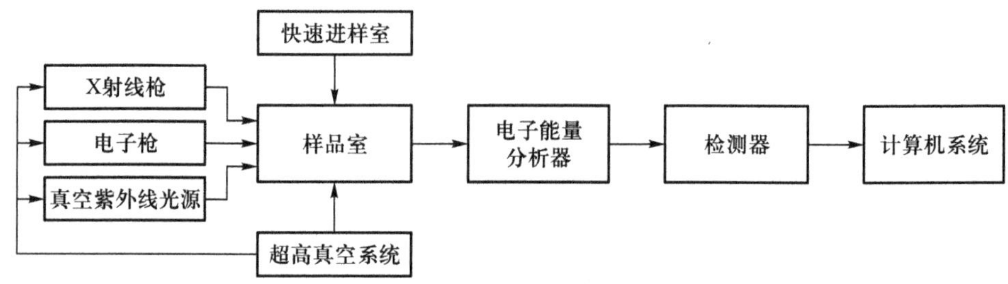

图21.5　电子能谱仪的结构示意图

1. 样品室

样品室可同时放置几个样品，既可以对样品进行多种分析，又可以对样品进行加热、冷却、蒸镀和刻腐等。依靠真空闭锁装置，可以使得在换样过程中对真空度破坏不大。

2. 激发源

(1) X射线枪

X射线枪是X射线光电子能谱仪的激发源。XPS用X射线枪的靶极材料为镁和铝产生的Mg K_α 和Al K_α 射线，经晶体分光后照射样品，激发产生光电子。Mg K_α 能量为1253.6 eV，Al K_α 能量为1486.6 eV，分光后的谱线宽度为0.2~0.3 eV。

(2) 电子枪

电子枪是俄歇电子能谱仪的激发源。由阴极产生的电子束经聚焦后成为很小的电子束斑打在样品上，激发产生俄歇电子。灯丝阴极材料一般用六氟化镧(LaF_6)或钨，六氟化镧灯丝亮度比钨丝亮度大。现在的电子能谱仪也采用场发射电子枪，场发射电子枪可以提供比钨丝和六氟化镧丝更小的电子束斑，束流密度大，空间分辨率高，缺点是易损坏。电子枪又分为固定式和扫描式两种，扫描式电子枪的电子束在偏转电极控制下可以在样品上扫描，电子束斑直径大约为5 μm，这种电子能谱仪又叫俄歇探针，利用俄歇探针可以进行固体表面元素分析。

(3) 真空紫外线光源

真空紫外线光源是紫外光电子能谱仪的激发光源。理想的紫外光激发光源应能产生具有足够能量的紫外线，以便能使较深的原子或分子轨道中的电子电离，并有足够的强度和较好的单色性。常用的是氦共振灯，这种灯发射的He(Ⅰ)射线的单色性好，自然宽度仅约0.005 eV，强度高，且背景低，缺点是它的能量较低，不能电离能量大于21 eV的分子轨道中的电子和得到He(Ⅱ)共振线。He(Ⅱ)线的能量为40.8 eV，故其激发能力很高。

3. 电子能量分析器

电子能量分析器的作用是把不同能量的电子分开,使其按能量顺序排列成能谱。常用的电子能量分析器为静电式能量分析器和后加速显示型分析器。其中又分为球形分析器、扇形分析器和筒形分析器。球形分析器由两个同心半球组成,内外球之间加电压,在两球面之间形成径向电场,对于一定的电压,只有一定能量的电子可以通过分析器进入检测器,如图 21.6 所示,只有能量为 E_2 的电子可通过分析器中心轨道进入检测器,而能量为 E_1 或 E_3 的电子不能进入检测器。若连续改变电压,即扫描电压,可以使不同能量的电子在不同的时间从能量分析器中心轨道通过,进入检测器。

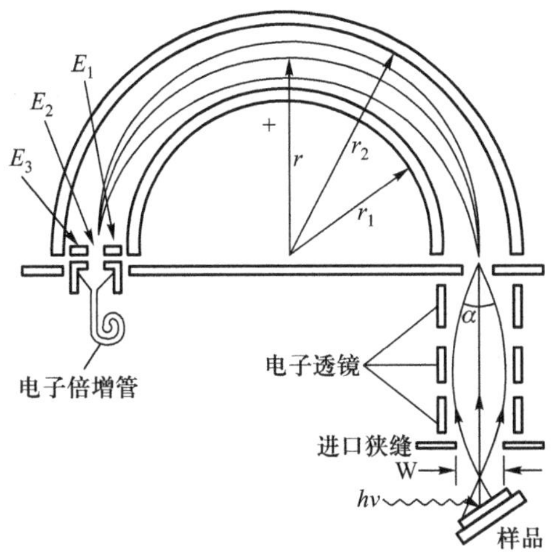

图 21.6　球形电子能量分析器示意图

4. 检测器

电子能谱仪的检测器多使用单通道电子倍增管,由于串级碰撞作用,电子打到倍增管后可以有 $10^6 \sim 10^8$ 倍的增益,在倍增管末端输出很强的脉冲,脉冲放大后经多道分析器和计算机处理并显示。

5. 超高真空系统

电子能谱仪需要超高真空,其原因是电子能谱仪是一种表面分析仪器,如果真空度没有足够高,清洁的样品表面会很快被残余气体分子所覆盖,这样就不能得到正确的分析结果。另外,光电子信号一般很弱,光电子能量也很低,过多的残余气体分子与光电子碰撞,可能使得光电子得不到检测。因此,电子能谱仪要求 $10^{-8} \sim 10^{-7}$ Pa 的真空度,为了达到这么高的真空度,电子能谱仪的真空系统由机械真空泵、分子涡轮泵、离子溅射泵和钛升华泵组成。

21.1.3 电子能谱分析的特点及应用

1. 电子能谱分析的特点

电子能谱分析具有以下特点:

① 可以测定除 H 和 He 以外的所有元素,可以直接测定来自样品单个能级光电发射电子的能量分布,且直接得到电子能级结构的信息。

② 从能量范围看，如果把红外吸收光谱提供的信息称为“分子指纹”，那么电子能谱提供的信息可称作“原子指纹”。它提供有关化学键方面的信息，即直接测量价层电子及内层电子轨道能级，而相邻元素的同种能级的谱线相隔较远，相互干扰少，元素定性的标识性强。

③ 电子能谱分析是一种无损分析。

④ 电子能谱分析是一种高灵敏超微量表面分析技术，分析所需样品约 10^{-8} g，检出限高达 10^{-18} g，样品分析深度约为 2 nm。

2. XPS 的应用

XPS 主要是通过测定电子的结合能来实现对表面元素的定性分析。图 21.7 是高纯铝基片上沉积 $Ti(CN)_x$ 薄膜的 XPS 谱图。所用 X 射线源为 Mg K_α，谱图中的每个峰表示被 X 射线激发出来的光电子，根据光电子能量，可以标识出是从哪个元素的哪个轨道激发出来的电子，如 Al 的 2s，2p 等。由谱图可知，该薄膜表面主要有 Ti，N，C，O 和 Al 元素存在。这样就可以实现对表面元素的定性分析。定性的标记工作可以由计算机来完成。但由于各种各样的干扰因素的存在，如荷电效应导致的结合能偏移、X 射线激发的俄歇电子峰等，因此，分析结果时需要注意。

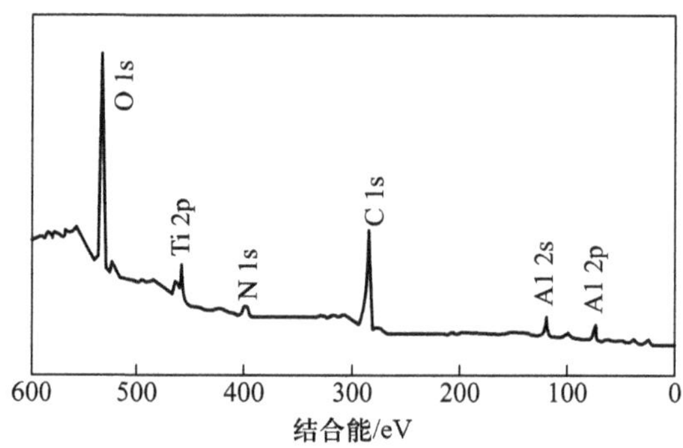

图 21.7　高纯铝基片上沉积 $Ti(CN)_x$ 薄膜的 XPS 谱图（激发源为 Mg K_α）

XPS 谱图中峰的高低表示这种能量的电子数目的多少，也即相应元素含量的多少，由此可以进行元素的半定量分析。由于各元素的光电子激发效率差别很大，所以，这种定量分析结果会有很大误差。XPS 提供的半定量结果是表面 3~5 nm 的成分，而不是样品整体的成分。元素所处化学环境不同，其结合能也会存在微小差别，依靠这种微小差别（化学位移）可以确定元素所处的状态。由于化学位移值很小，而且标准数据较少，给化学形态的分析带来很大困难。此时需要用标准物质进行对比测试。图 21.8 是压电陶瓷锆钛酸铅（PZT）薄膜中碳的化学形态谱。

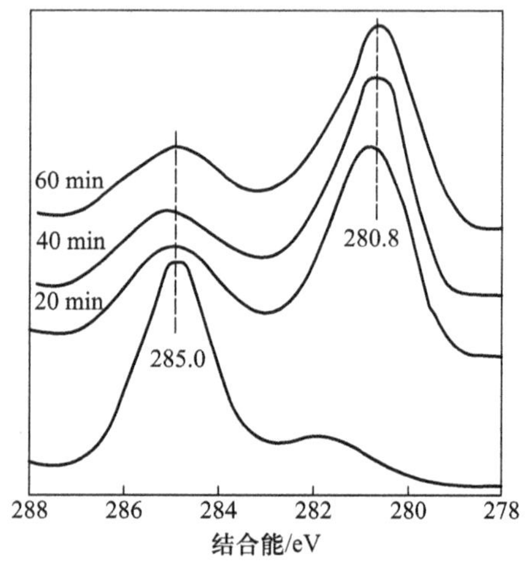

图 21.8　压电陶瓷 PZT 薄膜中碳的化学形态谱

图 21.8 中结合能为 285.0 ev 和 281.5 eV 的两个峰分别是有机碳和金属碳化物的 C 1s 峰。

由图可以看出,薄膜表面有机碳信号很强,随着离子溅射时间的增加,有机碳逐渐减少,金属碳化物逐渐增加。这说明在 PZT 薄膜中的碳是以金属碳化物的形态存在的。薄膜表面的有机碳是表面污染所致。

3. AES 的应用

AES 最主要的应用是进行表面元素的定性分析。AES 谱的范围可以达到 20~1700 eV。因为俄歇电子强度很弱,用记录微分峰的方法可以从大的背景中分辨出俄歇电子峰,得到的微分峰十分尖锐,很容易识别。图 21.9 是银原子的 AES 谱图,其中,曲线 a 为各种电子信息谱,b 为曲线 a 放大 10 倍的曲线,c 为微分谱,$N(E)$ 为能量为 E 的电子数,利用微分谱上负峰的位置可以进行元素定性分析。

图 21.10 是金刚石表表面 Ti 薄膜的 AES 谱图,分析谱图可以知道,该薄膜表面含有 C,Ti 和 O 等元素。当然,在分析 AES 谱图时,要考虑绝缘薄膜的荷电位移效应和相邻峰的干扰影响。与 XPS 相似,AES 也能给出半定量的分析结果。这种半定量结果是深度为 1~3 nm 的表面的原子数百分比。

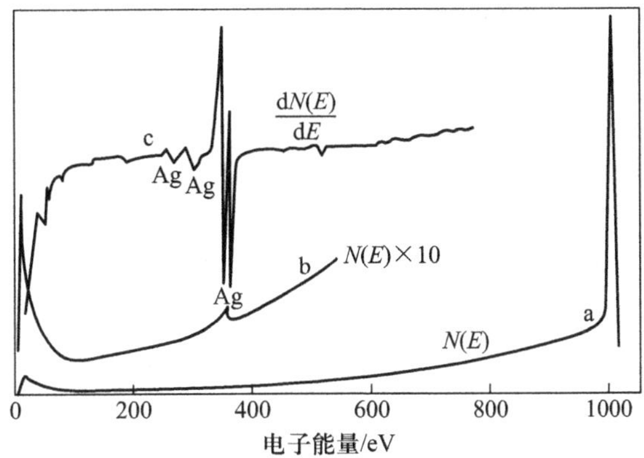

图 21.9 银原子的 AES 谱图

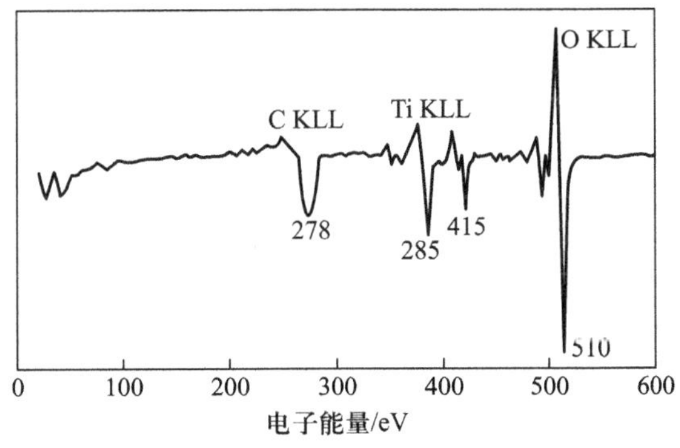

图 21.10 金刚石表表面 Ti 薄膜的 AES 谱图

AES 也可以利用化学位移分析元素的价态。但是由于很难找到化学位移的标准数据,谱图的解释比较困难。要判断价态,必须依靠自制的标样进行。由于俄歇电子能谱仪的初级电子束直径很细,并且可以在样品上扫描,因此,它可以进行定点分析、线扫描、面扫描和深度分析。在进行定点分析时,电子束可以选定某分析点,或通过移动样品,使电子束对准

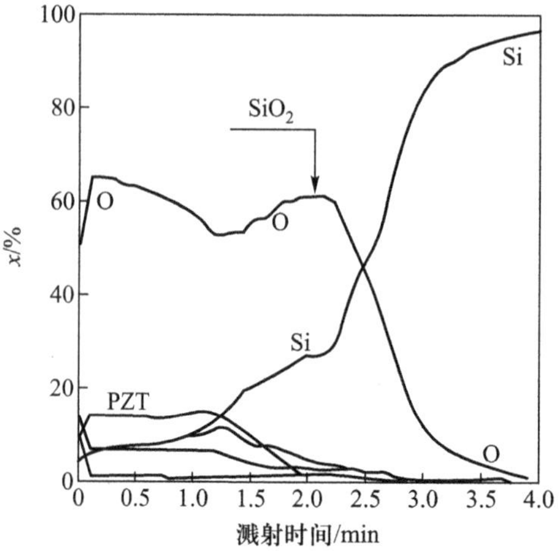

图 21.11 PZT/Si 薄膜界面反应后的深度分析谱图

分析点,可以分析该点的表面成分、化学价态,进行元素的深度分析。电子束也可以沿样品某一方向扫描,得到某一元素的线分布,并且可以在一个小面积内扫描得到元素的面分布图。利用氩离子枪剥离表面,俄歇电子能谱仪同样可以进行深度分析。由于它的采样深度比 XPS 浅,因此可以有比 XPS 更好的深度分辨率。进行深度分析也是俄歇电子能谱仪的最有用功能。图 21.11 是 PZT/Si 薄膜界面反应后的深度分析谱图,图中溅射时间对应于溅射深度,由图可以看出,在 PZT 薄膜与硅基底间形成了稳定的 SiO_2 界面层,这个界面层是由表面扩散的氧与从基底上扩散出来的硅形成的。

4. UPS 的应用

紫外光电子能谱的特点是研究原子和分子的价电子,而不是内层电子。因此,与 X 射线光电子能谱相比,它从另一个方面提供了一些有关物质的结构信息,所以在应用方面,它们是相互补充的。

(1) 定性分析

紫外光电子能谱能提供许多振动-转动能级结构方面的信息,所以与红外吸收光谱相似,也具有分子"指纹"性质,可以用于鉴定某些同分异构体,确定取代作用和配位作用的程序和性质,检测简单混合物中的各种组分等。很明显,这种方法不适用于元素的定性分析。

(2) 物质结构研究

紫外光电子能谱能精确测量物质的电离电位。对于气态样品,电离电位近似对应分子轨道的能量。这对于解释分子结构、验证分子轨道理论的结果等,提供了有力的依据。根据紫外光电子能谱图,可以得到大量有关非键电子和成键电子的信息。这对于判断分子中化学键的性质,无疑是极其有用的。某些情况下,还可能推测出基态或激发态分子离子的几何构型。

(3) 表面分析

紫外光电子能谱也可以用于表面化学的研究,如研究表面吸附性质、表面催化机理及表面电子结构等。

21.2 二次离子质谱法

二次离子质谱(SIMS)是离子质谱学的一个分支,是表面分析的有力工具,其特点是灵敏度和分辨率高,具有能进行杂质深度剖析和各种元素在微区范围内同位素丰度比的测量。在掺杂、沾污等测量分析中 SIMS 已成为不可替代的手段。

二次离子质谱法是通过一定能量的初级离子束(0.5~20 keV)入射靶面后,溅射产生的二次离子而获取材料表面信息的一种方法。二次离子质谱分析技术可以对固体表面及表面附近(约 30 μm)区域进行分析,并可对某些液体表面进行分析。当初级离子束(Ar^+,O^{2+},N^{2+},O^-,F^-,N^-或 Cs^+等)轰击固体样品表面时,它可以从表面溅射出各种类型的二次离子(或称次级离子),利用离子在电场、磁场或自由空间中的运动规律,通过质量分析器,可以使不同质荷比(m/z)的离子分开,经分别记数后可得到二次离子强度-质荷比关系曲线。

SIMS 是一种用于分析固体材料表面组分和杂质的分析手段。所使用的仪器除了具有高真空系统、电气控制系统等外,主要由离子源、质量分离器和离子信号检测系统组成,如图 21.12 所示。二次离子质谱法对样品的分析过程大致是聚焦的一次离子束轰击样品表面介质,由溅射产生二次离子经过双聚焦质量分离器并按照质荷比的不同被分离开,检测器(电子倍增管、法拉第杯、CCD)检测所需的离子。

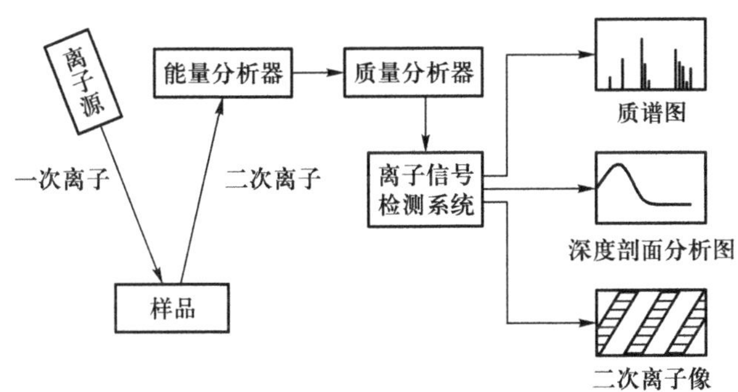

图 21.12 二次离子质谱原理示意图

早在 20 世纪 30 年代,Arnot 等人就研究了二次离子发射现象。1949 年,Herzog 和 Viekbock 首先把二次离子发射与质谱分析结合起来。20 世纪 60 年代,先后发展了离子探针和直接成像质量分析器。70 年代又提出和发展了静态二次离子质谱仪。这些二次离子质谱仪的性能不断改进,使之成为一种重要的、有特色的表面分析手段。通过对二次离子的分析,SIMS 可以完成样品的质谱分析、同位素分析和深度剖析等。具有导电性能的固体样品,只要样品与样品支架之间保持电接触,即可进行 SIMS 分析。分析时,要求样品表面有比较好的平整度,以保持样品表面垂直于二次离子光轴。不平整的样品最好经过研磨和抛光处理,对于组分和杂质均匀分布的体材料,可以先采用一次离子束轰击一段时间,进行预备溅射,获得清洁表面后再进行分析。该方法的局限性是识谱困难,且基体效应常造成定量分析的困难。

21.3 扫描隧道显微镜和原子力显微镜

21.3.1 扫描隧道显微镜

1982 年，IBM 公司苏黎世实验室的 Binnig 博士和 Rohrer 博士共同研制出了世界上第一台超高分辨率的表面探测仪器——扫描隧道显微镜（STM）。STM 的出现，使人类第一次能够实时地以实空间方式观察单个原子在物质表面的排列状态，研究与表面电子行为有关的物理和化学性质，在物理学、化学、表面科学、材料科学、生命科学等领域具有重大意义和应用前景。STM 的发明，被国际科学界公认为 20 世纪 80 年代的世界十大科技成就之一。Binnig 和 Rohrer 因此获得 1986 年的诺贝尔物理学奖。

扫描隧道显微镜的基本原理是基于量子理论中的隧道效应理论（图 21.13）。在一根金属微探针和一导电样品表面施加一定偏压，当微探针的针尖逼近样品表面但未接触时，按照经典的物理学和电子学概念，两者之间因存在空气间隙而互相绝缘，即存在一个势垒的壁障；而根据量子力学原理，当两者的间隙达到数纳米或更小时，一部分电子将穿透势垒，在针尖与样品之间形成一微弱的电流，如同在空气间隙中间开凿出一条隧道，这一电流即称为隧道电流，记为 i_t，其大小与针尖-样品间距成负指数关系：

$$i_t \propto U_b e^{-A\sqrt{\varphi}S}$$

式中 U_b 是加在针尖与样品之间的偏置电压；S 是两者之间的距离；φ 是样品和探针的平均功函数；A 为常数，在真空条件下约等于 1。由此可见，在偏压一定时，隧道电流与针尖-样品间距成负指数关系。隧道电流对间距的变化十分敏感，当 S 减小 0.1 nm 时，隧道电流将增加一个数量级。所以，尽管隧道电流的绝对值十分微小，一般仅为 1 nA 量级，但当针尖横向扫描样品表面时，由于样品表面的纵向起伏（如原子的高低）变化使 S 不断改变，隧道电流也将随

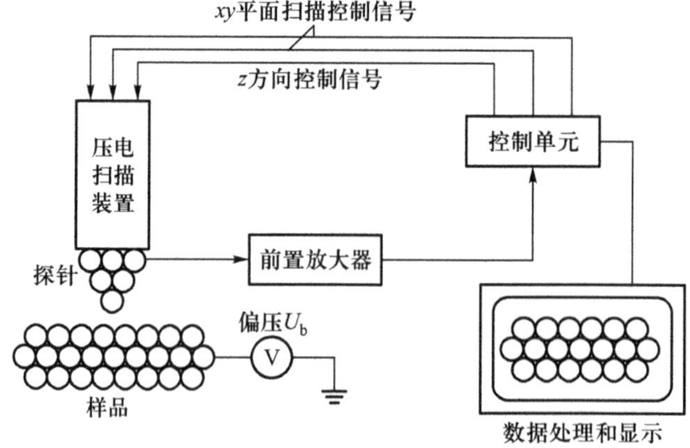

图 21.13　STM 的工作原理示意图

之不断变化[恒高度工作模式,图 21.14(a)],而且变化量相对可观。检测隧道电流的大小,即可得到样品表面的超微观形貌。

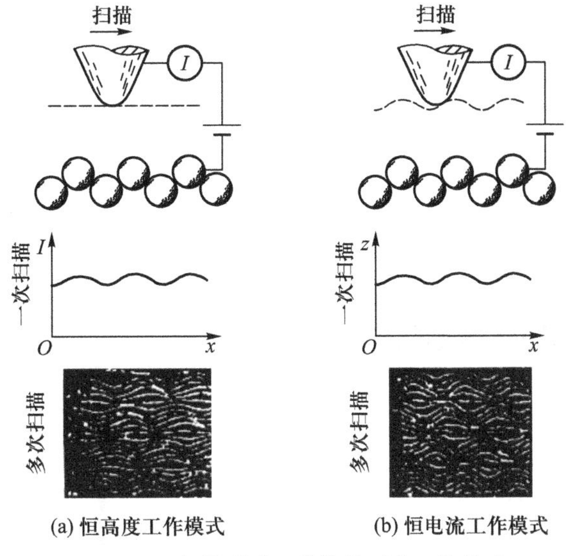

图 21.14 扫描隧道显微镜的两种工作模式

为控制针尖和样品之间的距离,使两者既不因太近而折断针尖,也不因太远而测不到隧道电流,还需要采用压电陶瓷对探针的纵向运动实行反馈控制。在扫描过程中根据样品表面起伏不断抬高或降低针尖位置,以获得稳定的隧道电流[恒电流工作模式,图 21.14(b)],记录压电陶瓷的控制电压的变化,可获得针尖的高低运动轨迹,也即样品的表面形貌。

STM 具有两个显著的特点:一是可以直接观测到材料表面的单个原子和原子在表面上的三维结构图像,而且它的水平和垂直分辨率可以分别达到 0.04 nm 和 0.01 nm;二是可以在观察表征材料表面原子或纳米结构的同时,得到材料表面的扫描隧道谱,从而可以研究材料表面的化学结构和电子状态等性能。

21.3.2 原子力显微镜

根据隧道电流效应,STM 的样品必须是导体或半导体,对于绝缘材料,必须预先在样品表面镀一层导电物质,这无疑会破坏或改变样品的原有形貌。为了弥补 STM 的不足,Binnig 和 Quate 等人在 1986 年发明了原子力显微镜(AFM)。

AFM 类似于 STM,它的许多元件与 STM 是共同的,如用于三维扫描的压电陶瓷系统及反馈控制器等。它与 STM 的主要不同点是用一个对微弱力极其敏感的已弯曲的微悬臂针尖代替 STM 的隧道针尖,并以探测悬臂的微小偏转代替 STM 中的探测微小隧道电流(图 21.15)。正是因为 AFM 工作时不需要探测隧道电流,所以它可以用于观测包括绝缘体在内的各种材料的表面结构,其应用范围无疑比 STM 更加广阔。

1989 年以后,AFM 已经被用来探测表面力和材料的纳米机械性质,并可在纳米尺度上对表面进行修饰,现场观察生物过程,观察得到具有原子级分辨率的石墨,MoS_2,LiF,NaCl,

Au 的表面图像等，AFM 已成为日趋成熟的表面分析仪器。然而，AFM 的发展强烈依赖于带有特殊针尖的微悬臂制备技术的发展。由于悬臂与样品表面间距离非常小，经常容易发生悬臂或针尖的损坏，因此这种悬臂和针尖必须能简便而快速制备。另外，制备化学性质均一、稳定、耐磨损甚至具有特殊物理和化学功能的针尖，也是 AFM 技术领域目前研究的热点和难点。

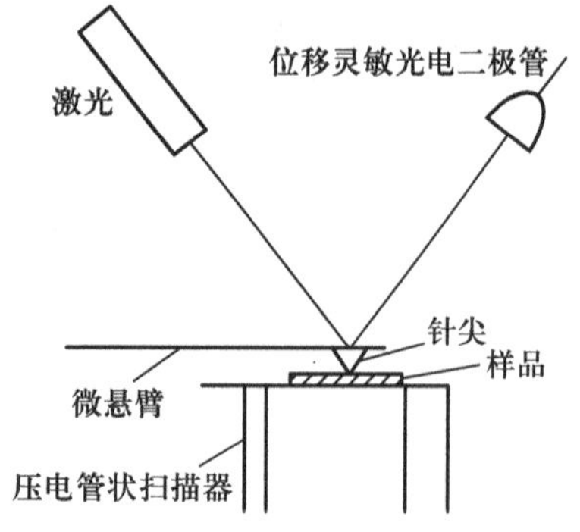

图 21.15 AFM 的工作原理示意图

21.4 扫描近场光学显微镜

扫描近场光学显微镜(SNOM)也称近场扫描光学显微镜(NSOM)。扫描近场光学显微镜是在扫描技术的基础上，利用近场光学技术研制的新型光学仪器，其工作原理如图 21.16 所示。

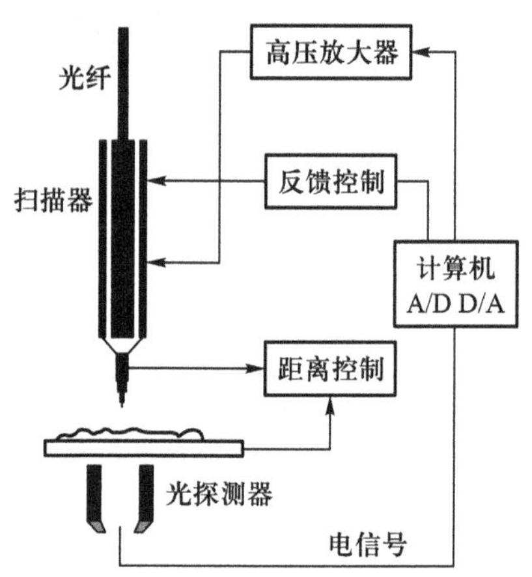

图 21.16 SNOM 的工作原理示意图

光纤探针被固定在扫描装置上，由压电陶瓷组成的扫描单元用于控制光纤探针在三维方向上的运动，x,y 平行于样品表面，z 垂直于样品表面。当针尖接近到样品表面的近场区域后，扫描装置控制探针在样品表面(x,y)进行扫描。同时距离反馈控制系统控制扫描装置中的 z 向距离，使针尖和样品的间距保持恒定。如果逐点记录下反馈信号和探测的光学信号在不同 x 和 y 位置的值并进行数字成像，可得到样品的近场光学图像。

按光源、样品、探针及探测器的位置关系分类，近场光学成像系统的基本结构可分为透射式、全内反射式和外反射式三大类。图 21.17、图 21.18 和图 21.19 分别为透射式、全内反射式和外反射式近场光学成像系统的结构原理图。透射式近场光学成像系统要求样品为极薄的透明或半透明切片，如生物切片或半导体薄膜等。透射式又分为照明模式和收集模式。其中照明模式是早期近场光学显微镜常用的一种形式，是现在发展最为成熟的一类，如图 21.17(a)所示，系统中探针作为光源深入近场区域照明样品，而在样品的另一侧用透镜收集经样品调制后的透射光。另一种称为收集模式，探针作为集光的针孔，收集经过样品后的透射光，如图 21.17(b)所示。为了保证光信号的强度，探针的孔径一般要求大于 20 nm，因此这些系统的分辨率为 20~50 nm。

当光从光密介质(n_1)入射到光疏介质(n_2)时，且当入射角大于临界角 φ_c $\left(\sin\varphi_c=\dfrac{n_2}{n_1}\right)$ 时，会发生全内反射，即光全部反射回光密介质，但光会通过反射界面，进入光疏介质，进入几百纳米，也称作消逝波。图 21.18 为全内反射式近场光学成像系统的结构原理图。在此系统中,探针置于样品上方,样品为光疏介质,由全内反射形成的消逝波(光)会进入样品,探针收集通过样品的光信号,即收集近场光学信号,又称为光子扫描隧道显微镜(PSTM)。此方式下,系统要求样品的厚度小于波长,且样品的折射率变化不大,否则将产生赝像。

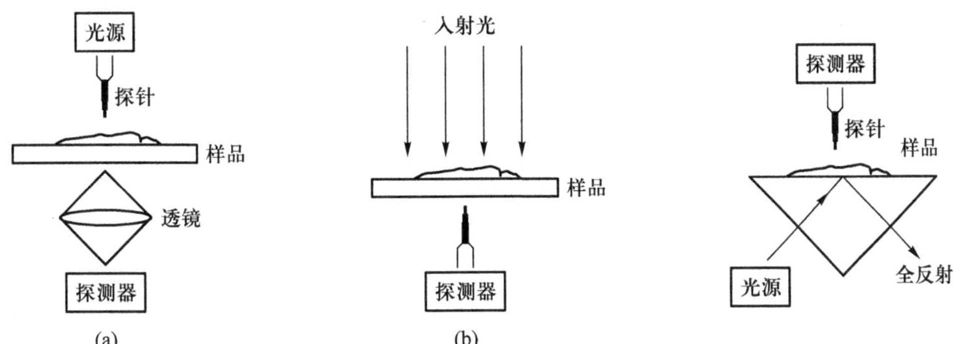

图 21.17 透射式近场光学成像系统的结构原理图

图 21.18 全内反射式近场光学成像系统的结构原理图

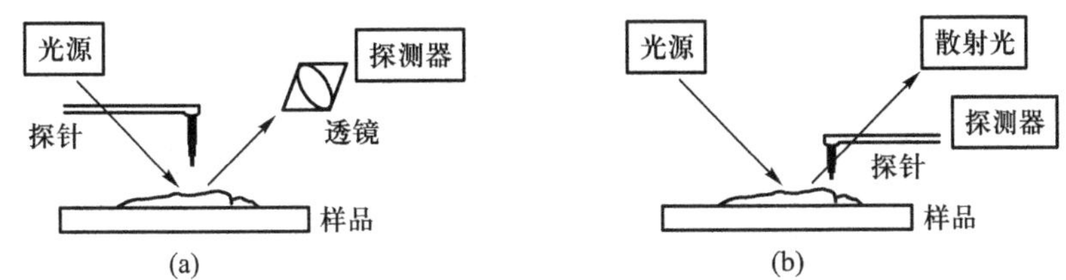

图 21.19 外反射式近场光学成像系统的结构原理图

图 21.19 为外反射式近场光学成像系统的结构原理图。此系统主要用于微电子和磁光等不透明材料的成像检测和有关光谱的研究。在图 21.19(a)所示的系统中,探针作为光源深入近场照射成像样品,并在同侧附近用汇聚透镜收集样品的反射光。另一种结构如图 21.19(b) 所示,将一种无孔的探针置于样品的近场区域内,探测器探测经过样品调制的探针散射光。该结构是一种新型的近场光学成像系统。由于采用无孔探针,系统分辨率有较大的提高。

近场光学显微镜能利用光学观察的无损伤、原位探测的特点,对生物样品进行高分辨研究,因而近场光学显微镜成像技术的发展受到生命科学家的重视。近场光学成像无须对成像样品做各种处理,且能够在空气、液体等各种环境下进行成像操作,结合荧光、光谱探测等技术,有超高分辨的成像能力,因此广泛应用于分子级水平或更深层次的生命科学研究,如细胞有丝分裂、细胞突起中肌动蛋白结构的探测、染色体的分辨与局域荧光探测、原位 DNA, RNA 的测序等,在单分子识别方面显示其独特的作用。利用近场光学显微镜,可以观察分子间能量的共振转移等。尽管目前从分辨率到动态成像水平等方面近场光学成像技术离生物学上的要求还有一定的距离,但是物理学家与生物学家的密切合作已经取得了有益的进展。这些成果的获得已充分显示了近场光学技术在生命科学中的巨大应用前景。

21.5　激光共焦扫描显微镜

随着激光技术、计算机技术的不断发展，20 世纪 80 年代出现了具有突破瑞利衍射极限的超分辨率光学显微成像技术——激光共焦扫描显微镜(LCSM)。激光共焦扫描显微镜因其高的横向分辨率和纵向分辨率，特别是高的纵向分辨率，在近几十年引起了人们的关注。

如图 21.20 所示，激光共焦扫描显微镜用激光作为光源，共焦的形成是激光扫描束经照明针孔 1 形成点光源对样品内焦平面上的每一点扫描，样品上的被照射点在探测针孔 2 处成像。照明针孔与探测针孔相对于物镜焦平面是共轭的，焦平面外的点不会在探测针孔 2 处成像，这样得到的共焦图像是样本的光学横断面，它克服了普通显微镜图像模糊的缺点。由此可见，激光共焦扫描显微镜的成像原理与普通光学显微镜完全不同，它通过减小光学显微镜的视场来获得高分辨率，并引入扫描技术弥补视场小的缺点。它既具有比一般光学显微镜更高的平面分辨率，又克服了普通显微镜观察景深小的缺陷，达到了较高的纵深分辨率。

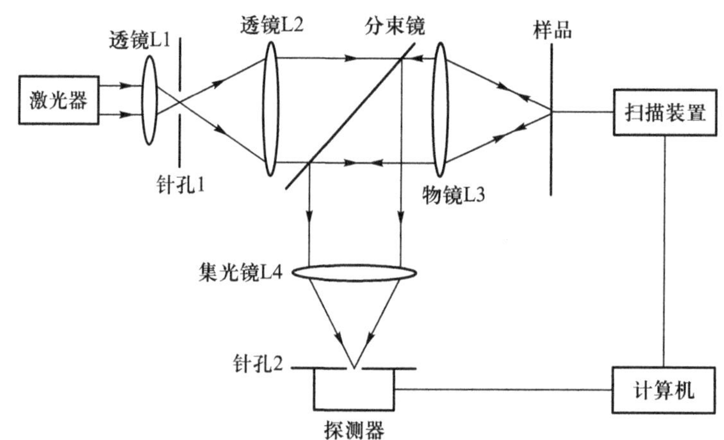

图 21.20　激光共焦扫描显微镜工作原理图

激光共焦扫描显微镜与传统显微镜的区别在于：

① 抑制了图像的模糊，获得清晰的图像；

② 具有更高的轴向分辨率，并可获取连续光学切片；

③ 增加了侧向分辨率；

④ 点对点扫描去除了杂散光的影响。

由于激光共焦扫描显微镜具有更高的分辨率，并可以对观测样品进行分层扫描，人们利用它所具有的高的纵向分辨率实现了光学断层扫描成像，实现了样品的三维重建和测量分析，为研究生物组织等的三维结构提供了一种强有力的工具。另外，激光共焦扫描显微镜可以在亚细胞水平上观察如 Ca^{2+}、pH 和膜电位等生理信号及活细胞形态的实时动态变化，因此这项产品的问世是显微成像技术发展史中具有划时代意义的重大进展。激光共焦扫描显微镜在形态学、分子细胞生物学、神经学、药理学、遗传学等生物医学领域,以及材料科学、精密机械、微电子学、分子及原子物理学、核物理学等领域有着广泛的应用。

参考文献

[1] Briggs D.X 射线与紫外光电子能谱.桂琳琳,黄惠忠,郭国霖,译.北京:北京大学出版社,1984.

[2] 刘世宏,王当憨,潘承璜.X 射线电子能谱分析.北京:科学出版社,1988.

[3] Windawi H, Ho F F L. Applied Electron Spectroscopy for Chemical Analysis. Chicago: John Wiley & Sons, Inc., 1982.

[4] 严凤霞,王筱敏.现代光学仪器分析选论.上海:华东师范大学出版社,1992.

习题

21.1 以 Mg K_α(λ = 0.98900 nm)为激发源,测得 X 射线光电子动能为 977.5 eV,求此元素的电子结合能(已扣除仪器的功函数)。

21.2 若上述元素以 Al K_α(λ = 0.83393 nm)作激发源,测得的光电子动能应为多少?

21.3 试比较 X 射线光电子能谱与俄歇电子能谱。

21.4 试比较 X 射线光电子能谱与 X 射线荧光光谱。

21.5 说明 $KL_{II}L_{III}$ 俄歇电子产生的过程。

21.6 如何区别发射的电子是 X 射线光电子或俄歇电子?

21.7 若 Cl(2p)电子的结合能为 272.5 eV,其化学位移:当价态为 -1,+3,+5,+7 时分别为 0 eV,+3.8 eV,+7.1 eV,+9.5 eV,根据习题 21.1 中的测定结果,判断氯应处于什么状态。

21.8 简述扫描隧道显微镜(STM)和原子力显微镜(AFM)的区别。

21.9 简述激光共聚焦显微镜和扫描电镜的区别。

习题参考答案

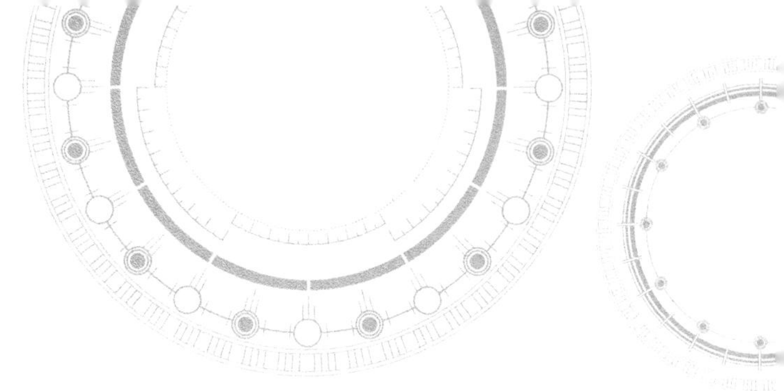

第二十二章 热分析法

热分析是指在程序控温下，测量物质的物理性质与温度关系的一类技术。在加热或冷却过程中随着物质的结构、相态和化学性质的变化都会伴有相应的物理性质的变化。这些物理性质包括质量、温度、尺寸和声、光、热、力、电、磁等性质。热分析就是研究这些物理变化（晶形转变、相态变化或吸附等）和化学变化（脱水、分解、氧化或还原等）。通过这些变化的研究可对材料做出鉴别、分析和选择。此外，热分析不仅提供热力学参数，而且还可给出有一定参考价值的动力学数据。

根据被测量物质物理性质的不同，热分析法的种类是多种多样的，包括热重分析、离析气体分析、放射热分析、热离子分析、差热分析、差示扫描量热、热机械分析、热声计、热光学计、热电子计、热电磁计等。目前应用最为广泛的是热重法、差热分析法和差示扫描量热法。

22.1 热重法

热重法(TG)是在控制气氛和程序控温下,研究物质的质量随温度(或时间)变化的分析方法。

22.1.1 仪器

热重法使用的仪器是热天平。它的主要组成部分包括天平、加热炉、程序控温系统和数据记录系统。图 22.1 是热天平示意图。样品在加热炉中以程序控温的方式被加热或冷却,实验的温度严格按给定速率线性升温或降温,样品以机械方式与天平相连。样品质量的变化使天平梁偏离平衡点,即倾斜,通过一光电系统检测这一倾斜度。根据天平梁倾斜度与质量变化成比例的关系,得到质量变化和温度的关系,即热重曲线。

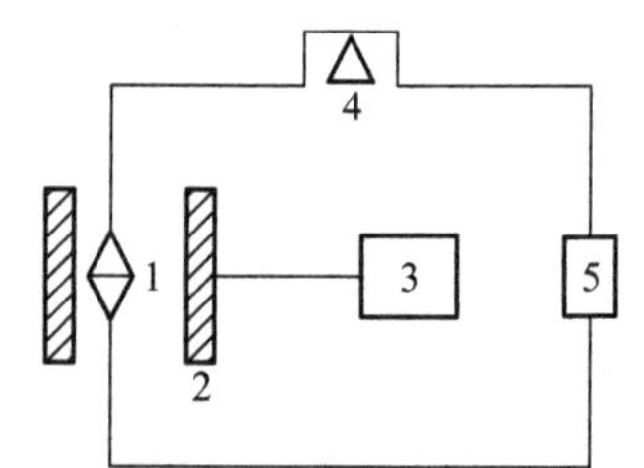

1—样品坩埚; 2—加热炉; 3—程序控温系统; 4—天平; 5—数据记录系统

图 22.1 热天平示意图

22.1.2 热重曲线

热重曲线的纵坐标为质量,可用实际测得的质量或剩余分数(%)来表示。横坐标为温度,可用摄氏度(℃)或热力学温度(K)表示。典型热重曲线如图22.2所示。图中 T_i 为起始温度,即累计质量变化达到热天平可以检测时的温度。T_f 为终止温度,即质量变化达到最大值时的温度。图22.2中 AD,BC 称为基线或平台,是热重曲线上质量基本不变的部分。若样品初始质量为 m_0,失重后样品质量为 m,则失重分数为 $\frac{m_0-m}{m_0}\times100\%$。若为多步失重,将会出现多个平台。根据热重曲线上各步失重的量可以简便地计算出各步的失重的分数,从而判断样品的热分解机理和各步的分解产物。许多物质在加热过程中会在某温度发生分解、脱水、氧化、还原或升华等物理化学变化而出现质量变化,发生质量变化的温度及质量变化分数随物质的结构及组成而异,因而可以利用物质的热重曲线来研究物质的热变化过程,如样品的组成、热稳定性、热分解温度、热分解产物和热分解动力学等。

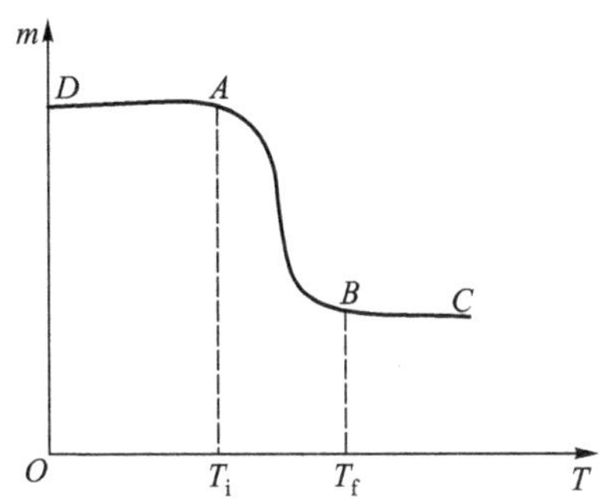

图22.2 固体热分解反应的热重曲线

22.1.3 影响热重分析的主要因素

影响热重分析的主要因素包括仪器的操作条件、气氛及样品量等。

1. 升温速率

加热炉的可控温度一般为室温至1000 ℃,也有一些可达1600 ℃或更高。升温速率是对TG测定影响最大的因素。升温速率越大,温度滞后越严重,起始温度 T_i 及终止温度 T_f 越高。温度区间也越宽,使曲线的分辨力下降,会丢失某些中间产物的信息,如对含水化合物慢升温可以检出分步失水的一些中间物。进行热重法测定一般不要采用太大的升温速率,对传热差的高分子物样品一般用5~10 K·min^{-1},对传热好的无机物、金属样品可用10~20 K·min^{-1},做动力学分析还要低一些。

2. 气氛

为了使热天平获得理想的结果,还需气氛控制系统,包括真空、静态控制和动态控制,为样品提供真空、反应和保护气氛。热天平周围气氛的改变对TG曲线的影响较为显著。特别是在动态气氛中进行TG测定时,常用的保护气为氮或氩,流速大小、气体纯度、进气温度等都对TG曲线有影响。一般来说,气体流速大,对传热和逸出气体扩散都有利。

3. 挥发物再冷凝

样品分解过程逸出的挥发物有可能在低温处再冷凝,这不但污染了仪器,而且还使测得的失重量偏低,当温度进一步上升后,这些冷凝物可能再次挥发产生假失重,使TG曲线变形。解决的办法是加大气体流速,使挥发物尽快离开样品。

4. 坩埚

热分析用坩埚的材质，要求耐高温，对样品、中间产物、最终产物和气氛都是惰性的，即不能有反应活性和催化活性。通常用的材料有铂、陶瓷、铝等。铂具有惰性，且易清理，所以最常用。陶瓷适用于大体积、低密度的样品。铝便宜，温度不能超过 600 ℃。坩埚的大小、质量和几何形状对热重分析也有影响。坩埚的容积一般为 40～500 μL，特别要注意，不同的样品要采用不同材质的坩埚。

5. 样品

样品量要少，一般为 2～5 mg，如果样品量大，传质阻力大，样品内部温度梯度大，甚至样品产生热效应会使样品温度偏离线性程序升温，使 TG 曲线发生变化；粒度越小，反应面积越大，反应也越快，使 TG 曲线的 T_i 和 T_f 都低，反应区间也窄。

22.1.4　应用

热重法的重要特点是能准确地测量物质的质量变化及变化的速率。目前，热重法已应用很广，如无机物、有机物及聚合物的热分解，矿物质的煅烧和冶炼，煤、石油和木材的热解过程，物质组成与化合物组分的测定，金属在高温下受各种气体的腐蚀过程，爆炸材料的研究，氧化稳定性和还原稳定性的研究，升华过程，脱水和吸湿，液体的蒸馏和汽化，吸附和解析，催化活度的测定，表面积的测定，固态反应，反应动力学研究和反应机理研究及新化合物的发现。图 22.3 所示为碳酸钙和碳酸镁沉淀混合物的 TG 曲线。*EF* 对应于 MgO 和 $CaCO_3$ 的混合物；*GH* 对应于 MgO 和 CaO 的混合物。差值 m_1-m_2 等于碳酸钙在温度 500～900 ℃ 时分解所放出的 CO_2 的质量，通过计算可求得 MgO 和 CaO 的质量。

CaO 的质量：　　$$m_{CaO}=(m_1-m_2)\frac{56}{44}$$

MgO 的质量：　　$$m_{MgO}=m_2-m_{CaO}$$

评价聚合物热稳定性最简单、最方便的方法，是制作不同材料的 TG 曲线并画在一张图上进行比较。图 22.4 所示为五种聚合物的热重曲线，由图可知，聚甲基丙烯酸甲酯（PMMA）、高压聚乙烯（HPPE）、聚四氟乙烯（PTFE）都可以完全分解，但热稳定性依次增强。

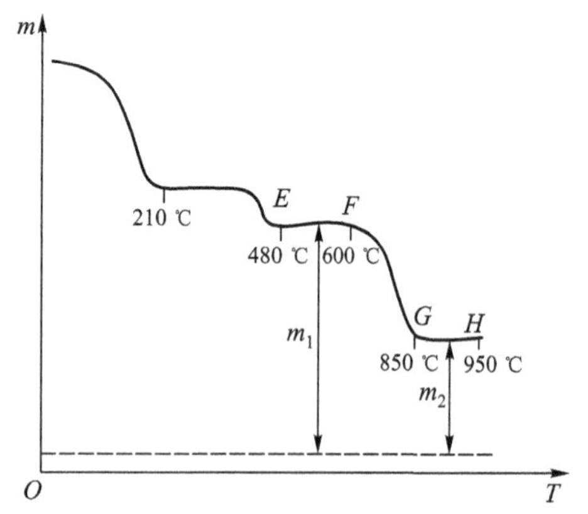

图 22.3　碳酸钙和碳酸镁沉淀混合物（湿）的 TG 曲线

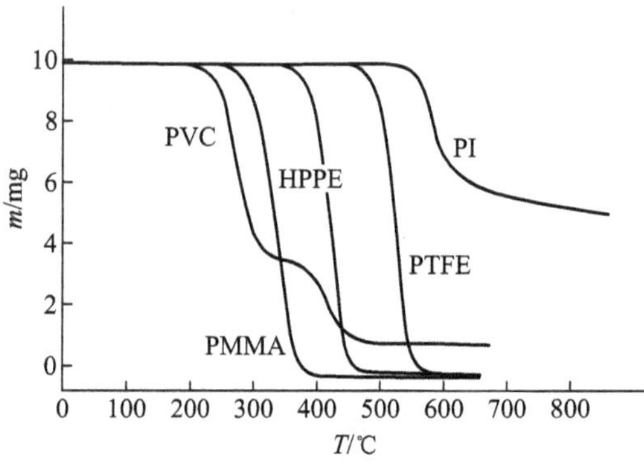

图 22.4　五种聚合物的热重曲线

聚氯乙烯(PVC)稳定性较差,第一步失重阶段是脱 HCl,发生在 200~300 ℃,脱 HCl 后分子内形成共轭双键,热稳定性提高,TG 曲线下降缓慢,直至较高温度(约 420 ℃)时大分子链断裂,形成第二次失重。PMMA 分解温度低是分子链中叔碳和季碳原子的键易断裂所致。PTFE 因其链中 C—F 键键能大,故热稳定性大大提高。PI(芳香聚苯四酰亚胺)由于含有大量的芳杂环结构,需 850 ℃才分解 40%左右,热稳定性较强。

22.1.5 导数热重法

导数热重法(DTG)是能记录 TG 曲线对温度(或时间)一阶导数的方法。以物质的质量变化速率(dm/dt)对温度 T(或时间 t)作图,即得 DTG 曲线。DTG 曲线是一个峰形曲线。图 22.5 是一般 TG 曲线和 DTG 曲线的比较。DTG 曲线上出现的峰对应着 TG 曲线的各个质量变化阶段,能精确反映样品的起始反应温度,达到最大反应速率的温度(峰值)以及反应终止温度。DTG 曲线峰面积与样品对应的质量变化成正比,以此可进行定量分析。

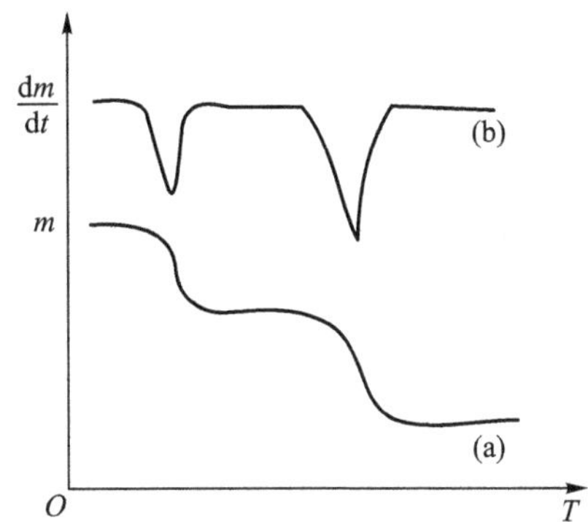

图 22.5 TG 曲线(a)和 DTG 曲线(b)的比较

图 22.6 所示为 $CuSO_4 \cdot 5H_2O$ 的 TG 曲线和 DTG 曲线。从 TG 曲线可以看出,在 45~78 ℃时$CuSO_4 \cdot 5H_2O$ 失去部分水分,在 78~100 ℃时出现平台,对应组分为 $CuSO_4 \cdot 3H_2O$;在 110~118 ℃时 $CuSO_4 \cdot 3H_2O$ 又失去部分水分,在 118~212 ℃时出现平台,对应组分为$CuSO_4 \cdot H_2O$;在 212~248 ℃时又失水,248 ℃之后出现平台,对应组分为 $CuSO_4$。图中 DTG 曲线分别在 70 ℃,110 ℃,230 ℃出现了三个峰,对应于 $CuSO_4 \cdot 5H_2O$ 失水三个阶段的不同温度。

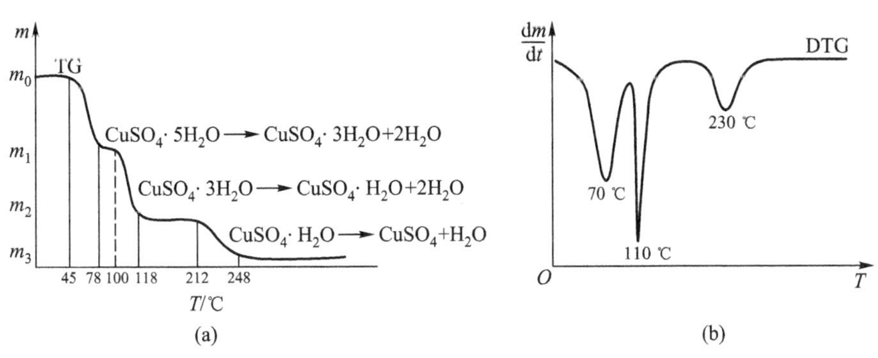

图 22.6 $CuSO_4 \cdot 5H_2O$ 的 TG 曲线(a)和 DTG 曲线(b)

22.2 差热分析法

物质在加热或冷却的过程中，当达到特定温度时会发生熔化、凝固、分解、化合、吸附、脱附等物理或化学变化，同时伴随有吸热或放热现象，这样就改变了物质原有的升温或降温速率。差热分析法(DTA)就是利用这一特点，通过测定样品与热稳定的参比物之间的温度差与时间的关系，来获得有关热力学或热动力学的信息。参比物是指在测量温度范围内不发生任何热效应的物质，如 $\alpha-Al_2O_3$，MgO 等。

22.2.1 仪器

差热分析仪主要由加热炉、程序控温系统、气氛控制系统、信号放大系统、记录系统等部分组成，如图 22.7 所示。在加热炉中的样品和参比物在相同的条件下加热或冷却，炉温的程序控制由控温热电偶监控。样品和参比物之间的温差通常用两支反向连接的差示热电偶进行测定，热电偶的两个接点分别与装样品和参比物的坩埚底部接触。由于热电偶的电动势与样品和参比物之间的温差成正比，温差电动势经放大器放大后由记录系统将样品和参比物之间的温差 ΔT 记录下来，同时记下样品的温度 T，这样就获得了差热曲线。

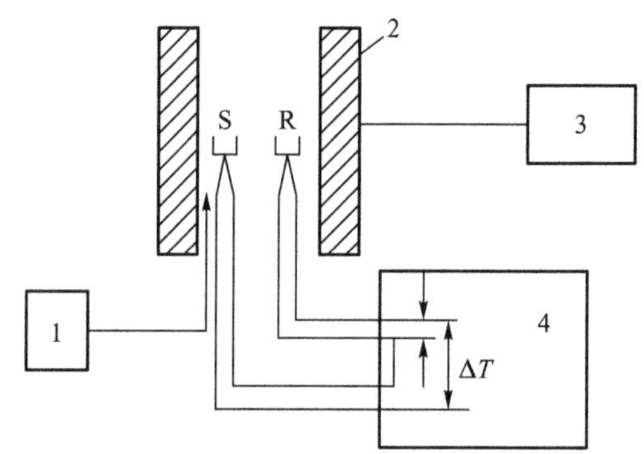

S—样品；R—参比物；1—气氛控制系统；
2—加热炉；3—程序控温系统；
4—信号放大及记录系统

图 22.7 差热分析仪示意图

22.2.2 差热曲线

差热分析仪一般是将样品与具有较高热稳定性的参比物(如 $\alpha-Al_2O_3$)分别放入两个小的坩埚中，置于加热炉中升温。如果在升温过程中样品没有热效应，则样品温度(T_s)与参比物温度(T_r)的差 ΔT($\Delta T=T_s-T_r$)为零；而如果样品在某温度下有热效应，则样品温度上升的速率会发生变化，与参比物相比 ΔT 不等于零，把 T 和 ΔT 转变为电信号，放大后用双笔记录仪记录下来，即得到差热曲线。

差热曲线是描述样品与参比物之间的温差 ΔT 随温度 T 或时间变化的关系曲线。由差热分析仪所测定的 $\Delta T-T$ 曲线，曲线的纵坐标为样品与参比物的温差(ΔT)，向上表示放热反应，向下表示吸热反应。典型的 DTA 曲线如图 22.8 所示。各种吸热和放热峰的个数、形状、位置与相应的温度可用来鉴定所研究的物质。差热峰包围的面积正比于反应热，因此也正比于反应物的含量，据此可进行定量分析；差热峰的尖锐程度与反应速率有关，反应速率越快，峰越尖锐，反应速率越慢，峰越圆滑。在差热分析中，升温速率对差热曲线的峰形、峰位（峰所对应的温度值）、基线均有影响。一般来说，在较快的升温速率下峰形狭窄而尖锐，但是快的升温速率使样品分解偏离平衡条件的程度也大，因而易使基线漂移。更主要的是可能导致相邻两个峰重叠，分辨力下降。较慢的升温速率，基线漂移小，使体系接近平衡条件，得到宽而浅的峰，也能使相邻两个峰更好地分离，因而分辨力高，但测定时间长，需要仪器的灵敏度高。一般情况下升温速率选择 10~15 ℃ · min^{-1} 为宜。两种或多种不相互反应的物质的混合物，其差热曲线为各自差热曲线的叠加。

聚合物的 DTA 曲线如图 22.9 所示，显示出了聚合物随温度的升高所产生的玻璃化转变、结晶、熔融、氧化和分解等过程。

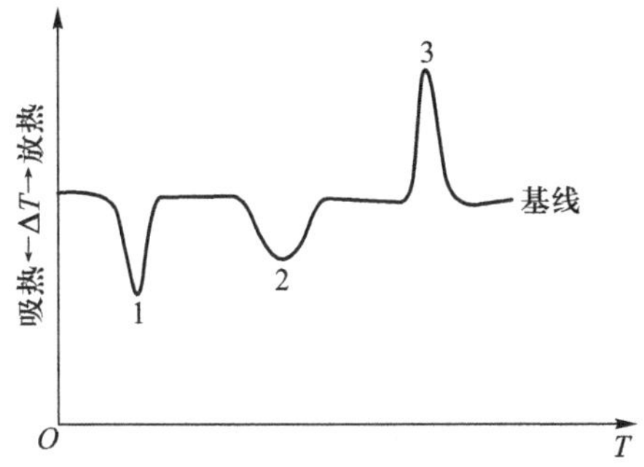

1—熔融或熔化吸热峰；2—分解或裂解吸热峰；
3—结晶相变放热峰

图 22.8 典型的 DTA 曲线

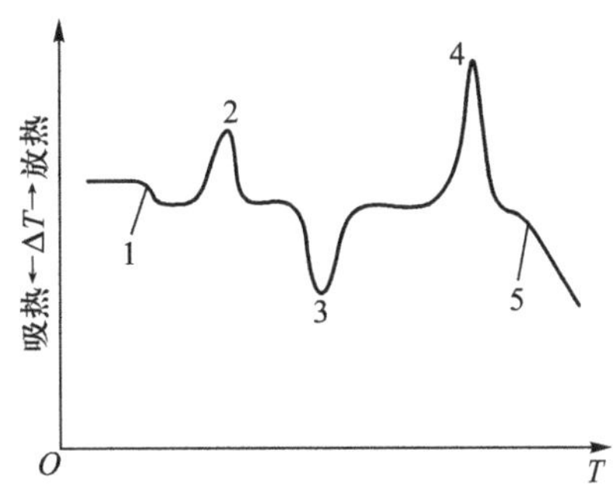

1—玻璃化转变；2—结晶；3—熔融；
4—氧化；5—分解

图 22.9 聚合物的 DTA 曲线

22.2.3 影响差热曲线的因素

影响差热曲线的因素比较多，主要有

① 仪器方面的因素，包括加热炉的形状和尺寸、坩埚大小、热电偶位置等；

② 实验条件，包括升温速率、炉内气氛压力等；

③ 样品的影响，包括样品用量、粒度等。

22.2.4 应用

差热分析法是使用最早、应用最广和研究得最多的一种热分析方法。它的应用对象包括矿物、陶瓷、高聚物、煤、石油产品、考古、比热容、相图、转变温度及催化活性等。

如图 22.10 所示，差热分析法用于废弃塑料混合物的定性鉴定时，依据混合物 DTA 曲线上的特征峰（熔融吸热峰）可确定混合物由高压聚乙烯（HPPE）、低压聚乙烯（LPPE）、聚丙烯（PP）、聚次甲氧基（POM）、尼龙 6（Nylon 6）、尼龙 66（Nylon 66）和聚四氟乙烯（PTFE）七种聚合物组成。

图 22.11 所示为 $Cu(NO_3)_2 \cdot 3H_2O$ 的 TG，DTG 和 DTA 曲线。DTA 曲线有三个吸热峰，

而从 DTG 曲线可以看出只有第二个峰、第三个峰有失重，可判断出在 409 K 的第一个吸热峰为 $Cu(NO_3)_2 \cdot 3H_2O$ 晶体的熔融峰，在 473 K 的第二个吸热峰是中间化合物的峰，可根据 TG 和 DTG 曲线计算出失重而确定中间化合物。在 583 K 的第三个吸热峰为碱式硝酸铜分解为 CuO 的分解峰。最后推断出 $Cu(NO_3)_2 \cdot 3H_2O$ 的热分解机理为

$$Cu(NO_3)_2 \cdot 3H_2O(\text{晶体}) \longrightarrow Cu(NO_3)_2 \cdot 3H_2O(\text{液体}) \longrightarrow$$
$$\frac{1}{4}[Cu(NO_3)_2 \cdot 3Cu(OH)_2](\text{晶体}) \longrightarrow CuO(\text{晶体})$$

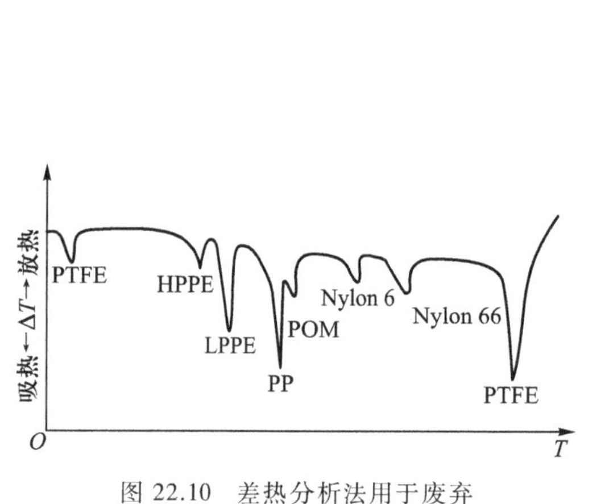

图 22.10　差热分析法用于废弃塑料混合物的定性鉴定

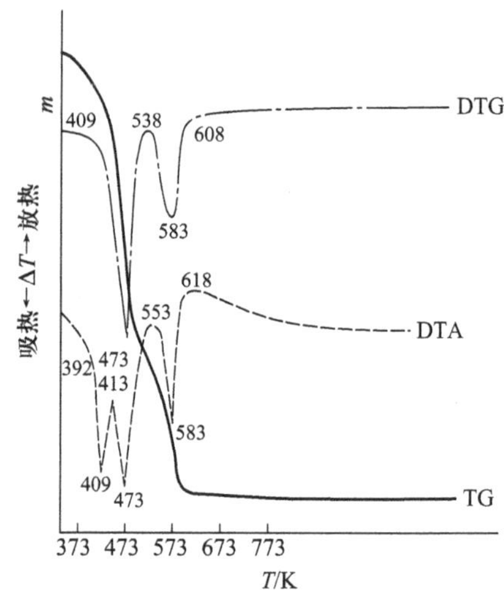

图 22.11　$Cu(NO_3)_2 \cdot 3H_2O$ 的 TG，DTG 和 DTA 曲线

22.3　差示扫描量热法

差示扫描量热法（DSC）是在程序控温下，测量输给样品和参比物的功率差与温度关系的一种技术。在差示扫描量热分析中，样品与参比物程序升温或降温，并保持二者的温度相等，即 $\Delta T = T_s - T_r = 0$，测定保持二者温度相等所需能量差与温度的关系。根据测量方法的不同，差示扫描量热法分为功率补偿型 DSC 和热流型 DSC。

22.3.1　仪器

差示扫描量热仪主要由加热器、程序控温系统、气氛控制系统、信号放大器、记录系统等部分组成。它与差热分析仪的主要区别是 DSC 仪中样品和参比物各自装有单独的加热器，而 DTA 仪中样品和参比物采用同一加热炉。图 22.12 为功率补偿型 DSC 仪样品支持器和加热控制回路示意图。样品和参比物分别放入独立的加热器和传感器中，整个仪器由两个控制回路进行监控，其中一个回路为平均温度控制回路，使样品和参比物在预定的温度下升温和降温，另一个为差示温度控制回路，是当样品由于放热或吸热反应与参比物之间产生温

差时确保输入功率得到调整以消除这一差别。这样可以从补偿的功率直接计算热流率。热流型 DSC 仪与 DTA 仪类似,样品与参比物放在同一个加热炉中,而装样品和参比物的坩埚分别置于一金属圆盘中,放电加热圆盘将热流传给样品和参比物,由测得的传给样品和参比物的热流差得到热流率。

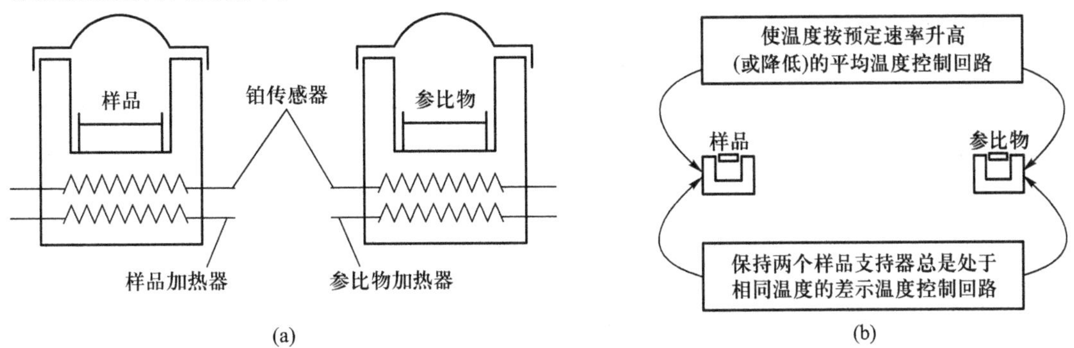

图 22.12 功率补偿型 DSC 仪样品支持器(a)和加热控制回路(b)示意图

22.3.2 差示扫描量热曲线

差示扫描量热法记录的曲线称为差示扫描量热曲线,纵坐标为样品与参比物的热流率 dH/dt(单位时间样品热焓的变化),单位为 $J \cdot s^{-1}$,横坐标是时间(t)或温度(T)。图 22.13 所示为典型的 DSC 曲线。向上峰为吸热峰,向下峰为放热峰,曲线峰所包围的面积代表焓的变化。从外观上看,除纵坐标轴的单位不同外,DSC 曲线与 DTA 曲线很相似。

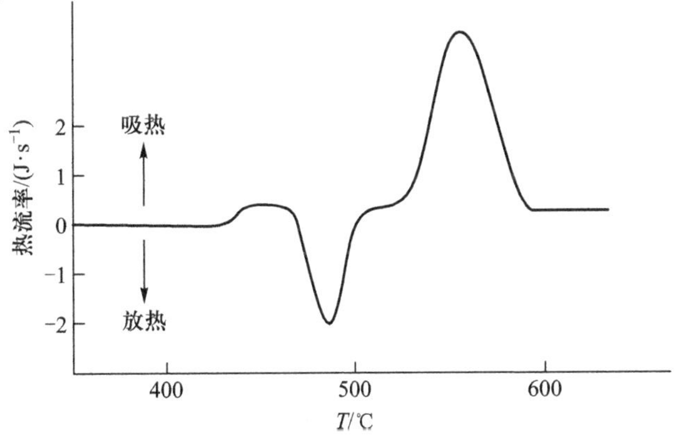

图 22.13 典型的 DSC 曲线

22.3.3 应用

DTA 与 DSC 两种方法的主要差别是 DTA 测定的是样品与参比物的温差 ΔT,而 DSC 测定的是保持样品与参比物的温差为零的热流率 dH/dt。尽管两者的曲线形状很相似,但原理和曲线方程是不同的。DTA 的温度测量范围为 −175 ~ 1600 ℃,有的可高达 2400 ℃,压力范围为0.133 MPa到几十兆帕。而DSC的温度范围为-175~700 ℃,低温下分辨能力和灵敏度相对较高。由于DSC的出现,DTA主要用于高温和高压以及腐蚀性材料的研究。而DSC在-175~700 ℃温度范围的测量中,除了不能测量腐蚀性材料外,它不仅可替代DTA,而且还可定量地测定各种热力学参数,同时还可用于食品及生物化学等领域的研究。

1. 比热容的测定

在升温速率不变时,DTA曲线或DSC曲线的基线偏移只与样品和参比物的热容差有关。因此,可利用基线偏移来测定样品的比热容。由于DSC灵敏度高、热响应速度快,所以目前测定比热容大部分用DSC。通常以蓝宝石作为标准物质,它在各温度下的比热容可在手册中查得。具体方法是:首先测定空白基线,即将两个空的样品盘分别放在样品支持器和参比物支持器上,用一定的升温速率作一条基线;然后在相同的条件下,用同一样品盘分别测定标准物质蓝宝石和样品,得到各自的DSC曲线,如图22.14所示。

在DSC中,样品是处在线性的程序温度控制下,流入样品的热流率是连续测定的,并且所测定的热流率$\mathrm{d}H/\mathrm{d}t$与样品的瞬间比热容成正比,因此热流率可用下式表示:

$$\frac{\mathrm{d}H}{\mathrm{d}t}=mC_{\mathrm{p}}\frac{\mathrm{d}T}{\mathrm{d}t}$$

式中m为样品的质量;C_{p}为样品的比热容;$\mathrm{d}T/\mathrm{d}t$为升温速率。在某一温度下,可用下式求得样品的比热容:

$$\frac{C_{\mathrm{p}}}{C'_{\mathrm{p}}}=\frac{m'y}{my'}$$

式中C'_{p},m',y'分别为蓝宝石的比热容、质量和纵坐标值;C_{p},m,y分别为样品的比热容、质量和纵坐标值。

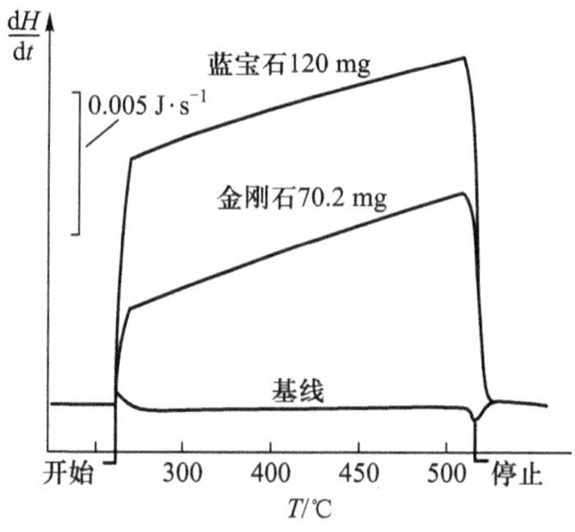

图22.14　金刚石比热容的测定

2. 纯度的测定

DSC已成为测定物质纯度的常规方法。用DSC测定物质纯度是根据熔点或凝固点降低来确定杂质的总含量。纯度测定的理论基础是van't Hoff方程,由此方程可导出下面熔点降低与杂质含量的关系:

$$T_{\mathrm{s}}=T_0-\frac{RT_0^2x}{\Delta H_{\mathrm{f}}}\cdot\frac{1}{F}$$

式中 T_s 为样品的瞬时熔融温度；T_0 为无限纯样品的熔点；R 为摩尔气体常数；ΔH_f 为样品熔融热；x 为杂质摩尔分数；F 为总样品在 T_s 熔化的分数。

T_s 对$\frac{1}{F}$作图为一直线，斜率为$\frac{RT_0^2x}{\Delta H_f}$。截距为 T_0。ΔH_f 可从积分峰面积求得。T_s 可从曲线中测得。$\frac{1}{F}$是曲线到达 T_s 的部分面积除以总面积的倒数。运用这一方程可测定杂质的摩尔分数，也就知道了物质的纯度。现在 DSC 仪的计算机中有测定纯度的程序，可以方便地测定纯度。

用 DSC 测定物质纯度时，样品的纯度对 DSC 曲线的峰高和峰宽有明显的影响。图 22.15 所示为不同纯度苯甲酸样品熔融的 DSC 曲线。从图中可看出，纯度越高熔融峰就越尖、陡，纯度越低熔融峰就越宽、矮。因此，通过简单的峰形对比也可简便地估计样品的纯度。

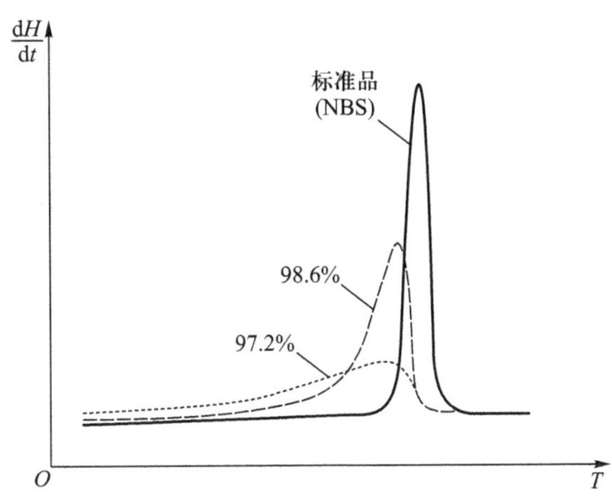

图 22.15 不同纯度苯甲酸样品熔融的 DSC 曲线

参考文献

[1] 陈镜泓，李传儒.热分析及其应用.北京：科学出版社，1985.

[2] 李余增.热分析.北京：清华大学出版社，1987.

[3] 于伯龄，姜胶东.实用热分析.北京：纺织工业出版社，1990.

[4] 武汉大学.分析化学（下册）.6 版.北京：高等教育出版社，2018.

[5] Kellner R，Mermet J M，Otto M，等.分析化学.李克安，金钦汉，等译.北京：北京大学出版社，2001.

习题

22.1　什么是热重法？影响热重分析的主要因素有哪些？

22.2　什么是差热分析法？其基本原理是什么？

22.3　比较 DTA 与 DSC 两种方法的相同点及不同点。

22.4　什么是差示扫描量热法(DSC)？分为哪两种类型？简述功率补偿型 DSC 仪的主要特点。

22.5　从差热曲线上可获得试样哪些信息？